재물 | 차량
신체 | 종합

손해사정사

기출문제 정복하기

손해사정사 1차시험 기출문제 정복하기

개정 4판 1쇄 발행 2024년 01월 15일
개정 5판 1쇄 발행 2025년 01월 13일

편 저 자 | 자격시험연구소
발 행 처 | (주)서원각
등록번호 | 1999-1A-107호
주 소 | 경기도 고양시 일산서구 덕산로 88-45(가좌동)
대표번호 | 031-923-2051
교재문의 | 카카오톡 플러스 친구[서원각]
홈페이지 | goseowon.com

▷ ISBN과 가격은 표지 뒷면에 있습니다.

Preface

손해사정사는 보험사고 발생 시 손해액 및 보험금산정업무를 전문적으로 수행하는 자입니다. 보험사고 발생 시 손해액 및 보험금의 산정이 보험사업자에 의하여만 이루어질 경우 보험계약자·피보험자·보험수익자나 피해자 등의 권익이 침해될 수 있다는 우려에서 손해사정사라는 중립적인 위치에 있는 전문자격자가 손해사정업무를 담당하게 함으로써 전문적이고, 공정하고, 합리적인 보험금 산출을 하기 위해 손해사정사 제도가 도입되었습니다.

손해사정사는 손해발생 사실의 확인, 보험약관 및 관계법규 적용의 적정여부 판단, 손해액 및 보험금의 사정, 손해사정업무와 관련한 서류작성, 제출 대행, 손해사정 업무 수행관련 보험회사에 대한 의견 진술 업무 등의 업무를 수행하게 됩니다.

손해사정사는 해마다 응시자가 증가하는 추세입니다. 최종 합격으로 향하기 위해서는 반드시 1차 필기시험에 합격해야 하는데, 높은 난도로 인해 1차 필기시험의 합격률은 높은 수치를 기록하지 못하고 있습니다. 이에 본서는 원활한 학습을 위해 다음과 같이 중점적인 부분을 수록하였습니다.

첫째, 「상법」 보험편, 신설·개정 보험업법을 정리하여 수록하였으며 최근 3개년 기출분석을 통한 다빈출 보험업법 및 상법 핵심 암기사항을 수록하였습니다.

둘째, 출제 경향을 익힐 수 있도록 과목 및 연도별로 구성하였습니다.

셋째, 2017~2024년까지 기출문제와 법령 및 판례, 이론 등의 자세한 해설을 수록하였습니다.

넷째, 지난 기출문제 가운데 구 법령이 포함되어 있는 기출문제는 최근 개정 법령을 반영하여 기출변형으로 수록하였습니다.

본서와 함께 손해사정사의 합격을 이루시길 서원각이 진심으로 기원하겠습니다.

Structure

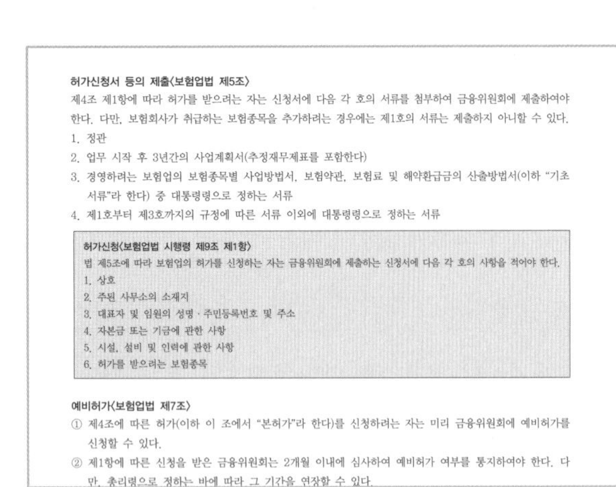

허가신청서 등의 제출〈보험업법 제5조〉
제4조 제1항에 따라 허가를 받으려는 자는 신청서에 다음 각 호의 서류를 첨부하여 금융위원회에 제출하여야 한다. 다만, 보험회사가 취급하는 보험종목을 추가하려는 경우에는 제1호의 서류는 제출하지 아니할 수 있다.
1. 정관
2. 업무 시작 후 3년간의 사업계획서(추정재무제표를 포함한다)
3. 경영하려는 보험업의 보험종목별 사업방법서, 보험약관, 보험료 및 해약환급금의 산출방법서(이하 "기초서류"라 한다) 중 대통령령으로 정하는 서류
4. 제1호부터 제3호까지의 규정에 따른 서류 이외에 대통령령으로 정하는 서류

허가신청〈보험업법 시행령 제9조 제1항〉
법 제5조에 따라 보험업의 허가를 신청하는 자는 금융위원회에 제출하는 신청서에 다음 각 호의 사항을 적어야 한다.
1. 상호
2. 주된 사무소의 소재지
3. 대표자 및 임원의 성명 · 주민등록번호 및 주소
4. 자본금 또는 기금에 관한 사항
5. 시설, 설비 및 인력에 관한 사항
6. 허가를 받으려는 보험종목

예비허가〈보험업법 제7조〉
① 제4조에 따른 허가(이하 이 조에서 "본허가"라 한다)를 신청하려는 자는 미리 금융위원회에 예비허가를 신청할 수 있다.
② 제1항에 따른 신청을 받은 금융위원회는 2개월 이내에 심사하여 예비허가 여부를 통지하여야 한다. 다만, 총리령으로 정하는 바에 따라 그 기간을 연장할 수 있다.

핵심 암기사항 수록

최근 3개년 기출분석을 통한 보험업법 핵심 암기사항과 「상법」 보험편, 개정 · 신설된 보험업법을 수록하였습니다. 자주 출제되는 법령을 확인하고 문제 풀이를 하여 이해도를 더욱 높이는 것에 도움이 될 수 있도록 구성하였습니다.

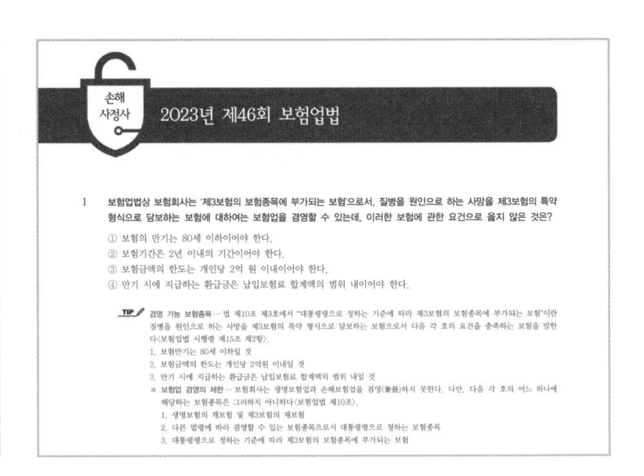

손해사정사
2023년 제46회 보험업법

1 **보험업법상 보험회사는 '제3보험의 보험종목에 부가되는 보험'으로서, 질병을 원인으로 하는 사망을 제3보험의 특약 형식으로 담보하는 보험에 대하여는 보험업을 겸영할 수 있는데, 이러한 보험에 관한 요건으로 옳지 않은 것은?**
① 보험의 만기는 80세 이하이어야 한다.
② 보험기간은 2년 이내의 기간이어야 한다.
③ 보험금액의 한도는 개인당 2억 원 이내이어야 한다.
④ 만기 시에 지급하는 환급금은 납입보험료 합계액의 범위 내이어야 한다.

TIP **겸영 가능 보험종목** … 법 제10조 제3호에서 "대통령령으로 정하는 기준에 따라 제3보험의 보험종목에 부가되는 보험"이란 질병을 원인으로 하는 사망을 제3보험의 특약 형식으로 담보하는 보험으로서 다음 각 호의 요건을 충족하는 보험을 말한다〈보험업법 시행령 제15조 제2항〉.
1. 보험만기는 80세 이하일 것
2. 보험금액의 한도는 개인당 2억원 이내일 것
3. 만기 시에 지급하는 환급금은 납입보험료 합계액의 범위 내일 것
※ **보험업 겸영의 제한** … 보험회사는 생명보험업과 손해보험업을 겸영(兼營)하지 못한다. 다만, 다음 각 호의 어느 하나에 해당하는 보험종목은 그러하지 아니하다〈보험업법 제10조〉.
1. 생명보험의 재보험 및 제3보험의 재보험
2. 다른 법령에 따라 겸영할 수 있는 보험종목으로서 대통령령으로 정하는 보험종목
3. 대통령령으로 정하는 기준에 따라 제3보험의 보험종목에 부가되는 보험

2017 ~ 2024년 기출문제 수록

최신 기출문제를 비롯하여 그동안 시행된 기출문제를 수록하여 출제경향을 파악할 수 있도록 하였습니다. 또한 최신 법령에 맞게 기출문제를 변형하여 수록하여 최신 개정법에 맞게 문제풀이를 하는 데에 도움이 되도록 구성하였습니다.

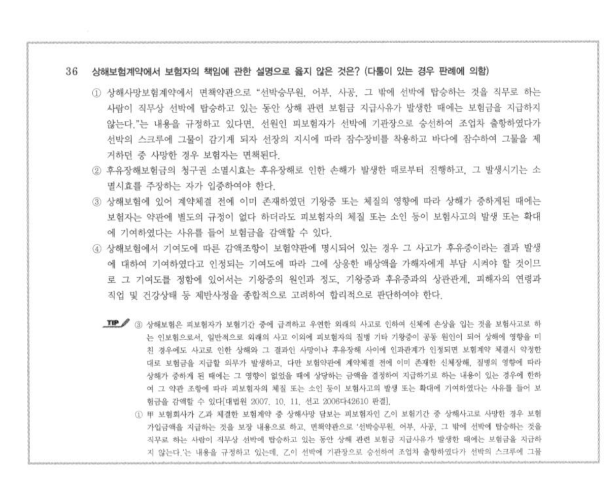

36 **상해보험계약에서 보험자의 책임에 관한 설명으로 옳지 않은 것은? (다툼이 있는 경우 판례에 의함)**
① 상해사망보험계약에서 면책약관으로 "선박승무원, 어부, 사공, 그 밖에 선박에 탑승하는 것을 직무로 하는 사람이 직무상 선박에 탑승하고 있는 동안 상해 관련 보험금 지급사유가 발생한 때에는 보험금을 지급하지 않는다."는 내용을 규정하고 있다면, 선원인 피보험자가 선박에 기관장으로 승선하여 조업차 출항하였다가 선박의 스크루에 그물이 감기게 되자 선장의 지시에 따라 잠수장비를 착용하고 바다에 잠수하여 그물을 제거하던 중 사망한 경우 보험자는 면책된다.
② 후유장해보험금의 청구권 소멸시효는 후유장해로 인한 손해가 발생한 때로부터 진행하고, 그 발생시기는 소멸시효를 주장하는 자가 입증하여야 한다.
③ 상해보험에 있어 계약체결 전에 이미 존재하였던 기왕증 또는 체질의 영향에 따라 상해가 중하게된 때에는 보험자는 약관에 별도의 규정이 없다 하더라도 피보험자의 체질 또는 소인 등이 보험사고의 발생 또는 확대에 기여하였다는 사유를 들어 보험금을 감액할 수 있다.
④ 상해보험에서 기여도에 따른 감액조항이 보험약관에 명시되어 있는 경우 그 사고가 후유증이라는 결과 발생에 대하여 기여하였다고 인정되는 기여도에 따라 그에 상응한 배상액을 가해자에게 부담 시켜야 할 것이므로 그 기여도를 정함에 있어서는 기왕증의 원인과 정도, 기왕증과 후유증과의 상관관계, 피해자의 연령과 직업 및 건강상태 등 제반사정을 종합적으로 고려하여 합리적으로 판단하여야 한다.

TIP ③ 상해보험은 피보험자가 보험기간 중에 급격하고 우연한 외래의 사고로 인하여 신체에 손상을 입는 것을 보험사고로 하는 인보험으로서, 일반적으로 외래의 사고 이외에 피보험자의 질병 기타 기왕증이 공동 원인이 되어 상해에 영향을 미친 경우에도 사고로 인한 상해와 그 결과인 사망이나 후유장해 사이에 인과관계가 인정되면 보험계약 체결시 약정한 대로 보험금을 지급할 의무가 발생하고, 다만 보험약관에 계약체결 전에 이미 존재한 신체장해, 질병의 영향에 따라 상해가 중하게 된 때에는 그 영향이 없었을 때에 상당하는 금액을 결정하여 지급하기로 하는 내용이 있는 경우에 한하여 그 약관 조항에 따라 피보험자의 체질 또는 소인 등이 보험사고의 발생 또는 확대에 기여하였다는 사유를 들어 보험금을 감액할 수 있다[대법원 2007. 10. 11. 선고 2006다42610 판결].
① 甲 보험회사가 乙과 체결한 보험계약 중 상해사망 담보는 피보험자인 乙이 보험기간 중 상해사고로 사망한 경우 보험가입금액을 지급하는 것을 보장 내용으로 하고, 면책약관으로 '선박승무원, 어부, 사공, 그 밖에 선박에 탑승하는 것을 직무로 하는 사람이 직무상 선박에 탑승하고 있는 동안 상해 관련 보험금 지급사유가 발생한 때에는 보험금을 지급하지 않는다.'는 내용을 규정하고 있는데, 乙이 선박에 기관장으로 승선하여 조업차 출항하였다가 선박의 스크루에 그물

꼼꼼하고 상세한 해설 수록

법령 및 판례, 이론 등 상세한 해설을 달아 문제풀이만으로도 학습이 가능하도록 하였습니다. 문제풀이와 함께 이론정리를 함으로써 완벽하게 학습할 수 있습니다.

빠르게 확인하는 개정 · 신설 빈출 법령 PDF 학습자료 제공

개정 · 신설된 법령을 빠르게 학습할 수 있는 빈칸 채우기 OX 문제를 수록하여 실력점검에 도움이 될 수 있도록 하였습니다. 해당 학습자료는 서원각 홈페이지—학습자료실에서 무료로 확인하실 수 있습니다.

Contents

01. Final Tip

02. 보험업법

03. 보험계약법

04. 손해사정이론

빠르게 확인하는 개정 · 신설/빈출 법령 PDF 학습자료 제공

서원각 홈페이지(goseowon.com) [학습자료실] 게시판에서 PDF 학습자료를 확인하실 수 있습니다.

Information

■ 손해사정사의 업무

- 손해 발생 사실 확인
- 보험약관 및 관계법규 적용의 적정여부 판단
- 손해액 및 보험금의 산정
- 손해사정업무와 관련한 서류작성 및 제출 대행
- 손해사정업무 수행 관련 보험회사에 대한 의견 진술

■ 손해사정사의 구분

재물 · 차량 · 신체 · 종합 손해사정사

※ 단, 종합손해사정사는 별도의 시험없이 재물·차량·신체손해사정사를 모두 취득하게 되면 등록 가능

■ 업무수행

구분	고용손해사정사	독립손해사정사
업무수행	보험사업자에게 고용되어 손해사정업무 수행	보험사업자에게 고용되지 않고 독립적으로 손해사정업 영위(손해사정업)

■ 자격취득

금융감독원에서 실시하는 1차 및 2차 시험에 합격하고 일정 기간의 수습을 필한 후 금융감독원에 등록함으로써 자격을 취득할 수 있습니다.

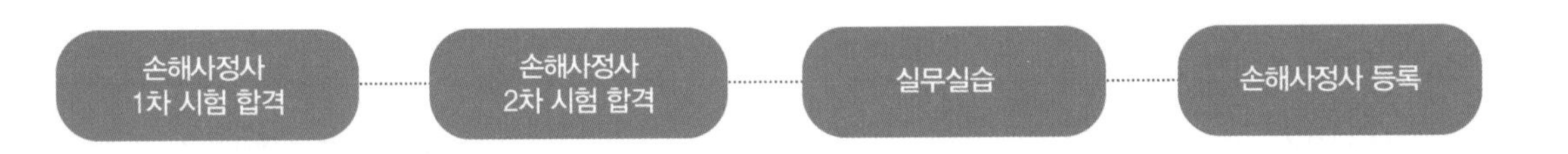

■ 손해사정사 1차시험 합격률

구분	응시자	합격자	합격률
2024년	**7,161명**	**2,227명**	**32.7%**
2023년	6,311명	2,063명	32.7%
2022년	5,910명	2,140명	36.2%
2021년	6,423명	1,705명	26.5%
2020년	6,512명	1,697명	26.4%

■ 시험방법 및 과목

<table>
<tr><th colspan="2">구분</th><th>시험과목</th><th>시험방법</th><th>비고</th></tr>
<tr><td rowspan="3">제1차 시험</td><td>재물</td><td>• 보험업법
• 보험계약법(「상법」 보험편)
• 손해사정이론
• 영어(공인시험으로 대체)</td><td rowspan="3">선택형
(객관식 4지선택형 택1)</td><td rowspan="3">재물손해사정사의
제1차시험 과목 중
영어는 공인영어시험으로 대체</td></tr>
<tr><td>차량</td><td>• 보험업법
• 보험계약법(「상법」 보험편)
• 손해사정이론</td></tr>
<tr><td>신체</td><td>• 보험업법
• 보험계약법(「상법」 보험편)
• 손해사정이론</td></tr>
</table>

■ 1차 시험 시간 및 응시자격

• **시험시간과 시험방법**

구분	과목	시험방법
1교시, 80분 (09:00~10:20)	• 보험업법 • 보험계약법(「상법」 보험편)	선택형(객관식 4지선택형 택1)
2교시, 40분 (10:50~11:30)	손해사정이론	논문형(약술형 또는 주관식 풀이형)

• **응시자격** : 학력, 성별, 연령, 경력, 국적 등에 관한 일체 제한 없음

■ 1차 시험 면제제도

• 보험업법시행규칙 제47조의 규정에 의한 기관(금융감독원, 보험회사, 보험협회, 손해사정법인, 농업협동조합중앙회)에서 손해사정업무에 5년 이상 종사한 경력이 있는 자

• 손해사정사가 다른 종류의 손해사정사 시험에 응시하는 경우에는 제1차 시험 면제

※ 다만, 차량손해사정사 또는 신체손해사정사가 재물손해사정사 시험에 응시하려는 경우 영어시험 성적표 제출 필요

Information

■ 합격자 결정

제1차 시험 합격자를 결정할 때에는 영어 과목을 제외한 나머지 과목에 대하여 매 과목 100점을 만점으로 하여 매 과목 40점 이상, 전 과목 평균 60점 이상 득점한 사람을 합격자로 결정

※ 한 과목이라도 과락이 발생하면 불합격

■ 응시자 준수사항

- 응시자는 시험당일 응시표, 신분증(주민등록증, 유효기간내의 운전면허증, 여권) 및 필기구(컴퓨터용 수성사인펜)를 지참하고, 시험시작 30분전까지 지정된 고사실에 입실하여 시험안내에 따라야 한다.
- 지각한 응시자(문제지 배포 후 입실자)에 대하여는 시험응시를 불허한다.
- 접수된 서류의 기재사항은 변경할 수 없으며, 허위 또는 착오기재 등으로 발생하는 불이익은 일체 응시자 책임으로 한다.
- 응시자 본인의 부주의로 인하여 답안지 기재에 오류(지정필기구 미사용으로 전산기기에 의한 채점이 불가한 경우 포함)를 범하여 불이익이 발생할 경우, 이는 일체 응시자 책임으로 한다.
- 시험시작 후 당해 시험 종료 시간까지 임의 퇴장할 수 없고 부정행위자, 응시자 준수사항 또는 감독관 지시에 순응하지 아니하는 자는 당해시험을 정지하거나 무효로 할 수 있으며, 부정행위자는 그 행위가 있은 날로부터 5년간 동 시험에 응시할 수 없다.
- 시험시간 중에 휴대전화기, 휴대용컴퓨터, 디지털카메라, 카메라 펜, 음성파일변환기(MP3), 전자사전, 스마트워치 등의 통신기기 및 전자기기를 소지할 경우 당해시험을 정지하거나 무효로 할 수 있으며, 실제로 사용한 경우에는 부정행위로 처리될 수 있으니 감독관의 지시에 따라 이동 조치(해당기기의 전원을 Off 한 후 본인의 가방에 넣어 고사실 앞쪽 또는 뒤쪽으로 이동)하여야 한다.
- 고사실 내에는 시계가 비치되어 있지 않으므로 응시자는 개인용 시계를 준비(고사실 내에 시계가 비치된 경우라도 이를 참고하여서는 안 됨)하기 바라며, 휴대전화기 등 전자기기를 시계 용도로 사용할 수 없다.

※ 이때, 시계는 계산·통신·저장·기록 등의 기능이 없는 일반시계를 사용해야 한다.

Study tip

보험업법

암기보다는 이해력! 보험업법 · 시행령 · 시행규칙에서 출제!

주로 출제되는 문항을 보면 결격사유, 해산사유, 보험요율 관련 금액 및 산정비율, 보험설계사, 보험중개사, 보험대리점, 외국보험회사국내지점 등에 관한 내용으로 출제된다. 법령에 관계되는 내용이 많은 비중을 차지하나 간혹 시행령이나 시행규칙에서도 간간히 출제되기도 한다. 기간이나 금액, 추정이냐 아니냐 하는 부분은 숙지가 필요하다. 법 관련 문항은 한 단어 차이로 시비가 갈리기 때문에 이는 중요한 부분이라고 볼 수 있다.

보험계약법

보험관련 상법 규정 확인 및 대법원 판례와 함께 고등법원 판례를 숙지와 「상법」 보험편에 해당하는 보험 통칙 · 손해보험과 인보험 그리고 관련 판례에서 출제!

보험계약법은 문항 자체에 판례의 태도로 옳지 않은 것을 고르라는 것이 출제되는데 구상권, 보험자대위(잔존물대위), 약관상 면책사유 해당 유무, 고지의무위반 또는 통지의무위반 또는 이와 관련된 인과관계의 부존재 입증책임, 고지하여야 하는 중요한 사항의 내용에 해당하는지, 타인을 위한 보험에서는 타인의 범위 및 보험계약자와의 관계 유무, 제3자에 해당하는 자인지의 여부 등과 관련된 판례를 숙지하여야 문제를 해결하는 데 많은 도움이 될 것이다.

손해사정이론

가장 난도가 높다고 할 수 있는 과목! 반복학습이 필요!

계산문제는 3~4문항씩은 반드시 출제된다. 눈으로만 훑지 말고 꼭 풀이해야봐야 한다. 위험관리 관련 내용, 보험의 일반적 특성, 보험계약의 원칙과 요소·보상체계, 피보험이익, 재보험, 보험료, 언더라이팅, 손해사정 관련 내용 등이 주로 출제되고 있다.

Q & A

손해사정란 무엇일까요?

보험사고 발생 시 객관적이고 공정하게 손해액과 보험금을 산정하는 사람으로 보험계약자나 피해자의 권익을 침해하지 않도록 돕습니다.

손해사정사 자격시험은 어떻게 시행되나요?

매년 1회 시행되며, 1차 시험과목은 보험업법, 보험계약법(상법 중 보험편), 손해사정이론입니다. 2차는 논술형으로 재물·차량·신체 사정사에 따라 과목이 달라집니다.

손해사정사가 자격절차가 어떻게 되나요?

손해사정사 자격시험 1차 및 2차 시험을 모두 통과해야 합니다. 그 다음 일정기간 실무수습을 거쳐 금융감독원에 등록하며 자격을 취득합니다.

손해사정사 자격증을 취득하면 취업이 보장되나요?

이미 보험사 공채에서는 손해사정사 자격증을 필수조건 또는 가산점을 부여하고 있으며 각종 손해사정업체에 취업에 매우 유리합니다.

손해사정사의 앞으로의 전망이 어떻게 되나요?

손해사정사는 시험 응시자격이 따로 없기 때문에 누구나 도전할 수 있습니다. 현재 종사자 수와 사업체 수가 꾸준히 늘어나고 있어 취업의 길이 열려있습니다. 또한, 정년퇴직 후에는 개인 사무소를 개업하여 평생 직업으로 가능합니다.

2024년 제47회 손해사정사 기출 키워드

CHAPTER 01 보험업법

1. 생명보험상품
2. 보험대리점의 정의
3. 총자산 및 자기자본
4. 전문보험계약자의 범위
5. 통신판매전문보험회사
6. 소액단기전문보험회사
7. 보험종목별 자본금 또는 기금
8. 보험업 겸영의 제한
9. 보험회사의 겸영업무
10. 보험회사의 부수업무
11. 보험회사의 자산운용
12. 자산운용의 방법 및 비율
13. 재무제표 등의 제출
14. 주식회사의 자본감소
15. 상호회사 사원의 권리와 의무
16. 상호회사 사원의 퇴사
17. 외국보험회사국내지점
18. 보험계약의 모집
19. 보험설계사
20. 법인보험대리점
21. 보험안내자료
22. 보험계약의 체결 또는 모집에 관한 금지행위
23. 특별이익의 제공 금지
24. 보험회사의 직원 보호조치의무
25. 간단손해보험대리점의 준수사항
26. 금융기관보험대리점 등의 영업기준
27. 기초서류에 대한 확인
28. 보험상품공시위원회
29. 금융위원회의 명령권
30. 보험회사에 대한 제재
31. 금융위원회 보고 사유
32. 보험요율 산출기관
33. 보험회사의 합병
34. 보험회사의 청산
35. 손해사정업의 영업기준
36. 선임계리사의 임면
37. 보험계리사의 업무
38. 손해사정업자의 업무
39. 보험회사의 자료 제출 및 검사
40. 민감정보 및 고유식별정보의 처리

CHAPTER 02 보험계약법

1. 보험계약자 등의 불이익변경금지
2. 보험계약의 성립
3. 보험의 목적
4. 소급보험
5. 설명의무
6. 설명의무 위반의 효과
7. 고지의무
8. 보험료의 감액 또는 증액 청구
9. 보험료의 지급지체의 효과
10. 타인을 위한 보험계약
11. 계약 성립 전 보험사고 발생
12. 보험사고 발생의 현저한 변경 또는 증가
13. 소멸시효
14. 위험변경증가의 통지와 계약해지
15. 부당이득반환
16. 자기신체사고 자동차보험
17. 보험자의 연대책임
18. 피보험이익
19. 일부보험
20. 보험자의 면책사유
21. 보험가액불변동주의
22. 보증보험
23. 잔존물대위와 보험위부
24. 해상보험
25. 선박의 행방불명
26. 방어비용
27. 피해자의 직접청구권
28. 다른 보험계약 등에 관한 통지
29. 계약자배당
30. 보험수익자의 지정 또는 변경의 권리
31. 보험수익자의 변경
32. 인보험계약 담보 보험사고
33. 피보험자의 서면동의조항
34. 생명보험자의 면책사유
35. 단체생명보험
36. 인보험의 보험자대위
37. 보험료적립금의 반환
38. 보험증권
39. 피보험자의 배상청구 사실 통지의무
40. 보험자의 면책사유

CHAPTER 03 손해사정이론

1. 보험 대상 리스크
2. 고용보험 구직급여 한도
3. 보험계약 효력 소멸 효과
4. 배상책임보험
5. 작성자 불이익의 원칙
6. 타보험조항
7. 보험약관의 설명의무
8. 역선택 감소 효과
9. 사고발생의 우연성
10. 위태
11. 손인
12. 가능최대손실(PML)
13. 도덕적 위태
14. 저빈도－고심도 리스크
15. 민영보험·사회보험
16. 보험가능리스크
17. 동태적 리스크
18. 언더라이팅 기본원칙
19. 보험계약자 등의 불이익변경금지
20. 손해액의 산정기준
21. 책임보험계약의 성질
22. 피보험이익의 개념
23. 비상위험준비금
24. 보험회사의 재무건전성
25. 운송보험
26. 신용보험 표준약관
27. 소멸성 공제
28. 보험가입
29. 자동차시세하락손해 보상
30. 해상보험
31. 순보험료방식
32. 고용보험법
33. 재보험특약조항
34. 보험자의 구상권 행사
35. 재보험운영방식
36. two－risk warranty
37. 국민건강보험법
38. 비례재보험특약
39. 패키지보험
40. 실손의료보험

PART

01

Final Tip

상법 보험편

신설 · 개정 보험업법

기출분석을 통한 다빈출 보험업법 핵심 암기사항

기출분석을 통한 다빈출 상법 핵심 암기사항

「상법」 보험편

※ 시행 2025. 1. 31. 기준

제1장 통칙

보험계약의 의의〈상법 제638조〉

보험계약은 당사자 일방이 약정한 보험료를 지급하고 재산 또는 생명이나 신체에 불확정한 사고가 발생할 경우에 상대방이 일정한 보험금이나 그 밖의 급여를 지급할 것을 약정함으로써 효력이 생긴다.

보험계약의 성립〈상법 제638조의2〉

① 보험자가 보험계약자로부터 보험계약의 청약과 함께 보험료 상당액의 전부 또는 일부의 지급을 받은 때에는 다른 약정이 없으면 30일 내에 그 상대방에 대하여 낙부의 통지를 발송하여야 한다. 그러나 인보험계약의 피보험자가 신체검사를 받아야 하는 경우에는 그 기간은 신체검사를 받은 날부터 기산한다.
② 보험자가 ①의 규정에 의한 기간 내에 낙부의 통지를 해태한 때에는 승낙한 것으로 본다.
③ 보험자가 보험계약자로부터 보험계약의 청약과 함께 보험료 상당액의 전부 또는 일부를 받은 경우에 그 청약을 승낙하기 전에 보험계약에서 정한 보험사고가 생긴 때에는 그 청약을 거절할 사유가 없는 한 보험자는 보험계약상의 책임을 진다. 그러나 인보험계약의 피보험자가 신체검사를 받아야 하는 경우에 그 검사를 받지 아니한 때에는 그러하지 아니하다.

보험약관의 교부 · 설명 의무〈상법 제638조의3〉

① 보험자는 보험계약을 체결할 때에 보험계약자에게 보험약관을 교부하고 그 약관의 중요한 내용을 설명하여야 한다.
② 보험자가 ①을 위반한 경우 보험계약자는 보험계약이 성립한 날부터 3개월 이내에 그 계약을 취소할 수 있다.

타인을 위한 보험〈상법 제639조〉

① 보험계약자는 위임을 받거나 위임을 받지 아니하고 특정 또는 불특정의 타인을 위하여 보험계약을 체결할 수 있다. 그러나 손해보험계약의 경우에 그 타인의 위임이 없는 때에는 보험계약자는 이를 보험자에게 고지하여야 하고, 그 고지가 없는 때에는 타인이 그 보험계약이 체결된 사실을 알지 못하였다는 사유로 보험자에게 대항하지 못한다.
② ①의 경우에는 그 타인은 당연히 그 계약의 이익을 받는다. 그러나 손해보험계약의 경우에 보험계약자가 그 타인에게 보험사고의 발생으로 생긴 손해의 배상을 한 때에는 보험계약자는 그 타인의 권리를 해하지 아니하는 범위 안에서 보험자에게 보험금액의 지급을 청구할 수 있다.

③ ①의 경우에는 보험계약자는 보험자에 대하여 보험료를 지급할 의무가 있다. 그러나 보험계약자가 파산선고를 받거나 보험료의 지급을 지체한 때에는 그 타인이 그 권리를 포기하지 아니하는 한 그 타인도 보험료를 지급할 의무가 있다.

보험증권의 교부〈상법 제640조〉

① 보험자는 보험계약이 성립한 때에는 지체 없이 보험증권을 작성하여 보험계약자에게 교부하여야 한다. 그러나 보험계약자가 보험료의 전부 또는 최초의 보험료를 지급하지 아니한 때에는 그러하지 아니하다.
② 기존의 보험계약을 연장하거나 변경한 경우에는 보험자는 그 보험증권에 그 사실을 기재함으로써 보험증권의 교부에 갈음할 수 있다.

증권에 관한 이의약관의 효력〈상법 제641조〉

보험계약의 당사자는 보험증권의 교부가 있은 날로부터 일정한 기간 내에 한하여 그 증권내용의 정부에 관한 이의를 할 수 있음을 약정할 수 있다. 이 기간은 1월을 내리지 못한다.

증권의 재교부청구〈상법 제642조〉

보험증권을 멸실 또는 현저하게 훼손한 때에는 보험계약자는 보험자에 대하여 증권의 재교부를 청구할 수 있다. 그 증권작성의 비용은 보험계약자의 부담으로 한다.

소급보험〈상법 제643조〉

보험계약은 그 계약 전의 어느 시기를 보험기간의 시기로 할 수 있다.

보험사고의 객관적 확정의 효과〈상법 제644조〉

보험계약 당시에 보험사고가 이미 발생하였거나 또는 발생할 수 없는 것인 때에는 그 계약은 무효로 한다. 그러나 당사자 쌍방과 피보험자가 이를 알지 못한 때에는 그러하지 아니하다.

상법 제645조 삭제〈1999. 12. 31.〉

대리인이 안 것의 효과〈상법 제646조〉

대리인에 의하여 보험계약을 체결한 경우에 대리인이 안 사유는 그 본인이 안 것과 동일한 것으로 한다.

보험대리상 등의 권한〈상법 제646조의2〉

① 보험대리상은 다음의 권한이 있다.

1. 보험계약자로부터 보험료를 수령할 수 있는 권한
2. 보험자가 작성한 보험증권을 보험계약자에게 교부할 수 있는 권한
3. 보험계약자로부터 청약, 고지, 통지, 해지, 취소 등 보험계약에 관한 의사표시를 수령할 수 있는 권한
4. 보험계약자에게 보험계약의 체결, 변경, 해지 등 보험계약에 관한 의사표시를 할 수 있는 권한

② ①에도 불구하고 보험자는 보험대리상의 ①의 권한 중 일부를 제한할 수 있다. 다만, 보험자는 그러한 권한 제한을 이유로 선의의 보험계약자에게 대항하지 못한다.

③ 보험대리상이 아니면서 특정한 보험자를 위하여 계속적으로 보험계약의 체결을 중개하는 자는 ①의 제1호(보험자가 작성한 영수증을 보험계약자에게 교부하는 경우만 해당한다) 및 ②의 권한이 있다.

④ 피보험자나 보험수익자가 보험료를 지급하거나 보험계약에 관한 의사표시를 할 의무가 있는 경우에는 ①부터 ③까지의 규정을 그 피보험자나 보험수익자에게도 적용한다.

특별위험의 소멸로 인한 보험료의 감액청구〈상법 제647조〉

보험계약의 당사자가 특별한 위험을 예기하여 보험료의 액을 정한 경우에 보험기간 중 그 예기한 위험이 소멸한 때에는 보험계약자는 그 후의 보험료의 감액을 청구할 수 있다.

보험계약의 무효로 인한 보험료 반환청구〈상법 제648조〉

보험계약의 전부 또는 일부가 무효인 경우에 보험계약자와 피보험자가 선의이며 중대한 과실이 없는 때에는 보험자에 대하여 보험료의 전부 또는 일부의 반환을 청구할 수 있다. 보험계약자와 보험수익자가 선의이며 중대한 과실이 없는 때에도 같다.

사고발생전의 임의해지〈상법 제649조〉

① 보험사고가 발생하기 전에는 보험계약자는 언제든지 계약의 전부 또는 일부를 해지할 수 있다. 그러나 타인을 위한 보험계약의 경우에는 보험계약자는 그 타인의 동의를 얻지 아니하거나 보험증권을 소지하지 아니하면 그 계약을 해지하지 못한다.

② 보험사고의 발생으로 보험자가 보험금액을 지급한 때에도 보험금액이 감액되지 아니하는 보험의 경우에는 보험계약자는 그 사고발생 후에도 보험계약을 해지할 수 있다.

③ ①의 경우에는 보험계약자는 당사자 간에 다른 약정이 없으면 미경과보험료의 반환을 청구할 수 있다.

보험료의 지급과 지체의 효과〈상법 제650조〉

① 보험계약자는 계약체결 후 지체 없이 보험료의 전부 또는 제1회 보험료를 지급하여야 하며, 보험계약자가 이를 지급하지 아니하는 경우에는 다른 약정이 없는 한 계약성립 후 2월이 경과하면 그 계약은 해제된 것으로 본다.

② 계속보험료가 약정한 시기에 지급되지 아니한 때에는 보험자는 상당한 기간을 정하여 보험계약자에게 최고하고 그 기간 내에 지급되지 아니한 때에는 그 계약을 해지할 수 있다.
③ 특정한 타인을 위한 보험의 경우에 보험계약자가 보험료의 지급을 지체한 때에는 보험자는 그 타인에게도 상당한 기간을 정하여 보험료의 지급을 최고한 후가 아니면 그 계약을 해제 또는 해지하지 못한다.

보험계약의 부활〈상법 第650조의2〉

보험료의 지급과 지체의 효과에 따라 보험계약이 해지되고 해지환급금이 지급되지 아니한 경우에 보험계약자는 일정한 기간 내에 연체보험료에 약정이자를 붙여 보험자에게 지급하고 그 계약의 부활을 청구할 수 있다. 보험계약의 성립 규정은 이 경우에 준용한다.

고지의무위반으로 인한 계약해지〈상법 第651조〉

보험계약 당시에 보험계약자 또는 피보험자가 고의 또는 중대한 과실로 인하여 중요한 사항을 고지하지 아니하거나 부실의 고지를 한 때에는 보험자는 그 사실을 안 날로부터 1월 내에, 계약을 체결한 날로부터 3년 내에 한하여 계약을 해지할 수 있다. 그러나 보험자가 계약 당시에 그 사실을 알았거나 중대한 과실로 인하여 알지 못한 때에는 그러하지 아니하다.

서면에 의한 질문의 효력〈상법 第651조의2〉

보험자가 서면으로 질문한 사항은 중요한 사항으로 추정한다.

위험변경증가의 통지와 계약해지〈상법 第652조〉

① 보험기간 중에 보험계약자 또는 피보험자가 사고발생의 위험이 현저하게 변경 또는 증가된 사실을 안 때에는 지체 없이 보험자에게 통지하여야 한다. 이를 해태한 때에는 보험자는 그 사실을 안 날로부터 1월 내에 한하여 계약을 해지할 수 있다.
② 보험자가 ①의 위험변경증가의 통지를 받은 때에는 1월 내에 보험료의 증액을 청구하거나 계약을 해지할 수 있다.

보험계약자 등의 고의나 중과실로 인한 위험증가와 계약해지〈상법 第653조〉

보험기간 중에 보험계약자, 피보험자 또는 보험수익자의 고의 또는 중대한 과실로 인하여 사고발생의 위험이 현저하게 변경 또는 증가된 때에는 보험자는 그 사실을 안 날부터 1월 내에 보험료의 증액을 청구하거나 계약을 해지할 수 있다.

보험자의 파산선고와 계약해지〈상법 第654조〉

① 보험자가 파산의 선고를 받은 때에는 보험계약자는 계약을 해지할 수 있다.
② ①의 규정에 의하여 해지하지 아니한 보험계약은 파산선고 후 3월을 경과한 때에는 그 효력을 잃는다.

계약해지와 보험금청구권〈상법 제655조〉

보험사고가 발생한 후라도 보험자가 보험료의 지급과 지체의 효과, 고지의무위반으로 인한 계약해지, 위험변경증가의 통지와 계약해지, 보험계약자 등의 고의나 중과실로 인한 위험증가와 계약해지에 따라 계약을 해지하였을 때에는 보험금을 지급할 책임이 없고 이미 지급한 보험금의 반환을 청구할 수 있다. 다만, 고지의무(告知義務)를 위반한 사실 또는 위험이 현저하게 변경되거나 증가된 사실이 보험사고 발생에 영향을 미치지 아니하였음이 증명된 경우에는 보험금을 지급할 책임이 있다.

보험료의 지급과 보험자의 책임개시〈상법 제656조〉

보험자의 책임은 당사자 간에 다른 약정이 없으면 최초의 보험료의 지급을 받은 때로부터 개시한다.

보험사고발생의 통지의무〈상법 제657조〉

① 보험계약자 또는 피보험자나 보험수익자는 보험사고의 발생을 안 때에는 지체 없이 보험자에게 그 통지를 발송하여야 한다.
② 보험계약자 또는 피보험자나 보험수익자가 ①의 통지의무를 해태함으로 인하여 손해가 증가된 때에는 보험자는 그 증가된 손해를 보상할 책임이 없다.

보험금액의 지급〈상법 제658조〉

보험자는 보험금액의 지급에 관하여 약정기간이 있는 경우에는 그 기간 내에 약정기간이 없는 경우에는 보험사고발생의 통지의무(제657조) 규정 ①에 따른 통지를 받은 후 지체 없이 지급할 보험금액을 정하고 그 정하여진 날부터 10일 내에 피보험자 또는 보험수익자에게 보험금액을 지급하여야 한다.

보험자의 면책사유〈상법 제659조〉

보험사고가 보험계약자 또는 피보험자나 보험수익자의 고의 또는 중대한 과실로 인하여 생긴 때에는 보험자는 보험금액을 지급할 책임이 없다.

전쟁위험 등으로 인한 면책〈상법 제660조〉

보험사고가 전쟁 기타의 변란으로 인하여 생긴 때에는 당사자 간에 다른 약정이 없으면 보험자는 보험금액을 지급할 책임이 없다.

재보험〈상법 제661조〉

보험자는 보험사고로 인하여 부담할 책임에 대하여 다른 보험자와 재보험계약을 체결할 수 있다. 이 재보험계약은 원보험계약의 효력에 영향을 미치지 아니한다.

소멸시효〈상법 제662조〉

보험금청구권은 3년간, 보험료 또는 적립금의 반환청구권은 3년간, 보험료청구권은 2년간 행사하지 아니하면 시효의 완성으로 소멸한다.

보험계약자 등의 불이익변경금지〈상법 제663조〉

이 편의 규정은 당사자 간의 특약으로 보험계약자 또는 피보험자나 보험수익자의 불이익으로 변경하지 못한다. 그러나 재보험 및 해상보험 기타 이와 유사한 보험의 경우에는 그러하지 아니하다.

상호보험, 공제 등에의 준용〈상법 제664조〉

이 편의 규정은 그 성질에 반하지 아니하는 범위에서 상호보험(相互保險), 공제(共濟), 그 밖에 이에 준하는 계약에 준용한다.

제2장 손해보험

▶▶ 제1절 통칙

손해보험자의 책임〈상법 제665조〉

손해보험계약의 보험자는 보험사고로 인하여 생길 피보험자의 재산상의 손해를 보상할 책임이 있다.

손해보험증권〈상법 제666조〉

손해보험증권에는 다음의 사항을 기재하고 보험자가 기명날인 또는 서명하여야 한다.

1. 보험의 목적
2. 보험사고의 성질
3. 보험금액
4. 보험료와 그 지급방법
5. 보험기간을 정한 때에는 그 시기와 종기
6. 무효와 실권의 사유
7. 보험계약자의 주소와 성명 또는 상호

7의2. 피보험자의 주소, 성명 또는 상호

8. 보험계약의 연월일
9. 보험증권의 작성지와 그 작성 연월일

상실이익 등의 불산입〈상법 제667조〉

보험사고로 인하여 상실된 피보험자가 얻을 이익이나 보수는 당사자 간에 다른 약정이 없으면 보험자가 보상할 손해액에 산입하지 아니한다.

보험계약의 목적〈상법 제668조〉

보험계약은 금전으로 산정할 수 있는 이익에 한하여 보험계약의 목적으로 할 수 있다.

초과보험〈상법 제669조〉

① 보험금액이 보험계약의 목적의 가액을 현저하게 초과한 때에는 보험자 또는 보험계약자는 보험료와 보험금액의 감액을 청구할 수 있다. 그러나 보험료의 감액은 장래에 대하여서만 그 효력이 있다.
② ①의 가액은 계약 당시의 가액에 의하여 정한다.
③ 보험가액이 보험기간 중에 현저하게 감소된 때에도 ①과 같다.
④ ①의 경우에 계약이 보험계약자의 사기로 인하여 체결된 때에는 그 계약은 무효로 한다. 그러나 보험자는 그 사실을 안 때까지의 보험료를 청구할 수 있다.

기평가보험〈상법 제670조〉

당사자 간에 보험가액을 정한 때에는 그 가액은 사고발생 시의 가액으로 정한 것으로 추정한다. 그러나 그 가액이 사고발생 시의 가액을 현저하게 초과할 때에는 사고발생 시의 가액을 보험가액으로 한다.

미평가보험〈상법 제671조〉

당사자 간에 보험가액을 정하지 아니한 때에는 사고발생 시의 가액을 보험가액으로 한다.

중복보험〈상법 제672조〉

① 동일한 보험계약의 목적과 동일한 사고에 관하여 수개의 보험계약이 동시에 또는 순차로 체결된 경우에 그 보험금액의 총액이 보험가액을 초과한 때에는 보험자는 각자의 보험금액의 한도에서 연대책임을 진다. 이 경우에는 각 보험자의 보상책임은 각자의 보험금액의 비율에 따른다.
② 동일한 보험계약의 목적과 동일한 사고에 관하여 수개의 보험계약을 체결하는 경우에는 보험계약자는 각 보험자에 대하여 각 보험계약의 내용을 통지하여야 한다.
③ 제669조(초과보험) 제4항의 규정은 ①의 보험계약에 준용한다.

중복보험과 보험자 1인에 대한 권리포기〈상법 제673조〉

중복보험의 규정에 의한 수개의 보험계약을 체결한 경우에 보험자 1인에 대한 권리의 포기는 다른 보험자의 권리의무에 영향을 미치지 아니한다.

일부보험〈상법 제674조〉

보험가액의 일부를 보험에 붙인 경우에는 보험자는 보험금액의 보험가액에 대한 비율에 따라 보상할 책임을 진다. 그러나 당사자 간에 다른 약정이 있는 때에는 보험자는 보험금액의 한도 내에서 그 손해를 보상할 책임을 진다.

사고발생 후의 목적멸실과 보상책임〈상법 제675조〉

보험의 목적에 관하여 보험자가 부담할 손해가 생긴 경우에는 그 후 그 목적이 보험자가 부담하지 아니하는 보험사고의 발생으로 인하여 멸실된 때에도 보험자는 이미 생긴 손해를 보상할 책임을 면하지 못한다.

손해액의 산정기준〈상법 제676조〉

① 보험자가 보상할 손해액은 그 손해가 발생한 때와 곳의 가액에 의하여 산정한다. 그러나 당사자 간에 다른 약정이 있는 때에는 그 신품가액에 의하여 손해액을 산정할 수 있다.

② ①의 손해액의 산정에 관한 비용은 보험자의 부담으로 한다.

보험료체납과 보상액의 공제〈상법 제677조〉

보험자가 손해를 보상할 경우에 보험료의 지급을 받지 아니한 잔액이 있으면 그 지급기일이 도래하지 아니한 때라도 보상할 금액에서 이를 공제할 수 있다.

보험자의 면책사유〈상법 제678조〉

보험의 목적의 성질, 하자 또는 자연소모로 인한 손해는 보험자가 이를 보상할 책임이 없다.

보험목적의 양도〈상법 제679조〉

① 피보험자가 보험의 목적을 양도한 때에는 양수인은 보험계약상의 권리와 의무를 승계한 것으로 추정한다.

② ①의 경우에 보험의 목적의 양도인 또는 양수인은 보험자에 대하여 지체 없이 그 사실을 통지하여야 한다.

손해방지의무〈상법 제680조〉

보험계약자와 피보험자는 손해의 방지와 경감을 위하여 노력하여야 한다. 그러나 이를 위하여 필요 또는 유익하였던 비용과 보상액이 보험금액을 초과한 경우라도 보험자가 이를 부담한다.

보험목적에 관한 보험대위〈상법 제681조〉

보험의 목적의 전부가 멸실한 경우에 보험금액의 전부를 지급한 보험자는 그 목적에 대한 피보험자의 권리를 취득한다. 그러나 보험가액의 일부를 보험에 붙인 경우에는 보험자가 취득할 권리는 보험금액의 보험가액에 대한 비율에 따라 이를 정한다.

제3자에 대한 보험대위〈상법 제682조〉

① 손해가 제3자의 행위로 인하여 발생한 경우에 보험금을 지급한 보험자는 그 지급한 금액의 한도에서 그 제3자에 대한 보험계약자 또는 피보험자의 권리를 취득한다. 다만, 보험자가 보상할 보험금의 일부를 지급한 경우에는 피보험자의 ①에 따른 권리를 침해하지 아니하는 범위에서 그 권리를 행사할 수 있다.

② 보험계약자나 피보험자의 권리가 그와 생계를 같이 하는 가족에 대한 것인 경우 보험자는 그 권리를 취득하지 못한다. 다만, 손해가 그 가족의 고의로 인하여 발생한 경우에는 그러하지 아니하다.

▶▶ 제2절 화재보험

화재보험자의 책임〈상법 제683조〉

화재보험계약의 보험자는 화재로 인하여 생긴 손해를 보상할 책임이 있다.

소방 등의 조치로 인한 손해의 보상〈상법 제684조〉

보험자는 화재의 소방 또는 손해의 감소에 필요한 조치로 인하여 생긴 손해를 보상할 책임이 있다.

화재보험증권〈상법 제685조〉

화재보험증권에는 제666조(손해보험증권)에 게기한 사항 외에 다음의 사항을 기재하여야 한다.

1. 건물을 보험의 목적으로 한 때에는 그 소재지, 구조와 용도
2. 동산을 보험의 목적으로 한 때에는 그 존치한 장소의 상태와 용도
3. 보험가액을 정한 때에는 그 가액

집합보험의 목적〈상법 제686조〉

집합된 물건을 일괄하여 보험의 목적으로 한 때에는 피보험자의 가족과 사용인의 물건도 보험의 목적에 포함된 것으로 한다. 이 경우에는 그 보험은 그 가족 또는 사용인을 위하여서도 체결한 것으로 본다.

동전〈상법 제687조〉

집합된 물건을 일괄하여 보험의 목적으로 한 때에는 그 목적에 속한 물건이 보험기간 중에 수시로 교체된 경우에도 보험사고의 발생 시에 현존한 물건은 보험의 목적에 포함된 것으로 한다.

제3절 운송보험

운송보험자의 책임〈상법 第688條〉

운송보험계약의 보험자는 다른 약정이 없으면 운송인이 운송물을 수령한 때로부터 수하인에게 인도할 때까지 생길 손해를 보상할 책임이 있다.

운송보험의 보험가액〈상법 第689條〉

① 운송물의 보험에 있어서는 발송한 때와 곳의 가액과 도착지까지의 운임 기타의 비용을 보험가액으로 한다.
② 운송물의 도착으로 인하여 얻을 이익은 약정이 있는 때에 한하여 보험가액 중에 산입한다.

운송보험증권〈상법 第690條〉

운송보험증권에는 第666條(손해보험증권)에 게기한 사항 외에 다음의 사항을 기재하여야 한다.
1. 운송의 노순과 방법
2. 운송인의 주소와 성명 또는 상호
3. 운송물의 수령과 인도의 장소
4. 운송기간을 정한 때에는 그 기간
5. 보험가액을 정한 때에는 그 가액

운송의 중지나 변경과 계약효력〈상법 第691條〉

보험계약은 다른 약정이 없으면 운송의 필요에 의하여 일시운송을 중지하거나 운송의 노순 또는 방법을 변경한 경우에도 그 효력을 잃지 아니한다.

운송보조자의 고의, 중과실과 보험자의 면책〈상법 第692條〉

보험사고가 송하인 또는 수하인의 고의 또는 중대한 과실로 인하여 발생한 때에는 보험자는 이로 인하여 생긴 손해를 보상할 책임이 없다.

▶▶ 제4절 해상보험

해상보험자의 책임〈상법 제693조〉

해상보험계약의 보험자는 해상사업에 관한 사고로 인하여 생길 손해를 보상할 책임이 있다.

공동해손분담액의 보상〈상법 제694조〉

보험자는 피보험자가 지급할 공동해손의 분담액을 보상할 책임이 있다. 그러나 보험의 목적의 공동해손분담가액이 보험가액을 초과할 때에는 그 초과액에 대한 분담액은 보상하지 아니한다.

구조료의 보상〈상법 제694조의2〉

보험자는 피보험자가 보험사고로 인하여 발생하는 손해를 방지하기 위하여 지급할 구조료를 보상할 책임이 있다. 그러나 보험의 목적물의 구조료 분담가액이 보험가액을 초과할 때에는 그 초과액에 대한 분담액은 보상하지 아니한다.

특별비용의 보상〈상법 제694조의3〉

보험자는 보험의 목적의 안전이나 보존을 위하여 지급할 특별비용을 보험금액의 한도 내에서 보상할 책임이 있다.

해상보험증권〈상법 제695조〉

해상보험증권에는 제666조(손해보험증권)에 게기한 사항 외에 다음의 사항을 기재하여야 한다.

1. 선박을 보험에 붙인 경우에는 그 선박의 명칭, 국적과 종류 및 항해의 범위
2. 적하를 보험에 붙인 경우에는 선박의 명칭, 국적과 종류, 선적항, 양륙항 및 출하지와 도착지를 정한 때에는 그 지명
3. 보험가액을 정한 때에는 그 가액

선박보험의 보험가액과 보험목적〈상법 제696조〉

① 선박의 보험에 있어서는 보험자의 책임이 개시될 때의 선박가액을 보험가액으로 한다.

② ①의 경우에는 선박의 속구, 연료, 양식 기타 항해에 필요한 모든 물건은 보험의 목적에 포함된 것으로 한다.

적하보험의 보험가액〈상법 제697조〉

적하의 보험에 있어서는 선적한 때와 곳의 적하의 가액과 선적 및 보험에 관한 비용을 보험가액으로 한다.

희망이익보험의 보험가액〈상법 제698조〉

적하의 도착으로 인하여 얻을 이익 또는 보수의 보험에 있어서는 계약으로 보험가액을 정하지 아니한 때에는 보험금액을 보험가액으로 한 것으로 추정한다.

해상보험의 보험기간의 개시〈상법 제699조〉

① 항해단위로 선박을 보험에 붙인 경우에는 보험기간은 하물 또는 저하의 선적에 착수한 때에 개시한다.
② 적하를 보험에 붙인 경우에는 보험기간은 하물의 선적에 착수한 때에 개시한다. 그러나 출하지를 정한 경우에는 그 곳에서 운송에 착수한 때에 개시한다.
③ 하물 또는 저하의 선적에 착수한 후에 ① 또는 ②의 규정에 의한 보험계약이 체결된 경우에는 보험기간은 계약이 성립한 때에 개시한다.

해상보험의 보험기간의 종료〈상법 제700조〉

보험기간은 제699조(해상보험의 보험기간의 개시 규정)의 제1항의 경우에는 도착항에서 하물 또는 저하를 양륙한 때에, 동조 제2항의 경우에는 양륙항 또는 도착지에서 하물을 인도한 때에 종료한다. 그러나 불가항력으로 인하지 아니하고 양륙이 지연된 때에는 그 양륙이 보통종료될 때에 종료된 것으로 한다.

항해변경의 효과〈상법 제701조〉

① 선박이 보험계약에서 정하여진 발항항이 아닌 다른 항에서 출항한 때에는 보험자는 책임을 지지 아니한다.
② 선박이 보험계약에서 정하여진 도착항이 아닌 다른 항을 향하여 출항한 때에도 ①의 경우와 같다.
③ 보험자의 책임이 개시된 후에 보험계약에서 정하여진 도착항이 변경된 경우에는 보험자는 그 항해의 변경이 결정된 때부터 책임을 지지 아니한다.

이로〈상법 제701조의2〉

선박이 정당한 사유 없이 보험계약에서 정하여진 항로를 이탈한 경우에는 보험자는 그때부터 책임을 지지 아니한다. 선박이 손해발생 전에 원항로로 돌아온 경우에도 같다.

발항 또는 항해의 지연의 효과〈상법 제702조〉

피보험자가 정당한 사유 없이 발항 또는 항해를 지연한 때에는 보험자는 발항 또는 항해를 지체한 이후의 사고에 대하여 책임을 지지 아니한다.

선박변경의 효과〈상법 제703조〉

적하를 보험에 붙인 경우에 보험계약자 또는 피보험자의 책임있는 사유로 인하여 선박을 변경한 때에는 그 변경후의 사고에 대하여 책임을 지지 아니한다.

선박의 양도 등의 효과〈상법 제703조의2〉

선박을 보험에 붙인 경우에 다음의 사유가 있을 때에는 보험계약은 종료한다. 그러나 보험자의 동의가 있는 때에는 그러하지 아니하다.

1. 선박을 양도할 때
2. 선박의 선급을 변경한 때
3. 선박을 새로운 관리로 옮긴 때

선박미확정의 적하예정보험〈상법 제704조〉

① 보험계약의 체결당시에 하물을 적재할 선박을 지정하지 아니한 경우에 보험계약자 또는 피보험자가 그 하물이 선적되었음을 안 때에는 지체 없이 보험자에 대하여 그 선박의 명칭, 국적과 하물의 종류, 수량과 가액의 통지를 발송하여야 한다.

② ①의 통지를 해태한 때에는 보험자는 그 사실을 안 날부터 1월 내에 계약을 해지할 수 있다.

해상보험자의 면책사유〈상법 제706조〉

보험자는 다음의 손해와 비용을 보상할 책임이 없다.

① 선박 또는 운임을 보험에 붙인 경우에는 발항 당시 안전하게 항해를 하기에 필요한 준비를 하지 아니하거나 필요한 서류를 비치하지 아니함으로 인하여 생긴 손해

② 적하를 보험에 붙인 경우에는 용선자, 송하인 또는 수하인의 고의 또는 중대한 과실로 인하여 생긴 손해

③ 도선료, 입항료, 등대료, 검역료, 기타 선박 또는 적하에 관한 항해 중의 통상비용

선박의 일부손해의 보상〈상법 제707조의2〉

① 선박의 일부가 훼손되어 그 훼손된 부분의 전부를 수선한 경우에는 보험자는 수선에 따른 비용을 1회의 사고에 대하여 보험금액을 한도로 보상할 책임이 있다.

② 선박의 일부가 훼손되어 그 훼손된 부분의 일부를 수선한 경우에는 보험자는 수선에 따른 비용과 수선을 하지 아니함으로써 생긴 감가액을 보상할 책임이 있다.

③ 선박의 일부가 훼손되었으나 이를 수선하지 아니한 경우에는 보험자는 그로 인한 감가액을 보상할 책임이 있다.

적하의 일부손해의 보상〈상법 제708조〉

보험의 목적인 적하가 훼손되어 양륙항에 도착한 때에는 보험자는 그 훼손된 상태의 가액과 훼손되지 아니한 상태의 가액과의 비율에 따라 보험가액의 일부에 대한 손해를 보상할 책임이 있다.

적하매각으로 인한 손해의 보상〈상법 제709조〉

① 항해 도중에 불가항력으로 보험의 목적인 적하를 매각한 때에는 보험자는 그 대금에서 운임 기타 필요한 비용을 공제한 금액과 보험가액과의 차액을 보상하여야 한다.

② ①의 경우에 매수인이 대금을 지급하지 아니한 때에는 보험자는 그 금액을 지급하여야 한다. 보험자가 그 금액을 지급한 때에는 피보험자의 매수인에 대한 권리를 취득한다.

보험위부의 원인〈상법 제710조〉

다음의 경우에는 피보험자는 보험의 목적을 보험자에게 위부하고 보험금액의 전부를 청구할 수 있다.

1. 피보험자가 보험사고로 인하여 자기의 선박 또는 적하의 점유를 상실하여 이를 회복할 가능성이 없거나 회복하기 위한 비용이 회복하였을 때의 가액을 초과하리라고 예상될 경우
2. 선박이 보험사고로 인하여 심하게 훼손되어 이를 수선하기 위한 비용이 수선하였을 때의 가액을 초과하리라고 예상될 경우
3. 적하가 보험사고로 인하여 심하게 훼손되어서 이를 수선하기 위한 비용과 그 적하를 목적지까지 운송하기 위한 비용과의 합계액이 도착하는 때의 적하의 가액을 초과하리라고 예상될 경우

선박의 행방불명〈상법 제711조〉

① 선박의 존부가 2월간 분명하지 아니한 때에는 그 선박의 행방이 불명한 것으로 한다.

② ①의 경우에는 전손으로 추정한다.

대선에 의한 운송의 계속과 위부권의 소멸〈상법 제712조〉

제710조(보험위부의 원인) 규정 제2항의 경우에 선장이 지체 없이 다른 선박으로 적하의 운송을 계속한 때에는 피보험자는 그 적하를 위부할 수 없다.

위부의 통지〈상법 제713조〉

피보험자가 위부를 하고자 할 때에는 상당한 기간 내에 보험자에 대하여 그 통지를 발송하여야 한다.

위부권행사의 요건〈상법 제714조〉

① 위부는 무조건이어야 한다.

② 위부는 보험의 목적의 전부에 대하여 이를 하여야 한다. 그러나 위부의 원인이 그 일부에 대하여 생긴 때에는 그 부분에 대하여서만 이를 할 수 있다.

③ 보험가액의 일부를 보험에 붙인 경우에는 위부는 보험금액의 보험가액에 대한 비율에 따라서만 이를 할 수 있다.

다른 보험계약 등에 관한 통지〈상법 제715조〉

① 피보험자가 위부를 함에 있어서는 보험자에 대하여 보험의 목적에 관한 다른 보험계약과 그 부담에 속한 채무의 유무와 그 종류 및 내용을 통지하여야 한다.

② 보험자는 ①의 통지를 받을 때까지 보험금액의 지급을 거부할 수 있다.

③ 보험금액의 지급에 관한 기간의 약정이 있는 때에는 그 기간은 ①의 통지를 받은 날로부터 기산한다.

위부의 승인〈상법 제716조〉

보험자가 위부를 승인한 후에는 그 위부에 대하여 이의를 하지 못한다.

위부의 불승인〈상법 제717조〉

보험자가 위부를 승인하지 아니한 때에는 피보험자는 위부의 원인을 증명하지 아니하면 보험금액의 지급을 청구하지 못한다.

위부의 효과〈상법 제718조〉

① 보험자는 위부로 인하여 그 보험의 목적에 관한 피보험자의 모든 권리를 취득한다.
② 피보험자가 위부를 한 때에는 보험의 목적에 관한 모든 서류를 보험자에게 교부하여야 한다.

▶▶ 제5절 책임보험

책임보험자의 책임〈상법 제719조〉

책임보험계약의 보험자는 피보험자가 보험기간 중의 사고로 인하여 제3자에게 배상할 책임을 진 경우에 이를 보상할 책임이 있다.

피보험자가 지출한 방어비용의 부담〈상법 제720조〉

① 피보험자가 제3자의 청구를 방어하기 위하여 지출한 재판상 또는 재판외의 필요비용은 보험의 목적에 포함된 것으로 한다. 피보험자는 보험자에 대하여 그 비용의 선급을 청구할 수 있다.
② 피보험자가 담보의 제공 또는 공탁으로써 재판의 집행을 면할 수 있는 경우에는 보험자에 대하여 보험금액의 한도 내에서 그 담보의 제공 또는 공탁을 청구할 수 있다.
③ ① 또는 ②의 행위가 보험자의 지시에 의한 것인 경우에는 그 금액에 손해액을 가산한 금액이 보험금액을 초과하는 때에도 보험자가 이를 부담하여야 한다.

영업책임보험의 목적〈상법 제721조〉

피보험자가 경영하는 사업에 관한 책임을 보험의 목적으로 한 때에는 피보험자의 대리인 또는 그 사업감독자의 제3자에 대한 책임도 보험의 목적에 포함된 것으로 한다.

피보험자의 배상청구 사실 통지의무〈상법 제722조〉

① 피보험자가 제3자로부터 배상청구를 받았을 때에는 지체 없이 보험자에게 그 통지를 발송하여야 한다.
② 피보험자가 ①의 통지를 게을리 하여 손해가 증가된 경우 보험자는 그 증가된 손해를 보상할 책임이 없다. 다만, 피보험자가 보험사고 발생의 통지의무규정 ①에 따른 통지를 발송한 경우에는 그러하지 아니하다.

피보험자의 변제 등의 통지와 보험금액의 지급〈상법 제723조〉

① 피보험자가 제3자에 대하여 변제, 승인, 화해 또는 재판으로 인하여 채무가 확정된 때에는 지체 없이 보험자에게 그 통지를 발송하여야 한다.

② 보험자는 특별한 기간의 약정이 없으면 전항의 통지를 받은 날로부터 10일 내에 보험금액을 지급하여야 한다.

③ 피보험자가 보험자의 동의 없이 제3자에 대하여 변제, 승인 또는 화해를 한 경우에는 보험자가 그 책임을 면하게 되는 합의가 있는 때에도 그 행위가 현저하게 부당한 것이 아니면 보험자는 보상할 책임을 면하지 못한다.

보험자와 제3자와의 관계〈상법 제724조〉

① 보험자는 피보험자가 책임을 질 사고로 인하여 생긴 손해에 대하여 제3자가 그 배상을 받기 전에는 보험금액의 전부 또는 일부를 피보험자에게 지급하지 못한다.

② 제3자는 피보험자가 책임을 질 사고로 입은 손해에 대하여 보험금액의 한도 내에서 보험자에게 직접 보상을 청구할 수 있다. 그러나 보험자는 피보험자가 그 사고에 관하여 가지는 항변으로써 제3자에게 대항할 수 있다.

③ 보험자가 ②의 규정에 의한 청구를 받은 때에는 지체 없이 피보험자에게 이를 통지하여야 한다.

④ ②의 경우에 피보험자는 보험자의 요구가 있을 때에는 필요한 서류 · 증거의 제출, 증언 또는 증인의 출석에 협조하여야 한다.

보관자의 책임보험〈상법 제725조〉

임차인 기타 타인의 물건을 보관하는 자가 그 지급할 손해배상을 위하여 그 물건을 보험에 붙인 경우에는 그 물건의 소유자는 보험자에 대하여 직접 그 손해의 보상을 청구할 수 있다.

수개의 책임보험〈상법 제725조의2〉

피보험자가 동일한 사고로 제3자에게 배상책임을 짐으로써 입은 손해를 보상하는 수개의 책임보험계약이 동시 또는 순차로 체결된 경우에 그 보험금액의 총액이 피보험자의 제3자에 대한 손해배상액을 초과하는 때에는 제672조(중복보험)와 제673조(중복보험과 보험자 1인에 대한 권리포기)의 규정을 준용한다.

재보험에의 준용〈상법 제726조〉

이 절(節)의 규정은 그 성질에 반하지 아니하는 범위에서 재보험계약에 준용한다.

▶▶ 제6절 자동차보험

자동차보험자의 책임〈상법 제726조의2〉

자동차보험계약의 보험자는 피보험자가 자동차를 소유, 사용 또는 관리하는 동안에 발생한 사고로 인하여 생긴 손해를 보상할 책임이 있다.

자동차 보험증권〈상법 제726조의3〉

자동차 보험증권에는 제666조(손해보험증권)에 게기한 사항 외에 다음의 사항을 기재하여야 한다.

1. 자동차소유자와 그 밖의 보유자의 성명과 생년월일 또는 상호
2. 피보험자동차의 등록번호, 차대번호, 차형년식과 기계장치
3. 차량가액을 정한 때에는 그 가액

자동차의 양도〈상법 제726조의4〉

① 피보험자가 보험기간 중에 자동차를 양도한 때에는 양수인은 보험자의 승낙을 얻은 경우에 한하여 보험계약으로 인하여 생긴 권리와 의무를 승계한다.

② 보험자가 양수인으로부터 양수사실을 통지받은 때에는 지체 없이 낙부를 통지하여야 하고 통지받은 날부터 10일 내에 낙부의 통지가 없을 때에는 승낙한 것으로 본다.

▶▶ 제7절 보증보험

보증보험자의 책임〈상법 제726조의5〉

보증보험계약의 보험자는 보험계약자가 피보험자에게 계약상의 채무불이행 또는 법령상의 의무불이행으로 입힌 손해를 보상할 책임이 있다.

적용 제외〈상법 제726조의6〉

① 보증보험계약에 관하여는 제639조(타인을 위한 보험규정)의 제2항의 단서를 적용하지 아니한다.

② 보증보험계약에 관하여는 보험계약자의 사기, 고의 또는 중대한 과실이 있는 경우에도 이에 대하여 피보험자에게 책임이 있는 사유가 없으면 제651조(고지의무위반으로 인한 계약해지), 제652조(위험변경증가의 통지와 계약해지), 제653조(보험계약자 등의 고의나 중과실로 인한 위험증가와 계약해지) 및 제659조(보험자의 면책사유 규정) 제1항을 적용하지 아니한다.

준용규정〈상법 제726조의7〉

보증보험계약에 관하여는 그 성질에 반하지 아니하는 범위에서 보증채무에 관한 「민법」의 규정을 준용한다.

제3장 인보험

▶▶ 제1절 통칙

인보험자의 책임〈상법 제727조〉

① 인보험계약의 보험자는 피보험자의 생명이나 신체에 관하여 보험사고가 발생할 경우에 보험계약으로 정하는 바에 따라 보험금이나 그 밖의 급여를 지급할 책임이 있다.
② ①의 보험금은 당사자 간의 약정에 따라 분할하여 지급할 수 있다.

인보험증권〈상법 제728조〉

인보험증권에는 제666조(손해보험증권)에 게기한 사항 외에 다음의 사항을 기재하여야 한다.
1. 보험계약의 종류
2. 피보험자의 주소 · 성명 및 생년월일
3. 보험수익자를 정한 때에는 그 주소 · 성명 및 생년월일

제3자에 대한 보험대위의 금지〈상법 제729조〉

보험자는 보험사고로 인하여 생긴 보험계약자 또는 보험수익자의 제3자에 대한 권리를 대위하여 행사하지 못한다. 그러나 상해보험계약의 경우에 당사자 간에 다른 약정이 있는 때에는 보험자는 피보험자의 권리를 해하지 아니하는 범위 안에서 그 권리를 대위하여 행사할 수 있다.

▶▶ 제2절 생명보험

생명보험자의 책임〈상법 제730조〉

생명보험계약의 보험자는 피보험자의 사망, 생존, 사망과 생존에 관한 보험사고가 발생할 경우에 약정한 보험금을 지급할 책임이 있다.

타인의 생명의 보험〈상법 제731조〉

① 타인의 사망을 보험사고로 하는 보험계약에는 보험계약 체결 시에 그 타인의 서면에 의한 동의를 얻어야 한다.
② 보험계약으로 인하여 생긴 권리를 피보험자가 아닌 자에게 양도하는 경우에도 ①과 같다.

15세 미만자 등에 대한 계약의 금지〈상법 제732조〉

15세 미만자, 심신상실자 또는 심신박약자의 사망을 보험사고로 한 보험계약은 무효로 한다. 다만, 심신박약자가 보험계약을 체결하거나 단체보험규정에 따른 단체보험의 피보험자가 될 때에 의사능력이 있는 경우에는 그러하지 아니하다.

중과실로 인한 보험사고 등〈상법 제732조의2〉

① 사망을 보험사고로 한 보험계약에서는 사고가 보험계약자 또는 피보험자나 보험수익자의 중대한 과실로 인하여 발생한 경우에도 보험자는 보험금을 지급할 책임을 면하지 못한다.

② 둘 이상의 보험수익자 중 일부가 고의로 피보험자를 사망하게 한 경우 보험자는 다른 보험수익자에 대한 보험금 지급책임을 면하지 못한다.

보험수익자의 지정 또는 변경의 권리〈상법 제733조〉

① 보험계약자는 보험수익자를 지정 또는 변경할 권리가 있다.

② 보험계약자가 ①의 지정권을 행사하지 아니하고 사망한 때에는 피보험자를 보험수익자로 하고 보험계약자가 ①의 변경권을 행사하지 아니하고 사망한 때에는 보험수익자의 권리가 확정된다. 그러나 보험계약자가 사망한 경우에는 그 승계인이 ①의 권리를 행사할 수 있다는 약정이 있는 때에는 그러하지 아니하다.

③ 보험수익자가 보험존속 중에 사망한 때에는 보험계약자는 다시 보험수익자를 지정할 수 있다. 이 경우에 보험계약자가 지정권을 행사하지 아니하고 사망한 때에는 보험수익자의 상속인을 보험수익자로 한다.

④ 보험계약자가 ②과 ③의 지정권을 행사하기 전에 보험사고가 생긴 경우에는 피보험자 또는 보험수익자의 상속인을 보험수익자로 한다.

보험수익자지정권 등의 통지〈상법 제734조〉

① 보험계약자가 계약체결 후에 보험수익자를 지정 또는 변경할 때에는 보험자에 대하여 그 통지를 하지 아니하면 이로써 보험자에게 대항하지 못한다.

② 타인의 생명의 보험 규정은 ①의 지정 또는 변경에 준용한다.

상법 제735조 삭제〈2014. 3. 11.〉

상법 제735조의2 삭제〈2014. 3. 11.〉

단체보험〈상법 제735조의3〉

① 단체가 규약에 따라 구성원의 전부 또는 일부를 피보험자로 하는 생명보험계약을 체결하는 경우에는 제731조(타인의 생명의 보험)를 적용하지 아니한다.

② ①의 보험계약이 체결된 때에는 보험자는 보험계약자에 대하여서만 보험증권을 교부한다.
③ ①의 보험계약에서 보험계약자가 피보험자 또는 그 상속인이 아닌 자를 보험수익자로 지정할 때에는 단체의 규약에서 명시적으로 정하는 경우 외에는 그 피보험자의 서면 동의를 받아야 한다.

보험적립금반환의무 등〈상법 제736조〉

제649조(사고발생 전의 임의해지), 제650조(보험료의 지급과 지체의 효과), 제652조(고지의무위반으로 인한 계약해지) 제655조(내지 위험변경증가의 통지)의 규정에 의하여 보험계약이 해지된 때, 보험자의 면책사유(제659조)와 제660조(전쟁위험 등으로 인한 면책)의 규정에 의하여 보험금액의 지급책임이 면제된 때에는 보험자는 보험수익자를 위하여 적립한 금액을 보험계약자에게 지급하여야 한다. 그러나 다른 약정이 없으면 제659조(보험자의 면책사유) 제1항의 보험사고가 보험계약자에 의하여 생긴 경우에는 그러하지 아니하다.

제3절 상해보험

상해보험자의 책임〈상법 제737조〉

상해보험계약의 보험자는 신체의 상해에 관한 보험사고가 생길 경우에 보험금액 기타의 급여를 할 책임이 있다.

상해보험증권〈상법 제738조〉

상해보험의 경우에 피보험자와 보험계약자가 동일인이 아닐 때에는 그 보험증권 기재사항 중 제728조(보험증권) 제2항에 게기한 사항에 갈음하여 피보험자의 직무 또는 직위만을 기재할 수 있다.

준용규정〈상법 제739조〉

상해보험에 관하여는 제732조를(15세 미만자 등에 대한 계약의 금지) 제외하고 생명보험에 관한 규정을 준용한다.

제4절 질병보험

질병보험자의 책임〈상법 제739조의2〉

질병보험계약의 보험자는 피보험자의 질병에 관한 보험사고가 발생할 경우 보험금이나 그 밖의 급여를 지급할 책임이 있다.

질병보험에 대한 준용규정〈상법 제739조의3〉

질병보험에 관하여는 그 성질에 반하지 아니하는 범위에서 생명보험 및 상해보험에 관한 규정을 준용한다.

신설 · 개정 보험업법

보험업법〈시행 2024. 10. 25. 기준〉

보험설계사에 대한 불공정 행위 금지〈보험업법 제85조의3〉

① 보험회사 등은 보험설계사에게 보험계약의 모집을 위탁할 때 다음 각 호의 행위를 하여서는 아니 된다.

1. 보험모집 위탁계약서를 교부하지 아니하는 행위
2. 위탁계약서상 계약사항을 이행하지 아니하는 행위
3. 위탁계약서에서 정한 해지요건 외의 사유로 위탁계약을 해지하는 행위
4. 정당한 사유 없이 보험설계사가 요청한 위탁계약 해지를 거부하는 행위
5. 위탁계약서에서 정한 위탁업무 외의 업무를 강요하는 행위
6. 정당한 사유 없이 보험설계사에게 지급되어야 할 수수료의 전부 또는 일부를 지급하지 아니하거나 지연하여 지급하는 행위
7. 정당한 사유 없이 보험설계사에게 지급한 수수료를 환수하는 행위
8. 보험설계사에게 보험료 대납(代納)을 강요하는 행위
9. 그 밖에 대통령령으로 정하는 불공정한 행위

② 제175조(보험협회)에 따른 보험협회(이하 "보험협회"라 한다)는 보험설계사에 대한 보험회사 등의 불공정한 모집위탁행위를 막기 위하여 보험회사 등이 지켜야 할 규약을 정할 수 있다.

③ 보험협회가 ②에 따른 규약을 제정 · 개정 또는 폐지할 때에는 금융위원회가 정하여 고시하는 바에 따라 보험설계사 등 이해관계자의 의견을 수렴하는 절차를 거쳐야 한다.

해산사유 등〈보험업법 제137조〉

① 보험회사는 다음 각 호의 사유로 해산한다.

1. 존립기간의 만료, 그 밖에 정관으로 정하는 사유의 발생
2. 주주총회 또는 사원총회(이하 "주주총회 등"이라 한다)의 결의
3. 회사의 합병
4. 보험계약 전부의 이전
5. 회사의 파산
6. 보험업의 허가취소
7. 해산을 명하는 재판

② 보험회사가 제1항 제6호의 사유로 해산하면 금융위원회는 7일 이내에 그 보험회사의 본점 또는 주된 사무소의 소재지의 등기소에 그 등기를 촉탁(囑託)하여야 한다.
③ 등기소는 제2항의 촉탁을 받으면 7일 이내에 그 등기를 하여야 한다.

보험협회〈보험업법 제175조〉

① 보험회사는 상호 간의 업무질서를 유지하고 보험업의 발전에 기여하기 위하여 보험협회를 설립할 수 있다.
② 보험협회는 법인으로 한다.
③ 보험협회는 정관으로 정하는 바에 따라 다음 각 호의 업무를 한다.
1. 보험회사 간의 건전한 업무질서의 유지
1의2. 제85조의3(보험설계사에 대한 불공정 행위 금지) 제2항에 따른 보험회사 등이 지켜야 할 규약의 제정 · 개정
1의3. 대통령령으로 정하는 보험회사 간 분쟁의 자율조정 업무
2. 보험상품의 비교 · 공시 업무
3. 정부로부터 위탁받은 업무
4. 제1호 · 제1호의2 및 제2호의 업무에 부수하는 업무
5. 그 밖에 대통령령으로 정하는 업무

손해사정〈보험업법 제185조〉

① 대통령령으로 정하는 보험회사는 보험사고에 따른 손해액 및 보험금의 사정(이하 "손해사정"이라 한다)에 관한 업무를 직접 수행하거나 손해사정사 또는 손해사정을 업으로 하는 자(이하 "손해사정업자"라 한다)를 선임하여 그 업무를 위탁하여야 한다. 다만, 다음 각 호의 어느 하나에 해당하는 경우에는 그러하지 아니하다.
1. 보험사고가 외국에서 발생한 경우
2. 보험계약자 등이 금융위원회가 정하는 기준에 따라 손해사정사를 따로 선임한 경우로서 보험회사가 이에 동의한 경우
② 보험계약자 등이 손해사정사를 선임하려고 보험회사에 알리는 경우 보험회사는 그 손해사정사가 금융위원회가 정하는 손해사정사 선임에 관한 동의기준을 충족하는 경우에는 이에 동의하여야 한다.
③ 보험회사는 ①의 본문에 따라 손해사정업무를 직접 수행하는 경우에는 다음 각 호의 사항을 준수하여야 한다.
1. 손해사정사를 고용하여 손해사정업무를 담당하게 할 것
2. 고용한 손해사정사에 대한 평가기준에 보험금 삭감을 유도하는 지표를 사용하지 아니할 것
3. 손해사정서를 작성한 경우에 지체 없이 대통령령으로 정하는 방법에 따라 보험계약자, 피보험자 및 보험금청구권자에게 손해사정서를 내어 주고, 그 중요한 내용을 알려 줄 것
4. 그 밖에 공정한 손해사정을 위하여 필요한 사항으로서 금융위원회가 정하여 고시하는 사항을 준수할 것

④ 보험회사는 ①의 본문에 따라 손해사정업무를 위탁하는 경우에는 다음 각 호의 사항을 준수하여야 한다.
1. 손해사정사 또는 손해사정업자 선정기준 등 대통령령으로 정하는 사항을 포함한 업무위탁기준을 마련하고 이를 준수할 것
2. 전체 손해사정업무 중 대통령령으로 정하는 비율을 초과하는 손해사정업무를 자회사인 손해사정업자에게 위탁하는 경우에는 제1호에 따른 선정기준과 그 기준에 따른 선정 결과를 이사회에 보고하고 인터넷 홈페이지에 공시할 것
3. 그 밖에 공정한 손해사정을 위하여 필요한 사항으로서 금융위원회가 정하여 고시하는 사항을 준수할 것

⑤ 보험회사는 ①의 본문에 따라 손해사정업무를 위탁하는 경우 다음 각 호의 어느 하나에 해당하는 행위를 하여서는 아니 된다.
1. 손해사정 위탁계약서를 교부하지 아니하는 행위
2. 위탁계약서상 계약사항을 이행하지 아니하거나 위탁계약서에서 정한 업무 외의 업무를 강요하는 행위
3. 위탁계약서에서 정한 해지요건 외의 사유로 위탁계약을 해지하는 행위
4. 정당한 사유 없이 손해사정사 또는 손해사정업자가 요청한 위탁계약 해지를 거부하는 행위
5. 손해사정업무를 위탁받은 손해사정사 또는 손해사정업자에게 지급하여야 하는 수수료의 전부 또는 일부를 정당한 사유 없이 지급하지 아니하거나 지연하여 지급하는 행위
6. 정당한 사유 없이 손해사정사 또는 손해사정업자에게 지급한 수수료를 환수하는 행위
7. 손해사정을 보험회사에 유리하게 하도록 손해사정사 또는 손해사정업자에게 강요하는 행위 등 정당한 사유 없이 위탁한 손해사정업무에 개입하는 행위
8. 그 밖에 대통령령으로 정하는 불공정한 행위

손해사정사 교육〈보험업법 제186조의2〉

① 보험회사 및 법인인 손해사정업자는 대통령령으로 정하는 바에 따라 소속 손해사정사(제186조(손해사정사) 제3항에 따른 보조인을 포함한다)에게 손해사정에 관한 교육을 하여야 한다.
② 개인인 손해사정업자(제186조 제3항에 따른 보조인을 포함한다)는 대통령령으로 정하는 바에 따라 ①에 따른 교육을 받아야 한다.

손해사정업〈보험업법 제187조〉

① 손해사정을 업으로 하려는 자는 금융위원회에 등록하여야 한다.
② 손해사정을 업으로 하려는 법인은 대통령령으로 정하는 수 이상의 손해사정사를 두어야 한다.
③ ①에 따른 등록을 하려는 자는 총리령으로 정하는 수수료를 내야 한다.
④ ①에 따라 등록을 한 손해사정업자는 경영현황 등 대통령령으로 정하는 사항을 금융위원회가 정하는 바에 따라 공시하여야 한다.
⑤ 그 밖에 손해사정업의 등록, 영업기준 및 공시 등에 관하여 필요한 사항은 대통령령으로 정한다.

유사명칭의 사용금지〈보험업법 187조의2〉

이 법에 따른 손해사정사나 손해사정업자가 아닌 자는 손해사정사, 손해사정업자 또는 이와 유사한 명칭을 사용하지 못한다.

손해사정사의 의무 등〈보험업법 제189조〉

① 보험회사로부터 손해사정업무를 위탁받은 손해사정사 또는 손해사정업자는 손해사정업무를 수행한 후 손해사정서를 작성한 경우에 지체 없이 대통령령으로 정하는 방법에 따라 보험회사, 보험계약자, 피보험자 및 보험금청구권자에게 손해사정서를 내어 주고, 그 중요한 내용을 알려주어야 한다.

② 보험계약자 등이 선임한 손해사정사 또는 손해사정업자는 손해사정업무를 수행한 후 지체 없이 보험회사 및 보험계약자 등에 대하여 손해사정서를 내어 주고, 그 중요한 내용을 알려주어야 한다.

③ 손해사정사(제186조 제3항에 따른 보조인을 포함한다) 또는 손해사정업자는 손해사정업무를 수행할 때 보험계약자, 그 밖의 이해관계자들의 이익을 부당하게 침해하여서는 아니 되며, 다음 각 호의 행위를 하여서는 아니 된다.

1. 고의로 진실을 숨기거나 거짓으로 손해사정을 하는 행위

1의2. 보험회사 또는 보험계약자 등 어느 일방에 유리하도록 손해사정업무를 수행하는 행위

2. 업무상 알게 된 보험계약자 등에 관한 개인정보를 누설하는 행위
3. 타인으로 하여금 자기의 명의로 손해사정업무를 하게 하는 행위
4. 정당한 사유 없이 손해사정업무를 지연하거나 충분한 조사를 하지 아니하고 손해액 또는 보험금을 산정하는 행위
5. 보험회사 및 보험계약자 등에 대하여 이미 제출받은 서류와 중복되는 서류나 손해사정과 관련이 없는 서류 또는 정보를 요청함으로써 손해사정을 지연하는 행위
6. 보험금 지급을 요건으로 합의서를 작성하거나 합의를 요구하는 행위
7. 그 밖에 공정한 손해사정업무의 수행을 해치는 행위로서 대통령령으로 정하는 행위

손해사정의 표시 · 광고〈보험업법 제189조의2〉

① 손해사정사 또는 손해사정업자가 아닌 자는 손해사정업무를 수행하는 것으로 오인될 우려가 있는 표시 · 광고를 하여서는 아니 된다.

② 손해사정사 또는 손해사정업자는 과대, 허위 등의 내용으로 보험계약자 등에게 피해를 줄 우려가 있는 표시 · 광고를 하여서는 아니 된다.

등록의 취소 등〈보험업법 제190조〉

보험계리사 · 선임계리사 · 보험계리업자 · 손해사정사 및 손해사정업자에 관하여는 제86조를 준용한다. 이 경우 제86조제 1항 제3호에서 "제84조"는 각각 "제182조 제1항" · "제183조 제1항" · "제186조 제1항" 또는 "제187조 제1항"으로 보고, 제86조 제2항 제1호에서 "모집"은 보험계리사 · 선임계리사 · 보험계리업자의 경우에는 "보험계리"로, 손해사정사 · 손해사정업자의 경우에는 "손해사정"으로 본다.

벌칙〈보험업법 제202조〉

다음 각 호의 어느 하나에 해당하는 자는 3년 이하의 징역 또는 3천만 원 이하의 벌금에 처한다.

1. 제18조(자본감소) 제2항을 위반하여 승인을 받지 아니하고 자본감소의 결의를 한 주식회사
2. 제75조(국내자산 보유의무)를 위반한 자
3. 제98조(특별이익의 제공 금지)에서 규정한 금품 등을 제공(같은 조 제3호의 경우에는 보험금액 지급의 약속을 말한다)한 자 또는 이를 요구하여 수수(收受)한 보험계약자 또는 피보험자

3의2. 제102조의7(실손의료보험계약의 서류 전송을 위한 전산시스템의 구축 · 운영 등) 제5항을 위반하여 업무를 수행하는 과정에서 알게 된 정보 또는 자료를 누설하거나 제102조의6(실손의료보험계약의 보험금 청구를 위한 서류 전송) 제1항에 따른 서류 전송 업무 외의 용도로 사용 또는 보관한 자

4. 제106조(자산운용의 방법 및 비율) 제1항 제1호부터 제3호까지의 규정을 위반한 자
5. 제177조(개인정보이용자의 의무)를 위반한 자
6. 제183조(보험계리업) 제1항 또는 제187조(손해사정업) 제1항에 따른 등록을 하지 아니하고 보험계리업 또는 손해사정업을 한 자
7. 거짓이나 그 밖의 부정한 방법으로 제183조(보험계리업) 제1항 또는 제187조(손해사정업) 제1항에 따른 등록을 한 자
8. 제189조(손해사정사의 의무 등) 제3항 제2호를 위반한 자

벌칙〈보험업법 제204조〉

① 다음 각 호의 어느 하나에 해당하는 자는 1년 이하의 징역 또는 1천만 원 이하의 벌금에 처한다.

1. 제8조(상호 또는 명칭) 제2항을 위반한 자
2. 제83조(모집할 수 있는 자) 제1항을 위반하여 모집을 한 자
3. 거짓이나 그 밖의 부정한 방법으로 보험설계사 · 보험대리점 또는 보험중개사의 등록을 한 자

3의2. 제86조(등록의 취소 등) 제2항(제190조에 따라 준용하는 경우를 포함한다)에 따른 업무정지의 명령을 위반하여 모집, 보험계리업무 또는 손해사정업무를 한 자

4. 제88조(보험대리점의 등록취소 등) 제2항, 제90조(보험중개사의 등록취소 등) 제2항에 따른 업무정지의 명령을 위반하여 모집을 한 자
5. 삭제 〈2017. 4. 18.〉
6. 제150조(영업양도 · 양수의 인가)를 위반한 자
7. 제181조(보험계리) 제1항 및 제184조(선임계리사의 임무 등) 제1항을 위반하여 정당한 사유 없이 확인을 하지 아니하거나 부정한 확인을 한 보험계리사 및 선임계리사
8. 제184조(선임계리사의 임무 등) 제3항 제1호를 위반한 선임계리사 및 보험계리사
9. 제189조(손해사정사의 임무 등) 제3항 제1호를 위반한 손해사정사

② 보험계리사나 손해사정사에게 ①의 제7호부터 제9호까지의 규정에 따른 행위를 하게 하거나 이를 방조한 자는 정범에 준하여 처벌한다.

과태료〈보험업법 제209조〉

① 보험회사가 다음 각 호의 어느 하나에 해당하는 경우에는 1억 원 이하의 과태료를 부과한다.

1. 제10조(보험업 겸영의 제한) 또는 제11조(보험회사의 겸영업무) 를 위반하여 다른 업무 등을 겸영한 경우

1의2. 제11조의2(보험회사의 부수업무) 제1항을 위반하여 부수업무를 신고하지 아니한 경우

2. 제95조(보험안내자료)를 위반한 경우

3. 제96조(설명의무 등)를 위반한 경우

4. 보험회사 소속 임직원이 제101조의2(「금융소비자 보호에 관한 법률」의 준용)제3항을 위반한 경우 해당 보험회사. 다만, 보험회사가 그 위반행위를 방지하기 위하여 해당 업무에 관하여 상당한 주의와 감독을 게을리하지 아니한 경우는 제외한다.

5. 제106조(자산운용의 방법 및 비율) 제1항 제7호부터 제9호까지의 규정을 위반한 경우

6. 제109조(다른 회사에 대한 출자 제한)를 위반하여 다른 회사의 주식을 소유한 경우

7. 삭제 〈2017. 4. 18.〉

7의2. 삭제 〈2020. 3. 24.〉

7의3. 제111조(대주주와의 거래제한 등) 제2항을 위반하여 이사회의 의결을 거치지 아니한 경우

7의4. 제111조(대주주와의 거래제한 등) 제3항 또는 제4항에 따른 보고 또는 공시를 하지 아니하거나 거짓으로 보고 또는 공시한 경우

8. 제113조(타인을 위한 채무보증의 금지)를 위반한 경우

9. 제116조(자회사와의 금지행위)를 위반한 경우

10. 제118조(재무제표 등의 제출)를 위반하여 재무제표 등을 기한까지 제출하지 아니하거나 사실과 다르게 작성된 재무제표 등을 제출한 경우

10의2. 제120조(책임준비금 등의 적립) 제1항을 위반하여 책임준비금이나 비상위험준비금을 계상하지 아니하거나 과소 · 과다하게 계상하는 경우 또는 장부에 기재하지 아니한 경우

11. 제124조(공시 등) 제1항을 위반하여 공시하지 아니한 경우

12. 제124조(공시 등) 제4항을 위반하여 정보를 제공하지 아니하거나 부실한 정보를 제공한 경우

13. 제128조의2(기초서류 관리기준)를 위반한 경우

14. 제131조(금융위원회의 명령권)제1항 · 제2항 및 제4항에 따른 명령을 위반한 경우

15. 제133조(자료 제출 및 검사 등)에 따른 검사를 거부 · 방해 또는 기피한 경우

16. 제181조(보험계리) 제2항을 위반하여 선임계리사를 선임하지 아니한 경우

17. 제181조의2(선임계리사의 임면 등)에 따른 선임계리사 선임 및 해임에 관한 절차를 위반한 경우

18. 제184조의2(선임계리사의 자격 요건)에 따른 선임계리사의 요건을 충족하지 못한 자를 선임계리사로 선임한 경우

② 제91조(금융기관보험대리점 등의 영업기준) 제1항에 따른 금융기관보험대리점 등 또는 금융기관보험대리점등이 되려는 자가 제83조(모집할 수 있는 자) 제2항 또는 제100조(금융기관보험대리점등의 금지행위 등)를 위반한 경우에는 1억 원 이하의 과태료를 부과한다.

③ 보험회사가 제95조의5(중복계약 체결 확인 의무)를 위반한 경우에는 5천만 원 이하의 과태료를 부과한다.

④ 보험회사가 다음 각 호의 어느 하나에 해당하는 행위를 한 경우에는 3천만 원 이하의 과태료를 부과한다.

1. 제85조의4(고객응대직원에 대한 보호 조치 의무)를 위반하여 직원의 보호를 위한 조치를 하지 아니하거나 직원에게 불이익을 준 경우
2. 제184조(선임계리사의 의무 등) 제7항을 위반하여 같은 항 각 호의 어느 하나에 해당하는 직무를 담당하게 한 경우
3. 제184조의3(선임계리사의 권한 및 독립성 보장 등) 제1항, 제5항 또는 제6항을 위반하여 선임계리사의 권한과 업무 수행의 독립성에 관하여 필요한 사항을 이행하지 아니한 경우

⑤ 제110조의3(금리인하 요구) 제2항을 위반하여 신용공여 계약을 체결하려는 자에게 금리인하 요구를 할 수 있음을 알리지 아니한 보험회사에는 2천만 원 이하의 과태료를 부과한다.

⑥ 보험회사의 발기인 · 설립위원 · 이사 · 감사 · 검사인 · 청산인, 「상법」 제386조(결원의 경우) 제2항 및 제407조 제1항에 따른 직무대행자(제59조 및 제73조에서 준용하는 경우를 포함한다) 또는 지배인이 다음 각 호의 어느 하나에 해당하는 행위를 한 경우에는 2천만 원 이하의 과태료를 부과한다.

1. 보험회사가 제10조(보험업 겸영의 제한) 또는 제11조(보험회사의 겸영업무)를 위반하여 다른 업무 등을 겸영한 경우
2. 삭제 〈2015. 7. 31.〉
3. 제18조(자본감소)를 위반하여 자본감소의 절차를 밟은 경우
4. 관청 · 총회 또는 제25조(보험계약자 총회 대행기관) 제1항 및 제54조(사원총회 대행기관) 제1항의 기관에 보고를 부실하게 하거나 진실을 숨긴 경우
5. 제38조(입사청약서) 제2항을 위반하여 입사청약서를 작성하지 아니하거나 입사청약서에 적을 사항을 적지 아니하거나 부실하게 적은 경우
6. 정관 · 사원명부 · 의사록 · 자산목록 · 재무상태표 · 사업계획서 · 사무보고서 · 결산보고서, 제44조(「상법」의 준용)에서 준용하는 「상법」 제29조(상업장부의 종류 · 작성원칙) 제1항의 장부에 적을 사항을 적지 아니하거나 부실하게 적은 경우
7. 제57조(서류의 비치와 열람 등) 제1항(제73조에서 준용하는 경우를 포함한다)이나 제64조(「상법」의 준용) 및 제73조(「상법」 등의 준용)에서 준용하는 「상법」 제448조(재무제표 등의 비치 · 공시) 제1항을 위반하여 서류를 비치하지 아니한 경우
8. 사원총회 또는 제54조(사원총회 대행기관) 제1항의 기관을 제59조에서 준용하는 「상법」 제364조(소집지)를 위반하여 소집하거나 정관으로 정한 지역 이외의 지역에서 소집하거나 제59조에서 준용하는 「상법」 제365조(총회의 소집) 제1항을 위반하여 소집하지 아니한 경우

9. 제60조(손실보전준비금) 또는 제62조(기금상각적립금)를 위반하여 준비금을 적립하지 아니하거나 준비금을 사용한 경우
10. 제69조(해산의 공고)를 위반하여 해산절차를 밟은 경우
11. 제72조(자산 처분의 순위 등) 또는 정관을 위반하여 보험회사의 자산을 처분하거나 그 남은 자산을 배분한 경우
12. 제73조(「상법」 등의 준용)에서 준용하는 「상법」 제254조(청산인의 직무권한)를 위반하여 파산선고의 신청을 게을리한 경우
13. 청산의 종결을 지연시킬 목적으로 제73조(「상법」의 준용)에서 준용하는 「상법」 제535조(회사채권자에의 최고) 제1항의 기간을 부당하게 정한 경우
14. 제73조(「상법」 등의 준용)에서 준용하는 「상법」 제536조(채권신고기간내의 변제)를 위반하여 채무를 변제한 경우
15. 제79조(「상법」 등의 준용) 제2항에서 준용하는 「상법」 제619조(영업소폐쇄명령) 또는 제620조(한국에 있는 재산의 청산)를 위반한 경우
16. 제85조(보험설계사에 의한 모집의 제한) 제1항을 위반한 경우
17. 보험회사가 제95조(보험안내자료)를 위반한 경우
18. 보험회사의 임직원이 제95조의2(설명의무 등), 제95조의5(중복계약 체결 확인 의무), 제97조(보험계약의 체결 또는 모집에 관한 금지행위) 또는 제101조의2(「금융소비자 보호에 관한 법률」의 준용) 제1항ㆍ제2항을 위반한 경우
19. 보험회사가 제96조(통신수단을 이용한 모집ㆍ철회 및 해지 등 관련 준수사항)를 위반한 경우
20. 제106조(자산운용의 방법 및 비율) 제1항 제4호 또는 제7호부터 제9호까지의 규정을 위반하여 자산운용을 한 경우
21. 제109조(다른 회사에 대한 출자 제한)를 위반하여 다른 회사의 주식을 소유한 경우
22. 제110조(자금지원 관련 금지행위) 를 위반한 경우
22의2. 삭제 〈2020. 5. 19.〉
23. 제113조(타인을 위한 채무보증의 금지)를 위반한 경우
24. 제116조(자회사와의 금지행위)를 위반한 경우
25. 제118조(재무제표 등의 제출)를 위반하여 재무제표 등의 제출기한을 지키지 아니하거나 사실과 다르게 작성된 재무제표 등을 제출한 경우
26. 제119조(서류의 비치 등)를 위반하여 서류의 비치나 열람의 제공을 하지 아니한 경우
27. 제120조(책임준비금 등의 적립) 제1항을 위반하여 책임준비금 또는 비상위험준비금을 계상하지 아니하거나 장부에 기재하지 아니한 경우
28. 제124조(공시 등) 제1항을 위반하여 공시하지 아니한 경우
29. 제124조(공시 등) 제4항을 위반하여 정보를 제공하지 아니하거나 부실한 정보를 제공한 경우

30. 제125조(상호협정의 인가)를 위반한 경우
31. 제126조(정관변경의 보고)를 위반하여 정관변경을 보고하지 아니한 경우
32. 제127조(기초서류의 작성 및 제출 등)를 위반한 경우
33. 보험회사가 제127조의3(기초서류 기재사항 준수의무)을 위반한 경우
34. 보험회사가 제128조의2(기초서류 관리기준)를 위반한 경우
35. 보험회사가 제128조의3(기초서류 작성 · 변경 원칙)을 위반하여 기초서류를 작성 · 변경한 경우
36. 제130조(보고사항)를 위반하여 보고하지 아니한 경우
37. 제131조(금융위원회의 명령권)에 따른 명령을 위반한 경우
38. 제133조(자료 제출 및 검사 등)에 따른 검사를 거부 · 방해 또는 기피한 경우
39. 금융위원회가 선임한 청산인 또는 법원이 선임한 관리인이나 청산인에게 사무를 인계하지 아니한 경우
40. 제141조(보험계약 이전 결의의 공고 및 통지와 이의 제기)를 위반하여 보험계약의 이전절차를 밟은 경우
41. 제142조(신계약의 금지)를 위반하여 보험계약을 하거나 제144조(제152조 제2항에서 준용하는 경우를 포함한다)를 위반하여 자산을 처분하거나 채무를 부담할 행위를 한 경우
42. 제151조(합병 결의의 공고) 제1항 · 제2항, 제153조(상호회사의 합병) 제3항 또는 제70조(「상법」의 준용) 제1항에서 준용하는 「상법」 제232조(채권자의 이의)를 위반하여 합병절차를 밟은 경우
43. 이 법에 따른 등기를 게을리한 경우
44. 이 법 또는 정관에서 정한 보험계리사에 결원이 생긴 경우에 그 선임절차를 게을리한 경우

⑦ 다음 각 호의 어느 하나에 해당하는 자에게는 1천만 원 이하의 과태료를 부과한다.

1. 제3조(보험계약의 체결)를 위반한 자
2. 제85조(보험설계사에 의한 모집의 제한) 제2항을 위반한 자

2의2. 제85조의3제1항을 위반한 자

2의3. 삭제 〈2017. 4. 18.〉

2의4. 제87조의3(보험설계사에 대한 불공정 행위 금지) 제2항을 위반한 자

3. 제92조(보험중개사의 의무 등)를 위반한 자
4. 제93조(신고사항)에 따른 신고를 게을리한 자
5. 제95조(보험안내자료)를 위반한 자
6. 제95조의2(설명의무 등)를 위반한 자
7. 보험대리점 · 보험중개사 소속 보험설계사가 제95조의2(설명의무 등) · 제96조(통신수단을 이용한 모집 · 철회 및 해지 등 관련 준수사항) 제1항 · 제97조(보험계약의 체결 또는 모집에 관한 금지행위) 제1항 및 제99조(수수료 지급 등의 금지) 제3항을 위반한 경우 해당 보험대리점 · 보험중개사. 다만, 보험대리점 · 보험중개사가 그 위반행위를 방지하기 위하여 해당 업무에 관하여 상당한 주의와 감독을 게을리하지 아니한 경우는 제외한다.

7의2. 제95조의5(중복계약 체결 확인 의무)를 위반한 자

8. 삭제 〈2020. 3. 24.〉

9. 제96조(통신수단을 이용한 모집 · 철회 및 해지 등 관련 준수사항) 제1항을 위반한 자

10. 제97조(보험계약의 체결 또는 모집에 관한 금지행위) 제1항을 위반한 자

11. 제99조(수수료 지급 등의 금지) 제3항을 위반한 자

11의2. 제101조의2(「금융소비자 보호에 관한 법률」의 준용)를 위반한 자

12. 제112조(대주주 등에 대한 자료 제출 요구) 에 따른 자료 제출을 거부한 자

13. 제124조(공시 등) 제5항을 위반하여 비교 · 공시한 자

14. 제131조(금융위원회의 명령권) 제1항을 준용하는 제132조(준용) · 제179조(감독) · 제192조(감독) 제2항, 제133조(자료 제출 및 검사 등) 제1항을 준용하는 제136조(준용) · 제179조(감독) · 제192조(감독) 제2항 및 제192조(감독) 제1항에 따른 명령을 위반한 자

15. 제133조(자료 제출 및 검사 등) 제3항을 준용하는 제136조(준용) · 제179조(감독) 및 제192조(감독) 제2항에 따른 검사를 거부 · 방해 또는 기피한 자

16. 제133조(자료 제출 및 검사 등) 제3항을 준용하는 제136조(준용) · 제179조(감독) 및 제192조(감독) 제2항에 따른 요구에 응하지 아니한 자

17. 제162조(조사대상 및 방법 등) 제2항에 따른 요구를 정당한 사유 없이 거부 · 방해 또는 기피한 자

18. 제185조(손해사정) 제5항을 위반하여 같은 항 각 호의 어느 하나에 해당하는 행위를 한 자

19. 제189조(손해사정사의 의무 등) 제1항 및 제2항을 위반한 자

20. 제189조(손해사정사의 의무 등) 제3항을 위반하여 같은 항 각 호(제1호 및 제2호를 제외한다)의 어느 하나에 해당하는 행위를 한 자

21. 제189조의2(손해사정의 표시 · 광고)를 위반하여 손해사정의 표시 · 광고를 한 자

⑧ 제187조의2(유사명칭의 사용금지)를 위반하여 손해사정사, 손해사정업자 또는 이와 유사한 명칭을 사용한 자에게는 5백만 원 이하의 과태료를 부과한다.

⑨ ①부터 ⑧까지의 과태료는 대통령령으로 정하는 바에 따라 금융위원회가 부과 · 징수한다.

▶▶ 보험업법 시행령〈시행 2024. 10. 25. 기준〉

보험설계사 등의 교육〈보험업법 시행령 제29조의2〉

① 법 제85조의2 제1항에 따라 보험회사, 보험대리점 및 보험중개사(이하 이 조에서 "보험회사 등"이라 한다)는 소속 보험설계사에게 법 제84조에 따라 최초로 등록(등록이 유효한 경우로 한정한다)한 날을 기준으로 2년마다(매 2년이 된 날부터 6개월 이내를 말한다) 별표 4 제1호 및 제3호의 기준에 따라 교육을 해야 한다.

② 법 제85조의2 제2항에 따라 법인이 아닌 보험대리점 및 보험중개사는 법 제87조 또는 제89조에 따라 등록한 날을 기준으로 2년마다(매 2년이 된 날부터 6개월 이내를 말한다) 별표 4 제1호 및 제3호의 기준에 따라 교육을 받아야 한다.

③ 보험회사 등은 전년도 불완전판매 건수 및 비율이 금융위원회가 정하여 고시하는 기준 이상인 소속 보험설계사에게 제1항에 따른 교육과는 별도로 해당 사업연도에 별표 4 제2호의 기준에 따라 불완전 판매를 방지하기 위한 교육(이하 "불완전판매방지교육"이라 한다)을 해야 한다.

④ 전년도 불완전판매 건수 및 비율이 금융위원회가 정하여 고시하는 기준 이상인 법인이 아닌 보험대리점 및 보험중개사는 제2항에 따른 교육과는 별도로 해당 사업연도에 별표 4 제2호의 기준에 따라 불완전판매방지교육을 받아야 한다.

⑤ 보험협회는 매월 제1항부터 제4항까지의 규정에 따른 교육 대상을 보험회사 등에 알려야 하며, 보험회사 등은 불완전 판매 건수 등 보험협회가 교육 대상을 파악하기 위해 필요한 정보를 제공해야 한다.

⑥ 보험협회, 보험회사 등은 제1항부터 제4항까지의 규정에 따른 교육을 효율적으로 실시하기 위하여 필요한 단체를 구성 · 운영할 수 있다.

⑦ 제1항부터 제4항까지의 규정에 따른 교육의 세부적인 기준, 방법 및 절차, 제6항에 따른 단체의 구성 및 운영에 필요한 사항은 금융위원회가 정하여 고시한다.

실손의료보험계약의 보험금 청구를 위한 서류 전송〈보험업법 시행령 제48조2〉

① 실손의료보험계약의 보험계약자, 피보험자, 보험금을 취득할 자 또는 그 대리인(이하 "보험계약자 등"이라 한다)은 법 제102조의6 제1항에 따라 「국민건강보험법」 제42조에 따른 요양기관(이하 "요양기관"이라 한다)에 실손의료보험계약의 보험금 청구에 필요한 서류의 전송을 요청하는 경우에는 다음 각 호의 사항을 확인해야 한다.

1. 피보험자의 진료내역
2. 보험금을 청구할 보험회사

② 법 제102조의6 제1항의 요청을 받은 요양기관은 보험계약자 등의 요청에 따라 실손의료보험계약의 보험금 청구에 필요한 서류를 보험회사에 전송하는 경우에는 다음 각 호의 요건을 모두 갖추어 전송해야 한다.

1. 정보처리장치로 처리가 가능한 형태일 것
2. 암호화 등 안전성 확보 및 개인정보 보호 등을 위한 조치로서 금융위원회가 정하여 고시하는 조치를 할 것

③ 법 제102조의6 제2항에서 "대통령령으로 정하는 정당한 사유"란 다음 각 호의 사유를 말한다.
1. 법 제102조의7 제1항에 따른 전산시스템(이하 "실손전산시스템"이라 한다)에 전산장애가 발생하거나 실손전산시스템의 보수 · 점검 등으로 전송을 할 수 없는 경우
2. 「전자금융거래법」 제2조 제22호에 따른 전자적 침해행위가 발생한 경우로서 개인정보 보호 등을 위하여 실손전산시스템을 차단할 필요가 있는 경우
3. 실손전산시스템에 의한 서류 전송을 위하여 시스템 연계 등 사전절차를 진행하고 있는 경우로서 금융위원회가 정하여 고시하는 경우
4. 그 밖에 제1호부터 제3호까지에 준하는 경우로서 금융위원회가 정하여 고시하는 경우

전송대행기관〈보험업법 시행령 제48조의3〉

법 제102조의7 제2항에서 "대통령령으로 정하는 전송대행기관"이란 보험요율 산출기관을 말한다.

실손전산시스템운영위원회의 구성 · 운영〈보험업법 시행령 제48조의4〉

① 법 제102조의7 제4항에 따른 위원회(이하 이 조에서 "실손전산시스템운영위원회"라 한다)는 다음 각 호의 사항을 협의한다.
1. 실손전산시스템의 구축 · 운영 및 그 개선에 관한 사항
2. 실손전산시스템의 구축 · 운영 등에 관한 관계기관 간 의견 조정에 관한 사항
3. 법 제102조의7 제2항에 따른 전송대행기관(이하 "전송대행기관"이라 한다)의 실손전산시스템 구축 · 운영 등 업무수행에 대한 평가 및 그 개선에 관한 사항

② 실손전산시스템운영위원회는 위원장 1명을 포함한 18명의 위원으로 구성한다.

③ 실손전산시스템운영위원회의 위원은 다음 각 호의 사람이 되고, 위원장은 위원 중에서 호선한다.
1. 보건복지부 · 금융위원회의 고위공무원단에 속하는 일반직공무원 또는 3급 공무원으로서 해당 기관의 장이 지명하는 사람 각 1명
2. 금융감독원 소속 임직원 중에서 금융감독원의 장이 지명하는 사람 1명
3. 전송대행기관 소속 임직원 중에서 전송대행기관의 장이 지명하는 사람 1명
4. 보험협회 중 생명보험회사로 구성된 협회(이하 "생명보험협회"라 한다)의 장이 지명하는 사람 2명
5. 보험협회 중 손해보험회사로 구성된 협회(이하 "손해보험협회"라 한다)의 장이 지명하는 사람 3명
6. 「의료법」 제28조 제1항에 따른 의사회, 치과의사회 및 한의사회의 장이 지명하는 사람 각 1명
7. 「의료법」 제52조에 따른 의료기관단체 중 같은 법 제3조제2항 제3호 가목 및 라목부터 바목까지의 규정에 따른 의료기관의 장으로 구성된 의료기관단체의 장이 지명하는 사람 1명

8. 「약사법」 제11조에 따른 대한약사회의 장이 지명하는 사람 1명
9. 보험 소비자 보호, 의료 소비자 보호, 보험 또는 보건의료 분야에 관한 학식과 경험이 풍부한 사람으로서 전송대행기관의 장이 위촉하는 사람 4명

④ 위원의 임기는 2년으로 한다. 다만, 제3항제1호부터 제3호까지에 해당하는 위원의 임기는 해당 직(職)에 재직하는 기간으로 한다.

⑤ 실손전산시스템운영위원회의 회의는 재적위원 과반수의 출석으로 개의하고 출석위원 과반수의 찬성으로 의결한다.

⑥ 실손전산시스템운영위원회는 필요한 경우 분야별 분과위원회를 둘 수 있다.

⑦ 실손전산시스템운영위원회는 필요하다고 인정하면 관계 행정기관 · 공공단체나 그 밖의 기관 · 단체의 장 또는 민간전문가를 회의에 참석하게 하여 의견을 들을 수 있다.

⑧ 제1항부터 제7항까지에서 규정한 사항 외에 실손전산시스템운영위원회 및 분과위원회의 구성 및 운영 등에 필요한 사항은 위원회 의결을 거쳐 위원장이 정한다.

보험약관 이해도 평가⟨⟨보험업법 시행령 제71조의6⟩

① 법 제128조의4 제1항에서 "보험소비자와 보험의 모집에 종사하는 자 등 대통령령으로 정하는 자"란 다음 각 호의 사람을 말한다.
1. 금융감독원장이 추천하는 보험소비자 3명
2. 「소비자기본법」에 따라 설립된 한국소비자원의 장이 추천하는 보험소비자 3명
3. 삭제 〈2019. 6. 25.〉
4. 보험요율 산출기관의 장이 추천하는 보험 관련 전문가 1명
5. 생명보험협회의 장이 추천하는 보험의 모집에 종사하는 자 1명
6. 손해보험협회의 장이 추천하는 보험의 모집에 종사하는 자 1명
7. 「민법」 제32조에 따라 금융위원회의 허가를 받아 설립된 사단법인 보험연구원의 장이 추천하는 보험 관련 법률전문가 1인

② 법 제128조의4 제2항에 따라 지정된 평가대행기관(이하 "평가대행기관"이라 한다)은 제1항에 따른 평가대상자에 의한 보험약관 이해도 평가 외에 별도의 보험소비자만을 대상으로 하는 보험약관의 이해도 평가를 실시할 수 있다.

③ 법 제128조의4 제1항에 따른 보험약관 이해도 평가결과에 대한 공시기준은 다음 각 호와 같다.
1. 공시대상 : 보험약관의 이해도 평가 기준 및 해당 기준에 따른 평가 결과
2. 공시방법 : 평가대행기관의 홈페이지에 공시
3. 공시주기 : 연 2회 이상

④ 제1항에 따른 보험약관 이해도 평가대상자의 추천 기준 및 추천 절차 등에 관하여 필요한 세부사항은 금융위원회가 정하여 고시한다.

보험협회의 업무〈보험업법 시행령 제84조〉

① 법 제175조 제3항 제1호의3에서 “대통령령으로 정하는 보험회사 간 분쟁”이란 교통사고로 인한 보험금의 산정에 적용되는 과실비율의 결정과 관련된 보험회사 간의 분쟁을 말한다.

② 법 제175조 제3항 제5호에서 “대통령령으로 정하는 업무”란 다음 각 호의 업무를 말한다.

1. 법 제194조제1항 및 제4항에 따라 위탁받은 업무
2. 다른 법령에서 보험협회가 할 수 있도록 정하고 있는 업무
3. 보험회사의 경영과 관련된 정보의 수집 및 통계의 작성업무
4. 차량수리비 실태 점검업무
5. 모집 관련 전문자격제도의 운영 · 관리 업무

5의2. 보험설계사 및 개인보험대리점의 모집에 관한 경력(금융위원회가 정하여 고시하는 사항으로 한정한다)의 수집 · 관리 · 제공에 관한 업무

6. 보험가입 조회업무
7. 설립 목적의 범위에서 보험회사, 그 밖의 보험 관계 단체로부터 위탁받은 업무
8. 보험회사가 공동으로 출연하여 수행하는 사회 공헌에 관한 업무
9. 「보험사기방지 특별법」에 따른 보험사기행위를 방지하기 위한 교육 · 홍보 업무
10. 「보험사기방지 특별법」에 따른 보험사기행위를 방지하는 데 기여한 자에 대한 포상금 지급 업무

손해사정〈보험업법 시행령 제96조의3〉

① 법 제185조 제1항 각 호 외의 부분 본문에서 “대통령령으로 정하는 보험회사”란 다음 각 호의 어느 하나에 해당하는 보험회사를 말한다.

1. 손해보험상품(보증보험계약은 제외한다)을 판매하는 보험회사
2. 제3보험상품을 판매하는 보험회사

② 법 제185조 제3항 제3호에서 “대통령령으로 정하는 방법”이란 서면, 문자메시지, 전자우편, 팩스 또는 그 밖에 이와 유사한 방법을 말한다.

③ 법 제185조 제4항 제1호에서 “손해사정사 또는 손해사정업자 선정기준 등 대통령령으로 정하는 사항”이란 다음 각 호의 사항을 말한다.

1. 손해사정사 또는 손해사정업자의 선정기준
2. 손해사정업무의 위탁 범위
3. 그 밖에 손해사정업무의 위탁과 관련하여 금융위원회가 정하여 고시하는 사항

④ 법 제185조 제4항 제2호에서 “대통령령으로 정하는 비율”이란 각 보험회사의 직전 사업연도 전체 손해사정업무 중 위탁된 손해사정업무가 차지하는 비율의 100분의 50을 말한다.

⑤ 법 제185조 제5항 제8호에서 “대통령령으로 정하는 불공정한 행위”란 다음 각 호의 행위를 말한다.

1. 손해사정업무를 위탁받은 손해사정사 또는 손해사정업자의 위탁업무 수행실적을 평가할 때 정당한 사유 없이 자회사인 손해사정업자를 우대하는 행위

2. 그 밖에 법 제185조 제5항 제1호부터 제7호까지의 행위에 준하는 행위로서 금융위원회가 정하여 고시하는 행위

손해사정사 교육〈보험업법 시행령 제96조의4〉

① 보험회사 및 법인인 손해사정업자는 법 제186조의2 제1항에 따라 소속 손해사정사 및 법 제186조 제3항에 따른 보조인(이하 "손해사정보조인"이라 한다)에게 다음 각 호의 구분에 따른 날을 기준으로 2년마다(매 2년이 되는 날부터 12개월 이내를 말한다) 별표 7의2의 교육기준에 따른 교육을 해야 한다.

1. 손해사정사 : 법 제186조 제1항에 따라 최초로 등록(등록이 유효한 경우로 한정한다)한 날
2. 손해사정보조인 : 손해사정보조인이 된 날

② 개인인 손해사정업자 및 그 손해사정보조인은 법 제186조의2 제2항에 따라 이 조 제1항 각 호의 구분에 따른 날을 기준으로 2년마다(매 2년이 되는 날부터 12개월 이내를 말한다) 별표 7의2의 교육기준에 따른 교육을 받아야 한다.

③ 보험협회, 보험회사 및 손해사정업자는 법 제186조의2 제1항 및 제2항에 따른 교육을 효율적으로 실시하기 위해 필요한 단체를 구성 · 운영할 수 있다.

④ 제1항 및 제2항에 따른 손해사정사 및 손해사정보조인에 대한 교육의 세부 기준, 방법 및 절차, 제3항에 따른 단체의 구성 및 운영에 필요한 사항은 금융위원회가 정하여 고시한다.

손해사정업의 영업기준〈보험업법 시행령 제98조〉

① 법 제187조 제2항에 따라 손해사정을 업으로 하려는 법인은 2명 이상의 상근 손해사정사를 두어야 한다. 이 경우 총리령으로 정하는 손해사정사의 구분에 따라 수행할 업무의 종류별로 1명 이상의 상근 손해사정사를 두어야 한다.

② 제1항에 따른 법인이 지점 또는 사무소를 설치하려는 경우에는 각 지점 또는 사무소별로 총리령으로 정하는 손해사정사의 구분에 따라 수행할 업무의 종류별로 1명 이상의 손해사정사를 두어야 한다.

③ 제1항 및 제2항에 따른 인원에 결원이 생겼을 때에는 2개월 이내에 충원해야 한다.

④ 제1항 및 제2항에 따른 인원에 결원이 생긴 기간이 제3항에 따른 기간을 초과하는 경우에는 그 기간 동안 손해사정업자는 손해사정업무를 할 수 없다.

⑤ 법 제187조 제4항에서 "경영현황 등 대통령령으로 정하는 사항"이란 다음 각 호의 사항을 말한다.

1. 재무, 손익 등 경영현황에 관한 사항
2. 조직 및 인력에 관한 사항
3. 그 밖에 보험계약자 등의 보호를 위해 공시할 필요가 있는 사항으로서 금융위원회가 정하여 고시하는 사항

⑥ 법 제187조 제5항에 따라 개인으로서 손해사정을 업으로 하려는 사람은 총리령으로 정하는 구분에 따른 손해사정사의 자격이 있어야 한다.

⑦ 법 제187조 제5항에 따라 손해사정업자는 등록일부터 1개월 내에 업무를 시작하여야 한다. 다만, 불가피한 사유가 있다고 금융위원회가 인정하는 경우에는 그 기간을 연장할 수 있다.

⑧ 법 제187조 제5항에 따라 손해사정업자가 지켜야 할 영업기준은 다음 각 호와 같다.
1. 상호 중에 "손해사정"이라는 글자를 사용할 것
2. 장부폐쇄일은 보험회사의 장부폐쇄일을 따를 것
3. 그 밖에 공정한 손해사정업무를 수행하기 위하여 필요하다고 인정되는 사항으로서 금융위원회가 정하여 고시하는 사항을 준수할 것

민감정보 및 고유식별정보의 처리〈보험업법 시행령 제102조〉

① 금융위원회(법 제194조 및 이 영 제100조에 따라 금융위원회의 업무를 위탁받은 자를 포함한다) 또는 금융감독원장(법 제194조 및 이 영 제101조에 따라 금융감독원장의 업무를 위탁받은 자를 포함한다)은 다음 각 호의 사무를 수행하기 위해 불가피한 경우 「개인정보 보호법 시행령」 제19조에 따른 주민등록번호, 여권번호, 운전면허의 면허번호 또는 외국인등록번호가 포함된 자료를 처리할 수 있다.
1. 법 제12조에 따른 국내사무소 설치신고에 관한 사무
2. 법 제89조에 따른 영업보증금 예탁 · 관리에 관한 사무
3. 법 제93조에 따른 보험설계사 등의 신고사항 처리에 관한 사무
4. 법 제107조에 따른 자산운용비율 한도 초과 예외 승인에 관한 사무
5. 법 제111조에 따른 대주주와의 거래 관련 보고 등에 관한 사무
6. 법 제112조에 따른 대주주 등에 대한 자료 제출 요구에 관한 사무
7. 법 제114조에 따른 자산평가의 방법 등에 관한 사무
8. 법 제115조, 제117조에 따른 자회사 소유 승인, 신고 또는 보고에 관한 사무
9. 법 제118조에 따른 재무제표 등의 제출에 관한 사무
10. 법 제120조에 따른 책임준비금 적립 등의 심의에 관한 사무
11. 법 제131조(법 제132조에서 준용하는 경우를 포함한다) 및 제131조의2에 따른 조치, 명령 등에 관한 사무
12. 법 제139조에 따른 해산 · 합병 · 계약이전 등의 인가에 관한 사무
13. 법 제150조에 따른 영업양도 · 양수의 인가에 관한 사무
14. 법 제156조에 따른 청산인의 선임 · 해임에 관한 사무
15. 법 제160조에 따른 청산인에 대한 감독 등에 관한 사무
16. 법 제163조에 따른 보험조사협의회 구성에 관한 사무
17. 법 제176조에 따른 순보험요율 신고에 관한 사무

② 금융위원회(법 제194조 및 이 영 제100조에 따라 금융위원회의 업무를 위탁받은 자를 포함한다) 또는 금융감독원장(법 제194조 및 이 영 제101조에 따라 금융감독원장의 업무를 위탁받은 자를 포함한다)은 다음 각 호의 사무를 수행하기 위해 불가피한 경우 「개인정보 보호법」 제23조에 따른 건강에 관한 정보, 같은 법 시행령 제18조 제2호에 따른 범죄경력자료에 해당하는 정보, 같은 영 제19조에 따른 주민등록번호, 여권번호, 운전면허의 면허번호 또는 외국인등록번호가 포함된 자료를 처리할 수 있다.

1. 법 제3조 단서 및 이 영 제7조에 따른 보험계약 체결 승인에 관한 사무
2. 법 제4조부터 제7조까지의 규정에 따른 허가, 승인, 예비허가 등에 관한 사무
4. 법 제20조 제3항에 따른 손실보전 준비금적립액 산정에 관한 사무
5. 법 제74조에 따른 외국보험회사국내지점의 허가취소 등에 관한 사무
6. 법 제84조, 제87조, 제89조, 제182조, 제183조, 제186조 및 제187조에 따른 보험설계사, 보험대리점, 보험중개사, 보험계리사, 보험계리업, 손해사정사 및 손해사정업의 등록 및 자격시험 운영·관리에 관한 사무
7. 법 제86조, 제88조, 제90조, 제190조 및 제192조에 따른 보험설계사, 보험대리점, 보험중개사, 보험계리사, 선임계리사, 보험계리업자, 손해사정사, 손해사정업자의 등록취소 및 업무정지 등 제재에 관한 사무
8. 법 제130조에 따른 보고에 관한 사무
9. 법 제133조·제134조(법 제136조에서 준용하는 경우를 포함한다), 제135조 및 제179조에 따른 자료 제출, 검사, 제재, 통보 및 이에 따른 사후조치 등에 관한 사무
10. 법 제162조에 따른 조사 및 이에 따른 사후조치 등에 관한 사무
11. 법 제196조에 따른 과징금 부과에 관한 사무
12. 삭제 〈2016. 7. 28.〉

③ 보험요율 산출기관은 다음 각 호의 사무를 수행하기 위하여 불가피한 경우 제2항 각 호 외의 부분에 따른 개인정보가 포함된 자료를 처리할 수 있다.
1. 법 제102조의7 제2항에 따라 위탁받은 실손전산시스템의 운영에 관한 사무
2. 법 제176조 제3항 제1호 및 제2호에 따른 사무
3. 제86조 제2호에 따른 사무

④ 보험협회의 장은 다음 각 호의 사무를 수행하기 위하여 불가피한 경우 「개인정보 보호법」 제23조에 따른 건강에 관한 정보, 같은 법 시행령 제19조에 따른 주민등록번호, 여권번호, 운전면허의 면허번호 또는 외국인등록번호가 포함된 자료를 처리할 수 있다. 다만, 제6호의 사무의 경우에는 「개인정보 보호법」 제23조에 따른 건강에 관한 정보 및 같은 법 시행령 제19조에 따른 운전면허의 면허번호가 포함된 자료는 제외한다.
1. 법 제95조의5에 따라 중복계약의 체결을 확인하거나 이 영 제7조 제2항에 따라 보험계약을 확인하는 경우 그에 따른 사무
2. 법 제125조에 따라 금융위원회로부터 인가받은 상호협정을 수행하는 경우 그에 따른 사무
3. 법 제169조, 제170조에 따른 보험금 지급 및 자료 제출 요구에 관한 사무

3의2. 제56조 제2항에 따른 변액보험계약의 모집에 관한 연수과정의 운영·관리에 관한 사무

4. 제84조 제4호에 따른 차량수리비 실태 점검에 관한 사무

4의2. 제84조 제5호의2에 따른 보험설계사 및 개인보험대리점의 모집 경력 수집·관리·제공에 관한 사무

5. 제84조 제6호에 따른 보험가입 조회에 관한 사무
6. 제84조 제10호에 따른 포상금 지급에 관한 사무

⑤ 보험회사는 다음 각 호의 사무를 수행하기 위하여 필요한 범위로 한정하여 해당 각 호의 구분에 따라 「개인정보 보호법」 제23조에 따른 민감정보 중 건강에 관한 정보(이하 이 항에서 "건강정보"라 한다)나 같은 법 시행령 제19조에 따른 주민등록번호, 여권번호, 운전면허의 면허번호 또는 외국인등록번호(이하 이 항에서 "고유식별정보"라 한다)가 포함된 자료를 처리할 수 있다.

1. 「상법」 제639조에 따른 타인을 위한 보험계약의 체결, 유지 · 관리, 보험금의 지급 등에 관한 사무 : 피보험자에 관한 건강정보 또는 고유식별정보
2. 「상법」 제719조(「상법」 제726조에서 준용하는 재보험계약을 포함한다) 및 제726조의2에 따라 제3자에게 배상할 책임을 이행하기 위한 사무 : 제3자에 관한 건강정보 또는 고유식별정보
3. 「상법」 제733조에 따른 보험수익자 지정 또는 변경에 관한 사무 : 보험수익자에 관한 고유식별정보
4. 「상법」 제735조의3에 따른 단체보험계약의 체결, 유지 · 관리, 보험금지급 등에 관한 사무 : 피보험자에 관한 건강정보 또는 고유식별정보
5. 제1조의2 제3항 제4호에 따른 보증보험계약으로서 「주택임대차보호법」 제2조에 따른 주택의 임차인이 임차주택에 대한 보증금을 반환받지 못하여 입은 손해를 보장하는 보험계약의 체결, 유지 · 관리 및 보험금의 지급 등에 관한 사무 : 임대인에 관한 고유식별정보

5의2. 제1조의2 제3항 제4호에 따른 보증보험계약으로서 「상가건물 임대차보호법」 제2조에 따른 상가건물의 임차인이 임차상가건물에 대한 보증금을 반환받지 못해 입은 손해를 보장하는 보험계약의 체결, 유지 · 관리 및 보험금의 지급 등에 관한 사무 : 임대인에 관한 고유식별정보

6. 제1조의2 제3항 제4호에 따른 보증보험계약으로서 임대인의 「상가건물 임대차보호법」 제10조의4 제1항 위반으로 임차인이 입은 손해를 보장하는 보험계약의 체결, 유지 · 관리 및 보험금의 지급 등에 관한 사무 : 임대인에 관한 고유식별정보

⑥ 보험회사 등은 법 제84조, 제87조 및 제93조에 따른 보험설계사 · 보험대리점의 등록 및 신고에 관한 사무를 수행하기 위하여 불가피한 경우 「개인정보 보호법 시행령」 제19조 제1호에 따른 주민등록번호가 포함된 자료를 처리할 수 있다.

⑦ 손해사정사 또는 손해사정업자는 법 제188조에 따른 사무를 수행하기 위하여 불가피한 경우 해당 보험계약자 등의 동의를 받아 「개인정보 보호법 시행령」 제19조 제1호에 따른 주민등록번호가 포함된 자료를 처리할 수 있다.

⑧ 다음 각 호의 어느 하나에 해당하는 자는 법 제124조 제2항, 제4항 또는 제5항에 따라 자동차보험계약의 보험료 비교 · 공시에 관한 사무를 수행하기 위하여 불가피한 경우 「개인정보 보호법 시행령」 제19조 제1호에 따른 주민등록번호가 포함된 자료를 처리할 수 있다.

1. 보험협회
2. 보험협회 외의 자로서 법 제124조 제5항에 따라 보험계약에 관한 사항을 비교 · 공시하는 자
3. 자동차보험을 판매하는 손해보험회사

▶▶ 보험업법 시행규칙〈시행 2024. 9. 26. 기준〉

시험 실시의 공고 등〈보험업법 시행규칙 제49조〉

① 금융감독원장은 보험계리사 시험을 실시하려면 다음 각 호의 사항을 시험 실시 3개월 전까지 전국적으로 배포되는 1개 이상의 일간신문에 공고하고 인터넷에도 공고하여야 한다.

1. 시험일시 및 장소
2. 시험방법 및 과목
3. 응시자격 및 응시절차

3의2. 제48조의2 제1항에 따른 과목별 최소합격예정인원

4. 그 밖에 시험의 실시와 관련하여 필요한 사항

② 보험계리사 시험에 응시하려는 사람은 금융감독원장이 정하는 시험수수료를 금융감독원에 내야 한다. 다만, 금융감독원장은 응시원서 접수 당시 다음 각 호의 어느 하나에 해당하는 사람에 대해서는 시험수수료를 감면할 수 있다.

1. 「국민기초생활 보장법」에 따른 수급자 또는 차상위계층
2. 「장애인연금법」에 따른 수급자
3. 「한부모가족지원법」 제5조 및 제5조의2에 따른 지원대상자

③ 금융감독원은 시험 응시자가 다음 각 호의 어느 하나에 해당하는 경우에는 금융감독원장이 정하는 바에 따라 시험수수료를 반환하여야 한다.

1. 시험수수료를 과오납(過誤納)한 경우
2. 보험요율 산출기관의 귀책사유로 시험에 응시하지 못한 경우
3. 시험 전날까지 응시 의사를 철회한 경우
4. 사고 또는 질병으로 입원(시험일이 입원기간에 포함되는 경우로 한정한다)하여 시험에 응시하지 못한 경우
5. 「감염병의 예방 및 관리에 관한 법률」에 따른 진찰 · 치료 · 입원 또는 격리 처분(시험일이 진찰 · 치료 · 입원 또는 격리 기간에 포함되는 경우로 한정한다)을 받아 시험에 응시하지 못한 경우
6. 본인이 사망하거나 다음 각 목의 사람이 시험일 7일 전부터 시험일까지의 기간에 사망하여 시험에 응시하지 못한 경우
   가. 시험수수료를 낸 사람의 배우자
   나. 시험수수료를 낸 사람 본인 및 배우자의 자녀
   다. 시험수수료를 낸 사람 본인 및 배우자의 부모
   라. 시험수수료를 낸 사람 본인 및 배우자의 조부모 · 외조부모
   마. 시험수수료를 낸 사람 본인 및 배우자의 형제자매

④ 보험계리사 시험 실시에 필요한 세부 사항은 금융감독원장이 정한다.

기출분석을 통한 다빈출 보험업법 핵심 암기사항

목적〈보험업법 제1조〉

이 법은 보험업을 경영하는 자의 건전한 경영을 도모하고 보험계약자, 피보험자, 그 밖의 이해관계인의 권익을 보호함으로써 보험업의 건전한 육성과 국민경제의 균형 있는 발전에 기여함을 목적으로 한다.

정의〈보험업법 제2조〉

이 법에서 사용하는 용어의 뜻은 다음과 같다.

1. "보험상품"이란 위험보장을 목적으로 우연한 사건 발생에 관하여 금전 및 그 밖의 급여를 지급할 것을 약정하고 대가를 수수(授受)하는 계약(「국민건강보험법」에 따른 건강보험, 「고용보험법」에 따른 고용보험 등 보험계약자의 보호 필요성 및 금융거래 관행 등을 고려하여 대통령령으로 정하는 것은 제외한다)으로서 다음 각 목의 것을 말한다.
   가. 생명보험상품 : 위험보장을 목적으로 사람의 생존 또는 사망에 관하여 약정한 금전 및 그 밖의 급여를 지급할 것을 약속하고 대가를 수수하는 계약으로서 대통령령으로 정하는 계약
   나. 손해보험상품 : 위험보장을 목적으로 우연한 사건(다목에 따른 질병 · 상해 및 간병은 제외한다)으로 발생하는 손해(계약상 채무불이행 또는 법령상 의무불이행으로 발생하는 손해를 포함한다)에 관하여 금전 및 그 밖의 급여를 지급할 것을 약속하고 대가를 수수하는 계약으로서 대통령령으로 정하는 계약
   다. 제3보험상품 : 위험보장을 목적으로 사람의 질병 · 상해 또는 이에 따른 간병에 관하여 금전 및 그 밖의 급여를 지급할 것을 약속하고 대가를 수수하는 계약으로서 대통령령으로 정하는 계약
2. "보험업"이란 보험상품의 취급과 관련하여 발생하는 보험의 인수(引受), 보험료 수수 및 보험금 지급 등을 영업으로 하는 것으로서 생명보험업 · 손해보험업 및 제3보험업을 말한다.
3. "생명보험업"이란 생명보험상품의 취급과 관련하여 발생하는 보험의 인수, 보험료 수수 및 보험금 지급 등을 영업으로 하는 것을 말한다.
4. "손해보험업"이란 손해보험상품의 취급과 관련하여 발생하는 보험의 인수, 보험료 수수 및 보험금 지급 등을 영업으로 하는 것을 말한다.
5. "제3보험업"이란 제3보험상품의 취급과 관련하여 발생하는 보험의 인수, 보험료 수수 및 보험금 지급 등을 영업으로 하는 것을 말한다.
6. "보험회사"란 제4조에 따른 허가를 받아 보험업을 경영하는 자를 말한다.
7. "상호회사"란 보험업을 경영할 목적으로 이 법에 따라 설립된 회사로서 보험계약자를 사원(社員)으로 하는 회사를 말한다.

8. "외국보험회사"란 대한민국 이외의 국가의 법령에 따라 설립되어 대한민국 이외의 국가에서 보험업을 경영하는 자를 말한다.
9. "보험설계사"란 보험회사 · 보험대리점 또는 보험중개사에 소속되어 보험계약의 체결을 중개하는 자[법인이 아닌 사단(社團)과 재단을 포함한다]로서 제84조에 따라 등록된 자를 말한다.
10. "보험대리점"이란 보험회사를 위하여 보험계약의 체결을 대리하는 자(법인이 아닌 사단과 재단을 포함한다)로서 제87조에 따라 등록된 자를 말한다.
11. "보험중개사"란 독립적으로 보험계약의 체결을 중개하는 자(법인이 아닌 사단과 재단을 포함한다)로서 제89조에 따라 등록된 자를 말한다.
12. "모집"이란 보험계약의 체결을 중개하거나 대리하는 것을 말한다.
13. "신용공여"란 대출 또는 유가증권의 매입(자금 지원적 성격인 것만 해당한다)이나 그 밖에 금융거래상의 신용위험이 따르는 보험회사의 직접적 · 간접적 거래로서 대통령령으로 정하는 바에 따라 금융위원회가 정하는 거래를 말한다.
14. "총자산"이란 재무상태표에 표시된 자산에서 영업권 등 대통령령으로 정하는 자산을 제외한 것을 말한다.
15. "자기자본"이란 납입자본금 · 자본잉여금 · 이익잉여금, 그 밖에 이에 준하는 것(자본조정은 제외한다)으로서 대통령령으로 정하는 항목의 합계액에서 영업권, 그 밖에 이에 준하는 것으로서 대통령령으로 정하는 항목의 합계액을 뺀 것을 말한다.
16. "동일차주"란 동일한 개인 또는 법인 및 이와 신용위험을 공유하는 자로서 대통령령으로 정하는 자를 말한다.
17. "대주주"란 「금융회사의 지배구조에 관한 법률」 제2조 제6호에 따른 주주를 말한다.
18. "자회사"란 보험회사가 다른 회사(「민법」 또는 특별법에 따른 조합을 포함한다)의 의결권 있는 발행주식(출자지분을 포함한다) 총수의 100분의 15를 초과하여 소유하는 경우의 그 다른 회사를 말한다.
19. "전문보험계약자"란 보험계약에 관한 전문성, 자산규모 등에 비추어 보험계약의 내용을 이해하고 이행할 능력이 있는 자로서 다음 각 목의 어느 하나에 해당하는 자를 말한다. 다만, 전문보험계약자 중 대통령령으로 정하는 자가 일반보험계약자와 같은 대우를 받겠다는 의사를 보험회사에 서면으로 통지하는 경우 보험회사는 정당한 사유가 없으면 이에 동의하여야 하며, 보험회사가 동의한 경우에는 해당 보험계약자는 일반보험계약자로 본다.
    가. 국가
    나. 한국은행
    다. 대통령령으로 정하는 금융기관
    라. 주권상장법인
    마. 그 밖에 대통령령으로 정하는 자
20. "일반보험계약자"란 전문보험계약자가 아닌 보험계약자를 말한다.

보험업의 허가〈보험업법 제4조 제1항〉

보험업을 경영하려는 자는 다음 각 호에서 정하는 보험종목별로 금융위원회의 허가를 받아야 한다.

1. 생명보험업의 보험종목
   가. 생명보험
   나. 연금보험(퇴직보험을 포함한다)
   다. 그 밖에 대통령령으로 정하는 보험종목
2. 손해보험업의 보험종목
   가. 화재보험
   나. 해상보험(항공 · 운송보험을 포함한다)
   다. 자동차보험
   라. 보증보험
   마. 재보험(再保險)
   바. 그 밖에 대통령령으로 정하는 보험종목
3. 제3보험업의 보험종목
   가. 상해보험
   나. 질병보험
   다. 간병보험
   라. 그 밖에 대통령령으로 정하는 보험종목

> **보험종목 등〈보험업법 시행령 제8조〉**
>
> ① 법 제4조 제1항 제2호 바목에서 "대통령령으로 정하는 보험종목"이란 다음 각 호의 어느 하나에 해당하는 보험종목을 말한다.
>
> 1. 책임보험
> 2. 기술보험
> 3. 권리보험
> 4. 도난 · 유리 · 동물 · 원자력 보험
> 5. 삭제 〈2014. 4. 15.〉
> 6. 삭제 〈2014. 4. 15.〉
> 7. 삭제 〈2014. 4. 15.〉
> 8. 비용보험
> 9. 날씨보험
>
> ② 법 제4조 제1항 각 호에 따른 보험종목의 구체적 구분기준은 금융위원회가 정하여 고시한다.

허가신청서 등의 제출<보험업법 제5조>

제4조 제1항에 따라 허가를 받으려는 자는 신청서에 다음 각 호의 서류를 첨부하여 금융위원회에 제출하여야 한다. 다만, 보험회사가 취급하는 보험종목을 추가하려는 경우에는 제1호의 서류는 제출하지 아니할 수 있다.

1. 정관
2. 업무 시작 후 3년간의 사업계획서(추정재무제표를 포함한다)
3. 경영하려는 보험업의 보험종목별 사업방법서, 보험약관, 보험료 및 해약환급금의 산출방법서(이하 "기초서류"라 한다) 중 대통령령으로 정하는 서류
4. 제1호부터 제3호까지의 규정에 따른 서류 이외에 대통령령으로 정하는 서류

> **허가신청<보험업법 시행령 제9조 제1항>**
>
> 법 제5조에 따라 보험업의 허가를 신청하는 자는 금융위원회에 제출하는 신청서에 다음 각 호의 사항을 적어야 한다.
>
> 1. 상호
> 2. 주된 사무소의 소재지
> 3. 대표자 및 임원의 성명 · 주민등록번호 및 주소
> 4. 자본금 또는 기금에 관한 사항
> 5. 시설, 설비 및 인력에 관한 사항
> 6. 허가를 받으려는 보험종목

예비허가<보험업법 제7조>

① 제4조에 따른 허가(이하 이 조에서 "본허가"라 한다)를 신청하려는 자는 미리 금융위원회에 예비허가를 신청할 수 있다.

② 제1항에 따른 신청을 받은 금융위원회는 2개월 이내에 심사하여 예비허가 여부를 통지하여야 한다. 다만, 총리령으로 정하는 바에 따라 그 기간을 연장할 수 있다.

③ 금융위원회는 제2항에 따른 예비허가에 조건을 붙일 수 있다.

④ 금융위원회는 예비허가를 받은 자가 제3항에 따른 예비허가의 조건을 이행한 후 본허가를 신청하면 허가하여야 한다.

⑤ 예비허가의 기준과 그 밖에 예비허가에 관하여 필요한 사항은 총리령으로 정한다.

> **예비허가의 신청 등<보험업법 시행규칙 제9조 제1항 및 2항>**
>
> ① 「보험업법」(이하 "법"이라 한다) 제7조에 따라 예비허가를 신청하려는 자는 별지 제1호서식의 신청서에 법 제5조 각 호의 서류를 첨부하여 금융위원회에 제출하여야 한다.
>
> ② 금융위원회는 예비허가의 신청을 받은 경우에는 이해관계인의 의견 수렴을 위하여 다음 각 호의 사항을 인터넷 등을 이용하여 일반인에게 알려야 한다.
>
> 1. 신청 취지
> 2. 신청인, 신청일, 신청 보험종목의 범위 등 주요 신청내용
> 3. 의견 제시 방법 및 기간

자본금 또는 기금〈보험업법 제9조 제1항〉

보험회사는 300억 원 이상의 자본금 또는 기금을 납입함으로써 보험업을 시작할 수 있다. 다만, 보험회사가 제4조 제1항에 따른 보험종목의 일부만을 취급하려는 경우에는 50억 원 이상의 범위에서 대통령령으로 자본금 또는 기금의 액수를 다르게 정할 수 있다.

보험종목별 자본금 또는 기금〈보험업법 시행령 제12조 제1항〉

법 제9조 제1항 단서에 따라 보험종목의 일부만을 취급하려는 보험회사가 납입하여야 하는 보험종목별 자본금 또는 기금의 액수는 다음 각 호의 구분에 따른다.

1. 생명보험 : 200억 원
2. 연금보험(퇴직보험을 포함한다) : 200억 원
3. 화재보험 : 100억 원
4. 해상보험(항공 · 운송보험을 포함한다) : 150억 원
5. 자동차보험 : 200억 원
6. 보증보험 : 300억 원
7. 재보험 : 300억 원
8. 책임보험 : 100억 원
9. 기술보험 : 50억 원
10. 권리보험 : 50억 원
11. 상해보험 : 100억 원
12. 질병보험 : 100억 원
13. 간병보험 : 100억 원
14. 제1호부터 제13호까지 외의 보험종목 : 50억 원

보험업 겸영의 제한〈보험업법 제10조〉

보험회사는 생명보험업과 손해보험업을 겸영(兼營)하지 못한다. 다만, 다음 각 호의 어느 하나에 해당하는 보험종목은 그러하지 아니하다.

1. 생명보험의 재보험 및 제3보험의 재보험
2. 다른 법령에 따라 겸영할 수 있는 보험종목으로서 대통령령으로 정하는 보험종목
3. 대통령령으로 정하는 기준에 따라 제3보험의 보험종목에 부가되는 보험

보험회사의 겸영업무〈보험업법 제11조〉

보험회사는 경영건전성을 해치거나 보험계약자 보호 및 건전한 거래질서를 해칠 우려가 없는 금융업무로서 다음 각 호에 규정된 업무를 할 수 있다. 이 경우 보험회사는 제1호 또는 제3호의 업무를 하려면 그 업무를 시작하려는 날의 7일 전까지 금융위원회에 신고하여야 한다.

1. 대통령령으로 정하는 금융 관련 법령에서 정하고 있는 금융업무로서 해당 법령에서 보험회사가 할 수 있도록 한 업무

2. 대통령령으로 정하는 금융업으로서 해당 법령에 따라 인가 · 허가 · 등록 등이 필요한 금융업무
3. 그 밖에 보험회사의 경영건전성을 해치거나 보험계약자 보호 및 건전한 거래질서를 해칠 우려가 없다고 인정되는 금융업무로서 대통령령으로 정하는 금융업무

겸영업무의 범위〈보험업법 시행령 제16조〉

① 법 제11조제1호에서 "대통령령으로 정하는 금융 관련 법령에서 정하고 있는 금융업무"란 다음 각 호의 어느 하나에 해당하는 업무를 말한다.
  1. 「자산유동화에 관한 법률」에 따른 유동화자산의 관리업무
  2. 삭제 〈2023. 5. 16.〉
  3. 「한국주택금융공사법」에 따른 채권유동화자산의 관리업무
  4. 「전자금융거래법」 제28조 제2항 제1호에 따른 전자자금이체업무[같은 법 제2조 제6호에 따른 결제중계시스템(이하 이 호에서 "결제중계시스템"이라 한다)의 참가기관으로서 하는 전자자금이체업무와 보험회사의 전자자금이체업무에 따른 자금정산 및 결제를 위하여 결제중계시스템에 참가하는 기관을 거치는 방식의 전자자금이체업무는 제외한다]
  5. 「신용정보의 이용 및 보호에 관한 법률」에 따른 본인신용정보관리업

② 법 제11조 제2호에서 "대통령령으로 정하는 금융업"이란 다음 각 호의 업무를 말한다.
  1. 「자본시장과 금융투자업에 관한 법률」 제6조 제4항에 따른 집합투자업
  2. 「자본시장과 금융투자업에 관한 법률」 제6조 제6항에 따른 투자자문업
  3. 「자본시장과 금융투자업에 관한 법률」 제6조 제7항에 따른 투자일임업
  4. 「자본시장과 금융투자업에 관한 법률」 제6조 제8항에 따른 신탁업
  5. 「자본시장과 금융투자업에 관한 법률」 제9조 제21항에 따른 집합투자증권에 대한 투자매매업
  6. 「자본시장과 금융투자업에 관한 법률」 제9조 제21항에 따른 집합투자증권에 대한 투자중개업
  7. 「외국환거래법」 제3조 제16호에 따른 외국환업무
  8. 「근로자퇴직급여 보장법」 제2조 제13호에 따른 퇴직연금사업자의 업무
  9. 보험업의 경영이나 법 제11조의2에 따라 보험업에 부수(附隨)하는 업무의 수행에 필요한 범위에서 영위하는 「전자금융거래법」에 따른 선불전자지급수단의 발행 및 관리 업무

③ 법 제11조 제3호에서 "대통령령으로 정하는 금융업무"란 다른 금융기관의 업무 중 금융위원회가 정하여 고시하는 바에 따라 그 업무의 수행방법 또는 업무 수행을 위한 절차상 본질적 요소가 아니면서 중대한 의사결정을 필요로 하지 아니한다고 판단하여 위탁한 업무를 말한다.

보험회사의 부수업무〈보험업법 제11조의2〉

① 보험회사는 보험업에 부수(附隨)하는 업무를 하려면 그 업무를 하려는 날의 7일 전까지 금융위원회에 신고하여야 한다. 다만, 제5항에 따라 공고된 다른 보험회사의 부수업무(제3항에 따라 제한명령 또는 시정명령을 받은 것은 제외한다)와 같은 부수업무를 하려는 경우에는 신고를 하지 아니하고 그 부수업무를 할 수 있다.

② 금융위원회는 제1항 본문에 따른 신고를 받은 경우 그 내용을 검토하여 이 법에 적합하면 신고를 수리하여야 한다.

③ 금융위원회는 보험회사가 하는 부수업무가 다음 각 호의 어느 하나에 해당하면 그 부수업무를 하는 것을 제한하거나 시정할 것을 명할 수 있다.
  1. 보험회사의 경영건전성을 해치는 경우
  2. 보험계약자 보호에 지장을 가져오는 경우
  3. 금융시장의 안정성을 해치는 경우
④ 제3항에 따른 제한명령 또는 시정명령은 그 내용 및 사유가 구체적으로 적힌 문서로 하여야 한다.
⑤ 금융위원회는 제1항 본문에 따라 신고 받은 부수업무 및 제3항에 따라 제한명령 또는 시정명령을 한 부수업무를 대통령령으로 정하는 방법에 따라 인터넷 홈페이지 등에 공고하여야 한다.

부수업무 등의 공고〈보험업법 시행령 제16조의2 제1항〉
금융위원회는 보험회사가 법 제11조의2 제1항에 따라 보험업에 부수(附隨)하는 업무(이하 "부수업무"라 한다)를 신고한 경우에는 그 신고일부터 7일 이내에 다음 각 호의 사항을 인터넷 홈페이지 등에 공고하여야 한다.
1. 보험회사의 명칭
2. 부수업무의 신고일
3. 부수업무의 개시 예정일
4. 부수업무의 내용
5. 그 밖에 보험계약자의 보호를 위하여 공시가 필요하다고 인정되는 사항으로서 금융위원회가 정하여 고시하는 사항

외국보험회사 등의 국내사무소 설치 등〈보험업법 제12조〉
① 외국보험회사, 외국에서 보험대리 및 보험중개를 업(業)으로 하는 자 또는 그 밖에 외국에서 보험과 관련된 업을 하는 자(이하 "외국보험회사 등"이라 한다)는 보험시장에 관한 조사 및 정보의 수집이나 그 밖에 이와 비슷한 업무를 하기 위하여 국내에 사무소(이하 "국내사무소"라 한다)를 설치할 수 있다.
② 외국보험회사 등이 제1항에 따라 국내사무소를 설치하는 경우에는 그 설치한 날부터 30일 이내에 금융위원회에 신고하여야 한다.
③ 국내사무소는 다음 각 호의 어느 하나에 해당하는 행위를 하여서는 아니 된다.
  1. 보험업을 경영하는 행위
  2. 보험계약의 체결을 중개하거나 대리하는 행위
  3. 국내 관련 법령에 저촉되는 방법에 의하여 보험시장의 조사 및 정보의 수집을 하는 행위
  4. 그 밖에 국내사무소의 설치 목적에 위반되는 행위로서 대통령령으로 정하는 행위
④ 국내사무소는 그 명칭 중에 사무소라는 글자를 포함하여야 한다.
⑤ 금융위원회는 국내사무소가 이 법 또는 이 법에 따른 명령 또는 처분을 위반한 경우에는 6개월 이내의 기간을 정하여 업무의 정지를 명하거나 국내사무소의 폐쇄를 명할 수 있다.

정관기재사항〈보험업법 제34조〉

상호회사의 발기인은 정관을 작성하여 다음 각 호의 사항을 적고 기명날인하여야 한다.

1. 취급하려는 보험종목과 사업의 범위
2. 명칭
3. 사무소 소재지
4. 기금의 총액
5. 기금의 갹출자가 가질 권리
6. 기금과 설립비용의 상각 방법
7. 잉여금의 분배 방법
8. 회사의 공고 방법
9. 회사 성립 후 양수할 것을 약정한 자산이 있는 경우에는 그 자산의 가격과 양도인의 성명
10. 존립시기 또는 해산사유를 정한 경우에는 그 시기 또는 사유

설립등기〈보험업법 제40조〉

① 상호회사의 설립등기는 창립총회가 끝난 날부터 2주 이내에 하여야 한다.

② 제1항에 따른 설립등기에는 다음 각 호의 사항이 포함되어야 한다.

1. 제34조 각 호의 사항
2. 이사와 감사의 이름 및 주소
3. 대표이사의 이름
4. 여러 명의 대표이사가 공동으로 회사를 대표할 것을 정한 경우에는 그 규정

③ 제1항과 제2항에 따른 설립등기는 이사 및 감사의 공동신청으로 하여야 한다.

설립등기신청서의 첨부서류〈보험업법 시행령 제255조〉

법 제40조에 따라 상호회사의 설립등기를 하려는 경우에는 등기신청서에 다음 각 호의 서류를 첨부하여야 한다.

1. 정관
2. 사원명부
3. 사원을 모집하는 경우에는 각 사원의 입사청약서
4. 이사, 감사 또는 검사인의 조사보고서 및 그 부속서류
5. 창립총회의 의사록
6. 대표이사에 관한 이사회의 의사록

외국보험회사국내지점의 허가취소 등〈보험업법 제74조〉

① 금융위원회는 외국보험회사의 본점이 다음 각 호의 어느 하나에 해당하게 되면 그 외국보험회사국내지점에 대하여 청문을 거쳐 보험업의 허가를 취소할 수 있다.

1. 합병, 영업양도 등으로 소멸한 경우
2. 위법행위, 불건전한 영업행위 등의 사유로 외국감독기관으로부터 제134조 제2항에 따른 처분에 상당하는 조치를 받은 경우
3. 휴업하거나 영업을 중지한 경우

② 금융위원회는 외국보험회사국내지점이 다음 각 호의 어느 하나에 해당하는 사유로 해당 외국보험회사국내지점의 보험업 수행이 어렵다고 인정되면 공익 또는 보험계약자 보호를 위하여 영업정지 또는 그 밖에 필요한 조치를 하거나 청문을 거쳐 보험업의 허가를 취소할 수 있다.

1. 이 법 또는 이 법에 따른 명령이나 처분을 위반한 경우
2. 「금융소비자 보호에 관한 법률」 또는 같은 법에 따른 명령이나 처분을 위반한 경우
3. 외국보험회사의 본점이 그 본국의 법령을 위반한 경우
4. 그 밖에 해당 외국보험회사국내지점의 보험업 수행이 어렵다고 인정되는 경우

③ 외국보험회사국내지점은 그 외국보험회사의 본점이 제1항 각 호의 어느 하나에 해당하게 되면 그 사유가 발생한 날부터 7일 이내에 그 사실을 금융위원회에 알려야 한다.

등기〈보험업법 제78조〉

① 상호회사인 외국보험회사(이하 "외국상호회사"라 한다) 국내지점에 관하여는 제41조를 준용한다.

② 외국상호회사 국내지점이 등기를 신청하는 경우에는 그 외국상호회사 국내지점의 대표자는 신청서에 대한민국에서의 주된 영업소와 대표자의 이름 및 주소를 적고 다음 각 호의 서류를 첨부하여야 한다.

1. 대한민국에 주된 영업소가 있다는 것을 인정할 수 있는 서류
2. 대표자의 자격을 인정할 수 있는 서류
3. 회사의 정관이나 그 밖에 회사의 성격을 판단할 수 있는 서류

③ 제2항 각 호의 서류는 해당 외국상호회사 본국의 관할 관청이 증명한 것이어야 한다.

보험설계사의 등록〈보험업법 제84조〉

① 보험회사 · 보험대리점 및 보험중개사(이하 이 절에서 "보험회사 등"이라 한다)는 소속 보험설계사가 되려는 자를 금융위원회에 등록하여야 한다.

② 다음 각 호의 어느 하나에 해당하는 자는 보험설계사가 되지 못한다.

1. 피성년후견인 또는 피한정후견인
2. 파산선고를 받은 자로서 복권되지 아니한 자
3. 이 법 또는 「금융소비자 보호에 관한 법률」에 따라 벌금 이상의 형을 선고받고 그 집행이 끝나거나(집행이 끝난 것으로 보는 경우를 포함한다) 집행이 면제된 날부터 2년이 지나지 아니한 자
4. 이 법 또는 「금융소비자 보호에 관한 법률」에 따라 금고 이상의 형의 집행유예를 선고받고 그 유예기간 중에 있는 자
5. 이 법에 따라 보험설계사 · 보험대리점 또는 보험중개사의 등록이 취소(제1호 또는 제2호에 해당하여 등록이 취소된 경우는 제외한다)된 후 2년이 지나지 아니한 자
6. 제5호에도 불구하고 이 법에 따라 보험설계사 · 보험대리점 또는 보험중개사 등록취소 처분을 2회 이상 받은 경우 최종 등록취소 처분을 받은 날부터 3년이 지나지 아니한 자
7. 이 법 또는 「금융소비자 보호에 관한 법률」에 따라 과태료 또는 과징금 처분을 받고 이를 납부하지 아니하거나 업무정지 및 등록취소 처분을 받은 보험대리점 · 보험중개사 소속의 임직원이었던 자(처분사유의 발생에 관하여 직접 또는 이에 상응하는 책임이 있는 자로서 대통령령으로 정하는 자만 해당한다)로서 과태료 · 과징금 · 업무정지 및 등록취소 처분이 있었던 날부터 2년이 지나지 아니한 자
8. 영업에 관하여 성년자와 같은 능력을 가지지 아니한 미성년자로서 그 법정대리인이 제1호부터 제7호까지의 규정 중 어느 하나에 해당하는 자
9. 법인 또는 법인이 아닌 사단이나 재단으로서 그 임원이나 관리인 중에 제1호부터 제7호까지의 규정 중 어느 하나에 해당하는 자가 있는 자
10. 이전에 모집과 관련하여 받은 보험료, 대출금 또는 보험금을 다른 용도에 유용(流用)한 후 3년이 지나지 아니한 자

③ 보험설계사의 구분 · 등록요건 · 영업기준 및 영업범위 등에 관하여 필요한 사항은 대통령령으로 정한다.

보험대리점의 등록〈보험업법 제87조〉

① 보험대리점이 되려는 자는 개인과 법인을 구분하여 대통령령으로 정하는 바에 따라 금융위원회에 등록하여야 한다.

② 다음 각 호의 어느 하나에 해당하는 자는 보험대리점이 되지 못한다.

1. 제84조 제2항 각 호의 어느 하나에 해당하는 자
2. 보험설계사 또는 보험중개사로 등록된 자
3. 다른 보험회사 등의 임직원

4. 외국의 법령에 따라 제1호에 해당하는 것으로 취급되는 자

5. 그 밖에 경쟁을 실질적으로 제한하는 등 불공정한 모집행위를 할 우려가 있는 자로서 대통령령으로 정하는 자

③ 금융위원회는 제1항에 따른 등록을 한 보험대리점으로 하여금 금융위원회가 지정하는 기관에 영업보증금을 예탁하게 할 수 있다.

④ 보험대리점의 구분, 등록요건, 영업기준 및 영업보증금의 한도액 등에 관하여 필요한 사항은 대통령령으로 정한다.

보험대리점의 구분 및 등록요건〈보험업법 시행령 제30조〉

① 법 제87조에 따른 보험대리점은 개인인 보험대리점(이하 "개인보험대리점"이라 한다)과 법인인 보험대리점(이하 "법인보험대리점"이라 한다)으로 구분하고, 각각 생명보험대리점 · 손해보험대리점[재화의 판매, 용역의 제공 또는 사이버몰(「전자상거래 등에서의 소비자보호에 관한 법률」 제2조 제4호에 따른 사이버몰을 말한다. 이하 같다)을 통한 재화 · 용역의 중개를 본업으로 하는 자가 판매 · 제공 · 중개하는 재화 또는 용역과 관련 있는 보험상품을 모집하는 손해보험대리점(이하 "간단손해보험대리점"이라 한다)을 포함한다. 이하 같다] 및 제3보험대리점으로 구분한다.

② 제1항에 따른 보험대리점의 등록요건은 별표 3과 같다.

③ 보험대리점 등록의 신청방법과 그 밖에 보험대리점의 등록에 필요한 사항은 금융위원회가 정하여 고시한다.

보험대리점의 등록취소 등〈보험업법 제88조〉

① 금융위원회는 보험대리점이 다음 각 호의 어느 하나에 해당하는 경우에는 그 등록을 취소하여야 한다.

1. 제87조 제2항 각 호의 어느 하나에 해당하게 된 경우
2. 등록 당시 제87조 제2항 각 호의 어느 하나에 해당하는 자이었음이 밝혀진 경우
3. 거짓이나 그 밖에 부정한 방법으로 제87조에 따른 등록을 한 경우
4. 제87조의3 제1항을 위반한 경우
5. 제101조를 위반한 경우

② 금융위원회는 보험대리점이 다음 각 호의 어느 하나에 해당하는 경우에는 6개월 이내의 기간을 정하여 그 업무의 정지를 명하거나 그 등록을 취소할 수 있다.

1. 모집에 관한 이 법의 규정을 위반한 경우
2. 보험계약자, 피보험자 또는 보험금을 취득할 자로서 제102조의2를 위반한 경우
3. 제102조의3을 위반한 경우
4. 이 법에 따른 명령이나 처분을 위반한 경우
5. 「금융소비자 보호에 관한 법률」 제51조 제1항 제3호부터 제5호까지의 어느 하나에 해당하는 경우
6. 「금융소비자 보호에 관한 법률」 제51조 제2항 각 호 외의 부분 본문 중 대통령령으로 정하는 경우(업무의 정지를 명하는 경우로 한정한다)
7. 해당 보험대리점 소속 보험설계사가 제1호, 제4호부터 제6호까지에 해당하는 경우

③ 보험대리점에 관하여는 제86조 제3항 및 제4항을 준용한다.

보험중개사의 등록〈보험업법 제89조〉

① 보험중개사가 되려는 자는 개인과 법인을 구분하여 대통령령으로 정하는 바에 따라 금융위원회에 등록하여야 한다.

② 다음 각 호의 어느 하나에 해당하는 자는 보험중개사가 되지 못한다.

1. 제84조 제2항 각 호의 어느 하나에 해당하는 자
2. 보험설계사 또는 보험대리점으로 등록된 자
3. 다른 보험회사 등의 임직원
4. 제87조 제2항 제4호 및 제5호에 해당하는 자
5. 부채가 자산을 초과하는 법인

③ 금융위원회는 제1항에 따른 등록을 한 보험중개사가 보험계약 체결 중개와 관련하여 보험계약자에게 입힌 손해의 배상을 보장하기 위하여 보험중개사로 하여금 금융위원회가 지정하는 기관에 영업보증금을 예탁하게 하거나 보험 가입, 그 밖에 필요한 조치를 하게 할 수 있다.

④ 보험중개사의 구분, 등록요건, 영업기준 및 영업보증금의 한도액 등에 관하여 필요한 사항은 대통령령으로 정한다.

보험중개사의 구분 및 등록요건 등〈보험업법 시행령 제34조〉

① 법 제89조에 따른 보험중개사는 개인인 보험중개사(이하 "개인보험중개사"라 한다)와 법인인 보험중개사(이하 "법인보험중개사"라 한다)로 구분하고, 각각 생명보험중개사·손해보험중개사 및 제3보험중개사로 구분한다.

② 제1항에 따른 보험중개사의 등록요건은 별표 3과 같다.

③ 보험중개사 등록의 신청방법과 그 밖에 보험중개사의 등록에 필요한 사항은 금융위원회가 정하여 고시한다.

보험중개사의 등록취소 등〈보험업법 제90조〉

① 금융위원회는 보험중개사가 다음 각 호의 어느 하나에 해당하는 경우에는 그 등록을 취소하여야 한다.

1. 제89조 제2항 각 호의 어느 하나에 해당하게 된 경우. 다만, 같은 항 제5호의 경우 일시적으로 부채가 자산을 초과하는 법인으로서 대통령령으로 정하는 법인인 경우에는 그러하지 아니하다.
2. 등록 당시 제89조 제2항 각 호의 어느 하나에 해당하는 자이었음이 밝혀진 경우
3. 거짓이나 그 밖의 부정한 방법으로 제89조에 따른 등록을 한 경우

3의2. 제89조의3 제1항을 위반한 경우

4. 제101조를 위반한 경우

② 금융위원회는 보험중개사가 다음 각 호의 어느 하나에 해당하는 경우에는 6개월 이내의 기간을 정하여 그 업무의 정지를 명하거나 그 등록을 취소할 수 있다.

1. 모집에 관한 이 법의 규정을 위반한 경우
2. 보험계약자, 피보험자 또는 보험금을 취득할 자로서 제102조의2를 위반한 경우
3. 제102조의3을 위반한 경우
4. 이 법에 따른 명령이나 처분을 위반한 경우
5. 「금융소비자 보호에 관한 법률」 제51조 제1항 제3호부터 제5호까지의 어느 하나에 해당하는 경우
6. 「금융소비자 보호에 관한 법률」 제51조 제2항 각 호 외의 부분 본문 중 대통령령으로 정하는 경우(업무의 정지를 명하는 경우로 한정한다)
7. 해당 보험중개사 소속 보험설계사가 제1호, 제4호부터 제6호까지에 해당하는 경우

③ 보험중개사에 관하여는 제86조 제3항 및 제4항을 준용한다.

보험중개사에 대한 등록취소의 예외〈보험업법 시행령 제39조〉

① 법 제90조 제1항 제1호 단서에서 "대통령령으로 정하는 법인"이란 보험중개사의 사업 개시에 따른 투자비용의 발생, 급격한 영업환경의 변화, 그 밖에 보험중개사에게 책임을 물을 수 없는 사유로 보험중개사의 재산상태에 변동이 생겨 부채가 자산을 초과하게 된 법인으로서 등록취소 대신 6개월 이내에 이를 개선하는 조건으로 금융위원회의 승인을 받은 법인을 말한다.

② 금융위원회는 제1항에 따라 승인을 받은 날부터 6개월이 지난 후에도 해당 보험중개사의 부채가 자산을 초과하는 경우에는 지체 없이 그 등록을 취소하여야 한다.

③ 제1항에 따른 승인의 방법 및 절차에 관하여 필요한 사항은 금융위원회가 정하여 고시한다.

금융기관보험대리점 등의 영업기준〈보험업법 제91조〉

① 다음 각 호의 어느 하나에 해당하는 기관(이하 "금융기관"이라 한다)은 제87조 또는 제89조에 따라 보험대리점 또는 보험중개사로 등록할 수 있다.

1. 「은행법」에 따라 설립된 은행
2. 「자본시장과 금융투자업에 관한 법률」에 따른 투자매매업자 또는 투자중개업자
3. 「상호저축은행법」에 따른 상호저축은행
4. 그 밖에 다른 법률에 따라 금융업무를 하는 기관으로서 대통령령으로 정하는 기관

② 제1항에 따라 보험대리점 또는 보험중개사로 등록한 금융기관(이하 "금융기관보험대리점 등"이라 한다)이 모집할 수 있는 보험상품의 범위는 금융기관에서의 판매 용이성(容易性), 불공정거래 가능성 등을 고려하여 대통령령으로 정한다.

③ 금융기관보험대리점 등의 모집방법, 모집에 종사하는 모집인의 수, 영업기준 등과 그 밖에 필요한 사항은 대통령령으로 정한다.

보험안내자료〈보험업법 제95조〉

① 모집을 위하여 사용하는 보험안내자료(이하 "보험안내자료"라 한다)에는 다음 각 호의 사항을 명백하고 알기 쉽게 적어야 한다.

1. 보험회사의 상호나 명칭 또는 보험설계사·보험대리점 또는 보험중개사의 이름·상호나 명칭
2. 보험 가입에 따른 권리·의무에 관한 주요 사항
3. 보험약관으로 정하는 보장에 관한 사항

3의2. 보험금 지급제한 조건에 관한 사항

4. 해약환급금에 관한 사항
5. 「예금자보호법」에 따른 예금자보호와 관련된 사항
6. 그 밖에 보험계약자를 보호하기 위하여 대통령령으로 정하는 사항

② 보험안내자료에 보험회사의 자산과 부채에 관한 사항을 적는 경우에는 제118조에 따라 금융위원회에 제출한 서류에 적힌 사항과 다른 내용의 것을 적지 못한다.

③ 보험안내자료에는 보험회사의 장래의 이익 배당 또는 잉여금 분배에 대한 예상에 관한 사항을 적지 못한다. 다만, 보험계약자의 이해를 돕기 위하여 금융위원회가 필요하다고 인정하여 정하는 경우에는 그러하지 아니하다.

④ 방송·인터넷 홈페이지 등 그 밖의 방법으로 모집을 위하여 보험회사의 자산 및 부채에 관한 사항과 장래의 이익 배당 또는 잉여금 분배에 대한 예상에 관한 사항을 불특정다수인에게 알리는 경우에는 제2항 및 제3항을 준용한다.

설명의무 등〈보험업법 제95조의2〉

① 삭제 〈2020. 3. 24.〉

② 삭제 〈2020. 3. 24.〉

③ 보험회사는 보험계약의 체결 시부터 보험금 지급 시까지의 주요 과정을 대통령령으로 정하는 바에 따라 일반보험계약자에게 설명하여야 한다. 다만, 일반보험계약자가 설명을 거부하는 경우에는 그러하지 아니하다.

④ 보험회사는 일반보험계약자가 보험금 지급을 요청한 경우에는 대통령령으로 정하는 바에 따라 보험금의 지급절차 및 지급내역 등을 설명하여야 하며, 보험금을 감액하여 지급하거나 지급하지 아니하는 경우에는 그 사유를 설명하여야 한다.

중복계약 체결 확인 의무〈보험업법 제95조의5〉

① 보험회사 또는 보험의 모집에 종사하는 자는 대통령령으로 정하는 보험계약을 모집하기 전에 보험계약자가 되려는 자의 동의를 얻어 모집하고자 하는 보험계약과 동일한 위험을 보장하는 보험계약을 체결하고 있는지를 확인하여야 하며 확인한 내용을 보험계약자가 되려는 자에게 즉시 알려야 한다.

② 제1항의 중복계약 체결의 확인 절차 등에 관하여 필요한 사항은 대통령령으로 정한다.

자산운용의 방법 및 비율〈보험업법 제106조 제1항〉

① 보험회사는 일반계정(제108조 제1항 제1호 및 제4호의 특별계정을 포함한다. 이하 이 조에서 같다)에 속하는 자산과 제108조 제1항 제2호에 따른 특별계정(이하 이 조에서 특별계정이라 한다)에 속하는 자산을 운용할 때 다음 각 호의 비율을 초과할 수 없다. 다만, 특별계정의 자산으로서 자산운용의 손실이 일반계정에 영향을 미치는 자산 중 대통령령으로 정하는 자산의 경우에는 일반계정에 포함하여 자산운용비율을 적용한다.

1. 동일한 개인 또는 법인에 대한 신용공여
   가. 일반계정 : 총자산의 100분의 3
   나. 특별계정 : 각 특별계정 자산의 100분의 5
2. 동일한 법인이 발행한 채권 및 주식 소유의 합계액
   가. 일반계정 : 총자산의 100분의 7
   나. 특별계정 : 각 특별계정 자산의 100분의 10
3. 동일차주에 대한 신용공여 또는 그 동일차주가 발행한 채권 및 주식 소유의 합계액
   가. 일반계정 : 총자산의 100분의 12
   나. 특별계정 : 각 특별계정 자산의 100분의 15
4. 동일한 개인·법인, 동일차주 또는 대주주(그의 특수관계인을 포함한다. 이하 이 절에서 같다)에 대한 총자산의 100분의 1을 초과하는 거액 신용공여의 합계액
   가. 일반계정 : 총자산의 100분의 20
   나. 특별계정 : 각 특별계정 자산의 100분의 20
5. 대주주 및 대통령령으로 정하는 자회사에 대한 신용공여
   가. 일반계정 : 자기자본의 100분의 40(자기자본의 100분의 40에 해당하는 금액이 총자산의 100분의 2에 해당하는 금액보다 큰 경우에는 총자산의 100분의 2)
   나. 특별계정 : 각 특별계정 자산의 100분의 2
6. 대주주 및 대통령령으로 정하는 자회사가 발행한 채권 및 주식 소유의 합계액
   가. 일반계정 : 자기자본의 100분의 60(자기자본의 100분의 60에 해당하는 금액이 총자산의 100분의 3에 해당하는 금액보다 큰 경우에는 총자산의 100분의 3)
   나. 특별계정 : 각 특별계정 자산의 100분의 3
7. 동일한 자회사에 대한 신용공여
   가. 일반계정 : 자기자본의 100분의 10
   나. 특별계정 : 각 특별계정 자산의 100분의 4
8. 부동산의 소유
   가. 일반계정 : 총자산의 100분의 25
   나. 특별계정 : 각 특별계정 자산의 100분의 15

9. 「외국환거래법」에 따른 외국환이나 외국부동산의 소유(외화표시 보험에 대하여 지급보험금과 같은 외화로 보유하는 자산의 경우에는 금융위원회가 정하는 바에 따라 책임준비금을 한도로 자산운용비율의 산정 대상에 포함하지 아니한다)
   가. 일반계정 : 총자산의 100분의 50
   나. 특별계정 : 각 특별계정 자산의 100분의 50
10. 삭제 〈2022. 12. 31.〉

재무제표 등의 제출〈보험업법 제118조〉

① 보험회사는 매년 대통령령으로 정하는 날에 그 장부를 폐쇄하여야 하고 장부를 폐쇄한 날부터 3개월 이내에 금융위원회가 정하는 바에 따라 재무제표(부속명세서를 포함한다) 및 사업보고서를 금융위원회에 제출하여야 한다.

② 보험회사는 매월의 업무 내용을 적은 보고서를 다음 달 말일까지 금융위원회가 정하는 바에 따라 금융위원회에 제출하여야 한다.

③ 보험회사는 제1항 및 제2항에 따른 제출서류를 대통령령으로 정하는 바에 따라 전자문서로 제출할 수 있다.

장부폐쇄일〈보험업법 시행령 제61조〉

법 제118조제1항에서 "대통령령으로 정하는 날"이란 12월 31일을 말한다.

책임준비금 등의 적립〈보험업법 제120조〉

① 보험회사는 결산기마다 보험계약의 종류에 따라 대통령령으로 정하는 책임준비금과 비상위험준비금을 계상(計上)하고 따로 작성한 장부에 각각 기재하여야 한다.

② 제1항에 따른 책임준비금과 비상위험준비금의 계상에 관하여 필요한 사항은 총리령으로 정한다.

③ 금융위원회는 제1항에 따른 책임준비금과 비상위험준비금의 적정한 계상과 관련하여 필요한 경우에는 보험회사의 자산 및 비용, 그 밖에 대통령령으로 정하는 사항에 관한 회계처리기준을 정할 수 있다.

정관변경의 보고〈보험업법 제126조〉

보험회사는 정관을 변경한 경우에는 변경한 날부터 7일 이내에 금융위원회에 알려야 한다.

보험요율 산출의 원칙〈보험업법 제129조〉

보험회사는 보험요율을 산출할 때 객관적이고 합리적인 통계자료를 기초로 대수(大數)의 법칙 및 통계신뢰도를 바탕으로 하여야 하며, 다음 각 호의 사항을 지켜야 한다.

1. 보험요율이 보험금과 그 밖의 급부(給付)에 비하여 지나치게 높지 아니할 것
2. 보험요율이 보험회사의 재무건전성을 크게 해칠 정도로 낮지 아니할 것
3. 보험요율이 보험계약자 간에 부당하게 차별적이지 아니할 것
4. 자동차보험의 보험요율인 경우 보험금과 그 밖의 급부와 비교할 때 공정하고 합리적인 수준일 것

보고사항〈보험업법 제130조〉

보험회사는 다음 각 호의 어느 하나에 해당하는 사유가 발생한 경우에는 그 사유가 발생한 날부터 5일 이내에 금융위원회에 보고하여야 한다.

1. 상호나 명칭을 변경한 경우
2. 삭제 〈2015. 7. 31.〉
3. 본점의 영업을 중지하거나 재개(再開)한 경우
4. 최대주주가 변경된 경우
5. 대주주가 소유하고 있는 주식 총수가 의결권 있는 발행주식 총수의 100분의 1 이상만큼 변동된 경우
6. 그 밖에 해당 보험회사의 업무 수행에 중대한 영향을 미치는 경우로서 대통령령으로 정하는 경우

해산사유 등〈보험업법 제137조〉

① 보험회사는 다음 각 호의 사유로 해산한다.

1. 존립기간의 만료, 그 밖에 정관으로 정하는 사유의 발생
2. 주주총회 또는 사원총회(이하 "주주총회 등"이라 한다)의 결의
3. 회사의 합병
4. 보험계약 전부의 이전
5. 회사의 파산
6. 보험업의 허가취소
7. 해산을 명하는 재판

② 보험회사가 제1항 제6호의 사유로 해산하면 금융위원회는 7일 이내에 그 보험회사의 본점과 지점 또는 각 사무소 소재지의 등기소에 그 등기를 촉탁(囑託)하여야 한다.

③ 등기소는 제2항의 촉탁을 받으면 7일 이내에 그 등기를 하여야 한다.

보험계약 이전의 공고〈보험업법 제145조〉

보험회사는 보험계약을 이전한 경우에는 7일 이내에 그 취지를 공고하여야 한다. 보험계약을 이전하지 아니하게 된 경우에도 또한 같다.

해산 후의 계약 이전 결의〈보험업법 제148조〉

① 보험회사는 해산한 후에도 3개월 이내에는 보험계약 이전을 결의할 수 있다.

② 제1항의 경우에는 제158조를 적용하지 아니한다. 다만, 보험계약을 이전하지 아니하게 된 경우에는 그러하지 아니하다.

상호회사의 합병〈보험업법 제153조〉

① 상호회사는 다른 보험회사와 합병할 수 있다.

② 제1항의 경우 합병 후 존속하는 보험회사 또는 합병으로 설립되는 보험회사는 상호회사이어야 한다. 다만, 합병하는 보험회사의 한 쪽이 주식회사인 경우에는 합병 후 존속하는 보험회사 또는 합병으로 설립되는 보험회사는 주식회사로 할 수 있다.

③ 상호회사와 주식회사가 합병하는 경우에는 이 법 또는 「상법」의 합병에 관한 규정에 따른다.

④ 합병계약서에 적을 사항이나 그 밖에 합병에 관하여 필요한 사항은 대통령령으로 정한다.

보험협회〈보험업법 제175조〉

① 보험회사는 상호 간의 업무질서를 유지하고 보험업의 발전에 기여하기 위하여 보험협회를 설립할 수 있다.

② 보험협회는 법인으로 한다.

③ 보험협회는 정관으로 정하는 바에 따라 다음 각 호의 업무를 한다.

1. 보험회사 간의 건전한 업무질서의 유지

1의2. 제85조의3 제2항에 따른 보험회사 등이 지켜야 할 규약의 제정 · 개정

1의3. 대통령령으로 정하는 보험회사 간 분쟁의 자율조정 업무

2. 보험상품의 비교 · 공시 업무

3. 정부로부터 위탁받은 업무

4. 제1호 · 제1호의2 및 제2호의 업무에 부수하는 업무

5. 그 밖에 대통령령으로 정하는 업무

보험협회의 업무〈보험업법 시행령 제84조〉

① 법 제175조 제3항 제1호의3에서 "대통령령으로 정하는 보험회사 간 분쟁"이란 교통사고로 인한 보험금의 산정에 적용되는 과실비율의 결정과 관련된 보험회사 간의 분쟁을 말한다.

② 법 제175조 제3항 제5호에서 "대통령령으로 정하는 업무"란 다음 각 호의 업무를 말한다.

1. 법 제194조 제1항 및 제4항에 따라 위탁받은 업무

2. 다른 법령에서 보험협회가 할 수 있도록 정하고 있는 업무

3. 보험회사의 경영과 관련된 정보의 수집 및 통계의 작성업무

4. 차량수리비 실태 점검업무

5. 모집 관련 전문자격제도의 운영 · 관리 업무

5의2. 보험설계사 및 개인보험대리점의 모집에 관한 경력(금융위원회가 정하여 고시하는 사항으로 한정한다)의 수집 · 관리 · 제공에 관한 업무

6. 보험가입 조회업무

7. 설립 목적의 범위에서 보험회사, 그 밖의 보험 관계 단체로부터 위탁받은 업무

8. 보험회사가 공동으로 출연하여 수행하는 사회 공헌에 관한 업무

9. 「보험사기방지 특별법」에 따른 보험사기행위를 방지하기 위한 교육 · 홍보 업무

10. 「보험사기방지 특별법」에 따른 보험사기행위를 방지하는 데 기여한 자에 대한 포상금 지급 업무

보험요율 산출기관〈보험업법 제176조〉

① 보험회사는 보험금의 지급에 충당되는 보험료(이하 "순보험료"라 한다)를 결정하기 위한 요율(이하 "순보험요율"이라 한다)을 공정하고 합리적으로 산출하고 보험과 관련된 정보를 효율적으로 관리 · 이용하기 위하여 금융위원회의 인가를 받아 보험요율 산출기관을 설립할 수 있다.

② 보험요율 산출기관은 법인으로 한다.

③ 보험요율 산출기관은 정관으로 정하는 바에 따라 다음 각 호의 업무를 한다.

1. 순보험요율의 산출 · 검증 및 제공
2. 보험 관련 정보의 수집 · 제공 및 통계의 작성
3. 보험에 대한 조사 · 연구
4. 설립 목적의 범위에서 정부기관, 보험회사, 그 밖의 보험 관계 단체로부터 위탁받은 업무
5. 제1호부터 제3호까지의 업무에 딸린 업무
6. 그 밖에 대통령령으로 정하는 업무

④ 보험요율 산출기관은 보험회사가 적용할 수 있는 순보험요율을 산출하여 금융위원회에 신고할 수 있다. 이 경우 신고를 받은 금융위원회는 그 내용을 검토하여 이 법에 적합하면 신고를 수리하여야 한다.

⑤ 보험요율 산출기관은 순보험요율 산출 등 이 법에서 정하는 업무 수행을 위하여 보험 관련 통계를 체계적으로 통합 · 집적(集積)하여야 하며 필요한 경우 보험회사에 자료의 제출을 요청할 수 있다. 이 경우 보험회사는 이에 따라야 한다.

⑥ 보험회사가 제4항에 따라 보험요율 산출기관이 신고한 순보험요율을 적용하는 경우에는 순보험료에 대하여 제127조제2항 및 제3항에 따른 신고 또는 제출을 한 것으로 본다.

⑦ 보험회사는 이 법에 따라 금융위원회에 제출하는 기초서류를 보험요율 산출기관으로 하여금 확인하게 할 수 있다.

⑧ 보험요율 산출기관은 그 업무와 관련하여 정관으로 정하는 바에 따라 보험회사로부터 수수료를 받을 수 있다.

⑨ 보험요율 산출기관은 보험계약자의 권익을 보호하기 위하여 필요하다고 인정되는 경우에는 다음 각 호의 어느 하나에 해당하는 자료를 공표할 수 있다.

1. 순보험요율 산출에 관한 자료
2. 보험 관련 각종 조사 · 연구 및 통계자료

⑩ 보험요율 산출기관은 순보험요율을 산출하기 위하여 필요한 경우 또는 보험회사의 보험금 지급업무에 필요한 경우에는 음주운전 등 교통법규 위반 또는 운전면허(「건설기계관리법」 제26조 제1항 본문에 따른 건설기계조종사면허를 포함한다. 이하 제177조에서 같다)의 효력에 관한 개인정보를 보유하고 있는 기관의 장으로부터 그 정보를 제공받아 보험회사가 보험계약자에게 적용할 순보험료의 산출 또는 보험금 지급업무에 이용하게 할 수 있다.

⑪ 보험요율 산출기관은 순보험요율을 산출하기 위하여 필요하면 질병에 관한 통계를 보유하고 있는 기관의 장으로부터 그 질병에 관한 통계를 제공받아 보험회사로 하여금 보험계약자에게 적용할 순보험료의 산출에 이용하게 할 수 있다.

⑫ 보험요율 산출기관은 이 법 또는 다른 법률에 따라 제공받아 보유하는 개인정보를 다음 각 호의 어느 하나에 해당하는 경우 외에는 타인에게 제공할 수 없다.

1. 보험회사의 순보험료 산출에 필요한 경우

1의2. 제10항에 따른 정보를 제공받은 목적대로 보험회사가 이용하게 하기 위하여 필요한 경우

2. 「신용정보의 이용 및 보호에 관한 법률」 제33조 제1항 제2호부터 제5호까지의 어느 하나에서 정하는 사유에 따른 경우

3. 정부로부터 위탁받은 업무를 하기 위하여 필요한 경우

4. 이 법에서 정하고 있는 보험요율 산출기관의 업무를 하기 위하여 필요한 경우로서 대통령령으로 정하는 경우

⑬ 보험요율 산출기관이 제10항에 따라 제공받는 개인정보와 제11항에 따라 제공받는 질병에 관한 통계 이용의 범위·절차 및 방법 등에 관하여 필요한 사항은 대통령령으로 정한다.

⑭ 보험요율 산출기관이 제12항에 따라 개인정보를 제공하는 절차·방법 등에 관하여 필요한 사항은 대통령령으로 정한다.

선임계리사의 의무 등〈보험업법 제184조〉

① 선임계리사는 기초서류의 내용 및 보험계약에 따른 배당금의 계산 등이 정당한지 여부를 검증하고 확인하여야 한다.

② 선임계리사는 보험회사가 기초서류관리기준을 지키는지를 점검하고 이를 위반하는 경우에는 조사하여 그 결과를 이사회에 보고하여야 하며, 기초서류에 법령을 위반한 내용이 있다고 판단하는 경우에는 금융위원회에 보고하여야 한다.

③ 선임계리사·보험계리사 또는 보험계리업자는 그 업무를 할 때 다음 각 호의 행위를 하여서는 아니 된다.

1. 고의로 진실을 숨기거나 거짓으로 보험계리를 하는 행위

2. 업무상 알게 된 비밀을 누설하는 행위

3. 타인으로 하여금 자기의 명의로 보험계리업무를 하게 하는 행위

4. 그 밖에 공정한 보험계리업무의 수행을 해치는 행위로서 대통령령으로 정하는 행위

④ 보험회사가 선임계리사를 선임한 경우에는 그 선임일이 속한 사업연도의 다음 사업연도부터 연속하는 3개 사업연도가 끝나는 날까지 그 선임계리사를 해임할 수 없다. 다만, 다음 각 호의 어느 하나에 해당하는 경우에는 그러하지 아니하다.

1. 선임계리사가 회사의 기밀을 누설한 경우

2. 선임계리사가 그 업무를 게을리하여 회사에 손해를 발생하게 한 경우

3. 선임계리사가 계리업무와 관련하여 부당한 요구를 하거나 압력을 행사한 경우
4. 제192조에 따른 금융위원회의 해임 요구가 있는 경우

⑤ 삭제 〈2022. 12. 31.〉

⑥ 금융위원회는 선임계리사에게 그 업무범위에 속하는 사항에 관하여 의견을 제출하게 할 수 있다.

⑦ 선임계리사는 다음 각 호의 직무를 담당하여서는 아니 된다.

1. 보험상품 개발 업무(기초서류 등을 검증 및 확인하는 업무는 제외한다)를 직접 수행하는 직무
2. 보험회사의 대표이사, 보험회사의 최고경영자 또는 최고재무관리 책임자의 직무
3. 그 밖에 이해가 상충할 우려가 있거나 선임계리사 업무에 전념하기 어려운 경우로서 대통령령으로 정하는 직무

손해사정사 등의 업무〈보험업법 제188조〉

손해사정사 또는 손해사정업자의 업무는 다음 각 호와 같다.

1. 손해 발생 사실의 확인
2. 보험약관 및 관계 법규 적용의 적정성 판단
3. 손해액 및 보험금의 사정
4. 제1호부터 제3호까지의 업무와 관련된 서류의 작성 · 제출의 대행
5. 제1호부터 제3호까지의 업무 수행과 관련된 보험회사에 대한 의견의 진술

손해사정사의 의무 등〈보험업법 제189조〉

① 보험회사로부터 손해사정업무를 위탁받은 손해사정사 또는 손해사정업자는 손해사정업무를 수행한 후 손해사정서를 작성한 경우에 지체 없이 대통령령으로 정하는 방법에 따라 보험회사, 보험계약자, 피보험자 및 보험금청구권자에게 손해사정서를 내어 주고, 그 중요한 내용을 알려주어야 한다.

② 보험계약자 등이 선임한 손해사정사 또는 손해사정업자는 손해사정업무를 수행한 후 지체 없이 보험회사 및 보험계약자 등에 대하여 손해사정서를 내어 주고, 그 중요한 내용을 알려주어야 한다.

③ 손해사정사(제186조 제3항에 따른 보조인을 포함한다) 또는 손해사정업자는 손해사정업무를 수행할 때 보험계약자, 그 밖의 이해관계자들의 이익을 부당하게 침해하여서는 아니 되며, 다음 각 호의 행위를 하여서는 아니 된다.

1. 고의로 진실을 숨기거나 거짓으로 손해사정을 하는 행위

1의2. 보험회사 또는 보험계약자 등 어느 일방에 유리하도록 손해사정업무를 수행하는 행위

2. 업무상 알게 된 보험계약자 등에 관한 개인정보를 누설하는 행위
3. 타인으로 하여금 자기의 명의로 손해사정업무를 하게 하는 행위
4. 정당한 사유 없이 손해사정업무를 지연하거나 충분한 조사를 하지 아니하고 손해액 또는 보험금을 산정하는 행위

5. 보험회사 및 보험계약자 등에 대하여 이미 제출받은 서류와 중복되는 서류나 손해사정과 관련이 없는 서류 또는 정보를 요청함으로써 손해사정을 지연하는 행위
6. 보험금 지급을 요건으로 합의서를 작성하거나 합의를 요구하는 행위
7. 그 밖에 공정한 손해사정업무의 수행을 해치는 행위로서 대통령령으로 정하는 행위

손해사정사 등의 의무〈보험업법 시행령 제99조〉

① 법 제189조 제1항에서 "대통령령으로 정하는 방법"이란 서면, 문자메시지, 전자우편, 팩스 또는 그 밖에 이와 유사한 방법을 말한다.

② 보험회사로부터 손해사정업무를 위탁받은 손해사정사 또는 손해사정업자는 법 제189조 제1항에 따른 손해사정서에 피보험자의 건강정보 등 「개인정보 보호법」 제23조 제1항에 따른 민감정보가 포함된 경우 피보험자의 동의를 받아야 하며, 동의를 받지 아니한 경우에는 해당 민감정보를 삭제하거나 식별할 수 없도록 하여야 한다.

③ 법 제189조 제3항 제7호에서 "대통령령으로 정하는 행위"란 다음 각 호의 어느 하나에 해당하는 행위를 말한다.

1. 등록된 업무범위 외의 손해사정을 하는 행위
2. 자기 또는 자기와 총리령으로 정하는 이해관계를 가진 자의 보험사고에 대하여 손해사정을 하는 행위
3. 자기와 총리령으로 정하는 이해관계를 가진 자가 모집한 보험계약에 관한 보험사고에 대하여 손해사정을 하는 행위(보험회사 또는 보험회사가 출자한 손해사정법인에 소속된 손해사정사가 그 소속 보험회사 또는 출자한 보험회사가 체결한 보험계약에 관한 보험사고에 대하여 손해사정을 하는 행위는 제외한다)

허가 등의 공고〈보험업법 제195조〉

① 금융위원회는 제4조 제1항에 따른 허가를 하거나 제74조 제1항 또는 제134조 제2항에 따라 허가를 취소한 경우에는 지체 없이 그 내용을 관보에 공고하고 인터넷 홈페이지 등을 이용하여 일반인에게 알려야 한다.

② 금융위원회는 다음 각 호의 사항을 인터넷 홈페이지 등을 이용하여 일반인에게 알려야 한다.

1. 제4조에 따라 허가받은 보험회사
2. 제12조에 따라 설치된 국내사무소
3. 제125조에 따라 인가된 상호협정

③ 금융감독원장은 다음 각 호의 사항을 인터넷 홈페이지 등을 이용하여 일반인에게 알려야 한다.

1. 제89조에 따라 등록된 보험중개사
2. 제182조에 따라 등록된 보험계리사 및 제183조에 따라 등록된 보험계리업자
3. 제186조에 따라 등록된 손해사정사 및 제187조에 따라 등록된 손해사정업자

④ 보험협회는 제87조에 따라 등록된 보험대리점을 인터넷 홈페이지 등을 이용하여 일반인에게 알려야 한다.

벌칙〈보험업법 제200조〉

다음 각 호의 어느 하나에 해당하는 자는 5년 이하의 징역 또는 5천만 원 이하의 벌금에 처한다.

1. 제4조제1항을 위반한 자
2. 제106조제1항 제4호 및 제5호를 위반하여 신용공여를 한 자
3. 제106조제1항 제6호를 위반하여 채권 및 주식을 소유한 자
4. 제111조 제1항을 위반하여 같은 항 각 호의 어느 하나에 해당하는 행위를 한 자
5. 제111조 제5항을 위반하여 같은 항 각 호의 어느 하나에 해당하는 행위를 한 대주주 또는 그의 특수관계인

벌칙〈보험업법 제202조〉

다음 각 호의 어느 하나에 해당하는 자는 3년 이하의 징역 또는 3천만 원 이하의 벌금에 처한다.

1. 제18조 제2항을 위반하여 승인을 받지 아니하고 자본감소의 결의를 한 주식회사
2. 제75조를 위반한 자
3. 제98조에서 규정한 금품 등을 제공(같은 조 제3호의 경우에는 보험금액 지급의 약속을 말한다)한 자 또는 이를 요구하여 수수(收受)한 보험계약자 또는 피보험자

3의2. 제102조의7 제5항을 위반하여 업무를 수행하는 과정에서 알게 된 정보 또는 자료를 누설하거나 제102조의6 제1항에 따른 서류 전송 업무 외의 용도로 사용 또는 보관한 자

4. 제106조 제1항 제1호부터 제3호까지의 규정을 위반한 자
5. 제177조를 위반한 자
6. 제183조 제1항 또는 제187조 제1항에 따른 등록을 하지 아니하고 보험계리업 또는 손해사정업을 한 자
7. 거짓이나 그 밖의 부정한 방법으로 제183조 제1항 또는 제187조 제1항에 따른 등록을 한 자
8. 제189조 제3항 제2호를 위반한 자

벌칙〈보험업법 제204조〉

① 다음 각 호의 어느 하나에 해당하는 자는 1년 이하의 징역 또는 1천만 원 이하의 벌금에 처한다.

1. 제8조 제2항을 위반한 자
2. 제83조 제1항을 위반하여 모집을 한 자
3. 거짓이나 그 밖의 부정한 방법으로 보험설계사 · 보험대리점 또는 보험중개사의 등록을 한 자

3의2. 제86조 제2항(제190조에 따라 준용하는 경우를 포함한다)에 따른 업무정지의 명령을 위반하여 모집, 보험계리업무 또는 손해사정업무를 한 자

4. 제88조 제2항, 제90조 제2항에 따른 업무정지의 명령을 위반하여 모집을 한 자
5. 삭제 〈2017. 4. 18.〉
6. 제150조를 위반한 자
7. 제181조 제1항 및 제184조 제1항을 위반하여 정당한 사유 없이 확인을 하지 아니하거나 부정한 확인을 한 보험계리사 및 선임계리사
8. 제184조 제3항 제1호를 위반한 선임계리사 및 보험계리사
9. 제189조 제3항 제1호를 위반한 손해사정사

② 보험계리사나 손해사정사에게 제1항 제7호부터 제9호까지의 규정에 따른 행위를 하게 하거나 이를 방조한 자는 정범에 준하여 처벌한다.

양벌규정〈보험업법 제208조〉

① 법인(법인이 아닌 사단 또는 재단으로서 대표자 또는 관리인이 있는 것을 포함한다. 이하 이 항에서 같다)의 대표자나 법인 또는 개인의 대리인, 사용인, 그 밖의 종업원이 그 법인 또는 개인의 업무에 관하여 제200조, 제202조 또는 제204조의 어느 하나에 해당하는 위반행위를 하면 그 행위자를 벌하는 외에 그 법인 또는 개인에게도 해당 조문의 벌금형을 과(科)한다. 다만, 법인 또는 개인이 그 위반행위를 방지하기 위하여 해당 업무에 관하여 상당한 주의와 감독을 게을리하지 아니한 경우에는 그러하지 아니하다.

② 제1항에 따라 법인이 아닌 사단 또는 재단에 대하여 벌금형을 과하는 경우에는 그 대표자 또는 관리인이 그 소송행위에 관하여 그 사단 또는 재단을 대표하는 법인을 피고인으로 하는 경우의 형사소송에 관한 법률을 준용한다.

기출분석을 통한 다빈출 상법 핵심 암기사항

보험약관의 교부 · 설명 의무〈상법 638조의3〉

① 보험자는 보험계약을 체결할 때에 보험계약자에게 보험약관을 교부하고 그 약관의 중요한 내용을 설명하여야 한다.

② 보험자가 제1항을 위반한 경우 보험계약자는 보험계약이 성립한 날부터 3개월 이내에 그 계약을 취소할 수 있다.

타인을 위한 보험〈상법 제639조〉

① 보험계약자는 위임을 받거나 위임을 받지 아니하고 특정 또는 불특정의 타인을 위하여 보험계약을 체결할 수 있다. 그러나 손해보험계약의 경우에 그 타인의 위임이 없는 때에는 보험계약자는 이를 보험자에게 고지하여야 하고, 그 고지가 없는 때에는 타인이 그 보험계약이 체결된 사실을 알지 못하였다는 사유로 보험자에게 대항하지 못한다.

② 제1항의 경우에는 그 타인은 당연히 그 계약의 이익을 받는다. 그러나 손해보험계약의 경우에 보험계약자가 그 타인에게 보험사고의 발생으로 생긴 손해의 배상을 한 때에는 보험계약자는 그 타인의 권리를 해하지 아니하는 범위 안에서 보험자에게 보험금액의 지급을 청구할 수 있다.

③ 제1항의 경우에는 보험계약자는 보험자에 대하여 보험료를 지급할 의무가 있다. 그러나 보험계약자가 파산선고를 받거나 보험료의 지급을 지체한 때에는 그 타인이 그 권리를 포기하지 아니하는 한 그 타인도 보험료를 지급할 의무가 있다.

소급보험〈상법 제643조〉

보험계약은 그 계약전의 어느 시기를 보험기간의 시기로 할 수 있다.

보험대리상 등의 권한〈상법 제646조의2〉

① 보험대리상은 다음 각 호의 권한이 있다.

1. 보험계약자로부터 보험료를 수령할 수 있는 권한
2. 보험자가 작성한 보험증권을 보험계약자에게 교부할 수 있는 권한
3. 보험계약자로부터 청약, 고지, 통지, 해지, 취소 등 보험계약에 관한 의사표시를 수령할 수 있는 권한
4. 보험계약자에게 보험계약의 체결, 변경, 해지 등 보험계약에 관한 의사표시를 할 수 있는 권한

② 제1항에도 불구하고 보험자는 보험대리상의 제1항 각 호의 권한 중 일부를 제한할 수 있다. 다만, 보험자는 그러한 권한 제한을 이유로 선의의 보험계약자에게 대항하지 못한다.

③ 보험대리상이 아니면서 특정한 보험자를 위하여 계속적으로 보험계약의 체결을 중개하는 자는 제1항 제1호(보험자가 작성한 영수증을 보험계약자에게 교부하는 경우만 해당한다) 및 제2호의 권한이 있다.
④ 피보험자나 보험수익자가 보험료를 지급하거나 보험계약에 관한 의사표시를 할 의무가 있는 경우에는 제1항부터 제3항까지의 규정을 그 피보험자나 보험수익자에게도 적용한다.

사고발생전의 임의해지〈상법 제649조〉

① 보험사고가 발생하기 전에는 보험계약자는 언제든지 계약의 전부 또는 일부를 해지할 수 있다. 그러나 제639조의 보험계약의 경우에는 보험계약자는 그 타인의 동의를 얻지 아니하거나 보험증권을 소지하지 아니하면 그 계약을 해지하지 못한다.
② 보험사고의 발생으로 보험자가 보험금액을 지급한 때에도 보험금액이 감액되지 아니하는 보험의 경우에는 보험계약자는 그 사고발생 후에도 보험계약을 해지할 수 있다.
③ 제1항의 경우에는 보험계약자는 당사자 간에 다른 약정이 없으면 미경과보험료의 반환을 청구할 수 있다.

보험료의 지급과 지체의 효과〈상법 제650조〉

① 보험계약자는 계약체결 후 지체 없이 보험료의 전부 또는 제1회 보험료를 지급하여야 하며, 보험계약자가 이를 지급하지 아니하는 경우에는 다른 약정이 없는 한 계약성립 후 2월이 경과하면 그 계약은 해제된 것으로 본다.
② 계속보험료가 약정한 시기에 지급되지 아니한 때에는 보험자는 상당한 기간을 정하여 보험계약자에게 최고하고 그 기간 내에 지급되지 아니한 때에는 그 계약을 해지할 수 있다.
③ 특정한 타인을 위한 보험의 경우에 보험계약자가 보험료의 지급을 지체한 때에는 보험자는 그 타인에게도 상당한 기간을 정하여 보험료의 지급을 최고한 후가 아니면 그 계약을 해제 또는 해지하지 못한다.

보험계약의 부활〈상법 제650조의2〉

제650조 제2항에 따라 보험계약이 해지되고 해지환급금이 지급되지 아니한 경우에 보험계약자는 일정한 기간 내에 연체보험료에 약정이자를 붙여 보험자에게 지급하고 그 계약의 부활을 청구할 수 있다. 제638조의2의 규정은 이 경우에 준용한다.

고지의무위반으로 인한 계약해지〈상법 제651조〉

보험계약 당시에 보험계약자 또는 피보험자가 고의 또는 중대한 과실로 인하여 중요한 사항을 고지하지 아니하거나 부실의 고지를 한 때에는 보험자는 그 사실을 안 날로부터 1월 내에, 계약을 체결한 날로부터 3년 내에 한하여 계약을 해지할 수 있다. 그러나 보험자가 계약당시에 그 사실을 알았거나 중대한 과실로 인하여 알지 못한 때에는 그러하지 아니하다.

보험계약자 등의 고의나 중과실로 인한 위험증가와 계약해지〈상법 제653조〉

보험기간 중에 보험계약자, 피보험자 또는 보험수익자의 고의 또는 중대한 과실로 인하여 사고발생의 위험이 현저하게 변경 또는 증가된 때에는 보험자는 그 사실을 안 날부터 1월 내에 보험료의 증액을 청구하거나 계약을 해지할 수 있다.

보험자의 면책사유〈상법 제659조〉

보험사고가 보험계약자 또는 피보험자나 보험수익자의 고의 또는 중대한 과실로 인하여 생긴 때에는 보험자는 보험금액을 지급할 책임이 없다.

전쟁위험 등으로 인한 면책〈상법 제660조〉

보험사고가 전쟁 기타의 변란으로 인하여 생긴 때에는 당사자 간에 다른 약정이 없으면 보험자는 보험금액을 지급할 책임이 없다.

소멸시효〈상법 제662조〉

보험금청구권은 3년간, 보험료 또는 적립금의 반환청구권은 3년간, 보험료청구권은 2년간 행사하지 아니하면 시효의 완성으로 소멸한다.

손해보험증권〈상법 제666조〉

손해보험증권에는 다음의 사항을 기재하고 보험자가 기명날인 또는 서명하여야 한다.

1. 보험의 목적
2. 보험사고의 성질
3. 보험금액
4. 보험료와 그 지급방법
5. 보험기간을 정한 때에는 그 시기와 종기
6. 무효와 실권의 사유
7. 보험계약자의 주소와 성명 또는 상호

7의2. 피보험자의 주소, 성명 또는 상호

8. 보험계약의 연월일
9. 보험증권의 작성지와 그 작성 연월일

기평가보험〈상법 제670조〉

당사자 간에 보험가액을 정한 때에는 그 가액은 사고발생 시의 가액으로 정한 것으로 추정한다. 그러나 그 가액이 사고발생시의 가액을 현저하게 초과할 때에는 사고발생시의 가액을 보험가액으로 한다.

미평가보험〈상법 제671조〉

당사자 간에 보험가액을 정하지 아니한 때에는 사고발생 시의 가액을 보험가액으로 한다.

중복보험〈상법 제672조〉

① 동일한 보험계약의 목적과 동일한 사고에 관하여 수개의 보험계약이 동시에 또는 순차로 체결된 경우에 그 보험금액의 총액이 보험가액을 초과한 때에는 보험자는 각자의 보험금액의 한도에서 연대책임을 진다. 이 경우에는 각 보험자의 보상책임은 각자의 보험금액의 비율에 따른다.

② 동일한 보험계약의 목적과 동일한 사고에 관하여 수개의 보험계약을 체결하는 경우에는 보험계약자는 각 보험자에 대하여 각 보험계약의 내용을 통지하여야 한다.

③ 제669조 제4항의 규정은 제1항의 보험계약에 준용한다.

보험자의 면책사유〈상법 제678조〉

보험의 목적의 성질, 하자 또는 자연소모로 인한 손해는 보험자가 이를 보상할 책임이 없다.

화재보험증권〈상법 제685조〉

화재보험증권에는 제666조에 게기한 사항 외에 다음의 사항을 기재하여야 한다.

1. 건물을 보험의 목적으로 한 때에는 그 소재지, 구조와 용도
2. 동산을 보험의 목적으로 한 때에는 그 존치한 장소의 상태와 용도
3. 보험가액을 정한 때에는 그 가액

운송보험증권〈상법 제690조〉

운송보험증권에는 제666조에 게기한 사항 외에 다음의 사항을 기재하여야 한다.

1. 운송의 노순과 방법
2. 운송인의 주소와 성명 또는 상호
3. 운송물의 수령과 인도의 장소
4. 운송기간을 정한 때에는 그 기간
5. 보험가액을 정한 때에는 그 가액

해상보험증권〈상법 제695조〉

해상보험증권에는 제666조에 게기한 사항외에 다음의 사항을 기재하여야 한다.

1. 선박을 보험에 붙인 경우에는 그 선박의 명칭, 국적과 종류 및 항해의 범위
2. 적하를 보험에 붙인 경우에는 선박의 명칭, 국적과 종류, 선적항, 양륙항 및 출하지와 도착지를 정한 때에는 그 지명
3. 보험가액을 정한 때에는 그 가액

이로〈상법 제701조의2〉

선박이 정당한 사유 없이 보험계약에서 정하여진 항로를 이탈한 경우에는 보험자는 그때부터 책임을 지지 아니한다. 선박이 손해발생 전에 원항로로 돌아온 경우에도 같다.

선박변경의 효과〈상법 제703조〉

적하를 보험에 붙인 경우에 보험계약자 또는 피보험자의 책임있는 사유로 인하여 선박을 변경한 때에는 그 변경후의 사고에 대하여 책임을 지지 아니한다.

자동차 보험증권〈상법 제726조의3〉

자동차 보험증권에는 제666조에 게기한 사항 외에 다음의 사항을 기재하여야 한다.

1. 자동차소유자와 그 밖의 보유자의 성명과 생년월일 또는 상호
2. 피보험자동차의 등록번호, 차대번호, 차형년식과 기계장치
3. 차량가액을 정한 때에는 그 가액제

준용규정〈상법 제726조의7〉

보증보험계약에 관하여는 그 성질에 반하지 아니하는 범위에서 보증채무에 관한 「민법」의 규정을 준용한다.

타인의 생명의 보험〈상법 제731조〉

① 타인의 사망을 보험사고로 하는 보험계약에는 보험계약 체결 시에 그 타인의 서면(「전자서명법」 제2조 제2호에 따른 전자서명이 있는 경우로서 대통령령으로 정하는 바에 따라 본인 확인 및 위조·변조 방지에 대한 신뢰성을 갖춘 전자문서를 포함한다)에 의한 동의를 얻어야 한다.

② 보험계약으로 인하여 생긴 권리를 피보험자가 아닌 자에게 양도하는 경우에도 제1항과 같다.

15세 미만자 등에 대한 계약의 금지〈상법 제732조〉

15세 미만자, 심신상실자 또는 심신박약자의 사망을 보험사고로 한 보험계약은 무효로 한다. 다만, 심신박약자가 보험계약을 체결하거나 제735조의3에 따른 단체보험의 피보험자가 될 때에 의사능력이 있는 경우에는 그러하지 아니하다.

단체보험〈상법 제735조의3〉

① 단체가 규약에 따라 구성원의 전부 또는 일부를 피보험자로 하는 생명보험계약을 체결하는 경우에는 제731조를 적용하지 아니한다.

② 제1항의 보험계약이 체결된 때에는 보험자는 보험계약자에 대하여서만 보험증권을 교부한다.

③ 제1항의 보험계약에서 보험계약자가 피보험자 또는 그 상속인이 아닌 자를 보험수익자로 지정할 때에는 단체의 규약에서 명시적으로 정하는 경우 외에는 그 피보험자의 제731조 제1항에 따른 서면 동의를 받아야 한다.

준용규정〈상법 제739조〉

상해보험에 관하여는 제732조를 제외하고 생명보험에 관한 규정을 준용한다.

PART

02

보험업법

2017년 제40회 보험업법
2018년 제41회 보험업법
2019년 제42회 보험업법
2020년 제43회 보험업법
2021년 제44회 보험업법
2022년 제45회 보험업법
2023년 제46회 보험업법
2024년 제47회 보험업법

2017년 제40회 보험업법

1 다음 중 현행 「보험업법」에 관한 설명으로 옳은 것을 모두 고른 것은? [기출변형]

> ㉠ 「보험업법」은 보험업을 경영하는 자의 건전한 운영을 도모함을 목적으로 한다.
> ㉡ 「보험업법」은 보험회사, 보험계약자, 피보험자, 기타 이해관계인의 권익보호를 목적으로 한다.
> ㉢ 「보험업법」은 건강보험, 산업재해보상보험, 원자력 손해배상보험에는 적용되지 않는다.
> ㉣ 「보험업법」은 보험업의 허가부터 경영전반에 걸쳐 계속 감독하는 방식을 택하고 있다.
> ㉤ 「보험업법」에 의한 손해보험상품에는 보증보험계약, 권리보험계약, 날씨보험계약 등이 포함된다.

① ㉠㉡㉢
② ㉡㉢㉣
③ ㉡㉣㉤
④ ㉠㉣㉤

TIP ㉠ 「보험업법」 제1조(목적)
㉣ 「보험업법 시행령」 제1조의2(보험상품) 제2항
㉤ 「보험업법 시행령」 제1조의2(보험상품) 제3항
㉡ 이 법은 보험업을 경영하는 자의 건전한 경영을 도모하고 보험계약자, 피보험자, 그 밖의 이해관계인의 권익을 보호함으로써 보험업의 건전한 육성과 국민경제의 균형 있는 발전에 기여함을 목적으로 한다〈보험업법 제1조(목적)〉.
㉢ 「보험업법」(이하 "법"이라 한다) 제2조 제1호 각 목 외의 부분에서 "대통령령으로 정하는 것"이란 「고용보험법」에 따른 고용보험, 「국민건강보험법」에 따른 건강보험, 「국민연금법」에 따른 국민연금, 「노인장기요양보험법」에 따른 장기요양보험, 「산업재해보상보험법」에 따른 산업재해보상보험, 「할부거래에 관한 법률」 제2조제2호에 따른 선불식 할부계약을 말한다.

※ **정의** … "보험상품"이란 위험보장을 목적으로 우연한 사건 발생에 관하여 금전 및 그 밖의 급여를 지급할 것을 약정하고 대가를 수수(授受)하는 계약(「국민건강보험법」에 따른 건강보험, 「고용보험법」에 따른 고용보험 등 보험계약자의 보호 필요성 및 금융거래 관행 등을 고려하여 대통령령으로 정하는 것은 제외한다)으로서 다음 각 목의 것을 말한다〈보험업법 제2조 제1호〉.

가. **생명보험상품** : 위험보장을 목적으로 사람의 생존 또는 사망에 관하여 약정한 금전 및 그 밖의 급여를 지급할 것을 약속하고 대가를 수수하는 계약으로서 대통령령으로 정하는 계약

나. **손해보험상품** : 위험보장을 목적으로 우연한 사건(다목에 따른 질병 · 상해 및 간병은 제외한다)으로 발생하는 손해(계약상 채무불이행 또는 법령상 의무불이행으로 발생하는 손해를 포함한다)에 관하여 금전 및 그 밖의 급여를 지급할 것을 약속하고 대가를 수수하는 계약으로서 대통령령으로 정하는 계약

다. **제3보험상품** : 위험보장을 목적으로 사람의 질병 · 상해 또는 이에 따른 간병에 관하여 금전 및 그 밖의 급여를 지급할 것을 약속하고 대가를 수수하는 계약으로서 대통령령으로 정하는 계약

2 「보험업법」 제2조에서 정의하고 있는 용어 가운데 옳지 않은 것은?

① "외국보험회사"라 함은 대한민국 이외의 국가의 법령에 따라 설립되어 대한민국 이외의 국가에서 보험업을 경영하는 자이다.
② "모집"이라 함은 보험회사를 위하여 보험계약의 체결을 중개 또는 대리하는 것을 말한다.
③ "보험설계사"라 함은 보험회사 · 보험대리점 · 보험중개사에 소속되어 보험계약의 체결을 중개하는 자로서 금융위원회에 등록된 자이다.
④ "보험대리점"이라 함은 보험회사를 위하여 보험계약의 체결을 대리하는 자로서 금융위원회에 등록된 자이다.

TIP ② "모집"이란 보험계약의 체결을 중개하거나 대리하는 것을 말한다〈보험업법 제2조(정의) 제12호〉.
① 「보험업법」 제2조(정의) 제8호
③ 「보험업법」 제2조(정의) 제9호
④ 「보험업법」 제2조(정의) 제10호

3 「보험업법」 제3조의 단서에 따라 보험회사가 아닌 자와 보험계약을 체결할 수 있는 경우에 해당하지 않는 것은?

① 외국보험회사와 항공보험계약, 여행보험계약, 선박보험계약, 장기화재보험계약 또는 재보험계약을 체결하는 경우
② 외국보험회사와 생명보험계약, 수출적하보험계약, 수입적하보험계약을 체결하는 경우
③ 우리나라에서 취급되지 아니하는 보험종목에 관하여 외국보험회사와 보험계약을 체결하는 경우
④ ① ~ ③에 해당하지 않으나 금융위원회의 승인을 얻어 보험계약을 체결하는 경우

TIP 누구든지 보험회사가 아닌 자와 보험계약을 체결하거나 중개 또는 대리하지 못한다. 다만, 대통령령으로 정하는 경우에는 그러하지 아니하다〈보험업법 제3조(보험계약의 체결)〉.

※ **보험계약의 체결** … 보험회사가 아닌 자와 보험계약을 체결할 수 있는 경우는 다음의 어느 하나에 해당하는 경우로 한다〈보험업법 시행령 제7조 제1항〉.

1. 외국보험회사와 생명보험계약, 수출적하보험계약, 수입적하보험계약, 항공보험계약, 여행보험계약, 선박보험계약, 장기상해보험계약 또는 재보험계약을 체결하는 경우
2. 제1호외의 경우로서 대한민국에서 취급되는 보험종목에 관하여 셋 이상의 보험회사로부터 가입이 거절되어 외국보험회사와 보험계약을 체결하는 경우
3. 대한민국에서 취급되지 아니하는 보험종목에 관하여 외국보험회사와 보험계약을 체결하는 경우
4. 외국에서 보험계약을 체결하고, 보험기간이 지나기 전에 대한민국에서 그 계약을 지속시키는 경우
5. 제1호부터 제4호까지 외에 보험회사와 보험계약을 체결하기 곤란한 경우로서 금융위원회의 승인을 받은 경우

ANSWER

1.④ 2.② 3.①

4 보험업의 예비허가신청에 관한 다음 설명 중 옳은 것은 몇 개인가?

> ㉠ 보험업의 예비허가신청을 받은 금융위원회는 6개월 내에 예비허가 여부를 통지하여야 한다.
> ㉡ 금융위원회는 예비허가에 조건을 붙일 수 없다.
> ㉢ 보험업의 예비허가를 받은 자는 3개월 이내에 예비허가의 내용 및 조건을 이행한 후에 본허가를 신청하여야 한다.
> ㉣ 금융위원회는 예비허가신청에 대하여 이해관계인의 의견을 요청하거나 공청회를 개최할 수 있다.

① 0개 ② 1개
③ 2개 ④ 3개

TIP ㉣「보험업법 시행규칙」 제9조(예비허가의 신청 등) 제3항
㉠ 금융위원회는 2개월 이내에 심사하여 예비허가 여부를 통지하여야 한다. 다만, 총리령으로 정하는 바에 따라 그 기간을 연장할 수 있다〈보험업법 제7조(예비허가) 제2항〉.
㉡ 금융위원회는 예비허가에 조건을 붙일 수 있다〈보험업법 제7조(예비허가) 제3항〉.
㉢ 금융위원회는 예비허가를 받은 자가 예비허가의 조건을 이행한 후 본허가를 신청하면 허가하여야 한다〈보험업법 제7조(예비허가) 제4항〉.

5 보험업의 허가를 받으려는 자가 「보험업법」 제6조 제1항 제2호 단서에 따라 특정 업무를 외부에 위탁하는 경우 업무와 관련된 전문 인력과 물적 시설을 갖춘 것으로 보는데, 그 특정 업무에 해당하지 않는 것은?

① 보험상품개발업무
② 보험계약 심사를 위한 조사업무
③ 보험금 지급심사를 위한 보험사고 조사업무
④ 전산설비의 개발 · 운영 및 유지 · 보수에 관한 업무

TIP 허가의 세부 요건 등 … 보험업의 허가를 받으려는 자가 다음의 어느 하나에 해당하는 업무를 외부에 위탁하는 경우에는 법 제6조 제1항 제2호 후단에 따라 그 업무와 관련된 전문 인력과 물적 시설을 갖춘 것으로 본다〈보험업법 시행령 제10조 제2항〉.
1. 손해사정업무
2. 보험계약 심사를 위한 조사업무
3. 보험금 지급심사를 위한 보험사고 조사업무
4. 전산설비의 개발 · 운영 및 유지 · 보수에 관한 업무
5. 정보처리 업무

6 **다음 설명 중 옳지 않은 것은?**

① 보험계약자의 보호가 가능하고 그 경영하려는 보험업을 수행하기 위하여 필요한 전문 인력과 전산설비 등 물적 시설을 갖추고 있어야 한다는 보험허가의 요건은 보험회사가 보험업의 허가를 받은 이후에도 계속 유지하여야 한다.

② 대한민국에서 보험업의 허가를 받으려는 외국보험회사는 「보험업법」 제9조 제3항의 영업기금 납입 외에 자산상황 · 재무건전성 및 영업건전성이 국내에서 보험업을 경영하기에 충분하고 국제적으로 인정받고 있을 것이 요구된다.

③ 「보험업법」 제6조 제1항 제3호의 사업계획은 지속적인 영업을 수행하기에 적합하고 추정재무제표 및 수익전망이 사업계획에 비추어 타당성이 있어야 한다.

④ 보험회사가 보험업 허가를 받은 이후 전산설비의 성능 향상이나 보안체계의 강화 등을 위하여 그 일부를 변경하면 「보험업법」 제6조 제4항의 물적 시설을 유지하지 못하는 것으로 본다.

TIP ④ 보험회사가 보험업 허가를 받은 이후 전산설비의 성능 향상이나 보안체계의 강화 등을 위하여 그 일부를 변경하는 경우에는 물적 시설을 유지한 것으로 본다〈보험업법 시행령 제10조(허가의 세부 요건 등) 제7항〉.

① 「보험업법」 제6조(허가의 요건 등) 제4항

② 「보험업법」 제6조(허가의 요건 등) 제2항

③ 「보험업법 시행령」 제10조(허가의 세부 요건 등) 제3항 제1호

ANSWER

4.② 5.① 6.④

7 다음 설명 중 ( ) 안에 들어갈 것끼리 올바르게 짝지어진 것은?

> 어느 보험회사가 「보험업법」 제9조 제1항 단서에 따라 자동차보험만을 취급하려는 경우 (㉠) 이상의 자본금 또는 기금을 확보하면 되고 여기에 질병보험을 동시에 취급하려는 경우 그 합계액이 (㉡) 이상일 것이 요구되지만, 만일 동 보험회사가 전화 · 우편 · 컴퓨터통신 등 통신수단을 이용하여 대통령령으로 정하는 바에 따라 모집을 하는 회사인 경우 앞의 자본금 또는 기금의 (㉢) 이상을 납입함으로써 보험업을 시작할 수 있다.

	㉠	㉡	㉢
①	100억 원	200억 원	2분의 1
②	200억 원	300억 원	2분의 1
③	200억 원	300억 원	3분의 2
④	200억 원	400억 원	3분의 2

TIP 자본금 또는 기금〈보험업법 제9조 제1항, 제2항〉

① 보험회사는 300억 원 이상의 자본금 또는 기금을 납입함으로써 보험업을 시작할 수 있다. 다만, 보험회사가 보험종목의 일부만을 취급하려는 경우에는 50억 원 이상의 범위에서 대통령령으로 자본금 또는 기금의 액수를 다르게 정할 수 있다.

② 제1항에도 불구하고 모집수단 또는 모집상품의 종류 · 규모 등이 한정된 보험회사로서 다음의 어느 하나에 해당하는 보험회사는 다음의 구분에 따른 금액 이상의 자본금 또는 기금을 납입함으로써 보험업을 시작할 수 있다.

1. 전화 · 우편 · 컴퓨터통신 등 통신수단을 이용하여 대통령령으로 정하는 바에 따라 모집을 하는 보험회사(제2호에 따른 소액단기전문보험회사는 제외한다) : 제1항에 따른 자본금 또는 기금의 3분의 2에 상당하는 금액
2. 모집할 수 있는 보험상품의 종류, 보험기간, 보험금의 상한액, 연간 총보험료 상한액 등 대통령령으로 정하는 기준을 충족하는 소액단기전문보험회사 : 10억 원 이상의 범위에서 대통령령으로 정하는 금액

※ 보험종목별 자본금 또는 기금 … 보험종목의 일부만을 취급하려는 보험회사가 납입하여야 하는 보험종목별 자본금 또는 기금의 액수는 다음의 구분에 따른다〈보험업법 시행령 제12조 제1항〉.

1. 생명보험 : 200억 원
2. 연금보험(퇴직보험을 포함한다) : 200억 원
3. 화재보험 : 100억 원
4. 해상보험(항공 · 운송보험을 포함한다) : 150억 원
5. 자동차보험 : 200억 원
6. 보증보험 : 300억 원
7. 재보험 : 300억 원
8. 책임보험 : 100억 원
9. 기술보험 : 50억 원
10. 권리보험 : 50억 원
11. 상해보험 : 100억 원
12. 질병보험 : 100억 원
13. 간병보험 : 100억 원
14. 제1항부터 제13호까지 외의 보험종목 : 50억 원

8 **손해보험의 보험종목 전부를 취급하는 손해보험회사가 질병을 원인으로 하는 사망을 제3보험의 특약형식으로 담보하는 보험을 겸영하기 위해 충족하여야 하는 요건에 해당하지 않는 것은?**

① 납입보험료가 일정액 이하일 것
② 보험만기는 80세 이하일 것
③ 보험금액의 한도는 개인당 2억 원 이내일 것
④ 만기 시에 지급하는 환급금은 납입보험료 합계액의 범위 내 일 것

TIP 겸영 가능 보험종목 … "대통령령으로 정하는 기준에 따라 제3보험의 보험종목에 부가되는 보험"이란 질병을 원인으로 하는 사망을 제3보험의 특약 형식으로 담보하는 보험으로서 다음의 요건을 충족하는 보험을 말한다〈보험업법 시행령 제15조 제2항〉.
1. 보험만기는 80세 이하일 것
2. 보험금액의 한도는 개인당 2억 원 이내일 것
3. 만기 시에 지급하는 환급금은 납입보험료 합계액의 범위 내일 것

9 **금융위원회는 보험회사가 「보험업법」 제11조의2 제1항에 따라 보험업에 부수(附隨)하는 업무를 신고한 경우 그 신고일로부터 7일 이내에 인터넷 홈페이지 등에 공고하여야 하는 사항에 해당하지 않는 것은?**

① 보험업종
② 부수업무의 신고일
③ 부수업무의 개시 예정일
④ 부수업무의 내용

TIP 부수업무 등의 공고 … 금융위원회는 보험회사가 보험업에 부수하는 업무를 신고한 경우에는 그 신고일부터 7일 이내에 다음 각 호의 사항을 인터넷 홈페이지 등에 공고하여야 한다〈보험업법 시행령 제16조의2 제1항〉.
1. 보험회사의 명칭
2. 부수업무의 신고일
3. 부수업무의 개시 예정일
4. 부수업무의 내용
5. 그 밖에 보험계약자의 보호를 위하여 공시가 필요하다고 인정되는 사항으로서 금융위원회가 정하여 고시하는 사항

ANSWER
7.③ 8.① 9.①

10 보험회사인 주식회사의 조직 변경에 관한 다음 설명 중 옳지 않은 것은? [기출 변형]

① 보험업법상 조직 변경은 주식회사가 그 조직을 변경하여 상호회사로 되는 것만을 의미하며, 주식회사의 보험계약자는 조직 변경에 의한 상호회사의 사원이 된다.
② 조직 변경 시 보험계약자나 보험금을 취득할 자는 피보험자를 위하여 적립한 금액을 다른 법률에 특별한 규정이 없으면 주식회사의 자산에서 우선하여 취득하게 된다.
③ 주식회사가 그 조직을 변경한 경우에는 변경한 날부터 2주일 이내에 주된 사무소의 소재지에서 주식회사는 해산의 등기를 하고 상호회사는 제40조 제2항에 따른 등기를 하여야 한다.
④ 상호회사로 조직을 변경한 보험회사는 손실의 보전에 충당하기 위하여 금융위원회가 필요하다고 인정하는 금액을 준비금으로 적립하여야 하고, 300억 원 이상의 기금을 납입하여야 한다.

TIP ④ 상호회사는 제9조에도 불구하고 기금의 총액을 300억 원 미만으로 하거나 설정하지 아니할 수 있다〈보험업법 제20조(조직 변경) 제2항〉.
① 「보험업법」 제30조(조직 변경에 따른 입사)
② 「보험업법」 제32조(보험계약자 등의 우선취득권) 제1항
③ 「보험업법」 제29조(조직 변경의 등기) 제1항

11 주식회사와 상호회사의 특성에 관한 설명 중 옳지 않은 것은? [기출 변형]

㉠ 주식회사의 주주와 상호회사의 사원은 모두 회사채권자에 대하여 간접 · 유한책임을 진다.
㉡ 상호회사는 금전 이외의 자산으로 기금을 납입할 수 있다.
㉢ 상호회사는 그 설립에 있어서 50인 이상의 사원을 필요로 한다.
㉣ 상호회사의 채무에 관한 사원의 책임은 보험료를 한도로 하며, 보험료 납입에 관하여 상계로써 회사에 대항할 수 있다.
㉤ 상호회사의 발기인은 상호회사의 기금의 납입이 끝나고 사원의 수가 예정된 수가 되면 그 날부터 7일 이내에 창립총회를 소집하여야 한다.

① ㉠㉡㉢
② ㉡㉢㉣
③ ㉡㉣㉤
④ ㉠㉣㉤

TIP ㉡ 상호회사의 기금은 금전 이외의 자산으로 납입하지 못한다〈보험업법 제36조(기금의 납입) 제1항〉.
㉢ 상호회사는 100명 이상의 사원으로써 설립한다〈보험업법 제37조(사원의 수)〉.
㉣ 상호회사의 채무에 관한 사원의 책임은 보험료를 한도로 한다〈보험업법 제47조(유한책임)〉. 그러나 상호회사의 사원은 보험료의 납입에 관하여 상계로써 회사에 대항하지 못한다〈보험업법 제48조(상계의 금지)〉.
㉠ 「보험업법」 제46조(간접책임), 제47조(유한책임)
㉤ 「보험업법」 제39조(창립총회) 제1항

12 **금융위원회는 외국보험회사의 본점에 다음의 어느 하나에 해당하는 사유가 발생한 때에는 청문을 거쳐 그 외국보험회사 국내지점의 보험업 허가를 취소할 수 있는데, 취소 사유에 해당하지 않는 것은?**

① 합병, 영업양도 등으로 소멸한 경우
② 위법행위, 불건전한 영업행위 등의 사유로 외국감독기관으로부터 영업정지나 허가 취소 조치를 당한 경우
③ 휴업하거나 영업을 중지한 경우
④ 대표자가 퇴임하고 후임 대표자가 선임되지 않은 경우

TIP 외국보험회사 국내지점의 허가 취소 등 … 금융위원회는 외국보험회사의 본점이 다음의 어느 하나에 해당하게 되면 그 외국보험회사 국내지점에 대하여 청문을 거쳐 보험업의 허가를 취소할 수 있다〈보험업법 제74조 제1항〉.
1. 합병, 영업양도 등으로 소멸한 경우
2. 위법행위, 불건전한 영업행위 등의 사유로 외국감독기관으로부터 처분에 상당하는 조치를 받은 경우
3. 휴업하거나 영업을 중지한 경우

13 **모집할 수 있는 자에 관한 설명 중 옳은 것(○)과 옳지 않은 것(×)을 올바르게 조합한 것은? (다툼이 있는 경우 통설 · 판례에 의함)**

> ㉠ 모집할 수 있는 자는 보험설계사, 보험대리점, 보험회사의 대표이사 등이 있다.
> ㉡ 보험대리점 또는 보험중개사로 등록한 금융기관은 모집과 관련이 없는 금융거래를 통하여 취득한 개인정보를 미리 그 개인의 동의를 받지 아니하고 모집에 이용하는 행위를 하지 못한다.
> ㉢ 보험설계사와 보험중개사는 보험계약의 체결을 중개하는 자이다.
> ㉣ 보험업법상의 보험대리점은 체약대리상으로서 고지 의무 수령권한이 있으나, 보험설계사 및 보험중개사는 고지 의무 수령권한이 없다.

	㉠	㉡	㉢	㉣
①	○	○	○	○
②	○	×	○	○
③	×	○	○	×
④	×	○	○	○

TIP ㉠ 모집을 할 수 있는 자는 보험설계사, 보험대리점, 보험중개사, 보험회사의 임원(대표이사 · 사외이사 · 감사 및 감사위원은 제외) 또는 직원의 어느 하나에 해당하는 자이어야 한다〈보험업법 제83조(모집할 수 있는 자) 제1항〉.
㉡ 「보험업법」 제100조(금융기관보험대리점등의 금지행위 등) 제1항 제5호
㉢ 「보험업법」 제2조(정의) 제9호, 제10호
㉣ 보험모집인은 특정 보험자를 위하여 보험계약의 체결을 중개하는 자일 뿐 보험자를 대리하여 보험계약을 체결할 권한이 없고 보험계약자 또는 피보험자가 보험자에 대하여 하는 고지나 통지를 수령할 권한도 없으므로, 보험모집인이 통지의무의 대상인 '보험사고발생의 위험이 현저하게 변경 또는 증가된 사실'을 알았다고 하더라도 이로써 곧 보험자가 위와 같은 사실을 알았다고 볼 수는 없다[대법원 2006. 6. 30. 선고 2006다19672,19689 판결].

ANSWER
10.④ 11.② 12.④ 13.④

14 보험모집에 관한 설명 중 옳은 것(○)과 옳지 않은 것(×)을 올바르게 조합한 것은? (다툼이 있는 경우 통설 · 판례에 의함)

> ㉠ 보험모집에 관한 규제는 처음에는 「보험업법」에 의하여 규율하지 아니하였고, 「보험모집단속법」(제정1962. 1. 20. 법률 제990호)이라는 별도의 법률에 의하여 규율되었다.
> ㉡ 보험회사 · 보험대리점 및 보험중개사는 대통령령으로 정하는 바에 따라 소속 보험설계사에게 보험계약의 모집에 관한 교육을 하여야 한다.
> ㉢ 2003년 개정 「보험업법」에 의하여 보험대리점의 특수한 형태로서 금융기관보험대리점제도가 도입되었다.
> ㉣ 사외이사는 직무수행의 독립성과 중립성을 담보하기 위하여 모집할 수 있는 자에서 제외되었다.

	㉠	㉡	㉢	㉣
①	○	○	○	○
②	○	○	×	○
③	○	×	○	○
④	×	○	○	○

TIP ㉡ 「보험업법」 제85조의2(보험설계사 등의 교육) 제1항
㉣ 「보험업법」 제83조(모집할 수 있는 자) 제1항

15 보험설계사에 대한 불공정 행위 금지 유형에 해당하는 것으로 옳은 것은?

> ㉠ 보험모집위탁계약서를 교부하는 행위
> ㉡ 위탁계약서상 계약사항을 이행하지 아니하는 행위
> ㉢ 위탁계약서에서 정한 해지요건의 사유로 위탁계약을 해지하는 행위
> ㉣ 정당한 이유로 보험설계사에게 지급한 수수료를 환수하는 행위
> ㉤ 보험설계사에게 보험료 대납(代納)을 강요하는 행위

① ㉠㉡㉢
② ㉡㉤
③ ㉠㉡㉢㉣
④ ㉡㉣㉤

TIP 보험설계사에 대한 불공정 행위 금지 … 보험회사 등은 보험설계사에게 보험계약의 모집을 위탁할 때 다음의 행위를 하여서는 아니 된다〈보험업법 제85조의3 제1항〉.

1. 보험모집위탁계약서를 교부하지 아니하는 행위
2. 위탁계약서상 계약사항을 이행하지 아니하는 행위
3. 위탁계약서에서 정한 해지요건 외의 사유로 위탁계약을 해지하는 행위
4. 정당한 사유 없이 보험설계사가 요청한 위탁계약해지를 거부하는 행위
5. 위탁계약서에서 정한 위탁업무 외의 업무를 강요하는 행위
6. 정당한 사유 없이 보험설계사에게 지급되어야 할 수수료의 전부 또는 일부를 지급하지 아니하거나 지연하여 지급하는 행위
7. 정당한 사유 없이 보험설계사에게 지급한 수수료를 환수하는 행위
8. 보험설계사에게 보험료 대납을 강요하는 행위
9. 그 밖에 대통령령으로 정하는 불공정한 행위

16 **보험설계사에 대해 6개월 이내의 기간을 정하여 그 업무의 정지를 명하거나 그 등록을 취소할 수 있는 경우를 모두 고른 것은?**

> ㉠ 보험설계사가 금고 이상의 형의 집행유예를 선고받은 경우
> ㉡ 「보험업법」에 따라 업무정지 처분을 2회 이상 받은 경우
> ㉢ 모집에 관한 「보험업법」의 규정을 위반한 경우
> ㉣ 보험계약자, 피보험자 또는 보험금을 취득할 자로서 「보험업법」 제102조의2(보험계약자의 의무)를 위반한 경우
> ㉤ 「보험업법」에 따라 과태료 처분을 2회 이상 받은 경우

① ㉠㉡㉢㉣㉤
② ㉠㉡㉢㉣
③ ㉡㉢㉣
④ ㉢㉣㉤

TIP 등록의 취소 등 … 금융위원회는 보험설계사가 다음 각 호의 어느 하나에 해당하는 경우에는 6개월 이내의 기간을 정하여 그 업무의 정지를 명하거나 그 등록을 취소할 수 있다〈보험업법 제86조 제2항〉.

1. 모집에 관한 이 법의 규정을 위반한 경우
2. 보험계약자, 피보험자 또는 보험금을 취득할 자로서 제102조의2를 위반한 경우
3. 제102조의3을 위반한 경우
4. 이 법에 따른 명령이나 처분을 위반한 경우
5. 이 법에 따라 과태료 처분을 2회 이상 받은 경우
6. 「금융소비자 보호에 관한 법률」 제51조 제1항 제3호부터 제5호까지의 어느 하나에 해당하는 경우
7. 「금융소비자 보호에 관한 법률」 제51조 제2항 각 호 외의 부분 본문 중 대통령령으로 정하는 경우(업무의 정지를 명하는 경우로 한정한다)

ANSWER

14.① 15.② 16.④

17 **보험안내자료에 관한 설명 중 옳지 않은 것은?**

① 보험안내자료라 함은 모집을 위하여 사용하는 각종의 자료를 말한다.
② 보험안내자료에는 보험회사의 상호나 명칭 또는 보험설계사 · 보험대리점 또는 보험중개사의 이름 · 상호나 명칭, 보험가입에 따른 권리 · 의무에 관한 주요 사항 등을 명백하고 알기 쉽게 적어야 한다.
③ 보험회사의 장래의 이익 배당 또는 잉여금분배에 대한 예상에 관한 사항은 원칙적으로 적지 못한다.
④ 해약환급금에 관한 사항, 「예금자보호법」에 따른 예금자보호와 관련된 사항은 보험안내자료에 기재할 필요가 없다.

TIP 보험안내자료〈보험업법 제95조〉
① 모집을 위하여 사용하는 보험안내자료(이하 "보험안내자료"라 한다)에는 다음 각 호의 사항을 명백하고 알기 쉽게 적어야 한다.
1. 보험회사의 상호나 명칭 또는 보험설계사 · 보험대리점 또는 보험중개사의 이름 · 상호나 명칭
2. 보험 가입에 따른 권리 · 의무에 관한 주요 사항
3. 보험약관으로 정하는 보장에 관한 사항
3의2. 보험금 지급제한 조건에 관한 사항
4. 해약환급금에 관한 사항
5. 「예금자보호법」에 따른 예금자보호와 관련된 사항
6. 그 밖에 보험계약자를 보호하기 위하여 대통령령으로 정하는 사항
② 보험안내자료에 보험회사의 자산과 부채에 관한 사항을 적는 경우에는 제118조에 따라 금융위원회에 제출한 서류에 적힌 사항과 다른 내용의 것을 적지 못한다.
③ 보험안내자료에는 보험회사의 장래의 이익 배당 또는 잉여금 분배에 대한 예상에 관한 사항을 적지 못한다. 다만, 보험계약자의 이해를 돕기 위하여 금융위원회가 필요하다고 인정하여 정하는 경우에는 그러하지 아니하다.
④ 방송 · 인터넷 홈페이지 등 그 밖의 방법으로 모집을 위하여 보험회사의 자산 및 부채에 관한 사항과 장래의 이익 배당 또는 잉여금 분배에 대한 예상에 관한 사항을 불특정다수인에게 알리는 경우에는 제2항 및 제3항을 준용한다.

18 다음 〈사례〉에 관한 설명 중 옳은 것(O)과 옳지 않은 것(X)을 올바르게 조합한 것은?

〈사례〉

보험대리점 A는 보험회사와 모집위탁계약을 체결하고 있다. A는 자신의 친구 B, C와 실손의료보험계약을 체결하고자 한다. 또한 A는 ㈜미래, 서울시와 단체 상해보험계약을 체결하려고 한다. ㈜ 미래는 주권상장법인이고, 서울시는 지방자치단체이다.

〈설명〉

㉠ 친구 B와 C는 일반보험계약자이다.
㉡ B와 C가 보험금 지급을 요청한 경우에는 A는 대통령령으로 정하는 바에 따라 보험금의 지급절차 및 지급내역 등을 설명하여야 하며, 보험금을 감액하여 지급하거나 지급하지 아니하는 경우에는 그 사유를 설명하여야 한다.
㉢ 「보험업법」에 따라 A는 ㈜미래, 서울시에 대하여 계약의 중요사항을 설명하여야 한다.
㉣ 보험회사는 보험계약의 체결 시부터 보험금 지급 시까지의 주요 과정을 대통령령으로 정하는 바에 따라 B와 C에게 설명하여야 한다. 그리고 B와 C가 설명받기를 거부하더라도 이들을 보호하기 위하여 설명을 하여야 한다.

	㉠	㉡	㉢	㉣
①	O	O	×	O
②	O	×	O	×
③	O	O	×	×
④	×	O	O	O

TIP ㉢ 보험회사 또는 보험의 모집에 종사하는 자는 일반보험계약자에게 보험계약체결을 권유하는 경우에는 보험료, 보장 범위, 보험금 지급제한 사유 등 대통령령으로 정하는 보험계약의 중요사항을 일반보험계약자가 이해할 수 있도록 설명하여야 하는데, 주권상장법인과 지방자치단체는 보험계약에 관한 전문성, 자산규모 등에 비추어 보험계약의 내용을 이해하고 이행할 능력이 있는 전문보험계약자이므로 A는 ㈜미래, 서울시에 대하여 계약의 중요사항을 설명하여야 하는 것은 아니다.

㉣ 보험회사는 보험계약의 체결 시부터 보험금 지급 시까지의 주요 과정을 대통령령으로 정하는 바에 따라 일반보험계약자에게 설명하여야 한다. 다만, 일반보험계약자가 설명을 거부하는 경우에는 그러하지 아니하다〈보험업법 제95조의2(설명 의무 등) 제3항〉.

※ 설명의무 등〈보험업법 제95조의2〉

① 삭제 〈2020. 3. 24.〉
② 삭제 〈2020. 3. 24.〉
③ 보험회사는 보험계약의 체결 시부터 보험금 지급 시까지의 주요 과정을 대통령령으로 정하는 바에 따라 일반보험계약자에게 설명하여야 한다. 다만, 일반보험계약자가 설명을 거부하는 경우에는 그러하지 아니하다.
④ 보험회사는 일반보험계약자가 보험금 지급을 요청한 경우에는 대통령령으로 정하는 바에 따라 보험금의 지급절차 및 지급내역 등을 설명하여야 하며, 보험금을 감액하여 지급하거나 지급하지 아니하는 경우에는 그 사유를 설명하여야 한다.

ANSWER

17.④ 18.③

19 보험 모집 관련 준수사항으로 옳지 않은 것은?

① 보험안내자료에 보험계약자의 이해를 돕기 위하여 금융위원회가 필요하다고 인정하여도 보험회사의 장래의 이익 배당 또는 잉여금 분배에 대한 예상에 관한 사항을 적지 못한다.
② 보험안내자료에 보험회사의 자산과 부채에 관한 사항을 적는 경우에는 금융위원회에 제출한 서류에 적힌 사항과 다른 내용의 것을 적지 못한다.
③ 보험의 모집에 종사하는 자는 대통령령으로 정하는 보험계약을 모집하기 전에 보험계약자가 되려는 자의 동의를 얻어 모집하고자 하는 보험계약과 동일한 위험을 보장하는 보험계약을 체결하고 있는지를 확인하여야 한다.
④ 보험계약을 청약한 자가 청약의 내용을 확인 · 정정 요청하거나 청약을 철회하고자 하는 경우 보험회사는 통신수단을 이용할 수 있도록 하여야 한다.

TIP ① 보험안내자료에는 보험회사의 장래의 이익 배당 또는 잉여금 분배에 대한 예상에 관한 사항을 적지 못한다. 다만, 보험계약자의 이해를 돕기 위하여 금융위원회가 필요하다고 인정하여 정하는 경우에는 그러하지 아니하다〈보험업법 제95조(보험안내자료) 제3항〉.
② 「보험업법」 제95조(보험안내자료) 제2항
③ 「보험업법」 제95조의5(중복계약 체결 확인 의무) 제1항
④ 「보험업법」 제96조(통신수단을 이용한 모집 · 철회 및 해지 등 관련 준수사항) 제2항 제1호

20 「보험업법」 제98조의 특별이익 제공 금지규정에 위반한 것을 모두 고른 것은?

㉠ 보험대리점 A는 보험계약자 B에게 보험계약체결에 대한 대가로 5만 원을 제공하였다. ㉡ 보험설계사 C는 피보험자 D에게 보험계약체결에 대한 대가와 고마움의 표시로 10만 원의 상당액을 주기로 약속하였다. ㉢ 보험중개사 E는 보험계약자 F를 위하여 제1회 보험료 5만 원을 대납하였다. ㉣ 보험회사 직원 G는 피보험자 H가 보험회사로부터 받은 대출금에 대한 이자를 대납하였다.

① ㉠㉡
② ㉠㉡㉢㉣
③ ㉠㉡㉣
④ ㉠㉣

TIP 특별이익의 제공 금지 … 보험계약의 체결 또는 모집에 종사하는 자는 그 체결 또는 모집과 관련하여 보험계약자나 피보험자에게 다음의 어느 하나에 해당하는 특별이익을 제공하거나 제공하기로 약속하여서는 아니 된다〈보험업법 제98조〉.
1. 금품(대통령령으로 정하는 금액을 초과하지 아니하는 금품 제외)
2. 기초서류에서 정한 사유에 근거하지 아니한 보험료의 할인 또는 수수료의 지급
3. 기초서류에서 정한 보험금액보다 많은 보험금액의 지급 약속
4. 보험계약자나 피보험자를 위한 보험료의 대납
5. 보험계약자나 피보험자가 해당 보험회사로부터 받은 대출금에 대한 이자의 대납
6. 보험료로 받은 수표 또는 어음에 대한 이자 상당액의 대납
7. 「상법」에 따른 제3자에 대한 청구권 대위행사의 포기

21 보험계약의 체결 또는 모집에 관한 설명 중 옳은 것을 모두 고른 것은?

㉠ 보험계약자 또는 피보험자로 하여금 기존보험계약을 부당하게 소멸시킴으로써 새로운 보험계약(대통령령으로 정하는 바에 따라 기존보험계약과 보장 내용 등이 비슷한 경우)을 청약하게 하거나 새로운 보험계약을 청약하게 함으로써 기존보험계약을 부당하게 소멸시키거나 그 밖에 부당하게 보험계약을 청약하게 하거나 이러한 것을 권유하는 행위를 할 수 없다.
㉡ 보험중개사가 「보험업법」 제97조 제1항 제5호를 위반하여 기존보험계약을 소멸시키거나 소멸하게 하였을 때에는 그 보험계약의 체결 또는 모집에 종사하는 자가 속하거나 모집을 위탁한 보험회사에 대하여 그 보험계약이 소멸한 날부터 6개월 이내에 소멸된 보험계약의 부활을 청구하고 새로운 보험계약은 취소할 수 있다.
㉢ 실제 명의인이 아닌 자의 보험계약을 모집하거나 실제 명의인의 동의가 없는 보험계약을 모집하는 행위를 할 수 없다.
㉣ 보험계약자가 기존 보험계약 소멸 후 새로운 보험계약 체결 시 손해가 발생할 가능성이 있다는 사실을 알고 있음을 자필로 서명하여도 새로운 보험계약을 청약하게 한 날부터 1개월 이내에 기존보험계약을 소멸하게 하는 행위는 기존보험계약을 부당하게 소멸하게 하는 행위를 한 것으로 본다.
㉤ 보험계약의 부활의 청구를 받은 보험회사는 특별한 사유가 없으면 소멸된 보험계약의 부활을 승낙하여야 한다.

① ㉠㉡㉢
② ㉡㉢
③ ㉠㉢㉤
④ ㉠㉢㉣

TIP
㉠ 「보험업법」 제97조(보험계약의 체결 또는 모집에 관한 금지행위) 제1항 제5호
㉢ 「보험업법」 제97조(보험계약의 체결 또는 모집에 관한 금지행위) 제1항 제6호
㉤ 「보험업법」 제97조(보험계약의 체결 또는 모집에 관한 금지행위) 제5항
㉡ 보험계약자는 보험계약의 체결 또는 모집에 종사하는 자(보험중개사는 제외한다. 이하 이 항에서 같다)가 제1항 제5호를 위반하여 기존보험계약을 소멸시키거나 소멸하게 하였을 때에는 그 보험계약의 체결 또는 모집에 종사하는 자가 속하거나 모집을 위탁한 보험회사에 대하여 그 보험계약이 소멸한 날부터 6개월 이내에 소멸된 보험계약의 부활을 청구하고 새로운 보험계약은 취소할 수 있다〈보험업법 제97조(보험계약의 체결 또는 모집에 관한 금지행위) 제4항〉.
㉣ 보험계약의 체결 또는 모집에 종사하는 자가 기존보험계약이 소멸된 날부터 1개월 이내에 새로운 보험계약을 청약하게 하거나 새로운 보험계약을 청약하게 한 날부터 1개월 이내에 기존보험계약을 소멸하게 하는 행위(다만, 보험계약자가 기존 보험계약 소멸 후 새로운 보험계약 체결 시 손해가 발생할 가능성이 있다는 사실을 알고 있음을 자필로 서명하는 등 대통령령으로 정하는 바에 따라 본인의 의사에 따른 행위임이 명백히 증명되는 경우에는 그러하지 아니하다)를 한 경우에는 제1항 제5호를 위반하여 기존보험계약을 부당하게 소멸시키거나 소멸하게 하는 행위를 한 것으로 본다〈보험업법 제97조(보험계약의 체결 또는 모집에 관한 금지행위) 제3항 제1호〉.

ANSWER
19.① 20.② 21.③

22 다음 중 보험업법상 손해사정사의 업무로 옳지 않은 것은?

① 손해발생사실의 확인
② 보험약관 및 관계 법규 적용의 적정성 판단
③ 손해액 및 보험금의 사정
④ 당해 손해에 관한 당사자 간 합의의 중재

TIP 손해사정사 등의 업무 … 손해사정사 또는 손해사정업자의 업무는 다음과 같다〈보험업법 제188조〉.
1. 손해발생사실의 확인
2. 보험약관 및 관계 법규 적용의 적정성 판단
3. 손해액 및 보험금의 사정
4. 제1호부터 제3호까지의 업무와 관련된 서류의 작성 · 제출의 대행
5. 제1호부터 제3호까지의 업무수행과 관련된 보험회사에 대한 의견의 진술

23 보험회사 등의 모집위탁 및 수수료 지급 등에 관한 설명 중 옳지 않은 것은?

① 보험회사는 원칙적으로 모집할 수 있는 자 이외의 자에게 모집을 위탁하거나 모집에 관하여 수수료, 보수, 그 밖의 대가를 지급하지 못한다.
② 보험회사는 기초서류에서 정하는 방법에 따른 경우에는 모집할 수 있는 자 이외의 자에게 모집을 위탁할 수 있다.
③ 보험회사는 대한민국 밖에서 외국의 모집조직(외국법령에서 허용하는 경우)을 이용하여 원보험계약 또는 재보험계약을 인수할 수 있다.
④ 보험중개사는 어떠한 경우에도 보험계약체결의 중개와 관련된 수수료나 그 밖의 대가를 보험계약자에게 청구할 수 없다.

TIP ④ 보험중개사는 보수나 그 밖의 대가를 청구하려는 경우에는 해당 서비스를 제공하기 전에 제공할 서비스별 내용이 표시된 보수명세표를 보험계약자에게 알려야 한다〈보험업법 시행령 제47조(수수료 지급 등의 금지 예외) 제2항〉.
①②③ 「보험업법」 제99조(수수료 지급 등의 금지) 제1항

24 보험대리점 또는 보험중개사로 등록한 금융기관의 금지행위 유형에 해당하는 것을 모두 고른 것은?

㉠ 모집과 관련이 없는 금융거래를 통하여 취득한 개인정보를 미리 그 개인의 동의를 받지 아니하고 모집에 이용하는 행위
㉡ 대출 등을 받는 자의 동의를 미리 받고 보험료를 대출 등의 거래에 포함시키는 행위
㉢ 해당 금융기관의 임직원 중 모집할 수 있는 자에게 모집을 하도록 하거나 이를 용인하는 행위
㉣ 해당 금융기관의 점포 내의 장소에서 모집을 하는 행위

① ㉠
② ㉠㉡
③ ㉠㉡㉢
④ ㉠㉡㉢㉣

TIP 금융기관보험대리점 등의 금지행위 등 … 금융기관보험대리점등은 모집을 할 때 다음 각 호의 어느 하나에 해당하는 행위를 하여서는 아니 된다〈보험업법 제100조 제1항〉.

1. 삭제 〈2020. 3. 24.〉
2. 대출 등 해당 금융기관이 제공하는 용역(이하 이 조에서 "대출 등"이라 한다)을 받는 자의 동의를 미리 받지 아니하고 보험료를 대출 등의 거래에 포함시키는 행위
3. 해당 금융기관의 임직원(제83조에 따라 모집할 수 있는 자는 제외한다)에게 모집을 하도록 하거나 이를 용인하는 행위
4. 해당 금융기관의 점포 외의 장소에서 모집을 하는 행위
5. 모집과 관련이 없는 금융거래를 통하여 취득한 개인정보를 미리 그 개인의 동의를 받지 아니하고 모집에 이용하는 행위
6. 그 밖에 제2호부터 제5호까지의 행위와 비슷한 행위로서 대통령령으로 정하는 행위

25 보험회사의 자산운용에 대한 설명 중 옳지 않은 것은?

① 보험회사는 그 자산을 운용할 때 안정성 · 유동성 · 수익성 및 공익성이 확보되도록 하여야 한다.
② 자산운용비율을 초과하게 된 경우에는 해당 보험회사는 그 비율을 초과하게 된 날부터 2년 이내(대통령령으로 정하는 사유에 해당하는 경우에는 금융위원회가 정하는 바에 따라 그 기간을 연장할 수 있다)에 「보험업법」 제106조에 적합하도록 하여야 한다.
③ 보험회사가 취득 · 처분하는 자산의 평가방법, 채권 발행 또는 자금차입의 제한 등에 관하여 필요한 사항은 대통령령으로 정한다.
④ 보험회사는 타인을 위하여 그 소유자산을 담보로 제공하거나 채무보증을 할 수 없는 것이 원칙이다.

TIP ② 보험회사의 자산가격의 변동 등 보험회사의 의사와 관계없는 사유로 자산상태가 변동된 경우 또는 보험회사에 적용되는 회계처리기준(「주식회사 등의 외부감사에 관한 법률」 제5조 제1항 제1호에 따른 회계처리기준을 말한다)의 변경으로 보험회사의 자산 또는 자기자본 상태가 변동된 경우에는 해당 보험회사는 그 비율을 초과하게 된 날부터 다음 각 호의 구분에 따른 기간 이내에 제106조에 적합하도록 하여야 한다. 다만 대통령령으로 정하는 사유에 해당하는 경우에는 금융위원회가 정하는 바에 따라 그 기간을 연장할 수 있다. 보험회사의 자산가격의 변동 등 보험회사의 의사와 관계없는 사유로 자산상태가 변동된 경우 1년, 보험회사에 적용되는 회계처리기준(「주식회사 등의 외부감사에 관한 법률」 제5조 제1항 제1호에 따른 회계처리기준을 말한다)의 변경으로 보험회사의 자산 또는 자기자본 상태가 변동된 경우 3년이다〈보험업법 제107조 자산운용 제한에 대한 예외) 제2항〉.
① 「보험업법」 제104조(자산운용의 원칙) 제1항
③ 「보험업법」 제114조(자산평가의 방법 등)
④ 「보험업법」 제113조(타인을 위한 채무보증의 금지)

ANSWER
22.④ 23.④ 24.① 25.②

26 보험업을 경영하려는 자가 손해보험업의 보험종목 중에서 금융위원회의 허가를 받아야 하는 경우에 해당하지 않는 것은?

① 화재보험 ② 운송보험
③ 생명보험 ④ 재보험

TIP 보험업의 허가 … 보험업을 경영하려는 자는 다음 각 호에서 정하는 보험종목별로 금융위원회의 허가를 받아야 한다〈보험업법 제4조 제1항〉

1. 생명보험업의 보험종목
   가. 생명보험
   나. 연금보험(퇴직보험을 포함한다)
   다. 그 밖에 대통령령으로 정하는 보험종목
2. 손해보험업의 보험종목
   가. 화재보험
   나. 해상보험(항공 · 운송보험을 포함한다)
   다. 자동차보험
   라. 보증보험
   마. 재보험(再保險)
   바. 그 밖에 대통령령으로 정하는 보험종목
3. 제3보험업의 보험종목
   가. 상해보험
   나. 질병보험
   다. 간병보험
   라. 그 밖에 대통령령으로 정하는 보험종목

27 보험회사의 책임준비금 등의 적립에 관한 설명으로 옳지 않은 것은?

① 보험회사는 결산기마다 대통령령으로 정하는 책임준비금과 비상위험준비금을 계상하고 따로 작성한 장부에 각각 기재하여야 한다.
② 책임준비금과 비상위험준비금은 보험계약의 종류에 따라 각각 계상하여야 한다.
③ 책임준비금과 비상위험준비금의 계상에 관하여 필요한 사항은 대통령령으로 정한다.
④ 책임준비금과 비상위험준비금의 적정한 계상과 관련하여 필요한 경우 금융위원회는 보험회사의 자산 및 비용, 그 밖에 대통령령으로 정하는 사항에 관한 회계처리기준을 정할 수 있다.

TIP 책임준비금 등의 적립〈보험업법 제120조〉

① 보험회사는 결산기마다 보험계약의 종류에 따라 대통령령으로 정하는 책임준비금과 비상위험준비금을 계상하고 따로 작성한 장부에 각각 기재하여야 한다.
② 제1항에 따른 책임준비금과 비상위험준비금의 계상에 관하여 필요한 사항은 총리령으로 정한다.
③ 금융위원회는 제1항에 따른 책임준비금과 비상위험준비금의 적정한 계상과 관련하여 필요한 경우에는 보험회사의 자산 및 비용, 그 밖에 대통령령으로 정하는 사항에 관한 회계처리기준을 정할 수 있다.

28 「보험업법」 제111조의 대주주와 거래제한 등에 관한 설명 중 옳지 않은 것은?

① 보험회사는 직접 또는 간접으로 대주주가 다른 회사에 출자하는 것을 지원하기 위한 신용공여를 하여서는 아니 된다.

② 보험회사는 자산을 대통령령으로 정하는 바에 따라 무상으로 양도하거나 일반적인 거래 조건에 비추어 해당 보험회사에 뚜렷하게 불리한 조건으로 자산에 대하여 매매 · 교환 · 신용공여 또는 재보험계약을 하는 행위를 하여서는 아니 된다.

③ 보험회사는 그 보험회사의 대주주와 대통령령으로 정하는 금액 이상의 신용공여 행위를 하였을 때에는 14일 이내에 그 사실을 금융위원회에 보고하고 인터넷 홈페이지 등을 이용하여 공시하여야 한다.

④ 보험회사의 대주주는 해당 보험회사의 이익에 반하여 대주주 개인의 이익을 위하여 경제적 이익 등 반대급부를 제공하는 조건으로 다른 주주 또는 출자자와 담합(談合)하여 해당 보험회사의 인사 또는 경영에 부당한 영향력을 행사하는 행위를 하여서는 아니 된다.

TIP ③ 보험회사는 그 보험회사의 대주주와 대통령령으로 정하는 금액 이상의 신용공여에 해당하는 행위를 하였을 때에는 7일 이내에 그 사실을 금융위원회에 보고하고 인터넷 홈페이지 등을 이용하여 공시하여야 한다〈보험업법 제111조(대주주와의 거래제한 등) 제3항 제1호〉.

① 「보험업법」 제111조(대주주와의 거래제한 등) 제1항 제1호

② 「보험업법」 제111조(대주주와의 거래제한 등) 제2항

④ 「보험업법」 제111조(대주주와의 거래제한 등) 제5항 제2호

29 다음은 보험회사가 금융위원회에 제출하여야 하는 서류이다. 이 중 보험업법이 전자문서로 제출할 수 있도록 규정하고 있는 것이 아닌 것은?

① 보험업 허가신청서

② 재무제표(부속명세서를 포함한다)

③ 사업보고서

④ 월간업무내용보고서

TIP 재무제표 등의 제출〈보험업법 제118조〉

① 보험회사는 매년 대통령령으로 정하는 날에 그 장부를 폐쇄하여야 하고 장부를 폐쇄한 날부터 3개월 이내에 금융위원회가 정하는 바에 따라 재무제표(부속명세서를 포함한다) 및 사업보고서를 금융위원회에 제출하여야 한다.

② 보험회사는 매월의 업무내용을 적은 보고서를 다음달 말일까지 금융위원회가 정하는 바에 따라 금융위원회에 제출하여야 한다.

③ 보험회사는 제1항 및 제2항에 따른 제출서류를 대통령령으로 정하는 바에 따라 전자문서로 제출할 수 있다.

ANSWER

26.③ 27.③ 28.③ 29.①

30 배당보험계약의 회계처리 등에 관한 설명으로 옳지 않은 것은? [기출 변형]

① 보험회사는 대통령령으로 정하는 바에 따라 배당보험계약을 다른 보험계약과 구분하여 회계처리할 수 없다.
② 보험회사는 대통령령으로 정하는 바에 따라 배당보험계약의 보험계약자에게 배당을 할 수 있다.
③ 보험계약자에 대한 배당기준은 배당보험계약자의 이익과 보험회사의 재무건전성 등을 고려하여 정하여야 한다.
④ 보험회사가 「자산재평가법」에 따른 재평가를 한 경우 그 재평가에 따른 재평가적립금은 금융위원회의 허가를 받아 보험계약자에 대한 배당을 위하여도 처분할 수 있다.

TIP ① 보험회사는 배당보험계약(해당 보험계약으로부터 발생하는 이익의 일부를 보험회사가 보험계약자에게 배당하기로 약정한 보험계약)에 대하여는 대통령령으로 정하는 바에 따라 다른 보험계약과 구분하여 회계 처리하여야 한다〈보험업법 제121조(배당보험계약의 회계처리 등) 제1항〉.
② 「보험업법」 제121조(배당보험계약의 회계처리 등) 제2항
③ 「보험업법」 제121조(배당보험계약의 회계처리 등) 제3항
④ 「보험업법」 제122조(재평가적립금의 사용에 관한 특례)

31 금융위원회의 승인을 받아 보험회사가 자회사로 소유할 수 있는 경우를 모두 고른 것은?

㉠ 「금융산업의 구조개선에 관한 법률」 제2조 제1호에 따른 금융기관이 경영하는 금융업
㉡ 「신용정보의 이용 및 보호에 관한 법률」에 따른 신용정보업
㉢ 보험계약의 유지 · 해지 · 변경 또는 부활 등을 관리하는 업무
㉣ 보험회사의 사옥관리업무
㉤ 보험수리업무

① ㉠㉡
② ㉠㉢㉣
③ ㉢㉣㉤
④ ㉠㉡㉢

TIP ㉠㉡㉢ 「보험업법」 제115조(자회사의 소유) 제1항
㉣㉤ 법 제115조 제1항 제4호에서 "대통령령으로 정하는 업무"란 외국에서 하는 업무(제3항 제15호 각 목의 업무는 제외한다), 기업의 후생복지에 관한 상담 및 사무처리 대행업무, 「신용정보의 이용 및 보호에 관한 법률」에 따른 본인신용정보관리업, 그 밖에 제3항 및 제4항에 따른 업무가 아닌 업무로서 보험회사의 효율적인 업무수행을 위해 필요하고 보험업과 관련되는 것으로 금융위원회가 인정하는 업무 중 어느 하나에 해당하는 업무를 말한다〈보험업법 시행령 제59조(자회사의 소유) 제2항〉.

32　다음 중 보험업법상 보험조사협의회 위원으로 명시된 자로 옳지 않은 것은?

① 보건복지부장관이 지정하는 소속 공무원 1명
② 금융위원회가 지정하는 소속 공무원 1명
③ 해양경찰청장이 지정하는 소속 공무원 1명
④ 소비자보호원장이 추천하는 사람 1명

TIP 보험조사협의회의 구성 … 보험조사협의회는 다음의 사람 중에서 금융위원회가 임명하거나 위촉하는 15명 이내의 위원으로 구성할 수 있다〈보험업법 시행령 제76조 제1항〉.

1. 금융위원회가 지정하는 소속 공무원 1명
2. 보건복지부장관이 지정하는 소속 공무원 1명

2의2. 삭제〈2017. 2. 26.〉

3. 경찰청장이 지정하는 소속 공무원 1명
4. 해양경찰청장이 지정하는 소속 공무원 1명
5. 금융감독원장이 추천하는 사람 1명
6. 생명보험협회의 장, 손해보험협회의 장, 보험요율 산출기관의 장이 추천하는 사람 각 1명
7. 보험사고의 조사를 위하여 필요하다고 금융위원회가 지정하는 보험 관련 기관 및 단체의 장이 추천하는 사람
8. 그 밖에 보험계약자 · 피보험자 · 이해관계인의 권익보호 또는 보험사고의 조사 등 보험에 관한 학식과 경험이 있는 사람

33　다음 중 「보험업법」에 규정된 벌칙으로 옳지 않은 것은?

① 과태료
② 징역과 벌금의 병과규정
③ 법인과 개인의 양벌규정
④ 징벌적 손해배상제도

TIP ①「보험업법」 제209조(과태료)
②「보험업법」 제206조(병과)
③「보험업법」 제208조(양벌규정)

34　다음 중 보험회사의 해산사유에 해당하지 않는 것은?

① 주주총회의 결의
② 회사의 합병
③ 회사의 분할
④ 보험계약 전부의 이전

TIP 해산사유 등 … 보험회사는 다음의 사유로 해산한다〈보험업법 제137조 제1항〉.

1. 존립기간의 만료, 그 밖에 정관으로 정하는 사유의 발생
2. 주주총회 또는 사원총회(이하 "주주총회 등"이라 한다)의 결의
3. 회사의 합병
4. 보험계약 전부의 이전
5. 회사의 파산
6. 보험업의 허가 취소
7. 해산을 명하는 재판

ANSWER

30.① 31.④ 32.④ 33.④ 34.③

35 다음 중 「보험업법」에 따라 보험금의 지급이 보장되는 보험을 모두 고른 것은?

> ㉠ 「자동차손해배상 보장법」 제5조에 따른 책임보험계약
> ㉡ 「자동차손해배상 보장법」에 따라 가입이 강제되지 아니한 자동차보험계약
> ㉢ 「청소년활동 진흥법」 제25조에 따라 가입이 강제되는 손해보험계약
> ㉣ 「유류오염손해배상 보장법」 제14조에 따라 가입이 강제되는 유류오염 손해배상 보장계약

① ㉠㉢ ② ㉠㉡㉢
③ ㉠㉢㉣ ④ ㉠㉡㉢㉣

TIP 보장대상 손해보험계약의 범위 … 법 제166조 본문에서 "대통령령으로 정하는 손해보험계약"이란 다음 각 호의 어느 하나에 해당하는 손해보험계약을 말한다〈보험업법 시행령 제80조 제1항〉.

1. 「자동차손해배상 보장법」 제5조에 따른 책임보험계약
2. 「화재로 인한 재해보상과 보험가입에 관한 법률」 제5조에 따른 신체손해배상특약부화재보험계약
3. 「도시가스사업법」 제43조, 「고압가스 안전관리법」 제25조 및 「액화석유가스의 안전관리 및 사업법」 제57조에 따라 가입이 강제되는 손해보험계약
4. 「선원법」 제98조에 따라 가입이 강제되는 손해보험계약
5. 「체육시설의 설치 · 이용에 관한 법률」 제26조에 따라 가입이 강제되는 손해보험계약
6. 「유선 및 도선사업법」 제33조에 따라 가입이 강제되는 손해보험계약
7. 「승강기 안전관리법」 제30조에 따라 가입이 강제되는 손해보험계약
8. 「수상레저안전법」 제49조에 따라 가입이 강제되는 손해보험계약
9. 「청소년활동 진흥법」 제25조에 따라 가입이 강제되는 손해보험계약
10. 「유류오염손해배상 보장법」 제14조에 따라 가입이 강제되는 유류오염 손해배상 보장계약
11. 「항공사업법」 제70조에 따라 가입이 강제되는 항공보험계약
12. 「낚시 관리 및 육성법」 제48조에 따라 가입이 강제되는 손해보험계약
13. 「도로교통법 시행령」 제63조제1항, 제67조제2항 및 별표 5 제9호에 따라 가입이 강제되는 손해보험계약
14. 「국가를 당사자로 하는 계약에 관한 법률 시행령」 제53조에 따라 가입이 강제되는 손해보험계약
15. 「야생생물 보호 및 관리에 관한 법률」 제51조에 따라 가입이 강제되는 손해보험계약
16. 「자동차손해배상 보장법」에 따라 가입이 강제되지 아니한 자동차보험계약
17. 제1호부터 제15호까지 외에 법령에 따라 가입이 강제되는 손해보험으로 총리령으로 정하는 보험계약

36 다음 중 보험업법상 가능한 합병으로 옳지 않은 것은?

① A상호회사와 B상호회사가 합병 후 A상호회사가 존속하는 경우
② A상호회사와 B주식회사가 합병 후 B주식회사가 존속하는 경우
③ A상호회사와 B상호회사가 합병 후 C주식회사를 설립하는 경우
④ A상호회사와 B주식회사가 합병 후 D주식회사를 설립하는 경우

TIP 상호회사의 합병〈보험업법 제153조 제1항 및 제2항〉
① 상호회사는 다른 보험회사와 합병할 수 있다.
② 제1항의 경우 합병 후 존속하는 보험회사 또는 합병으로 설립되는 보험회사는 상호회사이어야 한다. 다만, 합병하는 보험회사의 한 쪽이 주식회사인 경우에는 합병 후 존속하는 보험회사 또는 합병으로 설립되는 보험회사는 주식회사로 할 수 있다.

37 보험회사는 기초서류를 신고하는 경우 보험료 및 책임준비금 산출방법서에 대하여 독립계리업자의 검증확인서를 첨부할 수 있다. 다음 중 독립계리업자가 될 수 있는 자에 해당하는 것은?

① 해당 보험회사로부터 보험계리에 관한 업무를 위탁받아 수행 중인 보험계리업자
② 대표자가 최근 2년 이내에 해당 보험회사에 고용된 사실이 있는 보험계리업자
③ 대표자나 그 배우자가 해당 보험회사의 소수주주인 보험계리업자
④ 보험회사의 자회사인 보험계리업자

TIP 독립계리업자의 자격 요건 … "대통령령으로 정하는 보험계리업자"란 등록된 법인(5명 이상의 상근 보험계리사를 두고 있는 법인만 해당한다)인 보험계리업자를 말한다. 다만, 다음의 어느 하나에 해당하는 보험계리업자는 제외한다〈보험업법 시행령 제71조의3〉.

1. 보험회사로부터 보험계리에 관한 업무를 위탁받아 수행 중인 보험계리업자
2. 대표자가 최근 2년 이내에 해당 보험회사에 고용된 사실이 있는 보험계리업자
3. 대표자나 그 배우자가 해당 보험회사의 대주주인 보험계리업자
4. 보험회사의 자회사인 보험계리업자
5. 보험계리업자 또는 보험계리업자의 대표자가 최근 5년 이내에 다음 각 목의 어느 하나에 해당하는 제재조치를 받은 사실이 있는 경우 해당 보험계리업자
   가. 보험회사에 대한 주의·경고 또는 그 임직원에 대한 주의·경고·문책의 요구에 따른 경고 또는 문책
   나. 임원의 해임권고·직무정지에 따른 해임 또는 직무정지
   다. 등록의 취소에 따른 보험계리업자 등록의 취소
   라. 감독에 따른 업무의 정지 또는 해임

ANSWER
35.④ 36.③ 37.③

38 **보험회사에 대한 제재조치 중 금융감독원장이 할 수 있는 조치로 옳은 것은?**

① 보험회사에 대한 주의 · 경고 또는 그 임직원에 대한 주의 · 경고 · 문책의 요구
② 해당 위반행위에 대한 시정명령
③ 임원의 해임권고 · 직무정지의 요구
④ 6개월 이내의 영업의 일부정지

TIP **보험회사에 대한 제재**… 금융위원회는 보험회사(그 소속 임직원을 포함한다)가 이 법 또는 이 법에 따른 규정 · 명령 또는 지시를 위반하여 보험회사의 건전한 경영을 해치거나 보험계약자, 피보험자, 그 밖의 이해관계인의 권익을 침해할 우려가 있다고 인정되는 경우 또는 「금융회사의 지배구조에 관한 법률」 별표 각 호의 어느 하나에 해당하는 경우(제4호에 해당하는 조치로 한정한다), 「금융소비자 보호에 관한 법률」 제51조 제1항 제4호, 제5호 또는 같은 조 제2항 각 호 외의 부분 본문 중 대통령령으로 정하는 경우에 해당하는 경우(제4호에 해당하는 조치로 한정한다)에는 금융감독원장의 건의에 따라 다음 각 호의 어느 하나에 해당하는 조치를 하거나 금융감독원장으로 하여금 제1호의 조치를 하게 할 수 있다〈보험업법 제134조 제1항〉.

1. 보험회사에 대한 주의 · 경고 또는 그 임직원에 대한 주의 · 경고 · 문책의 요구
2. 해당 위반행위에 대한 시정명령
3. 임원(「금융회사의 지배구조에 관한 법률」 제2조 제5호에 따른 업무집행책임자는 제외한다. 이하 제135조에서 같다)의 해임권고 · 직무정지
4. 6개월 이내의 영업의 일부정지

39 **다음 중 보험회사가 그 사유가 발생한 날부터 5일 이내에 금융위원회에 보고하여야 하는 경우로 옳지 않은 것은?**

① 상호나 명칭을 변경한 경우
② 정관의 변경
③ 본점의 영업을 중지하거나 재개(再開)한 경우
④ 대주주가 소유하고 있는 주식 총수가 의결권 있는 발행주식 총수의 100분의 1이상 만큼 변동된 경우

TIP **보고사항**… 보험회사는 다음 각 호의 어느 하나에 해당하는 사유가 발생한 경우에는 그 사유가 발생한 날부터 5일 이내에 금융위원회에 보고하여야 한다〈보험업법 제130조〉.

1. 상호나 명칭을 변경한 경우
2. 삭제 〈2015. 7. 31.〉
3. 본점의 영업을 중지하거나 재개(再開)한 경우
4. 최대주주가 변경된 경우
5. 대주주가 소유하고 있는 주식 총수가 의결권 있는 발행주식 총수의 100분의 1 이상만큼 변동된 경우
6. 그 밖에 해당 보험회사의 업무 수행에 중대한 영향을 미치는 경우로서 대통령령으로 정하는 경우

※ **보고사항**… 법 제130조 제6호에서 "대통령령으로 정하는 경우"란 다음 각 호의 어느 하나에 해당하는 경우를 말한다 〈보험업법 시행령 제72조〉.

1. 자본금 또는 기금을 증액한 경우
2. 법 제21조에 따른 조직 변경의 결의를 한 경우
3. 법 제13장에 따른 처벌을 받은 경우
4. 조세 체납처분을 받은 경우 또는 조세에 관한 법령을 위반하여 형벌을 받은 경우
5. 「외국환 거래법」에 따른 해외투자를 하거나 외국에 영업소, 그 밖의 사무소를 설치한 경우
6. 보험회사의 주주 또는 주주였던 자가 제기한 소송의 당사자가 된 경우

40 손해보험회사가 「예금자보호법」 제2조 제8호의 사유로 손해보험계약의 제3자에게 보험금을 지급하지 못하게 된 경우 「보험업법」에 따라 그 제3자에게 대통령령으로 정하는 보험금을 지급하는 기관으로 옳은 것은?

① 금융위원회
② 금융감독원
③ 예금보험공사
④ 손해보험협회

TIP 손해보험협회의 장은 보고를 받으면 금융위원회의 확인을 거쳐 손해보험계약의 제3자에게 대통령령으로 정하는 보험금을 지급하여야 한다〈보험업법 제169조(보험금의 지급) 제1항〉.

ANSWER
38.① 39.② 40.④

2018년 제41회 보험업법

1 **보험업법상 보험업에 관한 설명 중 옳은 것(○)과 옳지 않은 것(×)을 올바르게 조합한 것은?**

> ㉠ 보험업의 허가를 받을 수 있는 자는 주식회사 및 상호회사에 한한다.
> ㉡ 화재보험업만을 영위하기 위해 허가를 받은 자가 간병보험업을 영위하기 위해서는 간병보험에 관한 별도의 허가가 있어야 한다.
> ㉢ 생명보험업과 보증보험업을 겸영하고자 하는 경우에는 500억 원의 자본금 또는 기금을 납입하여야 한다.
> ㉣ 통신판매전문보험회사가 통신수단에 의한 총보험계약건수 및 수입보험료의 모집비율이 총보험계약건수 및 수입보험료의 100분의 90에 미달하는 경우에는 통신수단 이외의 방법으로 모집할 수 있다.

	㉠	㉡	㉢	㉣
①	○	×	○	×
②	×	○	×	×
③	○	○	×	×
④	×	×	○	○

TIP ㉡ 「보험업법」 제4조(보험업의 허가) 제1항
㉠ 보험업의 허가를 받을 수 있는 자는 주식회사, 상호회사 및 외국보험회사로 제한하며, 허가를 받은 외국보험회사의 국내 지점은 이 법에 따른 보험회사로 본다〈보험업법 제4조(보험업의 허가) 제6항〉.
㉢ 보험회사가 보험종목 중 둘 이상의 보험종목을 취급하려는 경우에는 구분에 따른 금액의 합계액을 자본금 또는 기금으로 한다. 다만, 그 합계액이 300억 원 이상인 경우에는 300억 원으로 한다〈보험업법 시행령 제12조(보험종목별 자본금 또는 기금) 제3항〉.
㉣ 법 제9조 제2항 제1호에서 "대통령령으로 정하는 바에 따라 모집을 하는 보험회사"란 총보험계약건수 및 수입보험료의 100분의 90 이상을 전화, 우편, 컴퓨터통신 등 통신수단을 이용하여 모집하는 보험회사(이하 "통신판매전문보험회사"라 한다)를 말한다. 통신판매전문보험회사가 제1항에 따른 모집비율을 위반한 경우에는 그 비율을 충족할 때까지 제1항에 따른 통신수단 외의 방법으로 모집할 수 없다〈보험업법 시행령 제13조(통신판매전문보험회사) 제1항 및 제2항〉.

2　「보험업법」 제2조의 "보험계약자"에 관한 설명 중 옳지 않은 것을 모두 고른 것은?

> ㉠ "전문보험계약자"가 되기 위하여는 보험계약에 관한 전문성, 자산규모 등에 비추어 보험계약의 내용을 이해하고 이행할 능력이 있어야 한다.
> ㉡ "일반보험계약자"란 전문보험계약자가 아닌 보험계약자를 말한다.
> ㉢ "전문보험계약자"가 "일반보험계약자"와 같은 대우를 받는 것에 대하여 보험회사가 동의한 경우라 하더라도 해당 보험계약자에 대하여는 적합성원칙을 적용하지 않는다.
> ㉣ "전문보험계약자" 가운데 대통령령으로 정하는자가 "일반보험계약자"와 같은 대우를 받겠다는 의사를 보험회사에 서면으로 통지한 경우 보험회사는 언제나 동의하여야 한다.
> ㉤ 국가, 지방자치단체, 한국은행, 주권상장법인, 한국자산관리공사, 신용보증기금은 "전문보험계약자"에 해당한다.

① ㉠㉡　② ㉡㉢
③ ㉢㉣　④ ㉢㉣㉤

TIP 정의 … "전문보험계약자"란 보험계약에 관한 전문성, 자산규모 등에 비추어 보험계약의 내용을 이해하고 이행할 능력이 있는 자로서 다음 각 목의 어느 하나에 해당하는 자를 말한다. 다만, 전문보험계약자 중 대통령령으로 정하는 자가 일반보험계약자와 같은 대우를 받겠다는 의사를 보험회사에 서면으로 통지하는 경우 보험회사는 정당한 사유가 없으면 이에 동의하여야 하며, 보험회사가 동의한 경우에는 해당 보험계약자는 일반보험계약자로 본다〈보험업법 제2조 제19호〉.
가. 국가
나. 한국은행
다. 대통령령으로 정하는 금융기관
라. 주권상장법인
마. 그 밖에 대통령령으로 정하는 자
※ "일반보험계약자"란 전문보험계약자가 아닌 보험계약자를 말한다〈보험업법 제2조(정의) 제20호〉.

3　「보험업법」 제2조의 보험중개사에 관한 설명 중 옳지 않은 것은?

① 보험대리점도 보험중개사로 등록하여 독립적으로 보험계약의 체결을 중개할 수 있다.
② 보험중개사가 되려는 자는 개인과 법인을 구분하여 대통령령으로 정하는 바에 따라 금융위원회에 등록하여야 한다.
③ 법인보험중개사는 보험계약자 보호 등을 해칠 우려가 없는 업무로서 대통령령으로 정하는 업무 또는 보험계약의 모집업무 이외의 업무를 하지 못한다.
④ 보험중개사는 보험계약을 중개할 때 그 수수료에 관한 사항을 비치하여 보험계약자가 열람할 수 있도록 하여야 한다.

TIP "보험대리점"이란 보험회사를 위하여 보험계약의 체결을 대리하는 자(법인이 아닌 사단과 재단을 포함한다)로서 제87조에 따라 등록된 자를 말한다〈보험업법 제2조(정의) 제10호〉.
※ "보험중개사"란 독립적으로 보험계약의 체결을 중개하는 자(법인이 아닌 사단과 재단을 포함)로서, 보험중개사가 되려는 자는 개인과 법인을 구분하여 대통령령으로 정하는 바에 따라 금융위원회에 등록하여야 한다. 보험설계사 또는 보험대리점으로 등록된 자는 보험중개사가 되지 못한다〈보험업법 제89조(보험중개사의 등록) 제1항 및 제2항〉.

ANSWER
1.② 2.③ 3.①

4 「보험업법」이 인정하고 있는 "보험업" 및 "보험상품"에 관한 설명 중 옳지 않은 것은?

① 보험업이란 보험상품의 취급과 관련하여 발생하는 보험의 인수, 보험료 수수 및 보험금 지급 등을 영업으로 하는 것을 말한다.
② 「보험업법」은 생명보험상품, 손해보험상품, 제3보험상품으로 각각 구분하여 "보험상품"을 정의하고 있다.
③ 손해보험상품에는 운송보험계약, 보증보험계약, 재보험계약, 권리보험계약, 원자력보험계약, 비용보험계약, 날씨보험계약, 동물보험계약, 도난보험계약, 유리보험계약, 책임보험계약이 포함된다.
④ 「보험업법」은 보험계약자의 보호 필요성 및 금융거래 관행 등을 고려하여 건강보험, 연금보험계약, 선불식 할부계약 등을 보험상품에서 제외하고 있다.

TIP ④ "보험상품"이란 위험보장을 목적으로 우연한 사건 발생에 관하여 금전 및 그 밖의 급여를 지급할 것을 약정하고 대가를 수수(授受)하는 계약(「국민건강보험법」에 따른 건강보험, 「고용보험법」에 따른 고용보험 등 보험계약자의 보호 필요성 및 금융거래 관행 등을 고려하여 대통령령으로 정하는 것은 제외한다)으로서 생명보험상품, 손해보험상품, 제3보험상품을 말한다〈보험업법 제2조(정의) 제1호〉.
① 「보험업법」 제2조(정의) 제2호
② 「보험업법」 제2조(정의) 제1호
③ 「보험업법 시행령」 제1조의2(보험상품) 제3항

5 보험업법상 허가된 보험회사가 아닌 자와 보험계약을 체결할 수 있는 경우에 해당하지 않는 것은?

① 대한민국에서 허가된 보험회사와 보험계약의 체결이 곤란하고 금융감독원의 허가를 얻은 경우
② 대한민국에서 취급되지 아니하는 보험종목에 관하여 외국보험회사와 보험계약을 체결하는 경우
③ 외국에서 보험계약을 체결하고, 보험기간이 지나기 전에 대한민국에서 그 계약을 지속시키는 경우
④ 대한민국에서 취급되는 보험종목에 관하여 셋 이상의 보험회사로부터 가입이 거절되어 외국보험회사와 보험계약을 체결하는 경우

TIP ① 법 제3조 단서에 따라 보험회사가 아닌 자와 보험계약을 체결할 수 있는 경우는 제1호부터 제4호까지 외에 보험회사와 보험계약을 체결하기 곤란한 경우로서 금융위원회의 승인을 받은 경우에 해당하는 경우로 한다〈보험업법 시행령 제7조(보험계약의 체결) 제1항 제5호〉.
② 「보험업법 시행령」 제7조(보험계약의 체결) 제1항 3호
③ 「보험업법 시행령」 제7조(보험계약의 체결) 제1항 4호
④ 「보험업법 시행령」 제7조(보험계약의 체결) 제1항 2호

6 **주식회사인 보험회사의 조직 변경에 관한 설명 중 옳은 것을 모두 고른 것은?**

> ㉠ 보험회사는 조직 변경의 공고를 한 날 이후에 보험계약을 체결하려면 보험계약자가 될 자에게 조직 변경 절차가 진행 중임을 알리고 그 승낙을 받아야 한다.
> ㉡ 보험회사는 조직 변경을 결의할 때 보험계약자총회를 갈음하는 기관에 관한 사항을 정할 수 있으며, 그 기관의 구성방법을 조직 변경 공고 내용에 포함하여야 한다.
> ㉢ 주식회사의 감사는 보험계약자총회에 출석하여 조직 변경에 관한 사항을 보고하여야 한다.
> ㉣ 보험계약자총회는 보험계약자 과반수의 출석과 그 의결권의 3분의 2 이상의 찬성으로 결의한다.

① ㉠㉡ ② ㉡㉢
③ ㉠㉢ ④ ㉢㉣

TIP ㉢ 주식회사의 이사는 조직 변경에 관한 사항을 보험계약자 총회에 보고하여야 한다〈보험업법 제27조(보험계약자 총회에서의 보고)〉.
㉣ 보험계약자 총회는 보험계약자 과반수의 출석과 그 의결권의 4분의 3이상의 찬성으로 결의한다〈보험업법 제26조(보험계약자 총회의 결의방법) 제1항〉.
㉠ 「보험업법」 제23조(조직 변경 결의 공고 후의 보험계약) 제1항
㉡ 「보험업법」 제25조(보험계약자 총회 대행기관) 제1항 및 제3항

7 **보험업법상 보험회사가 겸영할 수 있는 금융업무를 열거한 것 중 옳은 것은 모두 몇 개인가?**

> ㉠ 「한국주택금융공사법」에 따른 채권유동화자산의 관리업무
> ㉡ 「자산유동화에 관한 법률」에 따른 유동화자산의 관리업무
> ㉢ 「전자금융거래법」 제28조 제2항 제1호에 따른 결제중계시스템의 참가기관으로서 하는 전자자금이체업무
> ㉣ 「자본시장과 금융투자업에 관한 법률」 제6조 제4항에 따른 집합투자업무
> ㉤ 「근로자퇴직급여보장법」 제2조 제13호에 따른 퇴직 연금사업자의 업무

① 2개 ② 3개
③ 4개 ④ 5개

TIP ㉢ 「전자금융거래법」 제28조 제2항 제1호에 따른 전자자금이체업무[같은 법 제2조 제6호에 따른 결제중계시스템(이하 이 호에서 "결제중계시스템"이라 한다)의 참가기관으로서 하는 전자자금이체업무와 보험회사의 전자자금이체업무에 따른 자금정산 및 결제를 위하여 결제중계시스템에 참가하는 기관을 거치는 방식의 전자자금이체업무는 제외한다]〈보험업법 시행령 제16조(겸영업무의 범위) 제1항 제4호
㉠ 「보험업법 시행령」 제16조(겸영업무의 범위) 제1항 제3호
㉡ 「보험업법 시행령」 제16조(겸영업무의 범위) 제1항 제1호
㉣ 「보험업법 시행령」 제16조(겸영업무의 범위) 제2항 제1호
㉤ 「보험업법 시행령」 제16조(겸영업무의 범위) 제2항 제8호

ANSWER
4.④ 5.① 6.① 7.③

8 보험업법상 보험회사의 조직 변경에 관한 설명 중 옳지 않은 것은? [기출 변형]

① 주식회사가 조직 변경을 결의한 경우 그 결의를 한 날부터 2주 이내에 결의의 요지와 재무상태표를 공고하고 주주명부에 적힌 질권자에게는 개별적으로 알려야 한다.
② 주식회사가 상호회사로 조직을 변경할 때에는 「상법」 제434조에 따른 결의를 거쳐야 한다.
③ 주식회사는 상호회사로, 상호회사는 주식회사로 조직 변경을 할 수 있다.
④ 주식회사가 조직 변경을 하여 상호회사로 된 경우에는 「보험업법」 제9조(자본금 또는 기금)에도 불구하고 기금의 총액을 300억 원 미만으로 하거나 설정하지 아니할 수 있다.

TIP ③ 주식회사는 그 조직을 변경하여 상호회사로 할 수 있다〈보험업법 제20조(조직 변경) 제1항〉.
① 「보험업법」 제22조(조직 변경 결의의 공고와 통지) 제1항
② 「보험업법」 제21조(조직 변경 결의)
④ 「보험업법」 제20조(조직 변경) 제2항

9 외국보험회사 국내지점이 대한민국에서 체결한 보험계약에 관하여 「보험업법」 제75조에 따라 국내에서 보유해야 하는 자산에 해당하지 않은 것은?

① 현금 또는 국내 금융기관에 대한 예금, 적금 및 부금
② 국내 · 외에서 적립된 「보험업법」 시행령 제63조 제2항에 따른 재보험자산
③ 국내에 있는 자에 대한 대여금, 그 밖의 채권
④ 국내에 있는 고정자산

TIP ② 법 제75조제1항에 따라 외국보험회사국내지점은 국내에 적립된 제63조 제2항에 따른 재보험자산을 대한민국에서 보유하여야 한다〈보험업법 시행령 제25조의2(외국보험회사국내지점의자산 보유 등) 제6호〉.
① 「보험업법 시행령」 제25조의2(외국보험회사국내지점의 자산 보유 등) 제1호
③ 「보험업법 시행령」 제25조의2(외국보험회사국내지점의 자산 보유 등) 제3호
④ 「보험업법 시행령」 제25조의2(외국보험회사국내지점의 자산 보유 등) 제4호

10 보험업법상 외국보험회사의 국내사무소에 관한 설명 중 옳지 않은 것은?

① 외국보험회사 국내사무소는 그 명칭 중에 반드시 '사무소'라는 글자를 포함하여야 한다.
② 외국보험회사가 국내에 사무소를 설치하려는 경우 그 설치한 날부터 30일 이내에 금융위원회에 신고하여야 한다.
③ 외국보험회사 국내사무소는 보험계약의 체결을 중개하거나 대리하는 행위를 할 수 없지만 보험시장에 관한 적법한 조사 및 정보수집 업무는 할 수 있다.
④ 금융위원회는 외국보험회사 국내사무소가 「보험업법」에 의한 명령 또는 처분을 위반한 경우 업무의 정지를 명할 수 있지만 국내사무소의 폐쇄를 명할 수는 없다.

TIP ④ 금융위원회는 국내사무소가 이 법 또는 이 법에 따른 명령 또는 처분을 위반한 경우에는 6개월 이내의 기간을 정하여 업무의 정지를 명하거나 국내사무소의 폐쇄를 명할 수 있다〈보험업법 제12조(외국보험회사 등의 국내사무소 설치 등) 제5항〉.
① 「보험업법」 제12조(외국보험회사 등의 국내사무소 설치 등) 제4항
② 「보험업법」 제12조(외국보험회사 등의 국내사무소 설치 등) 제2항
③ 「보험업법」 제12조(외국보험회사 등의 국내사무소 설치 등) 제3항 제2호 및 제3호

11 **보험업법상 보험회사의 기초서류에 관한 설명 중 옳지 않은 것은?**

① 보험회사는 기초서류에 기재된 사항을 준수하여야 한다.
② 보험회사가 금융기관보험대리점을 통하여 모집하는 것에 관하여 기초서류의 조문체제를 변경하기 위해서는 미리 금융위원회에 신고하여야 한다.
③ 금융위원회는 보험회사가 신고한 기초서류의 내용이 「보험업법」 제127조 제2항 각 호의 기초서류의 작성 · 변경에 관한신고 사유에 해당하지 않더라도 보험계약자 보호 등을 위하여 필요하다고 인정되는 경우 보험회사에 대하여 기초서류의 제출을 요구할 수 있다.
④ 금융위원회는 보험회사가 「보험업법」 제127조 제2항에 따라 기초서류를 신고한 경우, 필요하다면 금융감독원의 확인을 받도록 할 수 있다.

TIP ② 보험회사가 기초서류를 작성하거나 변경하려는 경우 미리 금융위원회에 신고하여야 하는 사항은 별표 6과 같다. 다만, 조문체제의 변경, 자구수정 등 보험회사가 이미 신고한 기초서류의 내용의 본래 취지를 벗어나지 아니하는 범위에서 기초서류를 변경하는 경우는 제외한다〈보험업법 시행령 제71조(기초서류의 작성 및 변경) 제1항〉.
① 「보험업법」 제127조의3(기초서류 기재사항 준수의무)
③ 「보험업법」 제127조(기초서류의 작성 및 제출 등) 제3항
④ 「보험업법」 제128조(기초서류에 대한 확인) 제1항

12 **보험업법상 상호협정의 인가에 관한 설명 중 옳지 않은 것은?**

① 금융위원회는 공익 또는 보험업의 건전한 발전을 위하여 특히 필요하다고 인정되는 경우에는 보험회사에 대하여 상호협정의 체결 · 변경 또는 폐지를 명할 수 있다.
② 금융위원회는 보험회사 간의 합병 등으로 상호협정의 구성원이 변경되는 사항에 관하여 공정거래위원회와 협의하여야 한다.
③ 금융위원회는 상호협정의 체결 · 변경 또는 폐지의 인가를 하거나 협정에 따를 것을 명하려면 미리 공정거래위원회와 협의하여야 한다.
④ 금융위원회로부터 인가를 받은 상호협정의 실질적인 내용이 변경되지 아니하는 자구수정을 하는 경우, 보험회사는 금융위원회에 신고하면 된다.

TIP ② 금융위원회는 제1항 또는 제2항에 따라 상호협정의 체결 · 변경 또는 폐지의 인가를 하거나 협정에 따를 것을 명하려면 미리 공정거래위원회와 협의하여야 한다. 다만, 대통령령으로 정하는 경미한 사항을 변경하려는 경우에는 그러하지 아니하다〈보험업법 제125조(상호협정의 인가) 제3항〉. 법 제125조 제1항 단서 및 같은 조 제3항 단서에서 "대통령령으로 정하는 경미한 사항"이란 보험회사의 상호 변경, 보험회사 간의 합병, 보험회사의 신설 등으로 상호협정의 구성원이 변경되는 사항 또는 조문체제의 변경, 자구수정 등 상호협정의 실질적인 내용이 변경되지 아니하는 사항 또는 법령의 제정 · 개정 · 폐지에 따라 수정 · 반영해야 하는 사항을 말한다〈보험업법 시행령 제69조(상호협정의 인가) 제3항〉.
① 「보험업법」 제125조(상호협정의 인가) 제2항
③ 「보험업법」 제125조(상호협정의 인가) 제3항
④ 「보험업법」 제125조(상호협정의 인가) 제1항 및 「보험업법 시행령」 제69조(상호협정의 인가) 제3항

ANSWER
8.③ 9.② 10.④ 11.② 12.②

13 **보험업법상 보험회사가 지켜야 하는 재무건전성기준에 관한 설명 중 옳은 것을 모두 고른 것은?**

> ㉠ "지급여력기준금액"이란 보험업을 경영함에 따라 발생하게 되는 위험을 금융위원회가 정하여 고시하는 방법에 의하여 금액으로 환산한 것을 말한다.
> ㉡ "지급여력비율"이란 지급여력금액을 지급여력기준금액으로 나눈 비율을 말한다.
> ㉢ 보험회사가 지켜야 하는 재무건전성기준에는 대출채권 등 보유자산의 건전성을 정기적으로 분류하고 대손충당금을 적립할 것이 포함된다.
> ㉣ 금융위원회는 보험회사가 재무건전성기준을 지키지 아니하여 경영안정성을 해칠 우려가 있다고 판단하여 필요한 조치를 하고자 하는 경우 보험계약자 보호 등을 고려해야 하는 것은 아니다.

① ㉠㉡　　② ㉡㉣
③ ㉠㉡㉢　　④ ㉡㉢㉣

TIP ㉠㉡㉢ 「보험업법 시행령」 제65조(재무건전성 기준)
㉣ 법 제123조 제2항에 따라 금융위원회가 보험회사에 대하여 자본금 또는 기금의 증액명령, 주식 등 위험자산 소유의 제한 등의 조치를 하려는 경우에는 해당 조치가 보험계약자의 보호를 위하여 적절한지 여부를 고려하여야 한다〈보험업법 시행령 제65조(재무건전성 기준) 제3항〉.

14 **보험업법상 보험설계사의 등록에 대한 내용으로 옳지 않은 것은?**

① 보험회사 · 보험대리점 및 보험중개사는 소속 보험설계사가 되려는 자를 금융위원회에 등록하여야 한다.
② 「보험업법」에 따라 벌금 이상의 형을 선고받고 그 집행이 끝나거나 집행이 면제된 날로부터 2년이 지나지 아니한 자는 보험설계사로 등록할 수 없다.
③ 영업에 관하여 성년자와 같은 능력을 가지지 아니한 미성년자는 그 법정대리인이 파산선고를 받고 복권되지 아니한 경우에도 보험설계사로 등록할 수 있다.
④ 「보험업법」에 따라 금고 이상의 형의 집행유예를 선고받고 유예기간 중인 자는 보험설계사로 등록할 수 없다.

TIP ③ 영업에 관하여 성년자와 같은 능력을 가지지 아니한 미성년자로서 그 법정대리인이 파산선고를 받은 자로서 복권되지 아니한 자는 보험설계사가 되지 못한다〈보험업법 제84조(보험설계사의 등록) 제2항 제2호 및 제8호〉.
① 「보험업법」 제84조(보험설계사의 등록) 제1항
② 「보험업법」 제84조(보험설계사의 등록) 제2항 제3호
④ 「보험업법」 제84조(보험설계사의 등록) 제2항 제4호

15 **보험업법령상 보험계약 체결 단계에 일반보험계약자에게 설명해야 하는 것이 아닌 것은?**

① 보험의 모집에 종사하는 자의 성명, 연락처 및 소속
② 보험금을 감액하여 지급하거나 지급하지 아니하는 경우에는 그 사유
③ 보험의 모집에 종사하는 자가 보험회사를 위하여 보험계약의 체결을 대리할 수 있는지 여부
④ 보험계약 승낙거절 시 거절 사유

TIP 설명의무의 중요 사항 등〈보험업법 시행령 제42조의2〉

① 삭제 〈2021. 3. 23.〉
② 삭제 〈2021. 3. 23.〉
③ 보험회사는 법 제95조의2 제3항 본문 및 제4항에 따라 다음 각 호의 단계에서 중요 사항을 항목별로 일반보험계약자에게 설명해야 한다. 다만, 제1호에 따른 보험계약 체결 단계(마목에 따른 보험계약 승낙 거절 시 거절사유로 한정한다), 제2호에 따른 보험금 청구 단계 또는 제3호에 따른 보험금 심사·지급 단계의 경우 일반보험계약자가 계약 체결 전에 또는 보험금 청구권자가 보험금 청구 단계에서 동의한 경우에 한정하여 서면, 문자메시지, 전자우편 또는 팩스 등으로 중요 사항을 통보하는 것으로 이를 대신할 수 있다.

1. 보험계약 체결 단계
가. 보험의 모집에 종사하는 자의 성명, 연락처 및 소속
나. 보험의 모집에 종사하는 자가 보험회사를 위하여 보험계약의 체결을 대리할 수 있는지 여부
다. 보험의 모집에 종사하는 자가 보험료나 고지의무사항을 보험회사를 대신하여 수령할 수 있는지 여부
라. 보험계약의 승낙절차
마. 보험계약 승낙거절 시 거절 사유
바. 「상법」 제638조의3 제2항에 따라 3개월 이내에 해당 보험계약을 취소할 수 있다는 사실 및 그 취소 절차·방법
사. 그 밖에 일반보험계약자가 보험계약 체결 단계에서 설명 받아야 하는 사항으로서 금융위원회가 정하여 고시하는 사항

2. 보험금 청구 단계
가. 담당 부서, 연락처 및 보험금 청구에 필요한 서류
나. 보험금 심사 절차, 예상 심사기간 및 예상 지급일
다. 일반보험계약자가 보험사고 조사 및 손해사정에 관하여 설명 받아야 하는 사항으로서 금융위원회가 정하여 고시하는 사항
라. 그 밖에 일반보험계약자가 보험금 청구 단계에서 설명 받아야 하는 사항으로서 금융위원회가 정하여 고시하는 사항

3. 보험금 심사·지급 단계
가. 보험금 지급일 등 지급절차
나. 보험금 지급 내역
다. 보험금 심사 지연 시 지연 사유 및 예상 지급일
라. 보험금을 감액하여 지급하거나 지급하지 아니하는 경우에는 그 사유
마. 그 밖에 일반보험계약자가 보험금 심사·지급 단계에서 설명 받아야 하는 사항으로서 금융위원회가 정하여 고시하는 사항

④ 삭제 〈2016. 4. 1.〉
⑤ 제3항과 관련하여 필요한 세부 사항은 금융위원회가 정하여 고시한다.

ANSWER
13.③ 14.③ 15.②

16 **보험업법상 교차모집보험설계사에게 허용되지 않는 행위를 모두 고른 것은?**

> ㉠ 업무상 알게 된 특정 보험회사의 정보를 다른 보험회사에 제공하는 행위
> ㉡ 모집을 위탁한 보험회사에 대하여 회사가 정한 수수료 · 수당을 요구하는 행위
> ㉢ 보험계약을 체결하는 자의 요구에 따라 모집을 위탁한 보험회사 중 어느 한 보험회사를 위하여 보험을 모집하는 행위
> ㉣ 교차모집을 위탁한 보험회사에 대하여 다른 교차모집보험설계사 유치를 조건으로 대가를 요구하는 행위
> ㉤ 교차모집을 위탁한 보험회사에 대하여 다른 보험설계사보다 우대하여 줄 것을 합리적 근거를 가지고 요구하는 행위

① ㉠㉣
② ㉠㉣㉤
③ ㉠㉡
④ ㉡㉢㉤

TIP ㉠ 「보험업법 시행령」 제29조(보험설계사의 교차모집) 제4항 제1호
㉣ 「보험업법 시행령」 제29조(보험설계사의 교차모집) 제4항 제4호 및 「보험업법 시행규칙」 제16조(교차모집에 대한 보험회사 등의 금지행위) 제2항 제2호
㉡ 교차모집보험설계사는 모집을 위탁한 보험회사에 대하여 회사가 정한 수수료 · 수당 외에 추가로 대가를 지급하도록 요구하는 행위를 하여서는 아니 된다〈보험업법 시행령 제4항 제3호〉.
㉢ 교차모집보험설계사는 보험계약을 체결하려는 자의 의사에 반하여 다른 보험회사와의 보험계약 체결을 권유하는 등 모집을 위탁한 보험회사 중 어느 한 쪽의 보험회사만을 위하여 모집하는 행위를 하여서는 아니 된다〈보험업법 시행령 제4항 제2호〉.
㉤ 교차모집보험설계사는 보험계약자 보호와 모집질서 유지를 위하여 총리령으로 정하는 행위를 하여서는 아니 된다〈보험업법 시행령 제4항 제4호〉. 영 제29조 제4항 제4호에서 "총리령으로 정하는 행위"란 교차모집을 위탁한 보험회사에 대하여 다른 교차모집보험설계사 유치를 조건으로 대가를 요구하는 행위를 말한다〈보험업법 시행규칙 제16조(교차모집에 대한 보험회사 등의 금지행위) 제2항 제2호〉.

17 **보험업법상 보험회사가 자회사를 소유하게 된 날로부터 15일 이내에 금융위원회에 제출하여야 하는 서류가 아닌 것은?**

① 정관 및 주주현황
② 업무의 종류 및 방법을 적은 서류
③ 자회사가 발행주식 총수의 100분의 10을 초과하여 소유하고 있는 회사의 현황
④ 자회사와의 주요거래 상황을 적은 서류

TIP 보험회사는 자회사를 소유하게 된 날부터 15일 이내에 그 자회사의 정관과 대통령령으로 정하는 서류를 금융위원회에 제출하여야 한다〈보험업법 제117조(자회사에 관한 보고의무 등) 제1항〉.

※ **자회사에 관한 보고서류 등** … "대통령령으로 정하는 서류"란 다음의 서류를 말한다〈보험업법 시행령 제60조 제1항〉.

1. 정관
2. 업무의 종류 및 방법을 적은 서류
3. 주주현황
4. 재무상태표 및 포괄손익계산서 등의 재무제표와 영업보고서
5. 자회사가 발행주식 총수의 100분의 10을 초과하여 소유하고 있는 회사의 현황

18 **보험업법상 보험회사의 고객응대직원을 고객의 폭언 등으로부터 보호하기 위하여 취하여야 할 보호 조치 의무로 옳지 않은 것은?**

① 보험회사는 해당 직원이 요청하는 경우 해당 고객으로부터 분리하고 업무담당자를 교체하여야 한다.
② 보험회사는 해당 직원에 대한 치료 및 상담지원을 하여야 하며, 고객을 직접 응대하는 직원을 위한 상시고충처리 기구를 마련하여야 한다.
③ 보험회사는 해당 직원의 요청이 없어도 해당 고객의 행위가 관계 법률의 형사처벌규정에 위반된다고 판단되면 관할 수사기관에 고발조치하여야 한다.
④ 보험회사는 직원이 직접 폭언 등의 행위를 한 고객에 대한 관할 수사기관 등에 고소, 고발, 손해배상 청구 등의 조치를 하는데 필요한 행정적, 절차적 지원을 하여야 한다.

TIP ③ 고객의 폭언이나 성희롱, 폭행 등이 관계 법률의 형사처벌규정에 위반된다고 판단되고 그 행위로 피해를 입은 직원이 요청하는 경우에 관할 수사기관 등에 고발한다〈보험업법 시행령 제29조의3(고객응대직원의 보호를 위한 조치) 제1호〉.
① 「보험업법」 제85조의4(고객응대직원에 대한 보호 조치 의무) 제1항 제1호
② 「보험업법」 제85조의4(고객응대직원에 대한 보호 조치 의무) 제1항 제2호 및 제3호
④ 「보험업법 시행령」 제29조의3(고객응대직원의 보호를 위한 조치) 제3호

19 **금융기관보험대리점 등의 영업기준에 대한 내용으로 옳지 않은 것은?**

① 신용카드업자(겸영여신업자는 제외)는 법 제96조 제1항에 따른 전화, 우편, 컴퓨터통신 등의 통신수단을 이용하여 모집하는 방법을 사용할 수 있다.
② 금융기관보험대리점 등에서 모집에 종사하는 사람은 대출 등 불공정 모집의 우려가 있는 업무를 취급할 수 없다.
③ 최근 사업연도말 현재 자산총액이 2조 원 이상인 금융기관보험대리점 등이 모집할 수 있는 1개 생명보험회사 상품의 모집액은 매 사업년도별로 해당금융기관보험대리점 등이 신규로 모집하는 생명보험회사 상품 모집총액의 100분의 35를 초과할 수 없다.
④ 금융기관보험대리점은 해당 금융기관에 적용되는 모집수수료율을 모집을 하는 점포의 창구 및 인터넷 홈페이지에 공시하여야 한다.

TIP ③ 금융기관보험대리점 등(최근 사업연도 말 현재 자산총액이 2조 원 이상인 기관만 해당한다. 이하 제7항에서 같다)이 모집할 수 있는 1개 생명보험회사 또는 1개 손해보험회사 상품의 모집액은 매 사업연도별로 해당 금융기관보험대리점 등이 신규로 모집하는 생명보험회사 상품의 모집총액 또는 손해보험회사 상품의 모집총액 각각의 100분의 25(제7항에 따라 보험회사 상품의 모집액을 합산하여 계산하는 경우에는 100분의 33)를 초과할 수 없다〈보험업법 시행령 제40조(금융기관보험대리점 등의 영업기준 등) 제6항 전단〉.
④ 「보험업법 시행령」 제40조(금융기관보험대리점 등의 영업기준 등) 제8항
① 「보험업법 시행령」 제40조(금융기관보험대리점 등의 영업기준 등) 제3항 제3호
② 「보험업법 시행령」 제40조(금융기관보험대리점 등의 영업기준 등) 제5항

ANSWER
16.① 17.④ 18.③ 19.③

20 「농업협동조합법」에 따라 설립된 농협은행이 모집할 수 있는 "손해보험상품"으로 구성된 것은?

> ㉠ 개인연금
> ㉡ 신용손해보험
> ㉢ 주택화재보험
> ㉣ 단체상해보험
> ㉤ 보증보험
> ㉥ 장기저축성 보험
> ㉦ 교육보험

① ㉠㉡㉢㉥
② ㉡㉢㉤㉦
③ ㉠㉡㉣㉥
④ ㉡㉣㉤㉦

TIP 금융기관보험대리점 등이 모집할 수 있는 보험상품의 범위〈보험업법 시행령 별표 5〉

㉠ 제1단계 : 이 영 시행일부터 2005년 3월 31일까지

생명보험	손해보험
• 개인저축성 보험 : 개인연금, 일반연금, 교육보험, 생사혼합보험, 그 밖의 개인저축성 보험 • 신용생명보험	• 개인연금 • 장기저축성 보험 • 화재보험(주택) • 상해보험(단체상해보험 제외) • 종합보험 • 신용손해보험

㉡ 제2단계 : 2005년 4월 1일 이후(보험기간 만료 시 환급금이 지급되는 상품은 2006년 10월 1일 이후)

생명보험	손해보험
• 제1단계 허용상품 • 개인보장성 보험 중 제3보험(주계약으로 한정하고, 저축성보험 특별약관 및 질병사망 특별약관을 부가한 상품 제외)	• 제1단계 허용상품 • 개인장기보장성 보험 중 제3보험(주계약으로 한정하고, 저축성보험 특별약관 및 질병사망 특별약관을 부가한 상품 제외)

21 **보험대리점에 관한 설명 중 옳은 것을 모두 고른 것은?**

> ㉠ 보험설계사가 될 수 없는 자는 보험대리점이 될 수 없다.
> ㉡ 보험대리점은 자기 또는 자기를 고용하고 있는 자를 보험계약자 또는 피보험자로 하는 보험을 모집하는 것을 주된 목적으로 할 수 있다.
> ㉢ 다른 보험회사, 보험대리점 및 보험중개사의 임직원은 보험대리점이 될 수 없다.
> ㉣ 보험설계사 또는 보험중개사로 등록된 자는 보험대리점이 될 수 없다.
> ㉤ 「상호저축은행법」에 따른 저축은행과 「새마을금고법」에 따라 설립된 새마을금고는 보험대리점이 될 수 없다.

① ㉠㉢㉤ ② ㉡㉢㉣
③ ㉡㉢㉤ ④ ㉠㉢㉣

TIP ㉠㉢㉣ 「보험업법 시행령」 제87조(보험대리점의 등록) 제2항
㉡ 보험대리점 또는 보험중개사는 자기 또는 자기를 고용하고 있는 자를 보험계약자 또는 피보험자로 하는 보험을 모집하는 것을 주된 목적으로 하지 못한다〈보험업법 제101조(자기계약의 금지) 제1항〉.
㉤ 「은행법」에 따라 설립된 은행, 「자본시장과 금융투자업에 관한 법률」에 따른 투자매매업자 또는 투자중개업자, 「상호저축은행법」에 따른 상호저축은행, 그 밖에 다른 법률에 따라 금융업무를 하는 기관으로서 대통령령으로 정하는 기관에 해당하는 기관(이하 "금융기관"이라 한다)은 제87조 또는 제89조에 따라 보험대리점 또는 보험중개사로 등록할 수 있다〈보험업법 제91조(금융기관보험대리점 등의 영업기준) 제1항.

22 **보험회사가 외국에서 보험업을 경영하는 자회사의 채무보증을 위해 갖추어야 할 요건으로 옳지 않은 것은?**

① 채무보증 한도액이 보험회사 총자산의 100분의 5 이내일 것
② 보험회사의 직전 분기 말 지급여력비율이 100분의 200 이상일 것
③ 보험금 지급채무에 대한 채무보증일 것
④ 보험회사가 채무보증을 하려는 자회사의 의결권 있는 발행주식(출자지분을 포함한다) 총수의 100분의 50을 초과하여 소유할 것(외국 정부에서 최대 소유 한도를 정하는 경우 그 한도까지 소유하는 것)

TIP 타인을 위한 채무보증 금지의 예외 … 보험회사는 자회사(외국에서 보험업을 경영하는 자회사를 말한다)를 위한 채무보증을 할 수 있다. 이 경우 다음의 요건을 모두 갖추어야 한다〈보험업법 시행령 제57조의2 제2항〉.
1. 채무보증 한도액이 보험회사 총자산의 100분의 3 이내일 것
2. 보험회사의 직전 분기 말 지급여력비율이 100분의 200 이상일 것
3. 보험금 지급채무에 대한 채무보증일 것
4. 보험회사가 채무보증을 하려는 자회사의 의결권 있는 발행주식(출자지분을 포함한다) 총수의 100분의 50을 초과하여 소유할 것(외국 정부에서 최대 소유 한도를 정하는 경우 그 한도까지 소유하는 것)

ANSWER
20.① 21.④ 22.①

23 **보험업법상 원칙적으로 손해사정사 고용의무가 없는 보험회사는?**

① 재보험상품을 판매하는 보험회사
② 화재보험상품을 판매하는 보험회사
③ 보증보험 상품을 판매하는 보험회사
④ 질병보험 상품을 판매하는 보험회사

TIP 손해사정사 고용의무 … "대통령령으로 정하는 보험회사"란 다음 각 호의 어느 하나에 해당하는 보험회사를 말한다〈보험업법 제96조의3〉.

1. 손해보험상품(보증보험계약은 제외한다)을 판매하는 보험회사
2. 제3보험상품을 판매하는 보험회사

※ **보험상품**〈보험업법 시행령 제1조의2 제3항 및 제4항〉

① 법 제2조 제1호 나목(손해보험상품)에서 "대통령령으로 정하는 계약"이란 다음 각 호의 계약을 말한다.

1. 화재보험계약
2. 해상보험계약(항공·운송보험계약을 포함한다)
3. 자동차보험계약
4. 보증보험계약
5. 재보험계약
6. 책임보험계약
7. 기술보험계약
8. 권리보험계약
9. 도난보험계약
10. 유리보험계약
11. 동물보험계약
12. 원자력보험계약
13. 비용보험계약
14. 날씨보험계약

② 법 제2조 제1호 다목(제3보험상품)에서 "대통령령으로 정하는 계약"이란 다음 각 호의 계약을 말한다.

1. 상해보험계약
2. 질병보험계약
3. 간병보험계약

24 보험회사의 자산운용 원칙으로 옳은 것을 모두 고른 것은?

> ㉠ 보험회사는 그 자산을 운용할 때 공평성 · 유동성 · 수익성 및 공익성이 확보되도록 하여야 한다.
> ㉡ 보험회사는 특별계정에 속하는 이익을 그 계정상의 보험계약자에게 분배할 수 있다.
> ㉢ 보험회사는 다른 회사의 의결권 있는 발행주식(출자지분을 포함한다) 총수의 100분의 10을 초과하는 주식을 소유할 수 없다.
> ㉣ 보험회사가 일반계정에 속하는 자산과 특별계정에 속하는 자산을 운용할 때, 동일한 개인 또는 법인에 대한 신용공여 한도는 일반계정의 경우 총자산의 100분의 3, 특별계정의 경우 각 특별계정 자산의 100분의 5를 초과할 수 없다.
> ㉤ 보험회사는 특별계정에 속하는 자산은 다른 특별계정에 속하는 자산 및 그 밖의 자산과 구분하여 회계처리하여야 한다.

① ㉠㉡㉣ ② ㉡㉣㉤
③ ㉠㉣㉤ ④ ㉡㉢㉣

TIP ㉡㉤ 「보험업법」 제108조(특별계정의 설정 · 운용)
㉣ 「보험업법」 제106조(자산운용의 방법 및 비율) 제1항 제1호
㉠ 보험회사는 그 자산을 운용할 때 안정성 · 유동성 · 수익성 및 공익성이 확보되도록 하여야 한다〈보험업법 제104조(자산운용의 원칙) 제1항〉.
㉢ 보험회사는 다른 회사의 의결권 있는 발행주식(출자지분을 포함한다) 총수의 100분의 15를 초과하는 주식을 소유할 수 없다. 다만, 금융위원회의 승인(승인이 의제되거나 신고 또는 보고하는 경우를 포함한다)을 받은 자회사의 주식은 그러하지 아니하다〈보험업법 제109조(다른 회사에 대한 출자 제한)〉.

25 보험업법상 보험회사의 계산에 대한 설명으로 옳지 않은 것은? [기출 변형]

① 보험회사는 매년 대통령령으로 정하는 날에 그 장부를 폐쇄하여야 하고 장부를 폐쇄한 날부터 3개월 이내에 금융위원회가 정하는 바에 따라 재무제표(부속명세서를 포함) 및 사업보고서를 금융위원회에 제출하여야 한다.
② 배당보험계약이라 함은 해당 보험계약으로부터 발생하는 이익의 일부를 보험회사가 보험계약자에게 배당하기로 약정한 보험계약을 말한다.
③ 보험회사는 재무제표 및 사업보고서를 일반인이 열람할 수 있도록 금융위원회에 제출하는 날부터 본점과 지점, 그 밖의 영업소에 비치하거나 전자문서로 제공하여야 한다.
④ 배당보험계약의 계약자지분은 계약자배당을 위한 재원과 지급준비금 적립을 위한 목적 외에 다른 용도로 사용할 수 없다.

TIP ④ 배당보험계약의 계약자 지분은 계약자배당을 위한 재원과 배당보험계약의 손실을 보전하기 위한 목적 외에 다른 용도로 사용할 수 없다〈보험업법 시행령 제64조(배당보험계약의 회계처리 등) 제5항〉.
① 「보험업법」 제118조(재무제표 등의 제출) 제1항
② 「보험업법」 제121조(배당보험계약의 회계처리 등) 제1항
③ 「보험업법」 제119조(서류의 비치 등)

ANSWER
23.③ 24.② 25.④

26 **보험업법상 모집광고 관련 준수사항에 대한 설명 중 옳은 것을 모두 고른 것은?**

> ㉠ 모집을 위하여 사용하는 보험안내자료에는 보험회사의 상호나 명칭 또는 보험설계사 · 보험대리점 또는 보험중개사의 이름 · 상호나 명칭, 보험 가입에 따른 권리 · 의무에 관한 주요 사항, 보험약관으로 정하는 보장에 관한 사항 등의 사항을 명백하고 알기 쉽게 적어야 한다.
> ㉡ 보험회사 또는 보험의 모집에 종사하는 자는 대통령령으로 정하는 보험계약을 모집하기 전에 보험계약자가 되려는 자의 동의를 얻어 모집하고자 하는 보험계약과 동일한 위험을 보장하는 보험계약을 체결하고 있는지를 확인하여야 하며 확인한 내용을 보험계약자가 되려는 자에게는 알리지 않아도 된다.
> ㉢ 보험회사 또는 보험의 모집에 종사하는 자는 대통령령으로 정하는 보험계약을 모집하기 전에 보험계약자가 되려는 자의 동의를 얻어 모집하고자 하는 보험계약과 동일한 위험을 보장하는 보험계약을 체결하고 있는지를 확인하여야 하며 확인한 내용을 보험계약자가 되려는 자에게 즉시 알려야 한다.
> ㉣ 금융기관보험대리점은 모집을 할 때 해당 금융기관의 점포에서 모집을 하는 행위를 하여서는 아니 된다.
> ㉤ 보험회사는 보험계약을 청약한 자가 청약의 내용을 확인 · 정정 요청하거나 청약을 철회하고자 하는 경우 통신수단을 이용할 수 있도록 하여야 한다.

① ㉠㉡㉣ ② ㉠㉢㉤
③ ㉡㉢㉤ ④ ㉢㉣㉤

TIP ㉠ 「보험업법」 제95조(보험안내자료) 제1항
㉢ 「보험업법」 제95조의5(중복계약 체결 확인 의무) 제1항
㉤ 「보험업법」 제96조(통신수단을 이용한 모집 · 철회 및 해지 등 관련 준수사항) 제2항 제1호
㉡ 보험회사 또는 보험의 모집에 종사하는 자는 대통령령으로 정하는 보험계약을 모집하기 전에 보험계약자가 되려는 자의 동의를 얻어 모집하고자 하는 보험계약과 동일한 위험을 보장하는 보험계약을 체결하고 있는지를 확인하여야 하며 확인한 내용을 보험계약자가 되려는 자에게 즉시 알려야 한다〈보험업법 제95조의5(중복계약 체결 확인 의무) 제1항〉.
㉣ 금융기관보험대리점등은 모집을 할 때 해당 금융기관의 점포 외의 장소에서 모집을 하는 행위를 하여서는 아니 된다〈보험업법 제100조(금융기관보험대리점등의 금지행위 등) 제1항 제4호〉.

27 **보험업법상 공고에 관한 설명으로 옳지 않은 것은?**

① 상호회사가 해산을 결의한 경우에는 그 결의에 따라 인가를 받은 날부터 2주 이내에 결의의 요지와 재무상태표를 공고하여야 한다.
② 보험회사가 합병을 결의한 경우에는 그 결의를 한 날부터 2주 이내에 합병계약의 요지와 각 보험회사의 재무상태표를 공고하여야 한다.
③ 합병결의에 따라 보험계약을 이전하려는 보험회사는 합병결의를 한 날부터 2주 이내에 계약 이전의 요지와 각 보험회사의 재무상태표를 공고하여야 한다.
④ 보험회사는 보험계약을 이전한 경우 7일 이내에 그 취지를 공고하여야 하나 보험계약을 이전하지 아니하게 된 경우에는 공고의무가 없다.

TIP ④ 보험회사는 보험계약을 이전한 경우에는 7일 이내에 그 취지를 공고하여야 한다. 보험계약을 이전하지 아니하게 된 경우에도 또한 같다〈보험업법 제145조(보험계약이전의 공고)〉.
① 「보험업법」 제69조(해산의 공고) 제1항
② 「보험업법」 제151조(합병 결의의 공고)
③ 「보험업법」 제141조(보험계약 이전 결의의 공고 및 통지와 이의 제기) 제1항

28 **보험업법상 보험회사가 해산한 날부터 3개월 이내에 보험금 지급사유가 발생한 경우에만 보험금을 지급하여야 하는 해산사유로 올바르게 조합한 것은?**

㉠ 존립기간의 만료, 그 밖에 정관으로 정하는 사유의 발생 ㉡ 회사의 합병 ㉢ 보험계약 전부의 이전 ㉣ 주주총회 또는 사원총회의 결의 ㉤ 회사의 파산 ㉥ 보험업의 허가 취소 ㉦ 해산을 명하는 재판

① ㉠㉡㉣ ② ㉡㉢㉤
③ ㉢㉤㉦ ④ ㉣㉥㉦

TIP 보험회사는 제137조 제1항 제2호 · 제6호 또는 제7호의 사유로 해산한 경우에는 보험금 지급 사유가 해산한 날부터 3개월 이내에 발생한 경우에만 보험금을 지급하여야 한다〈보험업법 제158조(해산 후의 보험금 지급)〉.
※ 해산사유 등 … 보험회사는 다음 각 호의 사유로 해산한다〈보험업법 제137조 제1항〉.
1. 존립기간의 만료, 그 밖에 정관으로 정하는 사유의 발생
2. 주주총회 또는 사원총회(이하 "주주총회 등"이라 한다)의 결의
3. 회사의 합병
4. 보험계약 전부의 이전
5. 회사의 파산
6. 보험업의 허가취소
7. 해산을 명하는 재판

ANSWER
26.② 27.④ 28.④

29 보험업법상 주식회사인 보험회사에서 보험계약의 이전에 관한 설명 중 옳지 않은 것은 모두 몇 개인가?

㉠ 보험회사는 책임준비금 산출의 기초가 동일한지 여부와 무관하게 보험계약의 전부를 포괄하여 계약의 방법으로 다른 보험회사에 이전할 수 있다.
㉡ 보험계약 등의 이전에 관한 공고에는 이전될 보험계약의 보험계약자로서 이의가 있는 자는 1개월 이상의 일정한 기간 동안 이의를 제출할 수 있다는 뜻을 덧붙여야 한다.
㉢ 이의제기 기간 중 이의를 제기한 보험계약자가 이전될 보험계약자 총수의 100분의 5를 초과하거나 그 보험금액이 이전될 보험금 총액의 100분의 5를 초과하는 경우에는 보험계약을 이전하지 못한다.
㉣ 보험계약을 이전하려는 보험회사는 주주총회 등의 결의가 있었던 때부터 보험계약을 이전하거나 이전하지 아니하게 될 때까지 그 이전하려는 보험계약과 같은 종류의 보험계약을 하지 못한다.
㉤ 보험회사가 보험계약의 전부를 이전하는 경우에 이전할 보험계약에 관하여 이전계약의 내용으로 보험금액의 삭감과 장래 보험료의 감액을 정할 수 없다.

① 1개
② 2개
③ 3개
④ 4개

TIP ㉠ 보험회사는 계약의 방법으로 책임준비금 산출의 기초가 같은 보험계약의 전부를 포괄하여 다른 보험회사에 이전할 수 있다〈보험업법 제140조(보험계약 등의 이전) 제1항〉.
㉢ 이의제기 기간에 이의를 제기한 보험계약자가 이전될 보험계약자 총수의 10분의 1을 초과하거나 그 보험금액이 이전될 보험금 총액의 10분의 1을 초과하는 경우에는 보험계약을 이전하지 못한다. 계약조항의 변경을 정하는 경우에 이의를 제기한 보험계약자로서 그 변경을 받을 자가 변경을 받을 보험계약자 총수의 10분의 1을 초과하거나 그 보험금액이 변경을 받을 보험계약자의 보험금 총액의 10분의 1을 초과하는 경우에도 또한 같다〈보험업법 제141조(보험계약 이전 결의의 공고와 이의제기) 제3항〉.
㉡ 「보험업법」 제141조(보험계약 이전 결의의 공고 및 통지와 이의 제기)
㉣ 「보험업법」 제142조(신계약의 금지)
㉤ 「보험업법」 제143조(계약조건의 변경)

30 보험업법상 주식회사인 보험회사에 관한 설명 중 옳지 않은 것은?

① 해산에 관한 결의는 「상법」 제434조에 의한 결의에 따르며 금융위원회의 인가를 받아야 한다.
② 보험회사는 그 영업을 양도 · 양수하려면 금융위원회의인가를 받아야 한다.
③ 보험회사가 합병을 할 경우 합병계약으로써 그 보험계약에 관한 계산의 기초 또는 계약조항의 변경을 정할 수 없다.
④ 보험회사가 그 보험업의 전부 또는 일부를 폐업하려는 경우에는 그 60일 전에 사업 폐업에 따른 정리계획서를 금융위원회에 제출하여야 한다.

TIP ③ 보험회사가 합병을 하는 경우에는 합병계약으로써 그 보험계약에 관한 계산의 기초 또는 계약조항의 변경을 정할 수 있다〈보험업법 제152조(계약조건의 변경) 제1항〉.
① 「보험업법」 제138조(해산 · 합병등의 결의), 「보험업법」 제139조(해산 · 합병 등의 인가)
② 「보험업법」 제150조(영업양도 · 양수의 인가)
④ 「보험업법」 제155조(정리계획서의 제출)

31 **보험업법상 주식회사인 보험회사의 청산 등에 관한 설명 중 옳지 않은 것은?**

① 보험회사가 보험업의 허가 취소로 해산한 경우에는 금융위원회가 청산인을 선임한다.
② 금융위원회는 6개월 전부터 계속하여 자본금의 100분의 3이상의 주식을 가진 주주의 청구에 따라 청산인을 해임할 수 있다.
③ 금융위원회는 청산인을 감독하기 위하여 보험회사의 청산업무와 자산상황을 검사하고, 자산의 공탁을 명하며, 그 밖에 청산의 감독상 필요한 명령을 할 수 있다.
④ 보험회사는 해산한 후에도 3개월 이내에는 보험계약이전을 결의할 수 있으며, 보험계약을 이전하게 될 경우 보험금 지급사유가 해산한 날부터 3개월을 넘겨서 발생한 경우에도 보험금을 지급할 수 있다.

TIP 청산인 … 금융위원회는 다음 각 호의 어느 하나에 해당하는 자의 청구에 따라 청산인을 해임할 수 있다〈보험업법 제156조 제4항〉.
1. 감사
2. 3개월 전부터 계속하여 자본금의 100분의 5 이상의 주식을 가진 주주
3. 100분의 5 이상의 사원

32 **보험업법상 보험요율 산출기관에 관한 설명 중 옳지 않은 것은?**

① 보험회사는 금융위원회의 인가를 받아 보험요율 산출기관을 설립할 수 있다.
② 보험요율 산출기관은 보험회사가 적용할 수 있는 순보험 요율을 산출하며 보험상품의 비교 · 공시 업무를 담당한다.
③ 보험요율 산출기관은 「보험업법」에서 정하는 업무수행을 위하여 보험 관련 통계를 체계적으로 통합 · 집적(集積)하여야 하며 필요한 경우 보험회사에 자료의 제출을 요청할 수 있다.
④ 보험요율 산출기관은 순보험요율을 산출하기 위하여 필요하면 질병에 관한 통계를 보유하고 있는 기관의 장으로부터 그 질병에 관한 통계를 제공받아 보험회사로 하여금 보험계약자에게 적용할 순보험료의 산출에 이용하게 할 수 있다.

TIP ② 보험협회는 정관으로 정하는 바에 따라 보험회사 간의 건전한 업무질서의 유지, 보험회사 등이 지켜야 할 규약의 제정 · 개정, 대통령령으로 정하는 보험회사 간 분쟁의 자율조정 업무, 보험상품 비교 · 공시 업무, 정부로부터 위탁받은 업무, 위의 업무에 부수하는 업무, 그 밖에 대통령령으로 정하는 업무를 한다〈보험업법 제175조(보험협회) 제3항〉.
① 「보험업법」 제176조(보험요율 산출기관) 제1항
③ 「보험업법」 제176조(보험요율 산출기관) 제5항
④ 「보험업법」 제176조(보험요율 산출기관) 제11항

ANSWER
29.③ 30.③ 31.② 32.②

33　**보험업법상 보험조사협의회에 관한 설명 중 옳은 것은?**

① 조사업무를 효율적으로 수행하기 위하여 금융감독원에 보험 관련 기관 및 단체 등으로 구성되는 보험조사협의회를 둘 수 있다.
② 협의회의 의장은 금융감독원장이 임명하며 협의회 위원의 임기는 3년으로 한다.
③ 협의회는 보험조사와 관련하여 「보험업법」 제162조에 따른 조사업무의 효율적 수행을 위한 공동 대책을 수립 및 시행에 관한 사항을 심의한다.
④ 금융감독원에서는 협의회 위원이 심신장애로 인하여 직무를 수행할 수 없게 된 경우 해당 위원을 해임 또는 해촉할 수 있다.

TIP ③ 「보험업법 시행령」 제77조(협의회의 기능) 제1호
① 조사업무를 효율적으로 수행하기 위하여 금융위원회에 보건복지부, 금융감독원, 보험 관련 기관 및 단체 등으로 구성되는 보험조사협의회를 둘 수 있다〈보험업법 제163조(보험조사협의회) 제1항〉.
② 금융위원회가 임명하거나 위촉하는 15명 이내의 위원으로 구성할 수 있고, 협의회 위원의 임기는 3년으로 한다〈보험업법 시행령 제76조(보험조사협의회의 구성) 제1항 및 제3항〉.
④ 금융위원회는 협의회 위원이 다음 각 호의 어느 하나에 해당하는 심신장애로 인하여 직무를 수행할 수 없게 된 경우, 직무와 관련된 비위사실이 있는 경우, 직무 태만, 품위 손상, 그 밖의 사유로 인하여 위원으로 적합하지 아니하다고 인정되는 경우, 원 스스로 직무를 수행하는 것이 곤란하다고 의사를 밝히는 경우에는 해당 위원을 해임 또는 해촉할 수 있다.〈보험업법 시행령 제76조의2(협의회 위원의 해임 및 해촉)〉.

34　**보험업법상 손해보험계약의 제3자 보호에 관한 설명 중 옳은 것은? [기출 변형]**

① 손해보험회사는 「화재로 인한 재해보상과 보험가입에 관한 법률」 제5조에 따른 신체손해배상특약부화재보험계약의 제3자가 보험사고로 입은 손해에 대한 보험금의 지급을 보장할 의무를 지지 아니한다.
② 손해보험회사가 파산선고 등 「예금자보호법」 제2조 제8호의 사유로 손해보험계약의 제3자에게 보험금을 지급하지 못하게 된 경우에는 즉시 그 사실을 금융위원회에 보고하여야 한다.
③ 손해보험회사는 손해보험계약의 제3자에 대한 보험금의 지급을 보장하기 위하여 수입보험료 및 책임준비금을 고려하여 대통령령으로 정하는 비율을 곱한 금액을 손해보험협회에 출연(出捐)해야 한다.
④ 손해보험협회의 장은 금융감독원의 확인을 거쳐 손해보험계약의 제3자에게 대통령령으로 정하는 보험금을 지급하여야 한다.

TIP ③ 「보험업법」 제168조(출연) 제1항
① 이 장의 규정은 법령에 따라 가입이 강제되는 손해보험계약(자동차보험계약의 경우에는 법령에 따라 가입이 강제되지 아니하는 보험계약을 포함)으로서 대통령령으로 정하는 손해보험계약(「화재로 인한 재해보상과 보험가입에 관한 법률」 제5조에 따른 신체손해배상특약부화재보험계약 등)에만 적용한다. 다만, 대통령령으로 정하는 법인을 계약자로 하는 손해보험계약에는 적용하지 아니한다〈보험업법 제166조(적용범위), 보험업법 시행령 제80조(보장대상 손해보험계약의 범위) 제1항 제2호〉.
② 손해보험회사는 「예금자보호법」 제2조 제8호의 사유로 손해보험계약의 제3자에게 보험금을 지급하지 못하게 된 경우에는 즉시 그 사실을 보험협회 중 손해보험회사로 구성된 손해보험협회의 장에게 보고하여야 한다〈보험업법 제167조(지급불능의 보고) 제1항〉.
④ 손해보험협회의 장은 제167조에 따른 보고를 받으면 금융위원회의 확인을 거쳐 손해보험계약의 제3자에게 대통령령으로 정하는 보험금을 지급하여야 한다〈보험업법 제169조(보험금의 지급) 제1항〉.

35 **보험업법상 보험계리에 관한 설명 중 옳지 않은 것은?**

① 보험계리업자는 상호 중에 "보험계리"라는 글자를 사용하여야 하며 장부폐쇄일은 보험회사의 장부폐쇄일을 따라야 한다.

② 보험계리를 업으로 하려는 법인은 2명 이상의 상근 보험계리사를 두어야 한다.

③ 보험회사는 보험계리사를 고용하여 보험계리에 관한 업무를 담당하게 하여야 하며 보험계리를 업으로 하는 자에게 위탁할 수 없다.

④ 개인으로서 보험계리를 업으로 하려는 사람은 보험계리사의 자격이 있어야 한다.

TIP ③ 보험회사는 보험계리에 관한 업무(기초서류의 내용 및 배당금 계산 등의 정당성 여부를 확인하는 것을)를 보험계리사를 고용하여 담당하게 하거나, 보험계리를 업으로 하는 자(보험계리업자)에게 위탁하여야 한다〈보험업법 제181조(보험계리) 제1항〉.

①②④ 「보험업법」 제176조(보험요율 산출기관)

36 **보험업법상 손해사정사 또는 손해사정업자에 관한 설명 중 옳지 않은 것은?**

① 손해사정사 또는 손해사정업자의 업무에 손해액 및 보험금의 사정이 포함되나 보험약관 및 관계 법규 적용의 적정성 판단 업무는 포함되지 아니한다.

② 손해사정사 또는 손해사정업자는 자기와 이해관계를 가진 자의 보험사고에 대하여 손해사정을 할 수 없다.

③ 보험계약자 등이 선임한 손해사정사 또는 손해사정업자는 손해사정업무를 수행한 후 지체 없이 보험회사 및 보험계약자 등에 대하여 손해사정서를 내어 주고, 그 중요한 내용을 알려주어야 한다.

④ 손해사정사 또는 손해사정업자는 보험회사 및 보험계약자 등에 대하여 이미 제출받은 서류와 중복되는 서류나 손해사정과 관련이 없는 서류를 요청함으로써 손해사정을 지연하는 행위를 할 수 없다.

TIP ① 손해사정사 또는 손해사정업자의 업무는 손해 발생 사실의 확인, 보험약관 및 관계 법규 적용의 적정성 판단, 손해액 및 보험금의 사정, 위의 업무와 관련된 서류의 작성·제출의 대행, 위의 업무 수행과 관련된 보험회사에 대한 의견의 진술이다〈보험업법 제188조(손해사정사 등의 업무)〉.

② 「보험업법 시행령」 제99조(손해사정사 등의 의무)

③④ 「보험업법」 제189조(손해사정사의 의무 등)

ANSWER

33.③ 34.③ 35.③ 36.①

37 보험업법상 등록업무의 위탁에 관한 설명 중 옳지 않은 것은?

① 보험설계사 및 보험중개사에 관한 등록업무는 보험협회에게 위탁한다.
② 손해사정사 및 보험계리사에 관한 등록업무는 금융감독원장에게 위탁한다.
③ 보험계리를 업으로 하려는 자 및 손해사정을 업으로 하려는 자의 등록업무는 금융감독원장에게 위탁한다.
④ 보험설계사의 등록취소 또는 업무정지 통지에 관한 업무는 보험협회의 장에게 위탁한다.

TIP 업무의 위탁〈보험업법 제194조〉
㉠ 다음의 업무는 보험협회에 위탁한다.
• 보험설계사의 등록업무
• 보험대리점의 등록업무
㉡ 다음의 업무는 금융감독원장에게 위탁한다.
• 보험중개사의 등록업무
• 보험계리사의 등록업무
• 보험계리를 업으로 하려는 자의 등록업무
• 손해사정사의 등록업무
• 손해사정을 업으로 하려는 자의 등록업무
㉢ 금융위원회는 이 법에 따른 업무의 일부를 대통령령으로 정하는 바에 따라 금융감독원장에게 위탁할 수 있다.
㉣ 금융감독원장은 이 법에 따른 업무의 일부를 대통령령으로 정하는 바에 따라 보험협회의 장, 보험요율 산출기관의 장 또는 보험관계 단체의 장, 자격검정 등을 목적으로 설립된 기관에 위탁할 수 있다.

38 보험업법상 선임계리사에 관한 설명 중 옳은 것은 모두 몇 개인가?

㉠ 보험회사는 선임계리사가 그 업무를 원활하게 수행할 수 있도록 필요한 인력 및 시설을 지원하여야 한다.
㉡ 선임계리사가 되려는 사람은 보험계리사로서 10년 이상 등록되어야 하며 보험계리업무에 7년 이상 종사한 경력이 있어야 한다.
㉢ 최근 5년 이내에 금융위원회로부터 해임권고·직무정지 조치를 받은 사실이 있는 경우 선임계리사가 될 수 없다.
㉣ 선임계리사는 그 업무수행과 관련하여 보험회사의 이사회에 참석할 수 있다.
㉤ 선임계리사는 기초서류의 내용 및 보험계약에 따른 배당금의 계산 등이 정당한지 여부를 검증·확인하였을 때에는 그 의견서를 이사회와 감사 또는 감사위원회에 제출하여야 한다.

① 2개 ② 3개
③ 4개 ④ 5개

TIP ㉠「보험업법」제184조의3(선임계리사의 권한 및 독립성 보장 등) 제5항
㉢「보험업법」제184조의2(선임계리사의 자격 요건) 제1항 제3호
㉣「보험업법」제184조의3(선임계리사의 권한 및 독립성 보장 등) 제2항
㉤「보험업법」제184조의3(선임계리사의 권한 및 독립성 보장 등) 제3항
㉡ 제181조의2에 따라 선임계리사가 되려는 사람은 보험계리업무에 10년 이상 종사한 경력이 있을 것. 이 경우 손해보험회사의 선임계리사가 되려는 사람은 대통령령으로 정하는 보험계리업무에 3년 이상 종사한 경력을 포함하여 보험계리업무에 10년 이상 종사한 경력이 있어야 한다〈보험업법 제184조의2(선임계리사의 자격 요건) 제1항 제2호〉.

39　**보험업법상 인터넷 홈페이지 등을 이용하여 일반인에게 알려야 할 사항 및 알려야 할 주체에 관하여 올바르게 조합한 것은?**

① 등록된 보험중개사 – 보험협회
② 등록된 손해사정사 – 금융감독원장
③ 등록된 보험계리업자 – 보험협회
④ 등록된 보험대리점 – 금융감독원장

TIP 허가 등의 공고〈보험업법 제195조〉

① 금융위원회는 제4조 제1항에 따른 허가를 하거나 제74조 제1항 또는 제134조 제2항에 따라 허가를 취소한 경우에는 지체 없이 그 내용을 관보에 공고하고 인터넷 홈페이지 등을 이용하여 일반인에게 알려야 한다.
② 금융위원회는 다음 각 호의 사항을 인터넷 홈페이지 등을 이용하여 일반인에게 알려야 한다.
  1. 제4조에 따라 허가받은 보험회사
  2. 제12조에 따라 설치된 국내사무소
  3. 제125조에 따라 인가된 상호협정
③ 금융감독원장은 다음 각 호의 사항을 인터넷 홈페이지 등을 이용하여 일반인에게 알려야 한다.
  1. 제89조에 따라 등록된 보험중개사
  2. 제182조에 따라 등록된 보험계리사 및 제183조에 따라 등록된 보험계리업자
  3. 제186조에 따라 등록된 손해사정사 및 제187조에 따라 등록된 손해사정업자
④ 보험협회는 제87조에 따라 등록된 보험대리점을 인터넷 홈페이지 등을 이용하여 일반인에게 알려야 한다.

40　**보험업법상 보험계리사 · 선임계리사 · 보험계리업자 · 손해사정사 및 손해사정업자(이 문항에 한하여 '보험계리사 등'이라고 한다)에 관한 설명 중 옳은 것을 모두 고른 것은? [기출 변형]**

㉠ 「보험업법」에 따라 보험설계사는 업무정지 처분을 2회 이상 받은 경우 금융위원회는 그 등록을 취소하여야 한다. ㉡ 「보험업법」에 따라 보험계리사 등의 등록이 취소된 후 1년이 지나지 아니한 자는 보험계리사 등이 될 수 없다. ㉢ 「보험업법」에 따라 보험계리사 등의 등록취소 처분을 2회 이상 받은 경우 최종 등록취소 처분을 받은 날부터 2년이 지나지 아니한 자는 보험계리사 등이 될 수 없다. ㉣ 금융위원회는 보험계리사 등이 그 직무를 게을리 하거나 직무를 수행하면서 부적절한 행위를 하였다고 인정되는 경우에는 1년 이내의 기간을 정하여 업무의 정지를 명하거나 해임하게 할 수 있다.

① ㉠
② ㉠㉡
③ ㉠㉡㉢
④ ㉠㉡㉢㉣

TIP ㉠ 「보험업법」 제86조(등록의 취소 등) 제1항 제4호

㉡ 「보험업법」에 따라 보험설계사 · 보험대리점 또는 보험중개사의 등록이 취소된 후 2년이 지나지 아니한 자는 보험설계사가 되지 못한다〈보험업법 제84조(보험설계사의 등록) 제2항 제5호〉.
㉢ 「보험업법」에 따라 보험설계사 · 보험대리점 또는 보험중개사 등록취소 처분을 2회 이상 받은 경우 최종 등록취소 처분을 받은 날부터 3년이 지나지 아니한 자는 보험설계사가 되지 못한다〈보험업법 제84조(보험설계사의 등록) 제2항 제6호〉.
㉣ 금융위원회는 보험계리사 · 선임계리사 · 보험계리업자 · 손해사정사 또는 손해사정업자가 그 직무를 게을리하거나 직무를 수행하면서 부적절한 행위를 하였다고 인정되는 경우에는 6개월 이내의 기간을 정하여 업무의 정지를 명하거나 해임하게 할 수 있다〈보험업법 제192조(감독) 제1항〉.

ANSWER
37.① 38.③ 39.② 40.①

2019년 제42회 보험업법

1 **보험업법상 용어의 정의로 올바른 것을 모두 고른 것은?**

> ㉠ "동일차주"란 동일한 개인 또는 법인 및 이와 신용위험을 공유하는 자로서 대통령령이 정하는 자를 말한다.
> ㉡ "자회사"란 보험회사가 다른 회사(「민법」 또는 특별법에 따른 조합을 포함한다)의 의결권 있는 발행주식(출자지분을 포함한다) 총수의 100분의 30을 초과하여 소유하는 경우의 그 다른 회사를 말한다.
> ㉢ "보험업"이란 보험상품의 취급과 관련하여 발생하는 보험의 인수, 보험료 수수 및 보험금 지급 등을 영업으로 하는 것으로서 생명보험업 · 손해보험업 및 제3보험업을 말한다.
> ㉣ "보험회사"란 「보험업법」 제4조에 따른 허가를 받아 보험업을 경영하는 자를 말한다.
> ㉤ "외국보험회사"란 대한민국 이외의 국가의 법령에 따라 설립되어 대한민국 내에서 보험업을 경영하는 자를 말한다.

① ㉠㉡㉢ ② ㉠㉢㉣
③ ㉡㉢㉣ ④ ㉢㉣㉤

TIP ㉠ 「보험업법」 제2조(정의) 제16호
㉢ 「보험업법」 제2조(정의) 제2호
㉣ 「보험업법」 제2조(정의) 제6호
㉡ "자회사"란 보험회사가 다른 회사(「민법」 또는 특별법에 따른 조합을 포함한다)의 의결권 있는 발행주식(출자지분을 포함한다) 총수의 100분의 15를 초과하여 소유하는 경우의 그 다른 회사를 말한다〈보험업법 제2조(정의) 제18호〉.
㉤ "외국보험회사"란 대한민국 이외의 국가의 법령에 따라 설립되어 대한민국 이외의 국가에서 보험업을 경영하는 자를 말한다〈보험업법 제2조(정의) 제8호〉.

2 **보험회사는 보험업에 부수하는 업무를 하려면 그 업무를 하려는 날의 ( )까지 금융위원회에 신고하여야 한다. 괄호 안에 들어갈 것으로 알맞은 것은?**

① 5일 전 ② 6일 전
③ 7일 전 ④ 10일 전

TIP 보험회사는 보험업에 부수(附隨)하는 업무를 하려면 그 업무를 하려는 날의 7일 전까지 금융위원회에 신고하여야 한다. 다만, 제5항에 따라 공고된 다른 보험회사의 부수업무 제3항에 따라(제한명령 또는 시정명령을 받은 것 제외)와 같은 부수업무를 하려는 경우에는 신고를 하지 아니하고 그 부수업무를 할 수 있다〈보험업법 제11조의2(보험회사의 부수업무) 제1항〉.

3 **처음으로 보험업을 경영하려는 자가 금융위원회의 허가를 받기 위하여 제출하여야 하는 서류로 옳지 않은 것은?**

① 업무 시작 후 3년간의 사업계획서(추정재무제표를 포함)
② 경영하려는 보험업의 종목별 보험약관, 보험료 및 책임준비금의 산출방법서
③ 발기인회의 의사록(외국보험회사 제외)
④ 정관

TIP 허가신청서 등의 제출 … 제4조 제1항에 따라 허가를 받으려는 자는 신청서에 다음 각 호의 서류를 첨부하여 금융위원회에 제출하여야 한다. 다만, 보험회사가 취급하는 보험종목을 추가하려는 경우에는 제1호의 서류는 제출하지 아니할 수 있다 〈보험업법 제5조〉.

1. 정관
2. 업무 시작 후 3년간의 사업계획서(추정재무제표를 포함한다)
3. 경영하려는 보험업의 보험종목별 사업방법서, 보험약관, 보험료 및 해약환급금의 산출방법서(이하 "기초서류"라 한다) 중 대통령령으로 정하는 서류
4. 제1호부터 제3호까지의 규정에 따른 서류 이외에 대통령령으로 정하는 서류

4 **보험업법상 금융위원회는 「보험업법」 제5조에 따른 허가신청을 받았을 때는 (㉠)[「보험업법」 제7조에 따른 예비허가를 받았을 때는 (㉡)] 이내에 이를 심사하여 신청인에게 허가 여부를 통지하여야 한다. 괄호 안에 들어갈 것으로 알맞은 것은?**

	㉠	㉡		㉠	㉡
①	2개월	1개월	②	3개월	2개월
③	4개월	3개월	④	6개월	5개월

TIP 금융위원회는 「보험업법」 제5조에 따른 허가신청을 받았을 때에는 2개월(「보험업법」 제7조에 따라 예비허가를 받은 경우에는 1개월) 이내에 이를 심사하여 신청인에게 허가 여부를 통지해야 한다〈보험업법 시행령 제9조(허가신청) 제4항〉.

ANSWER
1.② 2.③ 3.② 4.①

5 보험업의 겸영제한에 대한 설명으로 옳지 않은 것은?

① 재보험은 손해보험의 영역에 속하나, 생명보험회사는 생명보험의 재보험을 겸영할 수 있다.
② 손해보험업의 보험종목(재보험과 보증보험 제외)의 일부만을 취급하는 보험회사는 퇴직보험계약이나 연금저축계약을 겸영할 수 없다.
③ 생명보험업의 보험종목의 일부를 취급하는 자는 퇴직보험계약이나 연금저축계약은 겸영할 수 없다.
④ 보험회사는 생명보험업과 손해보험업을 겸영하지 못하나, 대통령령에서 요구하는 요건을 갖추면 손해보험회사는 "질병을 원인으로 하는 사망을 제3보험의 특약형식으로 담보하는 보험"을 겸영할 수 있다.

TIP 보험업 겸영의 제한 … 보험회사는 생명보험업과 손해보험업을 겸영하지 못한다. 다만, 다음의 어느 하나에 해당하는 보험종목은 그러하지 아니하다〈보험업법 제10조〉.

1. 생명보험의 재보험 및 제3보험의 재보험
2. 다른 법령에 따라 겸영할 수 있는 보험종목으로서 대통령령으로 정하는 보험종목
3. 대통령령으로 정하는 기준에 따라 제3보험의 보험종목에 부가되는 보험

※ 겸영 가능 보험종목〈보험업법 제15조〉

① 법 제10조 제2호에서 "대통령령으로 정하는 보험종목"이란 다음 각 호의 보험을 말한다. 다만, 법 제4조 제1항 제2호에 따른 손해보험업의 보험종목(재보험과 보증보험은 제외한다. 이하 이 조에서 같다) 일부만을 취급하는 보험회사와 제3보험업만을 경영하는 보험회사는 겸영할 수 없다.
1. 「소득세법」 제20조의3 제1항 제2호 각 목 외의 부분에 따른 연금저축계좌를 설정하는 계약
2. 「근로자퇴직급여 보장법」 제29조 제2항에 따른 보험계약 및 법률 제10967호 근로자퇴직급여 보장법 전부개정법률 부칙 제2조 제1항 본문에 따른 퇴직보험계약

② 법 제10조 제3호에서 "대통령령으로 정하는 기준에 따라 제3보험의 보험종목에 부가되는 보험"이란 질병을 원인으로 하는 사망을 제3보험의 특약 형식으로 담보하는 보험으로서 다음 각 호의 요건을 충족하는 보험을 말한다.
1. 보험만기는 80세 이하일 것
2. 보험금액의 한도는 개인당 2억 원 이내일 것
3. 만기 시에 지급하는 환급금은 납입보험료 합계액의 범위 내일 것

6　**보험회사가 다른 금융업무 또는 부수업무(직전사업년도 매출액이 해당 보험회사 수입보험료의 1천분의 1 또는 10억 원 중 많은 금액에 해당하는 금액을 초과하는 업무만 해당)를 하는 경우에는 해당 업무에 속하는 자산 · 부채 및 수익 · 비용은 보험업과 구분하여 회계처리를 하여야 하는데, 그 대상을 모두 고른 것은?**

> ㉠ 「한국주택금융공사법」에 따른 채권유동화자산의 관리업무
> ㉡ 「자본시장과 금융투자업에 관한 법률」 제6조 제4항에 따른 집합투자업
> ㉢ 「자본시장과 금융투자업에 관한 법률」 제6조 제6항에 따른 투자자문업
> ㉣ 「자본시장과 금융투자업에 관한 법률」 제6조 제7항에 따른 투자일임업
> ㉤ 「자본시장과 금융투자업에 관한 법률」 제6조 제8항에 따른 신탁업
> ㉥ 「자본시장과 금융투자업에 관한 법률」 제9조 제21항에 따른 집합투자증권에 대한 투자매매업
> ㉦ 「자본시장과 금융투자업에 관한 법률」 제9조 제21항에 따른 집합투자증권에 대한 투자중개업
> ㉧ 「외국환거래법」 제3조 제16호에 따른 외국환업무

① ㉠㉢㉣㉤　　② ㉡㉣㉤㉥
③ ㉢㉥㉦㉧　　④ ㉣㉥㉦㉧

TIP 겸영업무 · 부수업무의 회계처리〈보험업법 시행령 제17조〉

① 법 제11조의3에 따라 보험회사가 제16조 제1항 제1호부터 제3호까지, 제2항 제2호부터 제4호까지의 업무 및 부수업무(직전 사업연도 매출액이 해당 보험회사 수입보험료의 1천분의 1 또는 10억 원 중 많은 금액에 해당하는 금액을 초과하는 업무만 해당한다)를 하는 경우에는 해당 업무에 속하는 자산 · 부채 및 수익 · 비용을 보험업과 구분하여 회계처리하여야 한다.

② 제1항에 따른 회계처리의 세부 기준 등 그 밖에 필요한 사항은 금융위원회가 정하여 고시한다.

※ 부수업무 등의 공고〈보험업법 시행령 제16조의2〉

① 금융위원회는 보험회사가 법 제11조의2제1항에 따라 보험업에 부수(附隨)하는 업무(이하 "부수업무"라 한다)를 신고한 경우에는 그 신고일부터 7일 이내에 다음 각 호의 사항을 인터넷 홈페이지 등에 공고하여야 한다.
1. 보험회사의 명칭
2. 부수업무의 신고일
3. 부수업무의 개시 예정일
4. 부수업무의 내용
5. 그 밖에 보험계약자의 보호를 위하여 공시가 필요하다고 인정되는 사항으로서 금융위원회가 정하여 고시하는 사항

② 금융위원회는 법 제11조의2 제3항에 따라 부수업무를 하는 것을 제한하거나 시정할 것을 명한 경우에는 그 내용과 사유를 인터넷 홈페이지 등에 공고해야 한다.

ANSWER

5.③ 6.①

7 보험회사인 주식회사(이하 "주식회사"라 한다)에 대한 설명으로 옳은 것은? [기출 변형]

① 주식회사가 자본감소를 결의한 경우에는 그 결의를 한 날로부터 3주 이내에 결의의 요지와 재무상태표를 공고하여야 한다.

② 주식회사가 주식금액 또는 주식 수의 감소에 따른 자본금의 실질적 감소를 결의한 때에는 그 결의를 한 날로부터 7일 이내에 금융위원회의 승인을 받아야 한다.

③ 주식회사의 자본감소 결의에 따른 공고에는 이전될 보험계약의 보험계약자로서 자본감소에 이의가 있는 자는 일정한 기간 동안 이의를 제출할 수 있다는 뜻을 덧붙여야 하며, 그 기간은 1개월 이상으로 하여야 한다.

④ 보험계약자나 보험금을 취득할 자는 주식회사가 파산한 경우 피보험자를 위하여 적립한 금액을 다른 법률에 특별한 규정이 있는 경우에 한하여 주식회사의 자산에서 우선 취득할 수 있다.

TIP ③ 「보험업법」 제141조(보험계약 이전 결의의 공고 및 통지와 이의 제기) 제2항

① 보험회사인 주식회사가 자본감소를 결의한 경우에는 그 결의를 한 날부터 2주 이내에 결의의 요지와 재무상태표를 공고하여야 한다〈보험업법 제18조(자본감소) 제1항〉.

② 자본감소를 결의할 때 대통령령으로 정하는 자본감소(= 주식 금액 또는 주식 수의 감소에 따른 자본금의 실질적 감소)를 하려면 미리 금융위원회의 승인을 받아야 한다〈보험업법 제18조(자본감소) 제2항〉.

④ 보험계약자나 보험금을 취득할 자는 피보험자를 위하여 적립한 금액을 다른 법률에 특별한 규정이 없으면 주식회사의 자산에서 우선하여 취득한다〈보험업법 제32조(보험계약자 등의 우선취득권) 제1항〉.

8 상호회사 사원의 권리와 의무에 대한 설명으로 옳은 것은?

① 상호회사의 사원은 회사의 채권자에 대하여 직접적인 의무를 부담한다.

② 상호회사의 사원은 자신이 회사에 부담하는 채무와 회사가 자신에게 부담하는 채무가 상호 변제기에 있는 때에는 상계를 통하여 회사에 대한 채무를 면할 수 있다.

③ 생명보험 및 제3보험을 목적으로 하는 상호회사의 사원은 회사의 승낙을 받아 타인으로 하여금 그 권리와 의무를 승계하게 할 수 있다.

④ 상호회사는 보험계약자인 사원의 보호를 위하여 정관으로도 보험금 삭감에 관한 사항을 정할 수 없다.

TIP ③ 「보험업법」 제50조(생명보험계약 등의 승계)

① 상호회사의 사원은 회사의 채권자에 대하여 직접적인 의무를 지지 아니한다〈보험업법 제46조(간접책임)〉.

② 상호회사의 사원은 보험료의 납입에 관하여 상계로써 회사에 대항하지 못한다〈보험업법 제48조(상계의 금지)〉.

④ 상호회사는 정관으로 보험금액의 삭감에 관한 사항을 정하여야 한다〈보험업법 제49조(보험금액의 삭감)〉.

9 보험회사인 주식회사(이하 "주식회사"라 한다)의 조직 변경에 대한 설명으로 옳은 것은 몇 개인가?

㉠ 주식회사가 「보험업법」 제22조(조직 변경의 결의의 공고와 통지) 제1항에 따른 공고를 한 날 이후에 보험계약을 체결하려면 보험계약자가 될 자에게 조직 변경 절차가 진행 중임을 알리고 그 승낙을 받아야 하며, 승낙을 한 자는 승낙을 한 때로부터 보험계약자가 된다.
㉡ 주식회사에서 상호회사로의 조직 변경에 따른 기금 총액은 300억 원 미만으로 하거나 설정하지 아니할 수는 있으나, 손실보전을 충당하기 위하여 금융위원회가 필요하다고 인정하는 금액을 준비금으로 적립하여야 한다.
㉢ 주식회사의 상호회사로의 조직 변경을 위한 주주총회의 결의는 주주의 과반수 출석과 그 의결권의 4분의 3의 동의를 얻어야 한다.
㉣ 주식회사가 조직 변경을 결의한 경우 그 결의를 한 날부터 2주 이내에 결의의 요지와 재무상태표를 공고하고 주주명부에 적힌 질권자(質權者)에게는 개별적으로 알려야 한다.
㉤ 주식회사의 보험계약자는 상호회사로의 조직 변경에 따라 해당 상호회사의 사원이 된다.

① 1개 ② 2개
③ 3개 ④ 4개

TIP
㉡ 「보험업법」 제20조(조직 변경)
㉣ 「보험업법」 제22조(조직 변경 결의의 공고와 통지)
㉤ 「보험업법」 제30조(조직 변경에 따른 입사)
㉠ 주식회사는 제22조 제1항에 따른 공고를 한 날 이후에 보험계약을 체결하려면 보험계약자가 될 자에게 조직 변경 절차가 진행 중임을 알리고 그 승낙을 받아야 하며, 승낙을 한 보험계약자는 조직 변경 절차를 진행하는 중에는 보험계약자가 아닌 자로 본다〈보험업법 제23조(조직 변경 결의 공고 후의 보험계약)〉.
㉢ 주식회사의 조직 변경은 주주총회의 결의를 거쳐야 한다. 결의는 「상법」 제434조에 따라 출석한 주주의 의결권의 3분의 2 이상의 수와 발행주식총수의 3분의 1 이상의 수로써 하여야 한다〈보험업법 제21조(조직 변경 결의)〉.

ANSWER
7.③ 8.③ 9.③

10 전문보험계약자 중 "대통령령으로 정하는 자"가 일반보험계약자와 같은 대우를 받겠다는 의사를 보험회사에 서면으로 통지하는 경우 보험회사는 정당한 사유가 없으면 이에 동의하여야 하며, 보험회사가 동의하면 일반보험계약자로 보게 된다. 다음 중 "대통령령으로 정하는 자"를 모두 고른 것은?

㉠ 지방자치단체
㉡ 주권상장법인
㉢ 한국산업은행
㉣ 한국수출입은행
㉤ 외국금융기관
㉥ 외국 정부
㉦ 해외 증권시장에 상장된 주권을 발행한 국내법인

① ㉠㉡㉤㉦
② ㉠㉢㉣㉥
③ ㉡㉢㉣㉦
④ ㉢㉣㉤㉥

TIP 전문보험계약자의 범위 등〈보험업법 시행령 제6조의2〉

① 법 제2조 제19호 각 목 외의 부분 단서에서 "대통령령으로 정하는 자"란 다음 각 호의 자를 말한다.
1. 지방자치단체
2. 주권상장법인
3. 제2항 제15호에 해당하는 자
4. 제3항 제15호, 제16호 및 제18호에 해당하는 자

② 법 제2조 제19호 다목에서 "대통령령으로 정하는 금융기관"이란 다음 각 호의 금융기관을 말한다.
1. 보험회사
2. 「금융지주회사법」에 따른 금융지주회사
3. 「농업협동조합법」에 따른 농업협동조합중앙회
4. 「산림조합법」에 따른 산림조합중앙회
5. 「상호저축은행법」에 따른 상호저축은행 및 그 중앙회
6. 「새마을금고법」에 따른 새마을금고연합회
7. 「수산업협동조합법」에 따른 수산업협동조합중앙회
8. 「신용협동조합법」에 따른 신용협동조합중앙회
9. 「여신전문금융업법」에 따른 여신전문금융회사
10. 「은행법」에 따른 은행
11. 「자본시장과 금융투자업에 관한 법률」에 따른 금융투자업자(같은 법 제22조에 따른 겸영금융투자업자는 제외한다), 증권금융회사, 종합금융회사 및 자금중개회사
12. 「중소기업은행법」에 따른 중소기업은행
13. 「한국산업은행법」에 따른 한국산업은행
14. 「한국수출입은행법」에 따른 한국수출입은행
15. 제1호부터 제14호까지의 기관에 준하는 외국금융기관

③ 법 제2조 제19호 마목에서 "대통령령으로 정하는 자"란 다음 각 호의 자를 말한다.
1. 지방자치단체
2. 법 제83조에 따라 모집을 할 수 있는 자
3. 법 제175조에 따른 보험협회(이하 "보험협회"라 한다), 법 제176조에 따른 보험요율 산출기관(이하 "보험요율 산출기관"이라 한다) 및 법 제178조에 따른 보험 관계 단체
4. 「한국자산관리공사 설립 등에 관한 법률」에 따른 한국자산관리공사
5. 「금융위원회의 설치 등에 관한 법률」에 따른 금융감독원(이하 "금융감독원"이라 한다)
6. 「예금자보호법」에 따른 예금보험공사 및 정리금융회사
7. 「자본시장과 금융투자업에 관한 법률」에 따른 한국예탁결제원 및 같은 법 제373조의2에 따라 허가를 받은 거래소(이하 "거래소"라 한다)
8. 「자본시장과 금융투자업에 관한 법률」에 따른 집합투자기구. 다만, 금융위원회가 정하여 고시하는 집합투자기구는 제외한다.

9. 「한국주택금융공사법」에 따른 한국주택금융공사
10. 「한국투자공사법」에 따른 한국투자공사
11. 삭제 〈2014. 12. 30.〉
12. 「기술보증기금법」에 따른 기술보증기금
13. 「신용보증기금법」에 따른 신용보증기금
14. 법률에 따라 공제사업을 하는 법인
15. 법률에 따라 설립된 기금(제12호와 제13호에 따른 기금은 제외한다) 및 그 기금을 관리·운용하는 법인
16. 해외 증권시장에 상장된 주권을 발행한 국내법인
17. 다음 각 목의 어느 하나에 해당하는 외국인
가. 외국 정부
나. 조약에 따라 설립된 국제기구
다. 외국 중앙은행
라. 제1호부터 제15호까지 및 제18호의 자에 준하는 외국인
18. 그 밖에 보험계약에 관한 전문성, 자산규모 등에 비추어 보험계약의 내용을 이해하고 이행할 능력이 있는 자로서 금융위원회가 정하여 고시하는 자

11 외국보험회사의 국내지점에 대한 설명으로 옳지 않은 것은?

① 외국보험회사의 국내지점을 대표하는 사원은 회사의 영업에 관하여 재판상 또는 재판 외의 모든 행위를 할 권한이 있으며, 이 권한에 대한 제한은 선의의 제3자에게 대항하지 못한다.
② 외국보험회사의 국내지점은 대한민국에서 체결한 보험계약에 관하여 「보험업법」에 따라 적립한 책임준비금 및 비상위험준비금에 상당하는 자산을 대한민국에서 보유하여야 한다.
③ 외국보험회사의 국내지점이 보험업을 폐업하거나 해산한 경우 또는 국내에 보험업을 폐업하거나 그 허가가 취소된 경우에는 청산업무를 진행할 청산인을 선임하여 금융위원회에 신고하여야 한다.
④ 외국보험회사의 국내지점의 설치가 불법이거나 설치등기 후 정당한 사유 없이 1년 내에 영업을 개시하지 아니하는 등의 경우에는 법원은 이해관계인 또는 검사의 청구에 의하여 그 영업소의 폐쇄를 명할 수 있다.

TIP ③ 제4조에 따라 허가를 받은 외국보험회사의 본점이 보험업을 폐업하거나 해산한 경우 또는 대한민국에서의 보험업을 폐업하거나 그 허가가 취소된 경우에는 금융위원회가 필요하다고 인정하면 잔무(殘務)를 처리할 자를 선임하거나 해임할 수 있다〈보험업법 제77조(잔무처리자) 제1항〉.
① 「보험업법」 제76조(국내 대표자), 「상법」 제209조(대표사원의 권한)
② 「보험업법」 제75조(국내자산 보유의무) 제1항
④ 「보험업법」 제79조(「상법」의 준용), 「상법」 제619조(영업소폐쇄명령) 및 제620조(한국에 있는 재산의 청산)

ANSWER
10.① 11.③

12 금융기관보험대리점 등에게 금지되어 있는 행위를 모두 고른 것은?

> ㉠ 모집에 종사하는 자 외에 소속 임직원으로 하여금 보험상품의 구입에 대한 상담 또는 소개를 하게 하거나 상담 또는 소개의 대가를 지급하는 행위
> ㉡ 대출 등을 받는 자의 동의를 미리 받지 아니하고 보험료를 대출 등의 거래에 포함시키는 행위
> ㉢ 해당 금융기관의 임직원(「보험업법」 제83조에 따라 모집할 수 있는 자는 제외)에게 모집을 하도록 하거나 이를 용인하는 행위
> ㉣ 해당 금융기관의 점포 내에서 모집을 하는 행위
> ㉤ 모집과 관련이 없는 금융거래를 통하여 취득한 개인정보를 미리 그 개인의 동의를 받고 모집에 이용하는 행위

① ㉠㉡㉣　　② ㉡㉢㉤
③ ㉠㉡㉢　　④ ㉢㉣㉤

TIP 금융기관보험대리점 등의 금지행위 등 … 금융기관보험대리점 등은 모집을 할 때 다음 각 호의 어느 하나에 해당하는 행위를 하여서는 아니 된다〈보험업법 제100조 제1항〉

1. 삭제 〈2020. 3. 24.〉
2. 대출 등 해당 금융기관이 제공하는 용역(이하 이 조에서 "대출 등"이라 한다)을 받는 자의 동의를 미리 받지 아니하고 보험료를 대출 등의 거래에 포함시키는 행위
3. 해당 금융기관의 임직원(제83조에 따라 모집할 수 있는 자는 제외한다)에게 모집을 하도록 하거나 이를 용인하는 행위
4. 해당 금융기관의 점포 외의 장소에서 모집을 하는 행위
5. 모집과 관련이 없는 금융거래를 통하여 취득한 개인정보를 미리 그 개인의 동의를 받지 아니하고 모집에 이용하는 행위
6. 그 밖에 제2호부터 제5호까지의 행위와 비슷한 행위로서 대통령령으로 정하는 행위

13 보험의 모집에 관한 설명으로 옳지 않은 것은?

① 보험설계사는 원칙적으로 자기가 소속된 보험회사 등 이외의 자를 위하여 모집을 하지 못한다.
② 「보험업법」은 모집에 종사하는 자를 일정한 자로 제한하고 있다.
③ 보험업법상 모집이란 보험계약의 체결을 중개하거나 대리하는 것을 말한다.
④ 보험회사의 사외이사는 회사를 위해 보험계약을 모집할 수 있다.

TIP ④ 모집을 할 수 있는 자는 보험설계사, 보험대리점, 보험중개사, 보험회사의 임원(대표이사 · 사외이사 · 감사 및 감사위원은 제외한다. 이하 이 장에서 같다) 또는 직원 중 어느 하나에 해당하는 자이어야 한다〈보험업법 제83조(모집할 수 있는 자) 제1항〉.

①② 「보험업법」 제85조(보험설계사에 의한 모집의 제한)
③ 「보험업법」 제2조(정의) 제12호

14 보험업법상 자기자본을 산출할 때 빼야 할 항목에 해당하는 것은?

① 영업권 ② 납입자본금
③ 자본잉여금 ④ 이익잉여금

TIP 자기자본의 범위 … 법 제2조 제15호에 따른 자기자본을 산출할 때 합산하여야 할 항목 및 빼야 할 항목은 다음 각 호의 기준에 따라 금융위원회가 정하여 고시한다〈보험업법 시행령 제4조〉.

1. 합산하여야 할 항목 : 납입자본금, 자본잉여금 및 이익잉여금 등 보험회사의 자본 충실에 기여하거나 영업활동에서 발생하는 손실을 보전(補塡)할 수 있는 것
2. 빼야 할 항목 : 영업권 등 실질적으로 자본 충실에 기여하지 아니하는 것

15 보험대리점에 관한 설명으로 옳지 않은 것은?

① 보험대리점은 개인보험대리점과 법인보험대리점으로 구분할 수 있고, 업무범위와 관련하여 생명보험대리점 · 손해보험대리점 · 제3보험대리점으로 구분한다.
② 보험대리점이 되려는 자는 대통령령에 따라 금융위원회에 등록하여야 한다.
③ 다른 보험회사의 임 · 직원은 보험대리점으로 등록할 수 없다.
④ 보험대리점이 자기계약의 금지규정을 위반한 경우에는 등록을 취소할 수 있다.

TIP 보험대리점의 등록취소 등 … 금융위원회는 보험대리점이 다음의 어느 하나에 해당하는 경우에는 그 등록을 취소하여야 한다〈보험업법 제88조 제1항〉.

1. 보험대리점이 되지 못하는 어느 하나에 해당하게 된 경우
2. 등록 당시 보험대리점이 되지 못하는 어느 하나에 해당하는 자이었음이 밝혀진 경우
3. 거짓이나 그 밖에 부정한 방법으로 등록을 한 경우
4. 법인보험대리점의 업무범위 등을 위반한 경우
5. 자기계약의 금지를 위반한 경우

16 보험중개사에 관한 설명으로 옳은 것은? [기출 변형]

① 보험중개사란 보험회사 등에 소속되어 보험계약의 체결을 중개하는 자이다.
② 보험대리점으로 등록된 자가 보험중개사가 되려는 경우에는 개인과 법인을 구분하여 대통령령으로 정하는 바에 따라 금융위원회에 등록하여야 한다.
③ 생명보험중개사는 연금보험, 퇴직보험 등을 취급할 수 없다.
④ 보험중개사는 보험계약 체결 중개와 관련하여 보험계약자에게 입힌 손해 배상을 보장하기 위하여 금융위원회가 지정하는 기관에 영업보증금을 예탁할 수 있다.

TIP ④ 「보험업법」 제89조(보험중개사의 등록) 제3항

① "보험중개사"란 독립적으로 보험계약의 체결을 중개하는 자(법인이 아닌 사단과 재단을 포함한다)로서 등록된 자를 말한다〈보험업법 제2조(정의) 제11호〉.
② 보험설계사 또는 보험대리점으로 등록된 자는 보험중개사가 되지 못한다〈보험업법 제89조(보험중개사의 등록) 제2항〉.
③ 연금저축계약, 퇴직보험계약은 겸영 가능 보험종목이다〈보험업법 시행령 제15조(겸영 가능 보험종목)〉.

ANSWER

12.③ 13.④ 14.① 15.④ 16.④

17 다음 보험회사의 일반계정에 속하는 자산과 특별계정에 속하는 자산을 운용할 때 초과할 수 없는 비율로 빈칸에 들어가는 것으로 옳은 것은?

> 동일한 개인 또는 법인에 대한 신용공여
> ㉠ 일반계정 : 총자산의 (㉠)
> ㉡ 특별계정 : 각 특별계정 자산의 (㉡)

	㉠	㉡
①	100분의 12	100분의 15
②	100분의 7	100분의 10
③	100분의 3	100분의 5
④	100분의 40	100분의 2

TIP 자산운용의 방법 및 비율 … 보험회사는 일반계정(제108조 제1항 제1호 및 제4호의 특별계정을 포함한다. 이하 이 조에서 같다)에 속하는 자산과 제108조 제1항 제2호에 따른 특별계정(이하 이 조에서 특별계정이라 한다)에 속하는 자산을 운용할 때 다음 각 호의 비율을 초과할 수 없다〈보험업법 제106조 제1항 제1호〉.

1. 동일한 개인 또는 법인에 대한 신용공여
   가. 일반계정 : 총자산의 100분의 3
   나. 특별계정 : 각 특별계정 자산의 100분의 5

18 보험안내자료에 필수적으로 기재하여야 할 사항을 모두 고른 것은?

> ㉠ 보험약관으로 정하는 보장에 관한 사항
> ㉡ 해약환급금에 관한 사항
> ㉢ 보험금 지급확대 조건에 관한 사항
> ㉣ 보험가입에 따른 권리 · 의무에 관한 주요 사항
> ㉤ 보험계약자에게 유리한 사항
> ㉥ 「예금자보호법」에 따른 예금자보호와 관련한 사항

① ㉠㉡㉣㉥
② ㉠㉡㉢
③ ㉡㉤
④ ㉣㉤㉥

TIP 보험안내자료 … 모집을 위하여 사용하는 보험안내자료에는 다음의 사항을 명백하고 알기 쉽게 적어야 한다〈보험업법 제95조 제1항〉.

1. 보험회사의 상호나 명칭 또는 보험설계사 · 보험대리점 또는 보험중개사의 이름 · 상호나 명칭
2. 보험가입에 따른 권리 · 의무에 관한 주요 사항
3. 보험약관으로 정하는 보장에 관한 사항

3의2. 보험금 지급제한 조건에 관한 사항

4. 해약환급금에 관한 사항
5. 「예금자보호법」에 따른 예금자보호와 관련된 사항
6. 그 밖에 보험계약자를 보호하기 위하여 대통령령으로 정하는 사항

19 **보험업법상 설명 의무에 관한 내용으로 옳지 않은 것은?**

① 보험회사는 일반보험계약자에게 보험계약의 중요한 사항을 항목별로 설명하여야 한다.
② 보험회사는 일반보험계약자가 보험금 지급을 요청한 경우에는 대통령령으로 정하는 바에 따라 보험금의 지급절차 및 지급내역 등을 설명하여야 한다.
③ 보험금을 감액하여 지급하거나 지급하지 아니하는 경우에는 특별한 사유가 없는 한 그 사유를 설명할 필요가 없다.
④ 보험금 심사·지급 단계의 경우 일반보험계약자가 계약 체결 전에 또는 보험금 청구권자가 보험금 청구 단계에서 동의한 경우에 한정하여 서면, 문자메시지, 전자우편 등으로 중요 사항을 통보하는 것으로 이를 대신할 수 있다.

TIP ③ 보험회사는 일반보험계약자가 보험금 지급을 요청한 경우에는 대통령령으로 정하는 바에 따라 보험금의 지급절차 및 지급내역 등을 설명하여야 하며, 보험금을 감액하여 지급하거나 지급하지 아니하는 경우에는 그 사유를 설명하여야 한다〈보험업법 제95조의2(설명 의무 등) 제4항〉.
①④ 「보험업법 시행령」 제42조의2(설명의무의 중요 사항 등) 제3항
② 「보험업법」 제95조의2(설명의무 등) 제3항

20 **금융지주회사주식 전환형 조건부자본증권의 발행절차에 따른 설명으로 옳지 않은 것은?**

① 주권비상장보험회사는 금융지주회사주식 전환형 조건부자본증권을 발행하는 경우 「주식·사채 등의 전자등록에 관한 법률」 제2조 제2호에 따른 전자등록의 방법으로 발행하여야 한다.
② 상장금융지주회사의 경우 이사회의 의결과 주주총회의 결의의 절차를 거쳐야 한다.
③ 주권비상장보험회사의 경우 주주총회의 결의를 거쳐야 한다.
④ 주권비상장보험회사는 주권비상장보험회사가 금융지주회사주식 전환형 조건부자본증권을 발행한 경우 납입이 완료된 날부터 2주일 이내에 각각의 본점 소재지에서 대통령령으로 정하는 사항을 등기하여야 한다.

TIP ③ 주권비상장보험회사의 경우 이사회의 의결을 거쳐야 한다〈「보험업법」 제114조의4(금융지주회사주식 전환형 조건부자본증권의 발행절차 등) 제1항 제1호〉.
①②④ 「보험업법」 제114조의4(금융지주회사주식 전환형 조건부자본증권의 발행절차 등)

ANSWER
17.③ 18.① 19.③ 20.③

21　모집 관련 준수사항에 대해서 옳지 않은 것은?

① 보험계약자의 이해를 돕기 위해서 금융위원회가 필요하다고 인정하는 경우를 제외하고 보험안내자료에는 보험회사의 장래의 이익 배당 또는 잉여금 분배에 대한 예상에 관한 사항을 적지 못한다.
② 보험회사는 보험계약을 청약한 자가 청약의 내용을 확인 · 정정 요청하거나 청약을 철회하고자 하는 경우 통신수단을 이용할 수 있도록 하여야 한다.
③ 보험계약의 체결에 종사하는 자 기초서류에서 정한 사유에 근거하지 아니한 보험료의 할인 또는 수수료의 지급을 약속하여서는 안된다.
④ 금융기관보험대리점은 보험계약을 중개하는 조건으로 보험회사에 대하여 해당 금융기관을 계약자로 하는 보험계약의 할인을 요구하거나 그 금융기관에 대한 신용공여, 자금지원 및 보험료 등의 예탁을 요구하여야 한다.

TIP ④ 금융기관보험대리점 등이나 금융기관보험대리점 등이 되려는 자는 보험계약 체결을 대리하거나 중개하는 조건으로 보험회사에 대하여 해당 금융기관을 계약자로 하는 보험계약의 할인을 요구하거나 그 금융기관에 대한 신용공여, 자금지원 및 보험료 등의 예탁을 요구하는 행위를 하여서는 아니 된다〈보험업법 제100조(금융기관보험대리점등의 금지행위 등) 제3항 제1호〉.
① 「보험업법」 제95조(보험안내자료) 제3항
② 「보험업법」 제96조(통신수단을 이용한 모집 · 철회 및 해지 등 관련 준수사항) 제2항 제1호
③ 「보험업법」 제98조(특별이익의 제공 금지) 제2호

22　수수료 지급 등의 금지에 관한 설명으로 옳지 않은 것은?

① 보험회사는 모집할 수 있는 자 이외의 자에게 모집을 위탁하거나 모집에 관하여 수수료, 보수, 그 밖의 대가를 지급하지 못한다.
② 보험계약 체결의 중개와는 별도로 보험계약자에게 특별히 제공한 서비스에 일정 금액으로 표시되는 보수를 지급할 것을 미리 보험계약자와 합의한 서면약정서에 의하여 청구하는 경우 보수를 청구할 수 있다.
③ 보험중개사는 대통령령으로 정하는 경우 이외에는 보험계약체결의 중개와 관련한 수수료나 그 밖의 대가를 보험계약자에게 청구할 수 없다.
④ 기초서류에서 정하는 방법에 따른 경우 수수료, 보수, 그 밖의 대가를 지급하지 못한다.

TIP ④ 보험회사는 제83조에 따라 모집할 수 있는 자 이외의 자에게 모집을 위탁하거나 모집에 관하여 수수료, 보수, 그 밖의 대가를 지급하지 못한다. 다만, 기초서류에서 정하는 방법에 따른 경우에는 그러하지 아니하다〈보험업법 제99조(수수료 지급 등의 금지) 제1항 제1호〉.
① 「보험업법」 제99조(수수료 지급 등의 금지) 제1항
② 「보험업법 시행령」 제47조(수수료 지급 등의 금지 예외) 제1항
③ 「보험업법」 제99조(수수료 지급 등의 금지) 제3항

23 중복보험계약 체결 확인 의무에 관한 설명으로 옳지 않은 것은?

① 중복보험의 확인주체는 보험회사 또는 보험의 모집에 종사하는 자이다.
② 중복확인의무는 실제 부담한 의료비만 지급하는 제3보험상품계약과 실제 부담한 손해액만을 지급하는 것으로서 금융감독원장이 정하는 보험상품계약을 모집하고자 하는 경우에 발생한다.
③ 중복확인 대상계약에는 여행 중 발생한 위험을 보장하는 보험계약으로서 특정 단체가 그 단체의 구성원을 위하여 일괄 체결하는 보험계약이 포함된다.
④ 중복확인은 보험계약자가 되려는 자의 동의를 얻어 모집하고자 하는 보험계약과 동일한 위험을 보장하는 보험계약을 체결하고 있는지를 확인하여야 한다.

TIP ③ 법 제95조의5 제1항에서 "대통령령으로 정하는 보험계약"이란 실제 부담한 의료비만 지급하는 제3보험상품계약(이하 "실손의료보험계약"이라 한다)과 실제 부담한 손해액만을 지급하는 것으로서 금융감독원장이 정하는 보험상품계약(이하 "기타손해보험계약"이라 한다)을 말한다. 다만, 여행 중 발생한 위험을 보장하는 보험계약으로서 다음 각 목의 어느 하나에 해당하는 보험계약, 「관광진흥법」 제4조에 따라 등록한 여행업자가 여행자를 위하여 일괄 체결하는 보험계약, 특정 단체가 그 단체의 구성원을 위하여 일괄 체결하는 보험계약은 제외한다〈보험업법 제42조의5(중복계약 체결 확인 의무) 제1항〉.
①④ 「보험업법」 제95조의5(중복계약체결 확인 의무)
② 「보험업법 시행령」 제42조의5(중복계약 체결 확인 의무) 제1항

24 보험업법상 자산운용의 원칙으로 옳지 않은 것은?

① 보험회사는 그 자산을 운용할 때 안정성 · 유동성 · 수익성 및 공익성이 확보되도록 하고 선량한 관리자의 주의로써 그 자산을 운용하여야 한다.
② 보험회사는 대통령령으로 정하는 업무용 부동산이 아닌 부동산(저당권 등 담보권의 실행으로 취득하는 부동산은 제외한다)의 소유의 자산으로 운용을 하여야 한다.
③ 특별계정의 자산으로서 자산운용의 손실이 일반계정에 영향을 미치는 자산 중 대통령령으로 정하는 자산의 경우에는 일반계정에 포함하여 자산운용비율을 적용한다.
④ 연금저축계좌를 설정하는 계약에 대하여는 대통령령으로 정하는 바에 따라 그 준비금에 상당하는 자산의 전부 또는 일부를 그 밖의 자산과 구별하여 이용하기 위한 특별계정을 각각 설정하여 운용할 수 있다.

TIP ② 보험회사는 대통령령으로 정하는 업무용 부동산이 아닌 부동산(저당권 등 담보권의 실행으로 취득하는 부동산은 제외한다)의 소유로 자산을 운용하여서는 아니 된다〈보험업법 제105조(금지 또는 제한되는 자산운용) 제1호〉.
① 「보험업법」 제104조(자산운용의 원칙)
③ 「보험업법」 제106조(자산운용의 방법 및 비율) 제1항
④ 「보험업법」 제108조(특별계정의 설정 · 운용) 제1항

ANSWER
21.④ 22.④ 23.③ 24.②

25 보험업법상 보험계약의 체결 또는 모집과 관련하여 금지되는 행위에 해당하는 것을 모두 고른 것은?

> ㉠ 기본보험계약을 부당하게 소멸시키고 새로운 보험계약을 청약하게 하였다.
> ㉡ 피보험자의 자필서명이 필요한 경우에 피보험자로부터 자필서명을 받지 아니하고 다른 사람이 서명을 하였다.
> ㉢ 보험중개사는 실제 명의인이 아닌 보험계약을 모집하였다.
> ㉣ 보험설계사는 보험계약자에게 중요한 사항을 고지하도록 설명하였다.
> ㉤ 보험회사는 정당한 이유를 들어 장애인의 보험가입을 거부하였다.

① ㉠㉡㉢ ② ㉡㉢㉣
③ ㉠㉢㉣ ④ ㉡㉣㉤

TIP 보험계약의 체결 또는 모집에 관한 금지행위 … 보험계약의 체결 또는 모집에 종사하는 자는 그 체결 또는 모집에 관하여 다음 각 호의 어느 하나에 해당하는 행위를 하여서는 아니 된다〈보험업법 제97조 제1항〉.

1. 삭제 〈2020. 3. 24.〉
2. 삭제 〈2020. 3. 24.〉
3. 삭제 〈2020. 3. 24.〉
4. 삭제 〈2020. 3. 24.〉
5. 보험계약자 또는 피보험자로 하여금 이미 성립된 보험계약(이하 이 조에서 "기존보험계약"이라 한다)을 부당하게 소멸시킴으로써 새로운 보험계약(대통령령으로 정하는 바에 따라 기존보험계약과 보장 내용 등이 비슷한 경우만 해당한다. 이하 이 조에서 같다)을 청약하게 하거나 새로운 보험계약을 청약하게 함으로써 기존보험계약을 부당하게 소멸시키거나 그 밖에 부당하게 보험계약을 청약하게 하거나 이러한 것을 권유하는 행위
6. 실제 명의인이 아닌 자의 보험계약을 모집하거나 실제 명의인의 동의가 없는 보험계약을 모집하는 행위
7. 보험계약자 또는 피보험자의 자필서명이 필요한 경우에 보험계약자 또는 피보험자로부터 자필서명을 받지 아니하고 서명을 대신하거나 다른 사람으로 하여금 서명하게 하는 행위
8. 다른 모집 종사자의 명의를 이용하여 보험계약을 모집하는 행위
9. 보험계약자 또는 피보험자와의 금전대차의 관계를 이용하여 보험계약자 또는 피보험자로 하여금 보험계약을 청약하게 하거나 이러한 것을 요구하는 행위
10. 정당한 이유 없이 「장애인차별금지 및 권리구제 등에 관한 법률」 제2조에 따른 장애인의 보험가입을 거부하는 행위
11. 보험계약의 청약철회 또는 계약 해지를 방해하는 행위

26 보험회사가 정관변경을 금융위원회에 보고하는 기한으로 옳은 것은?

① 이사회가 정관변경을 위한 주주총회 개최를 결의한 날부터 2주 이내
② 대표이사가 정관변경을 위한 주주총회 소집을 통지한 날부터 2주 이내
③ 주주총회(종류주주총회 포함)에서 정관변경의 결의가 있은 날부터 7일 이내
④ 보험회사 본점소재지 등기소에 변경정관을 등기한 날부터 7일 이내

TIP 「보험업법」 제126조(정관변경의 보고)

27 금융위원회의 승인을 받아 보험회사가 자회사를 소유할 수 있는 경우를 모두 고른 것은?

> ㉠ 「금융산업의 구조개선에 관한 법률」 제2조 제1호에 따른 금융기관이 경영하는 금융업
> ㉡ 「신용정보의 이용 및 보호에 관한 법률」에 따른 신용정보업
> ㉢ 보험계약의 유지 · 해지 · 변경 또는 부활 등을 관리하는 업무
> ㉣ 손해사정업무
> ㉤ 보험대리업무

① ㉠㉡㉢ ② ㉢㉣
③ ㉢㉣㉤ ④ ㉠㉡㉢㉣㉤

TIP 자회사의 소유 … 보험회사는 다음의 어느 하나에 해당하는 업무를 주로 하는 회사를 금융위원회의 승인을 받아 자회사로 소유할 수 있다. 다만, 그 주식의 소유에 대하여 금융위원회로부터 승인 등을 받은 경우 또는 금융기관의 설립근거가 되는 법률에 따라 금융위원회로부터 그 주식의 소유에 관한 사항을 요건으로 설립 허가 · 인가 등을 받은 경우에는 승인을 받은 것으로 본다〈보험업법 제115조 제1항〉.

1. 「금융산업의 구조개선에 관한 법률」에 따른 금융기관이 경영하는 금융업
2. 「신용정보의 이용 및 보호에 관한 법률」에 따른 신용정보업 및 채권추심업
3. 보험계약의 유지 · 해지 · 변경 또는 부활 등을 관리하는 업무
4. 그 밖에 보험업의 건전성을 저해하지 아니하는 업무로서 대통령령으로 정하는 업무

28 보험회사가 보험금 지급능력과 경영건전성을 확보하기 위하여 지켜야 할 재무건전성 기준이 아닌 것은?

① 지급여력비율 100분의 100 이상 유지
② 대출채권 등 보유자산의 건전성을 정기적으로 분류하고 대손충당금을 적립
③ 보험회사의 위험, 유동성 및 재보험의 관리에 관하여 금융위원회가 정하여 고시하는 기준을 충족
④ 재무건전성 확보를 위한 경영실태 및 위험에 대한 평가 실시

TIP 재무건전성의 유지〈보험업법 제123조〉

① 보험회사는 보험금 지급능력과 경영건전성을 확보하기 위하여 다음 각 호의 사항에 관하여 대통령령으로 정하는 재무건전성 기준을 지켜야 한다.
  1. 자본의 적정성에 관한 사항
  2. 자산의 건전성에 관한 사항
  3. 그 밖에 경영건전성 확보에 필요한 사항
② 금융위원회는 보험회사가 제1항에 따른 기준을 지키지 아니하여 경영건전성을 해칠 우려가 있다고 인정되는 경우에는 대통령령으로 정하는 바에 따라 자본금 또는 기금의 증액명령, 주식 등 위험자산의 소유 제한 등 필요한 조치를 할 수 있다.
  ※ 금융위원회는 법 제123조 제2항에 따라 보험회사의 재무건전성 확보를 위한 경영실태 및 위험에 대한 평가를 실시하여야 한다〈보험업법 시행령 제66조(재무건전성 평가의 실시)〉.

ANSWER
25.① 26.③ 27.① 28.④

29 보험계약자를 보호하기 위한 공시에 관한 설명으로 옳지 않은 것은?

① 보험협회는 보험료 · 보험금 등 보험계약에 관한 사항으로서 대통령령으로 정하는 사항을 금융위원회가 정하는 바에 따라 보험소비자가 쉽게 알 수 있도록 비교 · 공시하여야 한다.
② 보험협회가 보험상품의 비교 · 공시를 하는 경우에는 대통령령으로 정하는 바에 따라 보험상품공시위원회를 구성하여야 한다.
③ 보험협회 이외의 자가보험계약에 관한 사항을 비교 · 공시하고자 하는 경우에 보험회사는 보험협회 이외의 자에게 그 요구에 응하여 비교 · 공시에 필요한 정보를 제공하여야 한다.
④ 보험회사는 보험계약자를 보호하기 위하여 필요한 사항으로서 대통령령으로 정하는 사항을 금융위원회가 정하는 바에 따라 즉시 공시하여야 한다.

TIP 공시 등〈보험업법 제124조〉
① 보험회사는 보험계약자를 보호하기 위하여 필요한 사항으로서 대통령령으로 정하는 사항을 금융위원회가 정하는 바에 따라 즉시 공시하여야 한다.
② 보험협회는 보험료 · 보험금 등 보험계약에 관한 사항으로서 대통령령으로 정하는 사항을 금융위원회가 정하는 바에 따라 보험소비자가 쉽게 알 수 있도록 비교 · 공시하여야 한다.
③ 보험협회가 제2항에 따른 비교 · 공시를 하는 경우에는 대통령령으로 정하는 바에 따라 보험상품공시위원회를 구성하여야 한다.
④ 보험회사는 제2항에 따른 비교 · 공시에 필요한 정보를 보험협회에 제공하여야 한다.
⑤ 보험협회 이외의 자가보험계약에 관한 사항을 비교 · 공시하는 경우에는 제2항에 따라 금융위원회가 정하는 바에 따라 객관적이고 공정하게 비교 · 공시하여야 한다.
⑥ 금융위원회는 제2항 및 제5항에 따른 비교 · 공시가 거짓이거나 사실과 달라 보험계약자 등을 보호할 필요가 있다고 인정되는 경우에는 공시의 중단이나 시정조치 등을 요구할 수 있다.

30 보험회사가 상호협정 체결의 인가에 필요한 서류를 제출하는 경우 금융위원회가 그 인가여부를 결정하기 위하여 심사하여야 할 사항은?

㉠ 상호협정의 내용이 보험회사 간의 공정한 경쟁을 저해하는지 여부 ㉡ 상호협정의 효력 발생 기간이 적정한지 여부 ㉢ 상호협정의 내용이 보험계약자의 이익을 침해하는지 여부 ㉣ 상호협정에 외국보험회사가 포함되는지 여부

① ㉠㉡
② ㉠㉢
③ ㉡㉢
④ ㉢㉣

TIP 상호협정의 인가 … 금융위원회는 신청서를 받았을 때에는 다음의 사항을 심사하여 그 인가 여부를 결정하여야 한다〈보험업법 시행령 제69조 제2항〉.
1. 상호협정의 내용이 보험회사 간의 공정한 경쟁을 저해하는지 여부
2. 상호협정의 내용이 보험계약자의 이익을 침해하는지 여부

31 기초서류에 관한 설명으로 옳지 않은 것은?

① 보험업의 허가를 받기 위하여 제출하여야 하는 기초서류로는 보험종목별 사업방법서가 있다.
② 금융위원회는 보험회사가 기초서류 기재사항 준수의무를 위반한 경우, 해당 보험계약의 연간 수입보험료의 100분의 50 이하의 과징금을 부과할 수 있다.
③ 금융위원회는 보험회사가 보고한 기초서류관리기준이 부당하다고 판단되면 보고일부터 15일 이내에 해당기준의 변경을 명할 수 있다.
④ 금융위원회는 보험회사가 신고한 기초서류의 내용이 기초서류작성원칙에 위반하는 경우에는 기초서류의 즉시변경을 청문 없이 명할 수 있다.

TIP ④ 금융위원회는 보험회사의 업무 및 자산상황, 그 밖의 사정의 변경으로 공익 또는 보험계약자의 보호와 보험회사의 건전한 경영을 크게 해칠 우려가 있거나 보험회사의 기초서류에 법령을 위반하거나 보험계약자에게 불리한 내용이 있다고 인정되는 경우에는 청문을 거쳐 기초서류의 변경 또는 그 사용의 정지를 명할 수 있다. 다만, 대통령령으로 정하는 경미한 사항에 관하여 기초서류의 변경을 명하는 경우에는 청문을 하지 아니할 수 있다〈보험업법 제131조(금융위원회의 명령권) 제2항〉.
① 「보험업법」 제5조(허가신청서 등의 제출) 제3호
② 「보험업법」 제196조(과징금) 제1항 제9호
③ 「보험업법」 제71조의4(기초서류관리기준) 제2항

32 보험업법상 보험요율 산출원칙에 관한 설명 중 옳은 것은?

① 보험요율이 보험금과 그 밖의 급부에 비하여 지나치게 낮지 아니하여야 한다.
② 보험요율이 보험회사의 주주에 대한 최근 3년간의 평균 배당률을 크게 낮출 정도로 낮지 아니하여야 한다.
③ 자동차보험의 보험요율 산출원칙을 따로 규정하지는 않는다.
④ 보험요율이 「보험업법」의 산출원칙에 위반한 경우에도 위반 사실만으로 곧바로 과태료 또는 과징금을 부과할 수 없다.

TIP 보험요율 산출의 원칙 … 보험회사는 보험요율을 산출할 때 객관적이고 합리적인 통계자료를 기초로 대수의 법칙 및 통계신뢰도를 바탕으로 하여야 하며, 다음의 사항을 지켜야 한다〈보험업법 제129조〉.
1. 보험요율이 보험금과 그 밖의 급부에 비하여 지나치게 높지 아니할 것
2. 보험요율이 보험회사의 재무건전성을 크게 해칠 정도로 낮지 아니할 것
3. 보험요율이 보험계약자 간에 부당하게 차별적이지 아니할 것
4. 자동차보험의 보험요율인 경우 보험금과 그 밖의 급부와 비교할 때 공정하고 합리적인 수준일 것

ANSWER
29.③ 30.② 31.④ 32.④

33 손해보험계약의 제3자 보호에 관한 설명으로 옳지 않은 것은?

① 제3자 보호제도는 대통령령으로 정하는 법인을 계약자로하는 손해보험계약에는 적용하지 아니한다.
② 책임보험 중에서 '제3자에 대한 신체사고를 보상'하는 책임보험에만 제3자 보호제도가 적용된다.
③ 자동차보험의 대인배상Ⅱ는 임의보험이므로 제3자 보호가 이루어지지 않는다.
④ 재보험과 보증보험을 전업으로 하는 손해보험회사는 보험금 지급보장을 위한 금액을 출연할 의무가 없다.

TIP 이 장의 규정은 법령에 따라 가입이 강제되는 손해보험계약(자동차보험계약의 경우에는 법령에 따라 가입이 강제되지 아니하는 보험계약을 포함한다)으로서 대통령령으로 정하는 손해보험계약에만 적용한다. 다만, 대통령령으로 정하는 법인을 계약자로 하는 손해보험계약에는 적용하지 아니한다〈보험업법 제166조(적용범위)〉.

※ 보장대상 손해보험계약의 범위 … "대통령령으로 정하는 손해보험계약"이란 다음의 어느 하나에 해당하는 손해보험계약을 말한다〈보험업법 시행령 제80조 제1항〉.

1. 「자동차손해배상 보장법」에 따른 책임보험계약
2. 「화재로 인한 재해보상과 보험가입에 관한 법률」에 따른 신체손해배상특약부화재보험계약
3. 「도시가스사업법」, 「고압가스 안전관리법」 및 「액화석유가스의 안전관리 및 사업법」에 따라 가입이 강제되는 손해보험계약
4. 「선원법」에 따라 가입이 강제되는 손해보험계약
5. 「체육시설의 설치 · 이용에 관한 법률」에 따라 가입이 강제되는 손해보험계약
6. 「유선 및 도선사업법」에 따라 가입이 강제되는 손해보험계약
7. 「승강기 안전관리법」에 따라 가입이 강제되는 손해보험계약
8. 「수상레저안전법」에 따라 가입이 강제되는 손해보험계약
9. 「청소년활동 진흥법」에 따라 가입이 강제되는 손해보험계약
10. 「유류오염손해배상 보장법」에 따라 가입이 강제되는 유류오염 손해배상 보장계약
11. 「항공사업법」에 따라 가입이 강제되는 항공보험계약
12. 「낚시 관리 및 육성법」에 따라 가입이 강제되는 손해보험계약
13. 「도로교통법 시행령」에 따라 가입이 강제되는 손해보험계약
14. 「국가를 당사자로 하는 계약에 관한 법률 시행령」에 따라 가입이 강제되는 손해보험계약
15. 「야생생물 보호 및 관리에 관한 법률」에 따라 가입이 강제되는 손해보험계약
16. 「자동차손해배상 보장법」에 따라 가입이 강제되지 아니한 자동차보험계약
17. 제1호부터 제15호까지 외에 법령에 따라 가입이 강제되는 손해보험으로 총리령으로 정하는 보험계약

34 보험업법이 규정하는 주식회사인 보험회사의 보험계약의 임의이전에 관한 설명으로 옳지 않은 것은?

① 보험계약의 이전에 관한 결의는 의결권 있는 발행주식 총수의 3분의 2 이상의 주주의 출석과 출석주주 의결권의 과반수 이상의 수로써 하여야 한다.

② 보험회사는 계약의 방법으로 책임준비금 산출의 기초가 같은 보험계약의 전부를 포괄하여 다른 보험회사에 이전할 수 있으나, 1개인 동종보험계약의 일부만 이전할 수는 없다.

③ 보험계약의 이전 결의의 공고에는 보험계약자가 이의할 수 있다는 뜻과 1개월 이상의 이의기간이 포함되어야 한다.

④ 보험계약을 이전하려는 보험회사는 주주총회 등의 결의가 있었던 때부터 보험계약을 이전하거나 이전하지 아니하게 될 때까지 그 이전하려는 보험계약과 같은 종류의 보험계약을 하지 못한다.

TIP ① 해산 · 합병과 보험계약의 이전에 관한 결의는 제39조 제2항 또는 「상법」 제434조에 따라 하여야 한다〈보험업법 제138조(해산 · 합병 등의 결의)〉. 출석한 주주의 의결권의 3분의 2 이상의 수와 발행주식총수의 3분의 1 이상의 수로써 하여야 한다〈상법 제434조(정관변경의 특별결의)〉.
② 「보험업법」 제140조(보험계약 등의 이전) 제1항
③ 「보험업법」 제141조(보험계약 이전 결의의 공고 및 통지와 이의 제기) 제2항
④ 「보험업법」 제142조(신계약의 금지)

35 금융위원회가 기초서류의 변경을 명하는 경우에 관한 설명으로 옳지 않은 것은?

① 보험회사 기초서류에 법령을 위반하거나 보험계약자에게 불리한 내용이 있다고 인정되는 경우이어야 한다.

② 법령의 개정에 따라 기초서류의 변경이 필요한 때를 제외하고는 반드시 행정절차법이 정한 바에 따라 청문을 거쳐야 한다.

③ 금융위원회는 보험계약자 등의 이익을 보호하기 위하여 특히 필요하다고 인정하면 이미 체결된 보험계약에 대하여 그 변경된 내용을 소급하여 효력이 미치게 할 수 있다.

④ 금융위원회는 변경명령을 받은 기초서류 때문에 보험계약자 등이 부당한 불이익을 받을 것이 명백하다고 인정되는 경우에는 이미 체결된 보험계약에 따라 납입된 보험료의 일부를 되돌려주도록 할 수 있다.

TIP ③ 금융위원회는 기초서류의 변경을 명하는 경우 보험계약자 · 피보험자 또는 보험금을 취득할 자의 이익을 보호하기 위하여 특히 필요하다고 인정하면 이미 체결된 보험계약에 대하여도 장래에 향하여 그 변경의 효력이 미치게 할 수 있다〈보험업법 제131조(금융위원회의 명령권) 제3항〉.
①② 「보험업법」 제131조(금융위원회의 명령권) 제2항
④ 「보험업법」 제131조(금융위원회의 명령권) 제4항

ANSWER
33.③ 34.① 35.③

36 **주식회사인 보험회사가 해산하는 때에 청산인이 금융위원회의 허가를 얻어 채권신고기간 내에 변제할 수 있는 경우가 아닌 것은?**

① 소액채권
② 변제지연으로 거액의 이자가 발생하는 채권
③ 담보 있는 채권
④ 변제로 인하여 다른 채권자를 해할 염려가 없는 채권

TIP 보험회사에 관하여 「상법」 제536조 제2항을 적용할 때 "법원"은 "금융위원회"로 본다〈보험업법 제159조(채권신고기간 내의 변제)〉. 청산인은 전항의 규정에 불구하고 소액의 채권, 담보 있는 채권 기타 변제로 인하여 다른 채권자를 해할 염려가 없는 채권에 대하여는 법원의 허가를 얻어 이를 변제할 수 있다〈상법 제536조(채권신고기간 내의 변제) 제2항〉.

37 **「보험업법」에 의하여 설립된 보험회사에서 2019년 4월 15일에 선임된 선임계리사에게 회사기밀누설 등 일정한 법정 사유가 없다면 그 선임계리사를 해임할 수 없는 기한은? (단, 사업연도는 1월 1일부터 12월 31일로 함)**

① 2021. 4. 14.
② 2021. 12. 31.
③ 2022. 4. 14.
④ 2022. 12. 31.

TIP 선임계리사의 의무 등 … 보험회사가 선임계리사를 선임한 경우에는 그 선임일이 속한 사업연도의 다음 사업연도부터 연속하는 3개 사업연도가 끝나는 날까지 그 선임계리사를 해임할 수 없다. 다만, 다음의 어느 하나에 해당하는 경우에는 그러하지 아니하다〈보험업법 제184조 제4항〉.

1. 선임계리사가 회사의 기밀을 누설한 경우
2. 선임계리사가 그 업무를 게을리하여 회사에 손해를 발생하게 한 경우
3. 선임계리사가 계리업무와 관련하여 부당한 요구를 하거나 압력을 행사한 경우
4. 금융위원회의 해임 요구가 있는 경우

38 **주식회사인 보험회사의 해산사유가 아닌 것은?**

① 주주가 1인만 남은 1인회사
② 보험계약 전부의 이전
③ 정관으로 정한 해산사유의 발생
④ 해산을 명하는 재판

TIP 해산사유 등 … 보험회사는 다음의 사유로 해산한다〈보험업법 제137조 제1항〉.

1. 존립기간의 만료, 그 밖에 정관으로 정하는 사유의 발생
2. 주주총회 또는 사원총회(이하 "주주총회 등"이라 한다)의 결의
3. 회사의 합병
4. 보험계약 전부의 이전
5. 회사의 파산
6. 보험업의 허가 취소
7. 해산을 명하는 재판

39 다음 설명 중 옳지 않은 것은? [기출 변형]

① 제3보험상품을 판매하는 보험회사는 손해사정사를 고용하거나 손해사정사 또는 손해사정업자에게 업무를 위탁하여야 한다.

② 보험사고가 외국에서 발생하거나 보험계약자 등이 금융위원회가 정하는 기준에 따라 손해사정사를 따로 선임한 경우에는 보험회사는 손해사정사의 고용 또는 업무위탁 의무가 없다.

③ 보험회사로부터 손해사정업무를 위탁받은 손해사정사는 수행 후 작성한 손해사정서를 보험계약자, 피보험자 및 보험금청구권자에게도 내어 주어야 한다.

④ 보험업법상 보험계약자로부터 손해사정업무를 위탁받은 손해사정사는 손해사정서에 피보험자의 민감정보가 포함된 경우 피보험자의 별도의 동의를 받지 아니한 때에는 건강정보 등 민감정보를 삭제하거나 식별할 수 없도록 하여야 함을 정하고 있다.

TIP ④ 보험회사로부터 손해사정업무를 위탁받은 손해사정사 또는 손해사정업자는 손해사정서에 피보험자의 건강정보 등 「개인정보 보호법」에 따른 민감정보가 포함된 경우 피보험자의 동의를 받아야 하며, 동의를 받지 아니한 경우에는 해당 민감정보를 삭제하거나 식별할 수 없도록 하여야 한다〈보험업법 시행령 제99조(손해사정사 등의 의무) 제2항〉.

① 「보험업법」 제185조(손해사정) 제1항, 「보험업법 시행령」 제96조의3(손해사정) 제1항 제2호

② 「보험업법」 제185조(손해사정) 제1항 제1조

③ 「보험업법」 제189조(손해사정사의 의무 등) 제1항

40 과징금에 관한 설명으로 옳지 않은 것은?

① 과징금은 행정상 제재금으로 형벌인 벌금이 아니므로 과징금과 벌금을 병과하여도 이중처벌금지원칙에 반하지 않는다.

② 과징금을 부과하는 경우 그 금액은 위반행위의 내용 및 정도, 위반행위의 기간 및 횟수, 위반행위로 인하여 취득한 이익의 규모를 고려하여야 한다.

③ 소속보험설계사가 보험업법상의 설명 의무를 위반한 경우에도 그 위반행위를 막기 위하여 상당한 주의와 감독을 게을리하지 않은 보험회사에게는 과징금을 부과할 수 없다.

④ 과징금의 부과 및 징수절차 등에 관하여는 「국세징수법」의 규정을 준용하며, 과징금 부과 전에 미리 당사자 또는 이해관계인 등에게 의견을 제출할 기회를 주어야 한다.

TIP 규정에 따른 과징금의 부과 및 징수 절차 등에 관하여는 「은행법」의 규정을 준용한다〈보험업법 제196조(과징금) 제4항〉.

※ 의견 제출〈은행법 제65조의5〉

① 금융위원회는 과징금을 부과하기 전에 미리 당사자 또는 이해관계인 등에게 의견을 제출할 기회를 주어야 한다.

② 제1항에 따른 당사자 또는 이해관계인 등은 금융위원회의 회의에 출석하여 의견을 진술하거나 필요한 자료를 제출할 수 있다.

ANSWER

36.② 37.④ 38.① 39.④ 40.④

2020년 제43회 보험업법

1 「보험업법」 제2조의 정의에 관한 설명으로 옳지 않은 것은?

① 보험상품에는 생명보험상품, 손해보험상품, 제3보험상품이 있다.
② 보험업에는 생명보험업, 손해보험업 및 제3보험업이 있다.
③ 보험상품에는 위험보장을 목적으로 요구하지 아니한 상품도 있다.
④ 상호회사란 보험업을 경영할 목적으로 「보험업법」에 따라 설립된 회사로서 보험계약자를 사원으로 하는 회사를 말한다.

TIP 정의 … "보험상품"이란 위험보장을 목적으로 우연한 사건 발생에 관하여 금전 및 그 밖의 급여를 지급할 것을 약정하고 대가를 수수(授受)하는 계약(「국민건강보험법」에 따른 건강보험, 「고용보험법」에 따른 고용보험 등 보험계약자의 보호 필요성 및 금융거래 관행 등을 고려하여 대통령령으로 정하는 것은 제외한다)으로서 다음 각 목의 것을 말한다〈보험업법 제2조 제1호〉.

가. 생명보험상품 : 위험보장을 목적으로 사람의 생존 또는 사망에 관하여 약정한 금전 및 그 밖의 급여를 지급할 것을 약속하고 대가를 수수하는 계약으로서 대통령령으로 정하는 계약
나. 손해보험상품 : 위험보장을 목적으로 우연한 사건(다목에 따른 질병 · 상해 및 간병은 제외한다)으로 발생하는 손해(계약상 채무불이행 또는 법령상 의무불이행으로 발생하는 손해를 포함한다)에 관하여 금전 및 그 밖의 급여를 지급할 것을 약속하고 대가를 수수하는 계약으로서 대통령령으로 정하는 계약
다. 제3보험상품 : 위험보장을 목적으로 사람의 질병 · 상해 또는 이에 따른 간병에 관하여 금전 및 그 밖의 급여를 지급할 것을 약속하고 대가를 수수하는 계약으로서 대통령령으로 정하는 계약

2 보험업법상 자기자본의 합산항목을 모두 고른 것은?

> ㉠ 납입자본금
> ㉡ 이익잉여금
> ㉢ 자본잉여금
> ㉣ 자본조정
> ㉤ 영업권

① ㉠㉡ ② ㉠㉡㉢
③ ㉡㉢㉣ ④ ㉢㉣㉤

TIP "자기자본"이란 납입자본금 · 자본잉여금 · 이익잉여금, 그 밖에 이에 준하는 것(자본조정 제외)으로서 대통령령으로 정하는 항목의 합계액에서 영업권, 그 밖에 이에 준하는 것으로서 대통령령으로 정하는 항목의 합계액을 뺀 것을 말한다〈보험업법 제2조(정의) 제15호〉.

3 **보험업법상 손해보험의 허가 종목을 모두 고른 것은?**

㉠ 연금보험	㉡ 화재보험
㉢ 해상보험(항공 · 운송보험)	㉣ 자동차보험
㉤ 상해보험	㉥ 보증보험

① ㉠㉡㉢ ② ㉡㉢㉣
③ ㉠㉣㉤㉥ ④ ㉡㉢㉣㉥

TIP 보험업의 허가 … 보험업을 경영하려는 자는 다음 각 호에서 정하는 보험종목별로 금융위원회의 허가를 받아야 한다〈보험업법 제4조 제1항〉.

1. 생명보험업의 보험종목
   가. 생명보험
   나. 연금보험(퇴직보험을 포함한다)
   다. 그 밖에 대통령령으로 정하는 보험종목
2. 손해보험업의 보험종목
   가. 화재보험
   나. 해상보험(항공 · 운송보험을 포함한다)
   다. 자동차보험
   라. 보증보험
   마. 재보험(再保險)
   바. 그 밖에 대통령령으로 정하는 보험종목
3. 제3보험업의 보험종목
   가. 상해보험
   나. 질병보험
   다. 간병보험
   라. 그 밖에 대통령령으로 정하는 보험종목

4 **보험업법상 주식회사의 조직 변경 등에 관한 설명으로 옳지 않은 것은?**

① 주식회사의 조직 변경은 주주총회의 결의를 거쳐야 한다.
② 주식회사는 조직 변경을 결의할 때 보험계약자 총회를 갈음하는 기관에 관한 사항을 정할 수 있다.
③ 보험계약자 총회는 보험계약자 과반수의 출석과 그 의결권의 3분의 2 이상의 찬성으로 결의한다.
④ 주식회사의 이사는 조직 변경에 관한 사항을 보험계약자 총회에 보고하여야 한다.

TIP ③ 보험계약자 총회는 보험계약자 과반수의 출석과 그 의결권의 4분의 3 이상의 찬성으로 결의한다〈보험업법 제26조(보험계약자 총회의 결의방법) 제1항〉.
① 「보험업법」 제21조(조직 변경 결의) 제1항
② 「보험업법」 제25조(보험계약자 총회 대행기관) 제1항
③ 「보험업법」 제27조(보험계약자 총회에서의 보고)

ANSWER
1.③ 2.② 3.④ 4.③

5 **보험업법상 보험업 허가를 받으려는 외국보험회사의 허가요건에 관한 설명으로 옳지 않은 것은?**

① 30억 원 이상의 영업기금을 보유하여야 한다.
② 국내에서 경영하려는 보험업과 같은 보험업을 외국 법령에 따라 경영하고 있을 것을 요한다.
③ 자산상황 · 재무건전성 및 영업건전성이 외국에서 보험업을 경영하기에 충분하고, 국내적으로 인정받고 있을 것을 요한다.
④ 사업계획이 타당하고 건전할 것을 요한다.

TIP ③ 보험업의 허가를 받으려는 외국보험회사는 제9조 제3항에 따른 영업기금을 보유할 것, 국내에서 경영하려는 보험업과 같은 보험업을 외국 법령에 따라 경영하고 있을 것, 자산상황 · 재무건전성 및 영업건전성이 국내에서 보험업을 경영하기에 충분하고, 국제적으로 인정받고 있을 것, 제1항 제2호 및 제3호의 요건을 갖추어야 한다〈보험업법 제6조(허가의 요건 등) 제2항〉.
① 「보험업법 시행령」 제14조(외국보험회사의 영업기금)
② 「보험업법」 제6조(허가의 요건 등) 제2항 제2호
④ 「보험업법」 제6조(허가의 요건 등) 제1항 제3호

6 **외국보험회사 등의 국내사무소의 금지행위에 관한 사항을 모두 고른 것은?**

㉠ 보험업을 경영하는 행위 ㉡ 보험계약의 체결을 중개하거나 대리하는 행위 ㉢ 국내 관련 법령에 저촉되지 않는 방법에 의하여 보험시장의 조사 및 정보의 수집을 하는 행위 ㉣ 그 밖에 국내사무소의 설치 목적에 위반되는 행위로서 대통령령으로 정하는 행위

① ㉠㉡ ② ㉡㉢
③ ㉠㉡㉣ ④ ㉡㉢㉣

TIP 외국보험회사 등의 국내사무소 설치 등 … 국내사무소는 다음의 어느 하나에 해당하는 행위를 하여서는 아니 된다〈보험업법 제12조 제3항〉.
1. 보험업을 경영하는 행위
2. 보험계약의 체결을 중개하거나 대리하는 행위
3. 국내 관련 법령에 저촉되는 방법에 의하여 보험시장의 조사 및 정보의 수집을 하는 행위
4. 그 밖에 국내사무소의 설치 목적에 위반되는 행위로서 대통령령으로 정하는 행위

7 **보험업법상 보험회사의 업무규제 등에 관한 설명으로 옳지 않은 것은?**

① 보험회사는 그 상호 또는 명칭 중에 주로 경영하는 보험업과 함께 부수적으로 경영하는 보험업의 종류를 표시하여야 한다.
② 보험회사는 원칙적으로 300억 원 이상의 자본금 또는 기금을 납입함으로써 보험업을 시작할 수 있다.
③ 보험회사는 생명보험의 재보험 및 제3보험의 재보험 등 경우를 제외하고 생명보험업과 손해보험업을 겸영하지 못한다.
④ 보험회사는 경영건전성을 해치거나 보험계약자 보호 및 건전한 거래질서를 해칠 우려가 없는 금융업무를 영위할 수 있다.

TIP ① 보험회사는 그 상호 또는 명칭 중에 주로 경영하는 보험업의 종류를 표시하여야 한다〈보험업법 제8조(상호 또는 명칭) 제1항〉.
②「보험업법」 제9조(자본금 또는 기금) 제1항
③「보험업법」 제10조(보험업 겸영의 제한)
④「보험업법」 제11조(보험회사의 겸영업무)

8 **보험업법상 주식회사에 관한 설명으로 옳지 않은 것은? [기출 변형]**

① 주식회사가 자본감소를 결의한 경우에는 그 결의를 한 날부터 2주 이내에 결의의 요지와 재무상태표를 공고하여야 한다.
② 주식회사는 자본감소를 결의할 때 대통령령으로 정하는 자본감소를 하려면 미리 금융감독원장의 승인을 받아야 한다.
③ 주식회사는 그 조직을 변경하여 상호회사로 할 수 있다.
④ 주식회사의 자본감소 결의공고 시에는 이의가 있는 자는 일정한 기간 동안 이의를 제출할 수 있다는 뜻을 덧붙여야 한다.

TIP ② 자본감소를 결의할 때 대통령령으로 정하는 자본감소를 하려면 미리 금융위원회의 승인을 받아야 한다〈보험업법 제18조(자본감소) 제2항〉.
①「보험업법」 제18조(자본감소) 제1항
③「보험업법」 제20조(조직 변경) 제1항
④「보험업법」 제141조(보험계약 이전 결의의 공고 및 통지와 이의제기) 제2항

ANSWER
5.③ 6.③ 7.① 8.②

9 보험업법상 보험계약자 등의 우선취득권 및 예탁자산에 대한 우선변제권에 관한 설명으로 옳지 않은 것은?

① 보험계약자나 보험금을 취득할 자는 피보험자를 위하여 적립한 금액을 주식회사가 「보험업법」에 따른 금융위원회의 명령에 따라 예탁한 자산에서 다른 채권자보다 우선하여 변제를 받을 권리를 가진다.
② 예탁자산에 대한 우선변제권은 「보험업법」 제108조에 따라 특별계정이 설정된 경우, 특별계정과 그 밖의 계정을 구분하여 적용한다.
③ 보험계약자나 보험금을 취득할 자는 피보험자를 위하여 적립한 금액을 다른 법률에 특별한 규정이 없으면 주식회사의 자산에서 우선하여 취득한다.
④ 보험계약자 등의 우선취득권은 「보험업법」 제108조에 따라 특별계정이 설정된 경우에도 예탁자산에 대한 우선 변제권과 달리 특별계정과 그 밖의 계정을 구분하여 적용하지 아니할 수 있다.

TIP ④ 특별계정이 설정된 경우에는 제1항은 특별계정과 그 밖의 계정을 구분하여 적용한다〈보험업법 제32조(보험계약자 등의 우선취득권) 제2항〉.
① 「보험업법」 제33조(예탁자산에 대한 우선변제권) 제1항
②③ 「보험업법」 제32조(보험계약자 등의 우선취득권)

10 보험업법상 상호회사의 정관기재사항을 모두 고른 것은?

㉠ 취급하려는 보험종목과 사업의 범위
㉡ 명칭
㉢ 회사의 성립년월일
㉣ 기금의 총액
㉤ 기금의 갹출자가 가질 권리
㉥ 발기인의 성명 · 주민등록번호 및 주소

① ㉠㉡㉣㉤
② ㉡㉢㉣㉤
③ ㉢㉣㉤㉥
④ ㉠㉡㉤㉥

TIP 정관기재사항 … 상호회사의 발기인은 정관을 작성하여 다음의 사항을 적고 기명날인하여야 한다〈보험업법 제34조〉.
1. 취급하려는 보험종목과 사업의 범위
2. 명칭
3. 사무소 소재지
4. 기금의 총액
5. 기금의 갹출자가 가질 권리
6. 기금과 설립비용의 상각 방법
7. 잉여금의 분배 방법
8. 회사의 공고 방법
9. 회사 성립 후 양수할 것을 약정한 자산이 있는 경우에는 그 자산의 가격과 양도인의 성명
10. 존립시기 또는 해산사유를 정한 경우에는 그 시기 또는 사유

11 보험업법상 상호회사의 입사청약서에 관한 설명으로 옳지 않은 것은?

① 상호회사가 성립한 후 사원이 되려는 자를 제외하고, 발기인이 아닌 자가 상호회사의 사원이 되려면 입사청약서 2부에 보험의 목적과 보험금액을 적고 기명날인하여야 한다.
② 발기인은 입사청약서에 정관의 인증 연월일과 그 인증을 한 공증인의 이름을 포함하여 작성하고 이를 비치하여야 한다.
③ 기금 갹출자의 이름 · 주소와 그 각자가 갹출하는 금액, 발기인의 이름과 주소 등도 상호회사의 입사청약서에 기재할 사항에 속한다.
④ 상호회사 성립 전의 입사청약의 경우, 청약의 상대방이 표의자의 진의 아님을 알았거나 이를 알 수 있었을 경우에는 무효로 한다.

TIP 입사청약서〈보험업법 제38조〉

① 발기인이 아닌 자가 상호회사의 사원이 되려면 입사청약서 2부에 보험의 목적과 보험금액을 적고 기명날인하여야 한다. 다만, 상호회사가 성립한 후 사원이 되려는 자는 그러하지 아니하다.
② 발기인은 제1항에 따른 입사청약서를 다음 각 호의 사항을 포함하여 작성하고, 이를 비치(備置)하여야 한다.
1. 정관의 인증 연월일과 그 인증을 한 공증인의 이름
2. 제34조 각 호의 사항
3. 기금 갹출자의 이름 · 주소와 그 각자가 갹출하는 금액
4. 발기인의 이름과 주소
5. 발기인이 보수를 받는 경우에는 그 보수액
6. 설립 시 모집하려는 사원의 수
7. 일정한 시기까지 창립총회가 끝나지 아니하면 입사청약을 취소할 수 있다는 뜻
③ 상호회사 성립 전의 입사청약에 대하여는 「민법」 제107조 제1항 단서를 적용하지 아니한다.

12 보험업법상 외국보험회사 국내지점의 허가 취소 사유에 해당하는 사항을 모두 고른 것은?

㉠ 합병, 영업양도 등으로 소멸한 경우
㉡ 휴업하거나 영업을 중지한 경우
㉢ 외국보험회사 국내지점 직원이 주의 · 경고 조치를 받은 경우
㉣ 6개월간의 영업정지 처분을 받은 경우

① ㉠㉡ ② ㉡㉣
③ ㉡㉢ ④ ㉢㉣

TIP 외국보험회사 국내지점의 허가 취소 등 … 금융위원회는 외국보험회사의 본점이 다음의 어느 하나에 해당하게 되면 그 외국보험회사 국내지점에 대하여 청문을 거쳐 보험업의 허가를 취소할 수 있다〈보험업법 제74조 제1항〉.

1. 합병, 영업양도 등으로 소멸한 경우
2. 위법행위, 불건전한 영업행위 등의 사유로 외국감독기관으로부터 처분에 상당하는 조치를 받은 경우
3. 휴업하거나 영업을 중지한 경우

ANSWER
9.④ 10.① 11.④ 12.①

13 보험업법상 상호회사의 사원의 권리와 의무에 관한 설명으로 옳지 않은 것은?

① 상호회사의 사원은 회사의 채권자에 대하여 직접적인 의무를 부담한다.
② 상호회사의 채무에 관한 사원의 책임은 보험료를 한도로 한다.
③ 상호회사의 사원은 보험료의 납입에 관하여 상계로써 회사에 대항하지 못한다.
④ 상호회사는 정관으로 보험금액의 삭감에 관한 사항을 정하여야 한다.

TIP ① 상호회사의 사원은 회사의 채권자에 대하여 직접적인 의무를 지지 아니한다〈보험업법 제46조(간접책임)〉.
② 「보험업법」 제47조(유한책임)
③ 「보험업법」 제48조(상계의 금지)
④ 「보험업법」 제49조(보험금액의 삭감)

14 보험설계사에 관한 설명으로 옳은 것은?

① 보험회사는 소속 보험설계사가 되려는 자를 금융감독원에 등록하여야 한다.
② 「보험업법」에 따라 보험설계사의 등록취소 처분을 2회 이상 받은 경우 최종 등록취소를 받은 날로부터 2년이 지나지 아니한 자는 보험설계사가 될 수 없다.
③ 보험설계사가 모집에 관한 보험업법의 규정을 위반한 경우에는 반드시 그 등록을 취소하여야 한다.
④ 보험설계사가 교차모집을 하려는 경우에는 교차모집을 하려는 보험회사의 명칭 등 금융위원회가 정하여 고시하는 사항을 적은 서류를 보험협회에 제출하여야 한다.

TIP ④ 「보험업법 시행령」 제29조(보험설계사의 교차모집) 제1항
① 보험회사·보험대리점 및 보험중개사는 소속 보험설계사가 되려는 자를 금융위원회에 등록하여야 한다〈보험업법 제84조(보험설계사의 등록) 제1항〉.
② 보험설계사·보험대리점 또는 보험중개사 등록취소 처분을 2회 이상 받은 경우 최종 등록취소 처분을 받은 날부터 3년이 지나지 아니한 자는 보험설계사가 되지 못한다〈(보험업법 제84조(보험설계사의 등록) 제2항 제6호〉.
③ 금융위원회는 보험설계사가 모집에 관한 이 법의 규정을 위반한 경우 6개월 이내의 기간을 정하여 그 업무의 정지를 명하거나 그 등록을 취소할 수 있다〈보험업법 제86조(등록의 취소 등) 제2항〉.

15 보험대리점에 관한 설명으로 옳지 않은 것은?

① 보험설계사 또는 보험중개사로 등록된 자는 보험대리점이 되지 못한다.
② 금융위원회는 보험대리점이 거짓이나 그 밖에 부정한 방법으로 「보험업법」 제87조에 따른 등록을 한 경우에는 그 등록을 취소하여야 한다.
③ 「보험업법」에 따라 벌금 이상의 형을 선고받고 그 집행이 끝나거나 면제된 날부터 1년이 경과하지 아니한 자는 법인보험대리점의 이사가 되지 못한다.
④ 금융기관보험대리점의 영업보증금예탁의무는 면제하고 있다.

TIP ③ 「보험업법」 또는 「금융소비자보호에 관한 법률」에 따라 벌금 이상의 형을 선고받고 그 집행이 끝나거나(집행이 끝난 것으로 보는 경우도 포함) 집행이 면제된 날부터 3년이 지나지 아니한 자는 법인인 보험대리점의 임원이 되지 못한다〈보험업법 제87조의2(법인보험대리점 임원의 자격) 제1항〉.
① 「보험업법」 제87조(보험대리점의 등록) 제2항 제2호
② 「보험업법」 제88조(보험대리점의 등록취소 등) 제1항 제3호
④ 「보험업법 시행령」 제33조(보험대리점의 영업보증금) 제1항

16 보험중개사에 관한 설명으로 옳지 않은 것은?

① 보험중개사는 보험회사의 임직원이 될 수 없으며, 보험계약의 체결을 중개하면서 보험회사 · 보험설계사 · 보험대리점 · 보험계리사 및 손해사정사의 업무를 겸할 수 없다.
② 법인보험중개사는 보험계약자 보호를 위한 업무지침을 정하여야 하며, 그 업무지침의 준수여부를 점검하고 위반사항을 조사하기 위한 임원 또는 직원을 2인 이상 두어야 한다.
③ 보험중개사가 소속 보험설계사와 보험모집을 위한 위탁을 해지한 경우에는 금융위원회에 신고하여야 한다.
④ 보험중개사는 보험계약체결의 중개행위와 관련하여 보험계약자에게 손해를 입힌 경우에는 영업보증금예탁기관에서 보험계약자 측에 지급하는 금액만큼 손해배상책임을 면한다.

TIP 법 제87조 제4항에 따라 보험설계사가 100명 이상인 법인보험대리점으로서 금융위원회가 정하여 고시하는 법인보험대리점은 법령을 준수하고 보험계약자를 보호하기 위한 업무지침을 정할 것, 업무지침의 준수 여부를 점검하고 그 위반사항을 조사하는 임원 또는 직원을 1명 이상 둘 것, 보험계약자를 보호하고 보험계약의 모집 업무를 수행하기 위하여 필요한 전산설비 등 물적 시설을 충분히 갖추어야 한다〈보험업법 시행령 제33조의2(보험대리점의 영업기준 등)〉.

17 보험회사가 통신수단을 이용할 수 있는 경우가 아닌 것은?

① 보험계약을 청약한 자가 청약의 내용을 확인 · 정정을 요청한 경우
② 보험계약자가 본인 것이 아닌 보험을 체결하고자 하는 경우
③ 보험계약자가 체결한 계약의 내용을 확인하고자 하는 경우
④ 보험계약자 본인임을 확인받은 후에 보험계약자가 체결한 계약을 해지하고자 하는 경우

TIP 통신수단을 이용한 모집 · 철회 및 해지 등 관련 준수사항 … 보험회사는 다음 각 호의 어느 하나에 해당하는 경우 통신수단을 이용할 수 있도록 하여야 한다〈보험업법 제96조 제2항〉.
1. 보험계약을 청약한 자가 청약의 내용을 확인 · 정정 요청하거나 청약을 철회하고자 하는 경우
2. 보험계약자가 체결한 계약의 내용을 확인하고자 하는 경우
3. 보험계약자가 체결한 계약을 해지하고자 하는 경우(보험계약자가 계약을 해지하기 전에 안전성 및 신뢰성이 확보되는 방법을 이용하여 보험계약자 본인임을 확인받은 경우

ANSWER
13.① 14.④ 15.③ 16.② 17.②

18 보험업법상 보험대리점 또는 보험중개사로 등록할 수 있는 금융기관에 해당하지 않는 것은?

① 「은행법」에 따라 설립된 은행
② 「자본시장과 금융투자업에 관한 법률」에 따른 투자매매업자 또는 신탁업자
③ 「상호저축은행법」에 따른 상호저축은행
④ 「중소기업은행법」에 따라 설립된 중소기업은행

TIP 금융기관보험대리점 등의 영업기준 … 다음 각 호의 어느 하나에 해당하는 기관(이하 "금융기관"이라 한다)은 제87조 또는 제89조에 따라 보험대리점 또는 보험중개사로 등록할 수 있다〈보험업법 제91조 제1항〉.
1. 「은행법」에 따라 설립된 은행
2. 「자본시장과 금융투자업에 관한 법률」에 따른 투자매매업자 또는 투자중개업자
3. 「상호저축은행법」에 따른 상호저축은행
4. 그 밖에 다른 법률에 따라 금융업무를 하는 기관으로서 대통령령으로 정하는 기관
※ 금융기관보험대리점 등의 영업기준 … 법 제91조 제1항 제4호에서 "대통령령으로 정하는 기관"이란 다음 각 호의 기관을 말한다〈보험업법 제40조 제1항〉.
1. 「한국산업은행법」에 따라 설립된 한국산업은행
2. 「중소기업은행법」에 따라 설립된 중소기업은행
2의2. 삭제 〈2012. 6. 1.〉
3. 「여신전문금융업법」에 따라 허가를 받은 신용카드업자(겸영여신업자는 제외한다. 이하 같다)
4. 「농업협동조합법」에 따라 설립된 조합 및 농협은행

19 보험업법상 모집 관련 준수사항에 관한 설명으로 옳지 않은 것은?

① 일반보험계약자가 설명을 거부하지 않는 경우에는 보험회사는 보험계약의 체결 시부터 보험금 지급 시까지의 주요 과정을 일반보험계약자에게 설명하여야 한다.
② 보험중개사를 포함하는 보험계약의 체결 또는 모집에 종사하는 자가 부당한 계약전환을 한 경우 보험계약자는 그 보험회사에 대하여 기존 계약의 체결일로부터 6월 이내에 계약의 부활을 청구할 수 있다.
③ 보험회사는 보험계약자가 계약을 체결하기 전에 통신수단을 이용한 계약해지에 동의한 경우에 한하여 통신수단을 이용한 계약해지를 허용할 수 있다.
④ 보험안내자료에는 금융위원회가 따로 정하는 경우를 제외하고는 보험회사의 장래의 이익 배당 또는 잉여금 분배에 대한 예상에 관한 사항을 적지 못한다.

TIP ② 보험계약자는 보험계약의 체결 또는 모집에 종사하는 자(보험중개사는 제외)가 제1항 제5호를 위반하여 기존보험계약을 소멸시키거나 소멸하게 하였을 때에는 그 보험계약의 체결 또는 모집에 종사하는 자가 속하거나 모집을 위탁한 보험회사에 대하여 그 보험계약이 소멸한 날부터 6개월 이내에 소멸된 보험계약의 부활을 청구하고 새로운 보험계약은 취소할 수 있다〈보험업법 제97조(보험계약의 체결 또는 모집에 관한 금지행위) 제4항〉.
① 「보험업법」 제95조의2(설명의무 등) 제3항
③ 「보험업법」 제96조(통신수단을 이용한 모집 · 철회 및 해지 등 관련 준수사항) 제2항 제3호
④ 「보험업법」 제95조(보험안내자료) 제3항

20 보험업법상 금융기관보험대리점 등의 금지행위에 해당하는 것을 모두 고른 것은?

> ㉠ 대출 등을 제공받는 자의 동의를 미리 받아 보험료를 대출 등의 거래에 포함시키는 행위
> ㉡ 모집에 종사하는 자 외에 소속 임직원으로 하여금 보험상품의 구입에 대한 상담을 하게 하거나 상담의 대가를 지급하는 행위
> ㉢ 해당 금융기관의 점포 외에서 모집을 하는 행위
> ㉣ 모집과 관련이 없는 금융거래를 통하여 취득한 개인정보를 그 개인의 동의를 받아 모집에 이용하는 행위

① ㉠㉡ ② ㉡㉣
③ ㉡㉢ ④ ㉢㉣

TIP 금융기관보험대리점등의 금지행위 등 … 금융기관보험대리점등은 모집을 할 때 다음 각 호의 어느 하나에 해당하는 행위를 하여서는 아니 된다〈보험업법 제100조 제1항〉.

1. 삭제 〈2020. 3. 24.〉
2. 대출 등 해당 금융기관이 제공하는 용역(이하 이 조에서 "대출 등"이라 한다)을 받는 자의 동의를 미리 받지 아니하고 보험료를 대출 등의 거래에 포함시키는 행위
3. 해당 금융기관의 임직원(제83조에 따라 모집할 수 있는 자는 제외한다)에게 모집을 하도록 하거나 이를 용인하는 행위
4. 해당 금융기관의 점포 외의 장소에서 모집을 하는 행위
5. 모집과 관련이 없는 금융거래를 통하여 취득한 개인정보를 미리 그 개인의 동의를 받지 아니하고 모집에 이용하는 행위
6. 그 밖에 제2호부터 제5호까지의 행위와 비슷한 행위로서 대통령령으로 정하는 행위

※ 제100조 제1항 제6호에서 "대통령령으로 정하는 행위"란 제40조 제4항에 따라 모집에 종사하는 자 외에 소속 임직원으로 하여금 보험상품의 구입에 대한 상담 또는 소개를 하게 하거나 상담 또는 소개의 대가를 지급하는 행위를 말한다〈보험업법 시행령 제48조(금융기관보험대리점 등의 금지행위 등)〉.

21 보험설계사 · 보험대리점 또는 보험중개사가 금융위원회에 신고를 하여야 하는 경우가 아닌 것은?

① 모집업무를 폐지한 경우
② 개인의 경우에는 본인이 사망한 경우
③ 법인의 경우에는 그 법인이 해산한 경우
④ 보험대리점이 소속 보험설계사에게 보험모집을 위탁한 경우

TIP 신고사항 … 보험설계사 · 보험대리점 또는 보험중개사는 다음에 해당하는 경우에는 지체 없이 그 사실을 금융위원회에 신고하여야 한다〈보험업법 제93조 제1항〉.

1. 제84조(보험설계사의 등록) · 제87조(보험대리점의 등록) 및 제89조(보험중개사의 등록)에 따른 등록을 신청할 때 제출한 서류에 적힌 사항이 변경된 경우
2. 제84조(보험설계사의 등록) 제2항 각 호의 어느 하나에 해당하게 된 경우
3. 모집업무를 폐지한 경우
4. 개인의 경우에는 본인이 사망한 경우
5. 법인의 경우에는 그 법인이 해산한 경우
6. 법인이 아닌 사단 또는 재단의 경우에는 그 단체가 소멸한 경우
7. 보험대리점 또는 보험중개사가 소속 보험설계사와 보험모집에 관한 위탁을 해지한 경우
8. 제85조(보험설계사에 의한 모집의 제한) 제3항에 따라 보험설계사가 다른 보험회사를 위하여 모집을 한 경우나, 보험대리점 또는 보험중개사가 생명보험계약의 모집과 손해보험계약의 모집을 겸하게 된 경우

ANSWER
18.② 19.② 20.③ 21.④

22 보험업법상 보험회사의 자산운용에 대한 내용으로 옳지 않은 것은?

① 「보험업법」에 따른 자산운용한도의 제한을 피하기 위하여 다른 금융기관 또는 회사의 의결권 있는 주식을 서로 교차하여 보유하거나 신용공여를 하는 행위를 할 수 없다.
② 보험회사는 그 보험회사의 대주주와 대통령령으로 정하는 금액 이상의 신용공여를 한 경우에는 7일 이내에 그 사실을 공정거래위원회에 보고하고, 인터넷 홈페이지 등을 이용하여 공시하여야 한다.
③ 보험회사는 신용공여 계약을 체결하려는 자에게 재산증가나 신용평가등급 상승 등으로 신용상태의 개선이 나타난 경우에는 금리인하를 요구할 수 있음을 알려야 한다.
④ 보험회사는 그 자산운용을 함에 있어 안정성 · 유동성 · 수익성 및 공익성이 확보되도록 하여야 하며, 선량한 관리자의 주의로써 그 자산을 운용하여야 한다.

TIP ② 보험회사는 그 보험회사의 대주주와 대통령령으로 정하는 금액 이상의 신용공여를 하였을 때에는 7일 이내에 그 사실을 금융위원회에 보고하고 인터넷 홈페이지 등을 이용하여 공시하여야 한다〈보험업법 제111조(대주주와의 거래제한 등) 제3항 제1호〉.
① 「보험업법」 제110조(자금지원 관련 금지행위) 제1항 제1호
③ 「보험업법」 제110조의3(금리인하 요구) 제2항
④ 「보험업법」 제104조(자산운용의 원칙)

23 보험업법상 금지 또는 제한되는 자산운용 방법에 해당하는 것을 모두 고른 것은?

㉠ 연면적의 100분의 20을 보험회사가 직접 사용하고 있는 영업장의 소유
㉡ 상품이나 유가증권에 대한 투기를 목적으로 하는 자금의 대출
㉢ 직접 · 간접을 불문하고 정치자금의 대출
㉣ 직접 · 간접을 불문하고 해당 보험회사의 주식을 사도록 하기 위한 대출
㉤ 해당 보험회사의 임직원에 대한 보험약관에 따른 약관대출

① ㉠㉡㉤　② ㉡㉢㉣
③ ㉢㉣㉤　④ ㉠㉢㉤

TIP 금지 또는 제한되는 자산운용〈보험업법 제105조〉
1. 대통령령으로 정하는 업무용 부동산이 아닌 부동산(저당권 등 담보권의 실행으로 취득하는 부동산 제외)의 소유
2. 「근로자퇴직급여보장법」에 따라 설정된 특별계정을 통한 부동산의 소유
3. 상품이나 유가증권에 대한 투기를 목적으로 하는 자금의 대출
4. 직접 · 간접을 불문하고 해당 보험회사의 주식을 사도록 하기 위한 대출
5. 직접 · 간접을 불문하고 정치자금의 대출
6. 해당 보험회사의 임직원에 대한 대출(보험약관에 따른 대출 및 금융위원회가 정하는 소액대출 제외)
7. 자산운용의 안정성을 크게 해칠 우려가 있는 행위로서 대통령령으로 정하는 행위

24 **보험업법상 보험회사가 자회사를 소유함에 있어서 금융위원회의 신고로써 승인에 갈음할 수 있는 것을 모두 고른 것은?**

> ㉠ 보험계약의 유지 · 해지 · 변경 또는 부활 등을 관리하는 업무
> ㉡ 보험수리업무
> ㉢ 보험대리업무
> ㉣ 보험계약 체결 및 대출 업무
> ㉤ 보험사고 및 보험계약 조사업무
> ㉥ 손해사정업무
> ㉦ 기업의 후생복지에 관한 상담 및 사무처리 대행업무

① ㉠㉡㉢㉤
② ㉡㉢㉤㉥
③ ㉢㉣㉥㉦
④ ㉠㉤㉥㉦

TIP 제1항 본문에도 불구하고 보험회사는 보험업의 경영과 밀접한 관련이 있는 업무 등으로서 대통령령으로 정하는 업무를 주로 하는 회사를 미리 금융위원회에 신고하고 자회사로 소유할 수 있다〈보험업법 제115조(자회사의 소유) 제2항〉.

※ 자회사의 소유 … 법 제115조 제2항에서 "대통령령으로 정하는 업무"란 다음 각 호의 업무를 말한다〈보험업법 시행령 제59조 제3항〉.

1. 보험회사의 사옥관리업무
2. 보험수리업무
3. 손해사정업무
4. 보험대리업무
5. 보험사고 및 보험계약 조사업무
6. 보험에 관한 교육 · 연수 · 도서출판 · 금융리서치 및 경영컨설팅 업무
7. 보험업과 관련된 전산시스템 · 소프트웨어 등의 대여 · 판매 및 컨설팅 업무
8. 보험계약 및 대출 등과 관련된 상담업무
9. 보험에 관한 인터넷 정보서비스의 제공업무
10. 자동차와 관련된 긴급출동 · 차량관리 및 운행정보 등 부가서비스 업무
11. 보험계약자 등에 대한 위험관리 업무
12. 건강 · 장묘 · 장기간병 · 신체장애 등의 사회복지사업 및 이와 관련된 조사 · 분석 · 조언 업무
13. 「노인복지법」 제31조에 따른 노인복지시설의 설치 · 운영에 관한 업무 및 이와 관련된 조사 · 분석 · 조언 업무
14. 건강 유지 · 증진 또는 질병의 사전 예방 등을 위해 수행하는 업무
15. 외국에서 하는 다음 각 목의 업무
    가. 제1호부터 제14호까지의 규정에 따른 업무
    나. 보험업, 보험중개업무, 투자자문업, 투자일임업, 집합투자업 및 부동산업
    다. 「외국환거래법」에 따른 증권, 파생상품 및 채권에 투자하는 업무로서 금융위원회가 정하여 고시하는 업무

ANSWER
22.② 23.② 24.②

25 보험회사는 금융위원회의 승인을 받은 자회사 주식을 제외하고는 의결권 있는 다른 회사의 발행주식(출자지분을 포함한다) 총수의 (　　)를 초과하는 주식을 소유할 수 없다. 괄호 안에 알맞은 것은?

① 100분의 5
② 100분의 10
③ 100분의 15
④ 100분의 20

TIP 보험회사는 다른 회사의 의결권 있는 발행주식(출자지분을 포함한다) 총수의 100분의 15를 초과하는 주식을 소유할 수 없다. 다만, 자회사의 소유 규정에 따라 금융위원회의 승인(승인이 의제되거나 신고 또는 보고하는 경우를 포함한다)을 받은 자회사의 주식은 그러하지 아니하다〈보험업법 제109조(다른 회사에 대한 출자 제한)〉.

26 보험회사의 자회사에 대한 금지행위로서 옳지 않은 것은?

① 자산을 일반적인 거래 조건에 비추어 해당 보험회사에 뚜렷하게 불리한 조건으로 매매하는 행위
② 자회사가 소유하는 주식을 담보로 하는 신용공여 행위
③ 자회사가 다른 회사에 출자하는 것을 지원하기 위한 신용공여 행위
④ 보험회사의 보유증권을 정상가격으로 자회사의 자산과 교환하는 행위

TIP 자회사와의 금지행위 … 보험회사는 자회사와 다음의 행위를 하여서는 아니 된다〈보험업법 제116조〉.

1. 자산을 대통령령으로 정하는 바에 따라 무상으로 양도하거나 일반적인 거래 조건에 비추어 해당 보험회사에 뚜렷하게 불리한 조건으로 매매 · 교환 · 신용공여 또는 재보험계약을 하는 행위
2. 자회사가 소유하는 주식을 담보로 하는 신용공여 및 자회사가 다른 회사에 출자하는 것을 지원하기 위한 신용공여
3. 자회사 임직원에 대한 대출(보험약관에 따른 대출과 금융위원회가 정하는 소액대출 제외)

27 보험회사의 계산에 관한 내용으로 옳지 않은 것은?

① 보험회사는 원칙적으로 매년 대통령령으로 정하는 날에 그 장부를 폐쇄하고 장부를 폐쇄한 날로부터 3개월 이내에 금융위원회가 정하는 바에 따라 부속명세서를 포함한 재무제표 및 사업보고서를 금융위원회에 제출하여야 한다.
② 보험회사는 매월의 업무내용을 적은 보고서를 다음달 말일까지 금융위원회가 정하는 바에 따라 금융위원회에 제출하여야 한다.
③ 보험회사는 금융위원회에 제출한 동일 내용의 재무제표 및 사업보고서를 일반인이 열람할 수 있도록 금융위원회에 제출하는 날부터 본점과 지점, 그 밖의 영업소에 비치하거나 7일 이상 신문에 공고하여야 한다.
④ 보험회사는 결산기마다 보험계약의 종류에 따라 대통령으로 정하는 책임준비금과 비상위험준비금을 계상하고 따로 작성한 장부에 각각 기재하여야 한다.

TIP ③ 보험회사는 재무제표 및 사업보고서를 일반인이 열람할 수 있도록 금융위원회에 제출하는 날부터 본점과 지점, 그 밖의 영업소에 비치하거나 전자문서로 제공하여야 한다〈보험업법 제119조(서류의 비치 등)〉.
①② 「보험업법」 제118조(재무제표 등의 제출)
④ 「보험업법」 제120조(책임준비금 등의 적립)

28 **보험업법상 보험약관이해도평가에 관한 설명으로 옳지 않은 것은?**

① 금융위원회는 보험소비자와 보험모집에 종사하는 자 등 대통령령으로 정하는 자를 대상으로 보험약관에 대하여 보험약관의 이해도를 평가하여 공시할 수 있다.
② 금융위원회는 보험소비자 등의 보험약관에 대한 이해도를 평가하기 위하여 평가대행기관을 지정할 수 있다.
③ 보험약관이해도평가에 수반되는 비용의 부담, 평가시기, 평가방법 등 평가에 관한 사항은 금융위원회가 정한다.
④ 금융위원회에 의해 지정된 평가대행기관은 조사대상 보험약관에 대하여 보험소비자 등의 이해도를 평가하고 그 결과를 보험협회에 보고하여야 한다.

TIP 보험약관 등의 이해도 평가〈보험업법 제128조의4〉
① 금융위원회는 보험소비자와 보험의 모집에 종사하는 자 등 대통령령으로 정하는 자(이하 이 조에서 "보험소비자 등"이라 한다)를 대상으로 다음 각 호의 사항에 대한 이해도를 평가하고 그 결과를 대통령령으로 정하는 바에 따라 공시할 수 있다.
1. 보험약관
2. 보험안내자료 중 금융위원회가 정하여 고시하는 자료
② 금융위원회는 제1항에 따른 보험약관과 보험안내자료(이하 이 조에서 "보험약관 등"이라 한다)에 대한 보험소비자등의 이해도를 평가하기 위해 평가대행기관을 지정할 수 있다.
③ 제2항에 따라 지정된 평가대행기관은 조사대상 보험약관 등에 대하여 보험소비자등의 이해도를 평가하고 그 결과를 금융위원회에 보고하여야 한다.
④ 보험약관 등의 이해도 평가에 수반되는 비용의 부담, 평가 시기, 평가 방법 등 평가에 관한 사항은 금융위원회가 정한다.

29 **보험업법상 보험회사가 지켜야 하는 재무건전성 기준에 관한 설명으로 옳지 않은 것은?**

① 보험회사는 보험금 지급능력과 경영건전성 기준을 확보하기 위하여 대출채권 등 보유자산의 건전성을 정기적으로 분류하고 대손충당금을 적립하여야 한다.
② 보험회사의 위험, 유동성 및 재보험의 관리에 관하여 금융위원회가 정하여 고시하는 기준을 충족하여야 한다.
③ 금융위원회는 보험회사가 재무건전성 기준을 지키지 아니하여 경영건전성을 해칠 우려가 있다고 인정되는 경우에는 주식 등 위험자산의 소유제한을 할 수 있다.
④ 보험회사가 적립하여야 하는 지급여력금액에는 자본금, 계약자배당을 위한 준비금, 후순위차입금, 미상각신계약비 등을 합산한 금액이 포함된다.

TIP ④ "지급여력금액"이란 자본금, 계약자배당을 위한 준비금, 대손충당금, 후순위차입금, 그 밖에 이에 준하는 것으로서 금융위원회가 정하여 고시하는 금액을 합산한 금액에서 미상각신계약비, 영업권, 그 밖에 이에 준하는 것으로서 금융위원회가 정하여 고시하는 금액을 뺀 금액을 말한다〈보험업법 시행령 제65조(재무건전성 기준) 제1항〉.
①② 「보험업법 시행령」 제65조(재무건전성 기준) 제2항
③ 「보험업법」 제123조(재무건전성의 유지)

ANSWER
25.③ 26.④ 27.③ 28.④ 29.④

30 보험회사 상호협정에 관한 설명으로 옳지 않은 것은?

① 상호협정을 체결하거나 변경, 폐지할 때에는 원칙적으로 금융위원회의 인가를 필요로 한다.
② 상호협정이 보험업법의 취지에 부합하지 않는 공동행위라면 공정거래법상 정당행위가 될 수 없다는 것이 판례의 태도이다.
③ 금융위원회는 상호협정을 인가하거나 협정에 따를 것을 명함에 있어서 원칙적으로 사전에 공정거래위원회와 협의하여야 한다.
④ 보험회사 간의 합병, 보험회사 신설 등으로 상호협정의 구성원이 변경되는 사항인 경우 금융위원회의 허가를 요한다.

TIP 보험회사가 그 업무에 관한 공동행위를 하기 위하여 다른 보험회사와 상호협정을 체결(변경하거나 폐지하려는 경우를 포함한다)하려는 경우에는 대통령령으로 정하는 바에 따라 금융위원회의 인가를 받아야 한다. 다만, 대통령령으로 정하는 경미한 사항을 변경하려는 경우에는 신고로써 갈음할 수 있다〈보험업법 제125조(상호협정의 인가) 제1항〉.
※ 상호협정의 인가 … 법 제125조 제1항 단서 및 같은 조 제3항 단서에서 "대통령령으로 정하는 경미한 사항"이란 각각 다음 각 호의 사항을 말한다〈보험업법 시행령 제69조 제3항〉.
1. 보험회사의 상호 변경, 보험회사 간의 합병, 보험회사의 신설 등으로 상호협정의 구성원이 변경되는 사항
2. 조문체제의 변경, 자구수정 등 상호협정의 실질적인 내용이 변경되지 아니하는 사항
3. 법령의 제정 · 개정 · 폐지에 따라 수정 · 반영해야 하는 사항

31 보험회사의 기초서류작성 또는 변경에 관한 설명으로 옳은 것을 모두 고른 것은?

㉠ 보험회사는 법령의 제정 · 개정에 따라 새로운 보험상품이 도입되거나 보험상품의 가입이 의무화되는 경우에는 금융위원회에 신고하여야 한다.
㉡ 보험회사는 보험계약자 보호 등을 위하여 대통령령으로 정하는 경우에는 금융위원회에 신고하여야 한다.
㉢ 금융위원회는 보험계약자 보호 등을 위하여 필요하다고 인정되면 보험회사에 대하여 기초서류에 관한 자료 제출을 요구할 수 있다.
㉣ 금융위원회는 보험회사가 기초서류를 제출할 때 보험료 및 책임준비금 산출방법서에 대하여 금융감독원의 검증확인서를 첨부하도록 할 수 있다.

① ㉠㉡㉢　　② ㉡㉢㉣
③ ㉡㉢　　④ ㉠㉣

TIP ㉣ 금융위원회는 보험회사가 제127조 제2항에 따라 기초서류를 신고하는 경우 보험료 및 해약환급금 산출방법서에 대하여 제176조에 따른 보험요율 산출기관 또는 대통령령으로 정하는 보험계리업자(이하 "독립계리업자"라 한다)의 검증확인서를 첨부하도록 할 수 있다〈보험업법 제128조(기초서류에 대한 확인)〉.
㉠㉡ 「보험업법」 제127조(기초서류의 작성 및 제출 등) 제2항
㉢ 「보험업법」 제127조(기초서류의 작성 및 제출 등) 제 제3항

32 보험업법상 보험계약의 이전에 관한 설명으로 옳지 않은 것은? [기출 변형]

① 보험회사는 책임준비금 산출의 기초가 동일한 보험계약의 일부를 이전할 수 있다.

② 보험계약을 이전하려는 보험회사는 그 결의를 한 날부터 2주일 이내에 계약이전의 요지와 각 보험회사의 재무상태표를 공고하여야 한다.

③ 보험계약이전의 공고에는 보험계약자가 이의를 제출할 수 있도록 1개월 이상의 이의제출기간을 부여하여야 한다.

④ 보험계약의 이전을 결의한 때로부터 이전이 종료될 때까지 이전하는 보험계약과 동종의 보험계약을 체결하지 못한다.

TIP ① 보험회사는 계약의 방법으로 책임준비금 산출의 기초가 같은 보험계약의 전부를 포괄하여 다른 보험회사에 이전할 수 있다〈보험업법 제140조(보험계약 등의 이전) 제1항〉.
② 「보험업법」 제141조(보험계약 이전 결의의 공고 및 통지와 이의 제기) 제1항
③ 「보험업법」 제141조(보험계약 이전 결의의 공고 및 통지와 이의 제기) 제2항
④ 「보험업법」 제142조(신계약의 금지)

33 보험회사의 청산에 관한 설명으로 옳지 않은 것은 몇 개인가?

㉠ 금융위원회는 보험회사로 하여금 청산인의 보수를 지급하게 할 수 있다.
㉡ 금융위원회는 청산인을 감독하기 위하여 보험회사의 청산업무와 자산상황을 검사하고 자산의 공탁을 명할 수 있다.
㉢ 청산인은 채권신고기간 내에는 채권자에게 변제를 하지 못한다.
㉣ 보험회사가 보험업의 허가 취소로 해산한 때에는 법원이 청산인을 선임한다.
㉤ 금융위원회는 대표이사 또는 소액주주대표의 청구에 의하여 청산인을 해임할 수 있다.

① 1개
② 2개
③ 3개
④ 4개

TIP ㉣ 보험회사가 보험업의 허가 취소로 해산한 경우에는 금융위원회가 청산인을 선임한다〈보험업법 제156조(청산인) 제1항〉.
㉤ 금융위원회는 감사, 3개월 전부터 계속하여 자본금의 100분의 5 이상의 주식을 가진 주주, 100분의 5 이상의 사원에 해당하는 자의 청구에 따라 청산인을 해임할 수 있다〈보험업법 제156조(청산인) 제4항〉.
㉠ 「보험업법」 제157조(청산인의 보수)
㉡ 「보험업법」 제160조(청산인의 감독)
㉢ 「보험업법」 제159조(채권신고기간 내의 변제)

ANSWER
30.④ 31.① 32.① 33.②

34 보험업법상 선임계리사의 의무에 관한 설명으로 옳지 않은 것은? [기출 변형]

① 선임계리사는 보험회사가 기초서류관리기준을 지키는지를 점검하고 이를 위반하는 경우에는 조사하여 그 결과를 금융위원회에 보고하여야 한다.
② 선임계리사는 보험회사가 금융위원회에 제출하는 서류에 기재된 사항 중 기초서류의 내용 및 보험계약에 의한 배당금의 계산 등이 정당한지 여부를 최종적으로 검증하고 이를 확인하여야 한다.
③ 선임계리사는 그 업무를 할 때 업무상 알게 된 비밀을 누설하면 아니한다.
④ 선임계리사는 보험회사의 기초서류에 법령을 위반한 내용이 있다고 판단하는 경우에는 금융위원회에 보고하여야 한다.

TIP ① 선임계리사는 보험회사가 기초서류관리기준을 지키는지를 점검하고 이를 위반하는 경우에는 조사하여 그 결과를 이사회에 보고하여야 하며, 기초서류에 법령을 위반한 내용이 있다고 판단하는 경우에는 금융위원회에 보고하여야 한다〈보험업법 제184조(선임계리사의 의무 등) 제2항〉.
② 「보험업법」 제184조(선임계리사의 의무 등) 제3항 제2호
③ 「보험업법」 제184조(선임계리사의 의무 등) 제1항
④ 「보험업법」 제184조(선임계리사의 의무 등) 제2항

35 보험업법상 보험조사협의회가 보험조사와 관련하여 심의할 수 있는 사항으로 옳지 않은 것은?

① 보험조사업무의 효율적 수행을 위한 공동 대책의 수립 및 시행에 관한 사항
② 금융위원회가 보험조사협의회의 회의에 부친 사항
③ 보험조사와 관련하여 조사한 정보의 교환에 관한 사항
④ 보험조사와 관련하여 조사 지원에 관한 사항

TIP 협의회의 기능 … 협의회는 보험조사와 관련된 다음의 사항을 심의한다〈보험업법 시행령 제77조〉.
1. 법 제162조에 따른 조사업무의 효율적 수행을 위한 공동 대책의 수립 및 시행에 관한 사항
2. 조사한 정보의 교환에 관한 사항
3. 공동조사의 실시 등 관련 기관 간 협조에 관한 사항
4. 조사 지원에 관한 사항
5. 그 밖에 협의회장이 협의회의 회의에 부친 사항

36 보험업법상 제3자에 대한 보험금 지급보장절차 등에 관한 설명으로 옳지 않은 것은?

① 손해보험회사는 손해보험계약의 제3자에 대한 보험금 지급을 보장하기 위하여 수입보험료 및 책임준비금을 고려하여 대통령령으로 정하는 비율을 곱한 금액을 손해보험협회에 출연하여야 한다.
② 보증보험을 전업으로 하는 손해보험회사도 제3자에 대한 보험금 지급을 보장하기 위하여 수입보험료 및 책임준비금을 고려하여 대통령령으로 정하는 비율을 곱한 금액을 손해보험협회에 출연하여야 한다.
③ 손해보험협회의 장은 지급불능을 보고받은 때에는 금융위원회의 확인을 거쳐 손해보험계약의 제3자에게 대통령령이 정하는 보험금을 지급하여야 한다.
④ 손해보험협회의 장은 출연금을 산정하고 보험금을 지급하기 위하여 필요한 범위에서 손해보험회사의 업무 및 자산상황에 관한 자료제출을 요구할 수 있다.

TIP ② 개별 손해보험회사(재보험과 보증보험을 전업으로 하는 손해보험회사는 제외한다)는 손해보험계약의 제3자에게 손해보험협회가 지급하여야 하는 금액에 산정한 비율을 곱한 금액을 손해보험협회에 출연하여야 한다〈보험업법 시행령 제81조(출연 비율 등) 제1항〉.
① 「보험업법」 제168조(출연) 제1항
③ 「보험업법」 제169조(보험금의 지급) 제1항
④ 「보험업법」 제170조(자료 제출 요구)

37 보험업법상 보험요율 산출기관에 관한 설명으로 옳지 않은 것은?

① 보험회사는 금융위원회의 인가를 받아 보험요율 산출기관을 설립할 수 있다.
② 보험요율 산출기관은 정관으로 정하는 바에 따라 업무와 관련하여 보험회사로부터 수수료를 받을 수 있다.
③ 보험요율 산출기관은 보유정보를 활용하여 주행거리 정보를 제외한 자동차사고 이력 및 자동차 기준가액 정보를 제공할 수 있다.
④ 보험회사 등으로부터 제공받은 보험정보 관리를 위한 전산망 운영업무를 할 수 있다.

TIP ③ 보험요율 산출기관은 보유정보의 활용을 통한 자동차사고 이력, 자동차 기준가액 및 자동차 주행거리의 정보 제공업무를 한다〈보험업법 시행령 제86조(보험요율 산출기관의 업무) 제1호〉.
① 「보험업법」 제176조(보험요율 산출기관) 제1항
② 「보험업법」 제176조(보험요율 산출기관) 제8항
④ 보험업법 시행령 제86조(보험요율 산출기관의 업무) 제2호

ANSWER
34.① 35.② 36.② 37.③

38 보험업법상 손해사정사의 손해사정업무수행 시 금지되는 행위로서 옳지 않은 것은?

① 업무상 알게 된 보험계약자 등에 관한 개인정보를 누설하는 행위
② 보험금 지급을 요건으로 합의서를 작성하거나 합의를 요구하는 행위
③ 자기 또는 자기와 총리령으로 정하는 이해관계를 가진 자의 보험사고에 대하여 손해사정을 하는 행위
④ 금융위원회가 정하는 바에 따라 업무와 관련된 보조인을 두는 행위

TIP ④ 손해사정사는 금융위원회가 정하는 바에 따라 업무와 관련된 보조인을 둘 수 있다〈보험업법 제186조(손해사정사) 제3항〉.
①② 「보험업법」 제189조(손해사정사의 의무 등) 제3항
③ 「보험업법 시행령」 제99조(손해사정사 등의 의무) 제3항 제3호

39 보험업법상 손해사정사에 관한 설명으로 옳지 않은 것은?

① 금융위원회는 손해사정사가 그 직무를 게을리하거나 직무를 수행하면서 부적절한 행위를 한 경우 업무의 정지를 명할 수 있다.
② 손해사정을 업으로 하려는 법인은 2명 이상의 상근 손해사정사를 두어야 한다.
③ 손해사정사는 손해액 및 보험금의 사정업무를 할 수 있으나, 관계법규 적용의 적정성 판단은 할 수 없다.
④ 손해사정사는 정당한 사유 없이 손해사정업무를 지연하거나 충분한 조사를 하지 아니하고 손해액 또는 보험금을 산정하는 행위를 할 수 없다.

TIP ③ 손해사정사 또는 손해사정업자의 업무는 손해 발생 사실의 확인, 보험약관 및 관계 법규 적용의 적정성 판단, 손해액 및 보험금의 사정, 위 업무와 관련된 서류의 작성 · 제출의 대행, 위의 업무 수행과 관련된 보험회사에 대한 의견의 진술이다〈보험업법 제188조(손해사정사 등의 업무)〉.
① 「보험업법」 제192조(감독) 제1항
② 「보험업법」 제187조(손해사정업) 제2항
④ 「보험업법」 제189조(손해사정사의 의무 등) 제3항 제4호

40 보험업법상 미수범 처벌규정에 따라 처벌받는 경우로서 옳지 않은 것은?

① 보험회사 대주주가 보험회사의 이익에 반하여 개인의 이익을 위하여 부당하게 압력을 행사하여 보험회사에게 외부에 공개되지 않은 자료 제공을 요구하는 행위
② 보험계리사가 그 임무를 위반하여 재산상의 이익을 취득하거나 제3자로 하여금 재산상 이익을 취득하게 하여 보험회사에 재산상의 손해를 입히는 행위
③ 상호회사의 청산인이 재산상의 이익을 취득하거나 제3자로 하여금 재산상 이익을 취득하게 하여 보험회사에 재산상의 손해를 입히는 행위
④ 보험계약자 총회 대행기관을 구성하는 자가 그 임무를 위반하여 재산상의 이익을 취득하거나 제3자로 하여금 재산상 이익을 취득하게 하여 보험계약자나 사원에게 손해를 입히는 행위

TIP 제197조 및 제198조의 미수범은 처벌한다〈보험업법 제205조(미수범)〉.

※ 벌칙〈보험업법 제197조〉
① 보험계리사, 손해사정사 또는 상호회사의 발기인, 제70조 제1항에서 준용하는 「상법」 제175조 제1항에 따른 설립위원 · 이사 · 감사, 제59조에서 준용하는 「상법」 제386조 제2항 및 제407조 제1항에 따른 직무대행자나 지배인, 그 밖에 사업에 관하여 어떠한 종류의 사항이나 특정한 사항을 위임받은 사용인이 그 임무를 위반하여 재산상의 이익을 취득하거나 제3자로 하여금 취득하게 하여 보험회사에 재산상의 손해를 입힌 경우에는 10년 이하의 징역 또는 1억원 이하의 벌금에 처한다.
② 상호회사의 청산인 또는 제73조에서 준용하는 「상법」 제386조 제2항 및 제407조 제1항에 따른 직무대행자가 제1항에 열거된 행위를 한 경우에도 제1항과 같다.

※ 제25조 제1항 또는 제54조 제1항의 기관을 구성하는 자가 그 임무를 위반하여 재산상의 이익을 취득하거나 제3자로 하여금 취득하게 하여 보험계약자나 사원에게 손해를 입힌 경우에는 7년 이하의 징역 또는 7천만 원 이하의 벌금에 처한다〈보험업법 제198조(벌칙)〉.

※ 대주주와의 거래제한 등 … 보험회사의 대주주는 해당 보험회사의 이익에 반하여 대주주 개인의 이익을 위하여 부당한 영향력을 행사하기 위하여 해당 보험회사에 대하여 외부에 공개되지 아니한 자료 또는 정보의 제공을 요구하는 행위를 하여서는 아니 된다. 다만, 「금융회사의 지배구조에 관한 법률」 제33조 제7항(제58조에 따라 준용되는 경우를 포함한다)에 해당하는 경우는 제외한다〈보험업법 제111조 제5항 제1호〉.

ANSWER
38.④ 39.③ 40.①

2021년 제44회 보험업법

1 **보험업법상 용어의 정의에 관한 설명으로 옳지 않은 것은?**

① 생명보험업이란 생명보험상품의 취급과 관련하여 발생하는 보험의 인수, 보험료 수수 및 보험금 지급 등을 영업으로 하는 것을 말한다.

② 외국보험회사란 대한민국 이외의 국가의 법령에 따라 설립되어 대한민국 내에서 보험업을 영위하는 자를 말한다.

③ 모집이란 보험계약의 체결을 중개하거나 대리하는 것을 말한다.

④ 신용공여란 대출 또는 유가증권의 매입(자금 지원적성격인 것만 해당한다)이나 그 밖에 금융거래상의 신용위험이 따르는 보험회사의 직접적 · 간접적 거래로서 대통령령으로 정하는 바에 따라 금융위원회가 정하는 거래를 말한다.

TIP ② "외국보험회사"란 대한민국 이외의 국가의 법령에 따라 설립되어 대한민국 이외의 국가에서 보험업을 경영하는 자를 말한다〈보험업법 제2조(정의) 제8호〉.
① 「보험업법」 제2조(정의) 제3호
③ 「보험업법」 제2조(정의) 제12호
④ 「보험업법」 제2조(정의) 제13호

2 **누구든지 보험회사가 아닌 자와 보험계약을 체결하거나 중개 또는 대리하지 못하나, 예외적으로 허용되는 경우를 모두 고른 것은?**

> ㉠ 외국보험회사와 생명보험계약을 체결하는 경우
> ㉡ 외국보험회사와 선박보험계약을 체결하는 경우
> ㉢ 대한민국에서 취급되지 아니하는 보험종목에 관하여 외국보험회사와 보험계약을 체결하는 경우
> ㉣ 외국에서 보험계약을 체결하고 보험기간이 지나기 전에 대한민국에서 그 계약을 지속시키는 경우

① ㉠㉡
② ㉡㉢
③ ㉡㉢㉣
④ ㉠㉡㉢㉣

TIP 보험계약의 체결 … 법 제3조 단서에 따라 보험회사가 아닌 자와 보험계약을 체결할 수 있는 경우는 다음의 어느 하나에 해당하는 경우로 한다〈보험업법 시행령 제7조 제1항〉.
1. 외국보험회사와 생명보험계약, 수출적하보험계약, 수입적하보험계약, 항공보험계약, 여행보험계약, 선박보험계약, 장기상해보험계약 또는 재보험계약을 체결하는 경우
2. 제1호 외의 경우로서 대한민국에서 취급되는 보험종목에 관하여 셋 이상의 보험회사로부터 가입이 거절되어 외국보험회사와 보험계약을 체결하는 경우
3. 대한민국에서 취급되지 아니하는 보험종목에 관하여 외국보험회사와 보험계약을 체결하는 경우
4. 외국에서 보험계약을 체결하고, 보험기간이 지나기 전에 대한민국에서 그 계약을 지속시키는 경우
5. 제1호부터 제4호까지 외에 보험회사와 보험계약을 체결하기 곤란한 경우로서 금융위원회의 승인을 받은 경우

3 **보험업법상 제3보험업의 허가종목을 모두 고른 것은?**

㉠ 연금보험	㉡ 상해보험
㉢ 질병보험	㉣ 퇴직보험
㉤ 간병보험	㉥ 보증보험

① ㉠㉢㉣ ② ㉢㉤㉥
③ ㉡㉢㉤ ④ ㉠㉡㉢

TIP 보험업의 허가 … 보험업을 경영하려는 자는 다음 각 호에서 정하는 보험종목별로 금융위원회의 허가를 받아야 한다〈보험업법 제4조 제1항〉.

1. 생명보험업의 보험종목
   가. 생명보험
   나. 연금보험(퇴직보험을 포함한다)
   다. 그 밖에 대통령령으로 정하는 보험종목
2. 손해보험업의 보험종목
   가. 화재보험
   나. 해상보험(항공 · 운송보험을 포함한다)
   다. 자동차보험
   라. 보증보험
   마. 재보험(再保險)
   바. 그 밖에 대통령령으로 정하는 보험종목
3. 제3보험업의 보험종목
   가. 상해보험
   나. 질병보험
   다. 간병보험
   라. 그 밖에 대통령령으로 정하는 보험종목

4 **보험업의 허가를 받으려는 자가 허가신청 시에는 제출하여야 하나, 보험회사가 취급하는 보험종목을 추가하려는 경우에 제출하지 아니할 수 있는 서류는?**

① 정관
② 업무 시작 후 3년간의 사업계획서(추정재무제표 포함)
③ 경영하려는 보험업의 보험종목별 사업방법서
④ 보험약관

TIP 허가신청서 등의 제출 … 허가를 받으려는 자는 신청서에 다음의 서류를 첨부하여 금융위원회에 제출하여야 한다. 다만, 보험회사가 취급하는 보험종목을 추가하려는 경우에는 제1호의 서류는 제출하지 아니할 수 있다〈보험업법 제5조 제1항〉.

1. 정관
2. 업무 시작 후 3년간의 사업계획서(추정재무제표를 포함한다)
3. 경영하려는 보험업의 보험종목별 사업방법서, 보험약관, 보험료 및 책임준비금의 산출방법서 중 대통령령으로 정하는 서류
4. 제1호부터 3호의 규정에 따른 서류 이외에 대통령령으로 정하는 서류

ANSWER
1.② 2.④ 3.③ 4.①

5 **보험업의 예비허가에 관한 설명으로 옳지 않은 것은?**

① 보험업에 관한 본허가를 신청하려는 자는 미리 금융위원회에 예비허가를 신청할 수 있다.
② 예비허가의 신청을 받은 금융위원회는 3개월 이내에 심사하여 예비허가 여부를 통지하여야 한다.
③ 금융위원회는 예비허가를 하는 경우에 조건을 붙일 수 있다.
④ 금융위원회는 예비허가를 받은 자가 예비허가의 조건을 이행한 후 본허가를 신청하면 허가하여야 한다.

TIP 예비허가〈보험업법 제7조〉
① 제4조에 따른 본허가를 신청하려는 자는 미리 금융위원회에 예비허가를 신청할 수 있다.
② 제1항에 따른 신청을 받은 금융위원회는 2개월 이내에 심사하여 예비허가 여부를 통지하여야 한다. 다만, 총리령으로 정하는 바에 따라 그 기간을 연장할 수 있다.
③ 금융위원회는 제2항에 따른 예비허가에 조건을 붙일 수 있다.
④ 금융위원회는 예비허가를 받은 자가 제3항에 따른 예비허가의 조건을 이행한 후 본허가를 신청하면 허가하여야 한다.
⑤ 예비허가의 기준과 그 밖에 예비허가에 관하여 필요한 사항은 총리령으로 정한다.

6 **보험업의 허가 시 보험종목의 일부만을 취급하려는 보험회사가 납입하여야 하는 보험종목별 자본금 또는 기금의 액수에 관한 설명으로 옳지 않은 것은?**

① 생명보험 : 200억 원
② 연금보험(퇴직보험 포함) : 200억 원
③ 화재보험 : 100억 원
④ 책임보험 : 50억 원

TIP 보험종목별 자본금 또는 기금 … 보험종목의 일부만을 취급하려는 보험회사가 납입하여야 하는 보험종목별 자본금 또는 기금의 액수는 다음의 구분에 따른다〈보험업법 시행령 제12조 제1항〉.
1. 생명보험 : 200억 원
2. 연금보험(퇴직보험을 포함한다) : 200억 원
3. 화재보험 : 100억 원
4. 해상보험(항공 · 운송보험을 포함한다) : 150억 원
5. 자동차보험 : 200억 원
6. 보증보험 : 300억 원
7. 재보험 : 300억 원
8. 책임보험 : 100억 원
9. 기술보험 : 50억 원
10. 권리보험 : 50억 원
11. 상해보험 : 100억 원
12. 질병보험 : 100억 원
13. 간병보험 : 100억 원
14. 제1호부터 제13호까지 외의 보험종목 : 50억 원

7 보험업법상 보험회사는 생명보험업과 손해보험업을 겸영하지 못하나, 예외적으로 겸영이 허용되는 보험종목을 모두 고른 것은? [손해보험업의 보험종목(재보험과 보증보험은 제외) 일부만을 취급하는 보험회사와 제3보험업만을 경영하는 보험회사 제외]

> ㉠ 생명보험의 재보험 및 제3보험의 재보험
> ㉡ 소득세법 제20조의3에 따른 연금저축계약
> ㉢ 해상보험
> ㉣ 자동차보험

① ㉠㉢
② ㉡㉣
③ ㉢㉣
④ ㉠㉡

TIP 보험업 겸영의 제한 … 보험회사는 생명보험업과 손해보험업을 겸영(兼營)하지 못한다. 다만, 다음의 어느 하나에 해당하는 보험종목은 그러하지 아니하다〈보험업법 제10조〉.

1. 생명보험의 재보험 및 제3보험의 재보험
2. 다른 법령에 따라 겸영할 수 있는 보험종목으로서 대통령령으로 정하는 보험종목
3. 대통령령으로 정하는 기준에 따라 제3보험의 보험종목에 부가되는 보험

※ 겸영 가능 보험종목〈보험업법 시행령 제15조 제1항〉

① 법 제10조 "대통령령으로 정하는 보험종목"이란 다음의 보험을 말한다. 다만, 법 제4조 제1항 제2호에 따른 손해보험업의 보험종목(재보험과 보증보험은 제외) 일부만을 취급하는 보험회사와 제3보험업만을 경영하는 보험회사는 겸영할 수 없다.
  1. 「소득세법」 제20조의3 제1항 제2호 각 목 외의 부분에 따른 연금저축계좌를 설정하는 계약
  2. 「근로자퇴직급여 보장법」 제29조 제2항에 따른 보험계약 및 법률 제10967호 근로자퇴직급여 보장법 전부개정법률 부칙 제2조 제1항 본문에 따른 퇴직보험계약

② 법 제10조 "대통령령으로 정하는 기준에 따라 제3보험의 보험종목에 부가되는 보험"이란 질병을 원인으로 하는 사망을 제3보험의 특약 형식으로 담보하는 보험으로서 다음 요건을 충족하는 보험을 말한다.
  1. 보험만기는 80세 이하일 것
  2. 보험금액의 한도는 개인당 2억 원 이내일 것
  3. 만기 시에 지급하는 환급금은 납입보험료 합계액의 범위 내일 것

ANSWER
5.② 6.④ 7.④

8 **보험회사는 경영건전성을 해치거나 보험계약자 보호 및 건전한 거래질서를 해칠 우려가 없는 금융업무를 할 수 있는데, 금융위원회에 신고 후 보험회사가 수행할 수 있는 금융업무에 해당하는 것을 모두 고른 것은? [기출 변형]**

> ㉠ 자산유동화에 관한 법률에 따른 유동화자산의 관리업무
> ㉡ 한국주택금융공사법에 따른 채권유동화자산의 관리업무
> ㉢ 신용정보의 이용 및 보호에 관한 법률에 따른 본인신용정보관리업
> ㉣ 은행법에 따른 은행업
> ㉤ 보험협회 정관에 따른 순보험요율의 산출 · 검증 및 제공

① ㉠㉡㉤
② ㉠㉡㉢
③ ㉡㉢㉣
④ ㉡㉢㉤

TIP 경영업무의 범위 … 법 제11조 제1호에서 "대통령령으로 정하는 금융 관련 법령에서 정하고 있는 금융업무"란 다음 각 호의 어느 하나에 해당하는 업무를 말한다〈보험업법 시행령 제16조 제1항〉.

1. 「자산유동화에 관한 법률」에 따른 유동화자산의 관리업무
2. 삭제 〈2023. 5. 16.〉
3. 「한국주택금융공사법」 에 따른 채권유동화자산의 관리업무
4. 「전자금융거래법」 제28조 제2항 제1호에 따른 전자자금이체업무[같은 법 제2조 제6호에 따른 결제중계시스템(이하 이 호에서 "결제중계시스템"이라 한다)의 참가기관으로서 하는 전자자금이체업무와 보험회사의 전자자금이체업무에 따른 자금정산 및 결제를 위하여 결제중계시스템에 참가하는 기관을 거치는 방식의 전자자금이체업무는 제외한다]
5. 「신용정보의 이용 및 보호에 관한 법률」에 따른 본인신용정보관리업

※ **보험회사의 겸영업무** … 보험회사는 경영건전성을 해치거나 보험계약자 보호 및 건전한 거래질서를 해칠 우려가 없는 금융업무로서 다음 각 호에 규정된 업무를 할 수 있다. 이 경우 보험회사는 제1호 또는 제3호의 업무를 하려면 그 업무를 시작하려는 날의 7일 전까지 금융위원회에 신고하여야 한다〈보험업법 제11조〉.

1. 대통령령으로 정하는 금융 관련 법령에서 정하고 있는 금융업무로서 해당 법령에서 보험회사가 할 수 있도록 한 업무
2. 대통령령으로 정하는 금융업으로서 해당 법령에 따라 인가 · 허가 · 등록 등이 필요한 금융업무
3. 그 밖에 보험회사의 경영건전성을 해치거나 보험계약자 보호 및 건전한 거래질서를 해칠 우려가 없다고 인정되는 금융업무로서 대통령령으로 정하는 금융업무

9 금융위원회가 보험회사의 부수업무에 대하여 제한하거나 시정할 것을 명할 수 있는 사유에 해당하는 것을 모두 고른 것은?

> ㉠ 보험회사의 경영건전성을 해치는 경우
> ㉡ 보험계약자 보호에 지장을 가져오는 경우
> ㉢ 금융시장의 안정성을 해치는 경우

① ㉠㉡
② ㉡㉢
③ ㉠㉢
④ ㉠㉡㉢

TIP 보험회사의 부수업무〈보험업법 제11조의2〉

① 보험회사는 보험업에 부수(附隨)하는 업무를 하려면 그 업무를 하려는 날의 7일 전까지 금융위원회에 신고하여야 한다. 다만, 제5항에 따라 공고된 다른 보험회사의 부수업무(제한명령 또는 시정명령을 받은 것은 제외)와 같은 부수업무를 하려는 경우에는 신고를 하지 아니하고 그 부수업무를 할 수 있다.
② 금융위원회는 제1항에 따른 신고를 받은 경우 그 내용을 검토하여 이 법에 적합하면 신고를 수리하여야 한다.
③ 금융위원회는 보험회사가 하는 부수업무가 다음의 어느 하나에 해당하면 그 부수업무를 하는 것을 제한하거나 시정할 것을 명할 수 있다.
  1. 보험회사의 경영건전성을 해치는 경우
  2. 보험계약자 보호에 지장을 가져오는 경우
  3. 금융시장의 안정성을 해치는 경우
④ 제3항에 따른 제한명령 또는 시정명령은 그 내용 및 사유가 구체적으로 적힌 문서로 하여야 한다.
⑤ 금융위원회는 제1항에 따라 신고받은 부수업무 및 제3항에 따라 제한명령 또는 시정명령을 한 부수업무를 대통령령으로 정하는 방법에 따라 인터넷 홈페이지 등에 공고하여야 한다.

ANSWER

8.② 9.④

10 보험회사인 주식회사에 관한 설명으로 괄호 안에 들어갈 내용을 순서대로 연결한 것은?

> ㉠ 보험회사인 주식회사가 자본감소를 결의한 경우에는 그 결의를 한 날부터 ( )주 이내에 결의의 요지와 대차대조표를 공고하여야 한다.
> ㉡ 주식회사는 그 조직을 변경하여 ( )로 변경할 수 있다.
> ㉢ 주식회사는 조직 변경을 결의할 때 ( )총회를 갈음하는 기관에 관한 사항을 정할 수 있다.
> ㉣ 주식회사의 조직 변경은 ( )의 결의를 거쳐야 한다.

① 4 – 합자회사 – 보험자 – 이사회
② 4 – 주식회사 – 보험수익자 – 이사회
③ 2 – 상호회사 – 보험계약자 – 주주총회
④ 2 – 합명회사 – 보험수익자 – 보험계약자 총회

TIP ㉠ 보험회사인 주식회사가 자본감소를 결의한 경우에는 그 결의를 한 날부터 2주 이내에 결의의 요지와 재무상태표를 공고하여야 한다〈보험업법 제18조(자본감소) 제1항〉.
㉡ 주식회사는 그 조직을 변경하여 상호회사로 할 수 있다〈보험업법 제20조(조직 변경) 제1항〉.
㉢ 주식회사는 조직 변경을 결의할 때 보험계약자 총회를 갈음하는 기관에 관한 사항을 정할 수 있다〈보험업법 제25조(보험계약자 총회 대행기관) 제1항〉.
㉣ 주식회사의 조직 변경은 주주총회의 결의를 거쳐야 한다〈보험업법 제21조(조직 변경 결의) 제1항〉.

11 상호회사에 관한 설명으로 옳지 않은 것은?

① 상호회사의 발기인은 정관을 작성하여 법에서 정한 일정한 사항을 적고 기명날인하여야 한다.
② 상호회사는 그 명칭 중에 상호회사라는 글자를 포함하여야 한다.
③ 상호회사의 기금은 금전 이외의 자산으로 납입할 수 있다.
④ 상호회사는 100명 이상의 사원으로써 설립한다.

TIP ③ 상호회사의 기금은 금전 이외의 자산으로 납입하지 못한다〈보험업법 제36조(기금의 납입) 제1항〉.
① 「보험업법」 제34조(정관기재사항)
② 「보험업법」 제35조(명칭)
④ 「보험업법」 제37조(사원의 수)

12 **상호회사의 창립총회 및 설립등기에 관한 설명으로 괄호 안에 들어갈 내용을 순서대로 연결한 것은?**

㉠ 상호회사의 발기인은 상호회사의 기금의 납입이 끝나고 사원의 수가 예정된 수가 되면 그날부터 ( )일 이내에 창립총회를 소집하여야 한다.
㉡ 창립총회는 사원 과반수의 출석과 그 의결권의 ( ) 이상의 찬성으로 결의한다.
㉢ 상호회사의 설립등기는 창립총회가 끝난 날부터 ( )주 이내에 하여야 한다.

	㉠	㉡	㉢
①	7	3분의 2	4
②	7	4분의 3	2
③	14	3분의 2	2
④	14	4분의 3	4

TIP ㉠ 상호회사의 발기인은 상호회사의 기금의 납입이 끝나고 사원의 수가 예정된 수가 되면 그 날부터 7일 이내에 창립총회를 소집하여야 한다〈보험업법 제39조(창립총회) 제1항〉.
㉡ 창립총회는 사원 과반수의 출석과 그 의결권의 4분의 3 이상의 찬성으로 결의한다〈보험업법 제39조(창립총회) 제2항〉.
㉢ 상호회사의 설립등기는 창립총회가 끝난 날부터 2주 이내에 하여야 한다〈보험업법 제40조(설립등기) 제1항〉.

13 **상호회사의 기관에 관한 설명으로 옳지 않은 것은? [기출 변형]**

① 상호회사는 사원총회를 갈음할 기관을 정관으로 정할 수 있다.
② 상호회사의 사원은 정관에 특별한 규정이 있는 경우를 제외하고는 사원총회에서 각각 1개의 의결권을 가진다.
③ 상호회사의 100분의 5 이상의 사원은 회의 목적과 그 소집의 이유를 적은 서면을 이사에게 제출하여 사원총회의 소집을 청구할 수 있다.
④ 상호회사의 사원과 채권자는 언제든지 정관과 사원총회 및 이사회의 의사록을 열람하거나 복사할 수 있다.

TIP ④ 상호회사의 이사는 정관과 사원총회 및 이사회의 의사록을 각 사무소에, 사원명부를 주된 사무소에 비치하여야 한다. 상호회사의 사원과 채권자는 영업시간 중에는 언제든지 제1항의 서류를 열람하거나 복사할 수 있고, 회사가 정한 비용을 내면 그 등본 또는 초본의 발급을 청구할 수 있다〈보험업법 제57조(서류의 비치와 열람 등)〉.
①「보험업법」 제54조(사원총회 대행기관) 제1항
②「보험업법」 제55조(의결권)
③「보험업법」 제56조(총회소집청구권) 제1항

ANSWER
10.③ 11.③ 12.② 13.④

14 보험대리점으로 등록이 제한되는 자가 아닌 것은?

① 파산선고를 받은 자로서 복권되지 아니한 자
② 보험회사를 퇴직한 직원
③ 다른 보험회사 등의 임직원
④ 국가기관의 퇴직자로 구성된 법인 또는 단체

TIP 보험대리점의 등록〈보험업법 제87조〉

① 보험대리점이 되려는 자는 개인과 법인을 구분하여 대통령령으로 정하는 바에 따라 금융위원회에 등록하여야 한다.

② 다음 각 호의 어느 하나에 해당하는 자는 보험대리점이 되지 못한다.

1. 제84조 제2항 각 호의 어느 하나에 해당하는 자
2. 보험설계사 또는 보험중개사로 등록된 자
3. 다른 보험회사 등의 임직원
4. 외국의 법령에 따라 제1호에 해당하는 것으로 취급되는 자
5. 그 밖에 경쟁을 실질적으로 제한하는 등 불공정한 모집행위를 할 우려가 있는 자로서 대통령령으로 정하는 자

③ 금융위원회는 제1항에 따른 등록을 한 보험대리점으로 하여금 금융위원회가 지정하는 기관에 영업보증금을 예탁하게 할 수 있다.

④ 보험대리점의 구분, 등록요건, 영업기준 및 영업보증금의 한도액 등에 관하여 필요한 사항은 대통령령으로 정한다.

※ 보험설계자의 등록 … 다음 각 호의 어느 하나에 해당하는 자는 보험설계사가 되지 못한다〈보험업법 제84조 제2항〉.

1. 피성년후견인 또는 피한정후견인
2. 파산선고를 받은 자로서 복권되지 아니한 자
3. 이 법 또는 「금융소비자 보호에 관한 법률」에 따라 벌금 이상의 형을 선고받고 그 집행이 끝나거나(집행이 끝난 것으로 보는 경우를 포함한다) 집행이 면제된 날부터 2년이 지나지 아니한 자
4. 이 법 또는 「금융소비자 보호에 관한 법률」에 따라 금고 이상의 형의 집행유예를 선고받고 그 유예기간 중에 있는 자
5. 이 법에 따라 보험설계사·보험대리점 또는 보험중개사의 등록이 취소(제1호 또는 제2호에 해당하여 등록이 취소된 경우는 제외한다)된 후 2년이 지나지 아니한 자
6. 제5호에도 불구하고 이 법에 따라 보험설계사·보험대리점 또는 보험중개사 등록취소 처분을 2회 이상 받은 경우 최종 등록취소 처분을 받은 날부터 3년이 지나지 아니한 자
7. 이 법 또는 「금융소비자 보호에 관한 법률」에 따라 과태료 또는 과징금 처분을 받고 이를 납부하지 아니하거나 업무정지 및 등록취소 처분을 받은 보험대리점·보험중개사 소속의 임직원이었던 자(처분사유의 발생에 관하여 직접 또는 이에 상응하는 책임이 있는 자로서 대통령령으로 정하는 자만 해당한다)로서 과태료·과징금·업무정지 및 등록취소 처분이 있었던 날부터 2년이 지나지 아니한 자
8. 영업에 관하여 성년자와 같은 능력을 가지지 아니한 미성년자로서 그 법정대리인이 제1호부터 제7호까지의 규정 중 어느 하나에 해당하는 자
9. 법인 또는 법인이 아닌 사단이나 재단으로서 그 임원이나 관리인 중에 제1호부터 제7호까지의 규정 중 어느 하나에 해당하는 자가 있는 자
10. 이전에 모집과 관련하여 받은 보험료, 대출금 또는 보험금을 다른 용도에 유용(流用)한 후 3년이 지나지 아니한 자

※ 보험대리점의 등록 제한〈보험업법 시행령 제32조〉

① 법 제87조 제2항 제5호에서 "대통령령으로 정하는 자"란 다음 각 호의 어느 하나에 해당하는 자를 말한다.

1. 국가기관과 특별법에 따라 설립된 기관 및 그 기관의 퇴직자로 구성된 법인 또는 단체
2. 제1호의 기관, 「금융지주회사법」에 따른 금융지주회사 또는 법 제91조 제1항 각 호의 금융기관(겸영업무로 「자본시장과 금융투자업에 관한 법률」에 따른 투자매매업 또는 투자중개업 인가를 받은 보험회사는 제외한다)이 출연·출자하는 등 금융위원회가 정하여 고시하는 방법과 기준에 따라 사실상의 지배력을 행사하고 있다고 인정되는 법인 또는 단체
3. 「금융위원회의 설치 등에 관한 법률」 제38조 각 호의 기관 중 다음 각 목의 기관을 제외한 기관
   가. 법 제91조 제1항 각 호의 금융기관
   나. 「금융위원회의 설치 등에 관한 법률」 제38조 제9호에 따른 기관 중 금융위원회가 정하여 고시하는 기관
4. 제1호부터 제3호까지의 법인·단체 또는 기관의 임원 또는 직원
5. 그 밖에 보험대리점을 운영하는 것이 공정한 보험거래질서 확립 및 보험대리점 육성을 저해한다고 금융위원회가 인정하는 자

② 제1항 제3호에도 불구하고 「전자금융거래법」 제2조 제4호에 따른 전자금융업자(법 제91조제1항 각 호의 금융기관은 제외한다)는 간단손해보험대리점으로 등록할 수 있다

15 보험업법상 보험을 모집할 수 없는 자에 해당하는 것은?

① 보험중개사
② 보험회사의 사외이사
③ 보험회사의 직원
④ 보험설계사

TIP 모집을 할 수 있는 자는 보험설계사, 보험대리점, 보험중개사, 보험회사의 임원(대표이사 · 사외이사 · 감사 및 감사위원은 제외한다. 이하 이 장에서 같다) 또는 직원 중 어느 하나에 해당하는 자이어야 한다〈보험업법 제83조(모집할 수 있는 자) 제1항〉.

16 보험설계사의 모집 제한의 예외에 해당하는 것을 모두 고른 것은? [기출 변형]

㉠ 생명보험회사에 소속된 보험설계사가 1개의 손해보험회사를 위하여 모집하는 경우
㉡ 제3보험업을 전업(專業)으로 하는 보험회사에 소속된 보험설계사가 1개의 손해보험회사를 위하여 모집을 하는 경우
㉢ 손해보험회사 또는 제3보험업을 전업으로 하는 보험회사에 소속된 보험설계사가 1개의 생명보험회사를 위하여 모집을 하는 경우
㉣ 생명보험회사나 손해보험회사에 소속된 보험설계사가 1개의 제3보험업을 전업으로 하는 보험회사를 위하여 모집을 하는 경우

① ㉠㉡
② ㉢㉣
③ ㉠㉡㉣
④ ㉠㉡㉢㉣

TIP 보험설계사에 의한 모집의 제한〈보험업법 제85조〉

① 보험회사 등은 다른 보험회사 등에 소속된 보험설계사에게 모집을 위탁하지 못한다.
② 보험설계사는 자기가 소속된 보험회사 등 이외의 자를 위하여 모집을 하지 못한다.
③ 다음 각 호의 어느 하나에 해당하는 경우에는 제1항 및 제2항을 적용하지 아니한다.
  1. 생명보험회사 또는 제3보험업을 전업(專業)으로 하는 보험회사에 소속된 보험설계사가 1개의 손해보험회사를 위하여 모집을 하는 경우
  2. 손해보험회사 또는 제3보험업을 전업으로 하는 보험회사에 소속된 보험설계사가 1개의 생명보험회사를 위하여 모집을 하는 경우
  3. 생명보험회사나 손해보험회사에 소속된 보험설계사가 1개의 제3보험업을 전업으로 하는 보험회사를 위하여 모집을 하는 경우
④ 제3항을 적용받는 보험회사 및 보험설계사가 모집을 할 때 지켜야 할 사항은 대통령령으로 정한다.

ANSWER
14.② 15.② 16.④

17 **보험중개사에 관한 설명으로 옳지 않은 것은?**

① 부채가 자산을 초과하는 법인은 보험중개사 등록이 제한된다.
② 등록한 보험중개사는 보험계약자에게 입힌 손해의 배상을 보장하기 위하여 은행법상의 은행에 영업보증금을 예탁하여야 한다.
③ 보험중개사의 영업보증금은 개인은 1억 원 이상, 법인은 3억 원 이상이지만, 금융기관보험중개사에 대해서는 영업보증금 예탁의무가 면제된다.
④ 보험중개사는 개인보험중개사와 법인보험중개사로 구분하고, 각각 생명보험중개사 · 손해보험중개사 및 제3보험중개사로 구분한다.

TIP ② 금융위원회는 등록을 한 보험중개사가 보험계약체결 중개와 관련하여 보험계약자에게 입힌 손해의 배상을 보장하기 위하여 보험중개사로 하여금 금융위원회가 지정하는 기관에 영업보증금을 예탁하게 하거나 보험가입, 그 밖에 필요한 조치를 하게 할 수 있다〈보험업법 제89조(보험중개사의 등록) 제3항〉.
① 「보험업법」 제89조(보험중개사의 등록) 제2항 제5호
③ 「보험업법 시행령」 제37조(보험중개사의 영업보증금) 제1항
④ 「보험업법 시행령」 제34조(보험중개사의 구분 및 등록요건 등) 제1항

18 **보험업법상 보험모집에 관한 설명으로 옳은 것은?**

① 보험회사는 사망보험계약의 모집에 있어서 피보험자가 다른 사망보험계약을 체결하고 있는지를 확인할 의무를 진다.
② 보험회사는 보험계약의 체결 시부터 보험금 지급 시까지의 주요 과정을 모든 보험계약자에게 설명하여야 한다.
③ 보험회사는 보험안내자료에 보험계약에 관한 모든 사항을 명백하고 알기 쉽게 적어야 한다.
④ 통신수단을 이용하여 보험모집을 한 경우 보험회사는 보험계약자가 계약을 체결하기 전에 통신수단을 이용한 계약해지에 동의한 경우에 한하여 통신수단을 이용할 수 있도록 하여야 한다.

TIP ④ 「보험업법」 제96조(통신수단을 이용한 모집 · 철회 및 해지 등 관련 준수사항)
① 보험회사 또는 보험의 모집에 종사하는 자는 대통령령으로 정하는 보험계약을 모집하기 전에 보험계약자가 되려는 자의 동의를 얻어 모집하고자 하는 보험계약과 동일한 위험을 보장하는 보험계약을 체결하고 있는지를 확인하여야 하며 확인한 내용을 보험계약자가 되려는 자에게 즉시 알려야 한다〈보험업법 제95조의5(중복계약 체결 확인 의무) 제1항〉. "대통령령으로 정하는 보험계약"이란 실제 부담한 의료비만 지급하는 제3보험상품계약(이하 "실손의료보험계약"이라 한다)과 실제 부담한 손해액만을 지급하는 것으로서 금융감독원장이 정하는 보험상품계약(이하 "기타손해보험계약"이라 한다)을 말한다. 다만, 여행 중 발생한 위험을 보장하는 보험계약으로서 「관광진흥법」 제4조에 따라 등록한 여행업자가 여행자를 위하여 일괄 체결하는 보험계약, 특정 단체가 그 단체의 구성원을 위하여 일괄 체결하는 보험계약, 국외여행 · 연수 또는 유학 등 국외체류 중 발생한 위험을 보장하는 보험계약은 제외한다〈보험업법 시행령 제42조의5(중복계약 체결 확인 의무) 제1항〉.
② 보험회사는 보험계약의 체결 시부터 보험금 지급 시까지의 주요 과정을 대통령령으로 정하는 바에 따라 일반보험계약자에게 설명하여야 한다. 다만, 일반보험계약자가 설명을 거부하는 경우에는 그러하지 아니하다〈보험업법 제95조의2(설명의무 등) 제3항〉.
③ 모집을 위하여 사용하는 보험안내자료(이하 "보험안내자료"라 한다)에는 보험회사의 상호나 명칭 또는 보험설계사 · 보험대리점 또는 보험중개사의 이름 · 상호나 명칭, 보험 가입에 따른 권리 · 의무에 관한 주요 사항, 보험약관으로 정하는 보장에 관한 사항, 보험금 지급제한 조건에 관한 사항, 해약환급금에 관한 사항, 「예금자보호법」에 따른 예금자보호와 관련된 사항, 그 밖에 보험계약자를 보호하기 위하여 대통령령으로 정하는 사항을 명백하고 알기 쉽게 적어야 한다〈보험업법 제95조(보험안내자료) 제1항〉.

19 **보험업법상 보험계약의 모집 등에 있어서 모집 종사자 등의 금지행위에 관한 설명으로 옳은 것은?**

① 모집종사자 등은 다른 모집 종사자의 동의가 있다 하더라도 다른 모집 종사자의 명의를 이용하여 보험계약을 모집하는 행위를 하여서는 아니 된다.
② 모집종사자 등은 기존보험계약이 소멸된 날부터 1개월이 경과하지 않는 한 그 보험계약자가 손해발생 가능성을 알고 있음을 자필로 서명하더라도 그와 새로운 보험계약을 체결할 수는 없다.
③ 모집종사자 등은 실제 명의인의 동의가 있다 하더라도 보험계약청약자와 보험계약을 체결하여서는 아니 된다.
④ 모집종사자 등은 피보험자의 자필서명이 필요한 경우에 그 피보험자로부터 자필서명을 받지 아니하고 서명을 대신하여 보험계약을 체결할 수 있다.

TIP 보험계약의 체결 또는 모집에 관한 금지행위 … 보험계약의 체결 또는 모집에 종사하는 자는 그 체결 또는 모집에 관하여 다음 각 호의 어느 하나에 해당하는 행위를 하여서는 아니 된다〈보험업법 제97조 제1항〉

1. 삭제 〈2020. 3. 24.〉
2. 삭제 〈2020. 3. 24.〉
3. 삭제 〈2020. 3. 24.〉
4. 삭제 〈2020. 3. 24.〉
5. 보험계약자 또는 피보험자로 하여금 이미 성립된 보험계약(이하 이 조에서 "기존보험계약"이라 한다)을 부당하게 소멸시킴으로써 새로운 보험계약(대통령령으로 정하는 바에 따라 기존보험계약과 보장 내용 등이 비슷한 경우만 해당한다. 이하 이 조에서 같다)을 청약하게 하거나 새로운 보험계약을 청약하게 함으로써 기존보험계약을 부당하게 소멸시키거나 그 밖에 부당하게 보험계약을 청약하게 하거나 이러한 것을 권유하는 행위
6. 실제 명의인이 아닌 자의 보험계약을 모집하거나 실제 명의인의 동의가 없는 보험계약을 모집하는 행위
7. 보험계약자 또는 피보험자의 자필서명이 필요한 경우에 보험계약자 또는 피보험자로부터 자필서명을 받지 아니하고 서명을 대신하거나 다른 사람으로 하여금 서명하게 하는 행위
8. 다른 모집 종사자의 명의를 이용하여 보험계약을 모집하는 행위
9. 보험계약자 또는 피보험자와의 금전대차의 관계를 이용하여 보험계약자 또는 피보험자로 하여금 보험계약을 청약하게 하거나 이러한 것을 요구하는 행위
10. 정당한 이유 없이 「장애인차별금지 및 권리구제 등에 관한 법률」 제2조에 따른 장애인의 보험가입을 거부하는 행위
11. 보험계약의 청약철회 또는 계약 해지를 방해하는 행위

ANSWER

17.② 18.④ 19.①

20 **보험업법상 보험계약의 체결 또는 모집과 관련하여 모집 종사자가 보험계약자 등에게 제공할 수 있는 특별이익에 해당하는 것은 모두 몇 개인가?**

㉠ 보험계약체결 시부터 최초 1년간 납입되는 보험료의 총액이 40만 원인 경우 3만 원 ㉡ 기초서류에서 정한 사유에 근거한 보험료의 할인 ㉢ 기초서류에서 정한 보험금액보다 많은 보험금액의 지급 약속 ㉣ 보험계약자를 위한 보험료의 대납 ㉤ 보험료로 받은 수표 또는 어음에 대한 이자 상당액의 대납

① 1개
② 2개
③ 3개
④ 4개

TIP 특별이익의 제공 금지 … 보험계약의 체결 또는 모집에 종사하는 자는 그 체결 또는 모집과 관련하여 보험계약자나 피보험자에게 다음의 어느 하나에 해당하는 특별이익을 제공하거나 제공하기로 약속하여서는 아니 된다〈보험업법 제98조〉.

1. 금품(대통령령으로 정하는 금액을 초과하지 아니하는 금품 제외)
2. 기초서류에서 정한 사유에 근거하지 아니한 보험료의 할인 또는 수수료의 지급
3. 기초서류에서 정한 보험금액보다 많은 보험금액의 지급 약속
4. 보험계약자나 피보험자를 위한 보험료의 대납
5. 보험계약자나 피보험자가 해당 보험회사로부터 받은 대출금에 대한 이자의 대납
6. 보험료로 받은 수표 또는 어음에 대한 이자 상당액의 대납
7. 「상법」 제682조에 따른 제3자에 대한 청구권 대위행사의 포기

※ 법 제98조 "대통령령으로 정하는 금액"이란 보험계약체결 시부터 최초 1년간 납입되는 보험료의 100분의 10과 3만 원 중 적은 금액을 말한다〈보험업법 시행령 제46조(특별이익의 제공 금지)〉.

21 **보험업법상 자기계약의 금지에 관한 설명으로 괄호 안에 들어갈 내용이 순서대로 연결된 것은?**

> 보험대리점 또는 보험중개사가 모집한 자기 또는 자기를 고용하고 있는 자를 보험계약자나 피보험자로 하는 보험의 (㉠)이 그 보험대리점 또는 보험중개사가 모집한 보험의 보험료의 (㉡)을 초과하게 된 경우에는 그 보험대리점 또는 보험중개사는 자기 또는 자기를 고용하고 있는 자를 보험계약자 또는 피보험자로 하는 보험을 모집하는 것을 그 주된 목적으로 한 것으로 본다.

① ㉠ 보험료 누계액 ㉡ 100분의 50
② ㉠ 보험료 가입액 ㉡ 100분의 50
③ ㉠ 보험료 누계액 ㉡ 100분의 70
④ ㉠ 보험료 가입액 ㉡ 100분의 70

TIP 자기계약의 금지〈보험업법 제101조〉
① 보험대리점 또는 보험중개사는 자기 또는 자기를 고용하고 있는 자를 보험계약자 또는 피보험자로 하는 보험을 모집하는 것을 주된 목적으로 하지 못한다.
② 보험대리점 또는 보험중개사가 모집한 자기 또는 자기를 고용하고 있는 자를 보험계약자나 피보험자로 하는 보험의 보험료 누계액(累計額)이 그 보험대리점 또는 보험중개사가 모집한 보험의 보험료의 100분의 50을 초과하게 된 경우에는 그 보험대리점 또는 보험중개사는 제1항을 적용할 때 자기 또는 자기를 고용하고 있는 자를 보험계약자 또는 피보험자로 하는 보험을 모집하는 것을 그 주된 목적으로 한 것으로 본다.

22 **금융기관보험대리점 등의 보험 모집에 관한 설명으로 옳지 않은 것은?**

① 해당 금융기관이 보험회사가 아니라 보험대리점 또는 보험중개사라는 사실을 보험계약을 청약하는 자에게 알려야 한다.
② 보험업법상 모집할 수 있는 자 이외에 해당 금융기관의 임직원에게 모집하도록 하여서는 아니 된다.
③ 금융기관보험대리점 등은 해당 금융기관의 점포 외의 장소에서 보험 모집을 할 수 없다.
④ 보험계약자 등의 보험민원을 접수하여 처리할 전담창구를 모집행위를 한 해당 지점별로 설치·운영하여야 한다.

TIP ④ 「보험업법」 제100조 제2항 제4호에서 "대통령령으로 정하는 사항"이란 보험계약자 등의 보험민원을 접수하여 처리할 전담창구를 해당 금융기관의 본점에 설치·운영하는 것을 말한다〈보험업법 시행령 제48조(금융기관보험대리점등의 금지행위 등) 제2항〉
① 「보험업법」 제100조(금융기관보험대리점등의 금지행위 등) 제2항 제2호
② 「보험업법」 제100조(금융기관보험대리점등의 금지행위 등) 제1항 제3호
③ 「보험업법」 제100조(금융기관보험대리점등의 금지행위 등) 제1항 제43호

ANSWER
20.② 21.① 22.④

23 보험업법상 보험회사의 자산운용 방법으로 허용되지 않는 것은?

① 저당권의 실행으로 취득하는 비업무용 부동산의 소유
② 해당 보험회사의 임직원에 대한 보험약관에 따른 대출
③ 부동산을 매입하려는 일반인에 대한 대출
④ 해당 보험회사의 주식을 사도록 하기 위한 간접적인 대출

TIP 금지 또는 제한되는 자산운용〈보험업법 제105조〉

1. 대통령령으로 정하는 업무용 부동산이 아닌 부동산(저당권 등 담보권의 실행으로 취득하는 부동산 제외)의 소유
2. 제108조 제1항 제2호에 따라 설정된 특별계정을 통한 부동산의 소유
3. 상품이나 유가증권에 대한 투기를 목적으로 하는 자금의 대출
4. 직접 · 간접을 불문하고 해당 보험회사의 주식을 사도록 하기 위한 대출
5. 직접 · 간접을 불문하고 정치자금의 대출
6. 해당 보험회사의 임직원에 대한 대출(보험약관에 따른 대출 및 금융위원회가 정하는 소액대출 제외)
7. 자산운용의 안정성을 크게 해칠 우려가 있는 행위로서 대통령령으로 정하는 행위

24 보험업법상 특별계정에 관한 설명으로 옳지 않은 것은?

① 「근로자퇴직급여 보장법」 제16조 제2항에 따른 퇴직보험계약의 경우 특별계정을 설정하여 운용할 수 있다.
② 보험회사는 특별계정에 속하는 자산을 다른 특별계정에 속하는 자산 및 그 밖의 자산과 구분하여 회계처리 하여야 한다.
③ 보험회사는 변액보험계약 특별계정의 자산으로 취득한 주식에 대하여 의결권을 행사할 수 없다.
④ 보험회사는 특별계정에 속하는 이익을 그 계정상의 보험계약자에게 분배할 수 있다.

TIP 보험회사는 특별계정(법 제108조 제1항 제3호의 계약에 따라 설정된 특별계정은 제외한다)의 자산으로 취득한 주식에 대하여 의결권을 행사할 수 없다. 다만, 주식을 발행한 회사의 합병, 영업의 양도 · 양수, 임원의 선임, 그 밖에 이에 준하는 사항으로서 특별계정의 자산에 손실을 초래할 것이 명백하게 예상되는 사항에 관하여는 그러하지 아니하다〈보험업법 시행령 제53조(특별계정자산의 운용비율) 제1항〉.

※ 특별계정의 설정 · 운용〈보험업법 제108조〉

① 보험회사는 다음의 어느 하나에 해당하는 계약에 대하여는 대통령령으로 정하는 바에 따라 그 준비금에 상당하는 자산의 전부 또는 일부를 그 밖의 자산과 구별하여 이용하기 위한 특별계정을 각각 설정하여 운용할 수 있다.
1. 「소득세법」 제20조의3 제1항 제2호 각 목 외의 부분에 따른 연금저축계좌를 설정하는 계약
2. 「근로자퇴직급여 보장법」 제29조 제2항에 따른 보험계약 및 법률 제10967호 근로자퇴직급여 보장법 전부개정법률 부칙 제2조 제1항 본문에 따른 퇴직보험계약
3. 변액보험계약(보험금이 자산운용의 성과에 따라 변동하는 보험계약)
4. 그 밖에 금융위원회가 필요하다고 인정하는 보험계약

② 보험회사는 특별계정에 속하는 자산은 다른 특별계정에 속하는 자산 및 그 밖의 자산과 구분하여 회계처리하여야 한다.
③ 보험회사는 특별계정에 속하는 이익을 그 계정상의 보험계약자에게 분배할 수 있다.
④ 특별계정에 속하는 자산의 운용방법 및 평가, 이익의 분배, 자산운용실적의 비교 · 공시, 운용전문 인력의 확보, 의결권 행사의 제한 등 보험계약자 보호에 필요한 사항은 대통령령으로 정한다.

25 보험업법상 A손해보험주식회사(모회사)와 B주식회사(자회사) 간에 금지되는 행위를 모두 고른 것은?

> ㉠ A가 B 보유의 주식을 담보로 B에게 대출하는 행위
> ㉡ A가 자신이 보유하고 있는 토지를 B에게 정상가격으로 매도하는 행위
> ㉢ B가 A의 대표이사에게 무이자로 대여하는 행위
> ㉣ B가 C회사를 설립할 때 A가 B에게 C회사 주식을 취득할 자금을 지원하는 행위
> ㉤ A가 외국에서 보험업을 경영하는 B를 설립한 지 3년이 되는 시점에 A의 무형자산을 무상으로 제공하는 행위

① ㉠㉡㉢　　② ㉡㉢㉣
③ ㉢㉣㉤　　④ ㉠㉢㉣

TIP 자회사와의 금지행위 … 보험회사는 자회사와 다음 각 호의 행위를 하여서는 아니 된다〈보험업법 제116조〉.

1. 자산을 대통령령으로 정하는 바에 따라 무상으로 양도하거나 일반적인 거래 조건에 비추어 해당 보험회사에 뚜렷하게 불리한 조건으로 매매 · 교환 · 신용공여 또는 재보험계약을 하는 행위
2. 자회사가 소유하는 주식을 담보로 하는 신용공여 및 자회사가 다른 회사에 출자하는 것을 지원하기 위한 신용공여
3. 자회사 임직원에 대한 대출(보험약관에 따른 대출과 금융위원회가 정하는 소액대출은 제외한다)

26 보험업법상 재무제표 등에 관한 설명으로 괄호 안에 들어갈 내용이 순서대로 연결된 것은?

> 보험업법상 보험회사는 매년 (㉠)에 그 장부를 폐쇄하여야 하고 장부를 폐쇄한 날부터 (㉡) 이내에 금융위원회가 정하는 바에 따라 재무제표(부속명세서를 포함한다) 및 사업보고서를 (㉢)에 제출하여야 한다.

	㉠	㉡	㉢
①	3월 31일	1개월	금융감독원
②	3월 31일	3개월	금융위원회
③	12월 31일	1개월	금융감독원
④	12월 31일	3개월	금융위원회

TIP 재무제표 등의 제출〈보험업법 제118조〉

① 보험회사는 매년 대통령령으로 정하는 날 그 장부를 폐쇄하여야 하고 장부를 폐쇄한 날부터 3개월 이내에 금융위원회가 정하는 바에 따라 재무제표(부속명세서를 포함한다) 및 사업보고서를 금융위원회에 제출하여야 한다.
② 보험회사는 매월의 업무 내용을 적은 보고서를 다음 달 말일까지 금융위원회가 정하는 바에 따라 금융위원회에 제출하여야 한다.
③ 보험회사는 제1항 및 제2항에 따른 제출서류를 대통령령으로 정하는 바에 따라 전자문서로 제출할 수 있다.
※ 법 제118조 제1항에서 "대통령령으로 정하는 날"이란 12월 31일을 말한다〈보험업법 시행령 제61조(장부폐쇄일)〉.

ANSWER
23.④　24.③　25.④　26.④

27 「보험업법」 제93조에 따라 보험설계사 · 보험대리점 또는 보험중개사가 금융위원회에 신고하여야 할 사항이 아닌 것은?

① 보험대리점 또는 보험중개사가 생명보험계약의 모집과 제3보험계약의 모집을 겸하게 된 경우
② 법인이 아닌 사단 또는 재단의 경우에는 그 단체가 소멸한 경우
③ 보험대리점 또는 보험중개사가 소속 보험설계사와 보험모집에 관한 위탁을 해지한 경우
④ 보험설계사 · 보험대리점 또는 보험중개사가 모집업무를 폐지한 경우

TIP 신고사항〈보험업법 제93조〉

① 보험설계사 · 보험대리점 또는 보험중개사는 다음 각 호의 어느 하나에 해당하는 경우에는 지체 없이 그 사실을 금융위원회에 신고하여야 한다.

1. 제84조 · 제87조 및 제89조에 따른 등록을 신청할 때 제출한 서류에 적힌 사항이 변경된 경우
2. 제84조 제2항 각 호의 어느 하나에 해당하게 된 경우
3. 모집업무를 폐지한 경우
4. 개인의 경우에는 본인이 사망한 경우
5. 법인의 경우에는 그 법인이 해산한 경우
6. 법인이 아닌 사단 또는 재단의 경우에는 그 단체가 소멸한 경우
7. 보험대리점 또는 보험중개사가 소속 보험설계사와 보험모집에 관한 위탁을 해지한 경우
8. 제85조 제3항에 따라 보험설계사가 다른 보험회사를 위하여 모집을 한 경우나, 보험대리점 또는 보험중개사가 생명보험계약의 모집과 손해보험계약의 모집을 겸하게 된 경우

② 제1항 제4호의 경우에는 그 상속인, 같은 항 제5호의 경우에는 그 청산인 · 업무집행임원이었던 자 또는 파산관재인, 같은 항 제6호의 경우에는 그 관리인이었던 자가 각각 제1항의 신고를 하여야 한다.

③ 보험회사는 모집을 위탁한 보험설계사 또는 보험대리점이 제1항 각 호의 어느 하나에 해당하는 사실을 알게 된 경우에는 제1항 및 제2항에도 불구하고 그 사실을 금융위원회에 신고하여야 한다.

④ 보험대리점 및 보험중개사에 관하여는 제3항을 준용한다. 이 경우 "보험설계사 또는 보험대리점"은 "보험설계사"로 본다.

28 보험상품공시위원회에 관한 설명으로 옳지 않은 것은?

① 보험협회가 실시하는 보험상품의 비교 · 공시에 관한 중요사항을 심의 · 의결한다.
② 위원장 1명을 포함하여 9명의 위원으로 구성한다.
③ 위원의 임기는 3년으로 하나, 보험협회의 상품담당 임원인 위원의 임기는 해당 직에 재직하는 기간으로 한다.
④ 보험협회의 장은 보험회사 상품담당 임원 또는 선임계리사 2명을 위원으로 위촉할 수 있다.

TIP 보험상품공시위원회〈보험업법 시행령 제68조〉

① 법 제124조 제3항에 따른 보험상품공시위원회는 보험협회가 실시하는 보험상품의 비교 · 공시에 관한 중요사항을 심의 · 의결한다.
② 위원회는 위원장 1명을 포함하여 9명의 위원으로 구성한다.
③ 위원회의 위원장은 위원 중에서 호선하며, 위원회의 위원은 금융감독원 상품담당 부서장, 보험협회의 상품담당 임원, 보험요율 산출기관의 상품담당 임원 및 보험협회의 장이 위촉하는 다음의 사람으로 구성한다.
  1. 보험회사 상품담당 임원 또는 선임계리사 2명
  2. 판사, 검사 또는 변호사의 자격이 있는 사람 1명
  3. 소비자단체에서 추천하는 사람 2명
  4. 보험에 관한 학식과 경험이 풍부한 사람 1명
④ 위원의 임기는 2년으로 한다. 다만, 금융감독원 상품담당 부서장과 보험협회의 상품담당 임원 및 보험요율 산출기관의 상품담당 임원인 위원의 임기는 해당 직(職)에 재직하는 기간으로 한다.
⑤ 위원회의 회의는 재적위원 과반수의 출석으로 개의(開議)하고 출석위원 과반수의 찬성으로 의결한다.
⑥ 제1항부터 제5항까지에서 규정한 사항 외에 위원회의 구성 및 운영에 필요한 사항은 위원회의 의결을 거쳐 위원장이 정한다.

※ 공시 등〈보험업법 제124조〉

① 보험회사는 보험계약자를 보호하기 위하여 필요한 사항으로서 대통령령으로 정하는 사항을 금융위원회가 정하는 바에 따라 즉시 공시하여야 한다.
② 보험협회는 보험료 · 보험금 등 보험계약에 관한 사항으로서 대통령령으로 정하는 사항을 금융위원회가 정하는 바에 따라 비교 · 공시할 수 있다.
③ 보험협회가 제2항에 따른 비교 · 공시를 하는 경우에는 대통령령으로 정하는 바에 따라 보험상품공시위원회를 구성하여야 한다.
④ 보험회사는 제2항에 따른 비교 · 공시에 필요한 정보를 보험협회에 제공하여야 한다.
⑤ 보험협회 이외의 자가 보험계약에 관한 사항을 비교 · 공시하는 경우에는 제2항에 따라 금융위원회가 정하는 바에 따라 객관적이고 공정하게 비교 · 공시하여야 한다.
⑥ 금융위원회는 제2항 및 제5항에 따른 비교 · 공시가 거짓이거나 사실과 달라 보험계약자 등을 보호할 필요가 있다고 인정되는 경우에는 공시의 중단이나 시정조치 등을 요구할 수 있다.

ANSWER
27.① 28.③

29 보험회사의 정관 및 기초서류 변경에 관한 설명으로 옳지 않은 것은?

① 보험회사가 정관을 변경한 경우에는 변경한 날로부터 7일 이내에 금융위원회에 알려야 한다.
② 보험회사가 기초서류를 변경하고자 하는 경우에는 미리 금융위원회의 인가를 받아야 한다.
③ 금융위원회는 기초서류의 변경에 대한 금융감독원의 확인을 거치도록 할 수 있다.
④ 보험회사는 기초서류를 변경할 때 「보험업법」 및 다른 법령에 위반되는 내용을 포함하지 않아야 한다.

TIP ② 보험회사가 기초서류를 변경하고자 하는 경우에는 미리 금융위원회에 신고하여야 한다〈보험업법 제127조(기초서류의 작성 및 제출 등) 제2항〉.
① 「보험업법」 제126조(정관변경의 보고)
③ 「보험업법」 제128조(기초서류에 대한 확인) 제1항
④ 「보험업법」 제128조의3(기초서류 작성 · 변경 원칙) 제1항 제1호

30 보험업법상 보험약관 이해도평가에 관한 설명으로 옳지 않은 것은?

① 이해도평가의 공시주체는 금융위원회이다.
② 이해도평가의 공시대상은 보험약관의 이해도평가기준 및 해당 기준에 따른 평가 결과이다.
③ 이해도평가의 공시방법은 평가대행기관의 홈페이지에 공시하도록 한다.
④ 이해도평가의 공시주기는 연 1회 이상이다.

TIP 보험약관 이해도 평가 … 법 제128조의4제1항에 따른 보험약관 이해도 평가결과에 대한 공시기준은 다음 각 호와 같다〈보험업법 시행령 제71조의6 제3항〉.
1. 공시대상 : 보험약관의 이해도 평가 기준 및 해당 기준에 따른 평가 결과
2. 공시방법 : 평가대행기관의 홈페이지에 공시
3. 공시주기 : 연 2회 이상

※ 보험약관 등의 이해도 평가 … 금융위원회는 보험소비자와 보험의 모집에 종사하는 자 등 대통령령으로 정하는 자(이하 이 조에서 "보험소비자 등"이라 한다)를 대상으로 다음 각 호의 사항에 대한 이해도를 평가하고 그 결과를 대통령령으로 정하는 바에 따라 공시할 수 있다〈보험업법 제128조의4 제1항〉.
1. 보험약관
2. 보험안내자료 중 금융위원회가 정하여 고시하는 자료

31 보험회사가 금융위원회에 그 사유가 발생한 날로부터 5일 이내에 보고하여야 하는 사항을 모두 고른 것은?

> ㉠ 본점의 영업을 중지하거나 재개한 경우
> ㉡ 대주주가 소유하고 있는 주식 총수가 의결권 있는 발행주식 총수의 100분의 1 이상만큼 변동된 경우
> ㉢ 보험회사의 주주 또는 주주였던 자가 제기한 소송의 당사자가 된 경우
> ㉣ 조세 체납처분을 받은 경우 또는 조세에 관한 법령을 위반하여 형벌을 받은 경우

① ㉠㉡㉢㉣
② ㉠㉡㉢
③ ㉡㉢㉣
④ ㉠㉡㉣

TIP 보고사항 … 보험회사는 다음 각 호의 어느 하나에 해당하는 사유가 발생한 경우에는 그 사유가 발생한 날부터 5일 이내에 금융위원회에 보고하여야 한다〈보험업법 제130조〉.

1. 상호나 명칭을 변경한 경우
2. 삭제 〈2015. 7. 31.〉
3. 본점의 영업을 중지하거나 재개(再開)한 경우
4. 최대주주가 변경된 경우
5. 대주주가 소유하고 있는 주식 총수가 의결권 있는 발행주식 총수의 100분의 1 이상만큼 변동된 경우
6. 그 밖에 해당 보험회사의 업무 수행에 중대한 영향을 미치는 경우로서 대통령령으로 정하는 경우

※ 보고사항 … 법 제130조 제6호에서 "대통령령으로 정하는 경우"란 다음 각 호의 어느 하나에 해당하는 경우를 말한다〈보험업법 시행령 제72조〉.

1. 자본금 또는 기금을 증액한 경우
2. 법 제21조에 따른 조직 변경의 결의를 한 경우
3. 법 제13장에 따른 처벌을 받은 경우
4. 조세 체납처분을 받은 경우 또는 조세에 관한 법령을 위반하여 형벌을 받은 경우
5. 「외국환 거래법」에 따른 해외투자를 하거나 외국에 영업소, 그 밖의 사무소를 설치한 경우
6. 보험회사의 주주 또는 주주였던 자가 제기한 소송의 당사자가 된 경우

ANSWER

29.② 30.④ 31.①

32 보험업법상 보험회사의 업무운영이 적정하지 아니하거나 자산상황이 불량하여 보험계약자 및 피보험자 등의 권익을 해칠 우려가 있다고 인정되는 경우에 금융위원회가 명할 수 있는 조치에 해당하지 않는 것은?

① 체결된 보험계약의 해지
② 금융위원회가 지정하는 기관에의 자산 예탁
③ 불건전한 자산에 대한 적립금의 보유
④ 자산의 장부가격 변경

TIP 금융위원회의 명령권 … 금융위원회는 보험회사의 업무운영이 적정하지 아니하거나 자산상황이 불량하여 보험계약자 및 피보험자 등의 권익을 해칠 우려가 있다고 인정되는 경우에는 다음의 어느 하나에 해당하는 조치를 명할 수 있다〈보험업법 제131조 제1항〉.

1. 업무집행방법의 변경
2. 금융위원회가 지정하는 기관에의 자산 예탁
3. 자산의 장부가격 변경
4. 불건전한 자산에 대한 적립금의 보유
5. 가치가 없다고 인정되는 자산의 손실처리
6. 그 밖에 대통령령으로 정하는 필요한 조치

33 금융위원회가 금융감독원장으로 하여금 조치를 하게할 수 있는 것은?

① 해당 위반행위에 대한 시정명령
② 보험회사에 대한 주의 · 경고 또는 그 임직원에 대한 주의 · 경고 · 문책의 요구
③ 임원의 해임권고 · 직무정지
④ 6개월 이내의 영업의 일부정지

TIP 보험회사에 대한 제재 … 금융위원회는 보험회사(그 소속 임직원을 포함한다)가 이 법 또는 이 법에 따른 규정 · 명령 또는 지시를 위반하여 보험회사의 건전한 경영을 해치거나 보험계약자, 피보험자, 그 밖의 이해관계인의 권익을 침해할 우려가 있다고 인정되는 경우 또는 「금융회사의 지배구조에 관한 법률」 별표 각 호의 어느 하나에 해당하는 경우(제4호에 해당하는 조치로 한정한다), 「금융소비자 보호에 관한 법률」 제51조 제1항 제4호, 제5호 또는 같은 조 제2항 각 호 외의 부분 본문 중 대통령령으로 정하는 경우에 해당하는 경우(제4호에 해당하는 조치로 한정한다)에는 금융감독원장의 건의에 따라 다음의 어느 하나에 해당하는 조치를 하거나 금융감독원장으로 하여금 제1호의 조치를 하게 할 수 있다〈보험업법 제134조 제1항〉.

1. 보험회사에 대한 주의 · 경고 또는 그 임직원에 대한 주의 · 경고 · 문책의 요구
2. 해당 위반행위에 대한 시정명령
3. 임원(업무집행책임자 제외)의 해임권고 · 직무정지
4. 6개월 이내의 영업의 일부정지

34 보험회사의 해산에 관한 설명으로 옳지 않은 것은?

① 보험회사가 보험계약 일부를 이전하는 것은 해산사유이다.
② 해산의 결의 · 합병과 보험계약의 이전은 금융위원회의 인가를 받아야 한다.
③ 보험회사는 해산한 후에도 3개월 이내에는 보험계약이전을 결의할 수 있다.
④ 보험회사가 보험업의 허가취소로 해산하는 경우 금융위원회는 7일 이내에 등기소에 등기를 촉탁하여야 한다.

TIP ① 보험회사는 존립기간의 만료 또는 그 밖에 정관으로 정하는 사유의 발생, 주주총회 또는 사원총회(이하 "주주총회 등"이라 한다)의 결의, 회사의 합병, 보험계약 전부의 이전, 회사의 파산, 보험업의 허가취소, 해산을 명하는 재판 사유로 해산한다〈보험업법 제137조(해산사유 등) 제1항〉.
② 「보험업법」 제139조(해산 · 합병 등의 인가)〉.
③ 「보험업법」 제148조(해산 후의 계약 이전 결의) 제1항
④ 「보험업법」 제137조(해산사유 등) 제2항

ANSWER

32.① 33.② 34.①

35 보험회사의 합병에 관한 설명으로 옳지 않은 것은?

① 보험회사는 다른 보험회사와 합병할 수 있다.
② 합병하는 보험회사의 한 쪽이 주식회사인 경우 합병 후 존속하는 보험회사 또는 합병으로 설립되는 보험회사는 주식회사로 할 수 있다.
③ 합병 후 존속하는 보험회사가 상호회사인 경우 합병으로 해산하는 보험회사의 계약자는 그 회사에 입사한다.
④ 합병 후 존속하는 보험회사가 주식회사인 경우 상호회사 사원의 지위는 존속하는 보험회사가 승계한다.

TIP ④ 제153조에 따른 합병이 있는 경우 합병 후 존속하는 보험회사 또는 합병으로 설립되는 보험회사가 상호회사인 경우에는 합병으로 해산하는 보험회사의 보험계약자는 그 회사에 입사하고, 주식회사인 경우에는 상호회사의 사원은 그 지위를 잃는다. 다만, 보험관계에 속하는 권리와 의무는 합병계약에서 정하는 바에 따라 합병 후 존속하는 주식회사 또는 합병으로 설립된 주식회사가 승계한다〈보험업법 제154조(합병의 경우의 사원관계) 제1항〉.
① 「보험업법」 제153조(상호회사의 합병) 제1항
② 「보험업법」 제153조(상호회사의 합병) 제2항
③ 「보험업법」 제154조(합병의 경우의 사원관계) 제1항

36 보험업법상 보험조사협의회에 관한 설명으로 옳은 것은 모두 몇 개인가?

㉠ 금융위원회는 보험관계자에 대한 조사실적, 처리결과 등을 공표할 수 있다.
㉡ 금융위원회는 해양경찰청장이 지정하는 소속 공무원 1명을 조사위원으로 위촉할 수 있다.
㉢ 보험조사협의회 위원의 임기는 2년으로 한다.
㉣ 금융위원회는 조사를 방해한 관계자에 대한 문책 요구권을 갖지 않는다.

① 1개
② 2개
③ 3개
④ 4개

TIP ㉠ 「보험업법」 제164조(조사 관련 정보의 공표)
㉡ 「보험업법 시행령」 제76조(보험조사협의회의 구성) 제1항 제4호
㉢ 협의회 위원의 임기는 3년으로 한다〈보험업법 시행령 제76조(보험조사협의회의 구성) 제3항〉.
㉣ 금융위원회는 관계자가 조사를 방해하거나 제출하는 자료를 거짓으로 작성하거나 그 제출을 게을리한 경우에는 관계자가 소속된 단체의 장에게 관계자에 대한 문책 등을 요구할 수 있다〈보험업법 제162조(조사대상 및 방법 등) 제4항〉.

37 손해보험계약의 제3자 보호에 관한 설명으로 옳지 않은 것은?

① 손해보험계약의 제3자 보호에 관한 규정은 법령에 의해 가입이 강제되는 손해보험계약만을 대상으로 한다.

② 손해보험회사는 「예금자보호법」 제2조 제8호의 사유로 손해보험계약의 제3자에게 보험금을 지급하지 못하게 된 경우에는 즉시 그 사실을 보험협회 중 손해보험회사로 구성된 협회의 장에게 보고하여야 한다.

③ 손해보험협회의 장은 「보험업법」 제167조(지급불능의 보고)에 따른 보고를 받으면 금융위원회의 확인을 거쳐 손해보험계약의 제3자에게 대통령령으로 정하는 보험금을 지급하여야 한다.

④ 손해보험회사는 손해보험계약의 제3자에 대한 보험금의 지급을 보장하기 위하여 수입보험료 및 책임준비금을 고려하여 대통령령으로 정하는 비율을 곱한 금액을 손해보험협회에 출연하여야 한다.

TIP ① 이 장의 규정은 법령에 따라 가입이 강제되는 손해보험계약(자동차보험계약의 경우에는 법령에 따라 가입이 강제되지 아니하는 보험계약을 포함)으로서 대통령령으로 정하는 손해보험계약에만 적용한다. 다만, 대통령령으로 정하는 법인을 계약자로 하는 손해보험계약에는 적용하지 아니한다〈보험업법 제166조(적용범위)〉.

② 「보험업법」 제167조(지급불능의 보고) 제1항

③ 「보험업법」 제169조(보험금의 지급) 제1항

④ 「보험업법」 제168조(출연) 제1항

ANSWER

35.④ 36.② 37.①

38 보험업법상 보험요율 산출기관의 업무에 해당하지 않는 것은?

① 보유정보의 활용을 통한 자동차사고 이력, 자동차 주행거리의 정보 제공 업무
② 자동차 제작사, 보험회사 등으로부터 수집한 운행정보, 자동차의 차대번호 정보의 관리 업무
③ 순보험요율 산출에 의한 보험상품의 비교 · 공시 업무
④ 「근로자퇴직급여 보장법」 제28조 제2항에 따라 퇴직연금사업자로부터 위탁받은 업무

TIP 보험요율 산출기관의 업무 … 법 제176조 제3항 제6호에서 "대통령령으로 정하는 업무"란 다음 각 호의 업무를 말한다〈보험업법 시행령 제86조 제1항〉.

1. 보유정보의 활용을 통한 자동차사고 이력, 자동차 기준가액 및 자동차 주행거리의 정보 제공 업무
1의2. 자동차 제작사, 보험회사 등으로부터 수집한 사고기록정보(「자동차관리법」 제2조제10호에 따른 사고기록장치에 저장된 정보를 말한다), 운행정보, 자동차의 차대번호 · 부품 및 사양 정보의 관리
2. 보험회사 등으로부터 제공받은 보험정보 관리를 위한 전산망 운영 업무
3. 보험수리에 관한 업무
3의2. 법 제120조의2 제1항에 따른 책임준비금의 적정성 검증
4. 법 제125조의 상호협정에 따라 보험회사가 공동으로 인수하는 보험계약(국내 경험통계 등의 부족으로 담보위험에 대한 보험요율을 산출할 수 없는 보험계약은 제외한다)에 대한 보험요율의 산출
4의2. 자동차보험 관련 차량수리비에 관한 연구
5. 법 제194조 제4항에 따라 위탁받은 업무
6. 「근로자퇴직급여 보장법」 제28조 제2항에 따라 퇴직연금사업자로부터 위탁받은 업무
7. 다른 법령에서 보험요율 산출기관이 할 수 있도록 정하고 있는 업무

※ 보험요율 산출기관 … 보험요율 산출기관은 정관으로 정하는 바에 따라 다음 각 호의 업무를 한다〈제176조 제3항〉.

1. 순보험요율의 산출 · 검증 및 제공
2. 보험 관련 정보의 수집 · 제공 및 통계의 작성
3. 보험에 대한 조사 · 연구
4. 설립 목적의 범위에서 정부기관, 보험회사, 그 밖의 보험 관계 단체로부터 위탁받은 업무
5. 제1호부터 제3호까지의 업무에 딸린 업무
6. 그 밖에 대통령령으로 정하는 업무

39 **보험업법상 보험계리업자의 등록 및 업무에 관한 설명으로 옳지 않은 것은?**

① 보험계리업자는 책임준비금, 비상위험준비금 등 준비금의 적립과 준비금에 해당하는 자산의 적정성에 관한 업무를 수행할 수 있다.

② 보험계리업자는 잉여금의 배분·처리 및 보험계약자 배당금의 배분에 관한 업무를 수행할 수 있다.

③ 보험계리업자는 지급여력비율 계산 중 보험료 및 책임준비금과 관련된 업무를 처리할 수 있다.

④ 보험계리업자가 되려는 자는 총리령으로 정하는 수수료를 내고 금융감독원에 등록하여야 한다.

TIP 보험계리를 업으로 하려는 자는 금융위원회에 등록하여야 한다〈보험업법 제183조(보험계리업) 제1항〉.

※ 보험계리사 등의 업무 … 법 제181조 제3항에 따른 보험계리사, 선임계리사 또는 보험계리업자의 업무는 다음 각 호와 같다. 다만, 제5호의 업무는 보험계리사 및 보험계리업자만 수행한다〈보험업법 시행규칙 제44조〉.

1. 기초서류 내용의 적정성에 관한 사항
2. 책임준비금, 비상위험준비금 등 준비금의 적립에 관한 사항
3. 잉여금의 배분·처리 및 보험계약자 배당금의 배분에 관한 사항
4. 지급여력비율 계산 중 보험료 및 책임준비금과 관련된 사항
5. 상품 공시자료 중 기초서류와 관련된 사항
6. 계리적 최적가정의 검증·확인에 관한 사항

40 **손해사정에 관한 설명으로 괄호 안에 들어갈 내용이 순서대로 연결된 것은?**

> ㉠ 손해사정을 업으로 하려는 법인은 (㉠)명 이상의 상근 손해사정사를 두어야 한다.
> ㉡ 금융위원회는 손해사정사 또는 손해사정업자가 그 직무를 게을리하거나 직무를 수행하면서 부적절한 행위를 하였다고 인정되는 경우에는 (㉡)개월 이내의 기간을 정하여 업무의 정지를 명하거나 해임하게 할 수 있다.
> ㉢ 손해사정업자는 등록일부터 (㉢)개월 내에 업무를 시작하여야 한다. 다만, 불가피한 사유가 있다고 금융위원회가 인정하는 경우에는 그 기간을 연장할 수 있다.

	㉠	㉡	㉢
①	2	6	1
②	2	3	2
③	5	6	2
④	5	3	1

TIP ㉠ 법 제187조 제2항에 따라 손해사정을 업으로 하려는 법인은 2명 이상의 상근 손해사정사를 두어야 한다〈보험업법 시행령 제98조(손해사정업의 영업기준) 제1항〉.

㉡ 금융위원회는 보험계리사·선임계리사·보험계리업자·손해사정사 또는 손해사정업자가 그 직무를 게을리하거나 직무를 수행하면서 부적절한 행위를 하였다고 인정되는 경우에는 6개월 이내의 기간을 정하여 업무의 정지를 명하거나 해임하게 할 수 있다〈보험업법 제192조(감독) 제1항〉.

㉢ 법 제183조(보험계리업) 제4항에 따라 손해사정사는 등록일부터 1개월 내에 업무를 시작하여야 한다. 다만, 불가피한 사유가 있다고 금융위원회가 인정하는 경우에는 그 기간을 연장할 수 있다〈보헙업법 시행령 제98조(손해사정업의 영업기준) 제6항〉.

ANSWER

38.③ 39.④ 40.①

2022년 제45회 보험업법

1 **보험업법상 전문보험계약자 중 보험회사의 동의에 의하여 일반보험계약자로 될 수 있는 자에 해당하지 않는 것은?**

① 한국은행
② 지방자치단체
③ 주권상장법인
④ 해외 증권시장에 상장된 주권을 발행한 국내법인

TIP 정의 … 전문보험계약자란 보험계약에 관한 전문성, 자산규모 등에 비추어 보험계약의 내용을 이해하고 이행할 능력이 있는 자로서 다음 어느 하나에 해당하는 자를 말한다. 다만, 전문보험계약자 중 대통령령으로 정하는 자가 일반보험계약자와 같은 대우를 받겠다는 의사를 보험회사에 서면으로 통지하는 경우 보험회사는 정당한 사유가 없으면 이에 동의하여야 하며, 보험회사가 동의한 경우에는 해당 보험계약자는 일반보험계약자로 본다〈보험업법 제2조 제19호〉.
가. 국가
나. 한국은행
다. 대통령령으로 정하는 금융기관
라. 주권상장법인
마. 그 밖에 대통령령으로 정하는 자

2 **보험업법상 보험업의 예비허가 및 허가에 관한 내용으로 옳지 않은 것은?**

① 금융위원회는 보험업의 허가에 대하여도 조건을 붙일 수 있다.
② 예비허가의 신청을 받은 금융위원회는 2개월 이내에 심사하여 예비허가 여부를 통지하여야 하며, 총리령으로 정하는 바에 따라 그 기간을 연장할 수 있다.
③ 예비허가를 받은 자가 예비허가의 조건을 이행한 후 본허가를 신청하면, 금융위원회는 본허가의 요건을 심사하고 허가하여야 한다.
④ 제3보험업에 관하여 허가를 받은 자는 대통령령으로 정하는 기준에 따라 제3보험의 보험종목에 부가되는 보험을 취급할 수 있다.

TIP ③ 금융위원회는 예비허가를 받은 자가 제3항에 따른 예비허가의 조건을 이행한 후 본허가를 신청하면 허가하여야 한다〈보험업법 제7조(예비허가) 제4항〉.
① 「보험업법」 제4조(보험업의 허가) 제4항
② 「보험업법」 제7조(예비허가) 제2항
④ 「보험업법」 제4조 제5항

3 **보험업법상 소액단기전문보험회사에 관한 내용으로 옳지 않은 것은?**

① 자본금 또는 기금은 20억 원이어야 한다.
② 보험금의 상한액은 1억 원이어야 한다.
③ 연간 총보험료 상한액은 500억 원이어야 한다.
④ 보험기간은 2년 이내의 범위에서 금융위원회가 정하여 고시하는 기간이어야 한다.

TIP 소액단기전문보험회사〈보험업법 시행령 제13조의2〉

① 법 제9조 제2항 제2호에서 "모집할 수 있는 보험상품의 종류, 보험기간, 보험금의 상한액, 연간 총보험료 상한액 등 대통령령으로 정하는 기준"이란 다음 각 호의 구분에 따른 기준을 말한다.
1. 모집할 수 있는 보험상품의 종류 : 다음 각 목의 보험상품
가. 생명보험상품 중 제1조의2 제2항 제1호에 따른 보험상품
나. 손해보험상품 중 제1조의2 제3항 제6호, 제9호부터 제11호까지, 제13호 또는 제14호에 따른 보험상품
다. 제3보험상품 중 제1조의2 제4항 제1호 또는 제2호에 따른 보험상품
2. 보험기간 : 2년 이내의 범위에서 금융위원회가 정하여 고시하는 기간
3. 보험금의 상한액 : 5천만 원
4. 연간 총보험료 상한액 : 500억 원
② 법 제9조제 2항 제2호에서 "대통령령으로 정하는 금액"이란 20억 원을 말한다.

4 **보험업법상 외국보험회사 등의 국내사무소(이하 '국내사무소'라 한다) 설치에 관한 내용으로 옳은 것은?**

① 국내사무소의 명칭에는 '사무소'라는 글자가 반드시 포함되어야 하는 것은 아니다.
② 국내사무소를 설치한 날부터 30일 이내에 금융위원회의 인가를 받아야 한다.
③ 국내사무소는 보험업을 경영할 수 있지만, 보험계약의 중개나 대리 업무는 수행할 수 없다.
④ 이 법에 따른 명령을 위반한 경우, 금융위원회는 6개월 이내의 기간을 정하여 업무의 정지를 명하거나 국내사무소의 폐쇄를 명할 수 있다.

TIP 외국보험회사 등의 국내사무소 설치 등〈보험업법 제12조〉

① 외국보험회사, 외국에서 보험대리 및 보험중개를 업(業)으로 하는 자 또는 그 밖에 외국에서 보험과 관련된 업을 하는 자(이하 "외국보험회사 등"이라 한다)는 보험시장에 관한 조사 및 정보의 수집이나 그 밖에 이와 비슷한 업무를 하기 위하여 국내에 사무소(이하 "국내사무소"라 한다)를 설치할 수 있다.
② 외국보험회사 등이 제1항에 따라 국내사무소를 설치하는 경우에는 그 설치한 날부터 30일 이내에 금융위원회에 신고하여야 한다.
③ 국내사무소는 다음의 어느 하나에 해당하는 행위를 하여서는 아니 된다.
1. 보험업을 경영하는 행위
2. 보험계약의 체결을 중개하거나 대리하는 행위
3. 국내 관련 법령에 저촉되는 방법에 의하여 보험시장의 조사 및 정보의 수집을 하는 행위
4. 그 밖에 국내사무소의 설치 목적에 위반되는 행위로서 대통령령으로 정하는 행위
④ 국내사무소는 그 명칭 중에 사무소라는 글자를 포함하여야 한다.
⑤ 금융위원회는 국내사무소가 이 법 또는 이 법에 따른 명령 또는 처분을 위반한 경우에는 6개월 이내의 기간을 정하여 업무의 정지를 명하거나 국내사무소의 폐쇄를 명할 수 있다.

ANSWER
1.① 2.③ 3.② 4.④

5　**보험업법상 보험회사인 주식회사의 자본감소에 관한 내용으로 옳지 않은 것은?**

① 자본감소를 결의한 경우에는 그 결의를 한 날부터 2주 이내에 결의의 요지와 재무상태표를 공고하여야 한다.
② 주식 금액 또는 주식 수의 감소에 따른 자본금의 실질적 감소를 한 때에는 금융위원회의 사후 승인을 받아야 한다.
③ 자본감소에 대하여 이의가 있는 보험계약자는 1개월 이상의 기간으로 공고된 기간 동안 이의를 제출할 수 있다.
④ 자본감소는 이의제기 기간 내에 이의를 제기한 보험계약자에 대하여도 그 효력이 미친다.

TIP ② 자본감소를 결의할 때 대통령령으로 정하는 자본감소를 하려면 미리 금융위원회의 승인을 받아야 한다〈보험업법 제18조(자본감소) 제2항〉.
① 「보험업법」 제18조(자본감소) 제1항
③ 「보험업법」 제141조(보험계약 이전 결의의 공고 및 통지와 이의 제기) 제2항
④ 「보험업법」 제151조(합병 결의의 공고) 제3항

6　**보험업법상 주식회사가 그 조직을 변경하여 상호회사로 되는 경우, 이에 관한 내용으로 옳은 것은?**

① 상호회사는 기금의 총액을 300억 원 미만으로 할 수는 있지만 이를 설정하지 않을 수는 없다.
② 주식회사의 조직 변경은 출석한 주주의 의결권의 과반수와 발행주식총수의 4분의 1 이상의 수로써 하여야 한다.
③ 주식회사의 보험계약자는 조직 변경을 하더라도 해당 상호회사의 사원이 되는 것은 아니다.
④ 주식회사는 상호회사로 된 경우에는 7일 이내에 그 취지를 공고해야 하고, 상호회사로 되지 않은 경우에도 또한 같다.

TIP ④ 보험회사는 보험계약을 이전한 경우에는 7일 이내에 그 취지를 공고하여야 한다. 보험계약을 이전하지 아니하게 된 경우에도 또한 같다〈보험업법 제145조(보험계약 이전의 공고)〉.
① 「보험업법」 제20조(조직 변경) 제2항
② 「보험업법」 제26조(보험계약자 총회의 결의방법) 제1항
③ 「보험업법」 제30조(조직 변경에 따른 입사)

7　**보험업법상 상호회사 정관의 기재사항으로서 '기금'과 관련하여 반드시 기재해야 하는 사항이 아닌 것은?**

① 기금의 총액
② 기금의 갹출자가 가질 권리
③ 기금과 설립비용의 상각 방법
④ 기금 갹출자의 각자가 갹출하는 금액

TIP 정관기재사항 … 상호회사의 발기인은 정관을 작성하여 다음 각 호의 사항을 적고 기명날인하여야 한다〈보험업법 제34조〉.
1. 취급하려는 보험종목과 사업의 범위
2. 명칭
3. 사무소 소재지
4. 기금의 총액
5. 기금의 갹출자가 가질 권리
6. 기금과 설립비용의 상각 방법
7. 잉여금의 분배 방법
8. 회사의 공고 방법
9. 회사 성립 후 양수할 것을 약정한 자산이 있는 경우에는 그 자산의 가격과 양도인의 성명
10. 존립시기 또는 해산사유를 정한 경우에는 그 시기 또는 사유

8 보험업법상 상호회사의 계산에 관한 내용으로 옳지 않은 것은?

① 이사는 매 결산기에 영업보고서를 작성하여 이사회의 승인을 얻어야 한다.
② 기금을 상각할 때에는 상각하는 금액과 같은 금액을 적립하여야 한다.
③ 손실을 보전하기 전이라도 이사회의 승인을 얻어 기금이자를 지급할 수 있다.
④ 잉여금은 정관에 특별한 규정이 없으면 각 사업연도 말 당시 사원에게 분배한다.

TIP ③ 상호회사는 손실을 보전하기 전에는 기금이자를 지급하지 못한다〈보험업법 제61조(기금이자 지급 등의 제한) 제1항〉.
① 「상법」 제447조의2(영업보고서의 작성) 제1항
② 「보험업법」 제62조(기금상각적립금)
④ 「보험업법」 제63조(잉여금의 분배)
※ 상호회사의 계산에 관하여는 「상법」 제447조, 제447조의2부터 제447조의4까지, 제448조부터 제450조까지, 제452조 및 제468조를 준용한다〈보험업법 제64조(「상법」의 준용)〉.

9 보험업법상 상호회사 사원의 퇴사에 관한 내용으로 옳지 않은 것은?

① 상호회사의 사원은 정관으로 정하는 사유의 발생이나 보험관계의 소멸에 의하여 퇴사한다.
② 퇴사한 사원이 회사에 대하여 부담한 채무가 있는 경우, 회사는 그 사원에게 환급해야 하는 금액에서 그 채무액을 공제해야 한다.
③ 퇴사한 사원의 환급청구권은 그 환급기간이 경과한 후 2년 동안 행사하지 아니하면 시효로 소멸한다.
④ 사원이 사망한 때에는 그 상속인이 그 지분을 승계하여 사원이 된다.

TIP ② 퇴사한 사원이 회사에 대하여 부담한 채무가 있는 경우에는 회사는 제1항의 금액에서 그 채무액을 공제할 수 있다〈보험업법 제67조(환급청구권) 제2항〉.
① 「보험업법」 제66조(퇴사이유) 제1항
③ 「보험업법」 제68조(환급기한 및 시효) 제2항
④ 「보험업법」 제66조(퇴사이유) 제2항

ANSWER
5.② 6.④ 7.④ 8.③ 9.②

10 보험업법상 상호회사의 해산 및 청산에 관한 내용으로 옳은 것은?

① 해산을 결의한 경우에는 그 결의가 이사회의 승인을 받은 날부터 2주 이내에 결의의 요지와 재무상태표를 공고하여야 한다.
② 합병이나 파산에 의하여 해산한 경우, 상호회사의 청산에 관한 보험업법 규정에 따라 청산을 하여야 한다.
③ 청산인은 회사자산을 처분함에 있어서, 일반채무의 변제보다 기금의 상각을 먼저 하여야 한다.
④ 정관에 특별한 규정이 없으면, 회사자산의 처분 후 남은 자산은 잉여금을 분배할 때와 같은 비율로 사원에게 분배하여야 한다.

TIP ④ 「보험업법」 제72조(자산 처분의 순위 등) 제2항
① 상호회사가 해산을 결의한 경우에는 그 결의가 제139조(해산의 결의 · 합병과 보험계약의 이전은 금융위원회의 인가를 받아야 한다)에 따라 인가를 받은 날부터 2주 이내에 결의의 요지와 재무상태표를 공고하여야 한다〈보험업법 제69조(해산의 공고) 제1항〉.
② 상호회사가 해산한 경우에는 합병과 파산의 경우가 아니면 이 관의 규정에 따라 청산을 하여야 한다〈보험업법 제71조(청산)〉.
③ 상호회사의 청산인은 일반채무의 변제, 사원의 보험금액과 제158조 제2항에 따라 사원에게 환급할 금액의 지급, 기금의 상각의 순서에 따라 회사자산을 처분하여야 한다〈보험업법 제72조(자산 처분의 순위 등) 제1항〉.

11 보험업법상 상호협정에 관한 내용으로 옳은 것은? (대통령령으로 정하는 경미한 사항을 변경하려는 경우는 제외함)

① 보험회사가 그 업무에 관한 공동행위를 하기 위하여 다른 보험회사와 상호협정을 체결하려는 경우에는 대통령령으로 정하는 바에 따라 금융위원회의 허가를 받아야 한다.
② 금융위원회는 공익 또는 보험업의 건전한 발전을 위하여 특히 필요하다고 인정되는 경우에는 보험회사에 대하여 상호협정의 체결 및 변경을 명할 수 있지만, 폐지를 명할 수는 없다.
③ 금융위원회는 보험회사에 대하여 상호협정에 따를 것을 명하려면 미리 공정거래위원회와 협의하여야 한다.
④ 금융위원회는 상호협정 체결을 위한 신청서를 받았을 때에는 그 내용이 보험회사 간의 공정한 경쟁을 저해하는지와 보험계약자의 이익을 침해하는지를 심사하여 그 허가 여부를 결정하여야 한다.

TIP ③ 「보험업법」 제125조(상호협정의 인가)
① 보험회사가 그 업무에 관한 공동행위를 하기 위하여 다른 보험회사와 상호협정을 체결(변경하거나 폐지하려는 경우를 포함한다)하려는 경우에는 대통령령으로 정하는 바에 따라 금융위원회의 인가를 받아야 한다. 다만, 대통령령으로 정하는 경미한 사항을 변경하려는 경우에는 신고로써 갈음할 수 있다〈보험업법 제125조(상호협정의 인가) 제1항〉.
② 금융위원회는 공익 또는 보험업의 건전한 발전을 위하여 특히 필요하다고 인정되는 경우에는 보험회사에 대하여 제1항에 따른 협정의 체결 · 변경 또는 폐지를 명하거나 그 협정의 전부 또는 일부에 따를 것을 명할 수 있다〈보험업법 제125조(상호협정의 인가) 제2항〉.
④ 금융위원회는 제1항의 신청서를 받았을 때에는 상호협정의 내용이 보험회사 간의 공정한 경쟁을 저해하는지 여부, 상호협정의 내용이 보험계약자의 이익을 침해하는지 여부를 심사하여 그 인가 여부를 결정하여야 한다〈보험업법 시행령 제69조(상호협정의 인가) 제2항〉.

12 **보험업법상 상호회사인 외국보험회사 국내지점이 등기를 신청하는 경우에 첨부하여야 하는 서류가 아닌 것은?**

① 위법행위를 한 사실이 없음을 증명하는 서류
② 대표자의 자격을 인정할 수 있는 서류
③ 회사의 정관이나 그 밖에 회사의 성격을 판단할 수 있는 서류
④ 대한민국에 주된 영업소가 있다는 것을 인정할 수 있는 서류

TIP 등기 … 외국상호회사 국내지점이 등기를 신청하는 경우에는 그 외국상호회사 국내지점의 대표자는 신청서에 대한민국에서의 주된 영업소와 대표자의 이름 및 주소를 적고 다음의 서류를 첨부하여야 한다〈보험업법 제78조 제2항〉.
1. 대한민국에 주된 영업소가 있다는 것을 인정할 수 있는 서류
2. 대표자의 자격을 인정할 수 있는 서류
3. 회사의 정관이나 그 밖에 회사의 성격을 판단할 수 있는 서류

13 **보험업법상 외국보험회사 국내지점의 대표자에 관한 내용으로 옳지 않은 것은?**

① 대표자는 이 법에 따른 보험회사의 임원으로 본다.
② 대표자는 회사의 영업에 관하여 재판상 또는 재판외의 모든 행위를 할 권한이 있다.
③ 대표자는 퇴임한 후에도 후임 대표자의 취임 승낙이 있을 때까지는 계속하여 대표자의 권리와 의무를 가진다.
④ 대표자의 권한에 대한 제한은 선의의 제삼자에게 대항하지 못한다.

TIP ③ 외국보험회사국내지점의 대표자는 퇴임한 후에도 후임 대표자의 이름 및 주소에 관하여 「상법」 제614조 제3항에 따른 등기가 있을 때까지는 계속하여 대표자의 권리와 의무를 가진다〈보험업법 제76조(국내 대표자) 제2항〉.
①「보험업법」 제76조(국내 대표자) 제3항
②④「상법」 제209조(대표사원의 권한)

ANSWER
10.④ 11.③ 12.① 13.③

14 보험업법상 손해보험업의 보험종목에 해당하는 것은 모두 몇 개인가?

㉠ 연금보험	㉡ 퇴직보험
㉢ 보증보험	㉣ 재보험
㉤ 상해보험	㉥ 간병보험

① 1개
② 2개
③ 3개
④ 4개

TIP 보험업의 허가 … 보험업을 경영하려는 자는 다음에서 정하는 보험종목별로 금융위원회의 허가를 받아야 한다〈보험업법 제4조 제1항〉.

1. 생명보험업의 보험 종목
   가. 생명보험
   나. 연금보험(퇴직보험을 포함한다)
   다. 그 밖에 대통령령으로 정하는 보험종목
2. 손해보험업의 보험종목
   가. 화재보험
   나. 해상보험(항공·운송보험을 포함한다)
   다. 자동차보험
   라. 보증보험
   마. 재보험(再保險)
   바. 그 밖에 대통령령으로 정하는 보험종목
3. 제3보험업의 보험종목
   가. 상해보험
   나. 질병보험
   다. 간병보험
   라. 그 밖에 대통령령으로 정하는 보험종목

15 보험업법상 소속 임직원이 아닌 자로 하여금 모집이 가능하도록 한 금융기관보험대리점에 해당하는 것은?

① 「상호저축은행법」에 따라 설립된 상호저축은행
② 「중소기업은행법」에 따라 설립된 중소기업은행
③ 「자본시장과 금융투자업에 관한 법률」에 따른 투자 중개업자
④ 「여신전문금융업법」에 따라 허가를 받은 신용카드업자로서 겸영여신업자가 아닌 자

TIP 모집할 수 있는 자〈보험업법 시행령 제26조〉

① 법 제83조 제2항에 따라 법 제91조 제2항에 따른 금융기관보험대리점 등 중 다음의 어느 하나에 해당하는 자는 소속 임직원이 아닌 자로 하여금 모집을 하게 하거나, 보험계약 체결과 관련한 상담 또는 소개를 하게 하고 상담 또는 소개의 대가를 지급할 수 있다.
   1. 「여신전문금융업법」에 따라 허가를 받은 신용카드업자(겸영여신업자는 제외)
   2. 「농업협동조합법」에 따라 설립된 조합(「농업협동조합법」 제161조의12에 따라 설립된 농협생명보험 또는 농협손해보험이 판매하는 보험상품을 모집하는 경우로 한정한다)

③ 제1항의 제2호에 따라 보험을 모집하거나 보험계약을 상담 또는 소개하게 할 수 있는 조합의 소속 임직원이 아닌 자는 보험설계사로서 구체적인 범위는 금융위원회가 정하여 고시한다.

16 **보험업법상 보험설계사에 관한 내용으로 옳지 않은 것은?**

① 보험회사 · 보험대리점 및 보험중개사는 소속 보험설계사가 되려는 자를 금융위원회에 등록하여야 한다.
② 보험업법에 따라 금고 이상의 형의 집행유예를 받고 그 유예기간 중에 있는 자는 보험설계사가 되지 못한다.
③ 보험업법에 따라 벌금 이상의 형을 선고받고 그 집행이 끝나거나 집행이 면제된 날부터 3년이 지나지 않은 자는 보험설계사가 되지 못한다.
④ 이전에 모집과 관련하여 받은 보험료, 대출금 또는 보험금을 다른 용도로 유용한 후 3년이 지나지 않은 자는 보험설계사가 되지 못한다.

TIP 보험설계사의 등록 … 다음의 어느 하나에 해당하는 자는 보험설계사가 되지 못한다〈보험업법 제84조 제2항〉.
1. 피성년후견인 또는 피한정후견인
2. 파산선고를 받은 자로서 복권되지 아니한 자
3. 이 법 또는 「금융소비자 보호에 관한 법률」에 따라 벌금 이상의 형을 선고받고 그 집행이 끝나거나(집행이 끝난 것으로 보는 경우를 포함한다) 집행이 면제된 날부터 2년이 지나지 아니한 자
4. 이 법 또는 「금융소비자 보호에 관한 법률」에 따라 금고 이상의 형의 집행유예를 선고받고 그 유예기간 중에 있는 자
5. 이 법에 따라 보험설계사 · 보험대리점 또는 보험중개사의 등록이 취소(제1호 또는 제2호에 해당하여 등록이 취소된 경우는 제외한다)된 후 2년이 지나지 아니한 자
6. 제5호에도 불구하고 이 법에 따라 보험설계사 · 보험대리점 또는 보험중개사 등록취소 처분을 2회 이상 받은 경우 최종 등록취소 처분을 받은 날부터 3년이 지나지 아니한 자
7. 이 법 또는 「금융소비자 보호에 관한 법률」에 따라 과태료 또는 과징금 처분을 받고 이를 납부하지 아니하거나 업무정지 및 등록취소 처분을 받은 보험대리점 · 보험중개사 소속의 임직원이었던 자(처분사유의 발생에 관하여 직접 또는 이에 상응하는 책임이 있는 자로서 대통령령으로 정하는 자만 해당한다)로서 과태료 · 과징금 · 업무정지 및 등록취소 처분이 있었던 날부터 2년이 지나지 아니한 자
8. 영업에 관하여 성년자와 같은 능력을 가지지 아니한 미성년자로서 그 법정대리인이 제1호부터 제7호까지의 규정 중 어느 하나에 해당하는 자
9. 법인 또는 법인이 아닌 사단이나 재단으로서 그 임원이나 관리인 중에 제1호부터 제7호까지의 규정 중 어느 하나에 해당하는 자가 있는 자
10. 이전에 모집과 관련하여 받은 보험료, 대출금 또는 보험금을 다른 용도에 유용(流用)한 후 3년이 지나지 아니한 자

17 **보험업법상 법인이 아닌 보험대리점이나 보험중개사의 정기교육에 관한 내용이다. 괄호 안의 내용이 순서대로 연결된 것은?**

> 법인이 아닌 보험대리점 및 보험중개사는 보험업법에 따라 등록한 날부터 (　　)이 지날 때마다 (　　)이 된 날부터 (　　) 이내에 보험업법에서 정한 기준에 따라 교육을 받아야 한다.

① 1년 – 1년 – 3월
② 1년 – 1년 – 6월
③ 2년 – 2년 – 3월
④ 2년 – 2년 – 6월

TIP 보험회사, 보험대리점 및 보험중개사는 소속 보험설계사에게 법 제84조에 따라 최초로 등록(등록이 유효한 경우로 한정한다)한 날부터 2년이 지날 때마다 2년이 된 날부터 6개월 이내에 별표 4 제1호 및 제3호의 기준에 따라 교육을 해야 한다〈보험업법 시행령 제29조의2(보험설계사 등의 교육) 제1항〉.

ANSWER
14.② 15.④ 16.③ 17.④

18 보험업법상 보험회사가 고객을 직접 응대하는 직원을 고객의 폭언이나 성희롱, 폭행 등으로부터 보호하기 위하여 취해야 할 조치에 관한 내용으로 옳지 않은 것은?

① 직원의 요청이 없더라도 직원의 보호를 위하여, 해당 고객으로부터의 분리 및 업무담당자의 교체를 하여야 한다.
② 고객의 폭언이나 성희롱, 폭행 등이 관계 법률의 형사 처벌규정에 위반된다고 판단되고 그 행위로 피해를 입은 직원이 요청하는 경우에는 관할 수사기관 등에 고발조치하여야 한다.
③ 직원이 직접 폭언 등의 행위를 한 고객에 대한 관할 수사기관 등에 고소, 고발, 손해배상 청구 등의 조치를 하는데 필요한 행정적, 절차적 지원을 하여야 한다.
④ 고객의 폭언 등을 예방하거나 이에 대응하기 위한 직원의 행동 요령 등에 대한 교육을 실시하여야 한다.

TIP 고객응대직원에 대한 보호 조치 의무 … 보험회사는 고객을 직접 응대하는 직원을 고객의 폭언이나 성희롱, 폭행 등으로부터 보호하기 위하여 다음 각 호의 조치를 하여야 한다〈보험업법 제85조의4 제1항〉.

1. 직원이 요청하는 경우 해당 고객으로부터의 분리 및 업무담당자 교체
2. 직원에 대한 치료 및 상담 지원
3. 고객을 직접 응대하는 직원을 위한 상시적 고충처리 기구 마련. 다만, 「근로자참여 및 협력증진에 관한 법률」 제26조에 따라 고충처리위원을 두는 경우에는 고객을 직접 응대하는 직원을 위한 전담 고충처리위원의 선임 또는 위촉
4. 그 밖에 직원의 보호를 위하여 필요한 법적 조치 등 대통령령으로 정하는 조치

※ 고객응대직원의 보호를 위한 조치 … 법 제85조의4 제1항 제4호에서 "법적 조치 등 대통령령으로 정하는 조치"란 다음 각 호의 조치를 말한다〈보험업법 시행령 제29조의3 제1항〉.

1. 고객의 폭언이나 성희롱, 폭행 등(이하 "폭언 등"이라 한다)이 관계 법률의 형사처벌규정에 위반된다고 판단되고 그 행위로 피해를 입은 직원이 요청하는 경우: 관할 수사기관 등에 고발
2. 고객의 폭언 등이 관계 법률의 형사처벌규정에 위반되지는 아니하나 그 행위로 피해를 입은 직원의 피해정도 및 그 직원과 다른 직원에 대한 장래 피해발생 가능성 등을 고려하여 필요하다고 판단되는 경우 : 관할 수사기관 등에 필요한 조치 요구
3. 직원이 직접 폭언 등의 행위를 한 고객에 대한 관할 수사기관 등에 고소, 고발, 손해배상 청구 등의 조치를 하는데 필요한 행정적, 절차적 지원
4. 고객의 폭언등을 예방하거나 이에 대응하기 위한 직원의 행동요령 등에 대한 교육 실시
5. 그 밖에 고객의 폭언 등으로부터 직원을 보호하기 위하여 필요한 사항으로서 금융위원회가 정하여 고시하는 조치

19 보험업법상 금융위원회가 보험대리점의 등록을 반드시 취소해야 하는 사유에 해당하지 않는 것은? [기출 변형]

① 다른 보험회사의 임직원이 보험대리점이 된 경우
② 보험설계사 또는 보험중개사로 등록된 자
③ 보험업법상 자기계약의 금지를 위반한 경우
④ 「대부업 등의 등록 및 금융이용자 보호에 관한 법률」에 따른 대부업을 행한 경우

TIP 보험대리점의 등록취소 등 … 금융위원회는 보험대리점이 다음의 어느 하나에 해당하는 경우에는 그 등록을 취소하여야 한다〈보험업법 제88조 제1항〉.

1. 제87조(보험대리점의 등록) 제2항의 어느 하나에 해당하게 된 경우
2. 등록 당시 제87조(보험대리점의 등록) 제2항의 어느 하나에 해당하는 자이었음이 밝혀진 경우
3. 거짓이나 그 밖에 부정한 방법으로 제87조(보험대리점의 등록)에 따른 등록을 한 경우
4. 제87조의3(법인보험대리점의 업무범위 등) 제1항을 위반한 경우
5. 제101조(자기계약의 금지)를 위반한 경우

20 보험업법상 교차모집보험설계사(이하 '설계사'라 한다)가 속한 보험회사 또는 교차모집을 위탁한 보험회사의 금지 행위에 해당하는 것은 모두 몇 개인가?

> ㉠ 설계사에게 자사 소속의 보험설계사로 전환하도록 권유하는 행위
> ㉡ 설계사에게 자사를 위하여 모집하는 경우 보험회사가 정한 수수료·수당 외에 추가로 대가를 지급하기로 약속하거나 이를 지급하는 행위
> ㉢ 설계사가 다른 보험회사를 위하여 모집한 보험계약을 자사의 보험계약으로 처리하도록 유도하는 행위
> ㉣ 설계사에게 정당한 사유에 의한 위탁계약 해지, 위탁범위 제한 등 불이익을 주는 행위
> ㉤ 설계사의 소속 영업소를 변경하거나 모집한 계약의 관리자를 변경하는 등 교차모집을 제약·방해하는 행위
> ㉥ 설계사를 합리적 근거에 따라 소속 보험설계사보다 우대하는 행위

① 3개　　② 4개
③ 5개　　④ 6개

TIP 보험설계사의 교차모집 … 법 제85조 제4항에 따라 교차모집보험설계사의 소속 보험회사 또는 교차모집을 위탁한 보험회사는 다음의 행위를 하여서는 아니 된다〈보험업법 시행령 제29조 제3항〉.

1. 교차모집보험설계사에게 자사 소속의 보험설계사로 전환하도록 권유하는 행위
2. 교차모집보험설계사에게 자사를 위하여 모집하는 경우 보험회사가 정한 수수료·수당 외에 추가로 대가를 지급하기로 약속하거나 이를 지급하는 행위
3. 교차모집보험설계사가 다른 보험회사를 위하여 모집한 보험계약을 자사의 보험계약으로 처리하도록 유도하는 행위
4. 교차모집보험설계사에게 정당한 사유 없이 위탁계약 해지, 위탁범위 제한 등 불이익을 주는 행위
5. 교차모집보험설계사의 소속 영업소를 변경하거나 모집한 계약의 관리자를 변경하는 등 교차모집을 제약·방해하는 행위
6. 그 밖에 보험계약자 보호와 모집질서 유지를 위하여 총리령으로 정하는 행위

※ **교차모집에 대한 보험회사 등의 금지행위** … 영 제29조 제3항 제6호에서 "총리령으로 정하는 행위"란 다음 각 호의 어느 하나에 해당하는 행위를 말한다〈보험업법 시행규칙 제16조 제1항〉.
1. 소속 보험설계사에게 특정 보험회사를 지정하여 영 제29조 제1항에 따른 교차모집(이하 "교차모집"이라 한다) 위탁계약의 체결을 강요하는 행위
2. 소속 보험설계사에게 영 제29조 제2항에 따른 교차모집보험설계사(이하 "교차모집보험설계사"라 한다)가 될 자의 유치를 강요하는 행위
3. 합리적 근거 없이 교차모집보험설계사를 소속 보험설계사보다 우대하는 행위

ANSWER
18.① 19.④ 20.②

21 보험업법상 통신수단을 이용하여 모집 · 철회 및 해지 등을 하는 자가 준수해야 할 사항에 관한 내용으로 옳은 것은?

① 전화 · 우편 · 컴퓨터통신 등 통신수단을 이용하여 보험업법에 따라 모집을 할 수 있는 자는 금융위원회로부터 별도로 이에 관한 허가를 받아야 한다.
② 보험회사는 보험계약자가 통신수단을 이용하여 체결한 계약을 해지하고자 하는 경우, 그 보험계약자가 계약을 해지하기 전에 안정성 및 신뢰성이 확보되는 방법을 이용하여 보험계약자 본인임을 확인받은 경우에 한하여 이용하도록 할 수 있다.
③ 사이버몰을 이용하여 모집하는 자는 보험계약자가 보험약관 또는 보험증권을 전자문서로 볼 수 있도록 하고, 보험계약자의 요청이 없더라도 해당 문서를 우편 또는 전자메일로 발송해 주어야 한다.
④ 보험회사는 보험계약자가 전화를 이용하여 계약을 해지하려는 경우에는 상대방의 동의 여부와 상관없이 보험계약자 본인인지를 확인하고 그 내용을 음성녹음을 하는 등 증거자료를 확보 · 유지해야 한다.

TIP ② 「보험업법 시행령」 제43조(통신수단을 이용한 모집 · 철회 및 해지 등 관련 준수사항) 제7항 제2호
① 전화 · 우편 · 컴퓨터통신 등 통신수단을 이용하여 모집을 하는 자는 제83조에 따라 모집을 할 수 있는 자이어야 하며, 다른 사람의 평온한 생활을 침해하는 방법으로 모집을 하여서는 아니 된다〈보험업법 제96조(통신수단을 이용한 모집 · 철회 및 해지 등 관련 준수사항)〉 제1항.
③ 사이버몰에는 보험약관의 주요 내용을 표시하여야 하며 보험계약자의 청약 내용에 대해서는 「전자서명법」 제2조 제2호에 따른 전자서명(서명자의 실지명의를 확인할 수 있는 것으로 한정한다)을 받은 경우, 그 밖에 금융위원회가 정하는 기준을 준수하는 안전성과 신뢰성이 확보될 수 있는 수단을 활용하여 청약 내용에 대하여 보험계약자의 확인을 받은 경우, 보험약관 또는 보험증권을 전자문서로 발급하는 경우에는 보험계약자가 해당 문서를 수령하였는지를 확인하여야 하며 보험계약자가 서면으로 발급해 줄 것을 요청하는 경우에는 서면으로 발급에 해당하는 경우 외에는 보험계약자로부터 자필서명을 받아야 한다〈보험업법 시행령 제43조(통신수단을 이용한 모집 · 철회 및 해지 등 관련 준수사항) 제5항 제2호〉.
④ 보험회사는 법 제96조 제2항 제3호에 따라 보험계약자가 전화를 이용하여 체결한 계약을 해지하려는 경우에는 상대방의 동의를 받아 보험계약자 본인인지를 확인하고 그 내용을 음성녹음하는 등 증거자료를 확보 · 유지해야 한다〈보험업법 시행령 제43조(통신수단을 이용한 모집 · 철회 및 해지 등 관련 준수사항) 제9항〉.

22 보험업법상 보험회사의 자산운용 원칙에 관한 내용으로 옳은 것은?

① 자산을 운용함에 있어 수익성 · 안정성 · 비례성 · 공익성이 확보되도록 하여야 한다.
② 직접 · 간접을 불문하고 다른 보험회사의 주식을 사도록 하기 위한 대출을 하여서는 아니 된다.
③ 신용공여계약을 체결하려는 자에게 계약체결 이후 재산 증가나 신용등급 상승 등으로 신용개선상태가 나타난 경우 금리인하 요구를 할 수 있음을 알려야 한다.
④ 특별계정의 자산을 운용할 때에는 보험계약자의 지시에 따라 자산을 운용할 수 있다.

TIP ③ 「보험업법」 제110조의3(금리인하 요구) 제2항
① 보험회사는 그 자산을 운용할 때 안정성 · 유동성 · 수익성 및 공익성이 확보되도록 하여야 한다〈보험업법 제104조(자산운용의 원칙) 제1항〉
② 보험회사는 직접 · 간접을 불문하고 해당 보험회사의 주식을 사도록 하기 위한 대출에 해당하는 방법으로 운용하여서는 아니 된다〈보험업법 제105조(금지 또는 제한되는 자산운용) 제4호〉.
④ 보험회사는 일반계정(제108조 제1항 제1호 및 제4호의 특별계정을 포함)에 속하는 자산과 제108조 제1항 제2호에 따른 특별계정에 속하는 자산을 운용할 때 다음 각 호의 비율을 초과할 수 없다. 다만, 특별계정의 자산으로서 자산운용의 손실이 일반계정에 영향을 미치는 자산 중 대통령령으로 정하는 자산의 경우에는 일반계정에 포함하여 자산운용비율을 적용한다〈보험업법 제106조(자산운용의 방법 및 비율) 제1항〉.

23 **보험업법상 모집을 위하여 사용하는 보험안내 자료의 기재사항을 모두 고른 것은?**

> ㉠ 보험금 지급제한 조건에 관한 사항
> ㉡ 해약환급금에 관한 사항
> ㉢ 변액보험계약에 최고로 보장되는 보험금이 설정되어 있는 경우에는 그 내용
> ㉣ 다른 보험회사 상품과 비교한 사항
> ㉤ 보험금이 금리에 연동되는 경우 적용금리 및 보험금 변동에 관한 사항
> ㉥ 보험안내자료의 제작자, 제작일, 보험안내자료에 대한 보험회사의 심사 또는 관리번호

① ㉠㉡㉤㉥ ② ㉠㉢㉣㉤
③ ㉡㉢㉤㉥ ④ ㉡㉣㉤㉥

TIP **보험안내자료** … 모집을 위하여 사용하는 보험안내자료(이하 "보험안내자료"라 한다)에는 다음 각 호의 사항을 명백하고 알기 쉽게 적어야 한다〈보험업법 제95조 제1항〉.

1. 보험회사의 상호나 명칭 또는 보험설계사 · 보험대리점 또는 보험중개사의 이름 · 상호나 명칭
2. 보험 가입에 따른 권리 · 의무에 관한 주요 사항
3. 보험약관으로 정하는 보장에 관한 사항

3의2. 보험금 지급제한 조건에 관한 사항

4. 해약환급금에 관한 사항
5. 「예금자보호법」에 따른 예금자보호와 관련된 사항
6. 그 밖에 보험계약자를 보호하기 위하여 대통령령으로 정하는 사항

※ **보험안내자료의 기재사항 등**〈보험업법 시행령 제42조〉

① 법 제95조 제1항 제2호에 따른 보험 가입에 따른 권리 · 의무에 관한 사항에는 법 제108조 제1항 제3호에 따른 변액보험계약(이하 "변액보험계약"이라 한다)의 경우 다음 각 호의 사항이 포함된다.
1. 변액보험자산의 운용성과에 따라 납입한 보험료의 원금에 손실이 발생할 수 있으며 그 손실은 보험계약자에게 귀속된다는 사실
2. 최저로 보장되는 보험금이 설정되어 있는 경우에는 그 내용

② 보험안내자료에는 다음 각 호의 사항을 적어서는 아니 된다.
1. 「독점규제 및 공정거래에 관한 법률」 제45조에 따른 사항
2. 보험계약의 내용과 다른 사항
3. 보험계약자에게 유리한 내용만을 골라 안내하거나 다른 보험회사 상품과 비교한 사항
4. 확정되지 아니한 사항이나 사실에 근거하지 아니한 사항을 기초로 다른 보험회사 상품에 비하여 유리하게 비교한 사항

③ 법 제95조 제1항 제6호에서 "대통령령으로 정하는 사항"이란 다음 각 호의 사항을 말한다.
1. 보험금이 금리에 연동되는 보험상품의 경우 적용금리 및 보험금 변동에 관한 사항
2. 보험금 지급제한 조건의 예시
3. 보험안내자료의 제작자 · 제작일, 보험안내자료에 대한 보험회사의 심사 또는 관리번호
4. 보험 상담 및 분쟁의 해결에 관한 사항

④ 금융위원회는 보험계약자를 보호하고 정보취득자의 오해를 방지하기 위하여 보험안내자료의 작성 및 관리 등에 필요한 사항을 정하여 고시할 수 있다.

ANSWER
21.② 22.③ 23.①

24 보험업법상 보험종목의 특성 등을 고려하여 보험업법에 따라 계상된 책임준비금에 대한 적정성 검증을 받아야하는 보험회사가 아닌 것은?

① 생명보험을 취급하는 보험회사
② 보증보험을 취급하는 보험회사
③ 자동차보험을 취급하는 보험회사
④ 질병보험을 취급하는 보험회사

TIP 책임준비금의 적정성 검증 … 법 제120조의2 제1항에서 "대통령령으로 정하는 보험회사"란 다음의 어느 하나에 해당하는 보험회사를 말한다〈보험업법 시행령 제63조의2 제1항〉.
1. 직전 사업연도 말의 재무상태표에 따른 자산총액이 1조 원 이상인 보험회사
2. 다음의 어느 하나에 해당하는 보험종목을 취급하는 보험회사
가. 생명보험
나. 연금보험
다. 자동차보험
라. 상해보험
마. 질병보험
바. 간병보험

25 보험업법상 보험회사가 자회사를 소유하게 된 날부터 15일 이내에 금융위원회에 제출하여야 하는 서류에 해당하지 않는 것은?

① 업무의 종류 및 방법을 적은 서류
② 자회사가 발행주식총수의 100분의 10을 초과하여 소유하고 있는 회사의 현황
③ 재무상태표 및 손익계산서 등의 재무제표와 영업보고서
④ 자회사와의 주요거래 상황을 적은 서류

TIP 자회사에 관한 보고서류 등 … 보험회사는 자회사를 소유하게 된 날부터 15일 이내에 그 자회사의 정관과 대통령령으로 정하는 서류를 금융위원회에 제출하여야 한다〈보험업법 시행령 제60조 제1항〉.
1. 정관
2. 업무의 종류 및 방법을 적은 서류
3. 주주현황
4. 재무상태표 및 손익계산서 등의 재무제표와 영업보고서
5. 자회사가 발행주식 총수의 100분의 10을 초과하여 소유하고 있는 회사의 현황

26 **보험업법상 보험회사 등이 보험설계사에게 모집을 위탁함에 있어 금지되는 행위에 해당하지 않는 것은?**

① 위탁계약서에서 정한 해지요건에 따라 위탁계약을 해지하는 행위
② 정당한 사유 없이 보험설계사가 요청한 위탁계약 해지를 거부하는 행위
③ 위탁계약서에서 정한 위탁업무 외의 업무를 강요하는 행위
④ 보험설계사에게 대납을 강요하는 행위

TIP 보험설계사에 대한 불공정 행위 금지 … 보험회사 등은 보험설계사에게 보험계약의 모집을 위탁할 때 다음의 행위를 하여서는 아니 된다〈보험업법 제85조의3 제1항〉.

1. 보험모집 위탁계약서를 교부하지 아니하는 행위
2. 위탁계약서상 계약사항을 이행하지 아니하는 행위
3. 위탁계약서에서 정한 해지요건 외의 사유로 위탁계약을 해지하는 행위
4. 정당한 사유 없이 보험설계사가 요청한 위탁계약 해지를 거부하는 행위
5. 위탁계약서에서 정한 위탁업무 외의 업무를 강요하는 행위
6. 정당한 사유 없이 보험설계사에게 지급되어야 할 수수료의 전부 또는 일부를 지급하지 아니하거나 지연하여 지급하는 행위
7. 정당한 사유 없이 보험설계사에게 지급한 수수료를 환수하는 행위
8. 보험설계사에게 보험료 대납(代納)을 강요하는 행위
9. 그 밖에 대통령령으로 정하는 불공정한 행위

27 **보험업법상 보험중개사가 지체 없이 금융위원회에 신고하여야 하는 사항이 아닌 것은?**

① 개인의 경우에는 본인이 사망한 경우
② 법인이 아닌 사단 또는 재단의 경우에는 그 단체가 소멸한 경우
③ 보험중개사가 소속 보험설계사와 보험모집에 관한 위탁을 해지한 경우
④ 모집업무를 일시적으로 중단한 경우

TIP 신고사항 … 보험설계사 · 보험대리점 또는 보험중개사는 다음의 어느 하나에 해당하는 경우에는 지체 없이 그 사실을 금융위원회에 신고하여야 한다〈보험업법 제93조 제1항〉.

1. 제84조 · 제87조 및 제89조에 따른 등록을 신청할 때 제출한 서류에 적힌 사항이 변경된 경우
2. 제84조 제2항의 어느 하나에 해당하게 된 경우
3. 모집업무를 폐지한 경우
4. 개인의 경우에는 본인이 사망한 경우
5. 법인의 경우에는 그 법인이 해산한 경우
6. 법인이 아닌 사단 또는 재단의 경우에는 그 단체가 소멸한 경우
7. 보험대리점 또는 보험중개사가 소속 보험설계사와 보험모집에 관한 위탁을 해지한 경우
8. 제85조 제3항에 따라 보험설계사가 다른 보험회사를 위하여 모집을 한 경우나, 보험대리점 또는 보험중개사가 생명보험계약의 모집과 손해보험계약의 모집을 겸하게 된 경우

ANSWER
24.② 25.④ 26.① 27.④

28 **보험업법상 보험회사가 상호협정의 체결을 위한 신청서에 기재하여야 하는 사항이 아닌 것은?**

① 상호협정서 변경 대비표
② 상호협정의 효력의 발생시기와 기간
③ 상호협정에 관한 사무를 총괄하는 점포 또는 사무소가 있는 경우에는 그 명칭과 소재지
④ 외국보험회사와의 상호협정인 경우에는 그 보험회사의 영업 종류와 현재 수행 중인 사업의 개요 및 현황

TIP 상호협정의 인가〈보험업법 시행령 제69조 제1항〉 … 보험회사는 법 제125조 제1항에 따라 상호협정의 체결 · 변경 또는 폐지의 인가를 받으려는 경우에는 다음 각 호의 사항을 적은 신청서에 총리령으로 정하는 서류를 첨부하여 금융위원회에 제출하여야 한다.

1. 상호협정을 체결하는 경우
   가. 상호협정 당사자의 상호 또는 명칭과 본점 또는 주된 사무소의 소재지
   나. 상호협정의 명칭과 그 내용
   다. 상호협정의 효력의 발생시기와 기간
   라. 상호협정을 하려는 사유
   마. 상호협정에 관한 사무를 총괄하는 점포 또는 사무소가 있는 경우에는 그 명칭과 소재지
   바. 외국보험회사와의 상호협정인 경우에는 그 보험회사의 영업 종류와 현재 수행 중인 사업의 개요 및 현황
2. 상호협정을 변경하는 경우
   가. 제1호 가목 및 나목의 기재사항
   나. 변경될 상호협정의 효력의 발생시기와 기간
   다. 상호협정을 변경하려는 사유 및 변경 내용
3. 상호협정을 폐지하는 경우
   가. 폐지할 상호협정의 명칭
   나. 상호협정 폐지의 효력 발생시기
   다. 상호협정을 폐지하려는 사유

29 **보험업법상 보험약관 이해도 평가에 대한 내용으로 옳지 않은 것은?**

① 금융위원회는 보험약관과 보험안내자료에 대한 보험 소비자 등의 이해도를 평가하기 위해 평가대행기관을 지정할 수 있다.

② 보험약관 등의 이해도 평가에 수반되는 비용의 부담, 평가 시기, 평가 방법 등 평가에 관한 사항은 금융위원회가 정한다.

③ 보험약관 이해도 평가의 대상자에는 금융감독원장이 추천하는 보험소비자 1명 및 보험요율 산출기관의 장이 추천하는 보험 관련 전문가 1명이 포함된다.

④ 보험약관의 이해도 평가 기준 및 해당 기준에 따른 평가 결과는 평가대행기관의 홈페이지에 연 2회 이상 공시할 수 있다.

TIP ③ 법 제128조의4 제1항에서 "보험소비자와 보험의 모집에 종사하는 자 등 대통령령으로 정하는 자"란 금융감독원장이 추천하는 보험소비자 3명, 「소비자기본법」에 따라 설립된 한국소비자원의 장이 추천하는 보험소비자 3명, 보험요율 산출기관의 장이 추천하는 보험 관련 전문가 1명, 생명보험협회의 장이 추천하는 보험의 모집에 종사하는 자 1명, 손해보험협회의 장이 추천하는 보험의 모집에 종사하는 자 1명을 말한다〈보험업법 시행령 제71조의6(보험약관 이해도 평가) 제1항〉.

① 「보험업법」 제128조의4(보험약관 등의 이해도 평가) 제1항
② 「보험업법」 제128조의4(보험약관 등의 이해도 평가) 제4항
④ 「보험업법 시행령」 제71조의6(보험약관 등의 이해도 평가) 제3항

30 **보험업법상 주식회사인 보험회사가 해산결의 인가신청서에 첨부하여 금융위원회에 제출하여야 하는 서류를 모두 고른 것은?**

> ㉠ 주주총회 의사록
> ㉡ 청산 사무의 추진계획서
> ㉢ 보험계약자 및 이해관계인의 보호절차 이행을 증명하는 서류
> ㉣ 「상법」 등 관계 법령에 따른 절차의 이행에 흠이 없음을 증명하는 서류

① ㉠㉡
② ㉠㉡㉢
③ ㉡㉢㉣
④ ㉠㉡㉢㉣

TIP 해산 결의의 인가신청 … 보험회사는 법 제139조에 따라 해산결의의 인가를 받으려면 별지 제13호서식의 신청서에 다음 각 호의 서류를 첨부하여 금융위원회에 제출하여야 한다〈보험업법 시행규칙 제35조〉.

1. 주주총회 의사록(상호회사인 경우에는 사원총회 의사록)
2. 청산 사무의 추진계획서
3. 보험계약자 및 이해관계인의 보호절차 이행을 증명하는 서류
4. 「상법」 등 관계 법령에 따른 절차의 이행에 흠이 없음을 증명하는 서류
5. 그 밖에 금융위원회가 필요하다고 인정하는 서류

ANSWER
28.① 29.③ 30.④

31 보험업법상 금융위원회가 금융감독원장으로 하여금 조치를 할 수 있도록 한 제재는 모두 몇 개인가?

> ㉠ 보험회사에 대한 주의 · 경고 또는 그 임직원에 대한 주의 · 경고 · 문책의 요구
> ㉡ 임원(「금융회사의 지배구조에 관한 법률」에 따른 업무집행책임자는 제외)의 해임권고 · 직무정지의 요구
> ㉢ 6개월 이내의 영업의 일부정지
> ㉣ 해당 위반행위에 대한 시정명령

① 없음
② 1개
③ 2개
④ 3개

TIP 보험회사에 대한 제재 … 금융위원회는 보험회사(그 소속 임직원을 포함한다)가 이 법 또는 이 법에 따른 규정 · 명령 또는 지시를 위반하여 보험회사의 건전한 경영을 해치거나 보험계약자, 피보험자, 그 밖의 이해관계인의 권익을 침해할 우려가 있다고 인정되는 경우 또는 「금융회사의 지배구조에 관한 법률」 별표 각 호의 어느 하나에 해당하는 경우(제4호에 해당하는 조치로 한정한다), 「금융소비자 보호에 관한 법률」 제51조 제1항 제4호, 제5호 또는 같은 조 제2항 각 호 외의 부분 본문 중 대통령령으로 정하는 경우에 해당하는 경우(제4호에 해당하는 조치로 한정한다)에는 금융감독원장의 건의에 따라 다음 각 호의 어느 하나에 해당하는 조치를 하거나 금융감독원장으로 하여금 제1호의 조치를 하게 할 수 있다〈보험업법 제134조 제1항〉.

1. 보험회사에 대한 주의 · 경고 또는 그 임직원에 대한 주의 · 경고 · 문책의 요구
2. 해당 위반행위에 대한 시정명령
3. 임원(「금융회사의 지배구조에 관한 법률」 제2조 제5호에 따른 업무집행책임자는 제외한다. 이하 제135조에서 같다)의 해임권고 · 직무정지
4. 6개월 이내의 영업의 일부정지

32 보험업법상 보험계약의 이전에 관한 내용으로 옳지 않은 것은?

① 보험회사는 계약의 방법으로 책임준비금 산출의 기초가 같은 보험계약의 전부를 포괄하여 다른 보험회사에 이전할 수 있다.
② 보험계약을 이전하려는 보험회사는 원칙적으로 주주총회 등의 결의가 있었던 때부터 보험계약을 이전하거나 이전하지 아니하게 될 때까지 그 이전하려는 보험계약과 같은 종류의 보험계약을 하지 못한다.
③ 보험회사의 부실에 의한 보험계약 이전이라 하더라도, 외국보험회사의 국내지점을 국내법인으로 전환함에 따라 국내지점의 보험계약을 국내법인으로 이전하는 경우에는 그 이전하려는 보험계약과 같은 종류의 보험계약을 체결할 수 있다.
④ 보험회사의 부실에 의한 보험계약 이전이 아닌 한, 모회사에서 자회사인 보험회사를 합병함에 따라 자회사의 보험계약을 모회사로 이전하려는 경우에는 그 이전하려는 보험계약과 같은 종류의 보험계약을 체결할 수 있다.

TIP ③ 법 제142조 단서에서 "대통령령으로 정하는 경우"란, 외국보험회사의 국내지점을 국내법인으로 전환함에 따라 국내지점의 보험계약을 국내법인으로 이전하려는 경우, 모회사에서 자회사인 보험회사를 합병함에 따라 자회사의 보험계약을 모회사로 이전하려는 경우, 그 밖에 위에 준하는 경우로서 금융위원회가 정하여 고시하는 경우를 말한다〈보험업법 시행령 제75조의3(신계약 금지의 예외)〉.
① 「보험업법」 제140조(보험계약 등의 이전) 제1항
②④ 「보험업법」 제142조(신계약의 금지)

33 **보험업법상 보험회사의 해산 후에도 일정한 기간 내에는 보험계약의 이전을 결의할 수 있는 기간으로 옳은 것은?**

① 3개월 ② 6개월
③ 1년 ④ 2년

TIP 보험회사는 해산한 후에도 3개월 이내에는 보험계약 이전을 결의할 수 있다〈보험업법 제148조(해산 후의 계약 이전 결의) 제1항〉.

34 **보험업법상 보험요율 산출기관에 관한 내용으로 옳지 않은 것은?**

① 정관으로 정하는 바에 따라 순보험요율의 산출 · 검증 및 제공, 보험 관련 정보의 수집 · 제공 및 통계의 작성 등의 업무를 한다.
② 보험회사가 적용할 수 있는 순보험요율을 산출하여 금융위원회에 신고하는 경우, 신고를 받은 금융위원회는 이 법에 적합하면 신고를 수리하여야 한다.
③ 정관으로 정함이 있더라도, 보험에 대한 조사업무는 할 수 있으나 보험에 대한 연구업무는 할 수 없다.
④ 정관으로 정하는 바에 따라 「근로자퇴직급여 보장법」상 퇴직연금사업자로부터 위탁받은 업무를 할 수 있다.

TIP ③ 보험요율 산출기관은 정관으로 정하는 바에 따라 순보험요율의 산출 · 검증 및 제공, 보험 관련 정보의 수집 · 제공 및 통계의 작성, 보험에 대한 조사 · 연구, 설립목적의
① 「보험업법」 제176조(보험요율 산출기관) 제3항
② 「보험업법」 제176조(보험요율 산출기관) 제4항
④ 「보험업법」 제176조(보험요율 산출기관) 제3항 제6호, 「보험업법 시행령」 제86(보험요율 산출기관의 업무) 제6호

35 **보험업법상 보험계리사의 업무 대상에 해당하지 않는 것은?**

① 책임준비금, 비상위험준비금 등 준비금의 적립과 준비금에 해당하는 자산의 적정성에 관한 사항
② 잉여금의 배분 · 처리 및 보험계약자 배당금의 배분에 관한 사항
③ 지급여력비율 계산 중 보험료 및 책임준비금과 관련된 사항
④ 상품 공시자료 중 기초서류와 관련이 없는 사항

TIP 보험계리사 등의 업무 … 법 제181조 제3항에 따른 보험계리사, 선임계리사 또는 보험계리업자의 업무는 다음 각 호와 같다. 다만, 제5호의 업무는 보험계리사 및 보험계리업자만 수행한다〈보험업법 시행규칙 제44조〉.

1. 기초서류 내용의 적정성에 관한 사항
2. 책임준비금, 비상위험준비금 등 준비금의 적립에 관한 사항
3. 잉여금의 배분 · 처리 및 보험계약자 배당금의 배분에 관한 사항
4. 지급여력비율 계산 중 보험료 및 책임준비금과 관련된 사항
5. 상품 공시자료 중 기초서류와 관련된 사항
6. 계리적 최적가정의 검증 · 확인에 관한 사항

ANSWER
31.② 32.③ 33.① 34.③ 35.④

36 **보험업법상 선임계리사에 관한 내용으로 옳지 않은 것은?**

① 외국보험회사의 국내지점이 선임계리사를 선임하거나 해임하려는 경우에는 이사회의 의결을 거쳐 금융위원회에 보고하거나 신고하여야 한다.
② 보험회사는 다른 보험회사의 선임계리사를 해당 보험회사의 선임계리사로 선임할 수 없다.
③ 금융위원회는 선임계리사에게 그 업무범위에 속하는 사항에 관하여 의견을 제출하게 할 수 있다.
④ 보험회사는 선임계리사의 해임 신고를 할 때 그 해임사유를 제출하여야 하며, 금융위원회는 해임사유에 대하여 해당 선임계리사의 의견을 들을 수 있다.

TIP ① 보험회사가 선임계리사를 선임하려는 경우에는 이사회의 의결을 거쳐 선임계리사의 선임 후에 금융위원회에 보고하여야 하고, 선임계리사를 해임하려는 경우에는 선임계리사의 해임 전에 이사회의 의결을 거쳐 금융위원회에 신고하여야 한다. 다만, 외국보험회사의 국내지점의 경우에는 이사회의 의결을 거치지 아니할 수 있다〈보험업법 제181조의2(선임계리사의 임면 등) 제1항〉.
② 「보험업법」 제181조의2(선임계리사의 임면 등) 제2항
③ 「보험업법」 제184조(선임계리사의 의무 등) 제6항
④ 「보험업법」 제181조의2(선임계리사의 임면 등) 제3항

37 **보험업법상 보험협회(장)에게 위탁할 수 있는 업무가 아닌 것은?**

① 보험설계사의 등록
② 보험대리점의 등록
③ 보험대리점의 등록취소 또는 업무정지의 통지
④ 보험계리를 업으로 하려는 자의 등록

TIP 금융감독원장 업무의 위탁 … 금융감독원장은 법 제194조 제4항에 따라 다음의 업무를 보험협회의 장에게 위탁한다〈보험업법 시행령 제101조 제1항〉.
1. 보험설계사의 등록취소 또는 업무정지 통지에 관한 업무
2. 보험대리점의 등록취소 또는 업무정지 통지에 관한 업무
3. 보험설계사에 관한 신고의 수리
4. 보험대리점에 관한 신고의 수리

38 **보험업법상 금융위원회의 허가 사항이 아닌 것은?**

① 보험영업의 양도 · 양수
② 보험업의 개시
③ 보험계약 이전 시 예외적 자산의 처분
④ 재평가적립금의 보험계약자에 대한 배당 처분

TIP ① 보험회사는 그 영업을 양도 · 양수하려면 금융위원회의 인가를 받아야 한다〈보험업법 제150조(영업양도 · 양수의 인가)〉.
② 「보험업법」 제4조(보험업의 허가)
③ 「보험업법」 제144조(자산 처분의 금지 등)
④ 「보험업법」 제122조(재평가적립금의 사용에 관한 특례)

39 보험업법상 벌칙에 관한 내용으로 옳지 않은 것은?

① 징역과 벌금의 병과가 가능하다.
② 행위자와 보험회사의 양벌규정이 존재한다.
③ 징벌적 손해배상이 인정된다.
④ 과태료 규정이 존재한다.

TIP 징벌적 손해배상은 한국에서 일부 인정되고 있으나 보험업법상으로는 현재 규정된 조항이 없다.

40 보험회사가 그 사유가 발생한 날로부터 5일 이내에 금융위원회에 보고하여야 할 사항에 해당하지 않는 것은?

① 상호 및 명칭을 변경하거나 본점을 이전한 경우
② 대주주가 소유하고 있는 주식 총수가 의결권 있는 발행주식 총수의 100분의 1 이상만큼 변동된 경우
③ 업무 수행에 중대한 영향을 미치는 자본금 또는 기금을 증액한 경우
④ 조세 체납처분을 받은 경우 또는 조세에 관한 법령을 위반하여 형벌을 받은 경우

TIP **보고사항** … 보험회사는 다음 각 호의 어느 하나에 해당하는 사유가 발생한 경우에는 그 사유가 발생한 날부터 5일 이내에 금융위원회에 보고하여야 한다〈보험업법 제130조〉.

1. 상호나 명칭을 변경한 경우
2. 삭제 〈2015. 7. 31.〉
3. 본점의 영업을 중지하거나 재개(再開)한 경우
4. 최대주주가 변경된 경우
5. 대주주가 소유하고 있는 주식 총수가 의결권 있는 발행주식 총수의 100분의 1 이상만큼 변동된 경우
6. 그 밖에 해당 보험회사의 업무 수행에 중대한 영향을 미치는 경우로서 대통령령으로 정하는 경우

※ **보고사항** … 법 제130조 제6호에서 "대통령령으로 정하는 경우"란 다음 각 호의 어느 하나에 해당하는 경우를 말한다〈보험업법 시행령 제72조〉.

1. 자본금 또는 기금을 증액한 경우
2. 법 제21조에 따른 조직 변경의 결의를 한 경우
3. 법 제13장에 따른 처벌을 받은 경우
4. 조세 체납처분을 받은 경우 또는 조세에 관한 법령을 위반하여 형벌을 받은 경우
5. 「외국환 거래법」에 따른 해외투자를 하거나 외국에 영업소, 그 밖의 사무소를 설치한 경우
6. 보험회사의 주주 또는 주주였던 자가 제기한 소송의 당사자가 된 경우

ANSWER

36.① 37.④ 38.① 39.③ 40.①

2023년 제46회 보험업법

1 **보험업법상 보험회사는 '제3보험의 보험종목에 부가되는 보험'으로서, 질병을 원인으로 하는 사망을 제3보험의 특약 형식으로 담보하는 보험에 대하여는 보험업을 겸영할 수 있는데, 이러한 보험에 관한 요건으로 옳지 않은 것은?**

① 보험의 만기는 80세 이하이어야 한다.
② 보험기간은 2년 이내의 기간이어야 한다.
③ 보험금액의 한도는 개인당 2억 원 이내이어야 한다.
④ 만기 시에 지급하는 환급금은 납입보험료 합계액의 범위 내이어야 한다.

TIP 겸영 가능 보험종목 … 법 제10조 제3호에서 "대통령령으로 정하는 기준에 따라 제3보험의 보험종목에 부가되는 보험"이란 질병을 원인으로 하는 사망을 제3보험의 특약 형식으로 담보하는 보험으로서 다음 각 호의 요건을 충족하는 보험을 말한다〈보험업법 시행령 제15조 제2항〉.
1. 보험만기는 80세 이하일 것
2. 보험금액의 한도는 개인당 2억원 이내일 것
3. 만기 시에 지급하는 환급금은 납입보험료 합계액의 범위 내일 것
※ 보험업 겸영의 제한 … 보험회사는 생명보험업과 손해보험업을 겸영(兼營)하지 못한다. 다만, 다음 각 호의 어느 하나에 해당하는 보험종목은 그러하지 아니하다〈보험업법 제10조〉.
1. 생명보험의 재보험 및 제3보험의 재보험
2. 다른 법령에 따라 겸영할 수 있는 보험종목으로서 대통령령으로 정하는 보험종목
3. 대통령령으로 정하는 기준에 따라 제3보험의 보험종목에 부가되는 보험

2 **보험업법상 보험회사의 부수업무에 관한 설명으로 옳지 않은 것은?**

① 보험회사가 부수업무를 하려는 날의 7일 전까지 금융위원회에 신고를 한 경우, 금융위원회는 그 내용을 검토하여 이 법에 적합하면 신고를 수리하여야 한다.
② 금융위원회는 보험회사가 하는 부수업무가 보험회사의 경영건전성을 해치는 경우에는 그 부수업무를 하는 것을 제한하거나 시정할 것을 명할 수 있다.
③ 이 법에 따라 공고된 다른 보험회사의 부수업무와 동일한 부수업무를 하려는 보험회사는, 그 부수업무가 금융위원회로부터 제한이나 시정의 명령을 받은 경우가 아닌 한, 금융위원회에 신고를 하지 않고 부수업무를 할 수 있다.
④ 직전 사업연도 매출액이 해당 보험회사 수입보험료의 1천분의 1 또는 10억 원 중 많은 금액에 해당하는 금액을 초과하는 부수업무인 경우, 해당 업무에 속하는 자산 · 부채 및 수익 · 비용은 보험업과 통합하여 회계처리 하여야 한다.

TIP ④ 법 제11조의3에 따라 보험회사가 제16조 제1항 제1호부터 제3호까지, 제2항 제2호부터 제4호까지의 업무 및 부수업무(직전 사업연도 매출액이 해당 보험회사 수입보험료의 1천분의 1 또는 10억 원 중 많은 금액에 해당하는 금액을 초과하는 업무만 해당한다)를 하는 경우에는 해당 업무에 속하는 자산 · 부채 및 수익 · 비용을 보험업과 구분하여 회계처리하여야 한다〈보험업법 시행령 제17조(겸영업무 · 부수업무의 회계처리) 제1항〉.

① 「보험업법」 제11조의2(보험회사의 부수업무) 제2항

② 「보험업법」 제11조의2(보험회사의 부수업무) 제3항

③ 「보험업법」 제11조의2(보험회사의 부수업무) 제1항

3 보험업법상 주식회사의 조직변경에서 보험계약자 총회에 관한 설명으로 옳지 않은 것은?

① 주식회사는 조직변경을 결의할 때 보험계약자 총회를 갈음하는 기관에 관한 사항을 정할 수 있다.

② 보험계약자 총회는 보험계약자 과반수의 출석과 그 의결권의 4분의 3 이상의 찬성으로 결의한다.

③ 주식회사의 감사는 조직변경에 관한 사항을 보험계약자 총회에 보고하여야 한다.

④ 조직변경을 위한 주주총회의 특별결의는 주식회사의 채권자의 이익을 해치지 않는 한, 보험계약자 총회의 결의로 변경할 수 있다.

TIP ③ 주식회사의 이사는 조직 변경에 관한 사항을 보험계약자 총회에 보고하여야 한다〈보험업법 제27조(보험계약자 총회에서의 보고)〉.

① 「보험업법」 제25조(보험계약자 총회 대행기관) 제1항

② 「보험업법」 제26조(보험계약자 총회의 결의방법) 제1항

④ 「보험업법」 제28조(보험계약자 총회의 결의 등) 제1항 및 제2항

ANSWER

1.② 2.④ 3.③

4 **보험업법상 상호회사의 설립에 관한 설명으로 옳은 것은?**

① 상호회사의 기금은 금전 이외에 객관적 가치의 평가가 가능한 자산으로 납입이 가능하다.
② 발기인은 상호회사의 정관이 작성되고 기금의 납입이 시작되면 그 날부터 7일 이내에 창립총회를 소집하여야 한다.
③ 상호회사 성립 전의 입사청약에 대하여는 민법상 착오에 관한 규정을 적용하지 아니한다.
④ 설립등기는 이사 및 감사의 공동신청으로 하여야 한다.

TIP ④ 「보험업법」 제40조(설립등기) 제3항

① 상호회사의 기금은 금전 이외의 자산으로 납입하지 못한다〈보험업법 제36조(기금의 납입) 제1항〉.
② 상호회사의 발기인은 상호회사의 기금의 납입이 끝나고 사원의 수가 예정된 수가 되면 그 날부터 7일 이내에 창립총회를 소집하여야 한다〈보험업법 제39조(창립총회) 제1항〉.
③ 상호회사 성립 전의 입사청약에 대하여는 「민법」 제107조 제1항 단서를 적용하지 아니한다〈보험업법 제38조(입사청약서) 제3항〉.

※ 진의 아닌 의사표시〈민법 제107조〉
① 의사표시는 표의자가 진의아님을 알고 한 것이라도 그 효력이 있다. 그러나 상대방이 표의자의 진의아님을 알았거나 이를 알 수 있었을 경우에는 무효로 한다.
② 전항의 의사표시의 무효는 선의의 제삼자에게 대항하지 못한다.

5 **보험업법상 금융위원회가 외국보험회사 국내지점에 대하여 영업정지의 조치를 할 수 있는 사유가 아닌 것은?**

① 이 법에 따른 명령이나 처분을 위반한 경우
② 외국보험회사의 본점이 그 본국의 법령을 위반한 경우
③ 외국보험회사 국내지점의 보험업 수행이 어렵다고 인정 되는 경우
④ 외국보험회사의 본점이 위법행위로 인하여 외국감독 기관으로부터 영업 전부의 정지 조치를 받은 경우

TIP 외국보험회사국내지점의 허가취소 등〈보험업법 제74조〉

① 금융위원회는 외국보험회사의 본점이 다음 각 호의 어느 하나에 해당하게 되면 그 외국보험회사국내지점에 대하여 청문을 거쳐 보험업의 허가를 취소할 수 있다.
  1. 합병, 영업양도 등으로 소멸한 경우
  2. 위법행위, 불건전한 영업행위 등의 사유로 외국감독기관으로부터 제134조 제2항에 따른 처분에 상당하는 조치를 받은 경우
  3. 휴업하거나 영업을 중지한 경우
② 금융위원회는 외국보험회사국내지점이 다음 각 호의 어느 하나에 해당하는 사유로 해당 외국보험회사국내지점의 보험업 수행이 어렵다고 인정되면 공익 또는 보험계약자 보호를 위하여 영업정지 또는 그 밖에 필요한 조치를 하거나 청문을 거쳐 보험업의 허가를 취소할 수 있다.
  1. 이 법 또는 이 법에 따른 명령이나 처분을 위반한 경우
  2. 「금융소비자 보호에 관한 법률」 또는 같은 법에 따른 명령이나 처분을 위반한 경우
  3. 외국보험회사의 본점이 그 본국의 법령을 위반한 경우
  4. 그 밖에 해당 외국보험회사국내지점의 보험업 수행이 어렵다고 인정되는 경우
③ 외국보험회사국내지점은 그 외국보험회사의 본점이 제1항 각 호의 어느 하나에 해당하게 되면 그 사유가 발생한 날부터 7일 이내에 그 사실을 금융위원회에 알려야 한다.

6 **보험업법상 상호회사의 기관에 관한 설명으로 옳지 않은 것은?**

① 상호회사는 사원총회를 갈음할 기관을 정관으로 정한 때에는 그 기관에 대하여는 사원총회에 관한 규정을 준용한다.
② 정관에 특별한 규정이 없는 한, 상호회사의 사원은 사원총회에서 각각 1개의 의결권을 가진다.
③ 사원의 적법한 사원총회의 소집청구가 있은 후, 지체 없이 총회 소집의 절차를 밟지 아니한 때에는 청구한 사원은 금융위원회의 허가를 받아 사원총회를 소집할 수 있다.
④ 상호회사의 사원은 영업시간 중에는 언제든지 사원총회 및 이사회의 의사록을 열람하거나 복사할 수 있다.

TIP ③ 상호회사의 100분의 5 이상의 사원은 회의의 목적과 그 소집의 이유를 적은 서면을 이사에게 제출하여 사원총회의 소집을 청구할 수 있다. 다만, 이 권리의 행사에 관하여는 정관으로 다른 기준을 정할 수 있다〈보험업법 제56조(총회소집청구권) 제1항〉.
①「보험업법」 제54조(사원총회 대행기관)
②「보험업법」 제55조(의결권)
④「보험업법」 제57조(서류의 비치와 열람 등) 제2항

7 **보험업법상 상호회사의 계산에 관한 설명으로 옳은 것은?**

① 손실보전준비금의 총액과 매년 적립할 최고액은 정관으로 정한다.
② 설립비용과 사업비의 전액을 상각하고 손실보전준비 금을 공제하기 전에는 기금의 상각 또는 잉여금의 분배를 하지 못한다.
③ 상호회사가 이 법의 규정을 위반하여 기금이자의 지급, 기금의 상각 또는 잉여금의 분배를 한 경우에는 회사의 사원은 이를 반환하게 할 수 있다.
④ 상호회사가 기금을 상각할 때에는 상각하는 금액을 초과하는 금액을 적립하여야 한다.

TIP ②「보험업법」 제61조(기금이자 지급 등의 제한) 제2항
① 상호회사는 손실을 보전하기 위하여 각 사업연도의 잉여금 중에서 준비금을 적립하여야 한다〈보험업법 제60조(손실보전준비금) 제1항〉.
③ 상호회사가 제1항 또는 제2항을 위반하여 기금이자의 지급, 기금의 상각 또는 잉여금의 분배를 한 경우에는 회사의 채권자는 이를 반환하게 할 수 있다〈보험업법 제61조(기금이자 지급 등의 제한) 제3항〉.
④ 상호회사가 기금을 상각할 때에는 상각하는 금액과 같은 금액을 적립하여야 한다〈보험업법 제62조(기금상각적립금)〉.
※ 기금이자 지급 등의 제한〈보험업법 제61조〉
① 상호회사는 손실을 보전하기 전에는 기금이자를 지급하지 못한다.
② 상호회사는 설립비용과 사업비의 전액을 상각(償却)하고 제60조 제1항에 따른 준비금을 공제하기 전에는 기금의 상각 또는 잉여금의 분배를 하지 못한다.
③ 상호회사가 제1항 또는 제2항을 위반하여 기금이자의 지급, 기금의 상각 또는 잉여금의 분배를 한 경우에는 회사의 채권자는 이를 반환하게 할 수 있다.

ANSWER
4.④ 5.④ 6.③ 7.②

8 **보험업법상 금융기관보험대리점이 될 수 없는 것은?**

① 「은행법」에 따라 설립된 은행
② 「농업협동조합법」에 따라 설립된 조합
③ 「상호저축은행법」에 따른 상호저축은행
④ 「자본시장과 금융투자업에 관한 법률」에 따른 신탁업자

TIP ④ 「자본시장과 금융투자업에 관한 법률」에 따른 투자매매업자 또는 투자중개업자는 제87조 또는 제89조에 따라 보험대리점 또는 보험중개사로 등록할 수 있다〈보험업법 제91조(금융기관보험대리점 등의 영업기준) 제1항 제2호〉.
① 「보험업법」 제91조(금융기관보험대리점 등의 영업기준) 제1항 제1호
② 「보험업법 시행령」 제40조(금융기관보험대리점등의 영업기준 등) 제1항 제4호
③ 「보험업법」 제91조(금융기관보험대리점 등의 영업기준) 제1항 제3호

9 **보험업법상 보험모집을 할 수 있는 자에 관한 설명으로 옳지 않은 것은?**

① 보험중개사(금융기관보험중개사는 제외)는 생명보험중개사와 손해보험중개사, 제3보험중개사로 구분된다.
② 간단손해보험대리점(금융기관보험대리점은 제외)의 영업범위는 개인 또는 가계의 일상생활 중 발생하는 위험을 보장하는 보험종목으로서, 간단손해보험대리점을 통하여 판매 · 제공 · 중개되는 재화 또는 용역과의 관련성 등을 고려하여 금융위원회가 정하여 고시하는 보험종목으로 한다.
③ 보험회사의 대표이사 · 사외이사는 업무집행기관이라는점에서 보험모집을 할 수 없으나, 감사 · 감사위원은 감독기관이기 때문에 보험모집이 가능하다.
④ 금융기관보험대리점은 그 금융기관 소속 임직원이 아닌 자로 하여금 모집을 하게 하거나 보험계약 체결과 관련한 상담 또는 소개를 하게 하고 상담 또는 소개의 대가를 지급하여서는 아니 된다.

TIP ③ 모집을 할 수 있는 자는 보험회사의 임원(대표이사 · 사외이사 · 감사 및 감사위원은 제외한다. 이하 이 장에서 같다) 또는 직원에 해당하는 자이어야 한다〈보험업법 제83조(모집할 수 있는 자) 제1항 제4호〉.
① 「보험업법 시행령」 제34조(보험중개사의 구분 및 등록요건 등) 제1항
② 「보험업법 시행령」 제31조(보험대리점의 영업범위) 제1항 제2호
④ 「보험업법 시행령」 제26조(모집할 수 있는 자) 제1항

10 **보험업법상 보험회사가 보험계약 체결단계에서 일반보험계약자에게 설명하여야 하는 중요 사항이 아닌 것은? (일반보험계약자가 설명을 거부하는 경우는 제외함)**

① 보험사고 조사에 관하여 설명 받아야 하는 사항으로서 금융위원회가 정하여 고시하는 사항
② 보험계약의 승낙절차 및 보험계약 승낙거절 시 거절 사유
③ 보험의 모집에 종사하는 자가 보험료나 고지의무사항을 보험회사를 대신하여 수령할 수 있는지 여부
④ 보험모집에 종사하는 자가 보험회사를 위하여 보험계약의 체결을 대리할 수 있는지 여부

TIP 설명의무의 중요 사항 등〈보험업법 시행령 제42조의2〉

① 삭제 〈2021. 3. 23.〉
② 삭제 〈2021. 3. 23.〉
③ 보험회사는 법 제95조의2 제3항 본문 및 제4항에 따라 다음 각 호의 단계에서 중요 사항을 항목별로 일반보험계약자에게 설명해야 한다. 다만, 제1호에 따른 보험계약 체결 단계(마목에 따른 보험계약 승낙 거절 시 거절사유로 한정한다), 제2호에 따른 보험금 청구 단계 또는 제3호에 따른 보험금 심사·지급 단계의 경우 일반보험계약자가 계약 체결 전에 또는 보험금 청구권자가 보험금 청구 단계에서 동의한 경우에 한정하여 서면, 문자메시지, 전자우편 또는 팩스 등으로 중요 사항을 통보하는 것으로 이를 대신할 수 있다.

1. 보험계약 체결 단계
   가. 보험의 모집에 종사하는 자의 성명, 연락처 및 소속
   나. 보험의 모집에 종사하는 자가 보험회사를 위하여 보험계약의 체결을 대리할 수 있는지 여부
   다. 보험의 모집에 종사하는 자가 보험료나 고지의무사항을 보험회사를 대신하여 수령할 수 있는지 여부
   라. 보험계약의 승낙절차
   마. 보험계약 승낙거절 시 거절 사유
   바. 「상법」 제638조의3 제2항에 따라 3개월 이내에 해당 보험계약을 취소할 수 있다는 사실 및 그 취소 절차·방법
   사. 그 밖에 일반보험계약자가 보험계약 체결 단계에서 설명받아야 하는 사항으로서 금융위원회가 정하여 고시하는 사항
2. 보험금 청구 단계
   가. 담당 부서, 연락처 및 보험금 청구에 필요한 서류
   나. 보험금 심사 절차, 예상 심사기간 및 예상 지급일
   다. 일반보험계약자가 보험사고 조사 및 손해사정에 관하여 설명받아야 하는 사항으로서 금융위원회가 정하여 고시하는 사항
   라. 그 밖에 일반보험계약자가 보험금 청구 단계에서 설명받아야 하는 사항으로서 금융위원회가 정하여 고시하는 사항
3. 보험금 심사·지급 단계
   가. 보험금 지급일 등 지급절차
   나. 보험금 지급 내역
   다. 보험금 심사 지연 시 지연 사유 및 예상 지급일
   라. 보험금을 감액하여 지급하거나 지급하지 아니하는 경우에는 그 사유
   마. 그 밖에 일반보험계약자가 보험금 심사·지급 단계에서 설명받아야 하는 사항으로서 금융위원회가 정하여 고시하는 사항

④ 삭제 〈2016. 4. 1.〉
⑤ 제3항과 관련하여 필요한 세부 사항은 금융위원회가 정하여 고시한다.

ANSWER

8.④ 9.③ 10.①

11 **보험업법상 보험회사의 보험설계사에 대한 불공정행위가 아닌 것은?**

① 위탁계약서상 계약사항을 이행하지 아니하는 행위
② 보험설계사에게 보험계약의 모집에 관한 교육을 받도록 하는 행위
③ 정당한 사유 없이 보험설계사가 요청한 위탁계약 해지를 거부하는 행위
④ 보험설계사에게 보험료 대납을 강요하는 행위

TIP ② 보험회사 등은 대통령령으로 정하는 바에 따라 소속 보험설계사에게 보험계약의 모집에 관한 교육을 하여야 한다〈보험업법 제85조의2(보험설계사 등의 교육) 제1항〉.
① 「보험업법」 제85조의3(보험설계사에 대한 불공정 행위 금지) 제1항 제2호
③ 「보험업법」 제85조의3(보험설계사에 대한 불공정 행위 금지) 제1항 제4호
④ 「보험업법」 제85조의3(보험설계사에 대한 불공정 행위 금지) 제1항 제8호

보험설계사에 대한 불공정 행위 금지〈보험업법 제85조의3〉
① 보험회사 등은 보험설계사에게 보험계약의 모집을 위탁할 때 다음 각 호의 행위를 하여서는 아니 된다.
1. 보험모집 위탁계약서를 교부하지 아니하는 행위
2. 위탁계약서상 계약사항을 이행하지 아니하는 행위
3. 위탁계약서에서 정한 해지요건 외의 사유로 위탁계약을 해지하는 행위
4. 정당한 사유 없이 보험설계사가 요청한 위탁계약 해지를 거부하는 행위
5. 위탁계약서에서 정한 위탁업무 외의 업무를 강요하는 행위
6. 정당한 사유 없이 보험설계사에게 지급되어야 할 수수료의 전부 또는 일부를 지급하지 아니하거나 지연하여 지급하는 행위
7. 정당한 사유 없이 보험설계사에게 지급한 수수료를 환수하는 행위
8. 보험설계사에게 보험료 대납(代納)을 강요하는 행위
9. 그 밖에 대통령령으로 정하는 불공정한 행위

② 제175조에 따른 보험협회(이하 "보험협회"라 한다)는 보험설계사에 대한 보험회사 등의 불공정한 모집위탁행위를 막기 위하여 보험회사 등이 지켜야 할 규약을 정할 수 있다.
③ 보험협회가 제2항에 따른 규약을 제정 · 개정 또는 폐지할 때에는 금융위원회가 정하여 고시하는 바에 따라 보험설계사 등 이해관계자의 의견을 수렴하는 절차를 거쳐야 한다.

12 **보험업법상 변액보험계약의 경우 모집을 위하여 사용하는 보험안내자료에 기재해야 하는 사항이 아닌 것은?**

① 해약환급금에 관한 사항
② 보험 가입에 따른 권리 · 의무에 관한 주요 사항
③ 변액보험자산의 운용성과에 따라 납입한 보험료의 원금에 손실이 발생할 수 있으며 그 손실은 보험계약자에 귀속된다는 사실
④ 변액보험의 최고로 보장되는 보험금이 설정되어 있는 경우에는 그 내용

TIP ④ 법 제95조 제1항 제2호에 따른 보험 가입에 따른 권리 · 의무에 관한 사항에는 법 제108조 제1항 제3호에 따른 변액보험계약의 경우 최저로 보장되는 보험금이 설정되어 있는 경우에는 그 내용이 포함된다〈보험업법 시행령 제42조(보험안내자료의 기재사항 등) 제1항 제2호〉.
① 「보험업법」 제95조(보험안내자료) 제1항 제4호
② 「보험업법」 제95조(보험안내자료) 제1항 제2호
③ 「보험업법 시행령」 제42조(보험안내자료의 기재사항 등) 제1항 제1호

13 보험업법상 보험중개사(금융기관보험중개사는 제외)에 관한 설명으로 옳지 않은 것은?

① 금고 이상의 실형을 선고받고 그 집행이 끝나거나 집행이 면제된 날로부터 3년이 지나지 아니한 자는 법인인 보험중개사의 임원이 되지 못한다.

② 금융위원회는 보험중개사가 보험계약 체결 중개와 관련하여 보험계약자에게 입힌 손해의 배상을 보장하기 위하여 보험중개사로 하여금 금융위원회가 지정하는기관에 영업보증금을 예탁하게 하거나 보험 가입 등을 하게 할 수 있다.

③ 금융위원회는 보험모집에 관한 이 법의 규정을 위반한 보험 중개사에 대하여 6개월 이내의 기간을 정하여 그 업무의 정지를 명하거나 그 등록을 취소할 수 있다.

④ 보험중개사는 보험계약의 체결을 중개할 때 그 중개와 관련된 내용을 장부에 적고 보험계약자에게 알려야 하나, 그 수수료에 관한 사항을 비치할 필요는 없다.

TIP ④ 보험중개사는 보험계약의 체결을 중개할 때 그 중개와 관련된 내용을 대통령령으로 정하는 바에 따라 장부에 적고 보험계약자에게 알려야 하며, 그 수수료에 관한 사항을 비치하여 보험계약자가 열람할 수 있도록 하여야 한다〈보험업법 제92조(보험중개사의 의무 등) 제1항〉.
① 「보험업법」 제87조의2(법인보험대리점 임원의 자격) 제1항 제3호
② 「보험업법」 제89조(보험중개사의 등록) 제3항
③ 「보험업법」 제86조(등록의 취소 등) 제2항 제1호

14 보험업법상 통신수단을 이용한 모집 · 철회 및 해지 등에 관한 설명으로 옳지 않은 것은?

① 보험회사는 보험계약을 청약한 자가 청약의 내용을 확인 · 정정 요청하거나 청약을 철회하고자 하는 경우 통신수단을 이용할 수 있도록 하여야 한다.

② 통신수단을 이용한 모집은 통신수단을 이용한 모집에 대하여 동의를 한 자를 대상으로 하여야 한다.

③ 사이버몰을 이용하여 모집하는 자는 보험약관 또는 보험증권을 전자문서로 발급한 경우, 해당문서를 수령하였는지 확인한 후에는 보험계약자가 서면으로 발급해 줄 것을 요청하더라도 이를 거절할 수 있다.

④ 보험회사는 보험계약을 청약한 자가 전화를 이용하여 청약을 철회하려는 경우에는 상대방의 동의를 받아 청약 내용, 청약자 본인인지를 확인하고 그 내용을 음성녹음하는 등 증거자료를 확보 · 유지하여야 한다.

TIP ③ 사이버몰을 이용하여 모집하는 자는 보험약관 또는 보험증권을 전자문서로 발급하는 경우에는 보험계약자가 해당 문서를 수령하였는지를 확인하여야 하며 보험계약자가 서면으로 발급해 줄 것을 요청하는 경우에는 서면으로 발급할 것을 준수하여야 한다〈보험업법 시행령 제43조(통신수단을 이용한 모집 · 철회 및 해지 등 관련 준수사항) 제4항 제3호〉.
① 「보험업법 시행령」 제43조(통신수단을 이용한 모집 · 철회 및 해지 등 관련 준수사항) 제6항
② 「보험업법 시행령」 제43조(통신수단을 이용한 모집 · 철회 및 해지 등 관련 준수사항) 제1항
④ 「보험업법 시행령」 제43조(통신수단을 이용한 모집 · 철회 및 해지 등 관련 준수사항) 제5항

ANSWER
11.② 12.④ 13.④ 14.③

15 **보험업법상 자기계약금지 및 보험계약자의 권리와 의무에 관한 설명으로 옳지 않은 것은?**

① 보험대리점은 자기 또는 자기를 고용하고 있는 자를 보험계약자 또는 피보험자로 하는 보험을 모집하는 것을 주된 목적으로 하지 못한다.

② 보험중개사가 모집한 자기 또는 자기를 고용하고 있는 자를 보험계약자 또는 피보험자로 하는 보험의 보험료 누계액이 그 보험중개사가 모집한 보험의 보험료의 100분의 40을 초과하게 된 경우는 자기계약의 금지에 해당된다.

③ 보험설계사는 보험계약자로 하여금 고의로 보험사고를 발생시키거나 발생하지 아니한 보험사고를 발생한 것처럼 조작하여 보험금을 수령하도록 하는 행위를 해서는 아니 된다.

④ 보험계약자가 보험중개사의 보험계약체결 중개행위와 관련하여 손해를 입은 경우에는 그 손해액을 이 법에 따른 영업보증금에서 다른 채권자보다 우선하여 변제 받을 권리를 가진다.

TIP ② 보험대리점 또는 보험중개사가 모집한 자기 또는 자기를 고용하고 있는 자를 보험계약자나 피보험자로 하는 보험의 보험료 누계액(累計額)이 그 보험대리점 또는 보험중개사가 모집한 보험의 보험료의 100분의 50을 초과하게 된 경우에는 그 보험대리점 또는 보험중개사는 제1항을 적용할 때 자기 또는 자기를 고용하고 있는 자를 보험계약자 또는 피보험자로 하는 보험을 모집하는 것을 그 주된 목적으로 한 것으로 본다〈보험업법 제101조(자기계약의 금지) 제2항〉.

① 「보험업법」 제101조(자기계약의 금지) 제1항

④ 「보험업법」 제103조(영업보증금에 대한 우선변제권)

③ 「보험업법」 제102조의3(보험 관계 업무 종사자의 의무) 제1호

16 **보험업법상 보험회사의 중복계약 체결 확인의무에 관한 설명으로 옳지 않은 것은?**

① 중복계약 체결 확인의무와 관련된 실손의료보험계약이란 실제 부담한 의료비만 지급하는 제3보험상품계약을 말한다.

② 보험회사는 실손의료보험계약을 모집하기 전에 보험 계약자가 되려는 자의 동의를 얻어 모집하고자 하는보험계약과 동일한 위험을 보장하는 보험계약을 체결 하고 있는지를 확인하여야 한다.

③ 보험의 모집에 종사하는 자가 실손의료보험계약을 모집하는 경우에는 피보험자가 되려는 자가 이미 다른실손의료보험계약의 피보험자로 되어 있는지를 확인 하여야 한다.

④ 보험회사는 국외여행, 연수 또는 유학 등 국외체류 중 발생한 위험을 보장하는 보험계약에 대하여 중복계약 체결 확인의무를 부담한다.

TIP ④ 법 제95조의5 제1항에서 "대통령령으로 정하는 보험계약"이란 실제 부담한 의료비만 지급하는 제3보험상품계약(실손의료보험계약)과 실제 부담한 손해액만을 지급하는 것으로서 금융감독원장이 정하는 보험상품계약(기타손해보험계약)을 말한다. 다만, 국외여행, 연수 또는 유학 등 국외체류 중 발생한 위험을 보장하는 보험계약은 제외한다〈보험업법 시행령 제42조의5(중복계약 체결 확인 의무) 제1항 제3호〉.

① 「보험업법 시행령」 제42조의5(중복계약 체결 확인 의무) 제1항

③ 「보험업법 시행령」 제42조의5(중복계약 체결 확인 의무) 제2항

② 「보험업법」 제95조의5(중복계약 체결 확인 의무) 제1항

17 **보험업법상 보험회사의 자산운용으로서 금지 또는 제한되는 사항이 아닌 것은?**

① 상품이나 유가증권에 대한 투기를 목적으로 하는 자금의 대출
② 「근로자퇴직급여 보장법」에 따른 보험계약의 특별계정을 통한 부동산의 소유
③ 해당 보험회사의 임직원에 대한 보험약관에 따른 대출
④ 직접 · 간접을 불문하고 정치자금의 대출

TIP 금지 또는 제한되는 자산운용 … 보험회사는 그 자산을 다음 각 호의 어느 하나에 해당하는 방법으로 운용하여서는 아니 된다〈보험업법 제105조〉.

1. 대통령령으로 정하는 업무용 부동산이 아닌 부동산(저당권 등 담보권의 실행으로 취득하는 부동산은 제외한다)의 소유
2. 제108조 제1항 제2호에 따라 설정된 특별계정을 통한 부동산의 소유
3. 상품이나 유가증권에 대한 투기를 목적으로 하는 자금의 대출
4. 직접 · 간접을 불문하고 해당 보험회사의 주식을 사도록 하기 위한 대출
5. 직접 · 간접을 불문하고 정치자금의 대출
6. 해당 보험회사의 임직원에 대한 대출(보험약관에 따른 대출 및 금융위원회가 정하는 소액대출은 제외한다)
7. 자산운용의 안정성을 크게 해칠 우려가 있는 행위로서 대통령령으로 정하는 행위

18 **보험업법상 보험회사는 그 특별계정에 속하는 자산을 운용할 때 일정한 비율을 초과할 수 없는데, 그 비율로 옳지 않은 것은?**

① 동일한 자회사에 대한 신용공여 : 각 특별계정 자산의 100분의 5
② 동일한 법인이 발행한 채권 및 주식 소유의 합계액 : 각 특별계정 자산의 100분의 10
③ 부동산 소유 : 각 특별계정 자산의 100분의 15
④ 동일한 개인 · 법인, 동일차주 또는 대주주(그의 특수관계인 포함)에 대한 총자산의 100분의 1을 초과하는 거액 신용공여의 합계액 : 각 특별계정 자산의 100분의 20

TIP ① 보험회사 동일한 자회사에 대한 신용공여는 각 특별계정 자산의 100분의 4 비율을 초과할 수 없다〈보험업법 제106조(자산운용의 방법 및 비율) 제1항 제7호〉.
② 「보험업법」 제106조(자산운용의 방법 및 비율) 제1항 제3호
③ 「보험업법」 제106조(자산운용의 방법 및 비율) 제1항 제8호
④ 「보험업법」 제106조(자산운용의 방법 및 비율) 제1항 제4호

ANSWER
15.② 16.④ 17.③ 18.①

19 보험업법상 보험회사는 보험의 경영과 밀접한 관련이 있는 업무를 주로 하는 회사를 미리 금융위원회에 신고하고 자회사로 소유할 수 있는데, 이에 해당하는 업무가 아닌 것은?

① 보험계약의 유지 · 해지 · 변경 또는 부활 등을 관리하는 업무
② 보험계약자 등에 대한 위험관리 업무
③ 건강 · 장묘 · 장기간병 · 신체장애 등의 사회복지사업
④ 보험에 관한 인터넷 정보서비스의 제공 업무

TIP ① 보험회사는 보험계약의 유지 · 해지 · 변경 또는 부활 등을 관리하는 업무를 주로 하는 회사를 금융위원회의 승인을 받아 자회사로 소유할 수 있다. 다만, 그 주식의 소유에 대하여 금융위원회로부터 승인 등을 받은 경우 또는 금융기관의 설립근거가 되는 법률에 따라 금융위원회로부터 그 주식의 소유에 관한 사항을 요건으로 설립 허가 · 인가 등을 받은 경우에는 승인을 받은 것으로 본다〈보험업법 제115조(자회사의 소유) 제1항 제3호〉.
② 「보험업법 시행령」 제59조(자회사의 소유) 제3항 제11호
③ 「보험업법 시행령」 제59조(자회사의 소유) 제3항 제12호
④ 「보험업법 시행령」 제59조(자회사의 소유) 제3항 제9호
※ 자회사의 소유〈보험업법 시행령 제59조 제3항〉 … 법 제115조 제2항에서 "대통령령으로 정하는 업무"란 다음 각 호의 업무를 말한다.
1. 보험회사의 사옥관리업무
2. 보험수리업무
3. 손해사정업무
4. 보험대리업무
5. 보험사고 및 보험계약 조사업무
6. 보험에 관한 교육 · 연수 · 도서출판 · 금융리서치 및 경영컨설팅 업무
7. 보험업과 관련된 전산시스템 · 소프트웨어 등의 대여 · 판매 및 컨설팅 업무
8. 보험계약 및 대출 등과 관련된 상담업무
9. 보험에 관한 인터넷 정보서비스의 제공업무
10. 자동차와 관련된 긴급출동 · 차량관리 및 운행정보 등 부가서비스 업무
11. 보험계약자 등에 대한 위험관리 업무
12. 건강 · 장묘 · 장기간병 · 신체장애 등의 사회복지사업 및 이와 관련된 조사 · 분석 · 조언 업무
13. 「노인복지법」 제31조에 따른 노인복지시설의 설치 · 운영에 관한 업무 및 이와 관련된 조사 · 분석 · 조언 업무
14. 건강 유지 · 증진 또는 질병의 사전 예방 등을 위해 수행하는 업무
15. 외국에서 하는 보험업, 보험수리업무, 손해사정업무, 보험대리업무, 보험에 관한 금융리서치 업무, 투자자문업, 투자일임업, 집합투자업 및 부동산업

※ 제1항 본문에도 불구하고 보험회사는 보험업의 경영과 밀접한 관련이 있는 업무 등으로서 대통령령으로 정하는 업무를 주로 하는 회사를 미리 금융위원회에 신고하고 자회사로 소유할 수 있다〈보험업법 제115조 제2항(자회사의 소유)〉.

20 **보험업법상 금융위원회가 보험중개사(금융기관보험중개사는 제외)에게 영업보증금의 전부 또는 일부를 반환해야 하는 사유에 해당하지 않는 것은?**

① 보험중개사가 보험중개업무를 일시 중단한 경우
② 보험중개사인 법인이 파산 또는 해산하거나 합병으로 소멸한 경우
③ 보험중개사인 개인이 사망한 경우
④ 보험중개사의 업무상황 변화 등으로 이미 예탁한 영업보증금이 예탁하여야 할 영업보증금을 초과하게 된 경우

TIP 보험중개사의 영업보증금 … 금융위원회는 보험중개사가 다음 각 호의 어느 하나에 해당하는 경우에는 총리령으로 정하는 바에 따라 영업보증금의 전부 또는 일부를 반환한다〈보험업법 시행령 제37조 제3항〉.

1. 보험중개사가 보험중개업무를 폐지한 경우
2. 보험중개사인 개인이 사망한 경우
3. 보험중개사인 법인이 파산 또는 해산하거나 합병으로 소멸한 경우
4. 법 제90조 제1항에 따라 등록이 취소된 경우
5. 보험중개사의 업무상황 변화 등으로 이미 예탁한 영업보증금이 예탁하여야 할 영업보증금을 초과하게 된 경우

21 **보험업법상 보험회사가 지켜야 하는 재무건전성 기준에 따라 ( )을 ( )으로 나눈 비율인 지급여력비율은 100분의 ( ) 이상을 유지하여야 한다. ( ) 안에 들어갈 사항을 순서대로 나열한 것으로 옳은 것은?**

① 지급여력기준금액 -지급여력금액 - 100
② 지급여력금액 -지급여력기준금액 - 100
③ 지급여력기준금액 -지급여력금액 - 90
④ 지급여력금액 -지급여력기준금액 -90

TIP 보험회사가 지켜야 하는 재무건전성 기준에 따라 지급여력금액을 지급여력기준금액으로 나눈 비율인 지급여력비율은 100분의 100 이상을 유지하여야 한다〈보험업법 시행령 제65조(재무건전성 기준) 제1항 제3호 및 제2항 제1호〉.

ANSWER
19.① 20.① 21.②

22 **보험업법상 상호협정에 관한 설명으로 옳지 않은 것은?**

① 보험회사는 대통령령으로 정하는 경미한 사항의 변경이 아닌 한, 그 업무에 관한 공동행위를 하기 위하여 금융위원회의 인가를 받아 다른 보험회사와 상호협정을 체결할 수 있다.
② 금융위원회는 공익 또는 보험업의 건전한 발전을 위하여 특히 필요하다고 인정되는 경우에는 보험회사에 대하여 상호협정의 체결 · 변경 또는 폐지를 명할 수 있다.
③ 금융위원회는 공익 또는 보험업의 건전한 발전을 위하여 특히 필요하다고 인정되는 경우에는 보험회사에 대하여 상호협정의 전부 또는 일부에 따를 것을 명할 수 있다.
④ 금융위원회가 보험회사의 신설로 상호협정의 구성원이 변경되어 상호협정의 변경을 인가하는 경우 미리 공정 거래위원회와 협의하여야 한다.

TIP ④ 법 제125조 제1항 단서 및 같은 조 제3항 단서에서 "대통령령으로 정하는 경미한 사항"이란 보험회사의 상호 변경, 보험회사 간의 합병, 보험회사의 신설 등으로 상호협정의 구성원이 변경되는 사항을 말한다〈보험업법 시행령 제69조(상호협정의 인가) 제3항 제1호〉.
① 「보험업법」 제125조(상호협정의 인가) 제1항
②③ 「보험업법」 제125조(상호협정의 인가) 제2항

23 **보험업법상 일정한 사유가 발생한 경우 보험회사가 금융위원회에 보고해야 하는 기간에 관한 설명으로 옳은 것은?**

① 보험회사는 정관을 변경한 경우에는 변경한 날부터 7일 이내
② 보험회사는 상호나 명칭을 변경한 경우에는 변경한 날부터 7일 이내
③ 보험회사는 본점의 영업을 중지하거나 재개한 경우에는 그 날부터 7일 이내
④ 보험회사는 최대주주가 변경된 경우에는 변경된 날부터 7일 이내

TIP ① 「보험업법」 제126조(정관변경의 보고)
② 보험회사는 상호나 명칭을 변경한 경우에는 그 사유가 발생한 날부터 5일 이내에 금융위원회에 보고하여야 한다〈보험업법 제130조(보고사항) 제1호〉.
③ 본점의 영업을 중지하거나 재개(再開)한 경우에는 그 사유가 발생한 날부터 5일 이내에 금융위원회에 보고하여야 한다〈보험업법 제130조(보고사항) 제3호〉.
④ 최대주주가 변경된 경우에는 그 사유가 발생한 날부터 5일 이내에 금융위원회에 보고하여야 한다〈보험업법 제130조(보고사항) 제4호〉.
※ **보고사항** … 보험회사는 다음 각 호의 어느 하나에 해당하는 사유가 발생한 경우에는 그 사유가 발생한 날부터 5일 이내에 금융위원회에 보고하여야 한다〈보험업법 제130조〉.
1. 상호나 명칭을 변경한 경우
2. 본점의 영업을 중지하거나 재개(再開)한 경우
3. 최대주주가 변경된 경우
4. 대주주가 소유하고 있는 주식 총수가 의결권 있는 발행주식 총수의 100분의 1 이상만큼 변동된 경우
5. 그 밖에 해당 보험회사의 업무 수행에 중대한 영향을 미치는 경우로서 대통령령으로 정하는 경우

24 보험업법상 보험회사가 취급하려는 보험상품에 관한 기초서류의 신고에 관한 설명으로 옳지 않은 것은?

① 법령의 제정 · 개정에 따라 새로운 보험상품이 도입되거나 보험상품 가입이 의무가 되는 경우, 보험회사는 그 보험상품에 관한 기초서류를 작성하여 이를 미리 금융위원회에 신고하여야 한다.
② 금융위원회는 보험회사가 기초서류를 신고할 때 금융감독원의 확인을 받도록 하여야 한다.
③ 금융위원회는 보험회사가 신고한 기초서류의 내용이 이 법의 기초서류 작성 · 변경 원칙을 위반하는 경우에는 대통령령으로 정하는 바에 따라 기초서류의 변경을 권고할 수 있다.
④ 금융위원회는 보험회사가 기초서류를 신고하는 경우 보험료 및 해약환급금 산출방법서에 대하여 이 법에 따른 보험요율 산출기관 또는 대통령령으로 정하는 보험계리업자의 검증확인서를 첨부하도록 할 수 있다.

TIP ② 보험회사는 기초서류를 작성하거나 변경하려는 경우 그 내용이 법령의 제정 · 개정에 따라 새로운 보험상품이 도입되거나 보험상품 가입이 의무가 되는 경우에 한정하여 미리 금융위원회에 신고하여야 한다〈보험업법 제127조(기초서류의 작성 및 제출 등) 제2항〉.
①「보험업법」 제128조(기초서류에 대한 확인) 제1항
③「보험업법」 제127조의2(기초서류의 변경 권고) 제1항
④「보험업법」 제128조(기초서류에 대한 확인) 제2항

25 보험업법상 보험약관 등의 이해도 평가에 관한 설명으로 옳지 않은 것은?

① 금융위원회는 보험소비자 등을 대상으로 보험약관 등에 대한 이해도를 평가하고 그 결과를 대통령령으로 정하는 바에 따라 공시하여야 한다.
② 금융위원회는 보험약관 등에 대한 보험소비자 등의 이해도를 평가하기 위해 평가대행기관을 지정할 수 있다.
③ 평가대행기관은 조사대상 보험약관 등에 대하여 보험 소비자 등의 이해도를 평가하고 그 결과를 금융위원회에 보고하여야 한다.
④ 보험약관 등의 이해도 평가에 수반되는 비용의 부담, 평가 시기, 평가 방법 등 평가에 관한 사항은 금융위원회가 정한다.

TIP ① 금융위원회는 보험소비자와 보험의 모집에 종사하는 자 등 대통령령으로 정하는 자(이하 이 조에서 "보험소비자 등"이라 한다)를 대상으로 보험약관에 대한 이해도를 평가하고 그 결과를 대통령령으로 정하는 바에 따라 공시할 수 있다〈보험업법 제128조의4(보험약관 등의 이해도 평가) 제1항 제1호〉.
②「보험업법」 제128조의4(보험약관 등의 이해도 평가) 제2항
③「보험업법」 제128조의4(보험약관 등의 이해도 평가) 제3항
④「보험업법」 제128조의4(보험약관 등의 이해도 평가) 제4항

ANSWER
22.④ 23.① 24.② 25.①

26 **보험업법상 보험요율 산출의 원칙에 관한 설명으로 옳지 않은 것은?**

① 보험요율이 보험금과 그 밖의 급부에 비하여 지나치게 높지 않아야 한다.
② 보험요율이 보험회사의 재무건전성을 크게 해칠 정도로 낮지 않아야 한다.
③ 자동차보험의 보험요율인 경우 보험금과 그 밖의 급부와 비교할 때 공정하고 합리적인 수준이어야 한다.
④ 보험회사가 보험요율 산출의 원칙을 위반한 경우, 금융 위원회는 그 위반사실로 과징금을 부과할 수 있다.

TIP ④ 제129조를 위반하는 경우에는 대통령령으로 정하는 바에 따라 기초서류의 변경을 권고할 수 있다〈보험업법 제127조의 2(기초서류의 변경 권고) 제1항 후단〉.
①「보험업법」 제129조(보험요율 산출의 원칙) 제1호
②「보험업법」 제129조(보험요율 산출의 원칙) 제2호
③「보험업법」 제129조(보험요율 산출의 원칙) 제4호
※ **보험요율 산출의 원칙** … 보험회사는 보험요율을 산출할 때 객관적이고 합리적인 통계자료를 기초로 대수(大數)의 법칙 및 통계신뢰도를 바탕으로 하여야 하며, 다음 각 호의 사항을 지켜야 한다〈보험업법 제129조〉.
1. 보험요율이 보험금과 그 밖의 급부(給付)에 비하여 지나치게 높지 아니할 것
2. 보험요율이 보험회사의 재무건전성을 크게 해칠 정도로 낮지 아니할 것
3. 보험요율이 보험계약자 간에 부당하게 차별적이지 아니할 것
4. 자동차보험의 보험요율인 경우 보험금과 그 밖의 급부와 비교할 때 공정하고 합리적인 수준일 것

27 **보험업법상 보험회사의 파산 등 보험계약자의 이익을 크게 해칠 우려가 있다고 인정되는 경우 금융위원회가 명할 수 있는 조치가 아닌 것은?**

① 보험계약 전부의 이전
② 보험금 전부의 지급정지
③ 보험금 일부의 지급정지
④ 보험계약 체결의 제한

TIP ① 보험회사는 보험계약 전부의 이전의 사유로 해산한다〈보험업법 제137조(해산사유 등) 제1항 제4호〉.
②③④「보험업법」 제131조의2(보험금 지급불능 등에 대한 조치)

28 **보험업법상 자료제출 및 검사에 관한 설명으로 옳지 않은 것은?**

① 금융감독원장은 공익 또는 보험계약자 등을 보호하기 위하여 보험회사에 이 법에서 정하는 감독업무의 수행과 관련한 주주 현황, 그 밖에 사업에 관한 보고 또는 자료 제출을 명할 수 있다.

② 보험회사는 그 업무 및 자산상황에 관하여 금융감독원의 검사를 받아야 한다.

③ 보험회사의 업무 및 자산상황에 관하여 검사를 하는 자는 그 권한을 표시하는 증표를 지니고 이를 관계인에게 내보여야 한다.

④ 금융감독원장은 「주식회사 등의 외부감사에 관한 법률」에 따라 보험회사가 선임한 외부감사인에게 그 보험회사를 감사한 결과 알게 된 정보나 그 밖에 경영건전성과 관련되는 자료의 제출을 요구할 수 있다.

TIP 자료 제출 및 검사 등〈보험업법 제133조〉

① 금융위원회는 공익 또는 보험계약자 등을 보호하기 위하여 보험회사에 이 법에서 정하는 감독업무의 수행과 관련한 주주 현황, 그 밖에 사업에 관한 보고 또는 자료 제출을 명할 수 있다.

② 보험회사는 그 업무 및 자산상황에 관하여 금융감독원의 검사를 받아야 한다.

③ 금융감독원의 원장(이하 "금융감독원장"이라 한다)은 제2항에 따른 검사를 할 때 필요하다고 인정하면 보험회사에 대하여 업무 또는 자산에 관한 보고, 자료의 제출, 관계인의 출석 및 의견의 진술을 요구할 수 있다.

④ 제2항에 따라 검사를 하는 자는 그 권한을 표시하는 증표를 지니고 이를 관계인에게 내보여야 한다.

⑤ 금융감독원장은 제2항에 따라 검사를 한 경우에는 그 결과에 따라 필요한 조치를 하고, 그 내용을 금융위원회에 보고하여야 한다.

⑥ 금융감독원장은 「주식회사 등의 외부감사에 관한 법률」에 따라 보험회사가 선임한 외부감사인에게 그 보험회사를 감사한 결과 알게 된 정보나 그 밖에 경영건전성과 관련되는 자료의 제출을 요구할 수 있다.

ANSWER

26.④ 27.① 28.①

29 보험업법상 보험회사에 대한 제재 중 금융감독원장이 할 수 있는 조치로 옳은 것은?

① 해당 위반행위에 대한 시정명령
② 보험회사에 대한 주의 · 경고
③ 임원(「금융회사의 지배구조에 관한 법률」에 따른 업무 집행 책임자는 제외)의 해임권고 · 직무정지
④ 6개월 이내의 영업의 일부정지

TIP 보험회사에 대한 제재〈보험업법 제134조〉

① 금융위원회는 보험회사(그 소속 임직원을 포함한다)가 이 법 또는 이 법에 따른 규정 · 명령 또는 지시를 위반하여 보험회사의 건전한 경영을 해치거나 보험계약자, 피보험자, 그 밖의 이해관계인의 권익을 침해할 우려가 있다고 인정되는 경우 또는 「금융회사의 지배구조에 관한 법률」 별표 각 호의 어느 하나에 해당하는 경우(제4호에 해당하는 조치로 한정한다), 「금융소비자 보호에 관한 법률」 제51조 제1항 제4호, 제5호 또는 같은 조 제2항 각 호 외의 부분 본문 중 대통령령으로 정하는 경우에 해당하는 경우(제4호에 해당하는 조치로 한정한다)에는 금융감독원장의 건의에 따라 다음 각 호의 어느 하나에 해당하는 조치를 하거나 금융감독원장으로 하여금 제1호의 조치를 하게 할 수 있다.
1. 보험회사에 대한 주의 · 경고 또는 그 임직원에 대한 주의 · 경고 · 문책의 요구
2. 해당 위반행위에 대한 시정명령
3. 임원(「금융회사의 지배구조에 관한 법률」 제2조제5호에 따른 업무집행책임자는 제외한다. 이하 제135조에서 같다)의 해임권고 · 직무정지
4. 6개월 이내의 영업의 일부정지

② 금융위원회는 보험회사가 다음 각 호의 어느 하나에 해당하는 경우에는 6개월 이내의 기간을 정하여 영업 전부의 정지를 명하거나 청문을 거쳐 보험업의 허가를 취소할 수 있다.
1. 거짓이나 그 밖의 부정한 방법으로 보험업의 허가를 받은 경우
2. 허가의 내용 또는 조건을 위반한 경우
3. 영업의 정지기간 중에 영업을 한 경우
4. 제1항 제2호에 따른 시정명령을 이행하지 아니한 경우
5. 「금융회사의 지배구조에 관한 법률」 별표 각 호의 어느 하나에 해당하는 경우(영업의 전부정지를 명하는 경우로 한정한다)
6. 「금융소비자 보호에 관한 법률」 제51조 제1항 제4호 또는 제5호에 해당하는 경우
7. 「금융소비자 보호에 관한 법률」 제51조 제2항 각 호 외의 부분 본문 중 대통령령으로 정하는 경우(영업 전부의 정지를 명하는 경우로 한정한다)

③ 금융위원회는 금융감독원장의 건의에 따라 보험회사가 제1항에 따른 조치, 제2항에 따른 영업정지 또는 허가취소 처분을 받은 사실을 대통령령으로 정하는 바에 따라 공표하도록 할 수 있다.

30 **보험업법상 보험회사의 합병에 관한 설명으로 옳지 않은 것은?**

① 보험회사의 합병은 이 법에 의한 보험회사의 해산사유 중 하나이다.
② 상호회사인 보험회사의 합병에 관한 사원총회의 결의는 사원 과반수의 출석과 그 의결권의 4분의 3 이상의 찬성으로 하여야 한다.
③ 주식회사인 보험회사의 합병에 관한 주주총회의 결의는 출석한 주주의 의결권의 과반수 이상의 찬성과 발행주식 총수의 4분의 1 이상의 찬성으로 하여야 한다.
④ 보험회사의 합병은 금융위원회의 인가를 받아야 한다.

TIP ③ 주주총회 결의는 출석한 주주의 의결권의 3분의 2 이상의 수와 발행주식총수의 3분의 1 이상의 수로써 하여야 한다〈상법 제434조(정관변경의 특별결의)〉.
① 「보험업법」 제137조(해산사유 등) 제1항 제3호
② 「보험업법」 제39조(창립총회) 제2항
④ 「보험업법」 제139조(해산 · 합병 등의 인가)
※ 해산 · 합병과 보험계약의 이전에 관한 결의는 제39조 제2항 또는 「상법」 제434조에 따라 하여야 한다〈보험업법 제138조(해산 · 합병 등의 결의)〉.

31 **보험업법상 주식회사인 보험회사의 보험계약 이전에 관한 설명으로 옳지 않은 것은?**

① 보험회사는 계약의 방법으로 책임준비금 산출의 기초가 같은 보험계약의 전부를 포괄하여 다른 보험회사에 이전 할 수 있으며, 이는 금융위원회의 인가를 받아야 한다.
② 보험계약을 이전하려는 보험회사는 그 이전 결의를 한 날부터 2주 이내에 계약 이전의 요지와 각 보험회사의 재무상태표를 공고하고, 대통령령으로 정하는 방법에 따라 보험계약자에게 통지하여야 한다.
③ 보험계약을 이전하려는 보험회사에 대하여 이의제기 기간 내에 이의를 제기한 보험계약자가 이전될 보험계약자 총수의 10분의 1을 초과하거나 그 보험금액이 이전될 보험금 총액의 10분의 1을 초과하는 경우에는 보험계약을 이전하지 못한다.
④ 보험회사는 해산한 후에도 6개월 이내에는 보험계약 이전을 결의할 수 있다.

TIP ④ 보험회사는 해산한 후에도 3개월 이내에는 보험계약 이전을 결의할 수 있다〈보험업법 제148조(해산 후의 계약 이전 결의) 제1항〉.
① 「보험업법」 제140조(보험계약 등의 이전) 제1항
② 「보험업법」 제141조(보험계약 이전 결의의 공고 및 통지와 이의 제기) 제1항
③ 「보험업법」 제141조(보험계약 이전 결의의 공고 및 통지와 이의 제기) 제3항

ANSWER
29.② 30.③ 31.④

32 보험업법상 보험회사가 일정한 사유로 해산한 때에는 보험금 지급 사유가 해산한 날부터 3개월 이내에 발생한 경우에만 보험금을 지급하여야 한다. 이러한 사유에 해당하는 것을 모두 고른 것은?

㉠ 존립기간의 만료
㉡ 주주총회의 결의
㉢ 회사의 합병
㉣ 보험계약 전부의 이전
㉤ 회사의 파산
㉥ 보험업의 허가취소
㉦ 해산을 명하는 재판

① ㉠㉢㉣
② ㉡㉢㉣
③ ㉡㉥㉦
④ ㉤㉥㉦

TIP 해산 후의 보험금 지급〈보험업법 제158조〉

① 보험회사는 제137조 제1항 제2호 · 제6호 또는 제7호의 사유로 해산한 경우에는 보험금 지급 사유가 해산한 날부터 3개월 이내에 발생한 경우에만 보험금을 지급하여야 한다.
② 보험회사는 제1항의 기간이 지난 후에는 피보험자를 위하여 적립한 금액이나 아직 지나지 아니한 기간에 대한 보험료를 되돌려주어야 한다.

※ 해산사유 등 … 보험회사는 다음 각 호의 사유로 해산한다〈보험업법 제137조 제1항〉.

1. 존립기간의 만료, 그 밖에 정관으로 정하는 사유의 발생
2. 주주총회 또는 사원총회의 결의
3. 회사의 합병
4. 보험계약 전부의 이전
5. 회사의 파산
6. 보험업의 허가취소
7. 해산을 명하는 재판

33 **보험업법상 손해보험계약의 제3자 보호에 관한 설명으로 옳지 않은 것은?**

① 손해보험협회의 장은 손해보험회사로부터 지급불능 보고를 받으면 금융위원회의 확인을 거쳐 손해보험계약의 제3자에게 대통령령으로 정하는 보험금을 지급 하여야 한다.
② 손해보험회사는 손해보험계약의 제3자에 대한 보험금의 지급을 보장하기 위하여 수입보험료 및 책임준비금을 고려하여 대통령령으로 정하는 비율을 곱한 금액을 손 해보험협회에 출연하여야 한다.
③ 손해보험협회는 손해보험회사의 출연금이 제3자에게 지급할 보험금의 지급을 위하여 부족한 경우에만 정부, 예금보험공사, 그 밖에 대통령령으로 정하는 금융 기관으로부터 금융위원회의 승인을 받아 자금을 차입할 수 있다.
④ 손해보험협회는 보험금을 지급한 경우에는 해당 손해보험회사에 대하여 구상권을 가진다.

TIP ③ 손해보험협회는 제169조에 따른 보험금의 지급을 위하여 필요한 경우에는 정부, 「예금자보호법」 제3조에 따른 예금보험공사, 그 밖에 대통령령으로 정하는 금융기관으로부터 금융위원회의 승인을 받아 자금을 차입할 수 있다〈보험업법 제171조(자금의 차입) 제1항〉.
① 「보험업법」 제169조(보험금의 지급) 제1항
② 「보험업법」 제168조(출연) 제1항
④ 「보험업법」 제173조(구상권)

34 **보험업법상 보험협회의 업무에 해당하지 않는 것은?**

① 보험 관련 정보의 수집 · 제공 및 통계의 작성
② 차량수리비 실태 점검 업무
③ 모집 관련 전문자격제도의 운영 · 관리 업무
④ 보험설계사에 대한 보험회사의 불공정한 모집위탁행위를 막기 위하여 보험회사가 지켜야 할 규약의 제정

TIP ① 보험요율 산출기관은 정관으로 정하는 바에 따라 보험 관련 정보의 수집 · 제공 및 통계의 작성 업무를 한다〈보험업법 제176조(보험요율 산출기관) 제3항 제2호〉.
②③④ 「보험업법 시행령」 제84조(보험협회의 업무)

ANSWER
32.③ 33.③ 34.①

35 **보험업법상 보험요율 산출기관에 관한 설명으로 옳지 않은 것은?**

① 보험요율 산출기관이 보험회사가 적용할 수 있는 순 보험요율을 산출하여 금융위원회에 신고한 경우, 금융위원회는 그 내용을 검토하여 이 법에 적합하면 신고를 수리하여야 한다.

② 보험요율 산출기관은 정관으로 정함이 있더라도 그 업무와 관련하여 보험회사로부터 수수료를 받을 수 없다.

③ 보험요율 산출기관은 순보험요율 산출을 위하여 보험 관련 통계를 체계적으로 통합 · 집적하여야 하며, 보험회사에 자료의 제출을 요청하는 경우 보험회사는 이에 따라야 한다.

④ 보험요율 산출기관은 음주운전 등 교통법규 위반의 효력에 관한 개인정보를 보유하고 있는 기관의 장으로부터 그 정보를 제공받아 보험회사가 보험금 지급 업무에 이용하게 할 수 있다.

TIP ② 보험요율 산출기관은 그 업무와 관련하여 정관으로 정하는 바에 따라 보험회사로부터 수수료를 받을 수 있다〈보험업법 제176조(보험요율 산출기관) 제3항〉.

① 「보험업법」 제176조(보험요율 산출기관) 제4항

③ 「보험업법」 제176조(보험요율 산출기관) 제5항

④ 「보험업법」 제176조(보험요율 산출기관) 제10항

36 **보험업법상 보험회사가 선임계리사를 선임한 경우에는 그 선임일이 속한 사업연도의 다음 사업연도부터 연속하는 3개 사업연도가 끝나는 날까지 그 선임계리사를 해임할 수 없지만, 일정한 경우에는 그러하지 아니하다. 이러한 예외 사유에 해당하지 않는 것은?**

① 회사의 기밀을 누설한 경우

② 직무를 부적절하게 수행하여 금융위원회로부터 업무의 정지 조치를 받은 경우

③ 계리업무와 관련하여 부당한 요구를 하거나 압력을 행사한 경우

④ 업무를 게을리하여 회사에 손해를 발생하게 한 경우

TIP 선임계리사의 의무 등 … 보험회사가 선임계리사를 선임한 경우에는 그 선임일이 속한 사업연도의 다음 사업연도부터 연속하는 3개 사업연도가 끝나는 날까지 그 선임계리사를 해임할 수 없다. 다만, 다음 각 호의 어느 하나에 해당하는 경우에는 그러하지 아니하다〈보험업법 제184조 제4항〉.

1. 선임계리사가 회사의 기밀을 누설한 경우
2. 선임계리사가 그 업무를 게을리하여 회사에 손해를 발생하게 한 경우
3. 선임계리사가 계리업무와 관련하여 부당한 요구를 하거나 압력을 행사한 경우
4. 제192조에 따른 금융위원회의 해임 요구가 있는 경우

※ 금융위원회는 보험계리사 · 선임계리사 · 보험계리업자 · 손해사정사 또는 손해사정업자가 그 직무를 게을리하거나 직무를 수행하면서 부적절한 행위를 하였다고 인정되는 경우에는 6개월 이내의 기간을 정하여 업무의 정지를 명하거나 해임하게 할 수 있다〈보험업법 제192조 제1항(감독)〉.

37 **보험업법상 선임계리사의 금지행위에 해당하지 않는 것은?**

① 중대한 과실로 진실을 숨기거나 거짓으로 보험계리를 하는 행위
② 타인으로 하여금 자기의 명의로 보험계리업무를 하게 하는 행위
③ 충분한 조사나 검증을 하지 아니하고 보험계리업무를 수행하는 행위
④ 업무상 제공받은 자료를 무단으로 보험계리업무와 관련이 없는 자에게 제공하는 행위

TIP ① 선임계리사 · 보험계리사 또는 보험계리업자는 그 업무를 할 때 고의로 진실을 숨기거나 거짓으로 보험계리를 하는 행위를 하여서는 아니 된다〈보험업법 제184조(선임계리사의 의무 등) 제3항 제1호〉.
② 「보험업법」 제184조(선임계리사의 의무 등) 제3항 제3호
③ 「보험업법 시행령」 제94조(선임계리사 등의 금지행위) 제2호
④ 「보험업법 시행령」 제94조(선임계리사 등의 금지행위) 제3호
※ 선임계리사 등의 금지행위 … 법 제184조 제3항 제4호에서 "대통령령으로 정하는 행위"란 다음 각 호의 어느 하나에 해당하는 행위를 말한다〈보험업법 시행령 제94조〉.
㉠ 정당한 이유 없이 보험계리업무를 게을리하는 행위
㉡ 충분한 조사나 검증을 하지 아니하고 보험계리업무를 수행하는 행위
㉢ 업무상 제공받은 자료를 무단으로 보험계리업무와 관련이 없는 자에게 제공하는 행위

38 **보험업법상 금융위원회의 손해사정업자에 대한 감독 등에 관한 설명으로 옳지 않은 것은?**

① 손해사정업자가 그 직무를 게을리하였다고 인정되는 경우, 6개월 이내의 기간을 정하여 업무의 정지를 명하거나 해임하게 할 수 있다.
② 손해사정업자의 자산상황이 불량하여 보험계약자 등의 권익을 해칠 우려가 있다고 인정되는 경우, 불건전한 자산에 대한 적립금의 보유를 명할 수 있다.
③ 손해사정업자가 이 법을 위반하여 손해사정업의 건전한 경영을 해친 경우, 금융감독원장의 건의에 따라 업무집 행방법의 변경을 하게 할 수 있다.
④ 손해사정업자가 그 업무를 할 때 고의 또는 과실로 타인에게 손해를 발생하게 한 경우, 금융위원회는 그 손해배상을 보장하기 위하여 손해사정업자에게 금융위원회가 지정하는 기관에의 자산 예탁을 하게 할 수 있다.

TIP ③ 금융위원회는 보험회사의 업무운영이 적정하지 아니하거나 자산상황이 불량하여 보험계약자 및 피보험자 등의 권익을 해칠 우려가 있다고 인정되는 경우에는 업무집행방법의 변경 조치를 명할 수 있다〈보험업법 제131조(금융위원회의 명령권) 제1항 제1호〉.
① 「보험업법」 제192조(감독) 제1항
② 「보험업법」 제131조(금융위원회의 명령권) 제1항 제4호
④ 「보험업법」 제191조(손해배상의 보장)

ANSWER
35.② 36.② 37.① 38.③

39 **보험업법상 개인인 손해사정사는 자신과 일정한 이해관계를 가진 자의 보험사고에 대하여는 손해사정을 할 수 없는데, 이에 해당하는 자가 아닌 경우는?**

① 본인의 혈족의 배우자의 혈족으로서 생계를 같이하는 자
② 본인의 배우자의 2촌 이내의 친족이 상근 임원으로 있는 단체
③ 본인을 고용하고 있는 개인 또는 본인이 상근 임원으로 있는 법인
④ 본인이 고용하고 있는 개인 또는 본인이 대표자로 있는 단체

TIP 이해관계자의 범위〈보험업법 시행규칙 제57조〉

① 영 제99조 제2호 및 제3호에서 "총리령으로 정하는 이해관계를 가진 자"란 다음 각 호의 어느 하나에 해당하는 자를 말한다.

1. 개인인 손해사정사의 경우
  가. 본인의 배우자 및 본인과 생계를 같이하는 친족
  나. 본인을 고용하고 있는 개인 또는 본인이 상근 임원으로 있는 법인 또는 단체
  다. 본인이 고용하고 있는 개인 또는 본인이 대표자로 있는 법인 또는 단체
  라. 본인과 생계를 같이하는 2촌 이내의 친족, 본인의 배우자 또는 배우자의 2촌 이내의 친족이 상근 임원으로 있는 법인 또는 단체
2. 법인인 손해사정업자의 경우
  가. 해당 법인의 임직원을 고용하고 있는 개인 또는 법인
  나. 해당 법인에 대한 출자금액이 전체 출자금액의 100분의 30을 초과하는 자

② 제1항 제2호 나목에 따른 출자비율은 출자자가 개인인 경우에는 해당 개인 및 해당 개인과 생계를 같이하는 친족의 출자금액을 합산한 금액의 비율을 말하며, 출자자가 법인인 경우에는 해당 법인 및 해당 법인의 관계 법인(해당 법인과 그 임원 또는 직원의 출자비율의 합이 100분의 30을 초과하는 법인을 말한다)과 그들의 임원 또는 직원의 출자금액을 합산한 금액의 비율을 말한다.

40 **보험업법상 벌칙에 관한 설명으로 옳은 것은?**

① 보험계리사가 그 임무를 위반하여 재산상 이익을 취하고 보험회사에 재산상 손해를 입힌 경우, 그 죄를 범한 자에게는 정상에 따라 징역과 벌금을 병과할 수 있지만, 그 미수범에 대하여는 징역과 벌금을 병과하지 아니한다.

② 손해사정사가 그 직무에 관하여 부정한 청탁을 받고 재산상의 이익을 수수·요구 또는 약속한 경우, 범인이 수수한 이익은 몰수하고 그 전부 또는 일부를 몰수할 수 없을 때에는 그 가액을 추징하지만, 범인이 공여하려 한 이익은 그러하지 아니하다.

③ 법인의 대표자의 위반행위로 벌금형의 부과가 문제 되는 경우, 법인이 그 위반행위를 방지하기 위하여 해당 업무에 관하여 상당한 주의와 감독을 게을리하지 아니한 때에는, 그 대표자 이외에 그 법인에게는 벌금형을 감경할 수 있다.

④ 법인이 아닌 사단 또는 재단에 대하여 벌금형을 과하는 경우, 그 대표자가 그 소송행위에 관하여 그 사단 또는 재단을 대표하는 법인을 피고인으로 하는 경우의 형사 소송에 관한 법률을 준용한다.

TIP ④ 「보험업법」 제208조(양벌규정) 제2항

① 보험계리사, 손해사정사 또는 상호회사의 발기인, 제70조 제1항에서 준용하는 「상법」 제175조 제1항에 따른 설립위원·이사·감사, 제59조에서 준용하는 「상법」 제386조 제2항 및 제407조 제1항에 따른 직무대행자나 지배인, 그 밖에 사업에 관하여 어떠한 종류의 사항이나 특정한 사항을 위임받은 사용인이 그 임무를 위반하여 재산상의 이익을 취득하거나 제3자로 하여금 취득하게 하여 보험회사에 재산상의 손해를 입힌 경우에는 10년 이하의 징역 또는 1억원 이하의 벌금에 처한다〈보험업법 제197조(벌칙) 제1항〉.

② 제197조 및 제198조에 열거된 자 또는 상호회사의 검사인이 그 직무에 관하여 부정한 청탁을 받고 재산상의 이익을 수수·요구 또는 약속한 경우에는 5년 이하의 징역 또는 5천만 원 이하의 벌금에 처한다〈보험업법 제201조(벌칙) 제1항〉.

③ 법인(법인이 아닌 사단 또는 재단으로서 대표자 또는 관리인이 있는 것을 포함한다. 이하 이 항에서 같다)의 대표자나 법인 또는 개인의 대리인, 사용인, 그 밖의 종업원이 그 법인 또는 개인의 업무에 관하여 제200조, 제202조 또는 제204조의 어느 하나에 해당하는 위반행위를 하면 그 행위자를 벌하는 외에 그 법인 또는 개인에게도 해당 조문의 벌금형을 과(科)한다. 다만, 법인 또는 개인이 그 위반행위를 방지하기 위하여 해당 업무에 관하여 상당한 주의와 감독을 게을리하지 아니한 경우에는 그러하지 아니하다〈보험업법 제208조(양벌규정) 제1항〉.

※ 제197조 및 제198조의 미수범은 처벌한다〈보험업법 제205조(미수범)〉.

※ 제201조 및 제203조의 경우 범인이 수수하였거나 공여하려 한 이익은 몰수한다. 그 전부 또는 일부를 몰수할 수 없는 경우에는 그 가액(價額)을 추징한다〈보험업법 제207조(몰수)〉.

ANSWER

39.① 40.④

2024년 제47회 보험업법

1 **보험업법상 생명보험상품에 해당하는 보험계약은?**

① 질병보험계약
② 퇴직보험계약
③ 간병보험계약
④ 장기요양보험계약

TIP ② 「보험업법 시행령」 제1조의2(보험상품) 제2항에 의해 생명보험상품에 해당하는 계약은 생명보험계약, 연금보험계약(퇴직보험계약을 포함한다)에 해당한다.
①③ 「보험업법」 제2조(정의) 제1호 다목에 따라서 제3보험상품에 해당한다.

2 **보험업법상 용어의 정의에 관한 설명으로 옳지 않은 것은?**

① 산업재해보상보험은 보험상품에 포함되지 아니한다.
② 보험업은 생명보험업, 손해보험업, 제3보험업 등 3가지로 나뉜다.
③ 상호회사란 보험업을 경영할 목적으로 보험업법에 따라 설립된 회사로서 보험계약자를 사원으로 하는 회사를 말한다.
④ 보험대리점이란 보험회사를 위하여 보험계약의 체결을 대리 또는 중개하는 자로서 보험업법에 따라 금융위원회에 등록된 자를 말한다.

TIP 보험대리점이란 보험회사를 위하여 보험계약의 체결을 대리하는 자(법인이 아닌 사단과 재단을 포함한다)로서 제87조에 따라 등록된 자를 말한다〈보험업법 제2조(정의) 제10호〉

3 **보험업법상 총자산 및 자기자본에 관한 설명으로 옳지 않은 것은?**

① 「소득세법」 제20조의3 제1항 제2호 각 목 외의 부분에 따른 연금저축계좌를 설정하는 계약에 대한 특별계정 자산은 총자산을 산출할 때 제외되는 자산이다.
② 변액보험계약에 대한 특별계정 자산은 총자산을 산출할 때 제외되는 자산이다.
③ 자본잉여금 · 이익잉여금은 자기자본을 산출할 때 합산해야 할 항목이다.
④ 영업권은 자기자본을 산출할 때 빼야 할 항목이다.

TIP ① 총자산이란 재무상태표에 표시된 자산에서 영업권 등 대통령령으로 정하는 자산을 제외한 것을 말한다〈보험업법 제2조(정의) 제14호〉.
② 「보험업법」 제108조(특별계정의 설정 · 운용) 제1항
③④ 「보험업법」 제2조(정의)

4 **보험업법상 다음 보기의 (　　　)에 들어갈 내용으로 옳은 것은?**

> 전문보험계약자 중 (　　　)가(이) 일반보험계약자와 같은 대우를 받겠다는 의사를 보험회사에 서면으로 통지하는 경우 보험회사는 정당한 사유가 없으면 이에 동의하여야 하며, 보험회사가 동의한 경우에는 해당 보험계약자는 일반보험계약자로 본다.

① 국가
② 지방자치단체
③ 한국은행
④ 신용보증기금

TIP 전문보험계약자 중 대통령령으로 정하는 자가 일반보험계약자와 같은 대우를 받겠다는 의사를 보험회사에 서면으로 통지하는 경우 보험회사는 정당한 사유가 없으면 이에 동의하여야 하며, 보험회사가 동의한 경우에는 해당 보험계약자는 일반보험계약자로 본다〈보험업법 제2조(정의) 제19호〉

※ 전문보험계약자의 범위 등〈보험업법 시행령 제6조의2 제1항〉 … 대통령령으로 정하는 자란 지방자치단체, 주권상장법인, 법률에 따라 설립된 기금(제12호와 제13호에 따른 기금은 제외한다) 및 그 기금을 관리 · 운용하는 법인, 제2항 제1호부터 제14호까지의 기관에 준하는 외국금융기관, 해외 증권시장에 상장된 주권을 발행한 국내법인, 그 밖에 보험계약에 관한 전문성, 자산규모 등에 비추어 보험계약의 내용을 이해하고 이행할 능력이 있는 자로서 금융위원회가 정하여 고시하는 자이다.

5 **보험업법상 통신판매전문보험회사란 총보험계약건수 및 수입보험료의 100분의 (　　　)이상을 전화, 우편, 컴퓨터통신 등 통신수단을 이용하여 모집하는 보험회사를 말한다. 다음 중 (　　　)에 들어갈 내용으로 옳은 것은?**

① 90
② 80
③ 70
④ 60

TIP 총보험계약건수 및 수입보험료의 100분의 90 이상을 전화, 우편, 컴퓨터통신 등 통신수단을 이용하여 모집하는 통신판매전문보험회사를 말한다〈보험업법 시행령 제13조(통신판매전문보험회사) 제1항〉.

ANSWER

1.② 2.④ 3.① 4.② 5.①

6 보험업법상 다음의 보기 중 소액단기전문보험회사가 모집할 수 있는 종류를 모두 고른 것은?

㉠ 생명보험계약	㉡ 연금보험계약
㉢ 화재보험계약	㉣ 자동차보험계약
㉤ 책임보험계약	㉥ 동물보험계약
㉦ 질병보험계약	㉧ 간병보험계약

① ㉠㉢㉣㉧
② ㉠㉤㉥㉦
③ ㉡㉢㉤㉥
④ ㉡㉣㉦㉧

TIP 「보험업법 시행령」 제13조의2(소액단기전문보험회사) 제1항 제1호에 따라 모집할 수 있는 보험상품의 종류는 생명보험계약, 책임보험계약, 도난보험계약, 유리보험계약, 동물보험계약, 비용보험계약, 날씨보험계약, 상해보험계약, 질병보험계약이 있다.

7 보험업법상 보험회사 등의 자본금 또는 기금의 최소 금액에 관한 설명으로 옳지 않은 것은?

① 소액단기전문보험회사 : 10억 원
② 해상보험만을 취급하려는 통신판매전문보험회사 : 100억 원
③ 화재보험만을 취급하려는 보험회사 : 100억 원
④ 생명보험만을 취급하려는 보험회사 : 200억 원

TIP ① 법 제9조 제2항 제2호에서 "대통령령으로 정하는 금액"이란 20억 원을 말한다〈보험업법 시행령 제13조의2(소액단기전문보험회사) 제2항〉.
② 「보험업법」 제9조(자본금 또는 기금)
③④ 「보험업법 시행령」 제12조(보험종목별 자본금 또는 기금) 제1항
※ 자본금 또는 기금 … 제1항에도 불구하고 모집수단 또는 모집상품의 종류 · 규모 등이 한정된 보험회사로서 다음 각 호의 어느 하나에 해당하는 보험회사는 다음 각 호의 구분에 따른 금액 이상의 자본금 또는 기금을 납입함으로써 보험업을 시작할 수 있다〈보험업법 제9조 제2항〉.
1. 전화 · 우편 · 컴퓨터통신 등 통신수단을 이용하여 대통령령으로 정하는 바에 따라 모집을 하는 보험회사(제2호에 따른 소액단기전문보험회사는 제외한다) : 제1항에 따른 자본금 또는 기금의 3분의 2에 상당하는 금액
2. 모집할 수 있는 보험상품의 종류, 보험기간, 보험금의 상한액, 연간 총보험료 상한액 등 대통령령으로 정하는 기준을 충족하는 소액단기전문보험회사 : 10억 원 이상의 범위에서 대통령령으로 정하는 금액

8 **보험업법상 보험업 겸영의 제한에 관한 설명으로 옳지 않은 것은? (소액단기전문보험회사는 제외함)**

① 생명보험업을 경영하는 보험회사는 생명보험의 재보험을 겸영할 수 있다.
② 생명보험업을 경영하는 보험회사는 제3보험의 재보험을 겸영할 수 있다.
③ 손해보험업의 보험종목 전부를 취급하는 보험회사는 질병을 원인으로 하는 사망을 제3보험의 특약 형식으로 담보하는 보험만기가 90세 이하인 보험을 겸영할 수 있다.
④ 손해보험업의 보험종목 전부를 취급하는 보험회사는 소득세법 제20조의3 제1항 제2호 각 목 외의 부분에 따른 연금저축계좌를 설정하는 계약을 겸영할 수 있다.

TIP ③ 제3보험의 보험종목에 부가되는 보험이란 질병을 원인으로 하는 사망을 제3보험의 특약 형식으로 담보하는 보험으로서 보험만기는 80세 이하일 것, 보험금액의 한도는 개인당 2억 원 이내일 것, 만기 시에 지급하는 환급금은 납입보험료 합계액의 범위 내일 것의 요건을 충족하는 보험을 말한다〈보험업법 시행령 제15조(겸영 가능 보험종목) 제2항〉.
①② 「보험업법」 제10조(보험법 겸영의 제한)
④ 「보험업법 시행령」 제15조(겸영 가능 보험종목) 제1항 제1호

9 **보험업법상 보험회사는 대통령령으로 정하는 금융 관련 법령에서 정하고 있는 금융업무로서 해당 법령에서 보험회사가 할 수 있도록 한 업무를 겸영할 수 있다. 이에 해당하는 업무가 아닌 것은?**

① 「자산유동화에 관한 법률」에 따른 유동화자산의 관리업무
② 「한국주택금융공사법」에 따른 채권유동화자산의 관리업무
③ 「주택저당채권유동화회사법」에 따른 유동화자산의 관리업무
④ 「신용정보의 이용 및 보호에 관한 법률」에 따른 본인신용정보관리업

TIP ③ 「보험업법」 제11조(보험회사의 겸영업무)에 따라 대통령령으로 정하는 금융업으로서 해당 법령에 따라 인가·허가·등록 등이 필요한 금융업무에 해당한다.
①②④ 「보험업법 시행령」 제16조(겸영업무의 범위) 제1항

10 **보험업법상 금융위원회는 일정한 경우 보험회사가 부수업무를 하는 것을 제한하거나 시정할 것을 명할 수 있다 이에 해당하는 경우가 아닌 것은?**

① 보험회사의 경영건전성을 해치는 경우
② 보험계약자 보호에 지장을 가져오는 경우
③ 공정거래법상 불공정거래행위에 해당하는 경우
④ 금융시장의 안정성을 해치는 경우

TIP 보험회사의 부수업무 … 금융위원회는 보험회사가 하는 부수업무가 다음 각 호의 어느 하나에 해당하면 그 부수업무를 하는 것을 제한하거나 시정할 것을 명할 수 있다〈보험업법 제11조의2 제3항〉.
1. 보험회사의 경영건전성을 해치는 경우
2. 보험계약자 보호에 지장을 가져오는 경우
3. 금융시장의 안정성을 해치는 경우

ANSWER
6.② 7.① 8.③ 9.③ 10.③

11 보험업법상 다음의 보기 중 보험회사의 자산운용 방법으로 허용되는 것을 모두 고른 것은?

> ㉠ 저당권의 실행으로 인한 비업무용 부동산의 소유
> ㉡ 유가증권에 대한 투기를 목적으로 하는 자금의 대출
> ㉢ 간접적으로 해당 보험회사의 주식을 사도록 하기 위한 대출
> ㉣ 간접적인 정치자금의 대출
> ㉤ 해당 보험회사의 임직원에 대한 보험약관에 따른 대출

① ㉠㉢
② ㉠㉤
③ ㉡㉣
④ ㉡㉢㉤

TIP ㉡㉢㉣ 「보험업법」 제105조(금지 또는 제한되는 자산운용)

12 보험업법상 보험회사가 일반계정에 속하는 자산을 운용할 때 초과할 수 없는 비율로 옳지 않은 것은?

① 동일한 개인 또는 법인에 대한 신용공여 : 총자산의 100분의 3
② 동일한 법인이 발행한 채권 및 주식 소유의 합계액 : 총자산의 분의 100분의 7
③ 동일한 자회사에 대한 신용공여 : 자기자본의 100분의 10
④ 부동산의 소유 : 총자산의 100분의 30

TIP 부동산의 소유는 총자산의 100분의 25에 해당한다〈보험업법 제106조(자산운용의 방법 및 비율) 제1항 제8호 가목〉.
① 「보험업법」 제106조(자산운용의 방법 및 비율) 제1항 1호 가목
② 「보험업법」 제106조(자산운용의 방법 및 비율) 제1항 2호 가목
③ 「보험업법」 제106조(자산운용의 방법 및 비율) 제1항 7호 가목

13 보험업법상 보험회사의 재무제표 등의 제출에 관한 설명으로 옳지 않은 것은?

① 보험회사는 매년 12월 31일에 그 장부를 폐쇄하여야 한다.
② 보험회사는 장부를 폐쇄한 날부터 3개월 이내에 금융위원회가 정하는 바에 따라 재무제표 및 사업보고서를 금융위원회에 제출하여야 한다.
③ 보험회사는 매월의 업무 내용을 적은 보고서를 다음달 말일까지 금융위원회가 정하는 바에 따라 금융위원회에 제출하여야 한다.
④ 보험회사는 재무제표 또는 월간업무보고서 등 제출서류를 대통령령으로 정하는 바에 따라 전자문서로 제출하여야 한다.

TIP ④ 보험회사는 재무제표(부속명세서를 포함한다), 사업보고서 및 매월의 업무 내용을 적은 보고서를 대통령령으로 정하는 바에 따라 전자문서로 제출할 수 있다〈보험업법 제118조(재무제표 등의 제출) 제3항〉.
① 「보험업법 시행령」 제61조(장부폐쇄일)
② 「보험업법」 제118조(재무제표 등의 제출) 제1항
③ 「보험업법」 제118조(재무제표 등의 제출) 제2항

14 **보험업법상 보험회사인 주식회사의 자본감소에 관한 설명으로 옳지 않은 것은?**

① 자본감소를 결의한 경우에는 그 결의를 한 날로부터 2주 이내에 결의의 요지와 재무상태표를 공고하여야 한다.
② 자본감소의 결의를 할 때 주식 금액 또는 주식 수의 감소에 따른 자본금의 실질적 감소를 하려면 미리 금융위원회에 신고하여야 한다.
③ 자본감소의 결의에 따른 공고에는, 보험계약자로서 자본감소에 이의가 있는 자는 1개월 이상의 이의신청 기간과 이 기간 동안에 이의를 제출할 수 있다는 내용을 포함해야 한다.
④ 자본감소는 이의를 제기한 보험계약자나 그 밖에 보험계약으로 발생한 권리를 가진 자에 대하여도 효력이 미친다.

TIP ② 제1항에 따른 자본감소를 결의할 때 대통령령으로 정하는 자본감소를 하려면 미리 금융위원회의 승인을 받아야 한다〈보험업법 제18조(자본감소) 제2항〉.
① 「보험업법」 제18조(자본감소) 제1항
③ 「보험업법」 제141조(보험계약 이전 결의의 공고 및 통지와 이의 제기) 제2항
④ 「보험업법」 제151조(합병 결의의 공고) 제3항

15 **보험업법상 상호회사 사원의 권리와 의무에 관한 설명으로 옳지 않은 것은?**

① 상호회사의 사원은 회사의 채권자에 대하여 직접적인 의무를 부담하지 않는다.
② 제3보험을 목적으로 하는 상호회사의 사원은 회사의 승낙을 받아 타인으로 하여금 그 권리와 의무를 승계하게 할 수 있다.
③ 상호회사의 사원이 회사에 대하여 가지는 채권이 변제기에 있는 때에는 사원이 회사에 지급해야 할 보험료와 상계할 수 있다.
④ 상호회사의 사원명부에는 사원의 이름과 주소, 각 사원의 보험계약의 종류, 보험금액 및 보험료를 적어야 한다.

TIP ③ 상호회사의 사원은 보험료의 납입에 관하여 상계(相計)로써 회사에 대항하지 못한다〈보험업법 제48조(상계의 금지)〉.
① 「보험업법」 제46조(간접책임)
② 「보험업법」 제50조(생명보험계약 등의 승계)
④ 「보험업법」 제52조(사원명부)

ANSWER
11.② 12.④ 13.④ 14.② 15.③

16　**보험업법상 상호회사 사원의 퇴사에 관한 설명으로 옳지 않은 것은?**

① 상호회사의 사원은 정관으로 정한 사유의 발생, 보험 관계의 소멸로 퇴사한다.

② 상호회사가 해산을 결의한 경우에는 그 결의가 금융위원회의 인가를 받은 날부터 2주 이내에 결의의 요지와 재무상태표를 공고하여야 한다.

③ 상호회사에서 퇴사한 사원은 정관이나 약관에서 정하는 바에 따라 그 권리에 따른 금액의 환급을 청구할 수 있다.

④ 상호회사에서 퇴사한 사원의 권리에 따른 금액의 환급은 퇴사한 날이 속하는 사업연도가 종료한 날부터 6개월 이내에 하여야 한다.

TIP ④ 상호회사에서 퇴사한 사원의 권리에 따른 금액의 환급은 퇴사한 날이 속하는 사업연도가 종료한 날부터 3개월 이내에 하여야 한다〈보험업법 제68조(환급기한 및 시효) 제1항〉
① 「보험업법」 제66조(퇴사이유) 제1항
② 「보험업법」 제69조(해산의 공고) 제1항
③ 「보험업법」 제67조(환급청구권) 제1항

17　**보험업법상 외국보험회사국내지점에 관한 설명으로 옳지 않은 것은?**

① 금융위원회는 외국보험회사의 본점이 합병, 영업양도 등으로 소멸하는 경우 그 외국보험회사국내지점에 대하여 청문을 거쳐 보험업의 허가를 취소할 수 있다.

② 외국보험회사국내지점의 대표자는 퇴임한 후에도 후임 대표자의 이름 및 주소에 관하여 상법에 따른 등기가 있을 때까지는 계속하여 대표자의 권리와 의무를 가진다.

③ 외국보험회사국내지점은 그 외국보험회사의 본점이 휴업하거나 영업중지한 경우에는 그 사유가 발생한 날부터 2주 이내에 그 사실을 금융위원회에 알려야 한다.

④ 보험업의 허가를 받은 외국보험회사의 본점이 보험업을 폐업하거나 해산한 경우에는 금융위원회가 필요하다고 인정하면 잔무처리를 할 자를 선임하거나 해임할 수 있다.

TIP ③ 외국보험회사국내지점은 그 외국보험회사의 본점이 제1항 각 호의 어느 하나에 해당하게 되면 그 사유가 발생한 날부터 7일 이내에 그 사실을 금융위원회에 알려야 한다〈보험업법 제74조(외국보험회사국내지점의 허가취소 등) 제3항〉.
① 「보험업법」 제74조(외국보험회사국내지점의 허가취소 등) 제1항
② 「보험업법」 제76조(국내 대표자) 제2항
④ 「보험업법」 제77조(잔무처리자) 제1항

18 **보험업법상 보험계약의 모집을 할 수 있는 자는?**

① 보험회사의 사외이사
② 보험회사의 직원
③ 보험회사의 대표이사
④ 보험회사의 감사위원

TIP 모집할 수 있는 자 … 모집을 할 수 있는 자는 다음 각 호의 어느 하나에 해당하는 자이어야 한다〈보험업법 제83조 제1항〉.
1. 보험설계사
2. 보험대리점
3. 보험중개사
4. 보험회사의 임원(대표이사 · 사외이사 · 감사 및 감사위원은 제외한다. 이하 이 장에서 같다) 또는 직원

19 **보험업법상 보험설계사에 관한 설명으로 옳지 않은 것은?**

① 보험설계사는 생명보험설계사, 손해보험설계사(간단손해보험설계사를 포함), 제3보험설계사로 구분한다.
② 보험회사 · 보험대리점 및 보험중개사는 보험설계사가 되려는 자를 금융위원회에 등록하여야 한다.
③ 보험설계사가 교차모집을 하려는 경우에는 교차모집을 하려는 보험회사의 명칭 등 금융위원회가 정하여 고시하는 사항을 적은 서류를 금융위원회에 제출해야 한다.
④ 보험회사는 소속 보험설계사에게 최초로 유효한 등록을 한 날부터 2년이 지날 때마다 2년이 된 날부터 6개월 이내에 보험업법에 정해진 기준에 따라 교육을 해야 한다.

TIP ③ 보험설계사가 법 제85조 제3항에 따라 소속 보험회사 외의 보험회사를 위하여 모집(이하 교차모집)하려는 경우에는 교차모집을 하려는 보험회사의 명칭 등 금융위원회가 정하여 고시하는 사항을 적은 서류를 보험협회에 제출해야 한다〈보험업법 시행령 제29조(보험설계사의 교차모집) 제1항〉.
①「보험업법 시행령」 제27조(보험설계사의 구분 및 등록요건) 제1항
②「보험업법」 제84조(보험설계사의 등록) 제1항
④「보험업법」 제29조의2(보험설계사 등의 교육) 제1항

20 **보험업법상 법인보험대리점에 관한 설명으로 옳지 않은 것은? (금융기관보험대리점 등은 제외함)**

① 법인보험대리점은 「방문판매 등에 관한 법률」에 따른 다단계판매업을 하지 못한다.
② 법인보험대리점은 경영하고 있는 업무의 종류, 모집조직에 관한 사항, 모집실적에 관한 사항, 그 밖에 보험계약자 보호를 위하여 금융위원회가 정하여 고시하는 사항을 보험협회의 인터넷 홈페이지를 통하여 반기별로 공시하여야 한다.
③ 미성년자는 법정대리인의 동의를 얻어 법인보험대리점의 임원이 될 수 있다.
④ 보험설계사가 100명 이상인 법인보험대리점으로서 금융위원회가 정하여 고시하는 법인보험대리점은 보험계약자 보호를 위한 업무지침의 준수여부를 점검하고, 그 위반 사항을 조사하는 임원 또는 직원을 1명 이상 두어야 한다.

TIP ③「보험업법」 제87조의2(법인보험대리점 임원의 자격) 제1항 제1호에 따라서 미성년자는 임원이 되지 못한다.
①②「보험업법」 제33조의4(법인보험대리점의 업무범위 등)
④「보험업법 시행령」 제33조의2(보험대리점의 영업기준 등) 제1항

ANSWER
16.④ 17.② 18.② 19.③ 20.③

21 **보험업법상 보험계약의 모집을 위하여 사용하는 보험안내자료에 기재할 수 있는 사항이 아닌 것은?**

① 보험금 지급제한 조건의 예시
② 다른 보험회사 상품과 비교한 사항
③ 보험안내자료의 제작자 · 제작일, 보험안내자료에 대한 보험회사의 심사 또는 관리번호
④ 보험금이 금리에 연동되는 보험상품의 경우 적용금리 및 보험금 변동에 관한 사항

TIP ② 모집을 위하여 사용하는 보험안내자료(이하 "보험안내자료"라 한다)에는 보험회사의 상호나 명칭 또는 보험설계사 · 보험대리점 또는 보험중개사의 이름 · 상호나 명칭, 보험 가입에 따른 권리 · 의무에 관한 주요 사항, 보험약관으로 정하는 보장에 관한 사항, 보험금 지급제한 조건에 관한 사항, 해약환급금에 관한 사항, 「예금자보호법」에 따른 예금자보호와 관련된 사항, 그 밖에 보험계약자를 보호하기 위하여 대통령령으로 정하는 사항을 명백하고 알기 쉽게 적어야 한다 〈보험업법 제95조(보험안내자료) 제1항〉.
① 「보험업감독업무시행세칙」 제5-11조(보험안내자료 등의 기재사항) 제1항 제2호
③④ 「보험업법 시행령」 제42조(보험안내자료의 기재사항 등) 제3항

22 **보험업법상 다음 보기의 ( )에 들어갈 내용을 순서대로 나열한 것은?**

> 보험계약의 체결 또는 모집에 종사하는 자가 기존보험계약이 소멸된 날로부터 ( ) 이내에 새로운 보험계약을 청약하거나 새로운 보험계약을 청약하게 한 날로부터 ( ) 이내에 기존보험계약을 소멸하게 하는 행위를 하는 경우, 기존보험계약을 부당하게 소멸시키거나 소멸하게 하는 행위를 한 것으로 본다. 다만 보험계약자가 기존 보험계약 소멸 후 새로운 보험계약 체결 시 손해가 발생할 가능성이 있다는 사실을 알고 있음을 자필로 서명하는 등 대통령령으로 정하는 바에 따라 본인의 의사에 따른 행위임이 명백히 증명되는 경우에는 그러하지 아니하다.

① 1개월 - 1개월
② 1개월 - 3개월
③ 3개월 - 3개월
④ 6개월 - 6개월

TIP 보험계약의 체결 또는 모집에 종사하는 자가 기존보험계약이 소멸된 날부터 1개월 이내에 새로운 보험계약을 청약하게 하거나 새로운 보험계약을 청약하게 한 날부터 1개월 이내에 기존보험계약을 소멸하게 하는 행위를 하는 경우 기존보험계약을 부당하게 소멸시키거나 소멸하게 하는 행위를 한 것으로 본다. 다만, 보험계약자가 기존 보험계약 소멸 후 새로운 보험계약 체결 시 손해가 발생할 가능성이 있다는 사실을 알고 있음을 자필로 서명하는 등 대통령령으로 정하는 바에 따라 본인의 의사에 따른 행위임이 명백히 증명되는 경우에는 그러하지 아니하다〈보험업법 제97조(보험계약의 체결 또는 모집에 관한 금지행위) 제3항 제1호〉.

23 **보험업법상 보험모집종사자가 보험계약의 체결 또는 모집과 관련하여 보험계약자 등에게 제공할 수 있는 특별이익에 해당하는 것은?**

① 기초서류에 정한 사유에 근거하지 아니한 보험료의 할인 또는 수수료의 지급
② 보험계약자나 피보험자를 위한 보험료의 대납
③ 보험계약자나 피보험자가 해당 보험회사로부터 받은 대출금에 대한 이자의 대납
④ 보험계약 체결 시부터 최초 1년간 납입되는 보험료의 100분의 10과 3만원(보험계약에 따라 보장되는 위험을 감소시키는 물품의 경우에는 20만원) 중 적은 금액의 지급

TIP 특별이익의 제공 금지 … 보험계약의 체결 또는 모집에 종사하는 자는 그 체결 또는 모집과 관련하여 보험계약자나 피보험자에게 다음 각 호의 어느 하나에 해당하는 특별이익을 제공하거나 제공하기로 약속하여서는 아니 된다〈보험업법 제98조〉.

1. 금품(대통령령으로 정하는 금액(보험계약 체결 시부터 최초 1년간 납입되는 보험료의 100분의 10과 3만원(보험계약에 따라 보장되는 위험을 감소시키는 물품의 경우에는 20만원) 중 적은 금액)을 초과하지 아니하는 금품은 제외한다)
2. 기초서류에서 정한 사유에 근거하지 아니한 보험료의 할인 또는 수수료의 지급
3. 기초서류에서 정한 보험금액보다 많은 보험금액의 지급 약속
4. 보험계약자나 피보험자를 위한 보험료의 대납
5. 보험계약자나 피보험자가 해당 보험회사로부터 받은 대출금에 대한 이자의 대납
6. 보험료로 받은 수표 또는 어음에 대한 이자 상당액의 대납
7. 「상법」 제682조에 따른 제3자에 대한 청구권 대위행사의 포기

24 **보험업법상 금융기관보험대리점 등이 모집을 할 때 금지되는 행위가 아닌 것은?**

① 보험업법 시행령 제40조 제4항에 따라 모집에 종사하는 자로 하여금 보험상품 구입에 대한 상담 또는 소개를 하게 하거나 상담 또는 소개의 대가를 지급하는 행위
② 대출 등 해당 금융기관이 제공하는 용역(이하 "대출 등"이라 함)을 받은 자의 동의를 미리 받지 아니하고 보험료를 대출 등의 거래에 포함시키는 행위
③ 해당 금융기관의 점포 외의 장소에서 모집을 하는 행위
④ 모집과 관련이 없는 금융거래를 통하여 취득한 개인정보를 미리 그 개인의 동의를 받지 아니하고 모집에 이용하는 행위

TIP ① 금융기관보험대리점 등(제1항 제3호에 따른 신용카드업자는 제외한다)은 그 금융기관보험대리점등의 본점 · 지점 등 점포별로 2명(보험설계사 자격을 갖춘 사람으로서 금융위원회가 정한 기준과 방법에 따라 채용된 사람은 제외한다)의 범위에서 법 제84조 제1항에 따라 등록된 소속 임원 또는 직원으로 하여금 모집에 종사하게 할 수 있다〈보험업법 시행령 제40조(금융기관보험대리점 등의 영업기준 등) 제4항〉.
②③④ 「보험업법」 제100조(금융기관보험대리점 등의 금지행위 등) 제1항

ANSWER
21.② 22.① 23.④ 24.①

25 **보험업법상 고객을 직접 응대하는 직원을 고객의 폭언이나 성희롱, 폭행 등(이하 "폭언 등" 이라 함)으로부터 보호하기 위하여 보험회사가 취해야 할 보호 조치 의무에 해당하지 않는 것은?**

① 직원의 폭언 등이 관계 법률의 형사처벌규정에 위반된다고 판단되는 경우 당해 직원의 요청과 상관없이 관할 수사기관 등에 고발
② 고객의 폭언 등을 예방하거나 이에 대응하기 위한 직원의 행동요령 등에 대한 교육 실시
③ 고객의 폭언 등이 관계 법률의 형사처벌규정에 위반되지 아니하나 그 행위로 피해를 입은 직원의 피해정도 및 그 직원과 다른 직원에 대한 장래 피해발생 가능성 등을 고려하여 필요하다고 판단되는 경우 관할 수사기관 등에 필요한 조치 요구
④ 직원이 직접 폭언 등의 행위를 한 고객을 관할 수사기관 등에 고소, 고발, 손해배상 청구 등의 조치를 하는 데 필요한 행정적, 절차적 지원

TIP 고객응대직원의 보호를 위한 조치 … 법 제85조의4 제1항 제4호에서 "법적 조치 등 대통령령으로 정하는 조치"란 다음 각 호의 조치를 말한다〈보험업법 시행령 제29조의3〉.
1. 고객의 폭언이나 성희롱, 폭행 등(이하 "폭언 등"이라 한다)이 관계 법률의 형사처벌규정에 위반된다고 판단되고 그 행위로 피해를 입은 직원이 요청하는 경우 : 관할 수사기관 등에 고발
2. 고객의 폭언 등이 관계 법률의 형사처벌규정에 위반되지는 아니하나 그 행위로 피해를 입은 직원의 피해정도 및 그 직원과 다른 직원에 대한 장래 피해발생 가능성 등을 고려하여 필요하다고 판단되는 경우 : 관할 수사기관 등에 필요한 조치 요구
3. 직원이 직접 폭언 등의 행위를 한 고객에 대한 관할 수사기관 등에 고소, 고발, 손해배상 청구 등의 조치를 하는 데 필요한 행정적, 절차적 지원
4. 고객의 폭언등을 예방하거나 이에 대응하기 위한 직원의 행동요령 등에 대한 교육 실시
5. 그 밖에 고객의 폭언 등으로부터 직원을 보호하기 위하여 필요한 사항으로서 금융위원회가 정하여 고시하는 조치

※ 고객응대직원에 대한 보호 조치 의무 … 보험회사는 고객을 직접 응대하는 직원을 고객의 폭언이나 성희롱, 폭행 등으로부터 보호하기 위하여 다음 각 호의 조치를 하여야 한다〈보험업법 제85조의4 제1항〉.
1. 직원이 요청하는 경우 해당 고객으로부터의 분리 및 업무담당자 교체
2. 직원에 대한 치료 및 상담 지원
3. 고객을 직접 응대하는 직원을 위한 상시적 고충처리 기구 마련. 다만, 「근로자참여 및 협력증진에 관한 법률」 제26조에 따라 고충처리위원을 두는 경우에는 고객을 직접 응대하는 직원을 위한 전담 고충처리위원의 선임 또는 위촉
4. 그 밖에 직원의 보호를 위하여 필요한 법적 조치 등 대통령령으로 정하는 조치

26 **보험업법상 간단손해보험대리점이 준수해야 할 사항이 아닌 것은?**

① 소비자에게 재화 또는 용역의 판매 · 제공 · 중개를 조건으로 보험가입을 강요하지 아니할 것
② 판매 · 제공 · 중개하는 재화 또는 용역과 별도로 소비자가 보험계약을 체결 또는 취소하거나 보험계약의 피보험자가 될 수 있는 기회를 보장할 것
③ 재화 · 용역을 구매하면서 동시에 보험계약을 체결하는 경우와 보험계약만 체결하는 경우 간에 보험료, 보험금의 지급조건 및 보험금의 지급규모 등에 차이가 발생하지 않도록 할 것
④ 보험계약자에게 피보험이익이 없으면서 보험계약자가 보험료 전부를 부담하는 단체보험계약을 체결하는 경우, 사전에 서면, 문자메세지, 전자우편 또는 팩스 등의 방법으로 보험업법에서 정하는 내용이 포함된 안내자료를 피보험자가 되려는 자에게 제공할 것

TIP ④ 단체보험계약(보험계약자에게 피보험이익이 없고 피보험자가 보험료의 전부를 부담하는 경우만 해당)을 체결하는 경우 사전에 서면, 문자메세지, 전자우편 또는 팩스 등의 방법으로 다음 각 목의 사항이 포함된 안내자료를 피보험자가 되려는 자에게 제공할 것〈보험업법 시행령 제4항 제33조의2(보험대리점의 영업기준 등) 제3호〉
①②③ 「보험업법 시행령」 제33조의2(보험대리점의 영업기준 등) 제4항

27 **보험업법상 보험회사는 취급하려는 보험상품에 관한 기초서류를 작성하고 일정한 경우 금융위원회에 신고해야 하는데 이에 관한 설명으로 옳은 것은?**

① 금융위원회는 보험회사로부터 기초서류의 신고를 받은 경우 그 내용을 검토하여 이 법에 적합하더라도 대통령령이 정하는 바에 따라 신고의 수리를 거절할 수 있다.
② 금융위원회는 보험회사가 신고한 기초서류의 내용이 보험요율 산출의 원칙을 위반하는 경우에는 대통령령으로 정하는 바에 따라 기초서류의 변경을 명할 수 있다.
③ 금융위원회는 보험회사가 기초서류를 신고할 때 필요하면 금융감독원의 확인을 받도록 할 수 있다.
④ 금융위원회는 보험회사가 기초서류를 신고하는 경우 보험료 및 해약환급금 산출방법서에 대하여 보험요율 산출기관 또는 독립계리업자의 검증확인서를 첨부하도록 해야 한다.

TIP ③ 「보험업법」 제128조(기초서류에 대한 확인) 제1항
① 금융위원회는 제2항에 따른 신고를 받은 경우 그 내용을 검토하여 이 법에 적합하면 신고를 수리하여야 한다〈보험업법 제127조(기초서류의 작성 및 제출 등) 제4항〉.
② 금융위원회는 법 제127조의2 제1항에 따라 보험회사가 제71조 제2항에 따라 신고한 기초서류 및 같은 조 제5항에 따라 제출한 기초서류의 내용이 법 제128조의3 또는 제129조를 위반하는 경우에는 신고접수일 또는 제출접수일(제71조 제6항에 따라 검증확인서를 제출한 경우에는 검증확인서의 제출일을 말한다)부터 20일(권고받은 사항에 대하여 다시 변경을 권고하는 경우에는 10일을 말한다) 이내에 그 기초서류의 변경을 권고할 수 있다〈보험업법 시행령 제71조의2(기초서류의 변경 권고)〉.
④ 금융위원회는 제5항에 따라 확인한 보험상품에 대하여 보험료 및 책임준비금의 적절성 검증이 필요하다고 판단한 경우에는 그 사유를 적어 서면으로 제5항의 제출서류 외에 보험요율 산출기관 또는 독립계리업자의 검증확인서 및 제2항에 따른 보험상품신고서를 제출하도록 요구할 수 있다. 이 경우 보험회사는 제출요구일부터 30일 이내에 검증확인서를 제출해야 한다〈보험업법 시행령 제71조(기초서류의 작성 및 변경) 제6항〉.

28 **보험업법상 다음의 보기 중 보험상품공시위원회의 위원 가운데 보험협회의 장의 위촉이 필요하지 않은 당연직 위원은 모두 몇 명인가?**

㉠ 금융감독원 상품담당 부서장	㉡ 보험협회의 상품담당 임원
㉢ 보험요율 산출기관의 상품담당 임원	㉣ 보험회사의 상품담당 임원
㉤ 보험회사의 선임계리사	㉥ 소비자단체에서 추천하는 사람

① 2명
② 3명
③ 4명
④ 5명

TIP 보험상품공시위원회 … 위원회의 위원장은 위원 중에서 호선하며, 위원회의 위원은 금융감독원 상품담당 부서장, 보험협회의 상품담당 임원, 보험요율 산출기관의 상품담당 임원 및 보험협회의 장이 위촉하는 다음 각 호의 사람으로 구성한다〈보험업법 시행령 제68조 제3항〉.
1. 보험회사 상품담당 임원 또는 선임계리사 2명
2. 판사, 검사 또는 변호사의 자격이 있는 사람 1명
3. 소비자단체에서 추천하는 사람 2명
4. 보험에 관한 학식과 경험이 풍부한 사람 1명

ANSWER
25.① 26.④ 27.③ 28.②

29 보험업법상 금융위원회의 명령권으로서 다음 보기의 (　　　)에 공통으로 들어가는 조치는?

> 금융위원회는 보험회사의 업무 및 자산상황, 그 밖의 사정변경으로 공익 또는 보험계약자의 보호와 보험회사의 건전한 경영을 크게 해칠 우려가 있는 경우, 청문을 거쳐 (　　　) 또는 그 사용의 정지를 명할 수 있다. 다만, 대통령령으로 정하는 경미한 사항에 관하여 (　　　)을(를) 명하는 경우에는 청문을 하지 아니할 수 있다.

① 업무집행방법의 변경
② 불건전한 자산에 대한 적립금의 보유
③ 기초서류의 변경
④ 가치가 없다고 인정되는 자산의 손실처리

TIP 금융위원회는 보험회사의 업무 및 자산상황, 그 밖의 사정의 변경으로 공익 또는 보험계약자의 보호와 보험회사의 건전한 경영을 크게 해칠 우려가 있거나 보험회사의 기초서류에 법령을 위반하거나 보험계약자에게 불리한 내용이 있다고 인정되는 경우에는 청문을 거쳐 기초서류의 변경 또는 그 사용의 정지를 명할 수 있다. 다만, 대통령령으로 정하는 경미한 사항에 관하여 기초서류의 변경을 명하는 경우에는 청문을 하지 아니할 수 있다〈보험업법 제131조(금융위원회의 명령권) 제2항〉.

30 보험업법상 보험회사에 대한 금융위원회의 제재로서 다음 보기의 (　　　)에 들어가는 조치로 옳은 것은?

> 금융위원회는 보험회사(그 소속 임직원을 포함한다)가 이 법 또는 이 법에 따른 규정 · 명령 또는 지시를 위반하여 보험회사의 건전한 경영을 해치거나 보험계약자, 피보험자, 그 밖의 이해관계인의 권익을 침해할 우려가 있다고 인정되는 경우에는 금융감독원장으로 하여금 (　　　)의 조치를 하게 할 수 있다.

① 해당 위반행위에 대한 시정명령
② 6개월 이내의 영업의 일부정지
③ 보험회사에 대한 주의 · 경고 또는 그 임직원에 대한 주의 · 경고 · 문책의 요구
④ 임원의 해임권고 · 직무정지

TIP 금융위원회는 보험회사(그 소속 임직원을 포함한다)가 이 법 또는 이 법에 따른 규정 · 명령 또는 지시를 위반하여 보험회사의 건전한 경영을 해치거나 보험계약자, 피보험자, 그 밖의 이해관계인의 권익을 침해할 우려가 있다고 인정되는 경우에는 금융감독원장으로 하여금 보험회사에 대한 주의 · 경고 또는 그 임직원에 대한 주의 · 경고 · 문책의 요구의 조치를 하게 할 수 있다〈보험업법 제134조(보험회사에 대한 제재) 제1항 제1호〉.

31 **보험업법상 보험회사는 일정한 사유가 발생한 경우에는 그 사유가 발생한 날부터 5일 이내에 금융위원회에 보고해야 하는데 이러한 사유에 해당하지 않는 것은?**

① 자본금 또는 기금을 감액한 경우
② 조세 체납처분을 받거나 조세에 관한 법령을 위반하여 형벌을 받은 경우
③ 보험회사의 주주 또는 주주였던 자가 제기한 소송의 당사자가 된 경우
④ 대주주가 소유하고 있는 주식 총수가 의결권 있는 발행주식 총수의 100분의 1 이상만큼 변동된 경우

TIP ① 법 제130조 제6호에서 "대통령령으로 정하는 경우"란 자본금 또는 기금을 증액한 경우에 해당하는 경우를 말한다〈보험업법 시행령 제72조(보고사항) 제1호〉.
② 「보험업법 시행령」 제72조(보고사항) 제4호
③ 「보험업법 시행령」 제72조(보고사항) 제6호
④ 「보험업법」 제130조(보고사항) 제5호

32 **보험업법상 보험요율 산출기관에 관한 설명으로 옳은 것은?**

① 보험요율 산출기관은 보험회사가 적용할 수 있는 순보험요율을 산출하여 금융위원회에 신고하여야 한다.
② 보험회사는 이 법에 따라 금융위원회에 제출하는 기초서류를 보험요율 산출기관으로 하여금 확인하게 할 수 있다.
③ 보험요율 산출기관은 이 법 또는 이 법에 따른 명령에 특별한 규정이 없으면 「민법」 중 재단법인에 관한 규정을 준용한다.
④ 보험요율 산출기관이 그 업무와 관련하여 정관으로 정하는 바에 따라 보험회사로부터 수수료를 받기 위해서는 금융위원회의 승인이 있어야 한다.

TIP ② 「보험업법」 제176조(보험요율 산출기관) 제7항
① 보험요율 산출기관은 보험회사가 적용할 수 있는 순보험요율을 산출하여 금융위원회에 신고할 수 있다. 이 경우 신고를 받은 금융위원회는 그 내용을 검토하여 이 법에 적합하면 신고를 수리하여야 한다〈보험업법 제176조(보험요율 산출기관) 제4항〉
③ 보험협회, 보험요율 산출기관 및 제178조에 따른 보험 관계 단체에 관하여는 이 법 또는 이 법에 따른 명령에 특별한 규정이 없으면 「민법」 중 사단법인에 관한 규정을 준용한다〈보험업법 제180조(「민법」의 준용)〉.
④ 보험요율 산출기관은 그 업무와 관련하여 정관으로 정하는 바에 따라 보험회사로부터 수수료를 받을 수 있다〈보험업법 제176조(보험요율 산출기관) 제8항〉.

ANSWER
29.③ 30.③ 31.① 32.②

33 **보험업법상 보험회사의 합병에 관한 설명으로 옳지 않은 것은?**

① 상호회사와 주식회사가 합병하는 경우에는 이 법 또는 「상법」의 합병에 관한 규정에 따른다.
② 보험회사가 합병을 결의한 경우에는 그 결의를 한 날부터 2주 이내에 합병계약의 요지와 각 보험회사의 재무상태표를 공고하여야 한다.
③ 상호회사가 다른 보험회사와 합병하는 경우에 합병 후 존속하는 보험회사는 상호회사이어야 하지만, 합병하는 보험회사의 한 쪽이 주식회사인 경우에는 합병 후 존속하는 보험회사는 주식회사로 할 수 있다.
④ 보험회사는 합병을 하는 경우에는 7일 이내에 그 취지를 공고해야 하지만 합병을 하지 아니하게 된 경우에는 그러하지 아니하다.

TIP ④ 보험회사가 법 제139조에 따라 합병의 인가를 받으려는 경우에는 법 제141조 제2항에 따른 이의제출 기간이 지난 후 1개월 이내에 신청서에 정해진 서류를 첨부하여 양쪽 회사가 공동으로 금융위원회에 제출해야 한다〈보험업법 시행령 제75조(합병계약서의 기재사항 등) 제1항〉
① 「보험업법」 제138조(해산 · 합병 등의 결의)
② 「보험업법」 제141조(보험계약 이전 결의의 공고 및 통지와 이의 제기) 제1항
③ 「보험업법」 제153조(상호회사의 합병) 제3항

34 **보험업법상 보험회사의 청산에 관한 설명으로 옳지 않은 것은?**

① 보험회사가 파산으로 해산한 경우에는 금융위원회가 청산인을 선임한다.
② 금융위원회는 감사, 3개월 전부터 계속하여 자본금의 100분의 5 이상의 주식을 가진 주주, 100분의 5 이상의 사원 중 어느 하나의 청구에 따라 청산인을 해임할 수 있다
③ 보험회사는 해산을 명하는 재판으로 해산한 경우에는 보험금 지급 사유가 해산한 날부터 3개월 이내에 발생한 경우에만 보험금을 지급하여야 한다.
④ 보험회사는 보험업의 허가취소로 해산한 경우, 해산한 날부터 3개월의 기간이 지난 후에는 피보험자를 위하여 적립한 금액이나 아직 지나지 아니한 기간에 대한 보험료를 되돌려주어야 한다.

TIP ① 보험회사가 보험업의 허가취소로 해산한 경우에는 금융위원회가 청산인을 선임한다〈보험업법 제156조(청산인) 제1항〉.
② 「보험업법」 제156조(청산인) 제4항
③④ 「보험업법」 제158조(해산 후의 보험금 지급)

35 **보험업법상 손해사정을 업으로 하려는 법인의 영업기준에 관한 설명으로 옳지 않은 것은?**

① 2명 이상의 상근 손해사정사를 두어야 하며, 총리령으로 정하는 손해사정사의 구분에 따라 수행할 업무의 종류별로 1명 이상의 상근 손해사정사를 두어야 한다.
② 지점 또는 사무소를 설치하려는 경우에는 각 지점 또는 사무소별로 총리령으로 정하는 손해사정사의 구분에 따라 수행할 업무의 종류별로 1명 이상의 손해사정사를 두어야 한다.
③ 상근 손해사정사의 인원에 결원이 생긴 기간이 2개월의 기간을 초과하는 경우에도 금융위원회의 승낙이 있으면 그 기간 동안 손해사정업무를 할 수 있다.
④ 손해사정업의 등록일부터 1개월 내에 업무를 시작해야 하지만 불가피한 사유가 있다고 금융위원회가 인정하는 경우에는 그 기간을 연장할 수 있다.

TIP ③ 인원에 결원이 생긴 기간이 제3항에 따른 2개월을 초과하는 경우에는 그 기간 동안 손해사정업자는 손해사정업무를 할 수 없다〈보험업법 시행령 제98조(손해사정업의 영업기준) 제4항〉.
①②④ 「보험업법 시행령」 제98조(손해사정업의 영업기준)

36 **보험업법상 선임계리사의 임면에 관한 설명으로 옳지 않은 것은?**

① 선임계리사를 해임하려는 경우에는 선임계리사의 해임 전에 이사회의 의결을 거쳐 금융위원회에 신고해야 하지만, 외국보험회사의 국내지점의 경우에는 이사회의 의결을 거치지 아니할 수 있다.
② 보험회사는 선임계리사가 업무정지 명령을 받은 경우에는 업무정지 기간 중 그 업무를 대행할 사람을 선임하여 금융위원회에 보고하여야 한다.
③ 금융위원회는 선임계리사가 그 직무를 게을리하거나 직무를 수행하면서 부적절한 행위를 하였다고 인정되는 경우에는 6개월 이내의 기간을 정하여 업무의 정지를 명하거나 해임하게 할 수 있다.
④ 보험회사가 선임계리사를 선임한 경우에는 금융위원회의 해임 요구가 있는 때에도, 그 선임일이 속한 사업연도의 다음 사업연도부터 연속하는 3개 사업연도가 끝나는 날까지 그 선임계리사를 해임할 수 없다.

TIP ④ 보험회사가 선임계리사를 선임한 경우에는 그 선임일이 속한 사업연도의 다음 사업연도부터 연속하는 3개 사업연도가 끝나는 날까지 그 선임계리사를 해임할 수 없다. 다만, 제192조에 따른 금융위원회의 해임 요구가 있는 경우에 해당하는 경우에는 그러하지 아니하다〈보험업법 제184조(선임계리사의 의무 등) 제4항 제4호〉.
①②③ 「보험업법」 제181조의2(선임계리사의 임면 등)

ANSWER
33.④ 34.① 35.③ 36.④

37 보험업법상 선임계리사는 수행할 수 없고 보험계리사 및 보험계리업자만 수행할 수 있는 업무는?

① 기초서류 내용의 적정성에 관한 사항
② 잉여금의 배분 · 처리 및 보험계약자 배당금의 배분에 관한 사항
③ 지급여력비율 계산 중 보험료 및 책임준비금과 관련된 사항
④ 상품 공시자료 중 기초서류와 관련된 사항

TIP 보험계리사 등의 업무 … 법 제181조 제3항에 따른 보험계리사, 선임계리사 또는 보험계리업자의 업무는 다음 각 호와 같다. 다만, 제5호의 업무는 보험계리사 및 보험계리업자만 수행한다〈보험업법 시행규칙 제44조〉.
1. 기초서류 내용의 적정성에 관한 사항
2. 책임준비금, 비상위험준비금 등 준비금의 적립에 관한 사항
3. 잉여금의 배분 · 처리 및 보험계약자 배당금의 배분에 관한 사항
4. 지급여력비율 계산 중 보험료 및 책임준비금과 관련된 사항
5. 상품 공시자료 중 기초서류와 관련된 사항
6. 계리적 최적가정의 검증 · 확인에 관한 사항

38 보험업법상 손해사정업자의 업무 등에 관한 설명으로 옳은 것은?

① 보험회사가 출자한 손해사정법인에 소속된 손해사정사는 그 출자한 보험회사가 체결한 보험계약에 관한 보험사고에 대하여 손해사정을 할 수 없다.
② 보험회사로부터 손해사정업무를 위탁받은 손해사정업자는 손해사정서에 피보험자의 건강정보 등 「개인정보 보호법」에 따른 민감정보가 포함된 경우 보험회사의 동의를 받아야 한다.
③ 금융위원회는 손해사정업자가 그 업무를 할 때 고의 또는 과실로 타인에게 손해를 발생하게 한 경우 그 손해의 배상을 보장하기 위하여 손해사정업자에게 보험협회가 지정하는 기관에의 자산 예탁, 보험 가입, 그 밖에 필요한 조치를 하게 할 수 있다.
④ 보험회사로부터 손해사정업무를 위탁받은 손해사정업자는 손해사정업무를 수행한 후 손해사정서를 작성한 경우에, 지체 없이 서면, 문자메시지, 전자우편, 팩스 또는 이와 유사한 방법에 따라 보험회사, 보험계약자, 피보험자 및 보험금청구권자에게 손해사정서를 내어주고, 그 중요한 내용을 알려주어야 한다.

TIP ④ 「보험업법」 제189조(손해사정사의 의무 등)
① 보험회사 또는 보험회사가 출자한 손해사정법인에 소속된 손해사정사가 그 소속 보험회사 또는 출자한 보험회사가 체결한 보험계약에 관한 보험사고에 대하여 손해사정을 하는 행위는 제외한다〈보험업법 시행령 제99조(손해사정사 등의 의무) 제3항 제3호〉
② 보험회사로부터 손해사정업무를 위탁받은 손해사정사 또는 손해사정업자는 법 제189조 제1항에 따른 손해사정서에 피보험자의 건강정보 등 「개인정보 보호법」 제23조 제1항에 따른 민감정보가 포함된 경우 피보험자의 동의를 받아야 하며, 동의를 받지 아니한 경우에는 해당 민감정보를 삭제하거나 식별할 수 없도록 하여야 한다〈보험업법 시행령 제99조(손해사정사 등의 의무) 제2항〉.
③ 금융위원회는 보험계리업자 또는 손해사정업자가 그 업무를 할 때 고의 또는 과실로 타인에게 손해를 발생하게 한 경우 그 손해의 배상을 보장하기 위하여 보험계리업자 또는 손해사정업자에게 금융위원회가 지정하는 기관에의 자산 예탁, 보험 가입, 그 밖에 필요한 조치를 하게 할 수 있다〈보험업법 제191조(손해배상의 보장)〉.

39 **보험업법상 보험회사의 자료 제출 및 검사에 관한 설명으로 옳지 않은 것은?**

① 보험회사는 그 업무 및 자산상황에 관하여 금융감독원의 검사를 받아야 한다.
② 금융감독원장은 공익 또는 보험계약자 등을 보호하기 위하여 보험회사에 이 법에서 정하는 감독업무의 수행과 관련한 주주 현황, 그 밖에 사업에 관한 보고 또는 자료 제출을 명할 수 있다.
③ 금융감독원장은 보험회사의 업무 및 자산상황에 관하여 검사를 한 경우에는 그 결과에 따라 필요한 조치를 하고, 그 내용을 금융위원회에 보고하여야 한다.
④ 금융감독원장은 「주식회사 등의 외부감사에 관한 법률」에 따라 보험회사가 선임한 외부감사인에게 그보험회사를 감사하여 알게 된 정보나 그 밖에 경영건 전성과 관련되는 자료의 제출을 요구할 수 있다.

TIP 자료 제출 및 검사 등〈보험업법 제133조〉
① 금융위원회는 공익 또는 보험계약자 등을 보호하기 위하여 보험회사에 이 법에서 정하는 감독업무의 수행과 관련한 주주 현황, 그 밖에 사업에 관한 보고 또는 자료 제출을 명할 수 있다.
② 보험회사는 그 업무 및 자산상황에 관하여 금융감독원의 검사를 받아야 한다.
③ 금융감독원의 원장은 제2항에 따른 검사를 할 때 필요하다고 인정하면 보험회사에 대하여 업무 또는 자산에 관한 보고, 자료의 제출, 관계인의 출석 및 의견의 진술을 요구할 수 있다.
④ 제2항에 따라 검사를 하는 자는 그 권한을 표시하는 증표를 지니고 이를 관계인에게 내보여야 한다.
⑤ 금융감독원장은 제2항에 따라 검사를 한 경우에는 그 결과에 따라 필요한 조치를 하고, 그 내용을 금융위원회에 보고하여야 한다.
⑥ 금융감독원장은 「주식회사 등의 외부감사에 관한 법률」에 따라 보험회사가 선임한 외부감사인에게 그 보험회사를 감사한 결과 알게 된 정보나 그 밖에 경영건전성과 관련되는 자료의 제출을 요구할 수 있다.

40 **보험업법상 보험협회의 장이 수행하는 민감정보 및 고유식별정보의 처리와 관련하여, 다음 보기의 (　　　)에 들어갈 사무는?**

보험협회의 장은 일정한 사무를 수행하기 위하여 불가피한 경우 「개인정보 보호법」 제23조에 따른 건강에 관한 정보, 같은 법 시행령 제19조에 따른 주민등록번호, 여권번호, 운전면허의 면허번호 또는 외국인등록번호가 포함된 자료를 처리할 수 있다. 다만, (　　　)의 경우에는 「개인정보보호법」 제23조에 따른 건강에 관한 정보 및 같은 법 시행령 제19조에 따른 운전면허의 면허번호가 포함된 자료는 제외한다.

① 포상금 지급에 관한 사무
② 차량수리비 실태 점검에 관한 사무
③ 보험금 지급 및 자료 제출 요구에 관한 사무
④ 보험설계사 및 개인보험대리점의 모집 경력 수집 · 관리 · 제공에 관한 사무

TIP 「보험업법 시행령」 제102조(민감정보 및 고유식별정보의 처리) 제4항 제6호(포상금 지급에 관한 사무)의 경우에는 「개인정보 보호법」 제23조에 따른 건강에 관한 정보 및 같은 법 시행령 제19조에 따른 운전면허의 면허번호가 포함된 자료는 제외한다.

ANSWER
37.④ 38.④ 39.② 40.①

PART

03

보험계약법

2017년 제40회 보험계약법
2018년 제41회 보험계약법
2019년 제42회 보험계약법
2020년 제43회 보험계약법
2021년 제44회 보험계약법
2022년 제45회 보험계약법
2023년 제46회 보험계약법
2024년 제47회 보험계약법

2017년 제40회 보험계약법

1 **다음 중 대표자책임이론과 관련 있는 것은?**

① 기업보험의 피보험자 확정
② 이득금지원칙의 적용
③ 임원배상책임보험의 보험료 결정
④ 보험자면책의 논거

TIP "대표자책임이론"은 보험사고가 보험계약자 등이 민사상의 배상책임을 지는 자의 고의 또는 중대한 과실로 발생한 때에 보험자의 책임을 인정할 것이냐의 문제, 즉 보험자면책의 문제라고 볼 수 있다. 우리나라의 경우 대표자책임이론에 관련한 상법상의 규정은 없으며, 판례 또한 대표자책임이론을 수용하지 않고 있다. 보험계약자 등의 직접적인 귀책사유가 있는 경우를 제외하고는 보험계약자나 피보험자와 밀접한 생활관계에 있는 가족이나 고용인 등에 의해 보험사고가 발생하였다는 이유만으로 그들의 고의 또는 중과실을 피보험자 등의 고의 또는 중과실로 동일시할 필요가 없다. 그러나 상법상 지배인은 영업주로부터 소송상, 소송외적으로 대리권을 수여받은 자이며, 보험계약자의 대리인의 고의는 보험계약자의 고의로 볼 수 있으므로 상법상 지배인이 고의로 사고를 일으킨 경우 영업주가 사고를 일으킨 것과 동일한 것으로 본다.

2 **다음 설명 중 옳지 않은 것은?**

① 보험자는 일정한 보험상품을 특정하여 보험대리상의 보험증권 발행권한을 제한할 수 있다.
② 보험자는 보험대리상의 권한 제한을 이유로 그러한 제한이 있음을 알지 못하는 보험계약자에게 대항할 수 없다.
③ 보험대리상이 아니면서 특정한 보험자를 위하여 계속적으로 보험계약의 체결을 중개하는 자는 보험료수령권이 있으나 이때 보험자가 작성한 영수증을 보험계약자에게 교부하여야 한다.
④ 보험중개사는 자신이 중개하는 보험계약의 제1회 보험료를 수령하여 보험자에게 전달하거나 보험자로부터 받을 중개수수료와 상계할 수 없다.

TIP 보험대리상 등의 권한〈상법 제646조의2〉

① 보험대리상은 다음의 권한이 있다.
  1. 보험계약자로부터 보험료를 수령할 수 있는 권한
  2. 보험자가 작성한 보험증권을 보험계약자에게 교부할 수 있는 권한
  3. 보험계약자로부터 청약, 고지, 통지, 해지, 취소 등 보험계약에 관한 의사표시를 수령할 수 있는 권한
  4. 보험계약자에게 보험계약의 체결, 변경, 해지 등 보험계약에 관한 의사표시를 할 수 있는 권한
② 제1항에도 불구하고 보험자는 보험대리상의 제1항의 권한 중 일부를 제한할 수 있다. 다만, 보험자는 그러한 권한 제한을 이유로 선의의 보험계약자에게 대항하지 못한다.
③ 보험대리상이 아니면서 특정한 보험자를 위하여 계속적으로 보험계약의 체결을 중개하는 자는 보험계약자로부터 보험료를 수령할 수 있는 권한(보험자가 작성한 영수증을 보험계약자에게 교부하는 경우만 해당한다) 및 보험계약자로부터 청약, 고지, 통지, 해지, 취소 등 보험계약에 관한 의사표시를 수령할 수 있는 권한이 있다.
④ 피보험자나 보험수익자가 보험료를 지급하거나 보험계약에 관한 의사표시를 할 의무가 있는 경우에는 제1항부터 제3항까지의 규정을 그 피보험자나 보험수익자에게도 적용한다.

3 고지 의무에 관한 설명으로 옳은 것은? (다툼이 있는 경우 판례에 의함)

① 멀리 사는 출가한 딸을 피보험자로 하는 보험계약을 체결하면서 딸이 갑상선결절진단을 받은 사실을 알지 못하여 고지하지 못하였다는 사안에서 딸에게 전화로라도 적극적으로 확인하지 아니하였다고 하여 중대한 과실이 있다고 단정할 수는 없다.

② 위 사안에서 '예' 와 '아니오' 중에서 택일하는 방식으로 고지하도록 되어있다면, 보험계약자가 '아니오'에 표기하여 답변한 것은 질문 받은 사실의 부존재를 확인하는 것이라고 보아야 한다.

③ 청약서상 질문표의 질문에 정직하게 답변하였고 보험자가 보험계약체결을 승낙한 이상 고지 의무 위반이 될 수 없으므로, 보험자는 "질병이 보험기간 개시 등의 일정시점 이후에 발생할 것"이라는 약관조항을 들어 보험금 지급을 거절할 수 없다.

④ 상법상 고지 의무는 '보험계약 당시에' 이행하도록 규정되어 있으므로 보험계약자가 적격피보험체로서 전화로 청약하고 동시에 제1회 보험료를 송금한 후 승낙의제 전에 질병진단을 받았다면 그 사실을 숨긴 것은 고지 의무 위반이 아니다.

TIP ② 피보험자와 보험계약자가 다른 경우에 피보험자 본인이 아니면 정확하게 알 수 없는 개인적 신상이나 신체상태 등에 관한 사항은, 보험계약자도 이미 그 사실을 알고 있었다거나 피보험자와의 관계 등으로 보아 당연히 알았을 것이라고 보이는 등의 특별한 사정이 없는 한, 보험계약자가 피보험자에게 적극적으로 확인하여 고지하는 등의 조치를 취하지 아니하였다는 것만으로 바로 중대한 과실이 있다고 할 것은 아니다. 더구나 보험계약서의 형식이 보험계약자와 피보험자가 각각 별도로 보험자에게 중요사항을 고지하도록 되어 있고, 나아가 피보험자 본인의 신상에 관한 질문에 대하여 '예'와 '아니오' 중에서 택일하는 방식으로 고지하도록 되어 있다면, 그 경우 보험계약자가 '아니오'로 표기하여 답변하였더라도 이는 그러한 사실의 부존재를 확인하는 것이 아니라 사실 여부를 알지 못한다는 의미로 답하였을 가능성도 배제할 수 없으므로, 그러한 표기사실만으로 쉽게 고의 또는 중대한 과실로 고지 의무를 위반한 경우에 해당한다고 단정할 것은 아니다[대법원 2013. 6. 13. 선고, 2011다54631,54648 판결].

③ 보험계약 당시에 보험사고가 이미 발생하였거나 또는 발생할 수 없는 것인 때에는 그 계약은 무효로 한다. 그러나 당사자 쌍방과 피보험자가 이를 알지 못한 때에는 그러하지 아니하다〈「상법」 제644조(보험사고의 객관적 확정의 효과)〉.

※ 상해보험은 피보험자가 보험기간 중에 급격하고 우연한 외래의 사고로 인하여 신체에 손상을 입는 것을 보험사고로 하는 인보험으로서, 보험금의 지급범위와 보험료율 등 보험상품의 내용을 어떻게 구성할 것인가는 보험상품을 판매하는 보험자의 정책에 따라 결정되는 것이므로, 피보험자에게 보험기간 개시 전의 원인에 의하거나 그 이전에 발생한 신체장해가 있는 경우에 그로 인한 보험금 지급의 위험을 인수할 것인지 등도 당사자 사이의 약정에 의하여야 한다[대법원 2013. 10. 11. 선고, 2012다25890 판결].

④ 「상법」 제638조의2 제3항에 의하면 보험자가 보험계약자로부터 보험계약의 청약과 함께 보험료 상당액의 전부 또는 일부를 받은 경우(인보험계약의 피보험자가 신체검사를 받아야 하는 경우에는 그 검사도 받은 때)에 그 청약을 승낙하기 전에 보험계약에서 정한 보험사고가 생긴 때에는 그 청약을 거절할 사유가 없는 한 보험자는 보험계약상의 책임을 지는바, 여기에서 청약을 거절할 사유란 보험계약의 청약이 이루어진 바로 그 종류의 보험에 관하여 해당 보험회사가 마련하고 있는 객관적인 보험인수기준에 의하면 인수할 수 없는 위험상태 또는 사정이 있는 것으로서 통상 피보험자가 보험약관에서 정한 적격피보험체가 아닌 경우를 말하고, 이러한 청약을 거절할 사유의 존재에 대한 증명책임은 보험자에게 있다[대법원 2008. 11. 27. 선고, 2008다40847 판결].

ANSWER

1.④ 2.① 3.①

4 다음 설명 중 옳은 것은? (다툼이 있는 경우 판례에 따름) [기출 변형]

① 사용 중인 기계(중고가격 1천만 원)가 멸실된 경우 새 기계를 구입할 비용을 손해액으로 산정하기로 약정하여 신품가격 1천5백만 원을 보험금액으로 지급하는 것은 실손해 이상의 보상이어서 이득금지원칙에 반하는 것으로 무효이다.
② 상해보험은 상법상 인보험이므로 정액형 상품과 실손형 상품을 구별하지 않고 생명보험에 관한 상법규정이 모두 준용된다.
③ 보험자는 약관에 없는 사항이라도 보험계약자가 알아야 할 중요사항은 보험계약체결 시에 설명하여야 하며 그 근거는 보험업법이 아니라 상법상 약관의 교부 · 설명 의무에 있다.
④ 보험가입 당시 시간제 아르바이트로 일하던 가정주부가 생명보험가입 시 직업란에 '가정주부'라고만 기재한 것은 비록 가정주부의 지위를 겸하고 있었다고 하더라도 고지 의무 위반이다.

TIP ④ 「상법」 제651조(고지의무위반으로 인한 계약 해지)
① 원래 손해보험에 있어서 보험자가 보상할 손해액은 그 손해가 발생한 때와 곳의 가액에 의하여 산정하는 것이 원칙이지만〈상법 제676조(손해액의 산정기준) 제1항〉, 사고발생 후 보험가액을 산정함에 있어서는 목적물의 멸실 훼손으로 인하여 곤란한 점이 있고 이로 인하여 분쟁이 일어날 소지가 많기 때문에 이러한 분쟁을 사전에 방지하고 보험가액의 입증을 용이하게 하기 위하여 보험계약체결 시에 당사자 사이에 보험가액을 미리 협정하여 두는 기평가보험제도가 인정되는바, 기평가보험으로 인정되기 위한 당사자 사이의 보험가액에 대한 합의는, 명시적인 것이어야 하기는 하지만 반드시 협정보험가액 혹은 약정보험가액이라는 용어 등을 사용하여야만 하는 것은 아니고 당사자 사이에 보험계약을 체결하게 된 제반 사정과 보험증권의 기재내용 등을 통하여 당사자의 의사가 보험가액을 미리 합의하고 있는 것이라고 인정할 수 있으면 충분하다[대법원 2002. 3. 26. 선고, 2001다6312 판결].
② 상해보험에 관하여는 15세 미만자 등에 대한 계약의 금지규정을 제외하고 생명보험에 관한 규정을 준용한다〈상법 제739조(준용규정)〉.
③ 보험자는 보험계약을 체결할 때에 보험계약자에게 보험약관을 교부하고 그 약관의 중요한 내용을 설명하여야 한다〈상법 제638조의3(보험약관의 교부 · 설명 의무) 제1항〉.

5 다음 설명 중 옳지 않은 것은?

① 소급보험은 보험계약성립 이전의 어느 시기부터 보험기간이 시작되는 것으로 약정한 것이며 최초보험료 지급여부는 상관없다.
② 보험계약 당시에 이미 출항한 선박이 침몰한 사실을 보험자와 보험계약자가 알지 못한 채 적하보험계약을 체결하였다면 비록 피보험자가 침몰사실을 알고 있더라도 보험계약은 유효하다.
③ 보험계약자가 이미 전소한 사실을 알면서 건물을 다시 화재보험에 붙이는 계약은 보험사고가 이미 발생한 것이어서 무효이다.
④ 저당권자인 은행이 저당물을 화재보험에 가입할 것을 요구하여, 대출채무자가 존재하지 아니하는 가공의 건물을 보험에 붙인다면 그 보험계약은 보험사고가 발생할 수 없어 무효이다.

TIP ② 보험계약 당시에 보험계약자 또는 피보험자가 고의 또는 중대한 과실로 인하여 중요한 사항을 고지하지 아니하거나 불실의 고지를 한 때에는 보험자는 그 사실을 안 날로부터 1월 내에, 계약을 체결한 날로부터 3년 내에 한하여 계약을 해지할 수 있다. 그러나 보험자가 계약 당시에 그 사실을 알았거나 중대한 과실로 인하여 알지 못한 때에는 그러하지 아니하다〈상법 제651조(고지 의무 위반으로 인한 계약해지)〉.
① 「상법」 제643조(소급보험)
③④ 「상법」 제644조(보험사고의 객관적 확정의 효과)

6 **보험증권에 대한 설명으로 옳은 것은? (다툼이 있는 경우 판례에 의함)**

① 보험계약자가 생명보험증권을 멸실 또는 현저히 훼손하거나 점유를 상실한 경우에 증권의 재교부를 받기 위해서는 공시최고절차를 밟아 제권판결을 받아야 한다.

② 보험증권이 보험계약자의 의사에 반하여 보험계약자의 구상의무에 관하여 담보를 제공한 제3자에게 교부되었다면 보험자는 보험증권교부의무 위반이 된다.

③ 단체보험계약에서 단체 구성원 또는 그 유족을 보험수익자로 지정한 때에는 보험증권을 단체 구성원 또는 그 유족에게 교부하여야 한다.

④ 보험증권 내용의 정부에 대하여 이의할 수 있음을 약정한 경우에 그 이의기간은 보험계약이 성립한 날로부터 1월을 내리지 못한다.

TIP ② 「상법」 제640조(보험증권의 교부)

① 보험증권을 멸실 또는 현저하게 훼손한 때에는 보험계약자는 보험자에 대하여 증권의 재교부를 청구할 수 있다. 그 증권작성의 비용은 보험계약자의 부담으로 한다〈상법 제642조(증권의 재교부청구)〉.

③ 단체가 규약에 따라 구성원의 전부 또는 일부를 피보험자로 하는 생명보험계약이 체결된 때에는 보험자는 보험계약자에 대하여서만 보험증권을 교부한다〈상법 제735조의3(단체보험) 제2항〉.

④ 보험계약의 당사자는 보험증권의 교부가 있은 날로부터 일정한 기간 내에 한하여 그 증권내용의 정부에 관한 이의를 할 수 있음을 약정할 수 있다. 이 기간은 1월을 내리지 못한다〈상법 제641조(증권에 관한 이의약관의 효력)〉.

7 **보험금청구자가 서류 또는 증거를 위조 또는 변조하여 과도한 보험금 지급을 청구하는 경우에 대한 설명으로 옳은 것은? (다툼이 있는 경우 판례에 의함)**

① 「상법」은 이 경우 모든 보험금청구권이 아니라 피보험자가 허위청구를 한 당해 보험목적물에 대한 청구권만 상실하는 것으로 규정한다.

② 약관의 사기적 청구조항은 거래상 일반인들이 당연히 예상할 수 있는 내용이어서 보험계약체결 시 보험자가 고객에게 설명하지 않아도 된다.

③ 피보험자가 실손해액에 관한 증빙서류 구비의 어려움 때문에 구체적인 내용이 일부 사실과 다른 내용을 제출한 경우도 실손 이상으로 청구하면 사기적 청구로 본다.

④ 표준약관에 따르면 보험사기방지특별법에 의하여 형사처벌을 받은 자의 유죄판결의 기초가 된 청구는 사기적 청구로 간주된다.

TIP ②④ 약관의 사기적 청구조항은 거래상 일반적이고 공통적인 것이어서 금융기관인 보험계약자가 별도의 설명 없이도 충분히 예상할 수 있었던 사항이므로, 보험자의 설명 의무의 대상이 되지 않는다.

① 피보험자가 이에 반하여 서류를 위조하거나 증거를 조작하는 등으로 신의성실의 원칙에 반하는 사기적인 방법으로 과다한 보험금을 청구하는 경우에는 그에 대한 제재로서 보험금청구권을 상실하도록 하려는 데 있다.

③ 피보험자가 보험금을 청구하면서 실손해액에 관한 증빙서류 구비의 어려움 때문에 구체적인 내용이 일부 사실과 다른 서류를 제출하거나 보험목적물의 가치에 대한 견해 차이 등으로 보험목적물의 가치를 다소 높게 신고한 경우 등까지 이 사건 약관조항에 의하여 보험금청구권이 상실되는 것은 아니라고 해석함이 상당하다 할 것이다.

ANSWER

4.④ 5.② 6.② 7.②

8 **수표에 의한 보험료지급에 관하여 판례가 취하고 있는 입장은?**

① 수표는 현금의 지급에 갈음하여 교부한 것이므로 수표를 받는 날부터 보험자의 책임은 개시되지만 이는 해제조건부대물변제이므로 부도 시에는 보험료지급효과도 소급하여 소멸한다.

② 보험자가 수표를 받은 것은 보험료지급을 미루어준 것으로 수표교부 시부터 보험자의 책임은 개시되지만 부도 시에는 그때부터 보험자의 책임도 소멸한다.

③ 수표와 어음은 부도확률이 다르므로 달리 보아야 하며 전자는 해제조건부대물변제설에 따르고 후자는 유예설에 따라 보험자의 책임을 확정하여야 한다.

④ 수표가 보험료지급에 갈음하여 교부되면 교부 시부터 보험자책임이 개시되지만 당사자 간의 의사가 분명하지 않을 때에는 지급을 위하여 교부한 것으로 보아야 한다.

TIP 선일자수표는 대부분의 경우 당해 발행일자 이후의 제시 기간 내의 제시에 따라 결제되는 것이라고 보아야 하므로 선일자수표가 발행 교부된 날에 액면금의 지급효과가 발생한다고 볼 수 없으니, 보험약관상 보험자가 제1회 보험료를 받은 후 보험청약에 대한 승낙이 있기 전에 보험사고가 발생한 때에는 제1회 보험료를 받은 때에 소급하여 그때부터 보험자의 보험금 지급책임이 생긴다고 되어 있는 경우에 있어서 보험모집인이 청약의 의사표시를 한 보험계약자로부터 제1회 보험료로서 선일자수표를 발행받고 보험료 가수증을 해주었더라도 그가 선일자수표를 받은 날을 보험자의 책임발생 시점이 되는 제1회 보험료의 수령일로 보아서는 안 된다[대법원 1989. 11. 28. 선고, 88다카33367 판결].

※ 어음 · 수표에 의한 보험료지급에 대한 학설

㉠ 해제조건부대물변제설 : 어음 · 수표가 교부되면 그 지급거절을 해제조건으로 하여 어음 · 수표를 교부받은 때에 보험료의 대물변제가 행하여진 것으로 본다.

㉡ 유예설 : 어음 · 수표 모두 부도 시까지 보험료의 납입을 유예해 준 것으로 본다.

㉢ 구분설 : 어음과 수표를 구분하여 어음의 경우에는 유예설, 수표의 경우에는 해제조건부대물변제설로 보아야 한다.

9 **보험료지급의무에 관한 설명으로 옳지 않은 것은? (다툼이 있는 경우 판례에 의함)**

① 보험계약자가 제1회 보험료를 지급하지 아니하는 경우에는 다른 약정이 없는 한 계약성립 후 2월이 경과하면 그 계약은 해제된 것으로 보는데, 이때에 보험자는 따로 이행을 최고할 필요가 없다.

② 타인을 위한 보험계약에서 그 타인이 동거가족인 경우에도 보험자는 해지예고부 최고를 그 타인에게 따로 하여야 한다.

③ 타인을 위한 생명보험계약에서 오랫동안 피보험자가 실제로 보험료를 지급해왔다고 하여도 보험료지급지체 시의 해지예고부 최고는 보험계약자와 보험수익자에게 하여야 한다.

④ 피보험자가 타인의 명의를 빌려 보험계약을 체결한 후 보험료를 지급하여 왔다면 그 피보험자는 실질적인 보험계약자이므로 보험계약해지 시 해지환급금은 명의차용자에게 지급하여야 한다.

TIP 피보험자가 타인의 명의를 빌려 보험계약을 체결한 후 보험료를 지급하여 왔다고 하더라도 명의 대여자가 보험계약자이므로 해지환급금은 명의 대여자에게 지급하여야 한다.

10 전쟁위험에 대한 설명으로 옳은 것은? (다툼이 있는 경우 판례에 의함)

① 전속보험설계사와 보험계약자가 개별 약정한 경우에는 전쟁위험을 담보할 수 있으나 그와 같은 약정이 없으면 보험자는 전쟁위험으로 인한 보험사고에 대하여 면책한다.
② 전쟁위험담보를 개별약정하거나 특약에 가입하는 보험계약자는 전쟁위험담보가 없는 보험계약자와 달리 추가보험료를 내야 한다.
③ 보험기간 중 전쟁위험이 소멸한 때에는 보험자는 그 후의 보험금의 감액을 청구할 수 있으며 그 청구권은 형성권이다.
④ 대학생들이 집회 참가를 봉쇄하는 경찰의 저지선을 뚫기 위하여 경찰차 내에 화염병을 투척한 것은 보험자의 면책사유인 전쟁 기타 이와 유사한 사태에 해당한다.

TIP ② 「상법」 제660조(전쟁위험 등으로 인한 면책)
① 보험사고가 전쟁 기타의 변란으로 인하여 생긴 때에는 당사자 간에 다른 약정이 없으면 보험자는 보험금액을 지급할 책임이 없다〈상법 제660조(전쟁위험 등으로 인한 면책)〉.
※ 전속보험 설계사는 계약당사자가 아니다.
③ 보험계약의 당사자가 특별한 위험을 예기하여 보험료의 액을 정한 경우에 보험기간 중 그 예기한 위험이 소멸한 때에는 보험계약자는 그 후의 보험료의 감액을 청구할 수 있다〈상법 제647조(특별위험의 소멸로 인한 보험료의 감액청구)〉.
④ 대학생들의 집회 참가는 보험자의 면책사유인 전쟁 기타 이와 유사한 사태에 해당하지 않는다.

11 보험금청구권의 소멸시효에 관한 설명으로 옳지 않은 것은? (다툼이 있는 경우 판례에 의함)

① 보험금청구권의 소멸시효가 완성된 후라도 보험자가 시효완성을 주장하는 것이 신의칙에 반하는 특별한 사정이 있는 때에는 권리남용으로서 허용될 수 없다.
② 피보험자가 실종선고를 받은 경우 보험수익자의 보험금청구권의 소멸시효의 기산일은 피보험자가 사망한 것으로 보는 실종기간만료일이 아니라 법원의 실종선고일이다.
③ 상해보험의 소멸시효의 기산점과 중단, 중단된 시효가 다시 진행하는 시기는 모두 「민법」 규정이나 해석에 따라야 한다.
④ 「상법」에서 보험금액지급유예기간을 명정하고 있지만 보험금청구권의 소멸시효는 이 지급유예기간이 경과한 다음 날부터 진행하는 것은 아니다.

TIP 피보험자가 실종선고를 받은 경우 보험수익자의 보험금청구권의 소멸시효의 기산일은 피보험자가 상한 것으로 보는 실종기간만료일이다.

ANSWER
8.④ 9.④ 10.② 11.②

12 다음 빈칸에 옳게 들어간 것은? [기출 변형]

> 보험금청구권은 (㉠), 보험료 또는 적립금의 반환청구권은 (㉡), 보험료청구권은 (㉢) 행사하지 아니하면 시효의 완성으로 소멸한다.

	㉠	㉡	㉢
①	3년	3년	2년
②	3년	2년	3년
③	3년	3년	3년
④	2년	2년	2년

TIP 보험금청구권은 3년간, 보험료 또는 적립금의 반환청구권은 3년간, 보험료청구권은 2년간 행사하지 아니하면 시효의 완성으로 소멸한다〈상법 제662조(소멸시효)〉.

13 다음 중 상법상 보험계약자 등의 불이익 변경 금지원칙과 관련하여 허용되지 아니하는 것은? (표준약관의 규정은 고려하지 않음)

① 항공기기체보험에서 고지 의무 위반 시의 계약해지권 행사 기간을 2년으로 규정한 약관조항
② 자살은 고의사고이므로 보험계약체결 시부터 자살할 의도가 명백하였던 피보험자가 자살한 때에는 보험효력발생일로부터 2년이 경과하여 자살한 때에도 보험금을 지급하지 아니하겠다는 생명보험약관조항
③ 단체가 사망보험계약을 체결할 당시 피보험자인 15세 미만의 자가 단체보험의 구성원으로서 의사능력이 있었다면 사망사고발생 시점에서 15세를 넘어 선 경우에는 당해 보험계약은 유효한 것으로 본다는 약관조항
④ 생명보험계약자가 보험증권의 멸실 또는 현저한 훼손으로 인하여 증권의 재교부를 청구할 때에 증권작성의 비용을 보험자가 부담하겠다는 취지의 약관조항

TIP 15세 미만자, 심신상실자 또는 심신박약자의 사망을 보험사고로 한 보험계약은 무효로 한다. 다만, 심신박약자가 보험계약을 체결하거나 제735조의3에 따른 단체보험의 피보험자가 될 때에 의사능력이 있는 경우에는 그러하지 아니하다. 〈상법 제732조(15세 미만자 등에 대한 계약의 금지)〉

14 대법원 전원합의체의 약관대출에 대한 설명으로 옳은 것은?

① 대출금에 대하여 이자계산이 이루어지고 보험기간 내에 변제가 이루어지므로 특수한 금전소비대차계약이다.
② 대출금의 경제적 실질은 보험자가 장차 지급하여야 할 보험금이나 해약환급금을 미리 지급하는 것이므로 선급에 해당한다.
③ 보험계약자를 대상으로 이루어지지만 모든 보험계약자가 약관대출을 실행하는 것은 아니므로 보험계약과는 별개의 독립된 계약이다.
④ 상법의 규정보다 엄격한 대출 및 상환조건을 약관에서 정하는 경우 보험계약자에게 불이익변경이 될 수 있다.

TIP 생명보험계약의 약관에 험계약자는 보험계약의 해약환급금의 범위 내에서 보험회사가 정한 방법에 따라 대출을 받을 수 있고, 이에 따라 대출이 된 경우에 보험계약자는 그 대출 원리금을 언제든지 상환할 수 있으며, 만약 상환하지 아니한 동안에 보험금이나 해약환급금의 지급사유가 발생한 때에는 위 대출 원리금을 공제하고 나머지 금액만을 지급한다는 취지로 규정되어 있다면, 그와 같은 약관에 따른 대출계약은 약관상의 의무의 이행으로 행하여지는 것으로서 보험계약과 별개의 독립된 계약이 아니라 보험계약과 일체를 이루는 하나의 계약이라고 보아야 하고, 보험약관대출금의 경제적 실질은 보험회사가 장차 지급하여야 할 보험금이나 해약환급금을 미리 지급하는 선급금과 같은 성격이라고 보아야 한다. 따라서 위와 같은 약관에서 비록 '대출'이라는 용어를 사용하고 있더라도 이는 일반적인 대출과는 달리 소비대차로서의 법적 성격을 가지는 것은 아니며, 보험금이나 해약환급금에서 대출 원리금을 공제하고 지급한다는 것은 보험금이나 해약환급금의 선급금의 성격을 가지는 위 대출 원리금을 제외한 나머지 금액만을 지급한다는 의미이므로 민법상의 상계와는 성격이 다르다[대법원 2007. 9. 28. 선고, 2005다15598 전원합의체 판결].

15 손해보험에서 보험가액의 결정에 관한 설명으로 옳지 않은 것은? (다툼이 있는 경우 판례에 의함)

① 당사자 간에 보험가액을 정한 때에는 그 가액을 사고발생 시의 가액으로 정한 것으로 추정한다.
② 운송보험, 선박보험, 적하보험 등은 보험가액불변경주의를 택하고 있다.
③ 보상최고한도액을 기재한 것만으로는 기평가보험이 되지 않는다.
④ 기평가보험계약의 경우에는 추가보험계약으로 평가액을 감액 또는 증액할 수 없다.

TIP 손해보험에 있어서 보험사고의 발생에 의하여 피보험자가 불이익을 받게 될 이해관계의 평가액인 보험가액은 보험목적의 객관적인 기준에 따라 평가되어야 하나, 보험사고가 발생한 후 그 평가를 둘러싸고 보험자와 피보험자 사이에 분쟁이 발생하는 것을 미리 예방하고 신속한 보상을 할 수 있도록 하기 위하여 상법 제670조에서 기평가보험에 있어 보험가액에 관한 규정을 두고 있는바, 이러한 기평가보험계약에 있어서도 당사자는 추가보험계약으로 평가액을 감액 또는 증액할 수 있다[대법원 1988. 2. 9. 선고 86다카2933,2934,2935 판결].

ANSWER
12.① 13.③ 14.② 15.④

16　**중복보험에 관한 설명으로 옳은 것은? (다툼이 있는 경우 판례에 의함)**

① 중복보험이 성립하려면 동일한 보험계약의 목적에 관하여 보험사고 및 피보험자, 그리고 보험기간이 완전히 일치하여야 한다.
② 중복보험계약을 체결한 수인의 보험자 중 그 1인에 대한 권리의 포기는 다른 보험자의 권리의무에 영향을 미친다.
③ 보험계약자가 통지의무를 게을리 하였다는 사유만으로 사기로 인한 중복보험계약이 체결되었다고 추정되지 않는다.
④ 중복보험이 성립되면 각 보험자는 보험가액의 한도에서 연대책임을 부담한다.

TIP 중복보험〈상법 제672조〉
① 동일한 보험계약의 목적과 동일한 사고에 관하여 수개의 보험계약이 동시에 또는 순차로 체결된 경우에 그 보험금액의 총액이 보험가액을 초과한 때에는 보험자는 각자의 보험금액의 한도에서 연대책임을 진다. 이 경우에는 각 보험자의 보상책임은 각자의 보험금액의 비율에 따른다.
② 동일한 보험계약의 목적과 동일한 사고에 관하여 수개의 보험계약을 체결하는 경우에는 보험계약자는 각 보험자에 대하여 각 보험계약의 내용을 통지하여야 한다.
③ 계약이 보험계약자의 사기로 인하여 체결된 때에는 그 계약은 무효로 한다. 그러나 보험자는 그 사실을 안 때까지의 보험료를 청구할 수 있음은 ㉠의 보험계약에 준용한다.

17　**상법상 방어비용에 관한 설명으로 옳지 않은 것은? (다툼이 있는 경우 판례에 의함)**

① 피보험자가 제3자의 청구를 방어하기 위하여 지출한 재판상 또는 재판 외의 필요비용 및 필요 또는 유익하였던 비용은 보험의 목적에 포함된 것으로 한다.
② 피보험자는 보험자에 대하여 그 비용의 선급을 청구할 수 있다.
③ 피보험자가 담보의 제공 또는 공탁으로써 재판의 집행을 면할 수 있는 경우에는 보험자에 대하여 보험금액의 한도 내에서 그 담보의 제공 또는 공탁을 청구할 수 있다.
④ 피보험자가 지급한 소송비용, 변호사비용, 중재, 화해 또는 조정에 관한 비용을 보험자의 사전동의 없이 지급한 경우에 피보험자의 방어비용으로 볼 수 없다는 약관조항은 「상법」 제663조에 의하여 무효이다.

TIP ① 피보험자가 제3자의 청구를 방어하기 위하여 지출한 재판상 또는 재판 외의 필요비용은 보험의 목적에 포함된 것으로 한다. 피보험자는 보험자에 대하여 그 비용의 선급을 청구할 수 있다〈상법 제720조(피보험자가 지출한 방어비용의 부담) 제1항〉.
② 「상법」 제720조(피보험자가 지출한 방어비용의 부담) 제1항
③ 「상법」 제720조(피보험자가 지출한 방어비용의 부담) 제2항
④ 「상법」 제663조(보험계약자 등의 불이익변경금지)
※ 방어비용 … 피보험자가 지급한 소송비용, 변호사비용, 중재, 화해 또는 조정에 관한 비용 등 피보험자가 제3자 청구 방어를 위해 지출한 재판상 또는 재판 외의 필요비용

18 보증보험계약에 대한 설명으로 옳지 않은 것은?

① 보증보험계약의 경우에 보험계약자가 그 타인에게 보험사고의 발생으로 생긴 손해의 배상을 한 때에는 보험계약자는 그 타인의 권리를 해하지 아니하는 범위 안에서 보험자에게 보험금액의 지급을 청구할 수 있다.
② 보증보험계약의 보험자는 보험계약자가 피보험자에게 계약상의 채무불이행 또는 법령상의 의무불이행으로 입힌 손해를 보상할 책임이 있다.
③ 보증보험계약은 그 성질에 반하지 아니하는 한 보증채무에 관한 「민법」의 규정을 준용한다.
④ 보증보험계약은 보험계약자에게 사기, 고의 또는 중대한 과실이 있는 경우에도 이에 대하여 피보험자에게 책임 있는 사유가 아닌 한 보험자는 보험금액의 지급책임을 면하지 못한다.

TIP ① 보증보험계약에 관하여는 제639조 제2항(손해보험계약의 경우에 보험계약자가 그 타인에게 보험사고의 발생으로 생긴 손해의 배상을 한 때에는 보험계약자는 그 타인의 권리를 해하지 아니하는 범위안에서 보험자에게 보험금액의 지급을 청구할 수 있다) 단서를 적용하지 아니한다〈상법 제726조의6(적용 제외) 제1항〉.
② 「상법」 제726조의5(보증보험자의 책임)
③ 「상법」 제726조의7(준용규정)
④ 「상법」 제726조의6(적용 제외) 제2항

19 책임보험에 관한 설명으로 옳은 것은?

① 책임보험의 경우에도 중복보험에 관한 상법규정이 준용됨으로 피보험자가 동일한 사고로 제3자에게 배상책임을 짐으로써 입은 손해를 보상하는 수 개의 책임보험계약이 동시 또는 순차적으로 체결된 경우에 그 보험금액의 총액이 피보험자의 제3자에 대한 손해배상액을 초과하는 경우, 각 보험자는 보험금액의 범위 내에서 연대책임을 부담한다.
② 피보험자가 보험자의 지시에 의하여 제3자의 청구를 방어하기 위하여 지출한 재판상 또는 재판 외의 필요비용에 손해액을 가산한 금액이 보험가액을 초과하는 때에도 보험자는 이를 부담한다.
③ 보험자는 피보험자가 책임을 질 사고로 인하여 생긴 손해에 대하여 제3자가 그 배상을 받기 전이라도 제3자의 피해구제를 위해 보험금액의 전부 또는 일부를 피보험자에게 지급할 수 있다.
④ 제3자는 피보험자가 책임을 질 사고로 입은 손해에 대하여 보험가액의 한도 내에서 보험자에게 직접 보상을 청구할 수 있다.

TIP ① 「상법」 제725조의2(수개의 책임보험)
② 제1항 또는 제2항의 행위가 보험자의 지시에 의한 것인 경우에는 그 금액에 손해액을 가산한 금액이 보험금액을 초과하는 때에도 보험자가 이를 부담하여야 한다〈상법 제720조(피보험자가 지출한 방어비용의 부담)〉
③ 보험자는 피보험자가 책임을 질 사고로 인하여 생긴 손해에 대하여 제3자가 그 배상을 받기 전에는 보험금액의 전부 또는 일부를 피보험자에게 지급하지 못한다〈상법 제724조(보험자와 제3자와의 관계) 제1항〉.
④ 제3자는 피보험자가 책임을 질 사고로 입은 손해에 대하여 보험금액의 한도 내에서 보험자에게 직접 보상을 청구할 수 있다. 그러나 보험자는 피보험자가 그 사고에 관하여 가지는 항변으로써 제3자에게 대항할 수 있다〈상법 제724조(보험자와 제3자와의 관계) 제2항〉.

ANSWER
16.③ 17.① 18.① 19.①

20 **운송보험에 관한 설명으로 옳지 않은 것은?**

① 운송보험계약의 보험기간은 운송인이 운송물을 수령한 때로부터 수하인에게 인도될 때까지이다.
② 운송보험증권은 요식증권이기 때문에 상법에 규정된 기재사항의 일부를 기재하지 않으면 보험계약은 무효이다.
③ 운송보험계약 중 보험계약자나 피보험자의 고의 또는 중대한 과실로 위험이 현저하게 변경 · 증가되었음이 입증된 때에는 보험자는 계약을 해지할 수 있다.
④ 운송보험계약은 다른 약정이 없으면 운송의 필요에 의하여 일시 운송을 중지하거나 운송의 노순 또는 방법을 변경하더라도 보험계약은 유효하다.

TIP ② 운송보험증권은 요식증권이지만 엄격하지 않는 요식증권이다. 때문에 상법에 규정된 일부를 기재하지 않았다고 하여 보험계약이 무효가 되는 것은 아니다.
① 「상법」 제688조(운송보험자의 책임)
③ 「상법」 제692조(운송보조자의 고의, 중과실과 보험자의 면책)
④ 「상법」 제691조(운송의 중지나 변경과 계약효력)

21 **해상보험계약상 보험자의 면책사유에 관한 설명으로 옳지 않은 것은?**

① 선박 또는 운임을 보험에 붙인 경우에는 발항 당시 안전하게 항해를 하기에 필요한 준비를 하지 아니하거나 필요한 서류를 비치하지 않음으로 생긴 손해
② 적하를 보험에 붙인 경우에는 용선자, 송하인 또는 수하인의 고의 또는 중대한 과실로 생긴 손해
③ 적하보험에서 운송인의 감항능력 주의의무 위반으로 생긴 손해
④ 보험약관상 공제소손해면책약관이 규정되어 있다면 보험사고로 인하여 생긴 손해가 보험가액의 일정한 비율 또는 일정한 금액 이하인 소손해

TIP 적하보험에서 운송인의 감항능력 부족으로 생긴 손해의 경우 보험자는 피보험자에게 보험금을 지급하고 운송인에게 구상권을 청구한다.

※ **해상보험자의 면책사유** … 보험자는 다음의 손해와 비용을 보상할 책임이 없다〈상법 제706조〉.
1. 선박 또는 운임을 보험에 붙인 경우에는 발항당시 안전하게 항해를 하기에 필요한 준비를 하지 아니하거나 필요한 서류를 비치하지 아니함으로 인하여 생긴 손해
2. 적하를 보험에 붙인 경우에는 용선자, 송하인 또는 수하인의 고의 또는 중대한 과실로 인하여 생긴 손해
3. 도선료, 입항료, 등대료, 검역료, 기타 선박 또는 적하에 관한 항해 중의 통상비용

22 해상보험에 있어 항해의 변경과 항로의 변경에 관한 설명 중 옳지 않은 것은?

① 선박보험계약에서 정한 발항항을 변경하는 경우에 보험자는 면책된다.
② 선박보험계약에서 책임개시 후 보험계약에서 정하여진 도착항이 보험계약자의 책임 없는 사유인 전쟁이나 항구의 봉쇄로 변경된 경우 보험자는 그 후의 사고에 대하여 면책된다.
③ 선박이 인명구조나 불가항력 없이 보험계약에서 정하여진 항로를 이탈한 경우에 보험자는 그때부터 면책된다.
④ 적하보험에서 선박을 변경한 경우에 그 변경이 보험계약자 또는 피보험자의 책임있는 사유로 인한 경우에는 보험자는 그 변경 후의 사고에 대하여 면책된다.

TIP ② 보험자의 책임이 개시된 후에 보험계약에서 정하여진 도착항이 변경된 경우에는 보험자는 그 항해의 변경이 결정된 때부터 책임을 지지 아니한다〈상법 제701조(항해변경의 효과) 제3항〉.
※ 보험계약자의 책임 없는 사유인 전쟁이나 항구의 봉쇄로 변경된 경우에는 담보위반에 해당하지 않는다.
①「상법」제701조(항해변경의 효과)
③「상법」제701조의2(이로)
④「상법」제703조(선박변경의 효과)

23 보험자대위에 관한 설명으로서 옳지 않은 것은? (다툼이 있는 경우 판례에 의함)

① 보험자가 대위에 의하여 취득한 권리는「상법」제662조의 소멸시효가 적용되지 아니하고 개별 채권의 소멸시효에 관한 규정이 적용된다.
②「상법」제682조 소정의 "제3자의 행위"란 피보험이익에 대하여 손해를 일으키는 행위를 의미하며, 제3자의 고의 · 과실은 묻지 아니한다.
③ 자동차종합보험 보통약관에 "피보험자를 위하여 자동차를 운전중인 자"도 피보험자의 개념에 포함시킨다는 규정이 있다하더라도 자동차종합보험에 가입한 피보험자의 피용운전기사는「상법」제682조의 제3자에 해당한다.
④「상법」제682조 소정의 "제3자의 행위"란 불법행위뿐만 아니라 채무불이행 또는 적법행위도 포함한다.

TIP 보험자대위의 법리에 의하여 보험자가 제3자에 대한 보험계약자 또는 피보험자의 권리를 행사하기 위해서는 손해가 제3자의 행위로 인하여 생긴 경우라야 하고 이 경우 제3자라고 함은 피보험자 이외의 자가 되어야 할 것인바, 자동차종합보험 보통약관에 피보험자는 기명피보험자 외에 기명피보험자의 승낙을 얻어 자동차를 사용 또는 관리중인 자 및 위 각 피보험자를 위하여 피보험 자동차를 운전중인 자(운행보조자를 포함함) 등도 포함되어 있다면, 이러한 승낙피보험자 등의 행위로 인하여 보험사고가 발생한 경우 보험자가 보험자대위의 법리에 의하여 그 권리를 취득할 수 없다[대법원 2000. 9. 29. 선고, 판결].

ANSWER
20.② 21.③ 22.② 23.③

24 **보험위부에 관한 설명으로 옳지 않은 것은?**

① 보험위부가 이루어지면 보험자는 그 보험의 목적에 관한 피보험자의 모든 권리를 취득하며, 일부보험의 경우에도 같다.
② 위부에 대한 보험자의 승인은 입증상의 문제일 뿐 위부의 요건이 아니다.
③ 선박이 보험사고로 인하여 심하게 훼손되어 이를 수선할 경우에 그 비용이 보험가액을 초과하리라고 예상될 때에는 피보험자는 보험의 목적을 보험자에게 위부하고 보험금액의 전부를 청구할 수 있다.
④ 위부는 어떤 조건이나 기한을 정할 수 없다.

TIP 일부보험의 경우 목적물에 대한 권리는 보험금액/보험가액이다.

25 **책임보험에 있어 피보험자의 변제 등의 통지와 보험금액의 지급에 관한 설명으로 옳지 않은 것은?**

① 피보험자가 제3자에 대하여 변제, 승인, 화해 또는 재판으로 인하여 채무를 이행한 때에는 지체 없이 보험자에게 그 통지를 발송하여야 한다.
② 피보험자가 보험자의 동의없이 독자적으로 제3자에 대하여 변제, 승인 또는 화해를 한 경우에 그 행위가 현저하게 부당한 것이 아니면 보험자는 면책되지 아니한다.
③ 보험자는 특별한 기간의 약정이 없으면, 피보험자가 제3자와의 채무확정을 통지 받은 날로부터 10일 이내에 보험금액을 지급하여야 한다.
④ 보험자는 피보험자가 제3자와 채무확정 시 보험금액의 지급에 관하여 약정기간이 있는 경우에는 그 기간 내에 보험금액을 지급하여야 한다.

TIP ① 피보험자가 제3자에 대하여 변제, 승인, 화해 또는 재판으로 인하여 채무가 확정된 때에는 지체 없이 보험자에게 그 통지를 발송하여야 한다〈상법 제723조(피보험자의 변제 등의 통지와 보험금액의 지급) 제1항〉.
② 「상법」 제723조(피보험자의 변제 등의 통지와 보험금액의 지급) 제3항
③ 「상법」 제723조(피보험자의 변제 등의 통지와 보험금액의 지급) 제2항
④ 「상법」 제658조(보험금액의 지급)

26 **화재보험에 관한 설명으로 옳지 않은 것은?**

① 화재보험자는 화재의 소방 또는 손해의 감소에 필요한 조치로 인하여 생긴 손해를 보상할 책임이 있다.
② 집합된 물건을 일괄하여 보험의 목적으로 한 때에는 그 목적에 속한 물건이 보험기간 중에 수시로 교체된 경우에도 보험계약의 체결 시에 현존한 물건은 보험의 목적에 포함된 것으로 한다.
③ 화재보험증권에는 무효와 실권의 사유를 기재하여야 한다.
④ 보험자가 보상할 손해의 범위에 관하여는 화재와 손해와의 사이에 상당인과관계가 있어야 한다는 것이 통설이다.

TIP ② 집합된 물건을 일괄하여 보험의 목적으로 한 때에는 피보험자의 가족과 사용인의 물건도 보험의 목적에 포함된 것으로 한다. 이 경우에는 그 보험은 그 가족 또는 사용인을 위하여서도 체결한 것으로 본다〈상법 제686조(집합보험의 목적)〉.
① 「상법」 제684조(소방 등의 조치로 인한 손해의 보상)
③ 「상법」 제666조(손해보험증권) 제6호
④ 화재로 인한 손해는 상당인과관계가 있어야 한다.

27 **손해보험에서 보험계약자와 피보험자의 손해방지 · 경감의무에 관한 설명으로서 옳지 않은 것은? (다툼이 있는 경우 판례에 의함)**

① 보험자가 손해방지비용을 부담하지 아니한다는 비용상환의무배제약관조항이나 손해방지비용과 보상액의 합계액이 보험금액을 넘지 않는 한도 내에서만 보상한다는 약관조항은 「상법」 제680조에 위배되어 무효이다.
② 피보험자의 보험자에 대한 소송통지의무는 피보험자의 손해방지 · 경감의무에 해당하며, 이는 보험자에게 소송에 관여할 기회를 주기 위한 것으로, 보험자는 적정손해액 이상의 손해액에 대하여는 보상의무가 없다.
③ 손해방지 · 경감의무를 부담하는 시기에 관하여 명문의 규정이 없다면, 약관에 의하여 대체로 보험사고가 생긴 때와 이와 동일시할 수 있는 상태가 발생한 때부터 이를 부담한다.
④ 보험사고가 발생하였다 하더라도 피보험자의 법률상 책임 여부가 판명되지 아니한 상태에서는 피보험자는 손해확대 방지를 위한 긴급한 행위를 하여서는 아니되며, 비록 손해방지비용이 발생하였다 하더라도 보험자는 손해방지비용을 부담하지 아니한다.

TIP 손해확대 방지를 위한 긴급한 행위로 발생한 손해방지비용(긴급조치비용)은 보험자가 보상한다.

ANSWER
24.① 25.① 26.② 27.④

28 **상해보험과 질병보험에 관한 설명으로 옳지 않은 것은? (다툼이 있는 경우 판례에 의함)**

① 만취상태에서 잠을 자다가 구토 중에 구토물이 기도를 막아 피보험자가 사망한 경우에, 상해보험의 외래성이 인정되지 않는다.

② 상해보험에서 담보되는 위험으로서 상해는 그 사고의 원인이 피보험자 신체의 외부로부터 작용하는 것을 말하고, 신체의 질병 등과 같은 내부적 원인에 기한 것은 질병보험의 대상이 된다.

③ 피보험자가 방안에서 술에 취한 채 선풍기를 틀어놓고 자다가 사망한 경우에, 주취와 선풍기를 틀고 잔 것은 모두 외래의 사고로 해석한다.

④ 질병보험에 관하여는 상해보험과 유사하다는 점을 고려하여 상해보험의 규정을 일부 준용토록 하고 있다.

TIP ① '급격하고도 우연한 외래의 사고'를 보험사고로 하는 상해보험에 가입한 피보험자가 술에 취하여 자다가 구토로 인한 구토물이 기도를 막음으로써 사망한 경우, 보험약관상의 급격성과 우연성은 충족되고, 나아가 보험약관상의 '외래의 사고'란 상해 또는 사망의 원인이 피보험자의 신체적 결함 즉 질병이나 체질적 요인 등에 기인한 것이 아닌 외부적 요인에 의해 초래된 모든 것을 의미한다고 보는 것이 상당하므로, 위 사고에서 피보험자의 술에 만취된 상황은 피보험자의 신체적 결함 즉 질병이나 체질적 요인 등에서 초래된 것이 아니라 피보험자가 술을 마신 외부의 행위에 의하여 초래된 것이어서 이는 외부적 요인에 해당한다고 할 것이고, 따라서 위 사고는 위 보험약관에서 규정하고 있는 '외래의 사고'에 해당하므로 보험자로서는 수익자에 대하여 위 보험계약에 따른 보험금을 지급할 의무가 있다[대법원 1998. 10. 13. 선고, 98다28114 판결].

② 「상법」 제737조(상해보험자의 책임), 「상법」 제739조의2(질병보험자의 책임)

③ 원심은 판시 부검결과에서 사망 가능성으로 예시한 3가지 유형에 집착한 탓인지는 몰라도 알코올 섭취와 동맥경화증 악화와의 관계, 선풍기 바람과 질식사와의 관계를 따로 떼어서 판시와 같이 판단하고 있으나 이 사건에 있어서는 이미 객관적 사실로 드러난 위 망인의 주취상태(알코올 섭취)와 선풍기바람 이 두 가지 요인을 합하여 이것이 그 사망과 어떠한 관계가 있는지를 심리하였어야 할 것이다. 또 피고 회사의 보험약관에 이 사건 특약보험금의 지급사유인 재해를 "우발적인 외래의 사고" 라고 정의하고 질병, 또는 체질적 요인이 있는 자로서 경미한 외인에 의하여 발병하거나 그 증상이 더욱 악화되었을 때에는 그 경미한 외인은 우발적인 외래의 사고로 보지 아니한다고 규정하고 있는바, 여기서 말하는 외인이란 피보험자의 질병이나 체질적 요인이 아닌 사유를 의미한다고 볼 것이므로 소외 망인이 판시와 같이 술에 만취된 것과 선풍기를 틀고 잔 사유는 모두 외인에 해당한다 할 것이다[대법원 1991. 6. 25. 선고 90다12373 판결].

④ 「상법」 제739조의3(질병보험에 대한 준용규정)

29 다음 중 인보험계약에 관한 설명으로 옳지 않은 것은?

① 보험계약자 등의 고의로 인한 사고에 대해서 생명보험자는 책임을 부담하지 않는다.
② 피보험자가 자살한 경우에 보험금을 지급하는 생명보험약관 규정은 보험계약자 등의 불이익변경금지원칙에 반하는 것이 아니다.
③ 승낙 전 사고 담보의 요건과 관련하여, 인보험의 경우 피보험자가 적격피보험체가 아니라는 사실은 청약을 거절할 사유에 해당되지 않는다.
④ 사망을 보험사고로 하는 인보험계약에서 사고가 보험수익자의 중대한 과실로 인한 경우에는 보험자면책이 인정되지 않는다.

TIP ③ 보험자가 보험계약자로부터 보험계약의 청약과 함께 보험료 상당액의 전부 또는 일부를 받은 경우에 그 청약을 승낙하기 전에 보험계약에서 정한 보험사고가 생긴 때에는 그 청약을 거절할 사유가 없는 한 보험자는 보험계약상의 책임을 진다. 그러나 인보험계약의 피보험자가 신체검사를 받아야 하는 경우에 그 검사를 받지 아니한 때에는 그러하지 아니하다〈상법 제638조의2(보험계약의 성립) 제3항〉. 상법 제638조의2 제3항에 의하면 보험자가 보험계약자로부터 보험계약의 청약과 함께 보험료 상당액의 전부 또는 일부를 받은 경우(인보험계약의 피보험자가 신체검사를 받아야 하는 경우에는 그 검사도 받은 때)에 그 청약을 승낙하기 전에 보험계약에서 정한 보험사고가 생긴 때에는 그 청약을 거절할 사유가 없는 한 보험자는 보험계약상의 책임을 지는바, 여기에서 청약을 거절할 사유란 보험계약의 청약이 이루어진 바로 그 종류의 보험에 관하여 해당 보험회사가 마련하고 있는 객관적인 보험인수기준에 의하면 인수할 수 없는 위험 상태 또는 사정이 있는 것으로서 통상 피보험자가 보험약관에서 정한 적격 피보험체가 아닌 경우를 말하고, 이러한 청약을 거절할 사유의 존재에 대한 증명책임은 보험자에게 있다[대법원 2008. 11. 27. 선고 2008다40847 판결].
① 인보험에서는 피보험자의 고의로 인한 사고에 대해서 보험자 면책을 인정한다.
② 회사는 피보험자가 고의로 자신을 해친 경우 보험금을 지급하지 않으나, 피보험자가 심신상실 등으로 자유로운 의사결정을 할 수 없는 상태에서 자신을 해친 경우 특히 그 결과 사망에 이르게 된 경우에는 재해사망보험금(약관에서 정한 재해사망보험금이 없는 경우에는 재해 이외의 원인으로 인한 사망보험금)을 지급한다. 또한 계약의 보장개시일[부활(효력회복) 계약의 경우는 부활(효력회복) 청약일]로부터 2년이 지난 후에 자살한 경우에는 재해 이외의 원인에 해당하는 사망보험금을 지급한다〈「보험업감독업무시행세칙」 별표 15 생명보험표준약관 제5조〉.
④ 「상법」 제732조의2(중과실로 인한 보험사고 등) 제1항

ANSWER

28.① 29.③

30 인보험 약관의 유 · 무효에 관한 설명으로 옳지 않은 것은? (다툼이 있는 경우 판례에 의함) [기출 변형]

① 자동차 무면허운전면책약관이 보험사고가 전체적으로 보아 고의로 평가되는 행위로 인한 경우에는 유효한 것으로 적용될 수 있지만, 중과실로 평가되는 행위로 인한 사고에 대하여는 효력이 없는 것으로 보아야 한다.

② 음주운전자의 경우는 비음주 운전자의 경우에 비하여 보험사고발생의 가능성이 많음은 부인할 수 없는 일이나 그 정도의 사고발생가능성에 관한 개인차는 보험에 있어서 구성원 간의 위험의 동질성을 해칠 정도는 아니라는 근거하에 음주운전면책약관에 대하여 한정적 무효라고 본다.

③ 피보험자가 운전안전띠를 착용하지 않은 것이 보험사고의 발생원인으로서 고의에 의한 것이라고 할 수 없으므로 이 사건 미착용감액약관은 「상법」 규정들에 반하여 무효인 것으로 본다.

④ 계속보험료 지급지체의 경우 보험자의 최고 후 해지권 행사의 법규는 보험계약자에게 보험료 미납사실을 알려주어 이를 납부할 기회를 줌으로써 불측의 손해를 방지하고자 하는 차원에서, 보험료의 납입을 최고하면서 보험료가 납입되지 않고 납입유예기간을 경과하면 별도의 의사표시 없이 보험계약이 해지되는 해지예고부최고약관은 유효인 것으로 본다.

TIP ④ 상법 제650조 제2항은 "계속보험료가 약정한 시기에 지급되지 아니한 때에는 보험자는 상당한 기간을 정하여 보험계약자에게 최고하고 그 기간 내에 지급되지 아니한 때에는 그 계약을 해지할 수 있다."라고 규정하고, 같은 법 제663조는 위의 규정은 당사자 간의 특약으로 보험계약자 또는 피보험자나 보험수익자의 불이익으로 변경하지 못한다고 규정하고 있으므로, 분납 보험료가 소정의 시기에 납입되지 아니하였음을 이유로 그와 같은 절차를 거치지 아니하고 곧바로 보험계약을 해지할 수 있다거나 보험계약이 실효됨을 규정한 약관은 상법의 위 규정에 위배되어 무효라 할 것이다[대법원 1997. 7. 25. 선고 97다18479 판결].

① 무면허운전이 고의적인 범죄행위이기는 하나 그 고의는 특별한 사정이 없는 한 무면허운전 자체에 관한 것이고 직접적으로 사망이나 상해에 관한 것이 아니어서 그로 인한 손해보상을 해준다고 하여 그 정도가 보험계약에 있어서의 당사자의 선의성 · 윤리성에 반한다고는 할 수 없으므로, 인보험에 해당하는 상해보험에 있어서의 무면허운전 면책약관이 보험사고가 전체적으로 보아 고의로 평가되는 행위로 인한 경우뿐만 아니라 과실(중과실 포함)로 평가되는 행위로 인한 경우까지 포함하는 취지라면 과실로 평가되는 행위로 인한 사고에 관한 한 무효라고 보아야 한다[대법원 1998. 3. 27. 선고 97다27039 판결].

② 법 제732조의2, 제739조가 사망이나 상해를 보험사고로 하는 인보험에 관하여는 보험자의 면책사유를 제한하여 보험사고가 비록 중대한 과실로 인하여 생긴 것이라 하더라도 보험금을 지급하도록 규정하고 있는 점이나 인보험이 책임보험과 달리 정액보험으로 되어 있는 점에 비추어 볼 때, 인보험에 있어서의 무면허운전이나 음주운전 면책약관의 해석이 책임보험에 있어서의 그것과 반드시 같아야 할 이유가 없으며, 음주운전의 경우에는 보험사고 발생의 가능성이 많을 수도 있으나 그 정도의 사고 발생 가능성에 관한 개인차는 보험에 있어서 구성원 간의 위험의 동질성을 해칠 정도는 아니라고 할 것이고, 또한 음주운전이 고의적인 범죄행위기는 하나 그 고의는 특별한 사정이 없는 한 음주운전 자체에 관한 것이고 직접적으로 사망이나 상해에 관한 것이 아니어서 그로 인한 손해보상을 해준다고 하여 그 정도가 보험계약에 있어서의 당사자의 선의성 · 윤리성에 반한다고는 할 수 없으므로, 자기신체사고 자동차보험(자손사고보험)과 같은 인보험에 있어서의 음주운전 면책약관이 보험사고가 전체적으로 보아 고의로 평가되는 행위로 인한 경우뿐만 아니라 과실(중과실 포함)로 평가되는 행위로 인한 경우까지 포함하는 취지라면 과실로 평가되는 행위로 인한 사고에 관한 한 무효라고 보아야 한다[대법원 1998. 4. 28. 선고 98다4330 판결].

③ 피보험자의 사망이나 상해를 보험사고로 하는 보험계약에서는 보험사고 발생의 원인에 피보험자에게 과실이 존재하는 경우뿐만 아니라 보험사고 발생 시의 상황에 있어 피보험자에게 안전띠 미착용 등 법령위반의 사유가 존재하는 경우를 보험자의 면책사유로 약관에 정한 경우에도 그러한 법령위반행위가 보험사고의 발생원인으로서 고의에 의한 것이라고 평가될 정도에 이르지 아니하는 한 위 상법 규정들에 반하여 무효이다[대법원 2014. 9. 4. 선고 2012다204808 판결].

31 **보험수익자의 지정 · 변경에 관한 설명으로 옳지 않은 것은?**

① 보험수익자의 지정 · 변경권은 형성권에 해당하므로, 보험자에게 대항하기 위해서는 보험자에게 통지하여야 한다.
② 보험수익자가 보험존속 중에 사망한 때에는 보험계약자는 다시 보험수익자를 지정할 수 있다.
③ 보험기간 중 보험수익자가 사망한 후 보험계약자가 보험수익자 지정권을 행사하지 않고 사망한 경우에, 보험수익자의 상속인이 보험수익자가 된다.
④ 보험계약자가 계약체결 후에 보험수익자를 지정 또는 변경하고 이를 보험자에 대하여 통지하지 않은 경우에는, 그 효력이 발생하지 아니하므로 그 지정 또는 변경 자체가 무효이다.

TIP ④ 보험계약자가 보험수익자를 지정 · 변경하면서 보험자에 대하여 통지하지 아니하면 보험자에게 대항하지 못하나 그 지정 · 변경이 무효인 것은 아니다. 단, 보험자가 무통지로 인한 선의 무과실로 전 보험수익자에게 지급하면 면책된다.
① 「상법」 제734조(보험수익자지정권 등의 통지)
② 「상법」 제733조(보험수익자의 지정 또는 변경의 권리) 제3항
③ 「상법」 제733조(보험수익자의 지정 또는 변경의 권리) 제4항

32 **자동차보험에 대한 설명으로 옳지 않은 것은?**

① 대물배상책임보험이란 피보험자가 자동차의 사고로 타인의 재화에 손해를 일으켜 제3자에게 배상책임을 짐으로써 입은 손해를 보험자가 보상하는 책임보험이고, 여기에는 자동차에 싣고 있는 물건 또는 운송중인 물건에 생긴 손해도 포함된다.
② 대인배상책임보험이란 자동차의 운행 또는 소유 · 사용 · 관리 중에 있는 제3자에게 사망 또는 상해를 입힌 사고로 말미암아 피보험자가 제3자에게 배상책임을 짐으로써 입은 손해를 보험자가 보상하는 책임보험이다.
③ 자동차보험계약이라 함은 피보험자가 자동차를 소유, 사용 또는 관리하는 동안에 발생한 사고로 인하여 생길 손해의 보상을 목적으로 하는 손해보험계약이다.
④ 무보험 자동차상해보험은 자동차보험의 대인배상 II에 가입되지 아니하거나, 대인배상 II에 의하여 보호되지 아니하는 자동차 사고로 손해를 입은 피보험자를 보호하기 위한 보험이다.

TIP 자동차 대물배상책임은 제3자에 대한 배상책임이므로 피보험자의 자동차에 싣고 있는 물건 또는 운송 중인 물건에 생긴 손해는 포함되지 않는다〈자동차 보험 표준약관 제8조(보상하지 않는 손해) 제3항 제3호〉.
※ **보상하지 않는 손해** … 다음 중 어느 하나에 해당하는 손해는 「대물배상」에서 보상하지 않는다〈「보험업감독업무시행세칙」 별표 15 자동차보험 표준약관 제8조 제3항〉.
1. 피보험자 또는 그 부모, 배우자나 자녀가 소유 · 사용 · 관리하는 재물에 생긴 손해
2. 피보험자가 사용자의 업무에 종사하고 있을 때 피보험자의 사용자가 소유 · 사용 · 관리하는 재물에 생긴 손해
3. 피보험자동차에 싣고 있거나 운송중인 물품에 생긴 손해
4. 다른 사람의 서화, 골동품, 조각물, 그 밖에 미술품과 탑승자와 통행인의 의류나 휴대품에 생긴 손해
5. 탑승자와 통행인의 분실 또는 도난으로 인한 소지품에 생긴 손해. 그러나 훼손된 소지품에 한하여 피해자 1인당 200만 원의 한도에서 실제 손해를 보상한다.

ANSWER
30.④ 31.④ 32.①

33 생명보험계약에서 피보험자의 사망사고에 관한 설명으로 옳지 않은 것은? (다툼이 있는 경우 판례에 의함) [기출 변형]

① 자살면책기간이 경과한 후 피보험자가 자살한 경우에 생명보험약관에 따르면 피보험자의 자살이 고의로 인한 보험사고일지라도, 보험자는 보험금 지급책임을 진다.

② 피보험자가 술에 취한 나머지 판단능력이 극히 저하된 상태에서 신병을 비관하는 넋두리를 하고 베란다에서 뛰어내린다는 등의 객기를 부리다가 마침내 음주로 인한 병적인 명정으로 인하여 충동적으로 베란다에서 뛰어내려 사망한 경우에 이는 보험약관상 재해에 해당하지 않아 사망보험금의 지급대상이 되지 않는다.

③ 판단능력을 상실 내지 미약하게 할 정도로 술에 취한 피보험자가 출입이 금지된 지하철역 승강장의 선로로 내려가 지하철역을 통과하는 전동열차에 부딪혀 사망한 경우, 이러한 피보험자의 사망은 보험사고에 해당한다.

④ 피보험자가 자살 전 우울증 진단을 받았고 유서 등을 미리 준비한 경우라 하면, 자유로운 의사결정을 할 수 있는 상태에서 자살한 것으로 볼 수 있다.

TIP ② 보험계약의 피보험자가 술에 취한 나머지 판단능력이 극히 저하된 상태에서 신병을 비관하는 넋두리를 하고 베란다에서 뛰어내린다는 등의 객기를 부리다가 마침내 음주로 인한 병적인 명정으로 인하여 심신을 상실한 나머지 자유로운 의사결정을 할 수 없는 상태에서 충동적으로 베란다에서 뛰어내려 사망한 사안에서, 이는 우발적인 외래의 사고로서 보험약관에서 재해의 하나로 규정한 '추락'에 해당하여 사망보험금의 지급대상이 된다[대법원 2008. 8. 21. 선고, 2007다76696 판결].

① 甲이 乙 보험회사와 주된 보험계약을 체결하면서 별도로 가입한 재해사망특약의 약관에서 피보험자가 재해를 직접적인 원인으로 사망하거나 제1급의 장해상태가 되었을 때 재해사망보험금을 지급하는 것으로 규정하면서, 보험금을 지급하지 않는 경우의 하나로 "피보험자가 고의로 자신을 해친 경우. 그러나 피보험자가 정신질환상태에서 자신을 해친 경우와 계약의 책임개시일부터 2년이 경과된 후에 자살하거나 자신을 해침으로써 제1급의 장해상태가 되었을 때는 그러하지 아니하다." 라고 규정한 사안에서, 위 조항은 고의에 의한 자살 또는 자해는 원칙적으로 우발성이 결여되어 재해사망특약의 약관에서 정한 보험사고인 재해에 해당하지 않지만, 예외적으로 단서에서 정하는 요건, 즉 피보험자가 정신질환상태에서 자신을 해친 경우와 책임개시일부터 2년이 경과된 후에 자살하거나 자신을 해침으로써 제1급의 장해상태가 되었을 경우에 해당하면 이를 보험사고에 포함시켜 보험금 지급사유로 본다[대법원 2016. 5. 12. 선고 2015다243347 판결].

③ 피보험자가 술에 취한 상태에서 출입이 금지된 지하철역 승강장의 선로로 내려가 지하철역을 통과하는 전동열차에 부딪혀 사망한 경우, 피보험자에게 판단능력을 상실 내지 미약하게 할 정도로 과음을 한 중과실이 있더라도 보험약관상의 보험사고인 우발적인 사고에 해당한다[대법원 2001. 11. 9. 선고 2001다55499, 55505 판결].

④ 공제계약의 피공제자가 직장에 병가를 신청하고 병원에 찾아가 불안, 의욕저하 등을 호소하면서 직장을 쉬기 위하여 진단서가 필요하다고 거듭 요구하여 병명이 '우울성 에피소드'인 진단서를 발급받은 후 주거지 인근 야산에서 처(妻) 등에게 유서를 남긴 채 농약을 마시고 자살한 사안에서, 망인이 자살 당일 우울성 에피소드 진단을 받기는 하였으나 발병 시기가 그다지 오래된 것으로 보이지 않고, 망인의 나이, 평소 성격, 가정환경, 자살행위 당일 행적, 망인이 자살하기 전에 남긴 유서의 내용과 그로부터 짐작할 수 있는 망인의 심리상태, 자살행위의 시기와 장소, 방법 등에 비추어, 망인은 정신질환 등으로 자유로운 의사결정을 할 수 없는 상태에서 자살을 한 것으로 보기 어렵다[대법원 2011. 4. 28. 선고 2009다97772 판결].

34 **생명보험계약에 관한 설명으로 옳지 않은 것은?**

① 사망과 생존에 관한 보험사고가 발생한 경우 보험금액을 지급해야 할 의무가 있는 자는 생명보험자이다.
② 생명보험자에 대하여 보험료를 지급해야 할 의무가 있는 자는 자연인으로서 보험계약자이어야 한다.
③ 생명보험에서 피보험자는 생존이나 사망에 관하여 보험이 붙여진 자로 자연인만을 의미한다.
④ 생명보험에서 보험금청구권을 행사하는 자는 보험수익자로서 그 수에 제한이 없는 것이 원칙이다.

TIP 보험계약자는 법인도 가능하다.

35 **인보험에 대한 설명으로 옳지 않은 것은?**

① 질병보험계약의 보험자는 피보험자의 질병에 관한 보험사고가 발생할 경우에 보험금이나 그 밖의 급여를 지급할 책임이 있다.
② 상법의 규정에 따르면 상해보험에 관하여는「상법」제732조를 제외하고 생명보험에 관한 규정을 준용한다.
③ 사망을 보험사고로 한 보험계약에서는 사고가 보험계약자 등의 중대한 과실로 인하여 발생한 경우에도 보험자는 보험금 지급책임이 있다.
④ 단체보험계약은 반드시 그 구성원인 피보험자 전원의 서면동의가 있어야 효력이 발생한다.

TIP 단체보험계약에서 단체보험가입에 대한 규정이 있다면 이는 단체적 동의로 보기 때문에 피보험자 전원의 개별적인 동의가 없어도 효력이 발생한다.

※ 단체가 규약에 따라 구성원의 전부 또는 일부를 피보험자로 하는 생명보험계약을 체결하는 경우에는 타인의 생명의 보험을 적용하지 아니한다〈상법 제735조의3(단체보험) 제1항〉.

36 **인보험에 관한 설명으로 옳은 것은?**

① 인보험계약의 보험사고는 상해와 질병이며, 보험사고가 발생할 경우에 보험금 지급책임이 있다.
② 단체생명보험의 경우 구성원이 단체에서 탈퇴하면, 그 구성원에 대한 보험관계는 자동으로 개인보험으로 전환된다.
③ 상해보험계약은 당사자 간의 다른 약정이 있더라도 보험자의 제3자에 대한 보험대위를 인정하지 아니한다.
④ 타인의 사망을 보험사고로 하는 보험계약에서 피보험자의 서면동의를 얻도록 한 상법의 규정은 강행규정이다.

TIP ① 인보험계약의 보험사고는 상해, 질병, 사망이다.
② 피보험자가 탈퇴하면 개별계약으로 취급하여 유지할 수 있으나, 자동적으로 개인보험으로 전환되지 않는다.
③「상법」제729조(제3자에 대한 보험 대위의 금지)

ANSWER
33.② 34.② 35.④ 36.④

37　인보험에 관한 설명으로 옳지 않은 것은? (다툼이 있는 경우 판례에 의함)

① 보험계약체결 시에 보험자가 특정 약관조항에 대한 설명 의무를 위반하여 해당약관조항이 배제되고 나머지 부분으로 계약이 존속하게 된 경우에 보험계약의 내용은 나머지 부분의 보험약관에 대한 해석을 통하여 확정되어야 하고, 만일 보험계약자가 확정된 보험계약의 내용과 다른 내용을 보험계약의 내용으로 주장하려면 보험자와의 사이에 다른 내용을 보험계약의 내용으로 하는 합의가 있었다는 사실을 증명해야 한다.

② 피보험자가 사고로 추간판탈출증을 입고, 그 외에 신경계 장애인 경추척수증 및 경추척수증의 파생 장해인 우측 팔, 우측 손가락, 좌측 손가락의 각 운동장해를 입은 사건에서, 위 사고로 인한 피보험자의 후유장해 지급률은 우측 팔, 우측 손가락 및 좌측 손가락 운동장해의 합산 지급률과 신경계 장해인 경추척수증의 지급률 중 더 높은 지급률을 구한 다음, 그 지급률에 추간판탈출증의 지급률을 합하여 산정해야 한다.

③ 생명보험계약을 체결한 보험계약자이자 피보험자가 계약의 책임개시일로부터 2년 후 자살 후 보험수익자가 재해사망특약에 기한 보험금 지급청구를 한 경우, 보험자가 특약에 기한 재해사망보험금 지급의무가 있음에도 지급을 거절하였다면, 보험수익자의 재해사망보험금청구권이 시효의 완성으로 소멸하였더라도 보험자의 소멸시효 항변은 권리남용에 해당한다.

④ 보험금을 지급하지 않는 경우의 하나로 “피보험자가 고의로 자신을 해친 경우. 그러나 피보험자가 정신질환상태에서 자신을 해친 경우와 계약의 책임개시일로부터 2년이 경과된 후에 자살하거나 자신을 해침으로써 제1급의 장해상태가 되었을 때는 그러하지 아니하다.”라고 규정한 약관조항과 관련하여, 위 조항은 고의에 의한 자살 또는 자해는 원칙적으로 재해사망특약의 보험사고인 재해에 해당하지 않지만, 예외적으로 단서에 정하는 요건에 해당하면 이를 보험사고에 포함시켜 보험금 지급사유로 본다는 것이다.

TIP ③ 갑 보험회사와 보험계약을 체결한 을이 계약의 책임개시일로부터 2년 후 자살하였는데 수익자인 병이 갑 회사를 상대로 재해사망특약에 기한 보험금의 지급을 구한 사안에서, 병의 재해사망보험금청구권은 소멸시효의 완성으로 소멸하였고, 갑 회사가 특약에 기한 재해사망보험금 지급의무가 있음에도 지급을 거절하였다는 사정만으로는 갑 회사의 소멸시효 항변이 권리남용에 해당하지 않는다[대법원 2016. 9. 30. 선고, 2016다218713, 218720 판결].

① 보험자 또는 보험계약의 체결 또는 모집에 종사하는 자는 보험계약을 체결할 때에 보험계약자 또는 피보험자에게 보험약관에 기재되어 있는 보험상품의 내용, 보험료율의 체계 및 보험청약서상 기재사항의 변동사항 등 보험계약의 중요한 내용에 대하여 구체적이고 상세하게 설명할 의무를 지고, 보험자가 이러한 보험약관의 설명의무를 위반하여 보험계약을 체결한 때에는 약관의 내용을 보험계약의 내용으로 주장할 수 없다[상법 제638조의3 제1항, 약관의 규제에 관한 법률(이하 '약관규제법'이라고 한다) 제3조 제3항, 제4항]. 이와 같은 설명의무 위반으로 보험약관의 전부 또는 일부의 조항이 보험계약의 내용으로 되지 못하는 경우 보험계약은 나머지 부분만으로 유효하게 존속하고, 다만 유효한 부분만으로는 보험계약의 목적 달성이 불가능하거나 그 유효한 부분이 한쪽 당사자에게 부당하게 불리한 경우에는 그 보험계약은 전부 무효가 된다〈약관규제법 제16조〉[대법원 2015. 11. 17. 선고 2014다81542 판결].

② 甲이 乙 보험회사와 체결한 보험계약의 보통약관에서 같은 사고로 2가지 이상의 후유장해가 생긴 경우 후유장해 지급률을 합산하는 것을 원칙으로 하면서 동일한 신체부위에 2가지 이상의 장해가 발생한 경우에는 그중 높은 지급률을 적용하되, '하나의 장해와 다른 장해가 통상 파생하는 관계가 인정되거나, 신경계의 장해로 인하여 다른 신체부위에 장해가 발생한 경우 그중 높은 지급률만을 적용한다' 는 취지로 정하였는데, 甲이 계단에서 미끄러져 넘어지는 사고로 추간판탈출증을 입고, 그 외에 신경계 장해인 경추척수증 및 경추척수증의 파생 장해인 우측 팔, 우측 손가락, 좌측 손가락의 각 운동장해를 입은 사안에서, 위 사고로 인한 甲의 후유장해 지급률은 우측 팔, 우측 손가락 및 좌측 손가락 운동장해의 합산 지급률과 신경계 장해인 경추척수증의 지급률 중 더 높은 지급률을 구한 다음, 그 지급률에 추간판탈출증의 지급률을 합하여 산정하여야 한다[대법원 2016. 10. 27. 선고 2013다90891, 90907 판결].

④ 甲이 乙 보험회사와 주된 보험계약을 체결하면서 별도로 가입한 재해사망특약의 약관에서 피보험자가 재해를 직접적인 원인으로 사망하거나 제1급의 장해상태가 되었을 때 재해사망보험금을 지급하는 것으로 규정하면서, 보험금을 지급하지 않는 경우의 하나로 "피보험자가 고의로 자신을 해친 경우. 그러나 피보험자가 정신질환상태에서 자신을 해친 경우와 계약의 책임개시일부터 2년이 경과된 후에 자살하거나 자신을 해침으로써 제1급의 장해상태가 되었을 때는 그러하지 아니하다."라고 규정한 사안에서, 위 조항은 고의에 의한 자살 또는 자해는 원칙적으로 재해사망특약의 보험사고인 재해에 해당하지 않지만, 예외적으로 단서에서 정하는 요건에 해당하면 이를 보험사고에 포함시켜 보험금 지급사유로 본다[대법원 2016. 5. 12. 선고 2015다243347 판결].

38 **타인을 위한 생명보험계약에 대한 설명으로 옳지 않은 것은?**

① 타인을 위한 생명보험은 보험계약자가 자신을 피보험자로 하여 계약을 체결하는 자기의 생명보험계약으로 할 수 있다.
② 타인을 위한 생명보험계약에서 그 타인의 권리가 발생하기 위해서는 수익의 의사표시를 필요로 한다.
③ 타인을 위한 생명보험은 보험계약자가 자신이 아닌 타인을 피보험자로 하여 계약을 체결하는 타인의 생명보험계약으로 할 수 있다.
④ 타인을 위한 보험도 보험료지급의무는 보험계약자가 부담하는 것이 원칙이지만, 피보험자 또는 보험수익자는 보험료를 지급해야 하는 경우도 있다.

TIP 수익의 의사표시가 없어도 타인의 권리가 발생한다.

ANSWER
37.③ 38.②

39 상해보험과 관련된 내용 중 옳지 않은 것은? (다툼이 있는 경우 판례에 의함)

① 피보험자가 원룸에서 에어컨을 켜고 자다 사망한 경우, 최근의 의학적 연구와 실험 결과 등에 비추어 망인의 사망 원인이 에어컨에 의한 저체온증이라거나 망인이 에어컨을 켜 둔 채 잠이 든 것과 사망 사이에 상당한 인과관계가 있다고 볼 수 없고, 이 경우 의사의 사체 검안만으로 망인의 사망원인을 밝힐 수 없음에도 부검을 반대하여 사망의 원인을 밝히려는 증명책임을 다하지 않은 유족이 그로 인한 불이익을 감수해야 한다.

② 종합건강검진을 위하여 전신마취제인 프로포폴을 투여받고 수면내시경 검사를 받던 중 검사 시작 5분 만에 프로포폴의 호흡억제 작용으로 호흡부전 및 의식불명 상태가 되어 사망한 사건에서, 질병 등을 치료하기 위한 외과적 수술 등에 기한 상해가 아니라 건강검진 목적으로 수면 내시경 검사를 받다가 마취제로 투여된 프로포폴의 부작용으로 사망사고가 발생한 것으로 보아 보험자의 면책이 인정되지 않는다.

③ 지역병원에서 실시한 복부CT촬영결과 후복막강에서 종괴가 발견되어 대학병원에 입원하여 후복막악성신생물 진단을 받아 종양절제수술을 받았다가 감염으로 인하여 상세불명의 패혈증과 폐렴을 원인으로 피보험자가 사망한 경우, 보험자가 보상하지 아니하는 질병인 암의 치료를 위한 개복수술로 인하여 증가된 감염의 위험이 현실화됨으로 발생한 것이므로, 이 사건 사고발생에 병원 의료진의 의료과실이 기여하였는지 여부와는 무관하게 이 사건 보험자는 면책된다.

④ 외래의 사고라는 것은 상해 또는 사망의 원인이 피보험자의 신체적 결함, 즉 질병이나 체질적 요인 등에 기인한 것이 아닌 외부적 요인에 의해 초래된 모든 것을 의미하고, 이러한 사고의 외래성 및 상해 또는 사망이라는 결과와 사이의 인과관계에 대하여는 보험자가 증명책임을 부담해야 한다.

TIP ④ 보험약관에서 정한 보험사고의 요건인 '급격하고도 우연한 외래의 사고' 중 '외래의 사고'라는 것은 상해 또는 사망의 원인이 피보험자의 신체적 결함, 즉 질병이나 체질적 요인 등에 기인한 것이 아닌 외부적 요인에 의해 초래된 모든 것을 의미하고, 이러한 사고의 외래성 및 상해 또는 사망이라는 결과와 사이의 인과관계에 관하여는 보험금 청구자에게 그 증명책임이 있다[대법원 2010. 9. 30. 선고, 2010다12241,12258 판결].

① 보험약관에서 정한 보험사고의 요건인 '급격하고도 우연한 외래의 사고' 중 '외래의 사고'라는 것은 상해 또는 사망의 원인이 피보험자의 신체적 결함 즉 질병이나 체질적 요인 등에 기인한 것이 아닌 외부적 요인에 의해 초래된 모든 것을 의미하고, 이러한 사고의 외래성 및 상해 또는 사망이라는 결과와 사이의 인과관계에 관하여는 보험금 청구자에게 그 증명책임이 있다. 보험약관에 정한 '우발적인 외래의 사고'로 인하여 사망하였는지를 판단함에 있어 문제된 사고와 사망이라는 결과 사이에는 상당한 인과관계가 있어야 한다. 피보험자가 원룸에서 에어컨을 켜고 자다 사망한 사안에서, 사고의 외래성 및 인과관계에 관한 법리와 한국배상의학회에 대한 사실조회 결과에서 알 수 있는 최근의 의학적 연구와 실험 결과에 비추어 볼 때, 문과 창문이 닫힌 채 방안에 에어컨이 켜져 있었고 실내온도가 차가웠다는 사정만으로 망인의 사망 종류 및 사인을 알 수 없다는 검안 의사의 의견과 달리 망인의 사망 원인이 '에어컨에 의한 저체온증'이라거나 '망인이 에어컨을 켜 둔 채 잠이 든 것'과 망인의 '사망' 사이에 상당한 인과관계가 있다고 볼 수 없다. 사망 원인이 분명하지 않아 사망 원인을 둘러싼 다툼이 생길 것으로 예견되는 경우에 망인의 유족이 보험회사 등 상대방에게 사망과 관련한 법적 책임을 묻기 위해서는 먼저 부검을 통해 사망 원인을 명확하게 밝히는 것이 가장 기본적인 증명 과정 중의 하나가 되어야 한다. 그런데 의사의 사체 검안만으로 망인의 사망 원인을 밝힐 수 없었음에도 유족의 반대로 부검이 이루어지지 않은 경우, 우리나라에서 유족들이 죽은 자에 대한 예우 등 여러 가지 이유로 부검을 꺼리는 경향이 있긴 하나, 그렇다고 하여 사망 원인을 밝히려는 증명책임을 다하지 못한 유족에게 부검을 통해 사망 원인이 명확히 밝혀진 경우보다 더 유리하게 사망 원인을 추정할 수는 없으므로, 부검을 하지 않음으로써 생긴 불이익은 유족들이 감수하여야 한다[대법원 2010. 9. 30. 선고 2010다12241,12258 판결].

② 종합건강검진을 위하여 전신마취제인 프로포폴을 투여받고 수면내시경 검사를 받던 중 검사 시작 5분 만에 프로포폴의 호흡억제 작용으로 호흡부전 및 의식불명 상태가 되어 결국 사망에 이르렀는바, 이 사건 사고는 질병 등을 치료하기 위한 외과적 수술 등에 기한 상해가 아니라 건강검진 목적으로 수면내시경 검사를 받다가 마취제로 투여된 프로포폴의 부작용으로 발생한 것이므로 이 사건 면책조항이 적용되지 않는다[대법원 2014. 4. 30. 선고 2012다76553 판결].

③ 상해보험의 피보험자가 병원에서 복막암 진단을 받고 후복막강 종괴를 제거하기 위한 개복수술을 받았으나 그 과정에서 의료진의 과실로 인한 감염으로 폐렴이 발생하여 사망한 사안에서, 위 사고는 보험자가 보상하지 않는 질병인 암의 치료를 위한 개복수술로 인하여 증가된 감염의 위험이 현실화됨으로써 발생한 것이므로 그 사고 발생에 의료진의 과실이 기여하였는지 여부와 무관하게 상해보험약관상 면책조항이 적용된다[대법원 2010. 8. 19. 선고 2008다78491,78507 판결].

40 **생명보험증권에 관한 설명으로 옳지 않은 것은?**

① 생명보험증권에는 보험계약의 종류가 기재되어야 한다.
② 생명보험계약이 체결된 후 보험계약자가 보험료를 지급하지 아니하면 보험자는 보험증권을 교부할 필요가 없다.
③ 생명보험증권에 보험수익자를 기재하는 경우에는 그 주소와 성명을 기재하는 것으로 족하다.
④ 생명보험증권은 보험계약에 관한 증거증권에 해당한다.

TIP 인보험증권에는 제666조에 게기한 사항 외에 보험계약의 종류, 피보험자의 주소·성명 및 생년월일, 보험수익자를 정한 때에는 그 주소·성명 및 생년월일을 기재하여야 한다〈상법 제728조(인보험증권)〉.

ANSWER
39.④ 40.③

2018년 제41회 보험계약법

1　**보험계약의 성립에 관한 설명으로 옳지 않은 것은?**

① 보험계약은 당사자 일방이 약정한 보험료를 지급하고 재산 또는 생명이나 신체에 불확정한 사고가 발생한 경우에 상대방이 일정한 보험금이나 그 밖의 급여를 지급할 것을 약정함으로써 효력이 생긴다.
② 보험계약은 낙성 · 쌍무, 유상 · 불요식 계약이라는 특성 외에 사행계약적 성격과 선의계약적 성격도 가지고 있다.
③ 보험자는 일정한 경우 승낙 전 보험사고에 대해 보험계약상의 책임을 진다. 나아가 인보험계약의 피보험자가 신체검사를 받아야 하는 경우에 그 검사를 받지 아니한 경우에도 보험계약상의 책임을 부담한다.
④ 보험계약자의 청약에 대해 보험자는 승낙할지 여부를 자유롭게 결정할 수 있는 것이 원칙이다.

TIP 보험계약의 성립〈상법 제638조의2〉
① 보험자가 보험계약자로부터 보험계약의 청약과 함께 보험료 상당액의 전부 또는 일부의 지급을 받은 때에는 다른 약정이 없으면 30일 내에 그 상대방에 대하여 낙부의 통지를 발송하여야 한다. 그러나 인보험계약의 피보험자가 신체검사를 받아야 하는 경우에는 그 기간은 신체검사를 받은 날부터 기산한다.
② 보험자가 제1항의 규정에 의한 기간 내에 낙부의 통지를 해태한 때에는 승낙한 것으로 본다.
③ 보험자가 보험계약자로부터 보험계약의 청약과 함께 보험료 상당액의 전부 또는 일부를 받은 경우에 그 청약을 승낙하기 전에 보험계약에서 정한 보험사고가 생긴 때에는 그 청약을 거절할 사유가 없는 한 보험자는 보험계약상의 책임을 진다. 그러나 인보험계약의 피보험자가 신체검사를 받아야 하는 경우에 그 검사를 받지 아니한 때에는 그러하지 아니하다.

2　**보험약관의 교부 · 설명 의무에 관한 설명으로 옳지 않은 것은?**

① 보험약관은 계약의 상대방이 계약내용을 선택할 수 있는 자유를 제약하는 측면이 있다.
② 보험약관은 보험자가 일방적으로 작성한다는 측면 등을 고려하여 입법적, 행정적, 사법적 통제가 가해진다.
③ 보험계약이 체결되고 나서 보험약관의 개정이 이루어진 경우 그 변경된 약관의 규정이 당해 보험계약에 적용되는 것이 당연한 원칙이다.
④ 상법에 의하면 보험자가 보험약관의 교부 · 설명 의무를 위반한 경우에는 보험계약자는 보험계약이 성립한 날부터 3개월 이내에 그 계약을 취소할 수 있다.

TIP 보험계약이 일단 그 계약 당시의 보통보험약관에 의하여 유효하게 체결된 이상 그 보험계약관계에는 계약 당시의 약관이 적용되는 것이고, 그 후 보험자가 그 보통보험약관을 개정하여 그 약관의 내용이 상대방에게 불리하게 변경된 경우는 물론 유리하게 변경된 경우라고 하더라도, 당사자가 그 개정 약관에 의하여 보험계약의 내용을 변경하기로 하는 취지로 합의하거나 보험자가 구 약관에 의한 권리를 주장할 이익을 포기하는 취지의 의사를 표시하는 등의 특별한 사정이 없는 한 개정 약관의 효력이 개정 전에 체결된 보험계약에 미친다고 할 수 없다[대법원 2010. 1. 14. 선고 2008다89514,89521 판결].

3 **타인을 위한 보험에 관한 설명으로 옳지 않은 것은?**

① 타인을 위한 보험이란 타인이 보험금청구권자인 피보험자 또는 보험수익자가 되는 보험계약을 말한다.
② 타인을 위한 보험계약의 경우 그 타인의 수익의 의사표시가 있어야 보험계약이 성립한다.
③ 타인을 위한 손해보험에서 타인은 피보험이익을 가져야 한다.
④ 타인을 위한다는 의사표시가 분명하지 않은 경우에는 자기를 위한 보험계약으로 추정한다는 것이 통설이다.

TIP 타인을 위한 보험〈상법 제639조〉
① 보험계약자는 위임을 받거나 위임을 받지 아니하고 특정 또는 불특정의 타인을 위하여 보험계약을 체결할 수 있다. 그러나 손해보험계약의 경우에 그 타인의 위임이 없는 때에는 보험계약자는 이를 보험자에게 고지하여야 하고, 그 고지가 없는 때에는 타인이 그 보험계약이 체결된 사실을 알지 못하였다는 사유로 보험자에게 대항하지 못한다.
② 제1항의 경우에는 그 타인은 당연히 그 계약의 이익을 받는다. 그러나 손해보험계약의 경우에 보험계약자가 그 타인에게 보험사고의 발생으로 생긴 손해의 배상을 한 때에는 보험계약자는 그 타인의 권리를 해하지 아니하는 범위 안에서 보험자에게 보험금액의 지급을 청구할 수 있다.
③ 제1항의 경우에는 보험계약자는 보험자에 대하여 보험료를 지급할 의무가 있다. 그러나 보험계약자가 파산선고를 받거나 보험료의 지급을 지체한 때에는 그 타인이 그 권리를 포기하지 아니하는 한 그 타인도 보험료를 지급할 의무가 있다.

4 **고지 의무에 관한 설명으로 옳지 않은 것은?**

① 고지 의무제도의 인정근거에 관하여 학설은 신의성실설, 최대선의설, 기술적 기초설 등 다양하게 대립하고 있다.
② 통설은 고지 의무의 법적 성질을 간접의무로 해석한다.
③ 보험자가 서면으로 질문한 사항은 중요한 사항으로 추정한다.
④ 판례는 일관하여 인보험에서 다른 보험자와의 보험계약의 존재여부에 대하여 서면으로 질문하였더라도 고지 의무의 대상이 아니라고 보았다.

TIP 보험자가 생명보험계약을 체결함에 있어 다른 보험계약의 존재 여부를 청약서에 기재하여 질문하였다면 이는 그러한 사정을 보험계약을 체결할 것인지의 여부에 관한 판단자료로 삼겠다는 의사를 명백히 한 것으로 볼 수 있고, 그러한 경우에는 다른 보험계약의 존재 여부가 고지 의무의 대상이 된다고 할 것이다. 그러나 그러한 경우에도 보험자가 다른 보험계약의 존재 여부에 관한 고지 의무 위반을 이유로 보험계약을 해지하기 위하여는 보험계약자 또는 피보험자가 그러한 사항에 관한 고지 의무의 존재와 다른 보험계약의 존재에 관하여 이를 알고도 고의로 또는 중대한 과실로 인하여 이를 알지 못하여 고지 의무를 다하지 않은 사실이 입증되어야 할 것이다[대법원 2001. 11. 27. 선고, 99다33311 판결].

ANSWER
1.③ 2.③ 3.② 4.④

5　소멸시효에 관한 설명으로 옳지 않은 것은? (다툼이 있는 경우 판례에 의함)

① 보험사고가 발생하여 그 당시의 장해상태에 따라 산정한 보험금을 지급받은 후에 당초의 장해상태가 악화된 경우, 추가로 지급받을 수 있는 보험금청구권의 소멸시효는 당초의 보험사고가 발생한 때부터 진행한다.
② 보험료 및 적립금의 반환청구권은 3년간 행사하지 아니하면 시효의 완성으로 소멸한다.
③ 보험자의 소멸시효 주장이 신의칙에 반하거나 권리남용에 해당하는 경우에는 소멸시효의 주장을 할 수 없다.
④ 보험사고가 발생한 것인지 여부가 객관적으로 분명하지 아니하여 보험금청구권자가 과실 없이 보험사고의 발생을 알 수 없었던 경우에는 보험사고의 발생을 알았거나 알 수 있었던 때로부터 소멸시효가 진행한다.

TIP ① 재해장해보장을 받을 수 있는 기간 중에 장해상태가 더 악화된 경우에는 그 악화된 장해상태를 기준으로 장해등급을 결정한다고 보험약관이 규정한 경우, 보험사고가 발생하여 그 당시의 장해상태에 따라 산정한 보험금을 지급받은 후 당초의 장해상태가 악화된 경우 추가로 지급받을 수 있는 보험금청구권의 소멸시효는 그와 같은 장해상태의 악화를 알았거나 알 수 있었을 때부터 진행한다[대법원 2009. 11. 12. 선고, 2009다52359 판결].
② 「상법」 제662조(소멸시효)
③ 채무자의 소멸시효에 기한 항변권의 행사도 우리 민법의 대원칙인 신의성실의 원칙과 권리남용금지의 원칙의 지배를 받는 것이어서, 채무자가 시효완성 전에 채권자의 권리행사나 시효중단을 불가능 또는 현저히 곤란하게 하였거나, 그러한 조치가 불필요하다고 믿게 하는 행동을 하였거나, 객관적으로 채권자가 권리를 행사할 수 없는 장애사유가 있었거나, 또는 일단 시효완성 후에 채무자가 시효를 원용하지 아니할 것 같은 태도를 보여 권리자로 하여금 그와 같이 신뢰하게 하였거나, 채권자보호의 필요성이 크고, 같은 조건의 다른 채권자가 채무의 변제를 수령하는 등의 사정이 있어 채무이행의 거절을 인정함이 현저히 부당하거나 불공평하게 되는 등의 특별한 사정이 있는 경우에는 채무자가 소멸시효의 완성을 주장하는 것이 신의성실의 원칙에 반하여 권리남용으로서 허용될 수 없다[대법원 2002. 10. 25. 선고 2002다32332 판결].
④ 보험사고가 발생한 것인지의 여부가 객관적으로 분명하지 아니하여 보험금청구권자가 과실 없이 보험사고의 발생을 알 수 없었던 특별한 사정이 있는 경우에는 그가 보험사고의 발생을 알았거나 알 수 있었을 때로부터 보험금청구권의 소멸시효가 진행하지만, 그러한 사정이 없는 한 보험금청구권의 소멸시효는 원칙적으로 보험사고가 발생한 때로부터 진행한다[대법원 1999. 2. 23. 선고 98다60613 판결].

6　보험자의 면책사유에 관한 설명으로 옳지 않은 것은?

① 면책사유란 보험자가 보상책임을 지기로 한 보험사고가 발생하였으나 일정한 원인으로 보험자가 면책되는 경우 그 원인을 말한다.
② 담보배제사유는 보험자가 보험계약에서 인수하지 않은 위험을 가리킨다는 점에서 면책사유와 구별된다.
③ 면책사유에는 법정면책사유와 약정면책사유가 있다.
④ 보험사고가 전쟁 기타의 변란으로 인하여 생긴 때에는 다른 약정이 있더라도 보험자는 보험금액을 지급할 책임이 없다.

TIP 보험사고가 전쟁 기타의 변란으로 인하여 생긴 때에는 당사자 간에 다른 약정이 없으면 보험자는 보험금액을 지급할 책임이 없다〈상법 제660조(전쟁위험 등으로 인한 면책)〉.

7 **통지의무에 관한 설명으로 옳지 않은 것은? (다툼이 있는 경우 판례에 의함)**

① 보험기간 중에 보험계약자, 피보험자나 보험수익자가 사고발생의 위험이 현저하게 변경 또는 증가된 사실을 안 때에는 지체 없이 보험자에게 통지하여야 한다.

② 보험기간 중에 보험계약자, 피보험자 또는 보험수익자의 고의 또는 중대한 과실로 인하여 사고발생의 위험이 현저하게 변경 또는 증가된 때에는 보험자는 그 사실을 안 날로부터 1월 내에 보험료 증액 등을 청구할 수 있다.

③ 위험변경증가는 일정 상태의 계속적 존재를 전제로 하고, 일시적 위험의 증가에 그친 경우에는 통지의무를 부담하지 아니한다.

④ 화재보험에서 근로자들이 폐업신고에 항의하면서 공장을 상당기간 점거하여 외부인의 출입을 차단하고 농성하는 행위는 현저한 위험변경증가로 본다.

TIP ① 보험기간 중에 보험계약자 또는 피보험자가 사고발생의 위험이 현저하게 변경 또는 증가된 사실을 안 때에는 지체 없이 보험자에게 통지하여야 한다. 이를 해태한 때에는 보험자는 그 사실을 안 날로부터 1월 내에 한하여 계약을 해지할 수 있다〈상법 제652조(위험변경증가의 통지와 계약해지) 제1항〉.

② 「상법」 제653조(보험계약자 등의 고의나 중과실로 인한 위험증가와 계약해지)

③ 공제약관 중 면책조항에서 말하는 '위험의 현저한 증가'는 증가한 위험이 제약관 체결 당시 존재하였더라면 위 연합회가 계약을 체결하지 않았거나 실제의 약정 재분담금보다 더 고액을 분담금으로 정한 후에야 계약을 체결하였을 정도로 현저하게 위험이 증가된 경우를 가리키고 공제분담요율 산정기준으로서의 위험의 개념은 일정 상태의 계속적 존재를 전제로 하므로 일시적으로 위험이 증가되는 경우는 위 약관에서 말하는 '위험의 현저한 증가'에 포함되지 않는다[대법원 1992. 11. 10. 선고 91다32503 판결].

④ 피고 회사 근로자들이 폐업신고에 항의하면서 공장을 상당기간 점거하여 외부인의 출입을 차단하고 농성하는 행위는 위 약관 제8조(a)항에서 말하는 보험목적물 또는 이를 수용하는 건물에 대한 점유의 성질을 변경 또는 그에 영향을 주어 보험료 등을 조정할 필요성이 있게 하는 사정에 해당한다고 할 것인데, 피고는 원고에게 위와 같은 사실을 서면으로 고지하여 보험증권상의 배서방법에 의한 승인을 받지 아니하였으므로 위 각 보험계약은 그 효력을 상실하였다[대법원 1992. 7. 10. 선고 92다13301, 92다13318 판결].

8 **「상법」 제663조의 보험계약자 등의 불이익변경금지에 관한 설명으로 옳지 않은 것은? (다툼이 있는 경우 판례에 의함)**

① 「상법」 제663조는 「상법」 제정시부터 존재하는 규정이고, 1991년 「상법」 개정 시에 재보험 및 해상보험 기타 이와 유사한 보험의 경우에 동 조항이 적용되지 않는다고 개정하였다.

② 불이익하게 변경된 약관인지 여부는 당해 특약의 내용으로만 판단할 것이 아니라 당해 특약을 포함하여 계약내용의 전체를 참작하여 상법의 규정과 비교 형량하여 종합적으로 판단한다.

③ 수출보험, 금융기관종합보험 등은 「상법」 제663조의 적용대상이라고 보지 않는다.

④ 「상법」 제663조에 의하면 「상법」 보험편의 규정은 당사자 간의 특약으로 보험계약자나 피보험자에게 불이익한 것으로 변경하지 못하지만 보험수익자에게 불이익한 것으로 변경하는 것은 가능하다.

TIP 이 편의 규정은 당사자 간의 특약으로 보험계약자 또는 피보험자나 보험수익자의 불이익으로 변경하지 못한다. 그러나 재보험 및 해상보험 기타 이와 유사한 보험의 경우에는 그러하지 아니하다〈상법 제663조(보험계약자 등의 불이익변경금지)〉.

ANSWER

5.① 6.④ 7.① 8.④

9 **보험계약의 부활에 관한 설명으로 옳지 않은 것은?**

① 보험계약의 부활은 계속보험료의 지급지체로 인하여 보험계약이 해지되거나 고지 의무 위반으로 인하여 보험계약이 해지된 경우에 한하여 인정된다.
② 보험계약의 부활이 되기 위해서는 보험계약이 해지된 후 해지환급금이 지급되지 않아야 한다.
③ 보험계약자는 보험계약이 해지된 후 일정한 기간 내에 연체보험료에 약정이자를 붙여 보험자에게 지급하고 계약의 부활을 청구할 수 있다.
④ 부활계약을 새로운 계약으로 볼 경우 보험계약자는 고지 의무를 부담하게 된다.

TIP 계속보험료가 약정한 시기에 지급되지 아니한 때에는 보험자는 상당한 기간을 정하여 보험계약자에게 최고하고 그 기간 내에 지급되지 아니한 때에는 그 계약을 해지할 수 있음에 따라 보험계약이 해지되고 해지환급금이 지급되지 아니한 경우에 보험계약자는 일정한 기간 내에 연체보험료에 약정이자를 붙여 보험자에게 지급하고 그 계약의 부활을 청구할 수 있다 〈상법 제650조의2(보험계약의 부활) 전단〉.

10 **다음 설명으로 옳지 않은 것은? (다툼이 있는 경우 판례에 의함)**

> 甲은 보험자와 보험대리점 위탁계약을 체결하고 있는 보험대리상이다. 乙은 독립적으로 보험계약의 체결을 중개하는 자이다. 丙은 보험자를 위하여 계속적으로 보험계약의 체결을 중개하는 자이다.

① 甲은 보험계약자 등으로부터 고지·통지의무를 수령할 수 있는 권한이 있으나 乙과 丙은 그러한 권한이 없고, 특별히 위임을 받은 경우에는 고지 및 통지를 수령할 수 있다.
② 甲은 보험계약의 체결을 대리하는 자라는 점에서 보험계약의 체결을 중개하는 乙및 丙과는 다른 법적지위를 갖는다.
③ 甲은 보험계약자에게 보험계약의 체결, 변경, 해지 등 보험계약에 관한 의사표시를 할 수 있는 권한을 가진다.
④ 乙과 丙은 독립된 사업자가 아니고 보험자의 피용자라는 점에서 동일한 법적지위를 갖는다.

TIP 보험대리상 등의 권한〈상법 제646조의2〉
① 보험대리상은 다음의 권한이 있다.
1. 보험계약자로부터 보험료를 수령할 수 있는 권한
2. 보험자가 작성한 보험증권을 보험계약자에게 교부할 수 있는 권한
3. 보험계약자로부터 청약, 고지, 통지, 해지, 취소 등 보험계약에 관한 의사표시를 수령할 수 있는 권한
4. 보험계약자에게 보험계약의 체결, 변경, 해지 등 보험계약에 관한 의사표시를 할 수 있는 권한
② 제1항에도 불구하고 보험자는 보험대리상의 제1항의 권한 중 일부를 제한할 수 있다. 다만, 보험자는 그러한 권한 제한을 이유로 선의의 보험계약자에게 대항하지 못한다.
③ 보험대리상이 아니면서 특정한 보험자를 위하여 계속적으로 보험계약의 체결을 중개하는 자는 보험계약자로부터 보험료를 수령할 수 있는 권한(보험자가 작성한 영수증을 보험계약자에게 교부하는 경우만 해당한다) 및 보험계약자로부터 청약, 고지, 통지, 해지, 취소 등 보험계약에 관한 의사표시를 수령할 수 있는 권한이 있다.
④ 피보험자나 보험수익자가 보험료를 지급하거나 보험계약에 관한 의사표시를 할 의무가 있는 경우에는 ㉠부터 ㉢까지의 규정을 그 피보험자나 보험수익자에게도 적용한다.

11 다음의 설명으로 옳지 않은 것은?

① 동일한 보험계약의 목적과 동일한 사고에 관하여 수 개의 보험계약을 체결하는 경우에 보험계약자는 각 보험자에게 보험계약의 내용을 통지하여야 한다.
② 보험사고로 인하여 상실된 피보험자가 얻을 이익이나 보수는 당사자 간에 다른 약정이 없으면 보험자가 보상할 손해액에 산입한다.
③ 당사자 간에 보험가액을 정하지 아니한 때에는 사고발생 시의 가액을 보험가액으로 한다.
④ 운송보험계약의 경우 보험사고가 운송보조자의 고의 또는 중대한 과실로 인하여 발생한 때에는 이로 인한 손해에 대하여 보험자는 면책이다.

TIP ② 보험사고로 인하여 상실된 피보험자가 얻을 이익이나 보수는 당사자 간에 다른 약정이 없으면 보험자가 보상할 손해액에 산입하지 아니한다〈상법 제667조(상실이익 등의 불산입)〉.
① 「상법」 제672조(중복보험) 제2항
③ 「상법」 제671조(미평가보험)
④ 「상법」 제692조(운송보조자의 고의, 중과실과 보험자의 면책)

12 다음의 설명으로 옳지 않은 것은?

① 타인을 위한 손해보험계약의 경우에 그 타인의 위임이 없는 때에는 보험계약자는 이를 보험자에게 고지하여야 하고, 이를 고지하지 않은 경우 타인이 그 보험계약이 체결된 사실을 알지 못하였다는 사유로 보험자에게 대항하지 못한다.
② 계속보험료의 미납으로 보험자가 보험계약을 해지하였으나 해지환급금이 지급되지 않은 경우라면 보험계약자는 일정한 기간 내에 연체보험료에 약정이자를 붙여 보험자에게 지급하고 그 계약의 부활을 청구할 수 있다.
③ 보험자는 보험금액의 지급에 관하여 약정기간이 없는 경우에는 보험계약자 또는 피보험자의 보험사고발생의 통지를 받은 후 지체 없이 지급할 보험금액을 정하고 그 정하여진 날부터 10일 이내에 보험금액을 지급하여야 한다.
④ 당사자 간에 보험가액을 정한 때에는 그 가액은 사고발생 시의 가액으로 정한 것으로 본다.

TIP ④ 당사자 간에 보험가액을 정한 때에는 그 가액은 사고발생 시의 가액으로 정한 것으로 추정한다. 그러나 그 가액이 사고발생 시의 가액을 현저하게 초과할 때에는 사고발생 시의 가액을 보험가액으로 한다〈상법 제670조(기평가보험)〉.
① 「상법」 제639조(타인을 위한 보험)
② 「상법」 제650조의2(보험계약의 부활)
③ 「상법」 제658조(보험금액의 지급)

ANSWER

9.① 10.④ 11.② 12.④

13 손해방지의무에 관한 설명으로 옳은 것은? (다툼이 있는 경우 판례에 의함)

① 해상보험에서 보험자는 보험의 목적의 안전과 보존을 위하여 지급할 특별비용을 보험가액의 한도에서 보상하여야 한다.

② 손해방지의무는 보험사고가 발생하면 개시된다.

③ 보험계약자와 피보험자가 경과실 또는 중과실로 손해방지의무를 위반한 경우 보험자는 그 의무 위반이 없다면 방지 또는 경감될 수 있으리라고 인정되는 손해에 대하여 배상을 청구하거나 지급할 보험금과 상계하여 이를 공제한 나머지 금액만을 보험금으로 지급할 수 있다.

④ 손해방지비용은 손해의 방지와 경감을 위한 비용을 의미하므로, 보험자가 보상하는 비용은 필요비에 한정한다.

TIP ② 보험사고가 생긴 때에는 계약자 또는 피보험자는 손해의 방지 또는 경감을 위하여 노력하는 일(피해자에 대한 응급처치, 긴급호송 또는 그 밖의 긴급조치를 포함한다), 제3자로부터 손해의 배상을 받을 수 있는 경우에는 그 권리를 지키거나 행사하기 위한 필요한 조치를 취하는 일, 손해배상책임의 전부 또는 일부에 관하여 지급(변제)·승인 또는 화해를 하거나 소송·중재 또는 조정을 제기하거나 신청하고자 할 경우에는 미리 회사의 동의를 받는 일을 이행하여야 한다〈보험업감독업무시행세칙 별표 15 생명보험 표준약관 제11조(손해방지의무)〉.

① 보험자는 보험의 목적의 안전이나 보존을 위하여 지급할 특별비용을 보험금액의 한도 내에서 보상할 책임이 있다〈상법 제694조의3(특별비용의 보상)〉.

③ 보험계약자와 피보험자는 손해의 방지와 경감을 위하여 노력하여야 한다〈상법 제680조 제1항〉. 보험계약자와 피보험자가 고의 또는 중대한 과실로 손해방지의무를 위반한 경우에는 보험자는 손해방지의무 위반과 상당인과관계가 있는 손해, 즉 의무 위반이 없다면 방지 또는 경감할 수 있으리라고 인정되는 손해액에 대하여 배상을 청구하거나 지급할 보험금과 상계하여 이를 공제한 나머지 금액만을 보험금으로 지급할 수 있으나, 경과실로 위반한 경우에는 그러하지 아니하다. 그리고 이러한 법리는 재보험의 경우에도 마찬가지로 적용된다[대법원 2016. 1. 14. 선고, 2015다6302 판결].

④ 「상법」 제680조 제1항에서 말하는 손해방지비용이라 함은 보험자가 담보하고 있는 보험사고가 발생한 경우에 보험사고로 인한 손해의 발생을 방지하거나 손해의 확대를 방지함은 물론 손해를 경감할 목적으로 행하는 행위에 필요하거나 유익하였던 비용으로서, 보험계약자나 피보험자가 손해의 방지와 경감을 위하여 지출한 비용은 원칙적으로 자신의 보험자에게 청구하여야 한다[대법원 2007. 3. 15. 선고, 2004다64272 판결].

14 책임보험에 관한 설명으로 옳지 않은 것은?

① 책임보험계약은 보험사고가 보험기간 중에만 발생하면 약관에 따라 보험금청구는 보험기간이 종료한 이후에도 가능하다.

② 피보험자가 동일한 사고로 제3자에게 배상책임을 짐으로써 입은 손해를 보상하는 수 개의 책임보험계약이 동시 또는 순차로 체결된 경우에 그 보험금액의 총액이 피보험자의 제3자에 대한 손해배상액을 초과하는 때에는 중복보험의 규정이 준용된다.

③ 제3자는 피보험자가 책임을 질 사고로 입은 손해에 대하여 보험금액의 한도 내에서 보험자에게 직접 보상을 청구할 수 있으며, 이 경우 보험자는 피보험자가 그 사고에 관하여 가지는 항변으로써 제3자에게 대항할 수 없다.

④ 피보험자가 제3자에 대하여 변제, 승인, 화해 또는 재판으로 인하여 채무가 확정된 때에는 지체 없이 보험자에게 이를 통지하여야 한다.

TIP 제3자는 피보험자가 책임을 질 사고로 입은 손해에 대하여 보험금액의 한도 내에서 보험자에게 직접 보상을 청구할 수 있다. 그러나 보험자는 피보험자가 그 사고에 관하여 가지는 항변으로써 제3자에게 대항할 수 있다〈상법 제724조(보험자와 제3자와의 관계) 제2항〉.

15 **선박보험증권의 기재사항으로 옳지 않은 것은?**

① 선박의 명칭
② 선적항 · 양륙항 · 출하지 · 도착지
③ 선박의 국적과 종류
④ 협정보험가액

TIP 해상보험증권 … 해상보험증권에는 손해보험증권 규정에 게기한 사항 외에 다음의 사항을 기재하여야 한다〈상법 제695조〉.
1. 선박을 보험에 붙인 경우에는 그 선박의 명칭, 국적과 종류 및 항해의 범위
2. 적하를 보험에 붙인 경우에는 선박의 명칭, 국적과 종류, 선적항, 양륙항 및 출하지와 도착지를 정한 때에는 그 지명
3. 보험가액을 정한 때에는 그 가액

16 **보험자의 청구권대위에 관한 설명으로 옳지 않은 것은? (다툼이 있는 경우 판례에 의함)**

① 보험자의 청구권대위를 인정하는 이유는 이득금지원칙의 실현, 부당한 면책의 방지에 있다.
② 인보험은 청구권대위가 적용되지 않으므로, 상해보험의 경우 당사자의 약정이 있더라도 청구권대위가 적용되지 아니한다.
③ 청구권대위는 보험금을 손익상계로 공제하지 않는 것을 전제로 한다.
④ 청구권대위가 성립하기 위해서는 제3자의 가해행위가 있어야 하고, 그로 인해 손해가 발생하고, 보험자가 피보험자에게 보험금을 지급하여야 한다.

TIP 보험자는 보험사고로 인하여 생긴 보험계약자 또는 보험수익자의 제3자에 대한 권리를 대위하여 행사하지 못한다. 그러나 상해보험계약의 경우에 당사자 간에 다른 약정이 있는 때에는 보험자는 피보험자의 권리를 해하지 아니하는 범위 안에서 그 권리를 대위하여 행사할 수 있다〈상법 제729조(제3자에 대한 보험대위의 금지)〉.

17 **보험료 지급의무에 관한 설명으로 옳지 않은 것은?**

① 보험료 지급의무는 보험계약의 당사자인 보험계약자가 부담하는 것이 원칙이다.
② 보험료 지급채무는 제3자도 변제할 수 있다.
③ 보험료의 지급장소에 대해 「상법」은 보험자의 영업소라고 규정하고 있다.
④ 최초의 보험료를 지급하지 않은 경우 다른 약정이 없는 한 보험계약이 성립한 후 2월이 경과하면 계약이 해제된 것으로 본다.

TIP ③ 보험료의 지급장소에 대한 규정은 없다.
①② 보험계약자는 보험자에 대하여 보험료를 지급할 의무가 있다. 그러나 보험계약자가 파산선고를 받거나 보험료의 지급을 지체한 때에는 그 타인이 그 권리를 포기하지 아니하는 한 그 타인도 보험료를 지급할 의무가 있다〈상법 제639조(타인을 위한 보험) 제3항〉.
④ 보험계약자는 계약체결 후 지체 없이 보험료의 전부 또는 제1회 보험료를 지급하여야 하며, 보험계약자가 이를 지급하지 아니하는 경우에는 다른 약정이 없는 한 계약성립 후 2월이 경과하면 그 계약은 해제된 것으로 본다〈상법 제650조(보험료의 지급과 지체의 효과) 제1항〉.

ANSWER
13.② 14.③ 15.② 16.② 17.③

18 **잔존물대위와 보험위부의 비교에 관한 설명으로 옳지 않은 것은?**

① 잔존물대위의 경우 보험의 목적 전부가 멸실된 경우 보험금액의 전부를 피보험자에게 지급한 보험자가 보험목적에 대한 피보험자의 권리를 취득한다.

② 잔존물대위의 경우 보험의 목적이 물리적으로 멸실하거나 또는 본래의 경제적 가치를 상실할 정도로 훼손된 경우에도 전손으로 볼 수 있다.

③ 보험위부의 경우 선박의 존부가 1개월간 분명하지 않은 때 그 선박의 행방이 불명한 것으로 하고 이를 전손으로 추정한다.

④ 보험위부에서 보험자가 위부를 승인하지 아니한 때에 피보험자는 위부의 원인을 증명하지 아니하면 보험금액의 지급을 청구하지 못한다.

TIP 선박의 존부가 2월간 분명하지 아니한 때에는 그 선박의 행방이 불명한 것으로 한다 이 경우에는 전손으로 추정한다〈상법 제711조(선박의 행방불명) 제1항〉.

19 **피보험자인 甲은 보험자와 보험가액이 1억 원인 자신 소유의 건물에 대하여 보험금액을 6천만 원으로 하는 화재보험에 가입하였다. 그러나 제3자인 乙의 방화로 6천만 원의 손해가 발생하였다. 이에 따라 보험자는 일부보험 법리에 따라 보험가액 비율(6/10)인 3천 6백만 원을 甲에게 지급하였다. 그런데 乙의 변제자력이 4천만 원인 경우를 가정하였을 때 피보험자 우선설(차액설)에 따라 보험자가 乙에게 청구할 수 있는 금액은 얼마인가?**

① 1천 6백만 원
② 2천 4백만 원
③ 3천만 원
④ 4천만 원

TIP 피보험자 甲은 보험자로부터 수령한 보험금 3천 6백만 원으로 전보되지 않고 남은 손해액인 2천 4백만 원을 乙에게 청구할 수 있다. 乙의 변제자력이 4천만 원이므로, 보험자는 보험자대위에 의하여 남은 1천 6백만 원에 대하여 乙에게 청구할 수 있다.

※ 손해보험의 보험사고에 관하여 동시에 불법행위나 채무불이행에 기한 손해배상책임을 지는 제3자가 있어 피보험자가 그를 상대로 손해배상청구를 하는 경우에, 피보험자가 손해보험계약에 따라 보험자로부터 수령한 보험금은 보험계약자가 스스로 보험사고의 발생에 대비하여 그때까지 보험자에게 납입한 보험료의 대가적 성질을 지니는 것으로서 제3자의 손해배상책임과는 별개의 것이므로 이를 그의 손해배상책임액에서 공제할 것이 아니다. 따라서 위와 같은 피보험자는 보험자로부터 수령한 보험금으로 전보되지 않고 남은 손해에 관하여 제3자를 상대로 그의 배상책임(다만 과실상계 등에 의하여 제한된 범위 내의 책임)을 이행할 것을 청구할 수 있는바, 전체 손해액에서 보험금으로 전보되지 않고 남은 손해액이 제3자의 손해배상책임액보다 많을 경우에는 제3자에 대하여 그의 손해배상책임액 전부를 이행할 것을 청구할 수 있고, 위 남은 손해액이 제3자의 손해배상책임액보다 적을 경우에는 그 남은 손해액의 배상을 청구할 수 있다. 후자의 경우에 제3자의 손해배상책임액과 위 남은 손해액의 차액 상당액은 보험자대위에 의하여 보험자가 제3자에게 이를 청구할 수 있다[대법원 2015. 1. 22. 선고, 2014다46211 전원합의체 판결].

20 화재보험에 관한 설명으로 옳지 않은 것은?

① 보험자는 화재손해 감소에 필요한 조치로 인하여 생긴 손해에 대하여는 다른 약정이 있는 경우에 한하여 보상할 책임이 있다.
② 보험자는 화재의 소방에 필요한 조치로 인하여 생긴 손해를 보상할 책임이 있다.
③ 건물을 보험의 목적으로 한 화재보험증권에는 그 소재지뿐만 아니라 그 구조와 용도도 기재하여야 한다.
④ 집합된 물건을 일괄하여 화재보험의 목적으로 한 때에는 피보험자의 사용인의 물건도 보험의 목적에 포함된 것으로 한다.

TIP 보험자는 화재의 소방 또는 손해의 감소에 필요한 조치로 인하여 생긴 손해를 보상할 책임이 있다〈상법 제684조(소방 등의 조치로 인한 손해의 보상)〉.

21 해상보험계약에 있어 보험자가 책임을 지지 아니하는 사유에 해당하지 않는 것은?

① 항해변경
② 이로
③ 선박의 변경
④ 선장의 변경

TIP ① 선박이 보험계약에서 정하여진 발항항이 아닌 다른 항에서 출항한 때에는 보험자는 책임을 지지 아니한다. 선박이 보험계약에서 정하여진 도착항이 아닌 다른 항을 향하여 출항한 때에도 같다〈상법 제701조(항해변경의 효과) 제1항, 제2항〉.
② 선박이 정당한 사유 없이 보험계약에서 정하여진 항로를 이탈한 경우에는 보험자는 그때부터 책임을 지지 아니한다. 선박이 손해발생 전에 원항로로 돌아온 경우에도 같다〈제701조의2(이로)〉.
③ 적하를 보험에 붙인 경우에 보험계약자 또는 피보험자의 책임있는 사유로 인하여 선박을 변경한 때에는 그 변경후의 사고에 대하여 책임을 지지 아니한다〈제703조(선박변경의 효과)〉.

22 해상보험에 관한 설명으로 옳지 않은 것은?

① 보험자는 피보험자가 선박의 일부가 훼손되었음에도 불구하고 이를 수선하지 아니하였다면 그로 인한 선박의 감가액을 보상할 책임은 없다.
② 보험의 목적인 적하에 일부손해가 생긴 경우 보험자는 그 손해가 생긴 상태의 가액과 정상가액과의 차액의 정상 가액에 대한 비율을 보험가액에 곱하여 산정한 금액에 대해 보상책임을 부담한다.
③ 항해도중에 불가항력으로 보험의 목적인 적하를 매각한 때에는 보험자는 그 대금에서 운임 기타 필요한 비용을 공제한 금액과 보험가액과의 차액을 보상하여야 한다.
④ 보험계약의 체결 당시에 하물을 적재할 선박을 지정하지 아니한 경우에 보험계약자 또는 피보험자가 그 하물이 선적되었음을 안 때에는 지체 없이 보험자에 대하여 그 선박의 명칭, 국적과 하물의 종류, 수량과 가액의 통지를 발송하여야 한다.

TIP ① 선박의 일부가 훼손되었으나 이를 수선하지 아니한 경우에는 보험자는 그로 인한 감가액을 보상할 책임이 있다〈상법 제707조의2(선박의 일부손해의 보상) 제3항〉.
② 「상법」 제708조(적하의 일부손해의 보상)
③ 「상법」 제709조(적하매각으로 인한 손해의 보상) 제1항
④ 「상법」 제704조(선박미확정의 적하예정보험) 제1항

ANSWER
18.③ 19.① 20.① 21.④ 22.①

23 단체보험에 있어 피보험자의 동의에 관한 설명으로 옳지 않은 것은? (다툼이 있는 경우 판례에 의함)

① 단체가 구성원의 전부 또는 일부를 피보험자로 하는 생명보험계약을 체결함에 있어서, 「상법」 제735조의3에서 규정하고 있는 '규약'을 구비하지 못한 경우, 피보험자의 서면동의가 있었던 시점부터 보험계약으로서의 효력이 발생한다.

② 타인의 사망을 보험사고로 하는 단체보험계약에 있어서, 보험계약의 유효요건으로서 피보험자가 서면으로 동의의 의사를 표시하거나 그에 갈음하는 규약의 작성에 동의하여야 하는 종기는 보험계약체결 시까지이다.

③ 「상법」 제735조의3에서 규정하고 있는 규약이나 「상법」 제731조에서 규정하고 있는 서면동의 없이 단체보험계약을 체결한 자가 그 보험계약의 무효를 주장하는 것은 신의칙 또는 금반언의 원칙에 반한다.

④ 「상법」 제735조의3에서 단체보험의 유효요건으로 요구하는 '규약'의 의미는 단체협약, 취업규칙, 정관 등 그 형식을 막론하고 단체보험의 가입에 관한 단체내부의 협정에 해당하는 것으로서, 반드시 당해 보험가입과 관련한 상세한 사항까지 규정하고 있을 필요는 없다.

TIP ③ 타인의 사망을 보험사고로 하는 보험계약에 피보험자의 서면동의를 얻도록 되어 있는 「상법」 제731조 제1항이나 단체가 구성원의 전부 또는 일부를 피보험자로 하는 생명보험계약을 체결하는 경우 피보험자의 개별적 동의에 갈음하여 집단적 동의에 해당하는 단체보험에 관한 단체협약이나 취업규칙 등 규약의 존재를 요구하는 「상법」 제735조의3의 입법취지에는 이른바 도박보험이나 피보험자에 대한 위해의 우려 이외에도 피해자의 동의 없이 타인의 사망을 사행계약상의 조건으로 삼는 데서 오는 공서양속의 침해의 위험성을 배제하고자 하는 고려도 들어 있다 할 것인데, 이를 위반하여 위 법조 소정의 규약이나 서면동의가 없는 상태에서 단체보험계약을 체결한 자가 위 요건의 흠결을 이유로 그 무효를 주장하는 것이 신의성실의 원칙 또는 금반언의 원칙에 위배되는 권리행사라는 이유로 이를 배척한다면 위 입법 취지를 몰각시키는 결과를 초래하므로 특단의 사정이 없는 한 그러한 주장이 신의성실 등의 원칙에 반한다고 볼 수는 없다[대법원 2006. 4. 27. 선고, 2003다60259 판결].

① 상법 제735조의3은 단체가 규약에 따라 구성원의 전부 또는 일부를 피보험자로 하는 생명보험계약을 체결하는 경우에는 제731조를 적용하지 아니한다고 규정하고 있으므로 위와 같은 단체보험에 해당하려면 위 법조 소정의 규약에 따라 보험계약을 체결한 경우이어야 하고, 그러한 규약이 갖추어지지 아니한 경우에는 강행법규인 상법 제731조의 규정에 따라 피보험자인 구성원들의 서면에 의한 동의를 갖추어야 보험계약으로서의 효력이 발생한다[대법원 2006. 4. 27. 선고 2003다60259 판결].

② 타인의 사망을 보험사고로 하는 보험계약에 있어서 피보험자가 서면으로 동의의 의사표시를 하거나 그에 갈음하는 규약의 작성에 동의하여야 하는 시점은 상법 제731조의 규정에 비추어 보험계약체결 시까지이다[대법원 2006. 4. 27. 선고 2003다60259 판결].

④ 상법 제735조의3에서 단체보험의 유효요건으로 요구하는 '규약'의 의미는 단체협약, 취업규칙, 정관 등 그 형식을 막론하고 단체보험의 가입에 관한 단체내부의 협정에 해당하는 것으로서, 반드시 당해 보험가입과 관련한 상세한 사항까지 규정하고 있을 필요는 없고 그러한 종류의 보험가입에 관하여 대표자가 구성원을 위하여 일괄하여 계약을 체결할 수 있다는 취지를 담고 있는 것이면 충분하다 할 것이지만, 위 규약이 강행법규인 상법 제731조 소정의 피보험자의 서면동의에 갈음하는 것인 이상 취업규칙이나 단체협약에 근로자의 채용 및 해고, 재해부조 등에 관한 일반적 규정을 두고 있다는 것만으로는 이에 해당한다고 볼 수 없다[대법원 2006. 4. 27. 선고 2003다60259 판결].

24 상법상 인보험에 관한 설명으로 옳지 않은 것은?

① 인보험은 피보험자의 생명이나 신체에 관한 보험사고를 담보한다.
② 인보험은 생명보험, 상해보험, 질병보험으로 구분할 수 있다.
③ 인보험계약에 있어 보험금은 당사자 간의 약정에 따라 분할하여 지급할 수 있다.
④ 생명보험에는 중복보험에 관한 규정이 존재한다.

TIP ④ 생명보험에는 중복보험에 관한 규정이 존재하지 않는다.
① 인보험계약의 보험자는 피보험자의 생명이나 신체에 관하여 보험사고가 발생할 경우에 보험계약으로 정하는 바에 따라 보험금이나 그 밖의 급여를 지급할 책임이 있다〈상법 제727조(인보험자의 책임) 제1항〉.
② 인보험〈상법 제4편 제3장〉은 생명보험〈상법 제4편 제3장 제2절〉, 상해보험〈상법 제4편 제3장 제3절〉, 질병보험〈상법 제4편 제3장 제4절〉으로 구분할 수 있다.
③ 보험금은 당사자 간의 약정에 따라 분할하여 지급할 수 있다〈상법 제727조(인보험자의 책임) 제2항〉.

25 상법상 보험대리상이 아니면서 특정한 보험자를 위하여 계속적으로 보험계약의 체결을 중개하는 자의 권한으로 바르게 짝지어진 것은?

㉠ 보험자가 작성한 영수증을 교부함으로써 보험계약자로부터 보험료를 수령할 수 있는 권한 ㉡ 보험자가 작성한 보험증권을 보험계약자에게 교부할 수 있는 권한 ㉢ 보험계약자로부터 청약의 의사표시를 수령할 수 있는 권한 ㉣ 보험계약자에게 보험계약의 해지의 의사표시를할 수 있는 권한

① ㉠㉡
② ㉠㉡㉢
③ ㉠㉡㉢㉣
④ ㉢㉣

TIP 보험대리상 등의 권한〈상법 제646조의2〉
① 보험대리상은 다음의 권한이 있다.
1. 보험계약자로부터 보험료를 수령할 수 있는 권한
2. 보험자가 작성한 보험증권을 보험계약자에게 교부할 수 있는 권한
3. 보험계약자로부터 청약, 고지, 통지, 해지, 취소 등 보험계약에 관한 의사표시를 수령할 수 있는 권한
4. 보험계약자에게 보험계약의 체결, 변경, 해지 등 보험계약에 관한 의사표시를 할 수 있는 권한
② 제1항에도 불구하고 보험자는 보험대리상의 제1항의 권한 중 일부를 제한할 수 있다. 다만, 보험자는 그러한 권한 제한을 이유로 선의의 보험계약자에게 대항하지 못한다.
③ 보험대리상이 아니면서 특정한 보험자를 위하여 계속적으로 보험계약의 체결을 중개하는 자는 보험계약자로부터 보험료를 수령할 수 있는 권한(보험자가 작성한 영수증을 보험계약자에게 교부하는 경우만 해당한다) 및 보험계약자로부터 청약, 고지, 통지, 해지, 취소 등 보험계약에 관한 의사표시를 수령할 수 있는 권한이 있다.
④ 피보험자나 보험수익자가 보험료를 지급하거나 보험계약에 관한 의사표시를 할 의무가 있는 경우에는 제1항부터 제3항까지의 규정을 그 피보험자나 보험수익자에게도 적용한다.

ANSWER
23.③ 24.④ 25.①

26 상해보험에 관한 설명으로 옳지 않은 것은?

① 상해보험에서는 보험사고의 시기와 보험사고의 발생 여부가 불확정적이다.
② 15세 미만자, 심신상실자 또는 심신박약자의 상해를 보험사고로 한 보험계약은 무효이다.
③ 상해보험계약의 보험자는 신체의 상해에 관한 보험사고가 발생할 경우에 보험금액 기타의 급여를 지급할 책임이 있다.
④ 상해보험에 있어서 피보험자와 보험계약자가 동일인이 아닐 경우에는 보험증권의 기재사항 중에서 피보험자의 주소·성명 및 생년월일에 갈음하여 피보험자의 직무 또는 직위만을 기재할 수 있다.

TIP ② 상해보험에 관하여는 15세 미만자 등에 대한 계약의 금지의 규정을 제외하고 생명보험에 관한 규정을 준용한다〈상법 제739조(준용규정)〉.
① 손해보험과 유사하게 상해보험에서는 보험사고의 시기와 보험사고의 발생 여부가 불확정적이다.
③ 「상법」 제737조(상해보험자의 책임)
④ 「상법」 제738조(상해보험증권)

27 타인의 사망보험에 관한 설명으로 옳지 않은 것은? (다툼이 있는 경우 판례에 의함)

① 타인의 사망을 보험사고로 하는 보험계약에 있어서 보험설계사가 보험계약자에게 피보험자인 타인의 서면동의를 얻어야 하는 사실에 대한 설명 의무를 위반하여 보험계약이 무효로 된 경우, 보험회사는 「보험업법」 제102조 제1항에 따라 보험계약자에게 보험금 상당액의 손해배상책임을 부담한다.
② 보험계약자가 보험계약체결 당시 보험계약청약서 및 약관의 내용을 검토하여 피보험자의 서면동의를 받았어야 할 주의 의무를 게을리 하였다면, 과실상계가 적용될 수 있다.
③ 피보험자의 서면동의 없이 체결된 타인의 사망을 보험사고로 하는 보험계약은 무효이다. 그러나 피보험자의 추인으로 보험계약이 유효로 될 여지는 있다.
④ 타인의 사망을 보험사고로 하는 보험계약에서 요구되는 피보험자인 타인의 동의에 포괄적 동의, 묵시적 동의 및 추정적인 동의는 제외된다.

TIP 「상법」 제731조 제1항이 타인의 사망을 보험사고로 하는 보험계약의 체결 시 타인의 서면동의를 얻도록 규정한 것은 동의의 시기와 방식을 명확히 함으로써 분쟁의 소지를 없애려는 데 취지가 있으므로, 피보험자인 타인의 동의는 각 보험계약에 대하여 개별적으로 서면에 의하여 이루어져야 하고 포괄적인 동의 또는 묵시적이거나 추정적 동의만으로는 부족하다. 그리고 「상법」 제731조 제1항에 의하면 타인의 생명보험에서 피보험자가 서면으로 동의의 의사표시를 하여야 하는 시점은 '보험계약체결 시까지'이고, 이는 강행규정으로서 이에 위반한 보험계약은 무효이므로, 타인의 생명보험계약성립 당시 피보험자의 서면동의가 없다면 보험계약은 확정적으로 무효가 되고, 피보험자가 이미 무효로 된 보험계약을 추인하였다고 하더라도 보험계약이 유효로 될 수는 없다[대법원 2015. 10. 15. 선고, 2014다204178 판결].

28 **보험수익자의 지정 또는 변경에 관한 설명으로 옳지 않은 것은?**

① 보험수익자의 지정 또는 변경의 권리는 보험계약자에게 있다.
② 보험계약자가 보험수익자 지정권을 행사하지 아니하고 사망한 경우에는 피보험자를 보험수익자로 한다.
③ 보험계약자가 보험수익자 변경권을 행사하지 아니하고 사망한 경우에는 보험수익자의 권리가 확정된다.
④ 보험수익자가 보험존속 중에 사망한 경우에는 보험계약자는 다시 보험수익자를 지정할 수 있다. 이 경우에 보험계약자가 지정권을 행사하지 아니하고 사망한 때에는 보험계약자의 상속인을 보험수익자로 한다.

TIP 보험수익자의 지정 또는 변경의 권리〈상법 제733조〉
① 보험계약자는 보험수익자를 지정 또는 변경할 권리가 있다.
② 보험계약자가 제1항의 지정권을 행사하지 아니하고 사망한 때에는 피보험자를 보험수익자로 하고 보험계약자가 제1항의 변경권을 행사하지 아니하고 사망한 때에는 보험수익자의 권리가 확정된다. 그러나 보험계약자가 사망한 경우에는 그 승계인이 제1항의 권리를 행사할 수 있다는 약정이 있는 때에는 그러하지 아니하다.
③ 보험수익자가 보험존속 중에 사망한 때에는 보험계약자는 다시 보험수익자를 지정할 수 있다. 이 경우에 보험계약자가 지정권을 행사하지 아니하고 사망한 때에는 보험수익자의 상속인을 보험수익자로 한다.
④ 보험계약자가 제2항과 제3항의 지정권을 행사하기 전에 보험사고가 생긴 경우에는 피보험자 또는 보험수익자의 상속인을 보험수익자로 한다.

29 **보험적립금 반환의무에 관한 설명으로 옳은 것은?**

① 보험적립금반환의무는 고지 의무 위반으로 계약이 해지된 경우에는 적용되지 아니한다.
② 보험적립금청구권은 2년의 시효로 소멸한다.
③ 계속보험료의 지급 지체로 보험계약이 해지된 경우에는 보험자는 보험수익자를 위하여 적립한 금액을 보험계약자에게 지급하여야 한다.
④ 보험계약자의 고의로 인한 보험사고의 경우에도 보험자는 보험적립금반환의무를 부담한다.

TIP ③ 「상법」 제650조(보험료의 지급과 지체의 효과) 제2항, 「상법」 제736조(보험적립금반환의무 등) 제1항
①④ 사고발생 전의 임의해지, 보험료의 지급과 지체의 효과, 고지 의무 위반으로 인한 계약해지 및 위험변경증가의 통지와 계약해지 내지 계약해지와 보험금청구권의 규정에 의하여 보험계약이 해지된 때, 보험자의 면책사유와 전쟁위험 등으로 인한 면책의 규정에 의하여 보험금액의 지급책임이 면제된 때에는 보험자는 보험수익자를 위하여 적립한 금액을 보험계약자에게 지급하여야 한다. 그러나 다른 약정이 없으면 보험사고가 보험계약자 또는 피보험자나 보험수익자의 고의 또는 중대한 과실로 인하여 생긴 때에는 보험자는 보험금액을 지급할 책임이 없다〈상법 제736조(보험적립금반환의무 등) 제1항〉.
② 보험금청구권은 3년간, 보험료 또는 적립금의 반환청구권은 3년간, 보험료청구권은 2년간 행사하지 아니하면 시효의 완성으로 소멸한다〈상법 제662조(소멸시효)〉.

ANSWER
26.② 27.③ 28.④ 29.③

30 **재보험에 관한 설명으로 옳지 않은 것은?**

① 재보험계약은 원보험계약의 효력에 영향을 미치지 아니한다.
② 책임보험에 관한 규정은 그 성질에 반하지 아니하는 범위에서 재보험계약에 준용될 수 있다.
③ 재보험자가 원보험계약자에게 보험금을 지급하면 지급한 재보험금의 한도 내에서 원보험자가 제3자에 대해 가지는 권리를 대위취득한다.
④ 원보험계약의 보험자가 보험금 지급의무를 이행하지 않을 경우 피보험자 또는 보험수익자는 재보험자에게 직접 보험금 지급청구권을 행사할 수 있다.

TIP ① 「상법」 제661조(재보험)
② 「상법」 제664조(상호보험, 공제 등에의 준용)
③ 「상법」 제682조(제3자에 대한 보험대위) 제1항

31 **보증보험에 관한 설명으로 옳지 않은 것은? (다툼이 있는 경우 판례에 의함)**

① 보증보험은 보험계약자의 계약상의 채무불이행 또는 법령상의 의무불이행으로 인하여 피보험자가 입은 손해를 담보하기 위한 보험이다.
② 보증보험은 손해보험계약의 일종이다.
③ 이행보증보험의 보험자는 「민법」 제434조를 준용하여 보험계약자의 채권에 의한 상계로 피보험자에게 대항할 수 있고, 그 상계로 피보험자의 보험계약자에 대한 채권이 소멸되는 만큼 보험자의 피보험자에 대한 보험금 지급채무도 소멸된다.
④ 이행보증보험계약에 의하여 보험자가 피보험자에게 담보하는 채무이행의 내용은 채권자와 채무자 사이에서 체결된 주계약에 의하여 정하여지고 이러한 주계약을 전제로 이행보증보험계약이 성립되므로, 그 주계약은 반드시 이행보증보험계약을 체결할 당시 확정적으로 유효하게 성립되어 있어야 한다.

TIP 이행보증보험은 채무자인 보험계약자가 채권자인 피보험자에게 계약상의 채무를 이행하지 아니함으로써 손해를 입힌 경우에 보험자가 그 손해의 전보를 인수하는 것을 내용으로 하는 손해보험으로서 보험계약자의 피보험자에 대한 계약상의 채무이행을 담보하는 것이므로, 이행보증보험계약에 의하여 보험자가 피보험자에게 담보하는 채무이행의 내용은 채권자와 채무자 사이에서 체결된 주계약에 의하여 정하여지고 이러한 주계약을 전제로 이행보증보험계약이 성립하지만, 그 주계약이 반드시 이행보증보험계약을 체결할 당시 이미 확정적으로 유효하게 성립되어 있어야 하는 것은 아니고 장차 체결될 주계약을 전제로 하여서도 유효하게 이행보증보험계약이 체결될 수 있다[대법원 1999. 2. 9. 선고, 98다49104 판결].

32 **손해액 산정기준에 관한 설명으로 옳지 않은 것은?**

① 보험자가 보상할 손해액은 그 손해가 발생한 때와 곳의 가액에 의하여 산정한다.
② 손해액의 산정에 관한 비용은 보험자 및 보험계약자의 공동부담으로 한다.
③ 손해액의 산정에 관하여 당사자 간에 별도의 약정이 있는 경우에는 신품가액에 의하여 산정할 수 있다.
④ 손해액의 산정에 관해서는 기본적으로 손해보험의 대원칙인 실손보상의 원칙이 적용된다.

TIP 손해액의 산정기준〈상법 제676조〉
① 보험자가 보상할 손해액은 그 손해가 발생한 때와 곳의 가액에 의하여 산정한다. 그러나 당사자 간에 다른 약정이 있는 때에는 그 신품가액에 의하여 손해액을 산정할 수 있다.
② 제1항의 손해액의 산정에 관한 비용은 보험자의 부담으로 한다.

33 **보험계약의 해지에 관한 설명으로 옳지 않은 것은?**

① 보험계약자는 보험사고의 발생 여부와 상관없이 언제든지 보험계약의 전부 또는 일부를 해지할 수 있다.
② 보험사고의 발생으로 보험자가 보험금을 지급한 때에도 보험금액이 감액되지 아니한 보험의 경우에는 보험계약자는 그 사고발생 후에도 보험계약을 해지할 수 있다.
③ 보험자가 파산선고를 받은 때에는 보험계약자는 계약을 해지할 수 있다.
④ 보험자가 고지 의무 위반 사실을 알았거나 중대한 과실로 인하여 알지 못한 경우에는 계약을 해지할 수 없다.

TIP ① 보험사고가 발생하기 전에는 보험계약자는 언제든지 계약의 전부 또는 일부를 해지할 수 있다〈상법 제649조(사고발생전의 임의해지) 제1항 전단〉.
② 「상법」 제649(사고발생전의 임의해지) 제2항
③ 「상법」 제654조(보험자의 파산선고와 계약해지) 제1항
④ 「상법」 제651조(고지의무위반으로 인한 계약해지)

34 **초과보험에 관한 설명으로 옳지 않은 것은?**

① 보험가액이 보험기간 중에 현저하게 감소된 때에는 보험자 또는 보험계약자는 보험료와 보험금액의 감액을 청구할 수 있다.
② 중복보험으로 보험금액이 현저하게 보험가액을 초과하는 경우에 초과보험이 된다.
③ 현저한 초과는 보험료 및 보험금액의 감액에 영향을 줄 정도의 초과를 의미한다.
④ 보험료 감액 청구 후 보험료의 감액은 소급효가 인정된다.

TIP 초과보험〈상법 제669조〉
① 보험금액이 보험계약의 목적의 가액을 현저하게 초과한 때에는 보험자 또는 보험계약자는 보험료와 보험금액의 감액을 청구할 수 있다. 그러나 보험료의 감액은 장래에 대하여서만 그 효력이 있다.
② 제1항의 가액은 계약 당시의 가액에 의하여 정한다.
③ 보험가액이 보험기간 중에 현저하게 감소된 때에도 제1항과 같다.
④ 제1항의 경우에 계약이 보험계약자의 사기로 인하여 체결된 때에는 그 계약은 무효로 한다. 그러나 보험자는 그 사실을 안 때까지의 보험료를 청구할 수 있다.

ANSWER
30.④ 31.④ 32.② 33.① 34.④

35 **다음의 사례와 해석원칙을 바르게 연결한 것은? (다툼이 있는 경우 판례에 의함)**

〈사례〉

㉠ 면책약관에 의하면 식중독에 의한 사망에 대해 보상하지 아니한다고 규정하고 있었다. 그런데 보험대리점은 비브리오균에 의한 식중독으로 사망한 경우에도 보험금이 지급된다고 설명하였다. 이에 따라 법원은 당사자 사이에 명시적으로 약관의 내용과 달리 약정한 경우에는 약관의 구속력이 배제된다고 보았다.
㉡ 무면허운전면책조항은 무면허운전이 보험계약자나 피보험자의 지배 또는 관리가 가능한 상황에서 이루어진 경우에 한하여 적용되는 것으로 수정해석할 필요가 있다.
㉢ 수술의 의미를 구체적으로 명확하게 제한하지 않고 있으므로, 가는 관을 대동맥에 삽입하여 이를 통해 약물 등을 주입하는 색전술도 넓은 의미의 수술에 포함될 수 있다.

〈해석원칙〉

ⓐ 작성자 불이익의 원칙
ⓑ 개별약정 우선의 원칙
ⓒ 효력유지적 축소해석의 원칙

	㉠	㉡	㉢
①	ⓐ	ⓑ	ⓒ
②	ⓑ	ⓐ	ⓒ
③	ⓑ	ⓒ	ⓐ
④	ⓒ	ⓒ	ⓑ

TIP ⓐ **작성자 불이익의 원칙** : 약관의 뜻이 명백하지 아니한 경우에는 고객에게 유리하게 해석되어야 한다〈약관의 규제에 관한 법률 제5조(약관의 해석) 제2항〉. – ㉢

※ 보통보험약관이 계약 당사자에 대하여 구속력을 갖는 것은 그 자체가 법규범 또는 법규범적 성질을 가진 약관이기 때문이 아니라 당사자가 계약내용에 포함시키기로 합의하였기 때문인 바, 일반적으로 보통보험약관을 계약내용에 포함시킨 보험계약서가 작성되면 약관의 구속력은 계약자가 그 약관의 내용을 알지 못하더라도 배제할 수 없으나 당사자가 명시적으로 약관의 내용과 달리 약정한 경우에는 배제된다고 보아야 하므로 보험회사를 대리한 보험대리점 내지 보험외판원이 보험계약자에게 보통보험약관과 다른 내용으로 보험계약을 설명하고 이에 따라 계약이 체결되었으면 그 때 설명된 내용이 보험계약의 내용이 되고 그와 배치되는 약관의 적용은 배제된다[대법원 1989. 3. 28. 선고, 88다4645 판결].

ⓑ **개별약정 우선의 원칙** : 약관에서 정하고 있는 사항에 관하여 사업자와 고객이 약관의 내용과 다르게 합의한 사항이 있을 때에는 그 합의 사항은 약관보다 우선한다〈약관의 규제에 관한 법률 제4조(개별 약정의 우선)〉. – ㉠

※ 갑 보험회사의 보험계약 약관에서 말하는 암 수술급여금의 지급대상인 '수술'에 폐색전술이 해당하는지 여부가 문제된 사안에서, 보험계약 약관 제5조에서는 암 보험급여의 대상이 되는 수술을 특정암 또는 일반암의 치료를 직접적인 목적으로 수술을 받는 행위라고만 규정하고 있을 뿐 의료계에서 표준적으로 인정되는 수술이라고 제한하고 있지 않고, 위 약관에서 수술의 의미를 구체적으로 명확하게 제한하고 있지도 않으므로, 가는 관을 대동맥에 삽입하여 이를 통해 약물 등을 주입하는 색전술도 넓은 의미의 수술에 포함될 여지가 충분히 있고, 갑 보험회사는 병원에 직접 을의 치료내용을 확인한 후 3년 3개월 동안 19회에 걸쳐 합계 1억 1,400만 원의 암 수술급여금을 지급해 왔으므로, 을이 받은 폐색전술은 보험계약 약관 제5조의 수술에 해당한다고 봄이 상당하고, 이러한 해석론이 약관 해석에 있어서의 작성자 불이익의 원칙에도 부합하는 것이다[대법원 2010. 7. 22. 선고, 2010다28208,28215 판결].

ⓒ **효력유지적 축소해석의 원칙** : 면책약관 등 약관조항의 내용을 무제한적으로 해석하여 「약관의 규제에 관한 법률」이 허용하는 범위를 초과하여 무효가 되는 경우, 이를 법이 허용하는 범위 내로 축소 해석하여 문제가 되는 약관조항의 효력이 계속 유지될 수 있도록 하는 원칙이다. – ㉡

※ 무면허운전면책조항을 문언 그대로 무면허운전의 모든 경우를 아무런 제한 없이 보험의 보상대상에서 제외한 것으로 해석하게 되면 절취운전이나 무단운전의 경우와 같이 자동차보유자는 피해자에게 손해배상책임을 부담하면서도 자기의 지배관리가 미치지 못하는 무단운전자의 운전면허소지 여부에 따라 보험의 보호를 전혀 받지 못하는 불합리한 결과가 생기는 바, 이러한 경우는 보험계약자의 정당한 이익과 합리적인 기대에 어긋나는 것으로서 고객에게 부당하게 불리하고 보험자가 부담하여야 할 담보책임을 상당한 이유 없이 배제하는 것이어서 현저하게 형평을 잃은 것이라고 하지 않을 수 없으며 이는 보험단체의 공동이익과 보험의 등가성 등을 고려하더라도 마찬가지라고 할 것이므로 결국 위 무면허운전면책조항이 보험계약자나 피보험자의 지배 또는 관리가능성이 없는 무면허운전의 경우에까지 적용된다고 보는 경우에는 그 조항은 신의성실의 원칙에 반하는 공정을 잃은 조항으로서 「약관의 규제에 관한 법률」 제6조 제1, 2항, 제7조 제2, 3호의 각 규정에 비추어 무효라고 볼 수밖에 없기 때문에 위 무면허운전면책조항은 위와 같은 무효의 경우를 제외하고 무면허운전이 보험계약자나 피보험자의 지배 또는 관리가능한 상황에서 이루어진 경우에 한하여 적용되는 조항으로 수정해석을 할 필요가 있으며 무면허운전이 보험계약자나 피보험자의 지배 또는 관리 가능한 상황에서 이루어진 경우라고 함은 구체적으로는 무면허운전이 보험계약자나 피보험자 등의 명시적 또는 묵시적 승인 하에 이루어진 경우를 말한다[대법원 1991. 12. 24. 선고, 90다카23899 전원합의체 판결].

36 **자동차보험에 관한 설명으로 옳지 않은 것은? (다툼이 있는 경우 판례에 의함)**

① 기명피보험자란 피보험 자동차를 소유 · 사용 · 관리하는 자 중에서 보험계약자가 지정하여 보험증권의 기명피보험자란에 기재되어 있는 피보험자를 말한다.

② 전혼이 사실상 이혼상태에 있는 등 특별한 사정이 있더라도 사실혼 배우자는 친족피보험자에 포함되지 아니한다.

③ 기명피보험자로부터 피보험 자동차를 임대받아 운행하는 자는 피보험 자동차를 사용 또는 관리하는 자에 해당한다.

④ 대리운전의 경우 자동차보유자와 대리운전업자 모두 운행자성이 인정될 수 있다.

TIP ② 자동차종합보험보통약관상 "보험증권에 기재된 피보험자 또는 그 부모,배우자 및 자녀가 죽거나 다친 경우에는 보상하지 아니합니다"라는 면책조항은 피보험자나 그 배우자 등이 사고로 손해를 입은 경우에는 그 가정 내에서 처리함이 보통이고 손해배상을 청구하지 않는 것이 사회통념에 속한다고 보아 규정된 것으로서, 그러한 사정은 사실혼 관계의 배우자에게도 마찬가지라 할 것이므로 여기서 "배우자"라 함은 반드시 법률상의 배우자만을 의미하는 것이 아니라, 관행에 따른 결혼식을 하고 결혼생활을 하면서 아직 혼인신고만 되지 않고 있는 사실혼 관계의 배우자도 이에 포함된다고 봄이 상당하다[대법원 1994. 10. 25. 선고, 93다39942 판결].

① 「보험업감독업무시행세칙」 별표 15 자동차보험 표준약관 제1조(용어의 정의) 제13호 가목

③ 기명피보험자로부터 피보험자동차를 임대받아 운행하는 자는 영업용자동차보험 보통약관상 "기명피보험자로부터 허락을 얻어 피보험자동차를 운행하는 자"에 해당한다[대법원 2000. 10. 6. 선고 2000다32840 판결].

④ 자동차의 소유자 또는 보유자가 주점에서의 음주 기타 운전장애 사유 등으로 인하여 일시적으로 타인에게 자동차의 열쇠를 맡겨 대리운전을 시킨 경우, 위 대리운전자의 과실로 인하여 발생한 차량사고의 피해자에 대한 관계에서는 자동차의 소유자 또는 보유자가 객관적, 외형적으로 위 자동차의 운행지배와 운행이익을 가지고 있다고 보는 것이 상당하다[대법원 1994. 4. 15. 선고 94다5502 판결].

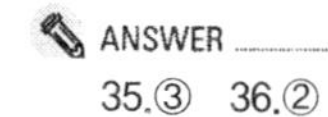

35.③ 36.②

37 **질병보험에 관한 설명으로 옳지 않은 것은? (다툼이 있는 경우 판례에 의함)**

① 질병보험은 상법상 제3보험이다.
② 질병보험에 대하여 그 성질에 반하지 아니하는 범위에서 생명보험 및 상해보험에 관한 규정을 준용한다.
③ 신체의 질병 등과 같은 내부적 원인에 기한 것은 상해보험이 아니라 질병보험 등의 대상이 된다.
④ 질병보험계약의 보험자는 피보험자의 질병에 관한 보험사고가 발생한 경우 보험금이나 기타 급여를 지급할 책임이 있다.

TIP ① 질병보험은 상법상 인보험이다. 제3보험은 사람이 질병에 걸리거나 재해로 인해 상해를 당했을 때 또는 질병이나 상해가 원인이 되어 간병이 필요한 상태를 보장하는 보험이다. 손해보험과 생명보험의 두 가지 성격을 모두 갖추고 있어 어느 한 분야로 분류하기가 곤란하여 제3보험으로 분류하고 있다.
② 「상법」 제739조의3(질병보험에 대한 준용규정)
③ 상해보험에서 담보되는 위험으로서 상해란 외부로부터의 우연한 돌발적인 사고로 인한 신체의 손상을 뜻하므로, 그 사고의 원인이 피보험자의 신체의 외부로부터 작용하는 것을 말하고, 신체의 질병 등과 같은 내부적 원인에 기한 것은 상해보험에서 제외되고 질병보험 등의 대상이 된다[대법원 2014. 4. 10. 선고 2013다18929 판결].
④ 「상법」 제739조의2(질병보험자의 책임)

38 **다음 설명으로 옳지 않은 것은?**

① 보험기간은 보험계약기간보다 장기일 수 없다.
② 청약서를 작성하는 경우라 하더라도 보험계약은 불요식계약이다.
③ 당사자 간에 특약이 있을 경우에는 초회보험료를 납입하지 않아도 보험기간이 개시될 수 있다.
④ 보험계약이 해지된 이후에 발생한 보험사고에 대하여 보험자는 보험금을 지급할 책임이 없다.

TIP 보험기간은 보험자가 보험사고를 보장하는 기간으로, 보험계약자에게 보험금을 지급할 책임을 지는 기간이므로 책임기간 또는 위험기간이라고도 한다. 보험계약기간은 보험계약이 성립해서 소멸할 때까지의 기간으로, 보험기간과 같을 수도 있고 짧거나 길 수도 있다.

39 **중복보험에 관한 설명으로 옳지 않은 것은? (다툼이 있는 경우 판례에 의함)**

① 수개의 보험계약의 보험계약자가 동일할 필요는 없으나 피보험자가 동일인일 것이 요구된다.

② 각 보험계약의 보험기간은 전부 공통될 필요는 없고 중복되는 기간이 존재하면 중복보험이 인정될 수 있다.

③ 중복보험에 관한 상법의 규정은 강행규정이 아니므로, 각 보험계약의 당사자는 각 개의 보험계약이나 약관을 통하여 중복보험에 있어서의 피보험자에 대한 보험자의 보상책임 방식이나 보험자들 사이의 책임분담방식에 대하여 상법의 규정과 다른 내용으로 약정할 수 있다.

④ 중복보험이 성립되면 각 보험자는 보험가액의 한도에서 연대책임을 부담한다.

TIP ④ 동일한 보험계약의 목적과 동일한 사고에 관하여 수개의 보험계약이 동시에 또는 순차로 체결된 경우에 그 보험금액의 총액이 보험가액을 초과한 때에는 보험자는 각자의 보험금액의 한도에서 연대책임을 진다. 이 경우에는 각 보험자의 보상책임은 각자의 보험금액의 비율에 따른다〈상법 제672조(중복보험) 제1항〉.

①② 중복보험이라 함은 동일한 보험계약의 목적과 동일한 사고에 관하여 수개의 보험계약이 동시에 또는 순차로 체결되고 그 보험금액의 총액이 보험가액을 초과하는 경우를 말하므로 보험계약의 목적 즉 피보험이익이 다르면 중복보험으로 되지 않으며, 한편 수개의 보험계약의 보험계약자가 동일할 필요는 없으나 피보험자가 동일인일 것이 요구되고, 각 보험계약의 보험기간은 전부 공통될 필요는 없고 중복되는 기간에 한하여 중복보험으로 보면 된다[대법원 2005. 4. 29. 선고 2004다57687 판결].

③ 수개의 손해보험계약이 동시 또는 순차로 체결된 경우에 그 보험금액의 총액이 보험가액을 초과한 때에는 상법 제672조 제1항의 규정에 따라 보험자는 각자의 보험금액의 한도에서 연대책임을 지고 이 경우 각 보험자의 보상책임은 각자의 보험금액의 비율에 따르는 것이 원칙이라 할 것이나, 이러한 상법의 규정은 강행규정이라고 해석되지 아니하므로, 각 보험계약의 당사자는 각개의 보험계약이나 약관을 통하여 중복보험에 있어서의 피보험자에 대한 보험자의 보상책임 방식이나 보험자들 사이의 책임 분담방식에 대하여 상법의 규정과 다른 내용으로 규정할 수 있다[대법원 2002. 5. 17. 선고 2000다30127 판결].

40 **보험계약의 무효로 인한 보험료반환청구에 관한 설명으로 옳지 않은 것은?**

① 인보험의 경우 보험계약자와 보험수익자가 선의이며 중대한 과실이 없을 경우에 인정된다.

② 손해보험의 경우 보험계약자와 피보험자가 선의이며 중대한 과실이 없을 경우에 인정된다.

③ 보험자가 보험계약을 체결할 때 보험약관의 교부 · 설명 의무를 위반하여 보험계약자가 보험계약이 성립한 날부터 3개월 이내에 보험계약을 취소하는 경우에는 보험계약자에게 보험료반환청구권이 인정되지 아니한다.

④ 보험계약의 일부가 무효인 경우에도 보험료반환청구권이 발생할 수 있다.

TIP ③ 제3항에 따라 계약이 취소된 경우 회사는 계약자에게 이미 납입한 보험료를 돌려주며, 보험료를 받은 기간에 대하여 보험계약대출이율을 연단위 복리로 계산한 금액을 더하여 지급한다〈보험업감독업무시행세칙 별표 15 생명보험표준약관 제18조 제5항〉.

①②④ 보험계약의 전부 또는 일부가 무효인 경우에 보험계약자와 피보험자가 선의이며 중대한 과실이 없는 때에는 보험자에 대하여 보험료의 전부 또는 일부의 반환을 청구할 수 있다. 보험계약자와 보험수익자가 선의이며 중대한 과실이 없는 때에도 같다〈상법 제648조(보험계약의 무효로 인한 보험료반환청구)〉.

ANSWER

37.① 38.① 39.④ 40.③

2019년 제42회 보험계약법

1　**보험약관의 해석원칙에 관한 설명으로 옳지 않은 것은?**

① 보험약관의 내용은 개별적인 계약체결자의 의사나 구체적 사정을 고려함 없이 평균적 고객의 이해가능성을 기준으로 그 문언에 따라 객관적이고 획일적으로 해석하여야 한다.
② 보험계약 당사자가 명시적으로 보험약관과 다른 개별약정을 하였다면 그 개별약정이 보통약관에 우선한다.
③ 보험약관은 신의성실의 원칙에 따라 공정하게 해석되어야 한다.
④ 약관조항이 다의적으로 해석될 여지가 없더라도 계약자보호의 필요성이 있을 때 우선적으로 작성자불이익의 원칙을 적용할 수 있다.

TIP 작성자 불이익의 원칙은 약관의 해석에 있어서 그 조항의 의미가 명확하지 않고 애매한 경우에 작성자에게 불리하게(∵ 약관은 작성자가 정형적인 계약조항을 만드는 것이므로), 즉 고객에게 유리하도록 해석한다는 원칙이다. 따라서 약관조항이 다의적으로 해석될 여지가 없을 경우에는 우선적으로 적용할 수 없다.

※ 약관해석의 일반원칙
㉠ 신의성실의 원칙
㉡ 개별약정 우선의 원칙
㉢ 작성자 불이익의 원칙
㉣ 축소해석의 원칙
㉤ 객관적 해석의 원칙

2　**피보험이익과 관련된 설명으로 옳은 것은?**

① 보험계약은 금전으로 산정할 수 있는 이익에 한하여 피보험이익으로 할 수 있다.
② 피보험이익은 적법한 이익이어야 하고, 계약체결 시에 확정할 수 있는 것이어야 한다.
③ 물건보험에서 피보험이익에 대한 평가가액은 보험계약체결 시에 정하여야 한다.
④ 「상법」은 보험계약자가 타인의 생명보험계약을 체결하는 경우에 피보험자에 대한 피보험이익의 존재를 요한다.

② 피보험이익은 적법한 이익이어야 하지만, 계약체결 시에 확정할 수 있는 것이어야 하는 것은 아니다.
③ 피보험이익은 보험계약체결 당시에 이미 확정된 것이거나, 늦어도 보험사고의 발생 시까지는 확정될 수 있는 것이어야 한다. 왜냐하면 보험사고발생 시까지 피보험이익이 확정되지 않으면 손해가 확정되지 않고 그 결과 손해의 보상도 할 수 없게 되기 때문이다.
④ 상법은 타인의 생명의 보험규정에서 보험계약체결 시 그 타인의 서면에 의한 동의를 요하고 있을 뿐 피보험자에 대한 피보험이익의 존재를 요하지는 않는다.

※ 피보험이익의 요건
㉠ 적법한 이익
㉡ 금전으로 산정 가능한 이익
㉢ 확정 가능한 이익

3 **보험계약자의 고지 의무 위반 사실과 보험사고 발생사실 간에 인과관계가 없는 경우의 해결방법으로 옳지 않은 것은? (다툼이 있는 경우 판례에 의함)**

① 보험자는 보험계약을 해지할 수 있다.
② 보험자는 이미 발생한 보험사고에 대한 보험금을 지급하여야 한다.
③ 판례에 의하면 인과관계 부존재에 대한 증명책임은 당사자 간에 달리 정한바 없으면 보험계약자에게 있다.
④ 보험자는 이미 지급한 보험금에 대하여는 반환할 것을 청구할 수 있다.

TIP 상법 제651조는 고지 의무 위반으로 인한 계약해지에 관한 일반적 규정으로 이에 의하면 고지 의무에 위반한 사실과 보험사고발생 사이에 인과관계를 요하지 않는 점, 「상법」 제655조는 고지 의무 위반 등으로 계약을 해지한 때에 보험금액청구에 관한 규정이므로, 그 본문뿐만 아니라 단서도 보험금액청구권의 존부에 관한 규정으로 해석함이 상당한 점, 보험계약자 또는 피보험자가 보험계약 당시에 고의 또는 중대한 과실로 중요한 사항을 불고지·부실고지하면 이로써 고지 의무 위반의 요건은 충족되는 반면, 고지 의무에 위반한 사실과 보험사고발생 사이의 인과관계는 '보험사고발생 시'에 비로소 결정되는 것이므로, 보험자는 고지 의무에 위반한 사실과 보험사고발생 사이의 인과관계가 인정되지 않아 「상법」 제655조 단서에 의하여 보험금액 지급책임을 지게 되더라도 그것과 별개로 「상법」 제651조에 의하여 고지 의무 위반을 이유로 계약을 해지할 수 있다고 해석함이 상당한 점, 고지 의무에 위반한 사실과 보험사고발생 사이의 인과관계가 인정되지 않는다고 하여 「상법」 제651조에 의한 계약해지를 허용하지 않는다면, 보험사고가 발생하기 전에는 「상법」 제651조에 따라 고지 의무 위반을 이유로 계약을 해지할 수 있는 반면, 보험사고가 발생한 후에는 사후적으로 인과관계가 없음을 이유로 보험금액을 지급한 후에도 보험계약을 해지할 수 없고 인과관계가 인정되지 않는 한 계속하여 보험금액을 지급하여야 하는 불합리한 결과가 발생하는 점, 고지 의무에 위반한 보험계약은 고지 의무에 위반한 사실과 보험사고발생 사이의 인과관계를 불문하고 보험자가 해지할 수 있다고 해석하는 것이 보험계약의 선의성 및 단체성에서 부합하는 점 등을 종합하여 보면, 보험자는 고지 의무를 위반한 사실과 보험사고의 발생 사이의 인과관계를 불문하고 「상법」 제651조에 의하여 고지 의무 위반을 이유로 계약을 해지할 수 있다. 그러나 보험금액청구권에 관해서는 보험사고발생 후에 고지 의무 위반을 이유로 보험계약을 해지한 때에는 고지 의무에 위반한 사실과 보험사고발생 사이의 인과관계에 따라 보험금액 지급책임이 달라지고, 그 범위 내에서 계약해지의 효력이 제한될 수 있다[대법원 2010. 7. 22. 선고, 2010다25353 판결].

4 **손해보험에서 손해액의 산정기준에 관한 설명으로 옳지 않은 것은?**

① 보험자가 보상할 손해액은 그 손해가 발생한 때와 곳의 가액을 기준으로 한다.
② 보험자가 보상할 손해액을 산정할 때 이익금지의 원칙에 따라 신품가액에 의한 손해액은 인정되지 아니한다.
③ 손해액의 산정에 관한 비용은 보험자가 부담한다.
④ 보험가액불변경주의를 적용하여야 하는 보험에서는 상법상의 손해액의 산정기준에 관한 규정이 적용되지 아니한다.

TIP ② 보험자가 보상할 손해액은 그 손해가 발생한 때와 곳의 가액에 의하여 산정한다. 그러나 당사자 간에 다른 약정이 있는 때에는 그 신품가액에 의하여 손해액을 산정할 수 있다〈상법 제676조(손해액의 산정기준) 제1항〉.
① 「상법」 제676조(손해액의 산정기준) 제1항
③ 「상법」 제676조(손해액의 산정기준) 제2항
④ 일반 원칙을 따르는 것이 불편한 운송보험, 선박보험, 적하보험 등은 평가가 쉬운 시점의 보험가액을 표준으로 전보험기간을 통하는 보험가액으로 하는 보험가액불변경주의를 적용하는데, 이는 미평가보험을 전제로 하며 상법상의 손해액의 산정기준(상법 제676조)를 적용하지 않고 별도 규정을 적용한다.

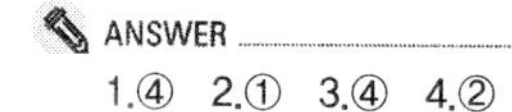

ANSWER
1.④ 2.① 3.④ 4.②

5 **보험계약자의 보험료지급의무에 관한 설명 중 옳지 않은 것은? (다툼이 있는 경우 판례에 의함)**

① 보험계약자는 보험계약체결 후 지체 없이 보험료의 전부 또는 제1회 보험료를 지급하지 아니한 경우에는 다른 약정이 없는 한 계약성립후 2월이 경과하면 그 계약은 해제된 것으로 본다.

② 보험자가 제1회 보험료로 선일자수표를 받고 보험료 가수증을 준 경우에 선일자수표를 받은 날로부터 보험자의 책임이 개시된다.

③ 계속보험료의 지급이 없는 경우에 상당한 기간을 정하여 보험계약자에게 최고 하지 않더라도 보험계약은 당연히 효력을 잃는다는 보험약관조항은 상법규정에 위배되어 무효이다.

④ 특정한 타인을 위한 보험의 경우에 보험계약자가 보험료의 지급을 지체한 때 보험자는 그 타인에 대하여 상당한 기간을 정하여 보험료의 지급을 최고한 후가 아니면 그 계약을 해제 또는 해지하지 못한다.

TIP ② 선일자수표는 대부분의 경우 당해 발행일자 이후의 제시 기간 내의 제시에 따라 결제되는 것이라고 보아야 하므로 선일자수표가 발행 교부된 날에 액면금의 지급효과가 발생한다고 볼 수 없으니, 보험약관상 보험자가 제1회 보험료를 받은 후 보험청약에 대한 승낙이 있기 전에 보험사고가 발생한 때에는 제1회 보험료를 받은 때에 소급하여 그때부터 보험자의 보험금 지급책임이 생긴다고 되어 있는 경우에 있어서 보험모집인이 청약의 의사표시를 한 보험계약자로부터 제1회 보험료로서 선일자수표를 발행받고 보험료 가수증을 해주었더라도 그가 선일자수표를 받은 날을 보험자의 책임발생 시점이 되는 제1회 보험료의 수령일로 보아서는 안 된다[대법원 1989. 11. 28. 선고, 88다카33367 판결].

① 「상법」 제650조(보험료의 지급과 지체의 효과) 제2항

③ 상법 제650조 제2항은 "계속보험료가 약정한 시기에 지급되지 아니한 때에는 보험자는 상당한 기간을 정하여 보험계약자에게 최고하고 그 기간 내에 지급되지 아니한 때에는 그 계약을 해지할 수 있다."라고 규정하고, 같은 법 제663조는 위의 규정은 당사자 간의 특약으로 보험계약자 또는 피보험자나 보험수익자의 불이익으로 변경하지 못한다고 규정하고 있으므로, 분납 보험료가 소정의 시기에 납입되지 아니하였음을 이유로 그와 같은 절차를 거치지 아니하고 곧바로 보험계약을 해지할 수 있다거나 보험계약이 실효됨을 규정한 약관은 상법의 위 규정에 위배되어 무효라 할 것이다[대법원 1997. 7. 25. 선고 97다18479 판결].

④ 「상법」 제650조(보험료의 지급과 지체의 효과) 제3항

6 **甲은 자신 소유의 보험가액 1억 원의 건물에 대하여 乙 보험회사와 보험금액 9,000만 원, 丙 보험회사와 보험금액 6,000만 원의 화재보험계약을 순차적으로 체결하였다. 甲은 두 보험의 보험기간 중에 보험목적에 대한 화재로 인하여 5,000만 원의 실손해를 입었다. 다음은 각 보험자의 책임액과 그 한도에 관한 설명이다. ( ) 안에 들어갈 금액을 ㉠, ㉡, ㉢, ㉣의 순서에 따라 올바르게 묶인 것은? (단, 당사자 간에 중복보험과 일부보험에 관하여 다른 약정이 없다고 가정함)**

> 乙은 (㉠), 丙은 (㉡)의 보상책임을 지고, 乙은 (㉢), 丙은 (㉣)의 한도 내에서 연대책임을 진다.

	㉠	㉡	㉢	㉣
①	3,000만 원	2,000만 원	4,500만 원	3,000만 원
②	3,000만 원	2,000만 원	9,000만 원	6,000만 원
③	5,000만 원	4,000만 원	9,000만 원	6,000만 원
④	4,500만 원	3,000만 원	4,500만 원	3,000만 원

TIP • 보험가액의 일부를 보험에 붙인 경우에는 보험자는 보험금액의 보험가액에 대한 비율에 따라 보상할 책임을 진다〈상법 제4674조(일부보험) 전단〉.

따라서, 乙 보험회사의 보상한도액은 $5{,}000\text{만 원} \times \frac{9{,}000\text{만 원}}{1\text{억 원}} = 4{,}500$만 원이며

丙 보험회사의 보상한도액은 $5{,}000\text{만 원} \times \frac{6{,}000\text{만 원}}{1\text{억 원}} = 3{,}000$만 원이다.

• 동일한 보험계약의 목적과 동일한 사고에 관하여 수개의 보험계약이 동시에 또는 순차로 체결된 경우에 그 보험금액의 총액이 보험가액을 초과한 때에는 보험자는 각자의 보험금액의 한도에서 연대책임을 진다. 이 경우에는 각보험자의 보상책임은 각자의 보험 금액의 비율에 따른다〈상법 제672조(중복보험) 제1항〉.

따라서, 乙 보험회사의 보상책임액은 $5{,}000 \times \frac{4{,}500\text{만 원}}{(4{,}500\text{만 원} + 3{,}000\text{만 원})} = 3{,}000$만 원이며

丙 보험회사의 보상책임액은 $5{,}000\text{만 원} \times \frac{3{,}000\text{만 원}}{4{,}500\text{만 원} + 3{,}000\text{만 원}} = 2{,}000$만 원이다.

7 **초과보험에 대한 설명으로 옳지 않은 것은?**

① 보험금액이 보험계약의 목적의 가액을 현저하게 초과한때에는 보험자 또는 보험계약자는 보험료와 보험금액의 감액을 청구할 수 있다.

② 보험료의 감액은 장래에 대해서만 그 효력이 있다.

③ 초과보험인지를 판단하는 보험가액은 보험사고발생당시의 가액에 의하여 정한다.

④ 초과보험계약이 보험계약자의 사기로 인하여 체결된 때에는 그 계약은 무효로 한다.

TIP 초과보험〈상법 제669조〉

① 보험금액이 보험계약의 목적의 가액을 현저하게 초과한 때에는 보험자 또는 보험계약자는 보험료와 보험금액의 감액을 청구할 수 있다. 그러나 보험료의 감액은 장래에 대하여서만 그 효력이 있다.

② 제1항의 가액은 계약 당시의 가액에 의하여 정한다.

③ 보험가액이 보험기간 중에 현저하게 감소된 때에도 제1항과 같다.

④ 제1항의 경우에 계약이 보험계약자의 사기로 인하여 체결된 때에는 그 계약은 무효로 한다. 그러나 보험자는 그 사실을 안 때까지의 보험료를 청구할 수 있다.

ANSWER

5.② 6.① 7.③

8 **책임보험에서의 피해자 직접청구권에 관한 설명으로 옳지 않은 것은? (다툼이 있는 경우 판례에 의함)**

① 직접청구권의 법적성질에 관하여 최근 대법원은 보험자가 피보험자의 피해자에 대한 손해배상채무를 병존적으로 인수한 것으로 본다.

② 보험자는 피보험자가 사고에 대하여 가지는 항변사유로써 제3자(피해자)에게 대항할 수 있다.

③ 보험자가 피보험자에 대해 보험금을 지급하면 피해자의 직접청구권은 발생하지 아니하므로 보험자가 피보험자와의 관계에서 보험금 상당액을 집행공탁하였다면 피해자의 직접청구권은 소멸된다.

④ 공동불법행위자의 보험자 중 일부가 피해자의 손해배상금을 보험금으로 모두 지급함으로써 공동으로 면책되었다면, 그 손해배상금을 지급한 보험자가 다른 공동불법행위자의 보험자에게 직접 구상권을 행사할 수 있다.

TIP ③ 「상법」 제724조 제1항은, 피보험자가 「상법」 제723조 제1항, 제2항의 규정에 의하여 보험자에 대하여 갖는 보험금청구권과 제3자가 「상법」 제724조 제2항의 규정에 의하여 보험자에 대하여 갖는 직접청구권의 관계에 관하여, 제3자의 직접청구권이 피보험자의 보험금청구권에 우선한다는 것을 선언하는 규정이므로, 보험자로서는 제3자가 피보험자로부터 배상을 받기 전에는 피보험자에 대한 보험금 지급으로 직접청구권을 갖는 피해자에게 대항할 수 없다. 그런데 피보험자가 보험계약에 따라 보험자에 대하여 가지는 보험금청구권에 관한 가압류 등의 경합을 이유로 한 집행공탁은 피보험자에 대한 변제공탁의 성질을 가질 뿐이므로, 이러한 집행공탁에 의하여 「상법」 제724조 제2항에 따른 제3자의 보험자에 대한 직접청구권이 소멸된다고 볼 수는 없으며, 따라서 집행공탁으로써 「상법」 제724조 제1항에 의하여 직접청구권을 가지는 제3자에게 대항할 수 없다[대법원 2014. 9. 25. 선고, 2014다207672 판결].

① 상법 제724조 제2항에 의하여 피해자에게 인정되는 직접청구권의 법적 성질은 보험자가 피보험자의 피해자에 대한 손해배상채무를 병존적으로 인수한 것으로서 피해자가 보험자에 대하여 가지는 손해배상청구권이고 피보험자의 보험자에 대한 보험금청구권의 변형 내지는 이에 준하는 권리가 아니다[대법원 2000. 6. 9. 선고 98다54397 판결].

② 「상법」 제724조(보험자와 제3자와의 관계) 제2항

④ 공동불법행위의 경우 공동불법행위자들과 각각 보험계약을 체결한 보험자들은 각자 그 공동불법행위의 피해자에 대한 관계에서 상법 제724조 제2항에 의한 손해배상채무를 직접 부담하는 것이므로, 이러한 관계에 있는 보험자들 상호 간에는 공동불법행위자 중의 1인과 사이에 보험계약을 체결한 보험자가 피해자에게 손해배상금을 보험금으로 모두 지급함으로써 공동불법행위자들의 보험자들이 공동면책되었다면 그 손해배상금을 지급한 보험자는 다른 공동불법행위자들의 보험자들이 부담하여야 할 부분에 대하여 직접 구상권을 행사할 수 있다[대법원 1998. 9. 18. 선고 96다19765 판결].

9 **재보험에 관한 다음의 설명 중 옳지 않은 것은?**

① 원보험자는 손해보험계약이든 인보험계약이든 보험계약자의 동의 없이 다른 보험자와 재보험계약을 체결할 수 있다.

② 원보험자는 인수위험에 대하여 일정액을 초과하는 부분에 대하여 재보험에 부보할 수도 있고, 일정비율로 부보할 수도 있다.

③ 재보험자는 원보험료 미지급을 이유로 재보험금의 지급을 거절할 수 있다.

④ 재보험자가 보험자대위에 의하여 취득한 제3자에 대한 권리행사는 재보험자가 이를 직접 행사하지 아니하고 원보험자가 수탁자의 지위에서 자기명의로 권리를 행사하여 그 회수한 금액을 재보험자에게 재보험금 비율에 따라 교부하는 방식에 의하여 이루어지는 것이 상관습이다.

TIP 보험자는 보험사고로 인하여 부담할 책임에 대하여 다른 보험자와 재보험계약을 체결할 수 있다. 이 재보험계약은 원보험계약의 효력에 영향을 미치지 아니한다〈상법 제661조(재보험)〉. 즉, 재보험은 원보험과 구별된 계약으로 재보험자는 원보험료 미지급을 이유로 재보험금의 지급을 거절할 수 없다.

10 손해보험계약에서 손해방지의무와 관련된 설명으로 옳지 않은 것은? (다툼이 있는 경우 판례에 의함)

① 손해보험계약에서 보험계약자와 피보험자는 보험사고발생 후에 손해의 방지와 경감을 위하여 노력하여야 한다.
② 보험계약자 또는 피보험자가 손해경감을 위해 지출한 필요, 유익한 비용은 보험금액의 범위 내에서 보험자가 부담한다.
③ 보험사고의 발생 전에 사고발생 자체를 미리 방지하기위해 지출한 비용은 손해방지비용에 포함되지 않는다.
④ 책임보험에서 피보험자가 제3자로부터 청구를 방지하기위해 지출한 방어비용은 손해방지비용과 구별되는 것이므로 약관에 손해방지비용에 관한 별도의 규정을 두더라도 그 규정이 당연히 방어비용에 적용된다고 할 수 없다.

TIP ② 보험계약자와 피보험자는 손해의 방지와 경감을 위하여 노력하여야 한다. 그러나 이를 위하여 필요 또는 유익하였던 비용과 보상액이 보험금액을 초과한 경우라도 보험자가 이를 부담한다〈상법 제680조(손해방지의무) 제1항〉.
① 「상법」 제680조(손해방지의무) 제1항
③ 상법 제680조 제1항이 규정한 손해방지비용이라 함은 보험자가 담보하고 있는 보험사고가 발생한 경우에 보험사고로 인한 손해의 발생을 방지하거나 손해의 확대를 방지함은 물론 손해를 경감할 목적으로 행하는 행위에 필요하거나 유익하였던 비용을 말하는 것으로서, 이는 원칙적으로 보험사고의 발생을 전제로 하는 것이다[대법원 2002. 6. 28. 선고 2002다22106 판결].
④ 상법 제680조 제1항에 규정된 '손해방지비용'은 보험자가 담보하고 있는 보험사고가 발생한 경우에 보험사고로 인한 손해의 발생을 방지하거나 손해의 확대를 방지함은 물론 손해를 경감할 목적으로 행하는 행위에 필요하거나 유익하였던 비용을 말하는 것이고, 같은 법 제720조 제1항에 규정된 '방어비용' 은 피해자가 보험사고로 인적·물적 손해를 입고 피보험자를 상대로 손해배상청구를 한 경우에 그 방어를 위하여 지출한 재판상 또는 재판 외의 필요비용을 말하는 것으로서, 위 두 비용은 서로 구별되는 것이므로, 보험계약에 적용되는 보통약관에 손해방지비용과 관련한 별도의 규정을 두고 있다고 하더라도, 그 규정이 당연히 방어비용에 대하여도 적용된다고 할 수는 없다[대법원 2006. 6. 30. 선고 2005다21531 판결].

11 보험자의 보조자에 관한 설명으로 옳지 않은 것은? (다툼이 있는 경우 판례에 의함)

① 보험목적인 건물에서 영위하고 있는 업종이 변경된 경우 보험설계사가 업종변경사실을 알았다고 하더라도 보험자가 이를 알았다거나 보험계약자가 보험자에게 업종변경사실을 통지한 것으로 볼 수 없다.
② 자동차보험의 체약대리상이 계약의 청약을 받으면서 보험료를 대납하기로 약정한 경우 이 약정일에 보험계약이 체결되었다 하더라도 보험자가 보험료를 수령한 것으로는 볼 수 없다.
③ 보험자의 대리상이 보험계약자와 보험계약을 체결하고 그 보험료수령권에 기하여 보험계약자로부터 1회분 보험료를 받으면서 2, 3회분 보험료에 해당하는 약속어음을 교부받은 경우 그 대리상이 해당 약속어음을 횡령하였다 하더라도 그 변제수령은 보험자에게 미치게 된다.
④ 보험설계사는 특정 보험자를 위하여 보험계약의 체결을 중개하는 자일 뿐 보험자를 대리하여 보험계약을 체결할 권한이 없고 보험계약자 또는 피보험자가 보험자에 대하여 하는 고지를 수령할 권한이 없다.

TIP 보험회사 대리점이 평소 거래가 있는 자로부터 그 구입한 차량에 관한 자동차보험계약의 청약을 받으면서 그를 위하여 그 보험료를 대납하기로 전화상으로 약정하였고, 그 다음날 실제 보험료를 지급받으면서는 그 전날 이미 보험료를 납입받은 것으로 하여 보험약관에 따라 보험기간이 그 전날 24:00 이미 시작된 것으로 기재된 보험료영수증을 교부한 경우 위 약정일에 보험계약이 체결되어 보험회사가 보험료를 영수한 것으로 보아야 할 것이다[대법원 1991. 12. 10. 선고, 90다10315 판결].

ANSWER
8.③ 9.③ 10.② 11.②

12 **청구권대위에 관한 설명으로 옳은 것은? (다툼이 있는 경우 판례에 의함)**

① 보험자가 대위권을 행사하기 위해서는 제3자의 행위로 인하여 보험사고가 발생하여야 한다. 이 때 제3자의 행위는 불법행위에 한한다.

② 보험자가 대위권을 행사하기 위해서는 적법한 보험금의 지급이 있어야 하고 이 보험금액의 지급은 전부 지급하여야 한다.

③ 타인을 위한 보험계약에서 보험계약자도 제3자에 포함되는지 여부에 관하여 판례는 보험계약자가 제3자에 포함되지 않는다고 본다.

④ 제3자가 보험계약자 또는 피보험자와 생계를 같이 하는 가족인 경우에 그 가족의 고의사고를 제외하고는 보험자는 청구권대위를 행사하지 못한다.

TIP 제3자에 대한 보험대위〈상법 제682조〉

① 손해가 제3자의 행위로 인하여 발생한 경우에 보험금을 지급한 보험자는 그 지급한 금액의 한도에서 그 제3자에 대한 보험계약자 또는 피보험자의 권리를 취득한다. 다만, 보험자가 보상할 보험금의 일부를 지급한 경우에는 피보험자의 권리를 침해하지 아니하는 범위에서 그 권리를 행사할 수 있다.

② 보험계약자나 피보험자의 제1항에 따른 권리가 그와 생계를 같이 하는 가족에 대한 것인 경우 보험자는 그 권리를 취득하지 못한다. 다만, 손해가 그 가족의 고의로 인하여 발생한 경우에는 그러하지 아니하다.

13 **보험계약과 관련된 설명으로 옳지 않은 것은? (다툼이 있는 경우 판례에 의함)**

① 보험모집종사자가 설명 의무를 위반하여 고객이 보험계약의 중요사항에 관하여 제대로 이해하지 못한 채 착오에 빠져 보험계약을 체결한 경우, 그러한 착오가 동기의 착오에 불과하더라도 그러한 착오를 일으키지 않았더라면 보험계약을 체결하지 않았을 것이 명백하다면, 이를 이유로 보험계약을 취소할 수 있다.

② 타인을 위한 생명보험이나 상해보험계약은 제3자를 위한 계약의 일종으로 보며, 이 경우 특별한 사정이 없는 한 보험자가 이미 제3자에게 급부한 것이 있더라도 보험자는 계약무효 등에 기한 부당이득을 원인으로 제3자를 상대로 그 반환을 청구할 수 있다.

③ 생명보험계약에서 보험계약자의 지위를 변경하는 데 보험자의 승낙이 필요하다고 정하고 있는 경우 보험계약자는 보험자의 승낙 없이 일방적인 의사표시인 유증을 통하여 보험계약상의 지위를 이전할 수 있다.

④ 보험금의 부정취득을 목적으로 다수의 보험계약이 체결된 경우에 「민법」 제103조 위반으로 인한 보험계약의 무효와 고지 의무 위반을 이유로 한 보험계약의 해지나 취소가 각각의 요건을 충족하는 경우 보험자가 보험계약의 무효, 해지 또는 취소를 선택적으로 주장할 수 있다.

TIP 생명보험은 피보험자의 사망, 생존 또는 사망과 생존을 보험사고로 하는 보험으로〈상법 제730조〉, 오랜 기간 지속되는 생명보험계약에서는 보험계약자의 사정에 따라 계약내용을 변경해야 하는 경우가 있다. 생명보험계약에서 보험계약자의 지위를 변경하는 데 보험자의 승낙이 필요하다고 정하고 있는 경우, 보험계약자가 보험자의 승낙이 없는데도 일방적인 의사표시만으로 보험계약상의 지위를 이전할 수는 없다. 보험계약자의 신용도나 채무 이행능력은 계약의 기초가 되는 중요한 요소일 뿐만 아니라 보험계약자는 보험수익자를 지정·변경할 수 있다〈상법 제733조〉. 보험계약자와 피보험자가 일치하지 않는 타인의 생명보험에 대해서는 피보험자의 서면동의가 필요하다〈상법 제731조 제1항, 제734조 제2항〉. 따라서 보험계약자의 지위 변경은 피보험자, 보험수익자 사이의 이해관계나 보험사고 위험의 재평가, 보험계약의 유지 여부 등에 영향을 줄 수 있다. 이러한 이유로 생명보험의 보험계약자 지위 변경에 보험자의 승낙을 요구한 것으로 볼 수 있다. 유증은 유언으로 수증자에게 일정한 재산을 무상으로 주기로 하는 단독행위로서 유증에 따라 보험계약자의 지위를 이전하는 데에도 보험자의 승낙이 필요하다고 보아야 한다. 보험계약자가 보험계약에 따른 보험료를 전액 지급하여 보험료 지급이 문제 되지 않는 경우에도 마찬가지이다. 유언집행자는 유증의 목적인 재산의 관리 기타 유언의 집행에 필요한 행위를 할 권리·의무가 있다. 유언집행자가 유증의 내용에 따라 보험자의 승낙을 받아서 보험계약상의 지위를 이전할 의무가 있는 경우에도 보험자가 승낙하기 전까지는 보험계약자의 지위가 변경되지 않는다[대법원 2018. 7. 12. 선고, 2017다235647 판결].

14 **보험목적의 양도에 관한 설명으로 옳지 않은 것은?**

① 보험목적의 양도가 있는 경우에 양수인은 보험계약상의 권리와 의무를 승계한 것으로 추정한다.
② 물건보험의 목적에 대한 매매계약체결만으로 보험계약상의 권리와 의무의 승계 추정을 받는다.
③ 승계추정의 법리는 물건보험에 한하여 적용되는 것이 원칙이므로 자동차보험 중 자기신체보험에 대해서는 적용되지 않는다.
④ 자동차보험의 경우에 보험자의 승낙을 얻으면 자동차의 양도와 함께 보험계약관계도 승계된다.

TIP ② 보험목적의 양도는 물권적 양도이어야 하는데, 즉 양도의 채권계약만으로는 부족하고 소유권이 양수인에게 이전한 때에 보험관계가 이전된다. 따라서 목적물의 소유자가 단순히 목적물을 임대 또는 담보권을 설정한 것은 양도가 아니다.
① 「상법」 제679조(보험목적의 양도) 제1항
③ 보험의 목적은 동산, 부동산, 유가증권 등을 포함하는 물건이어야 하면 반드시 특정화 · 개별화되어야 한다. 그러므로 자동차보험 중 자기신체보험에 대해서는 승계추정의 법리가 적용되지 않는다.
④ 「상법」 제726조의4(자동차의 양도) 제1항,

15 **甲은 乙을 피보험자, 자신을 보험수익자로 하는 생명보험계약을 보험자 丙과 체결하였다. 乙의 서면동의가 필요없다는 보험모집인 丁의 설명을 듣고 乙의 서면동의 없이 보험자와 이 생명보험계약을 체결하였다. 아래의 설명 중 옳은 것만으로 묶인 것은? (다툼이 있는 경우 판례에 의함)**

㉠ 丁의 잘못된 설명은 보험계약의 내용으로 편입되어 당해 생명보험계약은 유효하다.
㉡ 乙의 서면동의가 없으므로 당해 보험계약은 무효이다.
㉢ 만약 乙이 사망한다면 甲은 보험자 丙에게 보험금 지급청구를 할 수 있다.
㉣ 甲은 丙에 대하여 丁의 불법행위로 인한 손해배상청구를 할 수 있다.

① ㉠㉢
② ㉡㉣
③ ㉠㉢㉣
④ ㉡

TIP ㉡ 「상법」 제731조 제1항에 의하면 타인의 생명보험에서 피보험자가 서면으로 동의의 의사표시를 하여야 하는 시점은 '보험계약체결 시까지'이고, 이는 강행규정으로서 이에 위반한 보험계약은 무효이므로, 타인의 생명보험계약성립 당시 피보험자의 서면동의가 없다면 그 보험계약은 확정적으로 무효가 되고, 피보험자가 이미 무효가 된 보험계약을 추인하였다고 하더라도 그 보험계약이 유효로 될 수는 없다[대법원 2006. 9. 22. 선고, 2004다56677 판결].
㉣ 타인의 사망을 보험사고로 하는 보험계약의 체결에 있어서 보험설계사는 보험계약자에게 피보험자의 서면동의 등의 요건에 관하여 구체적이고 상세하게 설명하여 보험계약자로 하여금 그 요건을 구비할 수 있는 기회를 주어 유효한 보험계약이 성립하도록 조치할 주의의무가 있고, 보험설계사가 위와 같은 설명을 하지 아니하는 바람에 위 요건의 흠결로 보험계약이 무효가 되고 그 결과 보험사고의 발생에도 불구하고 보험계약자가 보험금을 지급받지 못하게 되었다면 보험자는 「보험업법」 제102조 제1항에 기하여 보험계약자에게 그 보험금 상당액의 손해를 배상할 의무를 진다[대법원 2008. 8. 21. 선고, 2007다76696 판결].

ANSWER
12.④ 13.③ 14.② 15.②

16 보험계약의 부활에 관한 설명으로 옳지 않은 것은?

① 보험계약의 부활은 계속보험료의 불지급으로 인하여 계약이 해지된 경우에 발생한다.
② 보험계약자가 부활을 청구할 경우 연체보험료에 약정이자를 보험자에게 지급하여야 한다.
③ 보험계약이 부활되면 부활시점부터 계약의 효력이 발생한다.
④ 고지 의무 위반으로 보험계약이 해지된 경우에도 부활이 인정된다.

TIP 보험계약이 해지되고 해지환급금이 지급되지 아니한 경우에 보험계약자는 일정한 기간 내에 연체보험료에 약정이자를 붙여 보험자에게 지급하고 그 계약의 부활을 청구할 수 있다. 보험계약의 성립규정은 이 경우에 준용한다〈상법 제650조의2(보험계약의 부활)〉.

17 상해보험에 관한 설명 중 옳은 설명으로만 묶인 것은? (다툼이 있는 경우 판례에 의함)

㉠ 실손보장형(비정액형) 상해보험에 대하여 중복보험의 원리를 적용할 것인지 여부에 논란이 있으나, 판례는 중복보험의 법리를 준용하고 있다.
㉡ 상해를 보험사고로 하는 상해보험계약에서 사고가 보험계약자 또는 피보험자나 보험수익자의 중대한 과실로 인하여 발생한 경우에 보험자는 보험금 지급책임이 없다.
㉢ 상해보험은 인보험에 속하기 때문에 보험자대위권을 인정하는 당사자 간의 약정은 무효이다.
㉣ 만15세 미만자, 심신상실자 또는 심신박약자의 상해를 보험사고로 하는 상해보험계약은 유효이다.

① ㉠㉣
② ㉡㉢
③ ㉠㉢
④ ㉡㉣

TIP ㉡ 사망을 보험사고로 한 보험계약에서는 사고가 보험계약자 또는 피보험자나 보험수익자의 중대한 과실로 인하여 발생한 경우에도 보험자는 보험금을 지급할 책임을 면하지 못한다〈상법 제732조의2(중과실로 인한 보험사고 등) 제1항〉. 상해보험에 관하여는 제732조(15세 미만자등에 대한 계약의 금지)를 제외하고 생명보험에 관한 규정을 준용한다〈상법 제739조(준용규정)〉.
㉢ 보험자는 보험사고로 인하여 생긴 보험계약자 또는 보험수익자의 제3자에 대한 권리를 대위하여 행사하지 못한다. 그러나 상해보험계약의 경우에 당사자 간에 다른 약정이 있는 때에는 보험자는 피보험자의 권리를 해하지 아니하는 범위 안에서 그 권리를 대위하여 행사할 수 있다〈상법 제729조(제3자에 대한 보험대위의 금지)〉.

18 **상법상 보험자에 대한 통지의무를 명시적으로 규정하고 있지 않은 것은?**

① 보험기간 중에 보험계약자, 피보험자가 사고발생의 위험이 현저하게 변경 또는 증가된 사실을 안 때에는 지체 없이 보험자에게 통지하여야 한다.
② 보험기간 중에 보험계약자, 피보험자 또는 보험수익자의 고의 또는 중대한 과실로 위험이 증가된 때에는 지체 없이 보험자에게 통지하여야 한다.
③ 동일한 보험계약의 목적과 동일한 사고에 관하여 수개의 보험계약을 체결하는 경우에 보험계약자는 각 보험자에 대하여 각 보험계약의 내용을 통지하여야 한다.
④ 책임보험에서 피보험자가 제3자로부터 배상청구를 받은 때에는 지체 없이 보험자에게 그 통지를 발송하여야 한다.

TIP ② 보험기간중에 보험계약자, 피보험자 또는 보험수익자의 고의 또는 중대한 과실로 인하여 사고발생의 위험이 현저하게 변경 또는 증가된 때에는 보험자는 그 사실을 안 날부터 1월내에 보험료의 증액을 청구하거나 계약을 해지할 수 있다 〈상법 제653조(보험계약자 등의 고의나 중과실로 인한 위험증가와 계약해지)〉.
① 「상법」 제652조(위험변경증가의 통지와 계약해지) 제1항
② 「상법」 제672조(중복보험) 제2항
③ 「상법」 제722조(피보험자의 배상청구 사실 통지의무) 제1항

19 **보험계약법상 이득금지의 원칙과 가장 거리가 먼 것은?**

① 사기에 의한 초과보험의 무효
② 보험자대위
③ 신가보험
④ 중복보험에서 비례주의에 의한 보상

TIP 신가보험은 시가(時價)를 기준으로 하는 재산을 보험에 붙였을 경우, 손해를 보았을 때 수령하는 보험금으로는 보험의 목적과 동일한 것을 조달할 수 없는 경우가 많아 이러한 손해를 막기 위한 실손보상의 원칙에 따라 신조달가격(新調達價格)을 보험가격으로 한다.
※ 이득금지의 원칙 … 보험으로 이득을 보아서는 안 된다는 것으로, 보험사고발생으로 보험자가 지급하는 보험금이 실제 손해를 초과해서는 안 된다는 원칙이다.

ANSWER
16.④ 17.① 18.② 19.③

20 甲은 배우자 乙을 피보험자로, 피보험자의 법정상속인을 보험수익자로 지정한 생명보험계약을 체결하였다. 다음의 설명 중 옳지 않은 것은?

① 甲이 乙의 서면동의 없이 생전증여의 대용수단으로 '법정상속인'을 보험수익자로 한 생명보험계약의 체결은 무효이다.

② 甲은 보험존속 중에 보험수익자를 변경할 수 있다.

③ 법정상속인중 1인의 고의로 피보험자 乙이 사망한 경우에 보험자는 다른 법정상속인(수익자)에게 보험금 지급을 거부할 수 있다.

④ 甲이 보험사고발생 전에 보험수익자를 법정상속인이 아닌 제3자로 변경하였으나, 이를 보험자에게 통지하지 아니하였다면 보험자가 법정상속인에게 보험금을 지급하였다 하더라도 보험계약자는 보험자에 대하여 대항하지 못한다.

TIP 법정상속인 중 1인의 고의로 피보험자 乙이 사망한 경우라도 보험자는 다른 법정상속인(수익자)에 대한 보험금 지급은 거부할 수 없다.

21 인보험의 보험대위에 관한 설명으로 옳지 않은 것은? (다툼이 있는 경우 판례에 의함)

① 인보험에서는 제3자에 대한 보험대위가 금지되는 것이 원칙이다.

② 손해보험형 상해보험계약에서 보험대위의 약정이 없는 경우 피보험자가 제3자로부터 손해배상을 받았다면 보험자는 보험금을 지급할 의무가 없다.

③ 보험약관으로 상해보험의 제3자에 대한 청구권대위를 인정할 수 있다.

④ 잔존물대위를 인정할 여지가 없다.

TIP ② 교통상해 의료비 담보와 같이 손해보험으로서의 성질과 함께 상해보험으로서의 성질도 갖고 있는 손해보험형 상해보험에 있어서는 보험자와 보험계약자 또는 피보험자 사이에 피보험자의 제3자에 대한 권리를 대위하여 행사할 수 있다는 취지의 약정이 없는 한, 피보험자가 제3자로부터 손해배상을 받더라도 이에 관계없이 보험자는 보험금을 지급할 의무가 있다[대법원 2003. 11. 28. 선고 2003다35215 판결].

①③④ 「상법」 제729조(제3자에 대한 보험대위의 금지)

22 **보증보험에 관한 설명으로 옳지 않은 것은? (다툼이 있는 경우 판례에 의함)**

① 보증보험계약의 보험자는 보험계약자가 피보험자에게 계약상의 채무불이행 또는 법령상의 의무불이행으로 입힌 손해를 보상할 책임이 있다.
② 보증보험이 담보하는 채권이 양도되면 당사자 사이에 다른 약정이 없는 한 보험금청구권도 그에 수반하여 채권양수인에게 함께 이전된다.
③ 보증보험계약에 관하여는 보험계약자의 사기, 고의 또는 중대한 과실로 인한 고지 의무 위반이 있는 경우에도 이에 대하여 피보험자의 책임이 있는 사유가 없으면 보험자는 고지 의무 위반을 이유로 보험계약의 해지권을 행사할 수 없다.
④ 보증보험의 보험자는 보험계약자에 대하여 「민법」 제441조의 구상권을 행사할 수 없다.

TIP 보험계약자인 채무자의 채무불이행으로 인하여 채권자가 입게 되는 손해의 전보를 보험자가 인수하는 것을 내용으로 하는 보증보험계약은 손해보험으로, 형식적으로는 채무자의 채무불이행을 보험사고로 하는 보험계약이나 실질적으로는 보증의 성격을 가지고 보증계약과 같은 효과를 목적으로 하므로, 민법의 보증에 관한 규정, 특히 민법 제441조 이하에서 정한 보증인의 구상권에 관한 규정이 보증보험계약에도 적용된다[대법원 1997. 10. 10. 선고 95다46265 판결]. 보증보험계약에 관하여는 그 성질에 반하지 아니하는 범위에서 보증채무에 관한 「민법」의 규정을 준용한다〈상법 제726조의7(준용규정)〉. 그러므로 보증보험의 보험자는 보험계약자에 대하여 「민법」 제441조의 구상권을 행사할 수 있다.
※ 주채무자의 부탁으로 보증인이 된 자가 과실 없이 변제 기타의 출재로 주채무를 소멸하게 한 때에는 주채무자에 대하여 구상권이 있다〈민법 제441조(수탁보증인의 구상권) 제1항〉.

23 **손해보험과 인보험에 공통으로 적용되는 보험원리의 설명으로 옳지 않은 것은?**

① 보험사고가 발생한 경우 보험자는 보험계약자가 실제로 입은 손해를 보상하여야 한다는 원칙으로 고의사고 유발을 방지하기 위한 수단적 원리
② 위험단체의 구성원이 지급한 보험료의 총액과 보험자가 지급하는 보험금 총액이 서로 일치하여야 한다는 원리
③ 동일한 위험에 놓여있는 다수의 경제주체가 하나의 공동준비재산을 형성하여 구성원 중에 우연하고도 급격한 사고를 입은 자에게 경제적 급부를 행한다는 원리
④ 보험사고의 발생을 장기간 대량 관찰하여 발견한 일정한 법칙에 따라 위험을 측정하여 보험료를 산출하는 기술적 원리

TIP ① 실손보상의 원칙으로 인보험에 적용할 수 없으며 손해보험 특유의 원리이다.
② 수지상등의 원칙
③ 위험의 부담
④ 대수의 법칙

ANSWER
20.③ 21.② 22.④ 23.①

24 **보험계약에 대한 설명 중 옳지 않은 것은?**

① 소급보험계약에서는 보험기간이 보험계약기간보다 장기이다.
② 승낙 전 보호제도가 적용될 경우 보험기간이 보험계약기간보다 장기이다.
③ 장래보험계약에서는 보험기간과 보험계약기간이 반드시 일치하여야 할 필요가 없다.
④ 소급보험계약에서는 초회보험료가 납입되기 전에도 청약 이전 사고에 대해서 보상할 책임이 있다.

TIP 소급보험은 그 계약 전의 어느 시기를 보험기간의 시기로 할 수 있지만, 보험자의 책임은 당사자 간에 다른 약정이 없으면 최초의 보험료의 지급을 받은 때로부터 개시한다. 따라서 초회보험료가 납입되기 전에는 청약 이전 사고에 대해서 보상할 책임이 없다.

25 **보험증권에 관한 설명으로 옳지 않은 것은? (다툼이 있는 경우 판례에 의함)**

① 보험증권은 증거증권성이 인정된다.
② 보험증권은 보험계약자의 청구에 의하여 보험계약자에게 교부된다.
③ 보험증권에는 무효와 실권사유를 기재하여야 한다.
④ 보험증권이 멸실 또는 현저하게 훼손된 경우 보험계약자는 자신의 비용으로 증권의 재교부를 청구할 수 있다.

TIP ② 보험자는 보험계약이 성립한 때에는 지체 없이 보험증권을 작성하여 보험계약자에게 교부하여야 한다. 그러나 보험계약자가 보험료의 전부 또는 최초의 보험료를 지급하지 아니한 때에는 그러하지 아니하다〈상법 제640조(보험증권의 교부)〉.
① 일반적으로 보험계약은 당사자 사이의 의사 합치에 의하여 성립되는 낙성계약으로서 별도의 서면을 요하지 아니하므로 보험계약을 체결할 때 작성·교부되는 보험증권은 하나의 증거증권에 불과한 것이어서 보험계약의 성립 여부라든가 보험계약의 내용 등은 그 증거증권만이 아니라 계약 체결의 전후 경위 등을 종합하여 인정할 수 있다[대법원 2003. 4. 25. 선고 2002다64520 판결].
③ 「상법」 제666조(손해보험증권) 제6호
④ 「상법」 제642조(증권의 재교부 청구)

26 **화재보험증권에 기재하여야 할 사항으로 옳은 것을 모두 고른 것은?**

> ㉠ 보험의 목적
> ㉡ 피보험자의 주소, 성명, 상호
> ㉢ 보험계약체결의 장소
> ㉣ 동산을 보험의 목적으로 한 때에는 그 존치한 장소의 상태와 용도
> ㉤ 보험계약자의 주민등록번호

① ㉠㉡㉣
② ㉠㉡㉤
③ ㉡㉢㉤
④ ㉡㉣㉤

TIP **화재보험증권** … 화재보험증권에는 손해보험증권 규정(제666조)에 게기한 사항 외에 다음의 사항을 기재하여야 한다〈상법 제685조〉.

1. 건물을 보험의 목적으로 한 때에는 그 소재지, 구조와 용도
2. 동산을 보험의 목적으로 한 때에는 그 존치한 장소의 상태와 용도
3. 보험가액을 정한 때에는 그 가액

※ **손해보험증권** … 손해보험증권에는 다음의 사항을 기재하고 보험자가 기명날인 또는 서명하여야 한다〈상법 제666조〉.

1. 보험의 목적
2. 보험사고의 성질
3. 보험금액
4. 보험료와 그 지급방법
5. 보험기간을 정한 때에는 그 시기와 종기
6. 무효와 실권의 사유
7. 보험계약자의 주소와 성명 또는 상호
8. 피보험자의 주소, 성명 또는 상호
9. 보험계약의 연월일
10. 보험증권의 작성지와 그 작성 연월일

ANSWER
24.④ 25.② 26.①

27 상법상 손해보험과 인보험에 관한 설명으로 옳은 것은?

① 모든 손해보험에서는 보험가액의 개념이 존재하지만, 인보험에서는 존재하지 않는다.
② 실손보상의 원칙은 손해보험과 생명보험에 모두 적용한다.
③ 손해보험은 부정액보험이지만, 인보험은 부정액보험이 인정되지 않는다.
④ 손해보험에는 중복보험에 관한 규정이 존재하지만, 인보험에서는 그러한 규정이 없다.

TIP ① 모든 손해보험에서 보험가액의 개념이 존재하는 것은 아니다.
② 실손보상의 원칙은 생명보험에 적용할 수 없다.
③ 상해보험에서는 정액지급의 경우와 부정액지급의 경우가 모두 있다.

28 다음의 설명 중 옳지 않은 것은?

① 손해보험의 보장대상은 재산상의 손해를 그 대상으로 한다.
② 생명보험의 보장대상은 사람의 사망을 그 대상으로 하는 것이지, 생존을 대상으로 하는 것은 아니다.
③ 상해보험은 발생한 손해를 보상한다는 측면에서 손해보험적인 요소를 가지고 있다.
④ 생명보험은 정해진 급부만을 대상으로 한다는 측면에서 정액보험에 해당한다.

TIP 생명보험계약의 보험자는 피보험자의 사망, 생존, 사망과 생존에 관한 보험사고가 발생할 경우에 약정한 보험금을 지급할 책임이 있다〈상법 제730조(생명보험자의 책임)〉.

29 인보험에서 단체보험에 대한 설명으로 옳지 않은 것은? (다툼이 있는 경우 판례에 의함)

① 단체보험의 경우 보험계약자가 회사인 경우 그 회사에 대하여만 보험증권을 교부한다.
② 단체 구성원의 전부를 피보험자로 하는 단체보험을 체결하는 경우 규약에 따라 타인의 서면동의를 받지 않아도 된다.
③ 단체보험계약에서 보험계약자가 피보험자 또는 그 상속인이 아닌 자를 보험수익자로 지정할 때에는 단체규약에서 정함이 없어도 그 피보험자의 동의를 받을 필요가 없다.
④ 단체보험에 관한 「상법」 규정은 단체생명보험뿐만 아니라 단체상해보험에도 적용된다.

TIP 단체보험〈상법 제735조의3〉
① 단체가 규약에 따라 구성원의 전부 또는 일부를 피보험자로 하는 생명보험계약을 체결하는 경우에는 타인의 생명의 보험을 적용하지 아니한다.
② 제1항의 보험계약이 체결된 때에는 보험자는 보험계약자에 대하여서만 보험증권을 교부한다.
③ 제1항의 보험계약에서 보험계약자가 피보험자 또는 그 상속인이 아닌 자를 보험수익자로 지정할 때에는 단체의 규약에서 명시적으로 정하는 경우 외에는 그 피보험자의 서면동의를 받아야 한다.

30 **보험계약자 등의 불이익변경 금지에 대한 설명으로 옳은 것은?**

① 보험계약자, 피보험자 및 보험수익자를 불이익하게 변경하는 것을 금지하고자 하는 목적이 있다.
② 「상법」은 이를 명시적으로 규정하고 있지 않지만, 이를 해석론을 통하여 도출하고 있다.
③ 개인보험에서 인정되는 것과 마찬가지로 해상보험의 경우에도 상대적 강행규정은 인정된다.
④ 보험계약자가 개인이 아닌 기업인 재보험의 경우에 상대적 강행규정은 적용된다.

TIP 이 편의 규정은 당사자 간의 특약으로 보험계약자 또는 피보험자나 보험수익자의 불이익으로 변경하지 못한다. 그러나 재보험 및 해상보험 기타 이와 유사한 보험의 경우에는 그러하지 아니하다〈상법 제663조(보험계약자 등의 불이익변경금지)〉.

31 **보험계약법상 고지 의무에 대한 설명으로 옳지 않은 것은?**

① 고지 의무는 간접의무에 해당한다.
② 고지 의무를 위반한 경우에 보험자는 그 이행을 강제할 수 없다.
③ 고지 의무를 위반한 경우에 보험자는 손해배상청구권을 행사할 수 있다.
④ 고지 의무를 위반한 경우에 보험자는 보험계약을 해지할 수 있다.

TIP 고지 의무는 간접의무이므로 위반한 경우 보험자는 보험계약을 해지할 수 있지만, 그 이행을 강제하거나 손해배상청구권을 행사할 수는 없다.

32 **해상보험에 있어서 적하의 매각으로 인한 손해보상과 관련하여 옳은 것은?**

① 항해 도중에 송하인의 고의 또는 중과실로 적하를 매각한 경우 보험자는 그 대금에서 운임 기타 필요비용을 공제한 금액과 보험가액과의 차액을 보상하여야 한다.
② 항해 도중에 송하인의 지시에 따라 적하를 매각한 경우 보험자는 그 대금에서 운임 기타 필요비용을 공제한 금액과 보험가액과의 차액을 보상하여야 한다.
③ 항해 도중에 불가항력으로 적하를 매각한 경우 보험자는 그 대금에서 운임 기타 필요비용을 공제한 금액과 보험가액과의 차액을 보상하여야 한다.
④ 항해 도중에 적하의 가격폭락 우려가 있어 적하를 매각한 경우 보험자는 그 대금에서 운임 기타 필요비용을 공제한 금액과 보험가액과의 차액을 보상하여야 한다.

TIP 항해 도중에 불가항력으로 보험의 목적인 적하를 매각한 때에는 보험자는 그 대금에서 운임 기타 필요한 비용을 공제한 금액과 보험가액과의 차액을 보상하여야 한다〈상법 제709조(적하매각으로 인한 손해의 보상) 제1항〉.

ANSWER

27.④ 28.② 29.③ 30.① 31.③ 32.③

33 생명보험계약상 보험계약자의 보험수익자 지정 · 변경권을 설명한 것으로 옳지 않은 것은? (다툼이 있는 경우 판례에 의함)

① 보험수익자는 그 지정행위 시점에 반드시 특정되어있어야 하는 것은 아니고 보험사고발생 시에 특정될 수 있으면 충분하다.
② 사망보험에서 보험수익자를 지정 또는 변경하는 경우 타인의 서면동의를 받지 않으면, 해당 보험계약은 무효가 된다.
③ 보험수익자가 보험존속 중에 사망한 때에 보험계약자는 다시 보험수익자를 지정할 수 있지만, 피보험자가 사망하면 재지정권을 행사할 수 없다.
④ 보험계약자가 타인을 피보험자로 하고 자신을 보험수익자로 지정한 상태에서 보험존속 중에 보험수익자가 사망한 경우 보험수익자의 상속인이 보험수익자로 된다.

TIP ② 보험계약자가 계약체결 후에 보험수익자를 지정 또는 변경할 때, 그것이 타인의 사망을 보험사고로 하는 보험계약인 때에는 피보험자의 서면에 의한 동의를 얻어야 하고(상법 제734조 제2항, 제1항, 제731조 제1항), 이는 상해보험에도 준용된다(상법 제739조). 그런데 상법 제731조 제1항을 강행규정으로 보는 근거들은(대법원 2003. 7. 22. 선고 2003다24451 판결 참조) 위 조항을 준용하는 타인의 사망을 보험사고로 하는 보험계약의 보험수익자 변경 시에도 공통하여 고려되어야 하는 내용이라서 그 경우에 피보험자의 서면 동의를 얻도록 하는 위 조항들 역시 모두 강행규정이라고 볼 것이다. 그러므로 이러한 동의 없이 이루어진 보험수익자 변경은 무효이다[울산지법 2014. 9. 4. 선고 2013가합4186 판결 : 확정].

① 타인을 위한 상해보험에서 보험수익자는 그 지정행위 시점에 반드시 특정되어 있어야 하는 것은 아니고 보험사고 발생 시에 특정될 수 있으면 충분하므로, 보험계약자는 이름 등을 통하여 특정인을 보험수익자로 지정할 수 있음은 물론 '배우자' 또는 '상속인'과 같이 보험금을 수익할 자의 지위나 자격 등을 통하여 불특정인을 보험수익자로 지정할 수도 있고, 후자와 같이 보험수익자를 추상적 또는 유동적으로 지정한 경우에 보험계약자의 의사를 합리적으로 추측하여 보험사고 발생 시 보험수익자를 특정할 수 있다면 그러한 지정행위는 유효하다[대법원 2006. 11. 9. 선고 2005다55817 판결].

③④ 「상법」 제733조(보험수익자의 지정 또는 변경의 권리)

34 보험약관의 교부 · 설명 의무에 관한 설명으로 옳지 않은 것은? (다툼이 있는 경우 판례에 의함)

① 보험자가 약관의 설명 의무를 위반한 경우 보험계약자는 일정한 기간 내에 보험계약을 취소할 수 있다.
② 설명 의무 위반 시 보험자가 일정한 기간 내에 취소를 하지 아니하면 보험약관에 있는 내용이 계약의 내용으로 편입되는 것으로 본다.
③ 보험자는 보험계약체결 시 보험계약자에게 해당 보험약관을 교부하는 동시에 설명해야 할 의무를 부담한다.
④ 보험약관을 보험계약자에게 설명해야 할 부분은 약관 전체를 의미하는 것이 아니라 약관의 중요한 내용을 설명하는 것으로 족하다.

TIP 상법 제638조의3 제2항에 의하여 보험자가 약관의 명시 · 설명 의무를 위반한 때에는 보험계약자가 보험계약성립일로부터 1월 내(※ 현행법에 따르면 3개월)에 행사할 수 있는 취소권은 보험계약자에게 주어진 권리일 뿐 의무가 아님이 그 법문상 명백하고, 「상법」 제638조의3 제2항은 「약관의 규제에 관한 법률」 제3조 제3항과의 관계에서는 그 적용을 배제하는 특별규정이라고 할 수 없으므로, 보험계약자가 보험계약을 취소하지 않았다고 하더라도 보험자의 설명 의무 위반의 법률효과가 소멸되어 이로써 보험계약자가 보험자의 설명 의무 위반의 법률효과를 주장할 수 없다거나 보험자의 설명 의무 위반의 하자가 치유되는 것이 아니다[대법원 1999. 3. 9. 선고, 98다43342, 판결].

35 **해상보험에 관한 다음 설명 중 옳은 것은?**

① 선박보험은 보험자의 책임이 개시될 때의 선박가액을 보험가액으로 한다.
② 적하보험은 선적한 때와 곳의 적하의 가액과 선적 및 보험에 관한 비용을 보험가액으로 추정한다.
③ 적하의 도착으로 인하여 얻을 이익 또는 보수의 보험은 계약으로 보험가액을 정하지 아니한 때에는 보험금액을 보험가액으로 정한 것으로 본다.
④ 항해단위로 선박을 보험에 붙인 경우에는 보험기간은 하물 또는 저하의 선적에 착수한때 개시되고, 인도한 때 종료된다.

TIP ① 「상법」 제696조(선박보험의 보험가액과 보험목적) 제1항〉
② 적하의 보험에 있어서는 선적한 때와 곳의 적하의 가액과 선적 및 보험에 관한 비용을 보험가액으로 한다〈상법 제697조(적하보험의 보험가액)〉.
③ 적하의 도착으로 인하여 얻을 이익 또는 보수의 보험에 있어서는 계약으로 보험가액을 정하지 아니한 때에는 보험금액을 보험가액으로 한 것으로 추정한다〈상법 제698조(희망이익보험의 보험가액)〉.
④ 보험기간은 해상보험의 보험기간의 개시 규정(제666조) 제1항의 경우에는 도착항에서 하물 또는 저하를 양륙한 때에, 동조 제2항의 경우에는 양륙항 또는 도착지에서 하물을 인도한 때에 종료한다. 그러나 불가항력으로 인하지 아니하고 양륙이 지연된 때에는 그 양륙이 보통종료될 때에 종료된 것으로 한다〈상법 제700조(해상보험의 보험기간의 종료)〉.

36 **보험계약자 등의 고의 또는 중대한 과실로 보험사고가 발생한 경우에 관한 설명이다. 옳지 않은 것은? (다툼이 있는 경우 판례에 의함)**

① 「상법」 보험편 통칙에 따르면 보험사고가 보험계약자 또는 피보험자나 보험수익자의 고의 또는 중대한 과실로 인하여 생긴 때에는 보험자는 보험금 지급책임이 없다.
② 피보험자의 자살은 고의에 의한 사고이므로 체약 후 일정한 기간이 도과한 후에 발생한 경우에 한해 보험자의 책임을 인정하는 약관은 「민법」 제103조 선량한 풍속 기타 사회질서에 반하여 무효이다.
③ 사망보험 또는 상해보험에서 보험사고가 보험계약자 또는 피보험자나 보험수익자의 중대한 과실로 발생한 경우에도 보험자는 보험금 지급책임이 있다.
④ 보증보험에서 보험계약자의 고의로 보험사고가 야기된 경우에도 피보험자가 공모한 바가 없으면 보증보험자는 보험금 지급책임이 있다.

TIP 보험사고가 보험계약자 또는 피보험자나 보험수익자의 고의 또는 중대한 과실로 인하여 생긴 때에는 보험자는 보험금액을 지급할 책임이 없다〈상법 제659조(보험자의 면책사유)〉.

ANSWER
33.② 34.② 35.① 36.②

37 상법상 보험자가 보험계약을 해지할 수 있는 사유로 옳지 않은 것은?

① 계속보험료 미지급
② 보험계약자 또는 피보험자의 고의 또는 중과실에 의한 고지 의무 위반
③ 보험계약자의 고의 또는 중과실로 인한 위험의 현저한 변경 · 증가
④ 보험계약자 등의 보험사고 통지의무 위반

TIP ④ 보험기간 중에 보험계약자 또는 피보험자가 사고발생의 위험이 현저하게 변경 또는 증가된 사실을 안 때에는 지체 없이 보험자에게 통지하여야 한다. 이를 해태한 때에는 보험자는 그 사실을 안 날로부터 1월 내에 한하여 계약을 해지할 수 있다〈상법 제652조(위험변경증가의 통지와 계약해지) 제1항〉.
① 「상법」 제650조(보험료의 지급과 지체의 효과) 제2항
② 「상법」 제651조(고지 의무 위반으로 인한 계약해지)
③ 「상법」 제653조(보험계약자 등의 고의나 중과실로 인한 위험증가와 계약해지)

38 보험계약법상 청약거절 사유에 대한 대법원 판례의 설명 중 옳지 않은 것은?

① 청약거절 사유란 보험계약의 청약이 이루어진 바로 그 종류의 보험에 관하여 해당 보험자가 마련하고 있는 객관적인 보험인수기준에 의해 인수할 수 없는 위험상태 또는 사정을 말한다.
② 승낙 전 보험사고에 대하여 보험계약의 청약을 거절할 사유가 없어서 보험자의 보험계약상의 책임이 인정되면, 보험사고발생사실을 보험자에게 고지하지 아니하였다는 사정은 청약을 거절할 사유가 될 수 없다.
③ 청약거절 사유는 보험자가 위험을 측정하여 보험계약의 체결여부 또는 보험료율을 결정하는데 영향을 미치는 사실들을 의미한다.
④ 피보험자는 청약거절 사유의 존재에 대하여 입증책임을 부담한다.

TIP 상법 제638조의2 제3항에 의하면 보험자가 보험계약자로부터 보험계약의 청약과 함께 보험료 상당액의 전부 또는 일부를 받은 경우(인보험계약의 피보험자가 신체검사를 받아야 하는 경우에는 그 검사도 받은 때)에 그 청약을 승낙하기 전에 보험계약에서 정한 보험사고가 생긴 때에는 그 청약을 거절할 사유가 없는 한 보험자는 보험계약상의 책임을 지는바, 여기에서 청약을 거절할 사유란 보험계약의 청약이 이루어진 바로 그 종류의 보험에 관하여 해당 보험회사가 마련하고 있는 객관적인 보험인수기준에 의하면 인수할 수 없는 위험상태 또는 사정이 있는 것으로서 통상 피보험자가 보험약관에서 정한 적격피보험체가 아닌 경우를 말하고, 이러한 청약을 거절할 사유의 존재에 대한 증명책임은 보험자에게 있다[대법원 2008. 11. 27. 선고, 2008다40847 판결].

39　**별도의 특약이 없는 한 해상보험자의 보상책임의 범위에 속하지 않는 손해는?**

① 선박충돌로 발생한 피보험자의 제3자에 대한 손해배상책임
② 보험의 목적이나 보존을 위해 지급할 특별비용
③ 피보험자가 부담하는 해난구조료분담액
④ 피보험자가 지급하여야 할 공동해손분담액

TIP ② 「상법」 제694조의3(특별비용의 보상)
③ 「상법」제694조의2(구조료의 보상)
④ 「상법」 제694조(공동해손분담액의 보상)

40　**무보험 자동차에 의한 상해보험에 관한 설명이다. 옳지 않은 것은? (다툼이 있는 경우 판례에 의함)**

① 무보험 자동차에 의한 상해보험은 상해보험으로서의 성질과 함께 손해보험으로서의 성질도 갖고 있는 손해보험형 상해보험이다.
② 무보험 자동차에 의한 상해보험에서 보험금 산정기준과 방법은 보험자의 설명 의무의 대상이다.
③ 무보험 자동차에 의한 상해보험은 손해보험형 상해보험이므로 당사자 사이에 다른 약정이 있으면 보험자는 피보험자의 권리를 해하지 아니하는 범위 안에서 피보험자의 배상의무자에 대한 손해배상청구권을 대위 행사할 수 있다.
④ 하나의 사고에 대해 수 개의 무보험 자동차에 의한 상해보험계약이 체결되고 그 보험금액의 총액이 피보험자가 입은 실손해액을 초과하는 때에는 중복보험조항이 적용된다.

TIP ② 무보험 자동차에 의한 상해보상특약에 있어서 보험금액의 산정기준이나 방법은 보험약관의 중요한 내용이 아니어서 명시 · 설명 의무의 대상에 해당하지 아니한다[대법원 2004. 4. 27. 선고, 2003다7302 판결].
①③ 피보험자가 무보험자동차에 의한 교통사고로 인하여 상해를 입었을 때에 그 손해에 대하여 배상할 의무자가 있는 경우 보험자가 약관에 정한 바에 따라 피보험자에게 그 손해를 보상하는 것을 내용으로 하는 무보험자동차에 의한 상해담보특약은 손해보험으로서의 성질과 함께 상해보험으로서의 성질도 갖고 있는 손해보험형 상해보험으로서, 상법 제729조 단서의 규정에 의하여 당사자 사이에 다른 약정이 있는 때에는 보험자는 피보험자의 권리를 해하지 아니하는 범위 안에서 피보험자의 배상의무자에 대한 손해배상청구권을 대위행사할 수 있다[대법원 2003. 12. 26. 선고 2002다61958 판결].
④ 하나의 사고에 관하여 여러 개의 무보험자동차에 의한 상해담보특약보험(이하 '무보험자동차특약보험'이라 한다)이 체결되고 그 보험금액의 총액이 피보험자가 입은 손해액을 초과하는 때에는, 중복보험에 관한 상법 제672조 제1항의 법리가 적용되어 보험자는 각자의 보험금액의 한도에서 연대책임을 지고 피보험자는 각 보험계약에 의한 보험금을 중복하여 청구할 수 없다[대법원 2007. 10. 25. 선고 2006다25356 판결].

ANSWER
37.④　38.④　39.①　40.②

2020년 제43회 보험계약법

1 **다음 중 甲이 보험금의 지급을 청구할 수 있는 경우로서 옳은 것은?**

① 甲이 무진단계약의 청약과 함께 월납보험료 10만 원 중 9만 원을 지급하고 보험자의 승낙을 기다렸으나 30일 내에 낙부통지를 받지 못한 상태에서 31일째 되는 날에 보험사고가 발생한 경우
② 甲이 화재보험계약의 청약을 하면서 보험료 전액을 지급하고 7일 만에 인수거절의 통지를 받은 상태에서 10일째 되는 날에 화재가 발생한 경우
③ 甲이 신체검사가 필요한 질병보험에 가입하면서 월납 보험료 전액을 지급하였으나 신체검사를 받지 않은 상태에서 청약일로부터 90일이 경과하고 암진단을 받은 경우
④ 甲이 자동차보험계약의 청약을 하며 보험료전액을 지급하였으나 보험자가 낙부통지를 하지 않은 상태에서 청약 다음날 보험사고가 발생하고 보험자가 특히 청약을 거절할 사유가 없는 경우

TIP ① 보험자의 보상책임은 최초의 보험료를 받아야 개시된다. 따라서 최초의 보험료의 납입 없이 보험자의 보상책임은 개시되지 아니한다.
② 보험사가 인수 거절한 경우 보험계약은 불성립되므로, 보험료를 반환하기 전이라도 보상하지 아니한다.
③ 피보험자가 신체검사를 받지 않았다면 승낙 전에 보호제도나 승낙의제가 적용되지 아니한다.

2 **다음 설명 중 옳은 것은? (다툼이 있는 경우 판례에 의함)**

① 보험계약은 청약과 승낙의 의사표시의 합치로 성립하며 그때부터 계약의 효력이 발생하고 다른 약정이 없다면 보험자의 보상책임이 개시된다.
② 상법에 따르면 보험계약자는 연체보험료에 약정이자를 붙여 지급하고 그 계약의 부활을 청구할 수 있으므로 부활계약은 요물계약이다.
③ 계속적 보험거래관계에 있어서 약관이 보험계약자에게 불리하게 변경된 사실을 고지하지 않은 채 새로운 계약이 체결된 경우의 계약은 종전 약관에 따라 체결된 것으로 본다.
④ 상법에 "당사자 간에 다른 약정이 없으면"이라는 표현이 있는 경우에 한하여 구체적인 당사자 간에 개별약정이 가능하다.

TIP ③ 동일한 보험계약당사자가 일정한 기간마다 주기적으로 동종계약을 반복 체결하는 계속적 거래관계에 있어서 종전계약의 내용이 된 보험약관을 도중에 가입자에게 불리하게 변경하였다면 보험자로서는 새로운 보험계약 체결 시 그와 같은 약관변경사실 및 내용을 가입자인 상대방에게 고지하여야 할 신의칙상의 의무가 있다고 봄이 상당하고, 이러한 고지 없이 체결된 보험계약은 과거와 마찬가지로 종전약관에 따라 체결된 것으로 봄이 타당하다[대법원 1986. 10. 14. 선고 84다카122 판결].
① 보험회사의 책임은 당사자 간에 다른 약정이 없으면 보험계약자로부터 최초보험료를 받은 때부터 시작된다.
② 보험계약은 불요식 낙성계약이 원칙이다. 다만, 보험계약의 부활은 부활청약 시에 연체보험료와 약정이자를 지급하는 것이 원칙이므로 요물계약이라고 한다. 그러나 부활청약을 반드시 서면으로 하는 것은 아니므로 불요식 행위라 할 것이다. 결국 보험계약의 부활은 불요식 요물계약이라고 해석하는 것이 원칙이다.
④ 「약관의 규제에 관한 법률」에서 약관에서 정하고 있는 사항에 관하여 사업자와 고객이 약관의 내용과 다르게 합의한 사항이 있을 때에는 당해 합의사항은 약관에 우선한다고 규정하여, 개별약정 우선의 원칙을 선언하고 있다.

3 **상법상 약관의 중요사항에 대한 명시 · 설명 의무가 면제되는 경우가 아닌 것은? (다툼이 있는 경우 판례에 의함)**

① 자동차보험계약의 보험계약자가 해당약관상 주운전자의 나이나 보험경력 등에 따라 보험요율이 달라진다는 사실을 잘 알고 있는 경우

② 보험계약자 또는 피보험자가 보험금청구에 관한 서류 또는 증거를 위조하거나 변조한 경우 보험금청구권이 상실된다는 약관조항

③ 보험가입 후 피보험자가 이륜자동차를 사용하게 된 경우에 보험계약자 또는 피보험자가 지체 없이 이를 보험자에게 알릴 의무가 있다는 약관조항

④ 「상법」 제726조의4가 규정하는 자동차의 양도로 인한 보험계약상의 권리 · 의무의 승계조항을 풀어서 규정한 약관조항

TIP ③ 보험약관조항에서 보험계약 체결 후 이륜자동차를 사용하게 된 경우에 보험계약자 또는 피보험자는 지체 없이 이를 보험자에게 알릴 의무를 규정하고 있는 사안에서, 위 약관조항의 내용이 단순히 법령에 의하여 정하여진 것을 되풀이하거나 부연하는 정도에 불과하다고 볼 수 없으므로, 위 약관조항에 대한 보험자의 명시 · 설명의무가 면제된다고 볼 수 없다[대법원 2010. 3. 25. 선고 2009다91316,91323 판결].

① 상법 제638조의3에서 보험자의 약관설명의무를 규정한 것은 보험계약이 성립되는 경우에 각 당사자를 구속하게 될 내용을 미리 알고 보험계약의 청약을 하도록 함으로써 보험계약자의 이익을 보호하자는 데 입법취지가 있고, 보험약관이 계약 당사자에 대하여 구속력을 갖는 것은 보험계약 당사자 사이에 그것을 계약 내용에 포함시키기로 합의하였기 때문이라는 점 등을 종합하여 보면, 보험계약자나 그 대리인이 약관의 내용을 충분히 잘 알고 있는 경우에는 그 약관이 바로 계약 내용이 되어 당사자에 대하여 구속력을 갖는다고 할 것이므로, 보험자로서는 보험계약자 또는 그 대리인에게 약관의 내용을 따로이 설명할 필요가 없다고 보는 것이 상당하다[대법원 1998. 4. 14. 선고 97다39308 판결].

② '계약자 또는 피보험자가 손해의 통지 또는 보험금청구에 관한 서류에 고의로 사실과 다른 것을 기재하였거나 그 서류 또는 증거를 위조하거나 변조한 경우'를 보험금청구권의 상실사유로 정한 보험약관이 설명의무의 대상이 아니다[대법원 2003. 5. 30. 선고 2003다15556 판결].

④ 피보험자동차의 양도에 관한 통지의무를 규정한 보험약관은 거래상 일반인들이 보험자의 개별적인 설명 없이도 충분히 예상할 수 있었던 사항인 점 등에 비추어 보험자의 개별적인 명시 · 설명의무의 대상이 되지 않는다[대법원 2007. 4. 27. 선고 2006다87453 판결].

ANSWER

1.④ 2.③ 3.③

4 **보험증권에 대한 설명으로 옳은 것은?**

① 단체보험의 보험수익자가 단체구성원이나 그의 상속인인 경우에는 보험수익자에게 보험증권을 교부할 수 있다.
② 타인을 위한 보험계약의 보험계약자는 증권을 소지한 경우에는 그 타인의 동의 없이도 계약을 해지할 수 있다.
③ 적하보험증권은 완전유가증권이므로 상법이 열거한 해상보험증권의 기재사항을 모두 기재하여야 한다.
④ 약관상 이의기간이 경과하면 보험증권의 기재내용은 확정되므로 명백한 오기에 대하여도 이의할 수 없다.

TIP ② 「상법」 제649조(사고발생 전의 임의해지) 제1항
① 단체보험계약으로 보험증권을 발급하는 경우 피보험자 또는 보험수익자에게 보장내용 등 계약의 중요내용 등을 기재한 보험가입사실확인서를 통지하도록 하고 있다.
③ 적하보험증권은 선적서류의 일부로서 선하증권에 부수하여 유통되는 것이라고 하더라도 그것의 양도에 의해 피보험자의 지위가 양수인에게 이전되므로 유가증권으로서의 효력을 인정할 수 있다. 적하보험의 경우에는 선박의 명칭, 국적과 종류, 선적항, 양륙항 및 출하지와 도착지를 정한 때에는 그 지명, 마지막으로 보험가액을 정한 때에는 그 가액 등이 추가적으로 기재되어야 한다고 규정하고 있다. 그러나 해상보험증권의 요식증권성은 어음이나 수표 등과 같이 엄격하지 않으므로 법정기재사항이 불비된 경우에도 그 효력에는 영향을 미치지 않는다.
④ 보험증권의 기재내용에 명백한 오기, 착오가 있는 경우에는 이의기간이 지나도 이를 다툴 수 있다고 본다.

5 **상법상 고지 의무에 관한 설명으로 옳지 않은 것은? (다툼이 있는 경우 판례에 의함)**

① 생명보험계약의 피보험자가 직업을 속인 경우, 지급할 보험금은 실제 직업에 따라 가입이 가능하였던 한도 이내로 자동감축된다는 약관조항은 상법상 고지 의무 위반 시의 해지권 행사요건을 적용하지 않는 취지라면 무효이다.
② 한 건의 보험계약에서 보험금부정취득목적 · 고지 의무 위반 · 사기행위가 경합하는 경우 보험자는 어떤 권한을 행사할지를 선택할 수 있다.
③ 고지 의무를 완전히 이행하였더라도 약관의 계약 전 발병부담보조항에 의하여 보험금 지급이 거절될 수 있다.
④ 냉동창고건물을 화재보험에 가입 시킬 당시 보험의 목적인 건물이 완성되지 않아 잔여공사를 계속하여야 한다는 사실은 고지할 필요가 없다.

TIP 피고는 이 사건 냉동창고건물이 형식적 사용승인에도 불구하고 냉동설비공사 등 주요 공사가 완료되지 아니하여 잔여공사를 계속하여야 할 상황이었고, 이러한 공사로 인하여 완성된 냉동창고건물에 비하여 증가된 화재의 위험에 노출되어 있었으며, 그 위험의 정도나 중요성에 비추어 이 사건 보험계약을 체결할 때 이러한 사정을 고지하여야 함을 충분히 알고 있었거나 적어도 현저한 부주의로 인하여 이를 알지 못하였다고 봄이 상당하다. 그럼에도 원심은 그 판시와 같은 사정을 들어 피고에게 이 사건 보험계약체결 과정에서 고지 의무 위반에 관한 고의나 중대한 과실이 있었음이 인정되지 아니한다고 판단하였으니, 이러한 원심의 판단에는 고지 의무의 위반에 관한 법리를 오해하여 판결에 영향을 미친 잘못이 있고, 이를 지적하는 상고이유 주장에는 정당한 이유가 있다[대법원 2012. 11. 29. 선고, 2010다38663,38670 판결].

6 **상법상 타인을 위한 보험계약에 대한 설명으로 옳지 않은 것은? (다툼이 있는 경우 판례에 의함)**

① 보험계약체결을 위임한 바 없는 타인도 수익의 의사표시 없이 당연히 권리를 취득한다.
② 계약체결 시점에서 타인을 위한다는 의사표시는 명시적으로 존재하여야 한다.
③ 보험자는 타인을 위한 보험계약에 기한 항변으로 타인에게 대항할 수 있다.
④ 손해보험계약의 경우 타인은 피보험이익을 가진 자이어야 한다.

TIP 손해보험에 있어서 보험의 목적물과 위험의 종류만이 정해져 있고 피보험자와 피보험이익이 명확하지 않은 경우에 그 보험계약이 보험계약자 자신을 위한 것인지 아니면 타인을 위한 것인지는 보험계약서 및 당사자가 보험계약의 내용으로 삼은 약관의 내용, 당사자가 보험계약을 체결하게 된 경위와 그 과정, 보험회사의 실무처리 관행 등 제반 사정을 참작하여 결정하여야 하는바, 위의 보험계약체결 시 건물의 임차인인 사업자가 건물주를 피보험자로 한다는 별다른 의사표시를 하지 않으므로 보험청약서의 소유자란에 사업자의 성명을 그냥 기재하였을 뿐인 점, 한편 건물의 임차인인 사업자가 그의 이름으로 보험계약을 체결한 경우에도 건물주의 동의서를 제출하게 한 후 보험금을 지급하여 온 점, 이때 지급되는 보험금은 당해 건물에 발생한 손해액 전액에 해당하는 금원인 점 등에 비추어 볼 때, 위의 보험계약 중 건물에 관한 부분은 보험계약자인 임차인이 그 소유자를 위하여 체결한 것으로서, 보험회사는 보험사고가 발생한 경우에 보험계약자인 임차인이 그 건물의 소유자에 대하여 손해배상책임을 지는지 여부를 묻지 않고 그 건물의 소유자에게 보험금을 지급하기로 하는 제3자를 위한 보험계약을 체결하였다고 봄이 상당하다[대법원 1997. 5. 30. 선고, 95다14800, 판결].

7 **고지 의무에 관하여 우리 상법이 채택한 것은?**

① 고지 의무 이행 방법으로 수동적 답변의무
② 고지 의무 위반의 효과로서 비례감액주의
③ 고지 의무자에 피보험자 포함
④ 보험수익자에 대한 해지의 의사표시도 유효

TIP 대리인에 의하여 보험계약을 체결한 경우에 대리인이 안 사유는 그 본인이 안 것과 동일한 것으로 한다〈상법 646조(대리인이 안 것의 효과)〉.

ANSWER
4.② 5.④ 6.② 7.③

8 상법상 보험금청구권자에게 입증책임이 있는 경우가 아닌 것은? (다툼이 있는 경우 판례에 의함)

① 위험변경증가 시의 통지의무 위반에 있어서 위험변경증가가 보험사고의 발생에 영향을 미치지 아니하였다는 사실

② 보험계약자나 그 대리인이 약관내용을 충분히 알지 못하므로 계약체결 시 보험자가 약관내용을 설명하여야 한다는 사실

③ 상해보험계약에 있어서 피보험자가 심신상실 등 자유로운 의사결정을 할 수 없는 상태에서 스스로 사망의 결과를 초래한 사실

④ 상해보험계약에 있어서 사고가 우연하게 발생하였다는 점 및 사고의 외래성과 상해라는 결과와의 사이에 인과관계가 있다는 사실

TIP ① 고지의무에 위반한 사실 또는 위험의 현저한 변경이나 증가된 사실과 보험사고 발생과의 사이에 인과관계가 부존재한다는 점에 관한 주장 · 입증책임은 보험계약자 측에 있다 할 것이다[대법원 1997. 9. 5. 선고 95다25268 판결].

③ 인보험계약에 의하여 담보되는 보험사고의 요건 중 '우연한 사고'라 함은 사고가 피보험자가 예측할 수 없는 원인에 의하여 발생하는 것으로서, 고의에 의한 것이 아니고 예견치 않았는데 우연히 발생하고 통상적인 과정으로는 기대할 수 없는 결과를 가져오는 사고를 의미하는 것이며, 이러한 사고의 우연성에 관해서는 보험금 청구자에게 그 입증책임이 있다[대법원 2001. 11. 9. 선고 2001다55499, 55505 판결].

④ 보험약관에서 정한 보험사고의 요건인 '급격하고도 우연한 외래의 사고' 중 '외래의 사고'라는 것은 상해 또는 사망의 원인이 피보험자의 신체적 결함 즉 질병이나 체질적 요인 등에 기인한 것이 아닌 외부적 요인에 의해 초래된 모든 것을 의미하고, 이러한 사고의 외래성 및 상해 또는 사망이라는 결과와 사이의 인과관계에 관하여는 보험금 청구자에게 그 증명책임이 있다[대법원 2010. 9. 30. 선고 2010다12241,12258 판결].

9 보험금청구권의 소멸시효에 관한 설명으로 옳지 않은 것은? (다툼이 있는 경우 판례에 의함)

① 보험금 지급에 관하여 약정기간이 없는 경우에는 보험사고발생을 통지 받은 후 지체 없이 지급할 보험금액을 정하고 그 정하여진 날부터 10일이 경과한 다음날부터 보험금청구권의 소멸시효가 개시된다.

② 보험자의 보험금청구권의 소멸시효의 주장이 신의성실의 원칙에 반하거나 권리남용에 해당하는 경우에는 보험자는 소멸시효의 완성을 주장할 수 없다.

③ 도급계약에서 정한 채무를 이행하지 않은 경우의 손해를 보상하는 보증보험계약에서 보험금청구권의 소멸시효는 도급계약에서 정한 채무가 이행되지 않은 때부터 진행되는 것이 아니라 도급계약이 해제된 때 또는 도급계약을 해제할 수 있었던 상당한 기간이 경과한 때부터 진행한다.

④ 책임보험의 보험금청구권의 소멸시효는 약관에 다른 정함이 없는 한, 피보험자의 제3자에 대한 법률상의 손해배상책임이 「상법」 제723조 제1항이 정하고 있는 변제, 승인, 화해 또는 재판의 방법 등에 의하여 확정됨으로써 그 보험금청구권을 행사할 수 있는 때부터 진행한다.

TIP 보험자는 보험금액의 지급에 관하여 약정기간이 있는 경우에는 그 기간 내에 약정기간이 없는 경우에는 보험사고발생의 통지의무 규정에 따른 통지를 받은 후 지체 없이 지급할 보험금액을 정하고 그 정하여진 날부터 10일 내에 피보험자 또는 보험수익자에게 보험금액을 지급하여야 한다〈상법 제658조(보험금액의 지급)〉.

10 다음 예문의 해석으로 옳은 것은? (다툼이 있는 경우 판례에 의함)

> 사망 또는 제1급 장해의 발생을 보험사고로 하는 보험계약의 피보험자 甲은 보험계약체결 직전에 이미 근긴장성 근이양증 진단을 받았다. 이 병은 제1급 장해발생을 필연적으로 야기하고 또한 건강상태가 일반적인 자연적 속도 이상으로 급격히 악화되어 사망에 이를 개연성이 매우 높다.

① 보험사고는 계약체결 시에 불확정적이어야 하는데 甲은 필연적으로 사망 또는 제1급 장해로 이어질 질병의 확정진단을 이미 받았으므로 보험계약은 무효이다.

② 甲은 자신의 병에 대하여 알았으나 보험자가 피보험자의 질병사실을 알지 못하였다면 보험사고의 주관적 불확정으로 소급보험이 인정된다.

③ 보험계약체결 시에 보험사고 그 자체가 발생한 것은 아니므로 보험계약은 유효하고, 다만 고지 의무 위반만 문제될 수 있다.

④ 甲의 질병은 보험기간 중에 진행되었으므로 보험자는 보험사고가 보험기간 경과 후에 발생한 때에도 보험금 지급책임을 진다.

TIP 상법 제644조는 보험계약 당시 보험사고가 이미 발생한 때에 그 계약을 무효로 한다고 규정하고 있으므로, 설사 시간의 경과에 따라 보험사고의 발생이 필연적으로 예견된다고 하더라도 보험계약체결 당시 이미 보험사고가 발생하지 않은 이상 「상법」 제644조를 적용하여 보험계약을 무효로 할 것은 아닌바 비록 이 사건 제2보험계약체결 이전에 근이양증 진단을 받았다고 하더라도 보험사고(사망 또는 제1급 장해 발생)가 위 제2보험계약체결 이전에 발생하지 않은 이상 위 보험계약이 무효라고 할 수 없다. 그렇다면 원심으로서는 소외인에게 언제 제1급의 장해상태가 발생하였는지를 심리하여 보고, 그것이 이 사건 제2보험계약체결 후였음이 인정되면 더 나아가 피고의 고지 의무 위반으로 인한 보험계약해지 주장과 원고들의 제척기간 도과 주장을 차례로 심리, 판단하였어야 함에도 불구하고, 그 판시와 같은 이유만으로 이 사건 제2보험계약이 무효라고 단정하였으니, 이러한 원심판결에는 「상법」 제644조 보험사고의 객관적 확정의 효과에 관한 법리를 오해하여 심리를 다하지 아니함으로써 판결 결과에 영향을 미친 잘못이 있다. 이 점을 지적하는 취지의 원고들의 주장은 이유 있다[대법원 2020. 12. 9. 선고, 2010다66835, 판결].

11 보험자의 면책사유에 관한 설명으로 옳은 것은? (다툼이 있는 경우 판례에 의함)

① 약정면책사유는 원칙적으로 설명 의무의 대상이라는 점에서 법정면책사유의 경우와 다르다.

② 보증보험에서 보험계약자의 고의로 보험사고를 야기한 경우에 보증보험자는 보험금 지급책임이 없다.

③ 고의사고면책을 규정한 「상법」 조항은 보험제도의 악용을 막기 위한 것으로 절대적 강행규정이다.

④ 손해보험약관에서 고의사고면책만 규정한 경우에도 보험자는 상법의 고의 · 중과실면책조항을 들어 중과실 사고라는 이유로 면책을 주장할 수 있다.

TIP ② 보증보험은 보험계약자의 채무불이행을 보증하기 때문에 보험계약자의 고의라도 보험자는 피보험자에게 보험금 지급하여야 한다.
③ 미풍양속에 반하지 않는 보험계약에서는 무효가 담보 가능하기 때문에 절대적 강행법규는 아니다.
④ 「상법」 중과실 면책규정을 들어 면책할 수 없다.

ANSWER
8.② 9.① 10.③ 11.①

12 다음 설명 중 옳은 것은? (다툼이 있는 경우 판례에 의함)

① 당사자 간에 보험금 지급의 약정기간이 있는 경우에는 그 기간이 경과한 다음날부터 소멸시효가 진행한다.
② 보험자가 보험금청구권자의 청구에 대하여 보험금 지급책임이 없다고 잘못 알려 준 경우에는 사실상의 장애가 소멸한 때부터 시효기간이 진행한다.
③ 보험사고발생 여부가 분명하지 아니하여 보험금청구권자가 과실 없이 보험사고의 발생을 알 수 없었던 때에는 보험사고의 발생을 알았거나 알 수 있었던 때로부터 소멸시효가 진행한다.
④ 책임보험에서 약관이 달리 정한 경우가 아니라면 피보험자가 제3자로부터 손해배상청구를 받은 시점에서 보험금청구권의 소멸시효가 진행한다.

TIP ① 특별한 다른 사정이 없는 한 보험사고가 발생한 때부터 진행하는 것이 원칙이다.
② 보험금청구권자가 그 사실을 알지 못하였더라도 보험사고가 객관적으로 발생한 때부터 보험금청구권의 소멸시효가 진행된다.
④ 책임보험에 따른 보험금청구권의 소멸시효 기산점은 배상책임이 변제, 승인, 화해 또는 재판으로 인하여 확정된 때라고 보아야 한다. 판례도 책임보험에 따른 보험금청구권의 발생 시기 및 소멸시효 기산점을 손해배상책임 확정 시점으로 보고 있다.

13 보험계약자가 미경과보험료의 반환을 청구할 수 없는 경우는?

① 보험사고발생 전 보험계약자에 의한 계약 일부 해지 시에 당사자 간에 다른 약정이 없는 경우
② 보험사고발생 전 보험료지급지체를 이유로 보험자가 보험계약을 해지한 경우
③ 보험자가 파산선고를 받아 보험계약자가 보험계약을 해지하는 경우
④ 보험자가 보험계약체결 후 위험변경증가의 통지를 받고 이를 이유로 보험계약을 해지하는 경우

TIP 상법 규정에 의하면 미경과보험료 반환을 청구할 수 있는 경우는 '보험사고발생하기 전에 보험계약자가 보험계약을 해지한 경우' 뿐이며, 나머지에 대해서는 아무런 규정을 두고 있지 않다.

※ 사고발생 전의 임의해지〈상법 제649조〉
① 보험사고가 발생하기 전에는 보험계약자는 언제든지 계약의 전부 또는 일부를 해지할 수 있다. 그러나 타인을 위한 보험의 경우에는 보험계약자는 그 타인의 동의를 얻지 아니하거나 보험증권을 소지하지 아니하면 그 계약을 해지하지 못한다.
② 보험사고의 발생으로 보험자가 보험금액을 지급한 때에도 보험금액이 감액되지 아니하는 보험의 경우에는 보험계약자는 그 사고발생 후에도 보험계약을 해지할 수 있다.
③ 제1항의 경우에는 보험계약자는 당사자 간에 다른 약정이 없으면 미경과보험료의 반환을 청구할 수 있다.

14 다음 중 보험료 미지급에 관한 설명으로 옳지 않은 것은?

① 다른 약정이 없는 한 계약체결 후 보험료의 전부 또는 제1회 보험료의 지급 없이 2월이 경과하면 그 보험계약은 해제된 것으로 보기 때문에 보험자는 별도로 해제의 의사표시를 할 필요가 없다.
② 특정한 타인을 위한 보험의 경우에 보험계약자가 보험료의 지급을 지체한 때에는 보험자는 그 타인에게도 상당한 기간을 정하여 보험료의 지급을 최고한 후가 아니면 그 계약을 해제하지 못한다.
③ 계속보험료가 약정한 시기에 지급되지 아니한 때에는 보험자는 상당한 기간을 정하여 보험계약자에게 최고하고 그 기간 내에 지급되지 아니한 때에는 그 계약을 해지할 수 있다.
④ 제1회 보험료 불지급을 이유로 보험계약이 해제되는 경우 계약성립 후 해제 전에 발생한 보험사고에 대하여 보험금을 지급하는 약정은 무효이다.

TIP 보험계약자는 계약체결 후 지체 없이 보험료의 전부 또는 제1회 보험료를 지급하여야 하며, 이를 지급하지 않은 경우에는 다른 약정이 없는 한 계약성립 후 2월이 경과하면 그 계약은 해제된 것으로 본다〈상법 제650조 제1항〉. 다시 말하면 계약성립 후 2월이 경과할 때까지 보험계약자가 보험료의 전부 또는 제1회 보험료를 지급하지 아니하면 그 보험계약은 보험자의 계약해제의사표시 없이 처음부터 무효였던 것으로 간주됨이 원칙이다.

15 타인의 사망을 보험사고로 하는 보험계약에서 타인의 동의서면에 포함되는 전자문서의 요건으로서 옳지 않은 것은?

① 전자문서에 보험금 지급사유, 보험금액, 보험수익자의 신원, 보험기간이 적혀 있을 것
② 전자서명을 하기 전에 전자서명을 할 사람을 직접 만나서 전자서명을 하는 사람이 보험계약에 동의하는 본인임을 확인하는 절차를 거쳐 작성될 것
③ 전자문서 및 전자서명의 위조 · 변조 여부를 확인할 수 있을 것
④ 전자문서에 전자서명을 한 후에 그 전자서명을 한 사람이 보험계약에 동의한 본인임을 확인할 수 있도록 공인전자서명 등 금융위원장이 고시하는 요건을 갖추어 작성될 것

TIP 타인의 생명보험 … 본인 확인 및 위조 · 변조 방지에 대한 신뢰성을 갖춘 전자문서는 다음의 요건을 모두 갖춘 전자문서로 한다〈상법 시행령 제44조의2〉.

1. 전자문서에 보험금 지급사유, 보험금액, 보험계약자와 보험수익자의 신원, 보험기간이 적혀 있을 것
2. 전자문서에 전자서명을 하기 전에 전자서명을 할 사람을 직접 만나서 전자서명을 하는 사람이 보험계약에 동의하는 본인임을 확인하는 절차를 거쳐 작성될 것
3. 전자문서에 전자서명을 한 후에 그 전자서명을 한 사람이 보험계약에 동의한 본인임을 확인할 수 있도록 지문정보를 이용하는 등 법무부장관이 고시하는 요건을 갖추어 작성될 것
4. 전자문서 및 전자서명의 위조 · 변조 여부를 확인할 수 있을 것

ANSWER

12.③ 13.② 14.④ 15.④

16 다음 중 약관대출(또는 보험계약대출)에 관한 설명으로 옳은 것은 몇 개인가? (다툼이 있는 경우 판례에 의함)

> ㉠ 대출은 보험계약자가 낸 지급보험료 합계액 범위 내에서 실행될 수 있다.
> ㉡ 현행 생명보험표준약관의 약관대출규정은 상법규정을 그대로 수용한 것이다.
> ㉢ 약관대출의 법적 성질은 소비대차가 아니라 장차 지급할 보험금 등의 선급으로 본다.
> ㉣ 보험자의 약관대출금채권은 양도 · 입질 · 압류 · 상계의 대상이 된다.

① 1개　② 2개
③ 3개　④ 4개

TIP ㉡ 상법에는 약관대출에 관한 규정이 없다.
㉢ 약관 대출의 법적 성질은 소비대차로 본다.
㉣ 약관 대출금액은 해지 환급금 범위 내에서 대출되기 때문에 보험자의 채권자가 압류할 수 없다.

17 상법상 손해보험자가 보상할 손해액에 관한 설명으로 옳지 않은 것은?

① 보험자가 보상할 손해액은 그 손해가 발생한 때와 곳의 가액에 의하여 산정한다.
② 보험계약 당사자 간에 약정이 있는 때에는 그 신품가액에 의하여 보험자가 보상할 손해액을 산정할 수 있다.
③ 보험사고로 인하여 상실된 피보험자가 얻을 이익이나 보수는 보험자가 보상할 손해액에 산입한다.
④ 보험자가 보상할 손해액의 산정에 관한 비용은 보험자의 부담으로 한다.

TIP ③ 보험자가 보상할 손해액은 그 손해가 발생한 때와 곳의 가액에 의하여 산정한다. 그러나 당사자 간에 다른 약정이 있는 때에는 그 신품가액에 의하여 손해액을 산정할 수 있다〈상법 제676조(손해액의 산정기준) 제1항〉.
①② 「상법」 제676조(손해액의 산정기준) 제1항
④ 「상법」 제676조(손해액의 산정기준) 제2항

18 상법상 각종 비용의 부담에 관한 설명으로 옳지 않은 것은?

① 보험계약자가 보험자에 대하여 보험증권의 재교부를 청구한 경우 그 증권작성의 비용은 보험계약자의 부담으로 한다.
② 손해보험계약의 보험계약자와 피보험자가 손해의 방지와 경감을 위하여 지출한 필요 또는 유익하였던 비용은 보험금액을 초과한 경우라도 보험자가 이를 부담한다.
③ 해상보험자는 보험계약자와 피보험자가 보험의 목적의 안전이나 보존을 위하여 지급할 특별비용을 보험금액의 한도 내에서 보상할 책임이 있다.
④ 책임보험계약에서 피보험자가 제3자의 청구를 방어하기 위하여 지출한 재판상 또는 재판 외의 필요비용은 그 행위가 보험자의 지시에 의하지 아니한 경우에도 그 금액에 손해액을 가산한 금액이 보험금액을 초과하는 때에도 보험자가 이를 부담하여야 한다.

TIP 피보험자가 지출한 방어비용의 부담〈상법 제720조〉
① 피보험자가 제3자의 청구를 방어하기 위하여 지출한 재판상 또는 재판 외의 필요비용은 보험의 목적에 포함된 것으로 한다. 피보험자는 보험자에 대하여 그 비용의 선급을 청구할 수 있다.
② 피보험자가 담보의 제공 또는 공탁으로써 재판의 집행을 면할 수 있는 경우에는 보험자에 대하여 보험금액의 한도 내에서 그 담보의 제공 또는 공탁을 청구할 수 있다.
③ 제1항 또는 제2항의 행위가 보험자의 지시에 의한 것인 경우에는 그 금액에 손해액을 가산한 금액이 보험금액을 초과하는 때에도 보험자가 이를 부담하여야 한다.

19 상법상 보험가액에 관한 설명으로 옳지 않은 것은?

① 운송물의 보험에 있어서는 발송한 때와 곳의 가액과 도착지까지의 운임 기타의 비용을 보험가액으로 한다.
② 선박의 보험에 있어서는 보험자의 책임이 개시될 때의 선박가액을 보험가액으로 한다.
③ 적하의 보험에 있어서는 도착할 때와 곳의 적하의 가액과 선적 및 보험에 관한 비용을 보험가액으로 한다.
④ 적하의 도착으로 인하여 얻을 이익 또는 보수의 보험에 있어서는 계약으로 보험가액을 정하지 아니한 때에는 보험금액을 보험가액으로 한 것으로 추정한다.

TIP ③ 적하의 보험에 있어서는 선적한 때와 곳의 적하의 가액과 선적 및 보험에 관한 비용을 보험가액으로 한다〈상법 제697조(적하보험의 보험가액)〉.
①「상법」제689조(운송보험의 보험가액) 제1항
②「상법」제696조(선박보험의 보험가액과 보험목적) 제1항
④「상법」제698조(희망이익보험의 보험가액)

ANSWER
16.① 17.③ 18.④ 19.③

20 甲은 자기가 소유한 보험가액 1,000만 원인 도자기의 파손에 대하여 乙보험회사와 400만 원, 丙보험회사와 600만 원, 丁보험회사와 1,000만 원을 보험금액으로 하여 각각 손해보험계약을 체결하였다. 이후 도자기가 사고로 전부 파손되어 보험금을 청구하였다. 아래 설명 중 옳지 않은 것은? (단, 당사자 간에 중복보험과 일부보험에 관하여 다른 약정이 없다고 가정함)

① 乙보험회사는 200만 원의 보상책임을 진다.
② 丙보험회사는 600만 원의 한도 내에서 연대책임을 진다.
③ 丁보험회사는 500만 원의 보상책임을 진다.
④ 甲이 丁보험회사에 대한 보험금 청구를 포기한 경우 乙보험회사와 丙보험회사는 각각 400만 원, 600만 원의 보상책임을 진다.

TIP 동일한 보험계약의 목적과 동일한 사고에 관하여 수개의 보험계약이 동시에 또는 순차로 체결된 경우에 그 보험금액의 총액이 보험가액을 초과한 때에는 보험자는 각자의 보험금액의 한도에서 연대책임을 진다. 이 경우에는 각 보험자의 보상책임은 각자의 보험금액의 비율에 따른다〈상법 제672조(중복보험) 제1항〉. 제672조의 규정에 의한 수개의 보험계약을 체결한 경우에 보험자 1인에 대한 권리의 포기는 다른 보험자의 권리의무에 영향을 미치지 아니한다〈상법 제673조(중복보험과 보험자 1인에 대한 권리포기)〉. 즉 甲이 丁 보험회사에 대한 권리를 포기하더라도 乙, 丙, 丁의 분담비율에는 영향을 미치지 아니한다.

- 乙 보험회사의 보상책임액 $= 1{,}000\text{만 원} \times \frac{400\text{만 원}}{400\text{만 원} \times 600\text{만 원} \times 1{,}000\text{만 원}} = 200\text{만 원}$
- 丙 보험회사의 보상책임액 $= 1{,}000\text{만 원} \times \frac{600\text{만 원}}{400\text{만 원} \times 600\text{만 원} \times 1{,}000\text{만 원}} = 300\text{만 원}$
- 丁 보험회사에 대한 보험금 청구를 포기하지 않은 경우 보상책임액 $= 1{,}000\text{만 원} \times \frac{1{,}000\text{만 원}}{400\text{만 원} \times 600\text{만 원} \times 1{,}000\text{만 원}} = 500\text{만 원}$

21 상법상 보험목적의 양도에 관한 설명으로 옳지 않은 것은?

① 손해보험에서 피보험자가 보험의 목적을 양도한 때에는 양수인은 보험계약상의 권리와 의무를 승계한다.
② 손해보험에서 피보험자가 보험의 목적을 양도한 경우에 양도인 또는 양수인은 보험자에 대하여 지체 없이 그 사실을 통지하여야 한다.
③ 선박을 보험에 붙인 경우에는 보험의 목적인 선박을 양도할 때 그 보험계약은 종료하나 보험자의 동의가 있는 때에는 그러하지 아니하다.
④ 자동차보험에서 피보험자가 보험기간 중에 자동차를 양도한 때에는 양수인은 보험자의 승낙을 얻은 경우에 한하여 보험계약으로 인하여 생긴 권리와 의무를 승계한다.

TIP ① 피보험자가 보험의 목적을 양도한 때에는 양수인은 보험계약상의 권리와 의무를 승계한 것으로 추정한다〈상법 제679조(보험목적의 양도) 제1항〉.
② 「상법」 제679조(보험목적의 양도) 제2항
③ 「상법」 제703조의2(선박의 양도 등의 효과)
④ 「상법」 제726조의4(자동차의 양도) 제1항

22 상법상 집합보험에 관한 설명으로 옳지 않은 것은?

① 집합보험에 관한 규정은 손해보험 통칙에 규정되어 있다.
② 집합된 물건을 일괄하여 보험의 목적으로 한 때에는 피보험자의 가족과 사용인의 물건도 보험의 목적에 포함된 것으로 한다.
③ 집합보험계약은 피보험자의 가족 또는 사용인을 위하여서도 체결한 것으로 본다.
④ 집합된 물건을 일괄하여 보험의 목적으로 한 때에는 그 목적에 속한 물건이 보험기간 중에 수시로 교체된 경우에도 보험사고의 발생 시에 현존한 물건은 보험의 목적에 포함한 것으로 한다.

TIP 집합보험은 제2절 화재보험에 규정되어 있다.

23 상법상 운송보험에 관한 설명으로 옳지 않은 것은?

① 운송보험계약의 보험자는 다른 약정이 없으면 운송인이 운송물을 수령한 때로부터 수하인에게 인도할 때까지 생길 손해를 보상할 책임이 있다.
② 운송물의 보험에 있어서는 발송한 때와 곳의 가액과 도착지까지의 운임 기타의 비용을 보험가액으로 한다.
③ 운송보험계약은 다른 약정이 없으면 운송의 노순 또는 방법을 변경한 경우 그 효력을 잃는다.
④ 보험사고가 송하인 또는 수하인의 고의 또는 중대한 과실로 인하여 발생한 때에는 보험자는 이로 인하여 생긴 손해를 보상할 책임이 없다.

TIP ③ 운송보험계약은 다른 약정이 없으면 운송의 필요에 의하여 일시운송을 중지하거나 운송의 노순 또는 방법을 변경한 경우에도 그 효력을 잃지 아니한다〈상법 제691조(운송의 중지나 변경과 계약효력)〉.
① 「상법」 제688조(운송보험자의 책임)
② 「상법」 제689조(운송보험의 보험가액) 제1항
④ 「상법」 제692조(운송보조자의 고의, 중과실과 보험자의 면책

24 상법상 해상보험의 면책사유에 관한 설명으로 옳지 않은 것은?

① 선박이 보험계약에서 정하여진 발항항이 아닌 다른 항에서 출항한 때에는 보험자는 책임을 지지 아니한다.
② 선박이 보험계약에서 정하여진 도착항이 아닌 다른 항을 향하여 출항한 때에는 보험자는 책임을 지지 아니한다.
③ 선박이 정당한 사유 없이 보험계약에서 정하여진 항로를 이탈한 경우에는 보험자는 그때부터 책임을 지지 아니한다. 다만, 선박이 손해발생 전에 원항로로 돌아온 경우에는 그러하지 아니하다.
④ 피보험자가 정당한 사유 없이 발항 또는 항해를 지연한 때에는 보험자는 발항 또는 항해를 지체한 이후의 사고에 대하여 책임을 지지 아니한다.

TIP ③ 선박이 정당한 사유 없이 보험계약에서 정하여진 항로를 이탈한 경우에는 보험자는 그때부터 책임을 지지 아니한다. 선박이 손해발생 전에 원항로로 돌아온 경우에도 같다〈상법 제701조의2(이로)〉.
① 「상법」 제701조(항해변경의 효과) 제1항
② 「상법」 제701조(항해변경의 효과) 제2항
④ 「상법」 제702조(발항 또는 항해의 지연의 효과)

ANSWER
20.④ 21.① 22.① 23.③ 24.③

25 상법상 책임보험에 관한 설명으로 옳지 않은 것은?

① 책임보험계약은 금전으로 산정할 수 있는 이익을 보험계약의 목적으로 하고 있다.
② 피보험자가 경영하는 사업에 관한 책임을 보험의 목적으로 한 때에는 피보험자의 대리인 또는 그 사업 감독자의 제3자에 대한 책임도 보험의 목적에 포함된 것으로 한다.
③ 책임보험의 피보험자는 제3자로부터 배상청구를 받았을 때에는 지체 없이 보험자에게 그 통지를 발송하여야 한다.
④ 책임보험계약은 피보험자가 보험기간 중의 사고로 인하여 제3자에게 배상할 책임을 그 보험가액으로 한다.

TIP ④ 책임보험계약의 보험자는 피보험자가 보험기간 중의 사고로 인하여 제3자에게 배상할 책임을 진 경우에 이를 보상할 책임이 있다〈상법 제719조〉. 책임보험은 보험가액의 개념이 없다.
① 「상법」 제668조(보험계약의 목적)
② 「상법」 제721조(영업책임보험의 목적)
③ 「상법」 제722조(피보험자의 배상청구 사실 통지의무) 제1항

26 책임보험계약의 보험자와 제3자와의 관계에 관하여 상법상 명시적으로 규정하고 있지 않은 것은?

① 보험자는 피보험자가 책임을 질 사고로 인하여 생긴 손해에 대하여 제3자가 그 배상을 받기 전에는 보험금액의 전부 또는 일부를 피보험자에게 지급하지 못한다.
② 제3자는 피보험자가 책임을 질 사고로 입은 손해에 대하여 보험금액의 한도 내에서 보험자에게 직접 보상을 청구할 수 있다.
③ 제3자가 보험자에게 직접보상을 청구할 경우 보험자는 피보험자가 그 사고에 관하여 가지는 항변으로써 제3자에게 대항할 수 있다.
④ 제3자가 보험자에게 직접보상을 청구할 경우 보험자는 피보험자에 대하여 가지는 항변으로써 제3자에게 대항할 수 있다.

TIP 상법 제724조 제2항 및 판례에 따르면, 제3자는 가해자인 피보험자에 대한 손해배상청구권을 전제로 직접청구권을 가진다. 상법 제724조 제2항에 의하여 피해자에게 인정되는 직접청구권의 법적 성질(=손해배상청구권)은 보험자가 피보험자의 피해자에 대한 손해배상채무를 병존적으로 인수한 것으로서 피해자가 보험자에 대하여 가지는 손해배상청구권이다[대법원 2017. 5. 18. 선고 2012다86895]. 따라서 보험자는 피보험자가 제3자에 항변으로써 제3자에게 대항할 수 있다. 그러나 보험자는 피보험자에게 대하여 가지는 항변으로써 제3자에게 대항할 수 있다는 규정은 보험이론상에서 인정되는 항변사유이다.
※ 항변 사유 … 피보험자에게 보험금청구권이 발생하였으나 보험자가 보험금 지급 거절 또는 감액할 수 있는 사유로, 계약상의 하자나 조건 미성취 또는 면책사유 등이다.

27 다음 중 자동차보험증권에 반드시 기재해야 하는 사항을 모두 모아놓은 것은?

㉠ 자동차 소유자와 그 밖의 보유자의 성명과 생년월일 또는 상호
㉡ 자동차 운전자의 성명과 생년월일
㉢ 피보험 자동차 소유자자동차의등록번호, 차대번호, 차형년식과기계장치
㉣ 차량가액을 정한 때에는 그 가액

① ㉠㉡㉢
② ㉠㉢㉣
③ ㉡㉢㉣
④ ㉠㉡㉢㉣

TIP 자동차보험증권 … 자동차보험증권에는 손해보험증권 규정에 게기한 사항 외에 다음의 사항을 기재하여야 한다〈상법 제726조의3〉.

1. 자동차 소유자와 그 밖의 보유자의 성명과 생년월일 또는 상호
2. 피보험 자동차의 등록번호, 차대번호, 차형년식과 기계장치
3. 차량가액을 정한 때에는 그 가액

※ 손해보험증권 … 손해보험증권에는 다음의 사항을 기재하고 보험자가 기명날인 또는 서명하여야 한다〈상법 제666조〉.

1. 보험의 목적
2. 보험사고의 성질
3. 보험금액
4. 보험료와 그 지급방법
5. 보험기간을 정한 때에는 그 시기와 종기
6. 무효와 실권의 사유
7. 보험계약자의 주소와 성명 또는 상호
8. 피보험자의 주소, 성명 또는 상호
9. 보험계약의 연월일
10. 보험증권의 작성지와 그 작성 연월일

28 자동차보험에서 자동차의 양도에 관한 설명으로 옳지 않은 것은?

① 피보험자가 보험기간 중에 자동차를 양도한 때에는 양수인은 보험자의 승낙을 얻은 경우에 한하여 보험계약으로 인하여 생긴 권리와 의무를 승계한다.
② 피보험자가 보험기간 중에 자동차를 양도한 때에는 그 양수인은 보험자에게 지체 없이 양수사실을 통지하여야 한다.
③ 보험자가 양수인으로부터 양수사실을 통지받은 때에는 지체 없이 낙부를 통지하여야 한다.
④ 보험자가 양수인으로부터 양수사실을 통지받은 날부터 10일 내에 낙부의 통지가 없을 때에는 승낙한 것으로 본다.

TIP 피보험자가 보험기간 중에 자동차를 양도한 때에는 양수인은 보험자의 승낙을 얻은 경우에 한하여 보험계약으로 인하여 생긴 권리와 의무를 승계한다. 보험자가 양수인으로부터 양수사실을 통지받은 때에는 지체 없이 낙부를 통지하여야 하고 통지받은 날부터 10일 내에 낙부의 통지가 없을 때에는 승낙한 것으로 본다〈상법 제726조의4(자동차의 양도)〉.

ANSWER
25.④ 26.④ 27.② 28.②

29 타인의 사망보험계약에 대한 설명으로 옳지 않은 것은? (다툼이 있는 경우 판례에 의함)

① 타인의 사망을 보험사고로 하는 보험계약에는 보험계약 체결 시에 그 타인의 서면에 의한 동의를 얻어야 하나, 단체보험의 경우에는 일정한 경우에 타인의 개별적 서면동의를 요하지 아니한다.

② 타인의 사망보험계약 체결 시 청약서상에 보험모집인이 피보험자의 서명을 대신한 경우에 이 보험계약은 무효이다.

③ 피보험자의 서면동의 없는 사망보험계약은 무효이지만, 무효인 보험계약도 피보험자가 추인하면 소급하여 효력이 인정된다.

④ 타인의 동의는 각 보험계약에 개별적으로 서면에 의하여야 하고 포괄적 동의 또는 묵시적이거나 추정적 동의만으로는 부족하다.

TIP ③ 상법 제731조 제1항에 의하면 타인의 생명보험에서 피보험자가 서면으로 동의의 의사표시를 하여야 하는 시점은 '보험계약 체결 시까지'이고, 이는 강행규정으로서 이에 위반한 보험계약은 무효이므로, 타인의 생명보험계약 성립 당시 피보험자의 서면동의가 없다면 그 보험계약은 확정적으로 무효가 되고, 피보험자가 이미 무효가 된 보험계약을 추인하였다고 하더라도 그 보험계약이 유효로 될 수는 없다[대법원 2006. 9. 22. 선고 2004다56677 판결].

① 「상법」 제731조(타인의 생명의 보험), 「상법」 제735조의3(단체보험) 제1항

② 타인의 사망을 보험사고로 하는 보험계약을 체결할 당시 보험모집인이 그 타인의 서면에 의한 동의를 얻어야 하는 사실을 모르고 보험계약자에게 이를 고지하지 아니한 채 피보험자의 동의를 얻었다는 보험계약자의 말만 믿고 임의로 피보험자 동의란에 서명을 대신하였으며 영업소장 역시 그 사실을 알고도 방치함으로써 위 보험계약이 무효이다[대법원 1998. 11. 27. 선고 98다23690 판결]

④ 상법 제731조 제1항이 타인의 사망을 보험사고로 하는 보험계약의 체결 시 그 타인의 서면동의를 얻도록 규정한 것은 동의의 시기와 방식을 명확히 함으로써 분쟁의 소지를 없애려는 데 취지가 있으므로, 피보험자인 타인의 동의는 각 보험계약에 대하여 개별적으로 서면에 의하여 이루어져야 하고 포괄적인 동의 또는 묵시적이거나 추정적 동의만으로는 부족하다[대법원 2006. 9. 22. 선고 2004다56677 판결].

30 甲은 배우자 乙을 피보험자로, '상속인'을 보험수익자로 하여 보험자 丙과 생명보험계약을 체결하였다. 그 후 甲은 乙을 살해하였다. 이 경우에 관한 설명 중 옳은 것은? (다툼이 있는 경우 판례에 의함)

① 甲이 보험수익자를 '상속인'과 같이 추상적으로 지정하는 경우에는 보험수익자의 보험금청구권은 상속재산이나, 상속인 중 일부를 구체적으로 성명을 특정하여 지정하는 경우에는 고유재산이 된다.
② 丙은 甲을 포함한 모든 상속인에게 보험금전액을 지급하여야 한다.
③ 丙은 지급보험금의 범위 내에서 甲에 대하여 보험대위를 행사할 수 있다.
④ 丙은 甲을 제외한 나머지 상속인에 대한 보험금 지급책임을 면하지 못한다.

TIP ① 인보험에서 보험수익자를 상속인으로 지정하였더라도 민법상 상속인의 고유 재산이지, 상속재산은 아니다.
② 고의가 있는 보험수익자 갑에게는 보험금을 지급하지 않는다.
③ 인보험에서 원칙적으로 보험자대위는 불인정 된다.
※ **보험금을 지급하지 않는 사유** … 회사는 다음 중 어느 한 가지로 보험금 지급사유가 발생한 때에는 보험금을 지급하지 않는다〈보험업감독업무시행세칙 별표 15 생명보험표준약관 제5조〉.
1. 피보험자가 고의로 자신을 해친 경우. 다만, 다음 중 어느 하나에 해당하면 보험금을 지급한다.
가. 피보험자가 심신상실 등으로 자유로운 의사결정을 할 수 없는 상태에서 자신을 해친 경우. 특히 그 결과 사망에 이르게 된 경우에는 재해사망보험금(약관에서 정한 재해사망보험금이 없는 경우에는 재해 이외의 원인으로 인한 사망보험금)을 지급한다.
나. 계약의 보장개시일[부활(효력회복)계약의 경우는 부활(효력회복)청약일]부터 2년이 지난 후에 자살한 경우에는 재해 이외의 원인에 해당하는 사망보험금을 지급한다.
2. 보험수익자가 고의로 피보험자를 해친 경우. 다만, 그 보험수익자가 보험금의 일부 보험수익자인 경우에는 다른 보험수익자에 대한 보험금은 지급한다.
3. 계약자가 고의로 피보험자를 해친 경우

ANSWER
29.③ 30.④

31 보험사고의 우연성에 관한 설명으로 옳은 것은? (다툼이 있는 경우 판례에 의함)

> ㉠ 피보험자가 술에 취한 상태에서 출입이 금지된 지하철역 승강장의 선로로 내려가 전동열차에 부딪혀 사망한 사안에서 피보험자에게 중과실이 있더라도 보험약관상의 우발적 사고에 해당한다.
> ㉡ 피보험자가 자유로운 의사결정을 할 수 없는 상태에서 자살로 사망한 경우에 그 사망은 고의에 의하지 않은 우발적 사고라고 할 수 있다.
> ㉢ 급격하고 우연한 외래의 사고를 보험사고로 하는 상해보험에 가입한 피보험자가 술에 취하여 자다가 구토로 인한 구토물이 기도를 막음으로써 사망한 경우에 보험약관상의 급격과 우연성은 충족되므로 보험자로서는 보험금을 지급할 의무가 있다.
> ㉣ 암으로 인한 사망 및 상해로 인한 사망을 보험사고로 하는 보험계약에서 "피보험자가 보험계약일 이전에 암 진단이 확정되어 있었던 경우 보험계약을 무효로 한다"는 약관 조항은 피보험자가 상해로 사망한 경우 에도 유효하다.

① ㉠㉢
② ㉡㉣
③ ㉠㉡㉢
④ ㉠㉡㉢㉣

TIP ㉠ 피보험자가 술에 취한 상태에서 출입이 금지된 지하철역 승강장의 선로로 내려가 지하철역을 통과하는 전동열차에 부딪혀 사망한 경우, 피보험자에게 판단능력을 상실 내지 미약하게 할 정도로 과음을 한 중과실이 있더라도 보험약관상의 보험사고인 우발적인 사고에 해당한다[대법원 2001. 11. 9. 선고, 2001다55499, 55505, 판결].

㉡ 보험자가 자유로운 의사결정을 할 수 없는 상태에서 사망의 결과를 발생케 한 직접적인 원인행위가 외래의 요인에 의한 것이라면, 그 사망은 피보험자의 고의에 의하지 않은 우발적인 사고로서 보험사고인 사망에 해당할 수 있다[대법원 2015. 6. 23. 선고, 2015다5378, 판결].

㉢ '급격하고도 우연한 외래의 사고'를 보험사고로 하는 상해보험에 가입한 피보험자가 술에 취하여 자다가 구토로 인한 구토물이 기도를 막음으로써 사망한 경우, 보험약관상의 급격성과 우연성은 충족되고, 나아가 보험약관상의 '외래의 사고'란 상해 또는 사망의 원인이 피보험자의 신체적 결함 즉 질병이나 체질적 요인 등에 기인한 것이 아닌 외부적 요인에 의해 초래된 모든 것을 의미한다고 보는 것이 상당하므로, 위 사고에서 피보험자의 술에 만취된 상황은 피보험자의 신체적 결함 즉 질병이나 체질적 요인 등에서 초래된 것이 아니라 피보험자가 술을 마신 외부의 행위에 의하여 초래된 것이어서 이는 외부적 요인에 해당한다고 할 것이고, 따라서 위 사고는 위 보험약관에서 규정하고 있는 '외래의 사고'에 해당하므로 보험자로서는 수익자에 대하여 위 보험계약에 따른 보험금을 지급할 의무가 있다[대법원 1998. 10. 13. 선고, 98다28114, 판결].

㉣ 보험사고가 암과 관련하여 발생한 경우에 한하여 보험계약을 무효로 한다는 취지라고 볼 수는 없음은 물론, 이러한 약관규정이 「약관의 규제에 관한 법률」 제6조 제1항, 제2항 제1호가 규정하고 있는 신의성실의 원칙에 반하거나 고객에 대하여 부당하게 불리하여 공정을 잃은 조항으로서 무효라고 할 수 없고, 동법 제7조 제2호가 규정하고 있는 상당한 이유 없이 사업자의 손해배상범위를 제한하거나 사업자가 부담하여야 할 위험을 고객에게 이전시키는 조항으로서 무효라고 볼 수도 없다[대법원 1998. 8. 21. 선고, 97다50091, 판결].

32 **동일인이 다수의 보험계약을 체결한 경우에 관한 설명으로 옳지 않은 것은? (다툼이 있는 경우 판례에 의함)**

① 보험계약자가 다수의 보험계약을 통하여 보험금을 부정취득할 목적으로 생명보험계약을 체결하였다면 선량한 풍속 기타 사회질서에 반하여 무효이다.

② 보험자가 생명보험계약을 체결하면서 다른 보험계약의 존재 여부를 청약서에 기재하여 질문하였다 하더라도 다른 보험계약의 존재여부 등 계약적 위험은 고지 의무의 대상이 아니다.

③ 손해보험계약에 있어서 동일한 보험계약의 목적과 동일한 사고에 관하여 수개의 보험계약을 체결하는 경우에 보험계약자는 각 보험자에 대하여 각 보험계약의 내용을 통지하여야 한다.

④ 손해보험계약에 있어서 중복보험계약을 체결한 사실은 고지 의무의 대상인 중요한 사항에 해당되지 않는다.

TIP ② 보험자가 생명보험계약을 체결함에 있어 다른 보험계약의 존재 여부를 청약서에 기재하여 질문하였다면 이는 그러한 사정을 보험계약을 체결할 것인지의 여부에 관한 판단자료로 삼겠다는 의사를 명백히 한 것으로 볼 수 있고, 그러한 경우에는 다른 보험계약의 존재 여부가 고지의무의 대상이 된다고 할 것이다. 그러나 그러한 경우에도 보험자가 다른 보험계약의 존재 여부에 관한 고지의무위반을 이유로 보험계약을 해지하기 위하여는 보험계약자 또는 피보험자가 그러한 사항에 관한 고지의무의 존재와 다른 보험계약의 존재에 관하여 이를 알고도 고의로 또는 중대한 과실로 인하여 이를 알지 못하여 고지의무를 다하지 않은 사실이 입증되어야 할 것이다[대법원 2001. 11. 27. 선고 99다33311 판결].

① 보험계약자가 다수의 보험계약을 통하여 보험금을 부정취득할 목적으로 보험계약을 체결한 경우, 이러한 목적으로 체결된 보험계약에 의하여 보험금을 지급하게 하는 것은 보험계약을 악용하여 부정한 이득을 얻고자 하는 사행심을 조장함으로써 사회적 상당성을 일탈하게 될 뿐만 아니라, 합리적인 위험의 분산이라는 보험제도의 목적을 해치고 위험발생의 우발성을 파괴하며 다수의 선량한 보험가입자들의 희생을 초래하여 보험제도의 근간을 해치게 되므로, 이와 같은 보험계약은 민법 제103조 소정의 선량한 풍속 기타 사회질서에 반하여 무효라고 할 것이다[대법원 2018. 9. 13. 선고 2016다255125 판결].

③ 「상법」 제672조(중복보험) 제2항

④ 상법 제672조 제2항에서 손해보험에 있어서 동일한 보험계약의 목적과 동일한 사고에 관하여 수개의 보험계약을 체결하는 경우에는 보험계약자는 각 보험자에 대하여 각 보험계약의 내용을 통지하도록 규정하고 있으므로, 이미 보험계약을 체결한 보험계약자가 동일한 보험목적 및 보험사고에 관하여 다른 보험계약을 체결하는 경우 기존의 보험계약에 관하여 고지할 의무가 있다고 할 것이나, 손해보험에 있어서 위와 같이 보험계약자에게 다수의 보험계약의 체결사실에 관하여 고지 및 통지하도록 규정하는 취지는, 손해보험에서 중복보험의 경우에 연대비례보상주의를 규정하고 있는 상법 제672조 제1항과 사기로 인한 중복보험을 무효로 규정하고 있는 상법 제672조 제3항, 제669조 제4항의 규정에 비추어 볼 때, 부당한 이득을 얻기 위한 사기에 의한 보험계약의 체결을 사전에 방지하고 보험자로 하여금 보험사고 발생 시 손해의 조사 또는 책임의 범위의 결정을 다른 보험자와 공동으로 할 수 있도록 하기 위한 것일 뿐, 보험사고발생의 위험을 측정하여 계약을 체결할 것인지 또는 어떤 조건으로 체결할 것인지 판단할 수 있는 자료를 제공하기 위한 것이라고 볼 수는 없으므로 중복보험을 체결한 사실은 상법 제651조의 고지의무의 대상이 되는 중요한 사항에 해당되지 아니한다[대법원 2003. 11. 13. 선고 2001다49623 판결].

ANSWER

31.④ 32.②

33 **상법상 보험수익자 지정 · 변경에 관한 설명으로 옳지 않은 것은?**

① 보험계약자는 보험수익자 지정 또는 변경할 권리를 가지고, 이 권리는 형성권으로서 보험자의 동의를 요하지 않는다.

② 사망보험에서 보험수익자를 지정 또는 변경할 때에는 보험자에게 통지하지 않으면 이로써 보험자에게 대항하지 못하고, 피보험자의 서면동의를 얻어야 한다.

③ 보험계약자가 보험수익자를 지정하고 변경권을 행사하지 않은 채 사망하면 특별한 약정이 없는 한 보험수익자의 권리가 확정된다.

④ 보험수익자가 보험존속 중에 사망한 때에는 보험수익자의 상속인이 보험수익자로 확정되며, 이때에 보험수익자의 상속인의 지위는 승계취득이 아니라 원시취득이다.

TIP ④ 보험수익자가 보험존속 중에 사망한 때에는 보험계약자는 다시 보험수익자를 지정할 수 있다. 이 경우에 보험계약자가 지정권을 행사하지 아니하고 사망한 때에는 보험수익자의 상속인을 보험수익자로 한다〈상법 제733조(보험수익자의 지정 또는 변경의 권리) 제3항〉.

① 일종의 형성권으로서 단독행위이다.

② 「상법」 제734조(보험수익자 지정권 등의 통지)

③ 「상법」 제733조(보험수익자의 지정 또는 변경의 권리) 제2항

※ 승계취득과 원시취득

㉠ **원시취득**(절대적 발생) : 어떤 권리가 타인의 권리에 기초함이 없이 특정인에게 새롭게 발생하는 것을 말한다.

㉡ **승계취득**(상대적 발생) : 타인이 가지고 있던 권리에 기초하여, 권리를 취득하는 것을 말한다.

34 **생명보험표준약관상 보험계약상의 권리에 관한 설명으로 옳지 않은 것은?**

① 보험자는 피보험자에게 약정상의 보험사고가 발생한 경우에 보험수익자에게 약정한 보험금을 지급한다.

② 보험계약자는 해지환급금 범위 내에서 약관대출(보험계약대출)을 받을 수 있다.

③ 보험계약자는 계약이 소멸하기 전에 언제든지 계약을 해지할 수 있으며, 이 경우 보험자는 해지환급금을 보험수익자에게 지급한다.

④ 보험자는 금융감독원장이 정하는 방법에 따라 보험자가 결정한 배당금을 보험계약자에게 지급한다.

TIP ③ 계약자는 계약이 소멸하기 전에 언제든지 계약을 해지할 수 있으며(다만, 연금보험의 경우 연금이 지급 개시된 이후에는 해지할 수 없다), 이 경우 회사는 제32조(해지환급금) 제1항에 따른 해지환급금을 계약자에게 지급한다〈보험업감독업무시행세칙 별표 15 생명보험표준약관 제29조(계약자의 임의해지 및 피보험자의서면동의 철회권) 제1항〉.

① 「보험업감독업무시행세칙 별표 15 생명보험표준약관」 제3조(보상하는 손해)

② 「보험업감독업무시행세칙 별표 15 생명보험표준약관」 제33조(보험계약대출) 제1항

④ 「보험업감독업무시행세칙 별표 15 생명보험표준약관」 제34조(배당금의 지급) 제1항

35 단체생명보험에 관한 설명으로 옳지 않은 것은? (다툼이 있는 경우 판례에 의함)

① 단체생명보험은 단체가 구성원의 전부 또는 일부를 피보험자로 하여 체결하는 생명보험이다.
② 보험계약자가 회사인 경우 보험증권은 회사에 대하여만 교부되지만, 회사는 보험수익자가 되지 못한다.
③ 구성원이 단체를 퇴사하면 보험료를 계속납입하였더라도 피보험자의 지위는 상실한다.
④ 회사의 규약에 따라 단체생명보험계약이 체결되면 피보험자의 개별적 서면동의가 필요 없지만, 규약이 갖추어지지 않으면 피보험자인 구성원의 서면동의를 갖추어야 보험계약으로서 효력이 발생한다.

TIP ② 보험계약자가 자신을 보험수익자로 하여 '자기를 위한 생명보험계약'의 형태로 체결하는 경우도 있는데 이 또한 적법하다고 본다. 왜냐하면 이는 단체보험을 체결하는 것은 그 구성원에게 보험사고가 발생한 경우에 단체가 구성원에게 지급할 재해보상금이나 후생복리비용의 재원을 마련하려는 데 주된 목적이 있는 경우도 있기 때문이다.
① 「상법」 제735조의3(단체보험) 제1항
③ 단체보험 계약자 회사의 직원이 퇴사한 후에 사망하는 보험사고가 발생한 경우, 회사가 퇴사 후에도 계속 위 직원에 대한 보험료를 납입하였더라도 퇴사와 동시에 단체보험의 해당 피보험자 부분이 종료되는 데 영향을 미치지 아니한다[대법원 2007. 10. 12. 선고 2007다42877,42884 판결].
④ 상법 제735조의3은 단체가 규약에 따라 구성원의 전부 또는 일부를 피보험자로 하는 생명보험계약을 체결하는 경우에는 제731조를 적용하지 아니한다고 규정하고 있으므로 위와 같은 단체보험에 해당하려면 위 법조 소정의 규약에 따라 보험계약을 체결한 경우이어야 하고, 그러한 규약이 갖추어지지 아니한 경우에는 강행법규인 상법 제731조의 규정에 따라 피보험자인 구성원들의 서면에 의한 동의를 갖추어야 보험계약으로서의 효력이 발생한다[대법원 2006. 4. 27. 선고 2003다60259 판결].

36 다음 중 보험계약이 무효인 경우로만 묶인 것은? (제시된 이외의 사정은 고려하지 않음)

㉠ 심신상실자의 서면동의하에 그를 피보험자로 하는 사망보험계약이 체결된 경우
㉡ 계약체결 시 의사능력이 있는 심신박약자를 서면동의 없이 피보험자로 하는 사망보험계약이 체결된 경우
㉢ 피보험자가 될 때 의사능력이 있는 단체구성원을 규약에 따라 그의 동의 없이 그를 피보험자로 하는 단체사망보험계약이 체결된 경우
㉣ 15세 미만인 자녀를 피보험자로 하는 실손형(비정액형) 상해보험계약이 체결된 경우
㉤ 15세 미만인 자녀를 그의 서면동의를 받아 피보험자로 하는 사망보험계약이 체결된 경우

① ㉠㉡㉢
② ㉠㉡㉤
③ ㉡㉢㉣
④ ㉠㉣㉤

TIP 15세 미만자, 심신상실자 또는 심신박약자의 사망을 보험사고로 한 보험계약은 무효로 한다. 다만, 심신박약자가 보험계약을 체결하거나 단체보험의 피보험자가 될 때에 의사능력이 있는 경우에는 그러하지 아니하다〈상법 제732조(15세 미만자 등에 대한 계약의 금지)〉.

ANSWER
33.④ 34.③ 35.② 36.②

37 **보험자 면책에 관한 설명으로 옳지 않은 것은? (다툼이 있는 경우 판례에 의함)**

① 손해보험의 경우 보험사고가 보험계약자 또는 피보험자의 고의 또는 중대한 과실로 생긴 때에는 보험자는 보험금액을 지급할 책임이 없다.

② 사망을 보험사고로 한 보험계약에서는 사고가 보험계약자 또는 피보험자나 보험수익자의 중대한 과실로 인하여 발생한 경우에 보험자는 보험금 지급의무를 부담한다.

③ 동일한 자동차사고로 인해 피해자에 대하여 손해배상책임을 지는 피보험자가 복수로 존재하는 경우, 각 피보험자마다 면책조항의 적용여부를 개별적으로 가려 보상책임 유무를 결정해야 한다.

④ 상법상 고의에 의한 보험사고는 면책사유이므로, 자유로운 의사결정을 할 수 없는 상태에서 스스로 사망한 사고에 대하여 보상한다는 약관조항은 무효이다.

TIP ④ 사망을 보험사고로 하는 보험계약에서 자살을 보험자의 면책사유로 규정하고 있는 경우에, 자살은 자기의 생명을 끊는다는 것을 의식하고 그것을 목적으로 의도적으로 자기의 생명을 절단하여 사망의 결과를 발생케 한 행위를 의미하고, 피보험자가 정신질환 등으로 자유로운 의사결정을 할 수 없는 상태에서 사망의 결과를 발생케 한 경우까지 포함하는 것은 아니므로, 피보험자가 자유로운 의사결정을 할 수 없는 상태에서 사망의 결과를 발생케 한 직접적인 원인행위가 외래의 요인에 의한 것이라면, 그 사망은 피보험자의 고의에 의하지 않은 우발적인 사고로서 보험사고인 사망에 해당할 수 있다[대법원 2015. 6. 23. 선고 2015다5378 판결]. 즉 피보험자가 심실상실 등으로 자유로운 의사결정을 할 수 없는 상태에서 자신을 해친 경우 특히 그 결과 사망에 이르게 된 경우에는 재해사망보험금(약관에서 정한 재해사망보험금이 없는 경우에는 재해 이외의 원인으로 인한 사망보험금)을 지급한다.

① 「상법」 제659조(보험자의 면책사유) 제1항

② 「상법」 제732조의2(중과실로 인한 보험사고 등) 제1항

③ 자동차종합보험에 있어서 동일 자동차 사고로 인하여 피해자에 대하여 보상책임을 지는 피보험자가 복수로 존재하는 경우에는 그 피보험이익도 피보험자마다 개별로 독립하여 존재하므로 각각의 피보험자마다 손해배상책임의 발생 요건이나 면책조항의 적용 여부 등을 개별적으로 가려서 보상책임의 유무를 결정하는 것이 원칙이다[대법원 1996. 5. 14. 선고 96다4305 판결].

38 **재보험에 관한 설명으로 옳지 않은 것은? (다툼이 있는 경우 판례에 의함)**

① 원보험계약과 재보험계약은 법률상 독립된 별개의 계약이므로 재보험계약은 원보험계약의 효력에 영향을 미치지 아니한다.
② 책임보험에 관한 규정은 그 성질에 반하지 아니하는 범위 내에서 재보험계약에 준용한다.
③ 재보험자가 원보험자에게 재보험금을 지급하면 그 지급한 금액의 범위 내에서 원보험자의 보험자대위권이 재보험자에 이전한다.
④ 보험자대위에 의하여 취득한 제3자에 대한 권리는 재보험자가 이를 직접 자기명의로 그 권리를 행사하며 이를 통하여 회수한 금액을 원보험자와 비율에 따라 교부하는 방식으로 이루어지는 것이 상관습이다.

TIP ④ 재보험자가 보험자대위에 의하여 취득한 제3자에 대한 권리의 행사는 재보험자가 이를 직접 하지 아니하고 원보험자가 재보험자의 수탁자의 지위에서 자기명의로 권리를 행사하여 그로써 회수한 금액을 재보험자에게 재보험금의 비율에 따라 교부하는 방식에 의하여 이루어지는 것이 상관습이다[대법원 2015. 6. 11. 선고 2012다10386 판결].
① 「상법」 제661조(재보험) 제1항 후단
② 「상법」 제726조(재보험의 준용)
③ 보험자가 피보험자에게 보험금을 지급하면 보험자대위의 법리에 따라 피보험자가 보험사고의 발생에 책임이 있는 제3자에 대하여 가지는 권리는 지급한 보험금의 한도에서 보험자에게 당연히 이전되고(상법 제682조), 이는 재보험자가 원보험자에게 재보험금을 지급한 경우에도 마찬가지이다. 따라서 재보험관계에서 재보험자가 원보험자에게 재보험금을 지급하면 원보험자가 취득한 제3자에 대한 권리는 지급한 재보험금의 한도에서 다시 재보험자에게 이전된다[대법원 2015. 6. 11. 선고 2012다10386 판결].

ANSWER
37.④ 38.④

39 보험계약 당사자 간의 특별한 약정의 효력에 관한 설명이다. 옳지 않은 것으로만 묶인 것은? (다툼이 있는 경우 판례에 의함)

> ㉠ 보험자의 책임은 원칙적으로 최초보험료의 지급을 받은 때부터 개시하는데, 당사자 간의 다른 약정을 할 수 있다.
> ㉡ 보험증권의 교부가 있은 날로부터 14일 내에 한하여 그 증권의 정부에 관한 이의를 할 수 있음을 약정할 수 있다.
> ㉢ 보험계약성립 전에 보험사고가 이미 발생하였더라도 당사자 쌍방과 피보험자가 이를 알지 못한 때에는 보험자가 책임을 진다는 약정을 할 수 있다.
> ㉣ 상해보험계약을 체결할 때에 태아를 상해보험의 피보험자로 할 것을 당사자 간에 약정을 할 수 없다.
> ㉤ 보험가액의 일부를 보험에 붙인 경우에 보험자가 보험금액의 한도 내에서 그 손해액을 보상한다는 약정을 할 수 있다.

① ㉡㉢ ② ㉡㉣
③ ㉢㉣㉤ ④ ㉠㉤

TIP ㉡ 보험계약의 당사자는 보험증권의 교부가 있은 날로부터 일정한 기간 내에 한하여 그 증권내용의 정부에 관한 이의를 할 수 있음을 약정할 수 있다. 이 기간은 1월을 내리지 못한다〈상법 제641조(증권에 관한 이의약관의 효력)〉.

㉣ 상해보험계약을 체결할 때 약관 또는 보험자와 보험계약자의 개별 약정으로 태아를 상해보험의 피보험자로 할 수 있다. 그 이유는 다음과 같다. 상해보험은 피보험자가 보험기간 중에 급격하고 우연한 외래의 사고로 인하여 신체에 손상을 입는 것을 보험사고로 하는 인보험이므로, 피보험자는 신체를 가진 사람(人)임을 전제로 한다(상법 제737조). 그러나 상법상 상해보험계약 체결에서 태아의 피보험자 적격이 명시적으로 금지되어 있지 않다. 인보험인 상해보험에서 피보험자는 '보험사고의 객체'에 해당하여 그 신체가 보험의 목적이 되는 자로서 보호받아야 할 대상을 의미한다. 헌법상 생명권의 주체가 되는 태아의 형성 중인 신체도 그 자체로 보호해야 할 법익이 존재하고 보호의 필요성도 본질적으로 사람과 다르지 않다는 점에서 보험보호의 대상이 될 수 있다. 이처럼 약관이나 개별 약정으로 출생 전 상태인 태아의 신체에 대한 상해를 보험의 담보범위에 포함하는 것이 보험제도의 목적과 취지에 부합하고 보험계약자나 피보험자에게 불리하지 않으므로 상법 제663조에 반하지 아니하고 민법 제103조의 공서양속에도 반하지 않는다. 따라서 계약자유의 원칙상 태아를 피보험자로 하는 상해보험계약은 유효하고, 그 보험계약이 정한 바에 따라 보험기간이 개시된 이상 출생 전이라도 태아가 보험계약에서 정한 우연한 사고로 상해를 입었다면 이는 보험기간 중에 발생한 보험사고에 해당한다[대법원 2019. 3. 28. 선고 2016다211224 판결].

40 **보험계약의 해지에 관한 설명으로 옳은 것은?**

① 보험계약 당사자는 보험사고가 발생하기 전에는 언제든지 보험계약을 해지할 수 있다.

② 보험자가 보험계약자 등의 고지 의무 위반을 이유로 보험계약을 해지하는 경우, 보험사고가 발생한 후에는 보험계약을 해지할 수 없다.

③ 보험사고의 발생으로 보험자가 보험금액을 지급한 때 에도 보험금액이 감액되지 아니하는 보험의 경우에는 보험계약자는 그 사고발생 후에도 보험계약을 해지할 수 있다.

④ 보험기간 중에 사고발생의 위험이 현저하게 변경 또는 증가된 사실을 보험계약자가 보험자에게 지체 없이 통지한 경우에는 보험자는 보험계약을 해지할 수 없다.

TIP ③ 「상법」 제649조(사고발생 전의 임의해지) 제2항

① 보험사고가 발생하기 전에는 보험계약자는 언제든지 계약의 전부 또는 일부를 해지할 수 있다. 그러나 타인을 위한 보험의 경우에는 보험계약자는 그 타인의 동의를 얻지 아니하거나 보험증권을 소지하지 아니하면 그 계약을 해지하지 못한다〈상법 제649조(사고발생 전의 임의해지) 제1항〉.

②④ 보험사고가 발생한 후라도 보험자가 계약을 해지하였을 때에는 보험금을 지급할 책임이 없고 이미 지급한 보험금의 반환을 청구할 수 있다. 다만, 고지 의무(告知義務)를 위반한 사실 또는 위험이 현저하게 변경되거나 증가된 사실이 보험사고발생에 영향을 미치지 아니하였음이 증명된 경우에는 보험금을 지급할 책임이 있다〈상법 제655조(계약해지와 보험금청구권)〉.

ANSWER

39.② 40.③

2021년 제44회 보험계약법

1 **보험계약의 성립에 대한 설명으로 옳지 않은 것은?**

① 보험계약의 성립은 보험계약자의 보험료 지급과는 직접적인 관계가 없다.
② 보험자가 낙부통지의무를 해태한 경우 그 보험계약은 정상적으로 체결된 것으로 추정한다.
③ 손해보험계약의 경우 보험자가 보험계약자로부터 보험계약의 청약과 함께 보험료 상당액의 전부 또는 일부를 지급받은 경우에는 특별히 다른 약정이 없는 한 보험자는 30일 내에 보험계약자에게 낙부통지를 발송하여야 한다.
④ 보험계약의 청약을 받은 보험자가 승낙하였다고 하더라도 당사자 간에 다른 약정이 없으면 보험계약자가 최초보험료를 납부할 때까지 보험자의 책임은 개시되지 않는다.

TIP 보험계약의 성립〈상법 제638조의2(보험계약의 성립)〉
① 보험자가 보험계약자로부터 보험계약의 청약과 함께 보험료 상당액의 전부 또는 일부의 지급을 받은 때에는 다른 약정이 없으면 30일 내에 그 상대방에 대하여 낙부의 통지를 발송하여야 한다. 그러나 인보험계약의 피보험자가 신체검사를 받아야 하는 경우에는 그 기간은 신체검사를 받은 날부터 기산한다.
② 보험자가 제1항의 규정에 의한 기간 내에 낙부의 통지를 해태한 때에는 승낙한 것으로 본다.
③ 보험자가 보험계약자로부터 보험계약의 청약과 함께 보험료 상당액의 전부 또는 일부를 받은 경우에 그 청약을 승낙하기 전에 보험계약에서 정한 보험사고가 생긴 때에는 그 청약을 거절할 사유가 없는 한 보험자는 보험계약상의 책임을 진다. 그러나 인보험계약의 피보험자가 신체검사를 받아야 하는 경우에 그 검사를 받지 아니한 때에는 그러하지 아니하다.

2 **타인을 위한 보험계약에 대한 설명으로 옳지 않은 것은? (다툼이 있는 경우 판례에 의함)**

① 타인을 위한 손해보험계약의 경우, 타인의 위임이 없더라도 성립할 수 있다.
② 보험계약자가 체결한 단기수출보험의 보험약관이 보험계약자의 수출대금회수불능에 따른 손실만을 보상하는 손실로 규정하고 있을 뿐이고 보험금수취인이 입은 손실의 보상에 대해서는 아무런 규정이 없다면 그 보험계약은 타인을 위한 보험계약으로 볼 수 없다.
③ 손해보험계약에서 보험의 목적물과 위험의 종류만 정해져 있을 뿐 피보험자와 피보험이익이 명확하지 않은 경우, 보험계약서 및 당사자가 보험계약의 내용으로 삼은 약관의 내용, 보험계약체결 경위와 과정, 보험회사의 실무처리 관행 등을 전반적으로 참작하여 타인을 위한 보험계약인지 여부를 결정하여야 한다.
④ 타인을 위한 손해보험계약에서 보험계약자는 청구권 대위의 제3자가 될 수 없다.

TIP 타인을 위한 보험〈상법 제639조〉
① 보험계약자는 위임을 받거나 위임을 받지 아니하고 특정 또는 불특정의 타인을 위하여 보험계약을 체결할 수 있다. 그러나 손해보험계약의 경우에 그 타인의 위임이 없는 때에는 보험계약자는 이를 보험자에게 고지하여야 하고, 그 고지가 없는 때에는 타인이 그 보험계약이 체결된 사실을 알지 못하였다는 사유로 보험자에게 대항하지 못한다.
② 제1항의 경우에는 그 타인은 당연히 그 계약의 이익을 받는다. 그러나 손해보험계약의 경우에 보험계약자가 그 타인에게 보험사고의 발생으로 생긴 손해의 배상을 한 때에는 보험계약자는 그 타인의 권리를 해하지 아니하는 범위안에서 보험자에게 보험금액의 지급을 청구할 수 있다.
③ 제1항의 경우에는 보험계약자는 보험자에 대하여 보험료를 지급할 의무가 있다. 그러나 보험계약자가 파산선고를 받거나 보험료의 지급을 지체한 때에는 그 타인이 그 권리를 포기하지 아니하는 한 그 타인도 보험료를 지급할 의무가 있다.

3 상법상 보험약관의 교부 · 설명 의무에 대한 설명으로 옳지 않은 것은? (다툼이 있는 경우 판례에 의함)

① 보험자는 보험계약자의 대리인에게 보험약관을 교부하거나 설명할 수도 있다.

② 「약관의 규제에 관한 법률」이 규정하는 약관의 명시 · 설명 의무와 중복 적용된다.

③ 약관 조항 가운데 이미 법령에 의하여 정하여진 것을 되풀이 하거나 부연하는 정도에 불과한 사항도 이를 설명하여야 한다.

④ 보험 청약서나 안내문의 송부만으로는 그 약관에 대한 보험자의 설명 의무를 이행하였다고 추인하기에는 부족하다.

TIP ③ 약관의 규제에 관한 법률 제3조 제3항 전문은 "사업자는 약관에 정하여져 있는 중요한 내용을 고객이 이해할 수 있도록 설명하여야 한다."라고 정하여 사업자에게 약관의 중요한 내용에 대하여 구체적이고 상세한 설명의무를 부과하고 있고, 같은 조 제4항은 이러한 약관의 설명의무를 위반하여 계약을 체결한 때에는 약관의 내용을 계약의 내용으로 주장할 수 없도록 하고 있다. 설명의무의 대상이 되는 '중요한 내용'은 사회통념에 비추어 고객이 계약체결의 여부나 대가를 결정하는 데 직접적인 영향을 미칠 수 있는 사항을 말한다. 사업자에게 약관의 명시 · 설명의무를 요구하는 것은 어디까지나 고객이 알지 못하는 가운데 약관의 중요한 사항이 계약 내용으로 되어 고객이 예측하지 못한 불이익을 받게 되는 것을 피하고자 하는 데 근거가 있다. 따라서 약관에 정하여진 사항이라고 하더라도 거래상 일반적이고 공통된 것이어서 고객이 별도의 설명 없이도 충분히 예상할 수 있었던 사항이거나 이미 법령에 의하여 정하여진 것을 되풀이하거나 부연하는 정도에 불과한 사항이라면, 그러한 사항에 대하여서까지 사업자에게 설명의무가 있다고 할 수는 없다[대법원 2019. 5. 30. 선고 2016다276177 판결].

① 상법 제638조의3 제1항 및 약관의 규제에 관한법률 제3조의 규정에 의하여 보험자는 보험계약을 체결할 때 보험계약자에게 보험약관에 기재되어 있는 보험상품의 내용, 보험료율의 체계, 보험청약서상 기재사항의 변동 및 보험자의 면책사유 등 보험계약의 중요한 내용에 대하여 구체적이고 상세한 명시 · 설명의무를 지고 있다고 할 것이어서, 만일 보험자가 이러한 보험약관의 명시 · 설명의무에 위반하여 보험계약을 체결한 때에는 그 약관의 내용을 보험계약의 내용으로 주장할 수 없다고 할 것임은 물론이라 할 것이나, 그 설명의무의 상대방은 반드시 보험계약자 본인에 국한되는 것이 아니라, 보험자가 보험계약자의 대리인과 보험계약을 체결할 경우에는 그 대리인에게 보험약관을 설명함으로써 족하다[대법원 2001. 7. 27. 선고 2001다23973 판결].

② 상법 제638조의3 제2항은 약관의 규제에 관한법률 제16조에서 약관의 설명의무를 다하지 아니한 경우에도 원칙적으로 계약의 효력이 유지되는 것으로 하되 소정의 사유가 있는 경우에는 예외적으로 계약 전체가 무효가 되는 것으로 규정하고 있는 것과 모순 · 저촉이 있다고 할 수 있음은 별론으로 하고, 약관에 대한 설명의무를 위반한 경우에 그 약관을 계약의 내용으로 주장할 수 없는 것으로 규정하고 있는 약관의 규제에 관한법률 제3조 제3항과의 사이에는 아무런 모순 · 저촉이 없으므로, 따라서 상법 제638조의3 제2항은 약관의 규제에 관한법률 제3조 제3항과의 관계에서는 그 적용을 배제하는 특별규정이라고 할 수가 없으므로 보험약관이 상법 제638조의3 제2항의 적용 대상이라 하더라도 약관의 규제에 관한법률 제3조 제3항 역시 적용이 된다[대법원 1998. 11. 27. 선고 98다32564 판결].

④ 안내문과 청약서를 보험계약자에게 우송한 것만으로는 보험자의 면책약관에 관한 설명의무를 다한 것으로 볼 수 없다[대법원 1999. 3. 9. 선고 98다43342, 43359 판결].

ANSWER

1.② 2.④ 3.③

4 **상법상 고지 의무에 대한 설명으로 옳지 않은 것은? (다툼이 있는 경우 판례에 의함)**

① 상법상 고지 의무자는 보험계약자와 피보험자가 되는 것이 원칙이나 경우에 따라서는 이들의 대리인이 고지 의무를 이행할 수도 있다.

② 보험금을 부정취득할 목적으로 다수의 보험계약이 체결된 경우에 보험자는 각각의 요건이 충족될 때에는 「민법」 제103조 위반으로 인한 보험계약의 무효와 고지 의무 위반을 이유로 한 보험계약의 해지는 물론이고 「민법」의 일반원칙에 따라 취소를 주장할 수도 있다.

③ 「상법」에서 정한 '중요한 사항'에 대한 고지 의무 위반 여부에 대한 판단은 보험계약이 성립한 시점을 기준으로 한다.

④ 피보험차량의 실제 소유여부는 중요한 사항에 해당되므로, 보험계약자가 이를 고지하지 않은 경우, 보험자는 고지 의무 위반을 이유로 보험계약을 해지할 수 있다.

TIP ④ 甲이 자신을 기명피보험자로 하여 자동차보험계약을 체결하면서 피보험차량의 실제 소유자에 관하여 고지하지 않은 사안에서, 위 보험계약에서 기명피보험자인 甲이 피보험차량을 실제 소유하고 있는지는 상법 제651조에서 정한 '중요한 사항'에 해당한다고 볼 수 없고, 나아가 甲이 자신을 기명피보험자로 하여 보험계약을 체결한 것이 피보험자에 관한 허위고지에 해당한다고 할 수 없다[대법원 2011. 11. 10. 선고 2009다80309 판결]. '중요한 사항'이란 보험사가 그 사실을 알았더라면 보험계약을 체결하지 않았거나 체결하더라도 동일조건이나 동일보험료로 계약을 체결하지 않았을 것이라 생각하는 사항이며, 이를 이행해야 하는 시기는 계약 당시 즉 보험계약이 성립할 때이다. 따라서, 차량의 실제 소유여부는 중요한 사항에 해당되지 않는다.

① 상법 제646조에 따라 고지 의무자는 보험계약자와 피보험자이나 대리인에 의해 체결될 경우 대리인도 포함한다.

② 보험계약자가 다수의 보험계약을 통하여 보험금을 부정취득할 목적으로 보험계약을 체결한 경우 보험계약은 민법 제103조의 선량한 풍속 기타 사회질서에 반하여 무효이다[대법원 2017. 4. 7. 선고 2014다234827 판결].

③ 보험계약은 원칙적으로 보험계약자의 청약에 대하여 보험자가 승낙함으로써 성립하고, 보험자가 보험계약자로부터 보험계약의 청약과 함께 보험료 상당액의 전부 또는 일부의 지급을 받은 때에는 다른 약정이 없으면 30일 내에 상대방에 대하여 낙부의 통지를 발송하여야 하며, 보험자가 기간 내에 낙부의 통지를 해태한 때에는 승낙한 것으로 본다(상법 제638조의2 제1,2항). 한편 보험계약자 또는 피보험자는 상법 제651조에서 정한 '중요한 사항'이 있는 경우 이를 보험계약의 성립 시까지 보험자에게 고지하여야 하고, 고지의무 위반 여부는 보험계약 성립 시를 기준으로 하여 판단하여야 한다[대법원 2012. 8. 23. 선고 2010다78135,78142 판결].

5 **손해보험계약에서 보험의 목적이 확장되는 경우에 대한 설명으로 옳지 않은 것은?**

① 보험자의 책임이 개시될 때의 선박가액을 보험가액으로 하는 선박보험에서 선박의 속구, 연료, 양식 기타 항해에 필요한 모든 물건은 보험의 목적에 포함된 것으로 한다.

② 집합된 물건을 일괄하여 보험의 목적으로 한 때에는 피보험자의 가족과 사용인의 물건도 보험의 목적에 포함된 것으로 한다.

③ 피보험자가 경영하는 사업에 관한 책임을 보험의 목적으로 한 경우에는 그 사업감독자의 제3자에 대한 책임도 보험의 목적에 포함되나 피보험자의 대리인의 제3자에 대한 책임은 보험의 목적에 포함되지 않는다.

④ 책임보험에서 피보험자가 제3자의 청구를 방어하기 위하여 지출한 재판상 또는 판외의 필요비용은 보험의 목적에 포함된 것으로 한다.

TIP ③ 피보험자가 경영하는 사업에 관한 책임을 보험의 목적으로 한 때에는 피보험자의 대리인 또는 그 사업감독자의 제3자에 대한 책임도 보험의 목적에 포함된 것으로 한다〈상법 제721조(영업책임보험의 목적)〉.

① 「상법」 제696조(선박보험의 보험가액과 보험목적)

② 「상법」 제686조(집합보험의 목적)

④ 「상법」 제720조(피보험자가 지출한 방어비용의 부담) 제1항〉

6 **보험계약의 무효와 취소에 대한 설명으로 옳지 않은 것은? (다툼이 있는 경우 판례에 의함)**

① 보험계약체결 당시에 보험사고가 이미 발생하였거나 발생할 수 없는 경우 그 보험계약은 무효로 한다는 「상법」 제644조의 규정은 강행규정으로 당사자 사이의 합의에 의하여 달리 정할 수 없다.
② 보험계약의 무효란 보험계약이 성립한 때부터 당연히 법률상 효력이 발생하지 않는 것을 의미한다.
③ 보험자가 보험계약이 유효함을 전제로 보험료를 징수하고도 보험사고가 발생한 이후에 비로소 피보험자의 서면 동의가 없었다는 사유를 내세워 보험계약의 무효를 주장하는 것은 신의성실 또는 금반언의 원칙에 반한다.
④ 甲이 乙의 명의를 모용하여 보험회사와 보증보험계약을 체결하고 그 보험증권을 이용하여 금융기관으로부터 乙명의로 차용한 금원을 상환하지 않아 보증보험회사가 보험금을 지급한 경우, 그 보험계약을 무효로 보아 보험회사는 부당이득 반환청구를 할 수 있다.

TIP 타인의 사망을 보험사고로 하는 보험계약에는 보험계약 체결 시에 그 타인의 서면에 의한 동의를 얻어야 한다는 상법 제731조 제1항의 규정은 강행법규로서 이에 위반하여 체결된 보험계약은 무효이다. 상법 제731조 제1항의 입법취지에는 도박보험의 위험성과 피보험자 살해의 위험성 외에도 피해자의 동의를 얻지 아니하고 타인의 사망을 이른바 사행계약상의 조건으로 삼는 데서 오는 공서양속의 침해의 위험성을 배제하기 위한 것도 들어있다고 해석되므로, 상법 제731조 제1항을 위반하여 피보험자의 서면 동의 없이 타인의 사망을 보험사고로 하는 보험계약을 체결한 자 스스로가 무효를 주장함이 신의성실의 원칙 또는 금반언의 원칙에 위배되는 권리 행사라는 이유로 이를 배척한다면, 그와 같은 입법취지를 완전히 몰각시키는 결과가 초래되므로 특단의 사정이 없는 한 그러한 주장이 신의성실 또는 금반언의 원칙에 반한다고 볼 수는 없다[대법원 1996. 11. 22. 선고 96다37084 판결].

7 **상법상 보험계약의 해지에 대한 설명으로 옳지 않은 것은?**

① 자기를 위한 보험계약의 경우, 계약자는 보험사고발생 전에는 언제든지 보험계약을 전부 해지할 수 있으며, 일부 해지도 가능하다.
② 계속보험료 지급지체 시 보험자는 상당한 기간을 정하여 보험계약자에게 이행을 최고하고 그 기간 내에 보험료가 지급되지 아니한 때에는 해당 보험계약을 해지할 수 있다.
③ 보험계약체결 당시에 보험계약자가 고의 또는 과실로 인하여 중요한 사항을 고지하지 않았다면 보험자는 그 사실을 안 날로부터 1월 내에, 계약을 체결한 날로부터 3년 내에 한하여 해당 보험계약을 해지할 수 있다.
④ 보험자가 파산선고를 받은 때에는 보험계약자는 계약을 해지할 수 있다.

TIP ③ 보험계약 당시에 보험계약자 또는 피보험자가 고의 또는 중대한 과실로 인하여 중요한 사항을 고지하지 아니하거나 부실의 고지를 한 때에는 보험자는 그 사실을 안 날로부터 1월 내에, 계약을 체결한 날로부터 3년 내에 한하여 계약을 해지할 수 있다. 그러나 보험자가 계약 당시에 그 사실을 알았거나 중대한 과실로 인하여 알지 못한 때에는 그러하지 아니하다〈상법 제651조(고지의무위반으로 인한 계약해지)〉.
① 「상법」 제649조(사고발생전의 임의해지) 제1항〉
② 「상법」 제650조(보험료의 지급과 지체의 효과) 제2항〉
④ 「상법」 제654조(보험자의 파산선고와 계약해지) 제1항〉

ANSWER

4.④ 5.③ 6.③ 7.③

8 상법상 보험계약의 부활에 대한 설명으로 옳지 않은 것은? (다툼이 있는 경우 판례에 의함)

① 보험계약이 부활될 경우 해지 또는 실효되기 전의 보험계약은 효력을 회복하여 보험계약이 유효하게 존속하게 된다. 이 경우 만약 보험계약이 해지되고 부활되기 이전에 보험사고가 발생하였다면 보험자는 보험금을 지급하여야 한다.
② 보험계약자는 일정한 기간 내에 보험자에게 연체보험료에 약정이자를 붙여 지급하고 해당 보험계약의 부활을 청구할 수 있다.
③ 보험계약상의 일부 보험금에 관한 약정지급사유가 발생한 후에 그 보험계약이 계속보험료 미납으로 해지 또는 실효되었다는 보험회사 직원의 말만 믿고 해지환급금을 수령하였다면 보험계약의 부활을 청구할 수 있다.
④ 보험계약의 부활은 계속보험료를 납입하지 않아 보험계약이 해지되었으나 해지환급금은 지급되지 않은 경우에 인정되는 제도이다.

TIP ① 보험계약이 해지되고 해지환급금이 지급되지 아니한 경우에 보험계약자는 일정한 기간 내에 연체보험료에 약정이자를 붙여 보험자에게 지급하고 그 계약의 부활을 청구할 수 있다. 상법 제638조의2(보험계약의 성립)의 규정은 이 경우에 준용한다〈제650조의2(보험계약의 부활)〉. 따라서 보험실효기간 사고는 부활이후 보험금 지급을 받을 수 없다.
②④ 「상법」 제650조의2(보험계약의 부활)
③ 보험계약상의 일부 보험금에 관한 약정지급사유가 발생한 이후에 그 보험계약이 해지, 실효되었다는 보험회사 직원의 말만을 믿고 해지환급금을 수령한 경우, 이를 보험계약을 해지하는 의사로써 한 행위라고 할 수 없다[[대법원 2002. 7. 26. 선고 2000다25002 판결].

9 상법상 보험계약자 등의 불이익 변경금지의 원칙에 대한 설명으로 옳지 않은 것은? (다툼이 있는 경우 판례에 의함)

① 이 원칙은 사적자치의 원칙에 대한 예외 규정으로 보아야 한다.
② 보험계약자 등의 불이익변경금지의 원칙에 위반하여 체결된 보험계약은 불이익하게 변경된 약관 조항에 한해서 무효가 된다.
③ 수협중앙회가 실시하는 비영리공제사업의 하나인 어선 공제사업은 소형 어선을 소유하며 연안어업 또는 근해어업에 종사하는 다수의 영세어민들을 주된 가입대상으로 하고 있다면 불이익변경금지의 원칙의 적용대상이 될 수 있다.
④ 불이익변경금지의 원칙은 재보험에도 적용이 된다.

TIP ④ 이 편의 규정은 당사자 간의 특약으로 보험계약자 또는 피보험자나 보험수익자의 불이익으로 변경하지 못한다. 그러나 재보험 및 해상보험 기타 이와 유사한 보험의 경우에는 그러하지 아니하다〈상법 제663조(보험계약자 등의 불이익변경금지)〉.
① 보험기간 중에 보험계약자 또는 피보험자가 사고발생의 위험이 현저하게 변경 또는 증가된 사실을 안 때에는 지체 없이 보험자에게 통지하여야 한다. 이를 해태한 때에는 보험자는 그 사실을 안 날로부터 1월 내에 한하여 계약을 해지할 수 있다〈상법 제652조(위험변경증가의 통지와 계약해지) 제1항〉.
② 보험기간 중에 보험계약자, 피보험자 또는 보험수익자의 고의 또는 중대한 과실로 인하여 사고발생의 위험이 현저하게 변경 또는 증가된 때에는 보험자는 그 사실을 안 날부터 1월 내에 보험료의 증액을 청구하거나 계약을 해지할 수 있다〈상법 제653조(보험계약자 등의 고의나 중과실로 인한 위험증가와 계약해지)〉.
③ 보험자가 제1항의 위험변경증가의 통지를 받은 때에는 1월 내에 보험료의 증액을 청구하거나 계약을 해지할 수 있다〈상법 제652조(위험변경증가의 통지와 계약해지) 제2항〉.

10 **보험계약자이자 피보험자인 A는 건물에 대해 보험가액을 1억 원으로 하여 甲보험회사와 보험금액을 1억 원, 乙보험회사와 보험금액을 6천만 원, 丙보험회사와 보험금액을 4천만 원으로 하는 화재보험계약을 각각 체결하였다. 그 후 화재로 인하여 해당 건물에 5천만 원의 손해가 발생하였다. 보험계약자인 A가 위 3건의 보험계약을 사기로 체결하지 않았고 당사자 간 다른 약정이 없다고 가정하였을 경우, 각 보험회사가 A에게 지급하여야 하는 보험금으로 옳은 것은?**

	甲	乙	丙
①	25,000,000원	15,000,000원	10,000,000원
②	25,000,000원	13,000,000원	12,000,000원
③	50,000,000원	50,000,000원	40,000,000원
④	100,000,000원	60,000,000원	40,000,000원

TIP 동일한 보험계약의 목적과 동일한 사고에 관하여 수개의 보험계약이 동시에 또는 순차로 체결된 경우에 그 보험금액의 총액이 보험가액을 초과한 때에는 보험자는 각자의 보험금액의 한도에서 연대책임을 진다. 이 경우에는 각 보험자의 보상책임은 각자의 보험금액의 비율에 따른다〈상법 제672조(중복보험)〉. 따라서,

- 甲 보험회사의 분담액 $= 5{,}000\text{만 원} \times \frac{1\text{억 원}}{1\text{억 원} + 6\text{천만 원} + 4\text{천만 원}} = 2{,}500\text{만 원}$
- 乙 보험회사의 분담액 $= 5{,}000\text{만 원} \times \frac{6\text{천만 원}}{1\text{억 원} + 6\text{천만 원} + 4\text{천만 원}} = 1{,}500\text{만 원}$
- 丙 보험회사의 분담액 $= 5{,}000\text{만 원} \times \frac{4\text{천만 원}}{1\text{억 원} + 6\text{천만 원} + 4\text{천만 원}} = 1{,}000\text{만 원}$

11 **피보험이익에 대한 설명으로 옳지 않은 것은?**

① 손해보험계약에서 보험기간 중에 피보험이익이 소멸되면 보험계약도 종료한다.
② 현존하는 이익뿐만 아니라 장래에 속하는 이익이나 조건부 이익이어도 보험사고발생 전까지 확정될 수 있다면 피보험이익으로 할 수 있다.
③ 동일한 보험목적에 대하여 여러 개의 피보험이익이 존재할 수 있으나, 각각의 피보험이익의 귀속 주체는 동일해야 한다.
④ 「상법」에서는 피보험이익을 '보험계약의 목적'으로 정의하고 있다.

TIP 동일보험목적에 대해 여러 개의 피보험이익이 존재 할 수 없고, 각 피보험이익의 귀속 주체는 동일하지 않을 수 있다. 인보험에서는 피보험이익은 보험계약의 목적이나, 이를 인정하지 않는다는 것이 일반적인 견해이다.

ANSWER
8.① 9.④ 10.① 11.③

12 상법상 위험변경 · 증가에 대한 설명으로 옳지 않은 것은? (다툼이 있는 경우 판례에 의함)

① 보험기간 중에 보험계약자 또는 피보험자가 사고발생의 위험이 현저하게 변경 또는 증가된 사실을 안 때에는 지체 없이 보험자에게 통지하여야 하는데, 만약 이를 해태한 경우에는 보험자는 그 사실을 안 날로부터 1월내에 보험계약을 해지할 수 있다.
② 보험기간 중에 보험계약자, 피보험자 또는 보험수익자의 고의 또는 중과실로 인하여 사고발생의 위험이 현저하게 증가한 때에는 보험자는 그 사실을 안 날부터 1월 내에 보험계약을 해지할 수 있다.
③ 화재보험계약을 체결한 후에 피보험건물의 구조와 용도에 상당한 변경을 가져오는 증축 또는 개축공사를 하였다면 이는 위험변경 · 증가에 해당된다.
④ 생명보험계약에 다수 가입하였다는 사실은 「상법」 제652조 소정의 사고발생의 위험이 현저하게 변경 또는 증가된 경우에 해당된다.

TIP ④ 생명보험계약 체결 후 다른 생명보험에 다수 가입하였다는 사정만으로 상법 제652조 소정의 사고발생의 위험이 현저하게 변경 또는 증가된 경우에 해당한다고 할 수 없다[대법원 2001. 11. 27. 선고 99다33311 판결].
① 「상법」 제652조(위험변경증가의 통지와 계약해지) 제1항
② 「상법」 제653조(보험계약자 등의 고의나 중과실로 인한 위험증가와 계약해지) 제1항
③ 화재보험에 있어서는 피보험 건물의 구조와 용도뿐만 아니라 그 변경을 가져오는 증 · 개축에 따라 보험의 인수 여부와 보험료율이 달리 정하여지는 것이므로 화재보험계약의 체결 후에 건물의 구조와 용도에 상당한 변경을 가져오는 증 · 개축공사가 시행된 경우에는 그러한 사항이 계약 체결 당시에 존재하고 있었다면 보험자가 보험계약을 체결하지 않았거나 적어도 그 보험료로는 보험을 인수하지 않았을 것으로 인정되는 사실에 해당하여 상법 제652조 제1항 및 화재보험보통약관에서 규정한 통지의무의 대상이 된다고 할 것이고, 따라서 보험계약자나 피보험자가 이를 해태할 경우 보험자는 위 규정들에 의하여 보험계약을 해지할 수 있다[대법원 2000. 7. 4. 선고 98다62909,62916 판결].

13 손해보험계약에서 실손보상의 원칙을 구현하기 위한 내용으로 옳은 것을 모두 묶은 것은?

㉠ 선의의 중복보험에서 비례주의	㉡ 신가보험
㉢ 손해보험계약에서 잔존물대위	㉣ 선의의 초과보험
㉤ 기평가보험	

① ㉠㉢ ② ㉠㉡㉣
③ ㉠㉢㉣ ④ ㉠㉢㉣㉤

TIP ㉠ 비례주의 : 손해액을 각 보험자가 인수한 보험금액의 비율대로 보상하는 방식이다.
㉡ 신가보험 : 시가를 기준으로 하는 재산을 보험에 가입하였을 때 지급받는 보험금으로 보험의 목적과 동일한 것으로 받을 수 없는 경우가 많아 실손보상 원칙에 따라 미국 및 유럽 등에서 신설된 것이다. 주로 화재보험이나 기계, 자동차보험에서 일부 시행된다.
㉢ 보험의 목적의 전부가 멸실한 경우에 보험금액의 전부를 지급한 보험자는 그 목적에 대한 피보험자의 권리를 취득한다. 그러나 보험가액의 일부를 보험에 붙인 경우에는 보험자가 취득할 권리는 보험금액의 보험가액에 대한 비율에 따라 이를 정한다〈상법 제681조(보험목적에 관한 보험대위)〉.
㉣ 초과보험 : 보험금액이 보험가액을 초과하는 것으로, 「상법」에서는 보험계약은 유효로 하나 초과된 부분에 대해서 그 부분을 무효로 한다.
㉤ 기평가보험 : 보험가액을 미리 정하여 체결한 보험으로 선박이나 적하, 운송보험에서 사고장소가 고정되지 않아 보험가액의 평가가 어렵거나 이에 대한 다툼을 방지하고자 보험목적물의 협정보험가액이 기재된 보험을 말한다.

14 보험가액에 관한 설명으로 옳지 않은 것은?

① 보험가액은 피보험이익의 금전적 평가액을 말한다.
② 보험가액은 보험자가 보상할 법률상의 최고한도액이다.
③ 사고발생 시의 가액이 계약 당사자 간의 협정보험가액을 현저하게 초과하는 때에는 사고발생 시의 가액을 보험가액으로 한다.
④ 운송보험의 보험가액은 운송물을 발송한 때와 곳의 가액 이외에 도착지까지의 운임, 기타 비용도 포함한다.

TIP 「상법」 제670조(기평가 보험), 즉 보험금액이 보험가액보다 높게 되면 그 초과액은 무효가 된다. 피보험이익을 금전으로 평가한 가액을 보험가액이라고 하며, 해상적하보험의 보험가액에는 보험계약 시 약정하는 협정보험가액과 법정보험가액이 있다.

15 보관자의 책임보험에 대한 설명으로 옳지 않은 것은?

① 임차인 기타 타인의 물건을 보관하는 자가 그 지급할 손해배상을 위하여 그 물건을 보험에 붙인 경우를 말한다.
② 보관자가 보험계약자가 되고 소유자를 피보험자로 하는 계약이다.
③ 물건의 소유자는 보험자에 대하여 직접 그 손해의 보상을 청구할 수 있다.
④ 보관자책임보험은 자기를 위한 보험계약이다.

TIP 계약자와 피보험자는 모두 보관자가 된다. 보관자의 책임보험이란 다른 사람의 물품을 보관하고 있는 사람이 불의의 사고로 보관물의 손실이 있을 경우를 대비하여 그 물품 소유자에 대하여 부담하는 손해배상책임보험이다.

16 상법상 보험계약에 대한 설명으로 옳지 않은 것은?

① 소급보험계약에서는 보험기간이 보험계약기간보다 장기이다.
② 승낙 전 보호제도가 적용될 경우 보험기간이 보험계약기간보다 장기이다.
③ 보험계약에서는 보험기간과 보험계약기간이 반드시 일치하여야 할 필요가 없다.
④ 소급보험계약에서는 다른 약정이 없는 한 초회보험료가 납입되기 전에도 청약 이전에 발생한 사고에 대해서 보상할 책임이 있다.

TIP ④ 보험계약 당시에 보험사고가 이미 발생하였거나 또는 발생할 수 없는 것인 때에는 그 계약은 무효로 한다. 그러나 당사자 쌍방과 피보험자가 이를 알지 못한 때에는 그러하지 아니하다〈상법 제644조(보험사고의 객관적 확정의 효과)〉. 따라서 청약 이전 발생한 사고에 대해서는 보상책임이 없다.

ANSWER
12.④ 13.③ 14.③ 15.② 16.④

17 상법상 보험계약자의 간접의무에 대한 설명으로 옳지 않은 것은?

① 직접의무와 구별되는 의무에 해당한다.
② 간접의무를 위반한 경우에 상대방은 그 이행을 강제할 수 없다.
③ 간접의무를 위반한 경우에 상대방은 손해배상청구권을 행사할 수 있다.
④ 간접의무를 위반한 경우에 보험자는 계약관계를 종료시킬 수 있다.

TIP 간접의무는 보험자가 이행을 강제하거나 불이행에 대하여 손해배상을 청구하거나 제재할 수 없다. 보험계약을 해지로서 보험계약 관계를 종료시킬 수 있는 의무로 고지의무, 위험변경증가의 통지의무 등이 있다. 직접의무는 이행을 강제할 수 있고 불이행 시 그에 따른 손해배상을 청구할 수 있는 의무이다.

18 공동불법행위자에 대한 구상권 행사와 관련한 설명으로 옳지 않은 것은? (다툼이 있는 경우 판례에 의함)

① 공동불법행위자 중의 1인에 대한 보험자로서 자신의 피보험자에게 손해방지비용을 모두 상환한 보험자는 다른 공동불법행위자의 보험자가 부담하여야 할 부분에 대해 직접 구상권을 행사할 수 있다.
② 공동불법행위자들과 각각 보험계약을 체결한 보험자들은 각자 그 피보험자 또는 보험계약자에 대한 관계뿐 아니라 그와 보험계약관계가 없는 다른 공동불법행위자에 대한 관계에서도 그들이 지출한 손해방지비용의 상환의무를 부담한다.
③ 보험자들 상호 간의 손해방지비용의 상환의무는 진정연대채무의 관계에 있다.
④ 피보험자인 차량 소유자의 관리상의 과실과 그 차량의 무단운전자의 과실이 경합하여 교통사고가 발생한 경우, 차량소유자인 피보험자의 보험자가 무단운전자의 부담부분을 배상하면 보험자는 그 부담 부분의 비율에 따라 무단운전자에게 구상권을 행사할 수 있다.

TIP 공동불법행위자의 다른 공동불법행위자에 대한 구상권은 피해자의 다른 공동불법행위자에 대한 손해배상채권과는 그 발생원인 및 성질을 달리하는 별개의 권리이고, 연대채무에 있어서 소멸시효의 절대적 효력에 관한 「민법」 제421조의 규정은 공동불법행위자 상호 간 부진정연대채무에 대하여는 그 적용이 없다. 공동불법행위자중 1인의 손해배상채무가 시효로 소멸한 후에 다른 공동불법행위자 1인이 피해자에게 자기 부담 부분을 넘는 손해를 배상하였을 경우에도 그 공동불법행위자에게 구상권을 행사할 수 있다[대법원 1997.12.23., 선고97다 42830, 판결]. 따라서 진정 연대채무의 관계가 아닌 부지정연대채무의 관계이다.

19 자동차보험계약상 기명피보험자에 대한 설명으로 옳지 않은 것은? (다툼이 있는 경우 판례에 의함)

① 기명피보험자란 피보험자동차를 소유·사용·관리하는 자 중에서, 보험계약자가 지정하여 보험증권의 기명피보험자란에 기재되어 있는 피보험자를 말한다.

② 실제차주가 지입한 회사를 피보험자로 하여 보험계약을 체결하는 경우, 실제 차주가 기명피보험자이고, 지입한 회사는 승낙피보험자이다.

③ 경찰서 소속의 관용차량에 대한 보험계약체결 시, 경찰서장을 피보험자로 기재하여 보험계약을 체결한 경우, 기명피보험자는 국가이고, 경찰서 직원은 승낙피보험자이다.

④ 자동차를 매매하고 소유권이전등록을 하지 않은 사이에 매도인이 가입했던 자동차보험계약의 보험기간이 만료되어, 매수인이 보험자와 자동차보험계약을 체결하면서 기명피보험자 명의를 보험자의 승낙을 얻어 자동차등록원부상의 소유명의인으로 하였다면, 실질적인 피보험자는 매수인이다.

TIP ② 자동차보험 표준약관에서 기명피보험자란 피보험자동차를 소유 및 사용, 관리하는 자중 보험계약자가 지정하여 보험증권의 기명 피보험자란에 기재되어 있는 피보험자를 말한다. 따라서 실제 차주와 기명피보험자가 다를 수 있다.

① 「보험업감독업무시행세칙 별표 15 자동차보험 표준약관」 제13호 가목

③ 관용차 특별약관은 보험계약자의 선택과 상관없이 당연히 적용되는 것으로 경찰서장을 피보험자로 기재하여 보험계약이 체결된 경우에는 기명피보험자는 국가, 경찰서 직원은 승낙피보험자가 된다.

④ 자동차를 매매하고 소유권이전 등록을 하지 않는 사이 매도인이 가입했던 자동차 보험계약의 보험기간이 만료된 경우 매수인이 보험자와 자동차 보험계약을 체결하면서 기명피보험자 명의를 보험자의 승낙을 얻어 자동차등록원부상의 소유명의인으로 하였다면 실직적인 피보험자는 매수인이 된다〈상법 제726조의4(자동차의 양도)〉.

ANSWER

17.③ 18.③ 19.②

20 **피보험자의 감항능력 주의의무에 대한 설명으로 옳지 않은 것은? (다툼이 있는 경우 판례에 의함)**

① 보험증권에 영국의 법률과 관습에 따르기로 하는 규정과 아울러 감항증명서 발급을 담보한다는 내용의 명시적 규정이 있는 경우, 이 규정에 따라야 한다.
② 당사자들이 약정을 통해 감항능력 주의의무 위반과 손해 사이에 인과관계가 없더라도 보험자가 면책된다고 합의하였다면, 그 합의 내용은 효력을 갖는다.
③ 선박 또는 운임을 보험에 붙인 경우, 보험자는 발항 당시에 안전하게 항해를 하기에 필요한 준비를 하지 않거나 필요한 서류를 비치하지 않음으로써 발생한 손해에 대해 면책된다.
④ 적하보험의 경우, 보험자는 선박의 감항능력 주의의무 위반으로 생긴 손해에 대해 면책된다.

TIP ④ 적하보험에 있어서 선적한때와 곳의 적하의 가액과 선적 및 보험에 관한 비용을 보험 가액으로 하는데〈보험업법 697조(적하보험의 보험가액)〉 감항능력 결여와 손해발생 사이에 인과관계가 있어야 하지만 약정에 의해 감항능력을 갖출 것을 계약조건으로 한 경우, 감항능력 주의의무 위반과 손해발생 사이에 인과관계가 없더라도 합의한대로 효력이 발생한다.
① 보험증권에 그 준거법을 영국의 법률과 관습에 따르기로 하는 규정과 아울러 감항증명서의 발급을 담보한다는 내용의 명시적 규정이 있는 경우 이는 영국 해상보험법 제33조 소정의 명시적 담보에 관한 규정에 해당하고, 명시적 담보는 위험의 발생과 관련하여 중요한 것이든 아니든 불문하고 정확하게(exactly) 충족되어야 하는 조건(condition)이라 할 것인데, 해상보험에 있어서 감항성 또는 감항능력이 '특정의 항해에 있어서의 통상적인 위험에 견딜 수 있는 능력'(at the time of the insurance able to perform the voyage unless any external accident should happen)을 의미하는 상대적인 개념으로서 어떤 선박이 감항성을 갖추고 있느냐의 여부를 확정하는 확정적이고 절대적인 기준은 없으며 특정 항해에 있어서의 특정한 사정에 따라 상대적으로 결정되어야 하는 점 등에 비추어 보면, 부보선박이 특정 항해에 있어서 그 감항성을 갖추고 있음을 인정하는 감항증명서는 매 항해 시마다 발급받아야 비로소 그 담보조건이 충족된다[대법원 1996. 10. 11. 선고 94다60332 판결].
② 상법 제663조 단서 규정에 의하면 해상보험에 있어서는 보험계약자 등의 불이익변경 금지의 원칙이 적용되지 아니하여 해상보험 약관으로 상법의 규정과 달리 규정하더라도 그와 같은 약관규정은 유효하다고 할 것인바, 이는 감항능력의 결여를 상법 제706조처럼 손해발생과의 인과관계를 요하는 보험자의 면책사유로 규정한 것이 아니라, 선박이 발항 당시 감항능력을 갖추고 있을 것을 조건으로 하여 보험자가 해상위험을 인수한다는 취지임이 문언상 명백하므로, 보험사고가 그 조건의 결여 이후에 발생한 경우에는 보험자는 조건 결여의 사실, 즉 발항 당시의 불감항 사실만을 입증하면 그 조건 결여와 손해발생(보험사고) 사이의 인과관계를 입증할 필요 없이 보험금 지급책임을 부담하지 않게 된다[대법원 1995. 9. 29. 선고 93다53078 판결].
③ 「상법」 제706조(해상보험자의 면책사유) 제1호

21 **총괄보험에 관한 설명으로 옳은 것은?**

① 보험의 목적의 전부 또는 일부가 보험기간 중에 교체될 것이 예정된 특정보험이다.
② 보험계약체결 시 보험가액을 정하지 않는 것이 일반적이다.
③ 보험기간 중에 보험금액을 변경하지 않는 것이 원칙이다.
④ 보험사고의 발생 시에 현존하지 않는 물건도 보험의 목적에 포함될 수 있다.

TIP 총괄보험
㉠ 예정보험의 한 형태로써 집합된 물건을 일괄하여 보험목적으로 하는 것으로 그 물건이 보험기간 중에 수시로 교체되는 경우에도 사고 발생 시 현존하는 물건은 보험의 목적에 포함된 것으로 한다<상법 제687조(동전)>.
㉡ 총괄보험의 목적은 보험금액의 범위 안에서 위험을 인수하는 것으로 보험기간 중 집합물을 구성하는 각 물건의 교체성을 인정하고, 수시로 교체, 변동되어 특정되지 않더라도 집합물로서 보험에 가입이 가능하다. 보험계약에서 정한 범위의 물건이면 보험 사고가 발생한 때 현존하는 물건 모두 보험의 목적에 포함된다. 예를 들면, 창고에 보관하는 물건을 담보로 가입하는 보험이나, 집안의 집기를 보험의 목적으로 가입하는 경우가 해당된다.

22 **해상보험계약의 준거법약관에 관한 설명으로 옳지 않은 것은? (다툼이 있는 경우 판례에 의함)**

① 해상보험계약의 준거법약관은 해상보험의 보험금분쟁에 대한 보험자의 책임 유무와 보험금 정산에 관한 사항은 영국의 법률과 관습에 따르도록 규정한 것이다.
② 해상보험계약의 준거법약관은 당사자자치(party autonomy)의 원칙에 근거하고 있다.
③ 해상보험계약의 준거법약관을 통해 외국법을 준거법으로 지정한 경우, 「약관의 규제에 관한 법률」이 국제적 강행규정으로서 적용되는 것은 아니다.
④ 영국법의 적용을 받는 영국 런던 보험자협회에서 규정한 갑판적재약관(On-Deck Clause)의 담보범위에 관한 내용은 「약관의 규제에 관한 법률」 제3조 제3항 및 제4항의 입법 취지에 따라, 고객이 약관의 내용을 충분히 잘 알고 있다 하더라도 고객에게 약관의 내용을 따로 설명하여야 한다.

TIP ④ 약관 규제에 관한 법률 제3조 제3항에서는 약관의 중요한 내용을 고객이 이해할 수 있도록 설명할 의무를 부과하고 있으며 제4항에는 이를 위반하여 계약을 체결할 시 해당 약관을 계약 내용으로 주장할 수 없다고 되어있다. 이는 고객으로 하여금 약관의 내용으로 계약을 체결할 경우 각 당사자 간 구속하게 될 내용을 미리 알고 약관에 의거하여 계약을 체결하도록 함으로써 예측할 수 없는 불이익을 받게 되는 것을 방지하고 고객을 보호하는 데 입법 취지를 가진다. 따라서 고객이 약관의 내용을 충분히 잘 알고 있는 경우에는 약관이 계약 내용이 되며, 이는 당사자에 대한 구속력을 가지기 때문에 보험자는 고객에게 약관의 내용을 따로 설명할 필요가 없다[대법원 2016. 6. 23. 선고 2015다5194 판결].
① 우리나라 해상보험계약 실무에서 준거법은 영국의 법률과 관행을 따르도록 한다.
② 국제사법 제25조 제1항에서 계약은 당사자가 명시적 또는 묵시적으로 선택한 법에 의한다고 규정하고 있으며 국제사법이 계약 준거법에 관한 당사자 자치를 명시하므로 해상보험계약에서도 당사자들이 표준약관을 통해서 영국법을 준거법으로 정한 경우 해상보험과 관련된 법률관계는 영국법에 의해 규율된다.
③ 국제적 강행규정에는 초개인적인 국가적 · 경제정책적인 공적이익에 봉사하는 간섭규범과 계약 당사자들 간의 유형적인 불균형상태의 조정, 즉 약자보호를 목적으로 하는 특별사법이 포함된다. 간섭규범의 개념은 로마 I 규정(제9조)에 반영되었다. 어떤 법규가 명시적으로 인적 또는 장소적 적용범위를 명시하는 경우 그로부터 국제적 강행규정성을 도출할 수 있다. 명시적 규정이 없으면, 법원이 당해 법규의 의미와 목적을 조사하여 입법자의 적용의지가 표현되었는지를 판단해야 한다. 어떤 법규가 간섭규범인가는 법규의 성질결정의 문제인데, 이를 위하여 법규의 목적과 그의 언명을 우선 특정하고 분석해야 하며, 이 경우 문제된 규범의 언명을 개별적으로 검토해야지 하나의 법을 일률적으로 판단할 것은 아니다.

ANSWER
20.④ 21.② 22.④

23 **보험위부에 대한 설명으로 옳지 않은 것은? (다툼이 있는 경우 판례에 의함)**

① 추정전손의 판단 기준시점은 위부통지시의 사실관계가 아니고, 보험금 청구소송의 제소 시에 존재하는 사실관계에 의하여 그 여부가 판단된다.

② 추정전손을 판단하는 주요 근거로의 선박수리비는 해당 보험사고로 인하여 발생한 손해에 한정되어야 하며, 보험사고로 인하여 발생하지 않은 수리비는 제외된다.

③ 선박이 좌초 후 선원들의 하선으로 인해 원주민이 선박을 약탈하는 손해가 발생한 경우, 원주민의 약탈은 선행하는 주된 보험사고인 좌초에 기인하여 발생한 것이 아닌 선원의 부주의에 의한 별건의 손해로서 추정전손의 계산에 포함되지 않는다.

④ 선박이 수선불능이며 다른 선박으로 적하의 운송을 할 수 없는 경우에는 원칙적으로 선박에 적재된 적하도 위부할 수 있다.

TIP ③ 충돌로 선박이 좌초된 후 선원들의 감시 소홀을 틈타 원주민들로부터 화물이 약탈된 경우, 화물이 약탈된 손해는 선박충돌과 상당 인과관계가 있는 것이라 할 것이다. [대법원 1989. 9. 12. 선고 87다카3070 판결]은 선박좌초 후 선원의 난선으로 인해 원주민이 선박을 약탈한 경우 원주민의 약탈은 선행의 주된 보험사고라 할 수 있는 좌초의 기회에, 좌초에 기인하여 발생한 것이라는 점에서 좌초와 약탈을 단일사고, 특히 이 사건 보험약관 제12.2조 후단의 동일한 사고로부터 생기는 일련의 손해(Sequence of damages arising from the same accident)에 해당한다[대법원 1989. 9. 12. 선고 87다카3070 판결].

① 추정전손 판단기준 시점은 위부통지 시 사실관계가 아닌 보험금 청구 소송 시 제소하는 시기에 존재하는 사실관계에 근거하므로 옳은 설명이다.

② 선박이 훼손된 경우, 추정전손은 보험사고로 인해 발생한 손해에 한정되므로 구체적으로 손상을 입은 선박부분을 특정하고, 수리비를 입증해야 한다.

④ 상법 제710조에 따라 원칙적으로 위부할 수 있다. 그러나 이 경우 상법 제712조에 따라 선장이 지체 없이 다른 선박으로 적하의 운송을 계속한 때에는 피보험자는 그 적하를 위부할 수 없다.

24 **다음 설명으로 옳지 않은 것은?**

① 재보험계약은 손해보험계약이지만 그 재보험계약의 원보험계약은 생명보험계약일 수 있다.

② 자동차 운행에 따르는 위험을 담보하는 보험은 기업보험일 수도 있고 가계보험일 수도 있다.

③ 강제보험은 사업자의 배상자력을 확보하기 위한 것으로 모두 책임보험이며 기업보험이다.

④ 사망보험은 정액보험이며 변액보험도 자산운용성과에 따라 지급보험금이 달라질 뿐이므로 비정액보험은 아니다.

TIP ③ 강제보험은 법률 규정에 따라 일정한 사람들에게 의무적으로 가입하게 하는 보험으로 자동차 배상책임보험이나 건강보험 등이 이에 해당된다.

① 재보험회사는 손해보험회사로 분류되는데 재보험회사들은 생명보험 회사의 위험도 수재하기 때문에 수재보험료에는 생명보험회사의 출재가 포함된다.

② 일반손해보험은 보험료납입 주체에 따라 가계보험과 기업보험으로 분류된다.

④ 변액보험에서 사망보험금은 최초 계약한 기본보험금과 투자실적에 따라 증감하는 변동보험금으로 구성된다. 인보험계약은 피보험의 손해발생을 요소로 하지 않고 보험자가 지급할 보험금액이 실제 손해액과 관계없이 보험계약상 정해지는 정액보험이다.

25 **대법원 판례의 설명으로 옳지 않은 것은?**

① 평균적 고객의 이해가능성을 기준으로 객관적이고 획일적으로 해석한 결과 약관 조항이 일의적으로 해석되는 경우, 작성자불이익의 원칙이 적용되지 않는다.

② 「자동차손해배상보장법」 제3조의 '다른 사람'의 범위에 자동차를 운전하거나 운전의 보조에 종사한 자는 이에 해당하지 않는다.

③ 무보험자동차에 의한 상해담보특약은 상해보험의 성질과 함께 손해보험의 성질도 갖고 있는 손해보험형 상해보험이므로 하나의 사고에 관하여 여러 개의 무보험 상해담보특약이 체결되고 그 보험금액의 총액이 피보험자의 손해액을 초과하더라도 「상법」 제672조 제1항은 준용되지 아니한다.

④ 보험자는 피보험자와 체결한 상해보험의 특별약관에 "피보험자의 동일 신체 부위에 또 다시 후유장해가 발생하였을 경우에는 기존 후유장해에 대한 후유장해보험금이 지급된 것으로 보고 최종 후유장해상태에 해당되는 후유장해보험금에서 이미 지급받은 것으로 간주한 후유장해보험금을 차감한 나머지 금액을 지급한다"는 사안에서 정액보험인 상해보험에서는 기왕장해가 있는 경우에도 약정 보험금 전액을 지급하는 것이 원칙이며, 예외적으로 감액규정이 있는 경우에만 보험금을 감액할 수 있다.

TIP ① 보험약관은 신의성실의 원칙에 따라 해당 약관의 목적과 취지를 고려하여 공정하고 합리적으로 해석하되, 개개 계약 당사자가 기도한 목적이나 의사를 참작하지 않고 평균적 고객의 이해가능성을 기준으로 보험단체 전체의 이해관계를 고려하여 객관적·획일적으로 해석하여야 한다. 위와 같은 해석을 거친 후에도 약관 조항이 객관적으로 다의적으로 해석되고 그 각각의 해석이 합리성이 있는 등 당해 약관의 뜻이 명백하지 아니한 경우에는 고객에게 유리하게 해석하여야 한다[대법원 2018. 6. 28. 선고 2018다203395 판결].

② 자동차손해배상 보장법(이하 '자동차손배법'이라고 한다) 제3조 본문은 "자기를 위하여 자동차를 운행하는 자는 그 운행으로 인하여 다른 사람을 사망하게 하거나 부상하게 한 경우에는 그 손해를 배상할 책임을 진다."라고 규정하고 있다. 위 규정의 '다른 사람'이란 '자기를 위하여 자동차를 운행하는 자 및 자동차의 운전자를 제외한 그 이외의 자'를 지칭하므로, 자동차를 운전하거나 운전의 보조에 종사한 자는 자동차손배법 제3조에 규정된 '다른 사람'에 해당하지 않는다[대법원 2016. 4. 28. 선고 2014다236830,236847 판결].

④ 甲 보험회사와 乙이 체결한 상해보험의 특별약관에 '특별약관의 보장개시 전의 원인에 의하거나 그 이전에 발생한 후유장해로서 후유장해보험금의 지급사유가 되지 않았던 후유장해가 있었던 피보험자의 동일 신체 부위에 또다시 후유장해가 발생하였을 경우에는 기존 후유장해에 대한 후유장해보험금이 지급된 것으로 보고 최종 후유장해상태에 해당되는 후유장해보험금에서 이미 지급받은 것으로 간주한 후유장해보험금을 차감한 나머지 금액을 지급한다'고 정한 사안에서, 정액보험인 상해보험에서는 기왕장해가 있는 경우에도 약정 보험금 전액을 지급하는 것이 원칙이고 예외적으로 감액규정이 있는 경우에만 보험금을 감액할 수 있으므로, 위 기왕장해 감액규정과 같이 후유장해보험금에서 기왕장해에 해당하는 보험금 부분을 감액하는 것이 거래상 일반적이고 공통된 것이어서 보험계약자가 별도의 설명 없이도 충분히 예상할 수 있는 내용이라거나, 이미 법령에 정하여진 것을 되풀이하거나 부연하는 정도에 불과한 사항이라고 볼 수 없어, 보험계약자나 대리인이 내용을 충분히 잘 알고 있지 않는 한 보험자인 甲 회사는 기왕장해 감액규정을 명시·설명할 의무가 있다[대법원 2015. 3. 26. 선고 2014다229917,229924 판결]

ANSWER

23.③ 24.③ 25.③

26 **물건보험에서 보험목적의 양도에 관한 설명으로 옳지 않은 것은?**

① 보험목적의 양도가 있는 경우에 양수인은 보험계약상의 권리와 의무를 승계한 것으로 추정한다.
② 보험목적에 대한 매매계약체결만으로는 권리와 의무의 승계 추정을 받지 못한다.
③ 보험목적의 양도에 관한 규정은 물건보험에 한하여 적용되는 것이 원칙이므로 자동차보험 중 자기신체보험에 대해서는 적용되지 않는다.
④ 자동차보험의 경우에 자동차의 양도와 함께 보험계약관계도 양수인에게 승계된다.

TIP 자동차보험에서는 보험기간 중 피보험자가 자동차를 양도한 때에는 양수인은 보험자의 승낙을 얻은 경우에 한정하여 보험계약으로 인한 권리와 의무를 승계한다. 따라서 보험자의 승낙을 얻어야 보험계약관계가 승계되는 것이다.
※ 보험자가 보험의 목적을 양도한 때에는 양수인은 보험계약상의 권리와 의무를 승계한 것으로 추정한다. 이 경우에 보험의 목적의 양도인 또는 양수인은 보험자에 대하여 지체 없이 그 사실을 통지하여야 한다〈상법 제679조(보험목적의 양도)〉.

27 **단체생명보험에 대한 설명으로 옳지 않은 것은?**

① 단체생명보험의 경우 보험계약자가 회사일 때에는 그 회사에 대하여만 보험증권을 교부한다.
② 보험계약의 체결 이후에 보험수익자를 지정 또는 변경하는 경우, 단체규약에 명시적으로 정한 경우 외에는 피보험자의 개별적 서면동의를 받아야 한다.
③ 단체가 규약에 따라 구성원의 전부를 피보험자로 하는 단체생명보험계약을 체결하는 경우, 단체 구성원의 사망을 보험사고로 하는 보험계약에서도 타인의 서면동의를 받지 않아도 된다.
④ 심신상실자 또는 심신박약자가 단체생명보험의 피보험자가 될 경우, 보험계약체결 시 의사능력이 있는 경우에 그 보험계약은 유효하다.

TIP ④ 15세 미만자, 심신상실자 또는 심신박약자의 사망을 보험사고로 한 보험계약은 무효로 한다. 다만, 심신박약자가 보험계약을 체결하거나 제735조의3에 따른 단체보험의 피보험자가 될 때에 의사능력이 있는 경우에는 그러하지 아니하다〈상법 제732조(15세 미만자 등에 대한 계약의 금지)〉. 즉, 15세미만자, 심신상실자, 심신박약자의 사망을 보험사고로 하는 보험계약은 할 수 없다.
①②③「상법」제735조의3(단체보험)
※ **단체생명보험** … 단체와 보험자 사이 계약으로 그 단체에 소속된 사람들을 일괄적으로 가입하는 생명보험을 말한다.

28 타인의 생명보험계약에서 피보험자의 동의에 관한 설명으로 옳지 않은 것은? (다툼이 있는 경우 판례에 의함)

① 피보험자의 동의는 타인의 사망보험계약에서 도박보험의 위험성과 피보험자 살해의 위험성 및 공서양속 침해의 위험성을 배제하기 위하여 마련된 강행규정이며, 보험계약의 효력발생요건이다.

② 타인의 생명보험 계약 체결 시에 피보험자의 서면동의를 얻도록 규정한 것은 그 동의의 시기와 방식을 명확히 함으로써 분쟁의 소지를 없애려는 취지이므로, 피보험자의 동의는 서면으로 개별적으로 이루어져야 하며 포괄적인 동의 또는 묵시적이거나 추정적 동의만으로는 부족하다.

③ 피보험자의 동의는 회사의 퇴사 등과 같이 서면동의의 전제가 되는 사정에 중대한 변경이 생긴 경우에는 그 동의를 철회할 수도 있다.

④ 피보험자의 동의요건에 관하여 보험자는 설명 의무를 부담하며, 이러한 설명 의무를 위반하여 피보험자의 동의 없이 체결된 타인의 사망보험계약에 대하여 보험계약자는 취소할 수 있다.

TIP ④ 타인의 사망을 보험사고로 하는 보험계약의 체결에 있어서 보험설계사는 보험계약자에게 피보험자의 서면동의 등의 요건에 관하여 구체적이고 상세하게 설명하여 보험계약자로 하여금 그 요건을 구비할 수 있는 기회를 주어 유효한 보험계약이 성립하도록 조치할 주의의무가 있고, 보험설계사가 위와 같은 설명을 하지 아니하는 바람에 위 요건의 흠결로 보험계약이 무효가 되고 그 결과 보험사고의 발생에도 불구하고 보험계약자가 보험금을 지급받지 못하게 되었다면 보험자는 보험업법 제102조 제1항에 기하여 보험계약자에게 그 보험금 상당액의 손해를 배상할 의무를 진다[대법원 2008. 8. 21. 선고 2007다76696 판결].

① 상법 제731조 제1항의 입법취지에는 도박보험의 위험성과 피보험자 살해의 위험성 외에도 피해자의 동의를 얻지 아니하고 타인의 사망을 이른바 사행계약상의 조건으로 삼는 데서 오는 공서양속의 침해의 위험성을 배제하기 위한 것도 들어있다고 해석되므로, 상법 제731조 제1항을 위반하여 피보험자의 서면 동의 없이 타인의 사망을 보험사고로 하는 보험계약을 체결한 자 스스로가 무효를 주장함이 신의성실의 원칙 또는 금반언의 원칙에 위배되는 권리 행사라는 이유로 이를 배척한다면, 그와 같은 입법취지를 완전히 몰각시키는 결과가 초래되므로 특단의 사정이 없는 한 그러한 주장이 신의성실 또는 금반언의 원칙에 반한다고 볼 수는 없다[대법원 1996. 11. 22. 선고 96다37084 판결].

② 타인의 사망을 보험사고로 하는 보험계약의 체결에 있어서 보험모집인은 보험계약자에게 피보험자의 서면동의 등의 요건에 관하여 구체적이고 상세하게 설명하여 보험계약자로 하여금 그 요건을 구비할 수 있는 기회를 주어 유효한 보험계약이 체결되도록 조치할 주의의무가 있고, 그럼에도 보험모집인이 위와 같은 설명을 하지 아니하는 바람에 위 요건의 흠결로 보험계약이 무효가 되고 그 결과 보험사고의 발생에도 불구하고 보험계약자가 보험금을 지급받지 못하게 되었다면 보험자는 보험업법 제102조 제1항에 기하여 보험계약자에게 그 보험금 상당액의 손해를 배상할 의무가 있다[대법원 2007. 9. 6. 선고 2007다30263 판결].

③ 甲 주식회사가 임직원으로 재직하던 乙 등이 재직 중 보험사고를 당할 경우 유가족에게 지급할 위로금 등을 마련하기 위하여 乙 등을 피보험자로 한 보험계약을 체결하고 乙 등이 보험계약 체결에 동의한 사안에서, 乙 등이 甲 회사에 계속 재직한다는 점은 보험계약에 대한 동의의 전제가 되는 사정이므로 乙 등이 甲 회사에서 퇴직함으로써 보험계약의 전제가 되는 사정에 중대한 변경이 생긴 이상 乙 등은 보험계약에 대한 동의를 철회할 수 있다[대법원 2013. 11. 14. 선고 2011다101520 판결].

ANSWER

26.④ 27.④ 28.④

29 **약관조항의 효력에 관한 설명으로 옳지 않은 것은? (다툼이 있는 경우 판례에 의함)**

① 재해로 인한 사망사고와 암 진단의 확정 및 그와 같이하는 보험계약에서 피보험자가 보험계약일 이전에 암 진단이 확정되어 있는 경우에는 보험계약이 무효라는 약관조항은 유효하다.

② 보험기간 개시 전 사고로 신체장해가 있었던 피보험자에게 동일 부위에 상해사고로 새로운 후유장해가 발생한 경우에 최종 후유장해보험금에서 기존 신체장해에 대한 후유장해보험금을 차감하고 지급하기로 하는 약관조항은 유효하다.

③ 전문직업인 배상책임보험약관에서 해당 보험계약에 따른 보험금 지급의 선행조건으로서 피보험자가 제3자로부터 손해배상청구를 받은 경우 소정 기간 이내에 그 사실을 보험자에게 서면으로 통지하여야 한다는 약관조항은 「약관의 규제에 관한 법률」 제7조 제2호에 대하여 무효이다.

④ 계속 보험료의 지급지체가 있는 경우에 「상법」 제650조 상의 해지절차 없이 보험자가 보험계약에 대하여 실효 처리하는 실효 예고부 최고 약관규정은 무효이다.

TIP 전문 직업 배상책임보험에서 보험기간 내 피보험자에게 제3자의 손해배상 청구가 있고, 이러한 사실에 대해 보험자에게 서면으로 통지하였을 경우에 한하여 보험자는 피보험자에게 보험금을 지급할 의무가 있다. 즉 손해배상청구기준을 보험기간 내 피보험자가 제3자로 재판상 또는 재판 외의 배상청구를 받는 것으로 하고 있다. 보상책임의 범위와 시기를 분명히 정하기 위해서 손해배상 청구사실을 필수적으로 통지하여야 하며, 보험약관에서 규정하는 보험금 지급 조건은 보험자의 손해배상 범위를 제한하는 것으로 볼 수 없어 「약관의 규제에 관한 법률」 제7조 제2호에 따라 무효라고 볼 수 없다[대법원 2020. 9. 3. 선고 2017다245804 판결].

30 **보험수익자 지정 · 변경에 관한 설명으로 옳지 않은 것은? (다툼이 있는 경우 판례에 의함)**

① 보험계약자가 보험수익자를 지정하는 경우에 지정시점에 보험수익자가 특정되어야 하는 것은 아니고 보험사고발생 당시에 특정될 수 있는 것으로 충분하다.

② 보험계약자는 특정인을 지정할 수 있을 뿐만 아니라 불특정인을 지정할 수도 있다.

③ 보험수익자 변경권은 형성권으로서 보험계약자가 보험자나 보험수익자의 동의를 받지 않고 자유로이 행사할 수 있고, 그 행사에 의해 변경의 효력이 즉시 발생한다.

④ 보험수익자 변경행위는 상대방 있는 단독행위이므로, 보험수익자 변경의 의사표시가 보험자에게 도달하여야 보험수익자 변경의 효과는 발생한다.

TIP ③④ 보험계약자는 보험수익자를 변경할 권리가 있다(상법 제733조 제1항). 이러한 보험수익자 변경권은 형성권으로서 보험계약자가 보험자나 보험수익자의 동의를 받지 않고 자유로이 행사할 수 있고 그 행사에 의해 변경의 효력이 즉시 발생한다. 다만 보험계약자는 보험수익자를 변경한 후 보험자에 대하여 이를 통지하지 않으면 보험자에게 대항할 수 없다(상법 제734조 제1항). 이와 같은 보험수익자 변경권의 법적 성질과 상법 규정의 해석에 비추어 보면, 보험수익자 변경은 상대방 없는 단독행위라고 봄이 타당하므로, 보험수익자 변경의 의사표시가 객관적으로 확인되는 이상 그러한 의사표시가 보험자나 보험수익자에게 도달하지 않았다고 하더라도 보험수익자 변경의 효과는 발생한다[대법원 2020. 2. 27. 선고 2019다204869 판결].

①② 상법 제639조에 의하면 보험계약자는 특정 또는 불특정의 타인을 위하여 보험계약을 체결할 수 있고, 타인을 위한 생명보험에 있어서 보험수익자의 지정 또는 변경에 관한 상법 제733조는 상법 제739조에 의하여 상해보험에도 준용되므로, 상해보험계약을 체결하는 보험계약자는 자유롭게 특정 또는 불특정의 타인을 수익자로 지정할 수 있다. 또한, 정액보험형 상해보험의 경우 보험계약자가 보험수익자를 지정한 결과 피보험자와 보험수익자가 일치하지 않게 되었다고 하더라도, 그러한 이유만으로 보험수익자 지정행위가 무효로 될 수는 없다. 타인을 위한 상해보험에서 보험수익자는 그 지정행위 시점에 반드시 특정되어 있어야 하는 것은 아니고 보험사고 발생 시에 특정될 수 있으면 충분하므로, 보험계약자는 이름 등을 통하여 특정인을 보험수익자로 지정할 수 있음은 물론 '배우자' 또는 '상속인'과 같이 보험금을 수익할 자의 지위나 자격 등을 통하여 불특정인을 보험수익자로 지정할 수도 있다[대법원 2006. 11. 9. 선고 2005다55817 판결].

31 **생명보험계약에서 보험자가 보험료적립금 반환의무를 부담하지 않게 되는 경우는? (단, 보험료적립금의 반환에 관하여 특별한 약정이 없다고 가정함)**

① 보험사고의 발생 전에 보험계약자가 보험계약을 임의해지한 경우

② 보험계약자의 고의에 의하여 보험사고가 발생하여 보험자가 면책된 경우

③ 피보험자 또는 보험수익자의 고의에 의하여 보험사고가 발생하여 보험자가 면책된 경우

④ 고지 의무 위반을 이유로 보험자가 보험계약을 해지한 경우

TIP 제649조(사고발생전의 임의해지), 제650조(보험계약의 부활), 제651조(고지의무위반으로 인한 계약해지) 및 제652조(위험변경증가의 통지와 계약해지) 내지 제655조(계약해지와 보험금청구권)의 규정에 의하여 보험계약이 해지된 때, 제659조(보험자의 면책사유)와 제660조(전쟁위험 등으로 인한 면책)의 규정에 의하여 보험금액의 지급책임이 면제된 때에는 보험자는 보험수익자를 위하여 적립한 금액을 보험계약자에게 지급하여야 한다. 그러나 다른 약정이 없으면 제659조 제1항의 보험사고가 보험계약자에 의하여 생긴 경우에는 그러하지 아니하다〈상법 제736조(보험적립금반환의무 등) 제1항〉.

ANSWER

29.③ 30.④ 31.②

32 상해보험계약의 보험사고에 관한 설명으로 옳지 않은 것은? (다툼이 있는 경우 판례에 의함)

① 상해보험에서는 급격하고도 우연한 외래의 사고로 신체에 상해를 입은 경우를 보험사고로 한다.
② 피보험자가 술에 취한 상태에서 지하철역 승강장의 선로로 내려가 지하철역을 통과하는 전동열차에 부딪혀 사망한 경우에는 피보험자의 중과실로 인한 사고로 상해사고의 우연성이 인정되지 않는다.
③ 피보험자가 농작업 중 과로로 지병인 고혈압이 악화되어 뇌졸중으로 사망한 경우에는 상해사고에 해당되지 않는다.
④ 사고의 급격성, 외래성 및 사고와 신체손상과의 인과관계에 관한 증명책임은 보험금청구권자가 부담한다.

TIP 피보험자가 술에 취한 상태에서 출입이 금지된 지하철역 승강장의 선로로 내려가 지하철역을 통과하는 전동열차에 부딪혀 사망한 경우, 피보험자에게 판단능력을 상실 내지 미약하게 할 정도로 과음을 한 중과실이 있더라도 보험약관상의 보험사고인 우발적인 사고에 해당한다[대법원 2001. 11. 9. 선고 2001다55499, 55505 판결]. 즉, 상해보험에서 보험사고는 피보험자가 보험기간 중 급격하고도 우연한 외래의 사고로 인해 신체에 손상을 입은 것을 말하며, ②의 경우 술에 취했다 하더라도 급격하고 우연한 외래의 사고에 해당되기 때문에 상해사고의 우연성으로 인정된다.

33 인보험에 관한 설명이다. 사망보험, 상해보험 모두에 해당 하는 경우로 옳은 것은? (다툼이 있는 경우 판례에 의함)

① 도덕적 위험, 보험의 도박화 등에 대처하기 위하여 피보험자가 보험목적에 대하여 일정한 경제적 이익을 가질 것을 요한다.
② 보험계약자 또는 피보험자나 보험수익자의 중대한 과실로 인하여 보험사고가 발생한 경우에 보험자는 보험금 지급책임이 있다.
③ 보험계약 당사자 간에 보험자대위에 관한 약정이 유효하다.
④ 중복보험의 규정을 준용할 수 있다.

TIP 중과실로 인한 보험사고 등〈상법 제732조의2〉
① 사망을 보험사고로 한 보험계약에서는 사고가 보험계약자 또는 피보험자나 보험수익자의 중대한 과실로 인하여 발생한 경우에도 보험자는 보험금을 지급할 책임을 면하지 못한다.
② 둘 이상의 보험수익자 중 일부가 고의로 피보험자를 사망하게 한 경우 보험자는 다른 보험수익자에 대한 보험금 지급 책임을 면하지 못한다.

34 보험금반환 또는 보험료반환청구 등에 관한 설명이다. 옳지 않은 것은? (다툼이 있는 경우 판례에 의함)

① 보험계약의 전부 또는 일부가 무효인 경우에 보험계약자와 피보험자가 선의이며 중대한 과실이 없는 때에는 보험자에 대하여 보험료의 전부 또는 일부의 반환을 청구할 수 있다. 보험계약자와 보험수익자가 선의이며 중대한 과실이 없는 때에도 같다.

② 보험계약자는 보험사고발생 전에는 언제든지 보험계약을 해지할 수 있는데, 이 경우에 보험계약자는 당사자간에 다른 약정이 없으면 미경과보험료의 반환을 청구할 수 있다.

③ 「상법」 제731조 제1항을 위반하여 무효인 보험계약에 따라 납부한 보험료에 대한 반환청구권은 특별한 사정이 없는 한 보험료를 납부한 때에 발생하여 행사할 수 있다고 할 것이므로, 이 보험료 반환청구권의 소멸시효는 특별한 사정이 없는 한 각 보험료를 납부한 때부터 진행한다.

④ 보험계약자가 다수의 보험계약을 통하여 보험금을 부정취득할 목적으로 보험계약을 체결한 경우, 보험수익자가 타인인 때에는 이미 보험수익자에게 급부한 보험금의 반환을 구할 수 없다.

TIP ④ 보험계약자가 다수의 보험계약을 통하여 보험금을 부정취득할 목적으로 보험계약을 체결한 경우, 이러한 목적으로 체결된 보험계약에 의하여 보험금을 지급하게 하는 것은 보험계약을 악용하여 부정한 이득을 얻고자 하는 사행심을 조장함으로써 사회적 상당성을 일탈하게 될 뿐만 아니라, 합리적인 위험의 분산이라는 보험제도의 목적을 해치고 위험발생의 우발성을 파괴하며 다수의 선량한 보험가입자들의 희생을 초래하여 보험제도의 근간을 해치게 되므로, 이와 같은 보험계약은 민법 제103조 소정의 선량한 풍속 기타 사회질서에 반하여 무효라고 할 것이다[대법원 2018. 9. 13. 선고 2016다255125 판결]. 또한 상법 제659조의 1항에 따라 이미 보험수익자에게 급부한 보험금 반환을 청구할 수 있다.

① 「상법」 제648조(보험계약의 무효로 인한 보험료반환청구)

② 「상법」 제649조(사고발생전의 임의해지)

③ 상법은 보험료반환청구권에 대하여 2년간 행사하지 아니하면 소멸시효가 완성한다는 취지를 규정할 뿐(제662조) 소멸시효의 기산점에 관하여는 아무것도 규정하지 아니하므로, 소멸시효는 민법 일반 법리에 따라 객관적으로 권리가 발생하고 그 권리를 행사할 수 있는 때로부터 진행한다. 그런데 상법 제731조 제1항을 위반하여 무효인 보험계약에 따라 납부한 보험료에 대한 반환청구권은 특별한 사정이 없는 한 보험료를 납부한 때에 발생하여 행사할 수 있다고 할 것이므로, 위 보험료반환청구권의 소멸시효는 특별한 사정이 없는 한 각 보험료를 납부한 때부터 진행한다. 무효인 보험계약에 따라 납부한 보험료에 대한 반환청구권의 소멸시효 기산점이 문제된 사안에서, 보험계약자가 납부한 보험료 전체의 반환청구권 소멸시효가 보험료를 마지막으로 납부한 때부터 진행한다는 전제에서 보험료의 반환청구권이 시효소멸하지 아니하였다[대법원 2011. 3. 24. 선고 2010다92612 판결].

ANSWER

32.② 33.② 34.④

35 보험계약관계의 종료사유(무효, 취소, 해제, 해지)에 관한 설명이다. 보험계약관계 종료사유 중 장래에 대해서만 효력이 상실되는 것만으로 묶은 것은? (다른 약정은 없는 것으로 가정함)

> ㉠ 손해보험에서 사기에 의한 초과보험, 중복보험
> ㉡ 15세 미만자를 피보험자로 하는 사망보험
> ㉢ 보험약관 교부 · 설명 의무 위반으로 인한 보험계약관계의 종료
> ㉣ 보험계약체결 후 보험료의 전부 또는 제1회보험료를 계약성립일로부터 2월 경과 시까지 미납한 경우
> ㉤ 위험변경증가로 인한 보험계약관계의 종료
> ㉥ 생명보험표준약관상 중대사유로 인한 보험계약관계의 종료

① ㉠㉢
② ㉣㉤
③ ㉠㉡
④ ㉤㉥

TIP ㉠㉡ 계약 무효사유이며 과거, 현재, 미래에 대한 효력이 모두 상실된다.
㉢ 계약 취소사유이며, 취소기한은 3개월 이내에 한정된다.
㉣ 계약해지 사유이며, 2월이 경과하면 해지된다.
㉤㉥은 금융감독원 생명보험표준약관에 따라 장래에 대해서만 효력이 상실되는 경우에 해당된다.

※ 위험변경증가의 통지와 계약해지〈상법 제652조〉
① 보험기간 중에 보험계약자 또는 피보험자가 사고발생의 위험이 현저하게 변경 또는 증가된 사실을 안 때에는 지체없이 보험자에게 통지하여야 한다. 이를 해태한 때에는 보험자는 그 사실을 안 날로부터 1월 내에 한하여 계약을 해지할 수 있다.
② 보험자가 제1항의 위험변경증가의 통지를 받은 때에는 1월 내에 보험료의 증액을 청구하거나 계약을 해지할 수 있다.

※ 중대사유로 인한 해지〈보험업감독업무 시행세칙 별표 15 생명보험표준약관 제30조〉
① 회사는 아래와 같은 사실이 있을 경우에는 그 사실을 안 날부터 1개월 이내에 계약을 해지할 수 있다.
1. 계약자, 피보험자 또는 보험 수익자가 고의로 보험금 지급사유를 발생시킨 경우
2. 계약자, 피보험자 또는 보험수익자가 보험금 청구에 관한 서류에 고의로 사실과 다른 것을 기재하였거나 그 서류 또는 증거를 위조 또는 변조한 경우. 다만, 이미 보험금 지급 사유가 발생한 경우에는 보험금 지급에 영향을 미치지 않는다.
② 회사가 제1항에 따라 계약을 해지한 경우 회사는 그 취지를 계약자에게 통지하고 제32조(해지환급금) 제1항에 따른 해지 환급금을 지급한다.

36 재보험에 관한 설명으로 옳지 않은 것은? (다툼이 있는 경우 판례에 의함)

① 책임보험에 관한 규정은 그 성질에 반하지 않는 범위 내에서 재보험계약에 준용된다.

② 재보험자가 원보험자에게 보험금을 지급하면 지급한 재보험금의 한도 내에서 원보험자가 제3자에 대하여 가지는 권리를 대위 취득한다.

③ 재보험자가 보험자대위에 의하여 취득한 제3자에 대한 권리의 행사는 재보험자가 이를 직접하지 아니하고 원보험자가 재보험자의 수탁자의 지위에서 자기명의로 권리를 행사하여 그로써 회수한 금액을 재보험자에게 재보험금의 비율에 따라 교부하는 방식으로 이루어지는 것이 상관습이다.

④ 재보험자의 보험자대위에 의한 권리는 원보험자가 제3자에 대한 권리행사의 결과로 취득한 출자전환주식에 대하여는 미치지 아니한다.

TIP ②③④ 보험자가 피보험자에게 보험금을 지급하면 보험자대위의 법리에 따라 피보험자가 보험사고의 발생에 책임이 있는 제3자에 대하여 가지는 권리는 지급한 보험금의 한도에서 보험자에게 당연히 이전되고(상법 제682조), 이는 재보험자가 원보험자에게 재보험금을 지급한 경우에도 마찬가지이다. 따라서 재보험관계에서 재보험자가 원보험자에게 재보험금을 지급하면 원보험자가 취득한 제3자에 대한 권리는 지급한 재보험금의 한도에서 다시 재보험자에게 이전된다. 그리고 재보험자가 보험자대위에 의하여 취득한 제3자에 대한 권리의 행사는 재보험자가 이를 직접 하지 아니하고 원보험자가 재보험자의 수탁자의 지위에서 자기 명의로 권리를 행사하여 그로써 회수한 금액을 재보험자에게 재보험금의 비율에 따라 교부하는 방식에 의하여 이루어지는 것이 상관습이다. 따라서 재보험자가 원보험자에게 재보험금을 지급함으로써 보험자대위에 의하여 원보험자가 제3자에 대하여 가지는 권리를 취득한 경우에 원보험자가 제3자와 기업개선약정을 체결하여 제3자가 원보험자에게 주식을 발행하여 주고 원보험자의 신주인수대금채무와 제3자의 채무를 같은 금액만큼 소멸시키기로 하는 내용의 상계계약 방식에 의하여 출자전환을 함으로써 재보험자가 취득한 제3자에 대한 채권을 소멸시키고 출자전환주식을 취득하였다면, 이는 원보험자가 재보험자의 수탁자의 지위에서 재보험자가 취득한 제3자에 대한 권리를 행사한 것이라 할 것이므로, 재보험자의 보험자대위에 의한 권리는 원보험자가 제3자에 대한 권리행사의 결과로 취득한 출자전환주식에 대하여도 미친다. 그리고 이러한 법리 및 상관습은 재재보험관계에서도 마찬가지로 적용된다. 변제충당에 관한 민법 제476조 내지 제479조의 규정은 임의규정이므로 변제자인 채무자와 변제수령자인 채권자는 약정에 의하여 이를 배제하고 제공된 급부를 어느 채무에 어떤 방법으로 충당할 것인가를 결정할 수 있고, 이는 민법 제499조에 의하여 위 규정이 준용되는 상계의 경우에도 마찬가지이다. 변제충당지정은 상대방에 대한 의사표시로써 하여야 하는 것이기는 하나, 채권자와 채무자 사이에 미리 변제충당에 관한 약정이 있고, 약정내용이 변제가 채권자에 대한 모든 채무를 소멸시키기에 부족한 때에는 채권자가 적당하다고 인정하는 순서와 방법에 의하여 충당하기로 한 것이라면, 변제수령권자인 채권자가 약정에 터 잡아 스스로 적당하다고 인정하는 순서와 방법에 좇아 변제충당을 한 이상 변제자에 대한 의사표시와 관계없이 충당의 효력이 있다. 그리고 이러한 법리는 민법 제499조에 의하여 변제충당에 관한 규정이 준용되는 상계의 경우에도 마찬가지로 적용된다[대법원 2015. 6. 11. 선고 2012다10386 판결].

① 「상법」 제726(재보험에의 준용)

ANSWER

35.④ 36.④

37 **책임보험에 관한 설명으로 옳은 것은? (다툼이 있는 경우 판례에 의함)**

① 책임보험에서 배상청구가 보험기간 내에 발생하면 배상청구의 원인인 사고가 보험기간 개시 전에 발생하더라도 보험자의 책임을 인정하는 배상청구기준 약관은 유효하다.

② 책임보험계약에서는 보험가액을 정할 수 없으므로 수개의 책임보험계약이 동시 또는 순차적으로 체결된 경우에 그 보험금액의 총액이 피보험자의 제3자에 대한 손해배상액을 초과한 경우라도 중복보험의 법리를 적용할 수 없다.

③ 보험사고에 관한 학설 중 손해사고설에 따르면 제3자에 대해 책임지는 원인사고를 보험사고로 보기 때문에 피보험자가 제3자로부터 배상청구를 받을 때에는 보험자에게 통지를 발송할 필요가 없다.

④ 책임보험의 목적은 피보험자의 제3자에 대한 손해배상책임에 한하므로 제3자의 청구를 막기 위한 방어비용은 보험의 목적에 포함되지 않는다.

TIP 책임보험계약의 보험자는 피보험자가 보험기간 중의 사고로 인하여 제3자에게 배상할 책임을 진 경우에 이를 보상할 책임이 있다〈상법 제719조(책임보험자의 책임)〉. 따라서, 보험기간 내에 배상청구를 하더라도 보험기간 개시 전 발생사고에 대해서는 보험자에게 책임이 없다.

38 **책임보험에서 피해자직접청구권에 관한 설명으로 옳지 않은 것은? (다툼이 있는 경우 판례에 의함)**

① 직접청구권의 법적 성질은 보험자가 피보험자의 피해자에 대한 손해배상채무를 병존적으로 인수한 것으로서 피해자가 보험자에 대하여 가지는 손해배상청구권이고, 이에 대한 지연손해금에 관하여는 상사 법정이율이 아닌 민사법정이율이 적용된다.

② 책임보험에서 보험자의 채무인수는 피보험자의 부탁에 따라 이루어지는 것이므로 보험자의 손해배상채무와 피보험자의 손해배상채무는 연대채무관계에 있다.

③ 피해자의 직접청구권에 따라 보험자가 부담하는 손해배상채무는 보험계약을 전제로 하는 것으로서 보험계약에 따른 보험자의 책임한도액의 범위 내에서 인정되어야 한다.

④ 피해자의 직접청구권에 따라 보험자가 부담하는 손해배상채무는 보험계약을 전제로 하는 것으로서 피해자의 손해액을 산정함에 있어서도 약관상의 지급기준에 구속된다.

TIP 보험자와 제3자와의 관계〈상법 제724조〉

① 보험자는 피보험자가 책임을 질 사고로 인하여 생긴 손해에 대하여 제3자가 그 배상을 받기 전에는 보험금액의 전부 또는 일부를 피보험자에게 지급하지 못한다.

② 제3자는 피보험자가 책임을 질 사고로 입은 손해에 대하여 보험금액의 한도 내에서 보험자에게 직접 보상을 청구할 수 있다. 그러나 보험자는 피보험자가 그 사고에 관하여 가지는 항변으로써 제3자에게 대항할 수 있다.

③ 보험자가 제2항의 규정에 의한 청구를 받은 때에는 지체 없이 피보험자에게 이를 통지하여야 한다.

④ 제2항의 경우에 피보험자는 보험자의 요구가 있을 때에는 필요한 서류 · 증거의 제출, 증언 또는 증인의 출석에 협조하여야 한다.

39 상해보험계약은 일반적으로 상해로 인한 사망보험, 상해로 인한 후유장해보험, 상해로 인한 치료비등 실비를 지급하는 치료비보험으로 구성된다. 이에 관한 설명으로 옳지 않은 것은? (다툼이 있는 경우 판례에 의함)

① 상해보험계약의 경우에 보험자대위권을 인정하는 당사자 간의 약정은 무효이다.
② 상해사망보험(정액형)에서는 보험계약자 또는 피보험자나 보험수익자의 중대한 과실로 인하여 보험사고가 발생한 경우에 보험자는 보험금 지급책임이 있다.
③ 치료비보험은 실손보장형(비정액형)보험으로서 이에 관하여는 중복보험의 원리를 준용한다.
④ 만 15세 미만자, 심신상실자 또는 심신박약자의 치료비 보험계약은 유효이다.

TIP 인보험에서는 보험자대위가 인정되지 않으나 상해보험에서는 피보험자의 권리를 해하지 않는 범위 내에서는 청구권대위를 약정할 수 있으므로 상해보험계약의 경우에 보험자 대위권을 인정하는 당사자 간의 약정은 유효하다.

40 약관대출(보험계약대출)에 관한 설명으로 옳은 것은? (다툼이 있는 경우 판례에 의함)

① 「상법」 명문의 규정에 의하면 보험계약자는 해지환급금의 범위 내에서 약관대출을 받을 수 있다.
② 약관대출계약은 보험계약과 일체를 이루는 하나의 계약이 아니라 보험계약과 독립된 별개의 계약이다.
③ 약관대출금은 보험자가 장래에 지급할 보험금이나 해지환급금을 미리 지급하는 선급에 해당한다.
④ 보험자가 보험금 또는 해지환급금 등 약관상 지급채무가 발생한 경우에 대출원리금을 상계한 후 지급하기로 약정한 특수한 금전소비대차계약이다.

TIP ③ 계약자는 이 계약의 해지환급금 범위 내에서 회사가 정한 방법에 따라 대출(이하 '보험계약대출'이라 한다)을 받을 수 있다. 그러나, 순수보장성보험 등 보험상품의 종류에 따라 보험계약대출이 제한될 수도 있다〈보험업감독업무시행세칙 별표 15 생명보험표준약관 제35조(보험계약대출) 제1항〉. 즉, 보험계약대출은 해지환급금과 만기보험금(미 발생 분할보험금 포함) 중 적은 금액의 80~95% 범위 내에서 가능하다. 약관대출금은 보험자가 장래에 지급할 보험금이나 해지환급금을 담보로 미리 지급하는 선급에 해당된다.

②③④ 약관에 따른 대출계약은 약관상의 의무의 이행으로 행하여지는 것으로서 보험계약과 별개의 독립된 계약이 아니라 보험계약과 일체를 이루는 하나의 계약이라고 보아야 하고, 보험약관대출금의 경제적 실질은 보험회사가 장차 지급하여야 할 보험금이나 해약환급금을 미리 지급하는 선급금과 같은 성격이라고 보아야 한다. 따라서 위와 같은 약관에서 비록 '대출'이라는 용어를 사용하고 있더라도 이는 일반적인 대출과는 달리 소비대차로서의 법적 성격을 가지는 것은 아니며, 보험금이나 해약환급금에서 대출 원리금을 공제하고 지급한다는 것은 보험금이나 해약환급금의 선급금의 성격을 가지는 위 대출 원리금을 제외한 나머지 금액만을 지급한다는 의미이므로 민법상의 상계와는 성격이 다르다[대법원 2007. 9. 28. 선고 2005다15598 전원합의체 판결].

ANSWER
37.① 38.④ 39.① 40.③

2022년 제45회 보험계약법

1　**다음 중 상법 제4편(보험)의 규정이 적용되거나 준용되는 경우가 아닌 것은?**

① 상호보험　② 무역보험
③ 자가보험　④ 공제

TIP 이 편의 규정은 그 성질에 반하지 아니하는 범위에서 상호보험(相互保險), 공제(共濟), 그 밖에 이에 준하는 계약에 준용한다〈상법 제664조(상호보험, 공제 등에의 준용)〉.
※ **자가보험** … 보험제도를 이용하지 않고 금액을 별도 적립하여 단독으로 준비재산을 마련하는 제도이다.

2　**보험계약자, 피보험자, 보험수익자에 관한 설명으로 옳지 않은 것은?**

① 보험계약자가 대리인에 의하여 보험계약을 체결한 경우에 대리인이 안 사유는 그 본인이 안 것과 동일한 것으로 한다.
② 만 15세인 미성년자를 피보험자로 하는 사망보험계약은 그의 서면동의를 받은 경우에도 당연 무효이다.
③ 타인을 위한 손해보험계약에서 피보험자는 원칙적으로 보험료지급의무를 지지 아니하지만, 보험계약자가 파산선고를 받거나 보험료의 지급을 지체한 때에는 피보험자가 보험계약상 권리를 포기하지 아니하는 한 그 보험료를 지급할 의무가 있다.
④ 타인을 위한 생명보험계약에서 보험수익자는 원칙적으로 보험료지급의무를 지지 아니하지만, 보험계약자가 파산선고를 받거나 보험료의 지급을 지체한 때에는 보험수익자가 보험계약상 권리를 포기하지 아니하는 한 그 보험료를 지급할 의무가 있다.

TIP ② 15세 미만자, 심신상실자 또는 심신박약자의 사망을 보험사고로 한 보험계약은 무효로 한다. 다만, 심신박약자가 보험계약을 체결하거나 제735조의3에 따른 단체보험의 피보험자가 될 때에 의사능력이 있는 경우에는 그러하지 아니하다〈상법 제732조(15세 미만자 등에 대한 계약의 금지)〉.
① 「상법」 제646조(대리인이 안 것의 효과)
③④ 「상법」 제639조(타인을 위한 보험)

3　**보험계약의 성립에 관한 설명으로 옳은 것은?**

① 보험계약의 체결을 원하는 보험계약자는 청약서를 작성하여 이를 보험자에게 제출하여야 하므로 보험계약은 요식계약성을 가진다.
② 보험자가 보험계약자로부터 보험계약의 청약을 받은 경우 보험료의 지급여부와 상관없이 30일 내에 보험계약자에 대하여 그 청약에 대한 낙부의 통지를 발송하여야 한다.
③ 보험자가 청약에 대한 낙부통지의무를 부담하는 경우 정해진 기간 내에 낙부의 통지를 해태한 때에는 승낙한 것으로 추정된다.
④ 보험계약자가 보험자에게 보험료의 전부 또는 제1회 보험료를 지급하는 것은 보험자의 책임개시요건에 불과할 뿐 보험계약의 성립요건은 아니다.

TIP ④ 보험계약자는 계약체결 후 지체 없이 보험료의 전부 또는 제1회 보험료를 지급하여야 하며, 보험계약자가 이를 지급하지 아니하는 경우에는 다른 약정이 없는 한 계약성립 후 2월이 경과하면 그 계약은 해제된 것으로 본다〈상법 제650조(보험료의 지급과 지체의 효과)〉.

① 보험계약은 불요식 낙성계약이다.
② 「상법」 제638조의2(보험계약의 성립) 제1항
③ 「상법」 제638조의2(보험계약의 성립) 제2항

4 보험기간, 보험계약기간에 관한 설명으로 옳지 않은 것은? (다툼이 있는 경우 판례에 의함)

① 보험기간은 당사자의 약정에 의해 정하고 보험증권에 기재하여야 한다.
② 보험기간 내에 보험사고가 생긴 경우에는 보험기간이 지나 손해가 발생하였더라도 보험자가 보험금을 지급하여야 한다.
③ 보험계약기간은 보험계약이 성립하여 소멸할 때까지의 기간이다.
④ 소급보험계약은 보험계약기간이 보험기간보다 앞서 시작된다.

TIP 보험계약은 그 계약 전의 어느 시기를 보험기간의 시기로 할 수 있다〈상법 제643조(소급보험)〉. 즉, 보험기간이 보험계약기간보다 앞서 시작된다.

5 보험약관의 해석에 관한 설명으로 옳지 않은 것은? (다툼이 있는 경우 판례에 의함)

① 보험자가 약관의 내용과 다른 설명을 하였다면 그 설명내용이 구두로 합의된 개별약정으로서 개별약정 우선의 원칙에 따라 보험계약의 내용이 된다.
② 약관의 내용은 획일적으로 해석할 것이 아니라 개별적인 계약체결자의 의사나 구체적인 사정을 고려하여 주관적으로 해석해야 한다.
③ 약관조항의 의미가 명확하게 일의적으로 표현되어 있어 다의적인 해석의 여지가 없을 때에는 작성자 불이익의 원칙이 적용될 여지가 없다.
④ 면책약관의 해석에 있어서는 제한적이고 엄격하게 해석하여 그 적용범위가 확대적용 되지 않도록 하여야 한다.

TIP 보통거래약관의 내용은 개개 계약체결자의 의사나 구체적인 사정을 고려함이 없이 평균적 고객의 이해가능성을 기준으로 하되 보험단체 전체의 이해관계를 고려하여 객관적, 획일적으로 해석하여야 하고, 고객 보호의 측면에서 약관내용이 명백하지 못하거나 의심스러운 때에는 약관작성자에게 불리하게 제한하여 해석하여야 한다[대법원 1996. 6. 25. 선고 96다12009 판결].

※ 약관의 해석〈약관의 규제에 관한 법 제5조〉
① 약관은 신의성실의 원칙에 따라 공정하게 해석되어야 하며 고객에 따라 다르게 해석되어서는 아니 된다.
② 약관의 뜻이 명백하지 아니한 경우에는 고객에게 유리하게 해석되어야 한다.

ANSWER

1.③ 2.② 3.④ 4.④ 5.②

6　**보험증권에 관한 설명으로 옳지 않은 것은?**

① 보험자는 보험계약이 성립한 때에는 지체 없이 보험증권을 작성하여 보험계약자에게 교부하여야 하며 보험계약자가 보험료의 전부 또는 최초의 보험료를 지급하지 아니한 때에도 그러하다.
② 기존의 보험계약을 연장하거나 변경한 경우에는 보험자는 그 보험증권에 그 사실을 기재함으로써 보험증권의 교부에 갈음할 수 있다.
③ 보험계약의 당사자는 보험증권의 교부가 있은 날로부터 일정한 기간 내에 한하여 그 증권내용의 정부에 관한 이의를 할 수 있음을 약정할 수 있다. 이 기간은 1월을 내리지 못한다.
④ 보험증권을 멸실 또는 현저하게 훼손한 때에는 보험계약자는 보험자에 대하여 증권의 재교부를 청구할 수 있다. 그 증권작성의 비용은 보험계약자의 부담으로 한다.

TIP ① 보험자는 보험계약이 성립한 때에는 지체 없이 보험증권을 작성하여 보험계약자에게 교부하여야 한다. 그러나 보험계약자가 보험료의 전부 또는 최초의 보험료를 지급하지 아니한 때에는 그러하지 아니하다〈상법 제640조(보험증권의 교부) 제1항〉.
② 「상법」 제640조(보험증권의 교부) 제2항
③ 「상법」 제641조(증권에 관한 이의약관의 효력)
④ 「상법」 제642조(증권의 재교부청구)

7　**보험약관의 교부 · 설명의무에 관한 설명으로 옳지 않은 것은?**

① 보험자는 보험약관의 교부 · 설명의무를 부담하며, 보험자의 보험대리상도 이 의무를 부담한다.
② 보험계약자의 대리인과 보험계약을 체결한 경우에도 보험약관의 교부 · 설명은 반드시 보험계약자 본인에 대하여 하여야 한다.
③ 상법에 규정된 보험계약자의 통지의무와 동일한 내용의 보험약관에 대해서는 보험자가 별도로 설명할 필요가 없다.
④ 보험약관의 교부 · 설명의무를 부담하는 시기는 보험 계약을 체결할 때이다.

TIP ② 대리인에 의하여 보험계약을 체결한 경우에 대리인이 안 사유는 그 본인이 안 것과 동일한 것으로 한다〈상법 제646조(대리인이 안 것의 효과)〉.
① 「상법」 제638조의3(보험약관의 교부 · 설명 의무) 제1항, 「상법」 제646조의2(보험대리상 등의 권한) 제1항
③ 피보험자와 보험계약자가 다른 경우에 피보험자 본인이 아니면 정확하게 알 수 없는 개인적 신상이나 신체상태 등에 관한 사항은, 보험계약자도 이미 그 사실을 알고 있었다거나 피보험자와의 관계 등으로 보아 당연히 알았을 것이라고 보이는 등의 특별한 사정이 없는 한, 보험계약자가 피보험자에게 적극적으로 확인하여 고지하는 등의 조치를 취하지 아니하였다는 것만으로 바로 중대한 과실이 있다고 할 것은 아니다. 더구나 보험계약서의 형식이 보험계약자와 피보험자가 각각 별도로 보험자에게 중요사항을 고지하도록 되어 있고, 나아가 피보험자 본인의 신상에 관한 질문에 대하여 '예'와 '아니오' 중에서 택일하는 방식으로 고지하도록 되어 있다면, 그 경우 보험계약자가 '아니오'로 표기하여 답변하였더라도 이는 그러한 사실의 부존재를 확인하는 것이 아니라 사실 여부를 알지 못한다는 의미로 답하였을 가능성도 배제할 수 없으므로, 그러한 표기사실만으로 쉽게 고의 또는 중대한 과실로 고지의무를 위반한 경우에 해당한다고 단정할 것은 아니다[대법원 2013. 6. 13. 선고 2011다54631,54648 판결].
④ 「상법」 제638조의3(보험약관의 교부 · 설명 의무) 제1항

8 **고지의무 위반의 요건에 관한 설명으로 옳지 않은 것은? (다툼이 있는 경우 판례에 의함)**

① 고지의무 위반이 되려면 보험계약자 또는 피보험자에게 고지의무 위반에 대한 고의 또는 과실이 있어야 한다.
② 고지의무 위반의 주관적 요건에 해당하는지 여부는 보험계약의 내용, 고지하여야 할 사실의 중요도, 보험 계약의 체결에 이르게 된 경위, 보험자와 피보험자 사이의 관계 등 제반 사정을 참작하여 사회통념에 비추어 개별적 · 구체적으로 판단하여야 한다.
③ 보험계약자 또는 피보험자가 중요한 사항에 관하여 사실과 달리 고지한 것 이외에 중요한 사항에 관한 사실을 알리지 않은 것도 고지의무 위반이 된다.
④ 고지의무 위반의 요건에 해당한다는 입증책임은 고지 의무 위반을 이유로 계약을 해지하려는 보험자가 원칙적으로 부담한다.

TIP 보험계약 당시에 보험계약자 또는 피보험자가 고의 또는 중대한 과실로 인하여 중요한 사항을 고지하지 아니하거나 부실의 고지를 한 때에는 보험자는 그 사실을 안 날로부터 1월내에, 계약을 체결한 날로부터 3년 내에 한하여 계약을 해지할 수 있다. 그러나 보험자가 계약당시에 그 사실을 알았거나 중대한 과실로 인하여 알지 못한 때에는 그러하지 아니하다〈상법 제651조(고지의무위반으로 인한 계약해지)〉.

9 **고지의무 위반의 효과에 관한 설명으로 옳지 않은 것은?**

① 고지의무 위반이 있는 경우 보험자는 그 사실을 안날로부터 1월내에, 계약을 체결한 날로부터 3년 내에 한하여 계약을 해지할 수 있다.
② 고지의무를 위반한 사실이 보험사고 발생에 영향을 미치지 아니하였음이 증명된 경우 보험자는 보험금을 지급할 책임이 있다.
③ 고지의무를 위반한 사실이 보험사고 발생에 영향을 미치지 아니하였음이 증명된 경우 보험자는 계약을 해지할 수 없다.
④ 판례에 따르면 보험자가 보험약관의 교부 · 설명의무를 위반한 경우에는 보험계약자 또는 피보험자의 고지의무 위반을 이유로 보험계약을 해지할 수 없다고 한다.

TIP ③ 고지의무 위반과 보험사고 발생 사이에 인과관계가 인정되지 아니하는 경우에도 보험자는 고지의무 위반을 이유로 보험계약을 해지할 수 있고, 다만 보험금 지급의무만을 부담하게 된다[서울중앙지법 2004. 10. 28. 선고 2004나21069 판결 : 확정]. 고지의무(告知義務)를 위반한 사실 또는 위험이 현저하게 변경되거나 증가된 사실이 보험사고 발생에 영향을 미치지 아니하였음이 증명된 경우에는 보험금을 지급할 책임이 있다〈상법 제655조(계약해지와 보험금청구권) 후단〉.
① 「상법」 제651조(고지의무위반으로 인한 계약해지)
② 「상법」 제655조(계약해지와 보험금청구권)
④ 보험자 및 보험계약의 체결 또는 모집에 종사하는 자는 보험계약의 체결에 있어서 보험계약자 또는 피보험자에게 보험약관에 기재되어 있는 보험상품의 내용, 보험료율의 체계 및 보험청약서상 기재사항의 변동사항 등 보험계약의 중요한 내용에 대하여 구체적이고 상세한 명시 · 설명의무를 지고 있으므로, 보험자가 이러한 보험약관의 명시 · 설명의무에 위반하여 보험계약을 체결한 때에는 그 약관의 내용을 보험계약의 내용으로 주장할 수 없고, 보험계약자나 그 대리인이 그 약관에 규정된 고지의무를 위반하였다 하더라도 이를 이유로 보험계약을 해지할 수 없다[대법원 1996. 4. 12. 선고 96다4893 판결].

ANSWER
6.① 7.② 8.① 9.③

10 상법상 보험금액의 지급에 관한 규정이다. A, B에 들어갈 것을 모은 것으로 옳은 것은?

> 보험자는 보험금액의 지급에 관하여 약정기간이 없는 경우에는 보험사고발생의 통지를 받은 후 (A) 지급할 보험금액을 정하고 그 정하여진 날부터 (B) 내에 피보험자 또는 보험수익자에게 보험금액을 지급하여야 한다.

	A	B
①	지체 없이	10일
②	지체 없이	10영업일
③	상당한 기간을 정하여	10일
④	상당한 기간을 정하여	10영업일

TIP 피보험자의 변제 등의 통지와 보험금액의 지급〈상법 제723조〉

① 피보험자가 제3자에 대하여 변제, 승인, 화해 또는 재판으로 인하여 채무가 확정된 때에는 지체 없이 보험자에게 그 통지를 발송하여야 한다.

② 보험자는 특별한 기간의 약정이 없으면 전항의 통지를 받은 날로부터 10일내에 보험금액을 지급하여야 한다.

③ 피보험자가 보험자의 동의없이 제3자에 대하여 변제, 승인 또는 화해를 한 경우에는 보험자가 그 책임을 면하게 되는 합의가 있는 때에도 그 행위가 현저하게 부당한 것이 아니면 보험자는 보상할 책임을 면하지 못한다.

11 보험료의 지급과 지체의 효과에 관한 설명으로 옳지 않은 것은?

① 보험계약자는 계약체결 후 지체 없이 보험료의 전부 또는 제1회 보험료를 지급하여야 하며, 보험계약자가 이를 지급하지 아니하는 경우에는 다른 약정이 없는 한 계약성립 후 1월이 경과하면 그 계약은 해제된 것으로 본다.

② 계속보험료가 약정한 시기에 지급되지 아니한 때에는 보험자는 상당한 기간을 정하여 보험계약자에게 최고하고 그 기간 내에 지급되지 아니한 때에는 그 계약을 해지할 수 있다.

③ 특정한 타인을 위한 보험의 경우에 보험계약자가 보험료의 지급을 지체한 때에는 보험자는 그 타인에게도 상당한 기간을 정하여 보험료의 지급을 최고한 후가 아니면 그 계약을 해제 또는 해지하지 못한다.

④ 판례에 따르면 계속보험료가 약정한 시기에 지급되지 아니한 때 일정한 유예기간이 경과하면 보험자의 최고나 해지의 의사표시 없이 자동적으로 계약의 효력이 상실되는 약관의 내용은 보험법의 상대적 강행법규성에 위배되어 무효라고 한다.

TIP ① 보험계약자는 계약체결 후 지체 없이 보험료의 전부 또는 제1회 보험료를 지급하여야 하며, 보험계약자가 이를 지급하지 아니하는 경우에는 다른 약정이 없는 한 계약성립 후 2월이 경과하면 그 계약은 해제된 것으로 본다〈상법 제650조(보험료의 지급과 지체의 효과) 제1항〉.

② 「상법」 제650조(보험료의 지급과 지체의 효과) 제2항

③ 「상법」 제650조(보험료의 지급과 지체의 효과) 제3항

④ 상법 제650조 제2항은 "계속보험료가 약정한 시기에 지급되지 아니한 때에는 보험자는 상당한 기간을 정하여 보험계약자에게 최고하고 그 기간 내에 지급되지 아니한 때에는 그 계약을 해지할 수 있다."라고 규정하고, 같은 법 제663조는 위의 규정은 당사자 간의 특약으로 보험계약자 또는 피보험자나 보험수익자의 불이익으로 변경하지 못한다고 규정하고 있으므로, 분납 보험료가 소정의 시기에 납입되지 아니하였음을 이유로 그와 같은 절차를 거치지 아니하고 곧바로 보험계약을 해지할 수 있다거나 보험계약이 실효됨을 규정한 약관은 상법의 위 규정에 위배되어 무효라 할 것이다[대법원 1997. 7. 25. 선고 97다18479 판결].

12 보험료에 관한 설명으로 상법상 명시된 규정이 있지 않은 것은?

① 보험계약의 당사자가 특별한 위험을 예기하여 보험료의 액을 정한 경우에 보험기간 중 그 예기한 위험이 소멸한 때에는 보험계약자는 그 후의 보험료의 감액을 청구할 수 있다.
② 보험계약의 전부 또는 일부가 무효인 경우에 보험 계약자와 피보험자가 선의이며 중대한 과실이 없는 때에는 보험자에 대하여 보험료의 전부 또는 일부의 반환을 청구할 수 있다.
③ 보험사고가 발생하기 전 보험계약자가 보험계약을 임의해지하는 경우 당사자 간에 다른 약정이 없으면 보험계약자는 미경과보험료의 반환을 청구할 수 있다.
④ 보험계약자 또는 피보험자가 고지의무를 위반하여 이를 이유로 보험자가 보험계약을 해지하는 경우 보험사고가 발생하기 전이라면 보험계약자는 보험료의 전부 또는 일부의 반환을 청구할 수 있다.

TIP ④ 보험사고가 발생한 후라도 보험자가 제650조, 제651조, 제652조 및 제653조에 따라 계약을 해지하였을 때에는 보험금을 지급할 책임이 없고 이미 지급한 보험금의 반환을 청구할 수 있다. 다만, 고지의무(告知義務)를 위반한 사실 또는 위험이 현저하게 변경되거나 증가된 사실이 보험사고 발생에 영향을 미치지 아니하였음이 증명된 경우에는 보험금을 지급할 책임이 있다〈상법 제655조(계약해지와 보험금청구권)〉.
① 「상법」 제647조(특별위험의 소멸로 인한 보험료의 감액청구)
② 「상법」 제648조(보험계약의 무효로 인한 보험료반환 청구)
③ 「상법」 제649조(사고발생전의 임의해지) 제1항 및 3항

13 상법상 소멸시효 기간이 3년인 것을 모두 모은 것은?

㉠ 보험금청구권	㉡ 보험료청구권
㉢ 보험료반환청구권	㉣ 적립금반환청구권

① ㉠㉡
② ㉠㉡㉢
③ ㉠㉢㉣
④ ㉠㉡㉢㉣

TIP 보험금청구권은 3년간, 보험료 또는 적립금의 반환청구권은 3년간, 보험료청구권은 2년간 행사하지 아니하면 시효의 완성으로 소멸한다〈상법 제662조(소멸시효)〉.

14　의무위반의 효과로서 보험자가 그 보험계약을 해지할 수 있다고 상법상 명시하지 않은 것은?

① 보험계약당시에 보험계약자 또는 피보험자가 고의 또는 중대한 과실로 인하여 중요한 사항을 고지하지 아니하거나 부실의 고지를 한 경우
② 보험기간 중에 보험계약자 또는 피보험자가 사고 발생의 위험이 현저하게 변경 또는 증가된 사실을 안 때에는 지체 없이 보험자에게 통지하여야 하는 의무를 해태한 경우
③ 보험계약자, 피보험자 또는 보험수익자가 보험사고의 발생을 안 때에는 지체 없이 보험자에게 그 통지를 발송하여야 하는 의무를 해태한 경우
④ 보험기간 중에 보험계약자, 피보험자 또는 보험수익자의 고의 또는 중대한 과실로 인하여 사고발생의 위험이 현저하게 변경 또는 증가된 경우

TIP ③ 보험계약자 또는 피보험자나 보험수익자가 제1항의 통지의무를 해태함으로 인하여 손해가 증가된 때에는 보험자는 그 증가된 손해를 보상할 책임이 없다〈상법 제657조(보험사고 발생의 통지의무) 제2항〉.
① 「상법」 제651조(보험료의 지급과 지체의 효과)
② 「상법」 제652조(위험변경증가의 통지와 계약해지)
③ 「상법」 제653조(보험계약자 등의 고의나 중과실로 인한 위험증가와 계약해지)

15　상법상 보험계약자의 임의해지권에 관한 설명으로 옳지 않은 것은?

① 보험사고가 발생하기 전에는 보험계약자는 언제든지 계약의 전부 또는 일부를 해지할 수 있다.
② 타인을 위한 보험계약의 경우에는 보험계약자는 그 타인의 동의를 얻지 아니하거나 보험증권을 소지하지 아니하면 그 계약을 해지하지 못한다.
③ 보험사고의 발생으로 보험자가 보험금을 지급한 후에 보험금액이 감액되는 보험의 경우에는 그 보험사고가 발생한 후에도 임의해지권을 행사할 수 있다.
④ 보험계약자가 임의해지권을 행사하는 경우에 당사자 간에 다른 약정이 없으면 미경과보험료의 반환을 청구할 수 있다.

TIP 사고 발생 전의 임의해지〈상법 제649조〉
① 보험사고가 발생하기 전에는 보험계약자는 언제든지 계약의 전부 또는 일부를 해지할 수 있다. 그러나 제639조의 보험계약의 경우에는 보험계약자는 그 타인의 동의를 얻지 아니하거나 보험증권을 소지하지 아니하면 그 계약을 해지하지 못한다.
② 보험사고의 발생으로 보험자가 보험금액을 지급한 때에도 보험금액이 감액되지 아니하는 보험의 경우에는 보험계약자는 그 사고 발생 후에도 보험계약을 해지할 수 있다.
③ 제1항의 경우에는 보험계약자는 당사자 간에 다른 약정이 없으면 미경과보험료의 반환을 청구할 수 있다.

16 **상법상 보험계약의 부활에 관한 설명으로 옳지 않은 것은? (다툼이 있는 경우 판례에 의함)**

① 계속보험료의 부지급으로 인하여 보험계약이 해지되거나 실효되었을 경우에 발생한다.
② 보험계약자가 해지환급금을 반환받은 경우에는 부활을 청구할 수 없다.
③ 보험계약이 해지된 시점부터 부활이 되는 시점 사이에 발생한 보험사고에 대하여 보험자는 책임을 지지 않는다.
④ 부활계약 체결 시의 보험약관이 법률에서 정한 내용과 달리 규정되어 부활 후에도 적용될 경우 보험자는 원칙적으로 해당 약관의 내용에 대하여 설명의무를 이행할 필요가 없다.

TIP 보험계약의 부활 시에도 고지의무에 관한 규정이 준용된다.
※ 보험계약당시에 보험계약자 또는 피보험자가 고의 또는 중대한 과실로 인하여 중요한 사항을 고지하지 아니하거나 부실의 고지를 한 때에는 보험자는 그 사실을 안 날로부터 1월 내에, 계약을 체결한 날로부터 3년 내에 한하여 계약을 해지할 수 있다. 그러나 보험자가 계약 당시에 그 사실을 알았거나 중대한 과실로 인하여 알지 못한 때에는 그러하지 아니하다〈상법 제651조(고지의무위반으로 인한 계약해지)〉.

17 **보험계약의 소멸사유에 관한 설명으로 옳은 것은?**

① 보험자가 파산선고를 받은 경우 보험계약자가 해지 하지 않은 보험계약은 파산선고 후 1월을 경과한 때에 소멸한다.
② 보험기간 내에 보험사고가 발생하지 않았다면 보험 기간이 만료되어도 보험계약은 소멸하지 않는다.
③ 보험의 목적이 보험기간 중 보험사고 이외의 원인으로 멸실되었다면 보험계약은 소멸한다.
④ 보험사고가 발생하는 경우 보험금액이 지급되면 보험계약은 소멸한다.

TIP 보험계약의 소멸사유로는 보험사고의 발생, 보험기간의 만료, 보험계약의 실효 등의 사유가 있다. 보험사고가 발생하는 경우 보험금액이 지급되면 보험계약의 대상이 없어지므로 종료한다.

18 **손해보험계약에서 실손보상원칙에 관한 설명으로 옳지 않은 것은? (다툼이 있는 경우 판례에 의함)**

① 손해보험계약에서는 피보험자가 이중이득을 얻는 것을 막기 위해 실손보상원칙이 철저히 준수된다.
② 약정보험금액을 아무리 고액으로 정한다 하더라도 지급되는 보험금은 보험가액을 초과할 수 없다.
③ 손해보험계약에 있어 제3자의 행위로 인하여 생긴 손해에 대하여 제3자의 손해배상에 앞서 보험자가 먼저 보험금을 지급한 때에는 피보험자의 제3자에 대한 손해배상청구권은 소멸되지 아니하고 지급된 보험금액의 한도에서 보험자에게 이전된다.
④ 보험계약을 체결할 당시 당사자 사이에 미리 보험가액에 대해 합의를 하지 않은 미평가보험이나 신가보험 등은 실손보상원칙의 예외에 해당한다.

TIP 실손보상의 예외는 신가보험, 기평가보험, 손해보험상품 중 정액보험이 해당한다.

ANSWER
14.③ 15.③ 16.④ 17.③ 18.④

19 중복보험에 관한 설명으로 옳지 않은 것은? (다툼이 있는 경우 판례에 의함)

① 중복보험이란 수개의 보험계약의 보험계약자가 동일할 필요는 없으나 피보험자는 동일해야 하며, 각 보험계약의 기간은 전부 공통될 필요는 없고 중복되는 기간에 한하여 중복보험으로 본다.

② 보험목적의 양수인이 그 보험목적에 대한 1차 보험계약과 피보험이익이 동일한 보험계약을 체결한 사안에서 1차 보험계약에 따른 보험금청구권에 질권이 설정되어 있어 보험사고가 발생할 경우에 보험금이 그 질권자에게 귀속될 가능성이 많아 1차 보험을 승계할 이익이 거의 없다면, 양수인이 체결한 보험은 중복보험에 해당하지 않는다.

③ 중복보험은 동일한 목적과 동일한 사고에 관하여 수개의 보험계약이 체결된 경우를 말하므로, 산업재해 보상보험과 자동차종합보험(대인배상보험)은 보험의 목적과 보험사고가 동일하다고 볼 수 없는 것이어서 사용자가 산업재해보상보험과 자동차종합보험에 가입하였다고 하더라도 중복보험에 해당하지 않는다.

④ 수개의 손해보험계약이 동시 또는 순차로 체결된 경우에 그 보험금액의 총액이 보험가액을 초과한 때에는 중복보험 규정에 따라 보험자는 각자의 보험금액의 한도에서 연대책임을 지는데, 이러한 보험자의 보상책임 원칙은 강행규정으로 보아야 한다.

TIP ④ 수개의 손해보험계약이 동시 또는 순차로 체결된 경우에 그 보험금액의 총액이 보험가액을 초과한 때에는 상법 제672조 제1항의 규정에 따라 보험자는 각자의 보험금액의 한도에서 연대책임을 지고 이 경우 각 보험자의 보상책임은 각자의 보험금액의 비율에 따르는 것이 원칙이라 할 것이나, 이러한 상법의 규정은 강행규정이라고 해석되지 아니하므로, 각 보험계약의 당사자는 각개의 보험계약이나 약관을 통하여 중복보험에 있어서의 피보험자에 대한 보험자의 보상책임 방식이나 보험자들 사이의 책임 분담방식에 대하여 상법의 규정과 다른 내용으로 규정할 수 있다[대법원 2002. 5. 17. 선고 2000다30127 판결].

① 중복보험이라 함은 동일한 보험계약의 목적과 동일한 사고에 관하여 수개의 보험계약이 동시에 또는 순차로 체결되고 그 보험금액의 총액이 보험가액을 초과하는 경우를 말하므로 보험계약의 목적 즉 피보험이익이 다르면 중복보험으로 되지 않으며, 한편 수개의 보험계약의 보험계약자가 동일할 필요는 없으나 피보험자가 동일인일 것이 요구되고, 각 보험계약의 보험기간은 전부 공통될 필요는 없고 중복되는 기간에 한하여 중복보험으로 보면 된다[대법원 2005. 4. 29. 선고 2004다57687 판결].

② 상법 제679조의 추정은 보험목적의 양수인에게 보험승계가 없다는 것이 증명된 경우에는 번복된다고 할 것인데, 보험목적의 양수인이 그 보험목적에 대한 1차 보험계약과 피보험이익이 동일한 보험계약을 체결한 사안에서, 제1차 보험계약에 따른 보험금청구권에 질권이 설정되어 있어 보험사고가 발생할 경우에도 보험금이 그 질권자에게 귀속될 가능성이 많아 1차보험을 승계할 이익이 거의 없고, 또한 그 양수인이 그 보험목적에 관하여 손해의 전부를 지급받을 수 있는 필요충분한 보험계약을 체결한 경우, 양수인에게는 보험승계의 의사가 없었다고 봄이 상당하고, 따라서 1차 보험은 양수인에게 승계되지 아니하였으므로 양수인이 체결한 보험이 중복보험에 해당하지 않는다[대법원 1996. 5. 28. 선고 96다6998 판결].

③ 산업재해보상보험과 자동차종합보험(대인배상보험)은 보험의 목적과 보험사고가 동일하다고 볼 수 없는 것이어서 사용자가 위 보험들에 함께 가입하였다고 하여도 동일한 목적과 동일한 사고에 관하여 수개의 보험계약이 체결된 경우를 말하는 상법 제672조 소정의 중복보험에 해당한다고 할 수 없다[대법원 1989. 11. 14. 선고 88다카29177 판결].

20 **손해보험계약에서 보험자는 보험사고로 인하여 생긴 피보험자의 재산상의 손해를 보상할 책임이 있으며, 보험사고와 피보험자가 직접 입은 재산상의 손해사이에는 상당인과관계가 있어야 한다는 것이 판례와 통설의 견해이다. 이때 상당인과관계에 관한 설명으로 옳지 않은 것은? (다툼이 있는 경우 판례에 의함)**

① 화재보험에 가입한 경우 화재가 발생하여 이를 진압하기 위해 뿌려진 물에 의해 보험의 목적물에 손해가 생긴 경우 보험사고와 손해 사이에는 상당인과 관계가 인정되므로 보험자는 보상의무가 있다.

② 보험자가 벼락 등의 사고로 특정 농장 내에 있는 돼지에 대하여 생긴 손해를 보상하기로 하는 손해보험계약을 체결한 경우, 벼락으로 인해 농장에 전기공급이 중단되어 돼지들이 질식사하더라도 벼락에 의한 손해 발생의 확률은 현저히 낮으므로 위 벼락과 돼지들의 질식사 사이에 상당한 인과관계가 있다고 인정하기 힘들다.

③ 화재로 인한 건물 수리 시에 지출한 철거비와 폐기물처리비는 화재와 상당인과관계가 있는 건물수리비에 포함된다.

④ 근로자가 평소 누적된 과로와 연휴 동안의 과도한 음주 및 혹한기의 노천작업에 따른 고통 등이 복합적인 원인이 되어 심장마비를 일으켜 사망하였다면 그 사망은 산업재해보상보험법상 소정의 업무상 사유로 인한 사망에 해당한다.

TIP 보험자가 벼락 등의 사고로 특정 농장 내에 있는 돼지에 대하여 생긴 보험계약자의 손해를 보상하기로 하는 손해보험계약을 체결한 경우, 농장 주변에서 발생한 벼락으로 인하여 그 농장의 돈사용 차단기가 작동하여 전기공급이 중단되고 그로 인하여 돈사용 흡배기장치가 정지하여 돼지들이 질식사하였다면, 위 벼락사고는 보험계약상의 보험사고에 해당하고 위 벼락과 돼지들의 질식사 사이에는 상당인과관계가 인정된다[대법원 1999. 10. 26. 선고 99다37603,37610 판결].

21 **보험계약자와 피보험자의 손해방지 · 경감의무에 관한 설명으로 옳지 않은 것은? (다툼이 있는 경우 판례에 의함)**

① 손해의 방지와 경감을 위해 소요된 필요 또는 유익한 비용과 보험자가 사고손해에 대해 지급한 손해액의 합계액이 약정보험금을 초과한 경우라도 보험자는 이를 부담한다.

② 정액보험의 경우에는 약정된 보험사고가 발생하면 손해의 크기를 산정할 필요 없이 약정된 보험금액을 지급하면 되기 때문에 손해방지의무가 적용되지 않는다.

③ 약관에 손해방지비용을 보험자가 부담하지 않기로 하거나 제한을 두는 것은 불이익변경금지의 원칙에 위배되지 아니하며 유효하다.

④ 보험계약자와 피보험자가 고의 또는 중과실로 손해방지의무를 위반한 경우 보험자는 손해방지의무 위반과 상당인과관계가 있는 손해에 대하여 배상을 청구하거나 지급할 보험금과 상계하여 이를 공제한 나머지 금액만을 보험금으로 지급할 수 있다.

TIP 당사자 간의 특약으로 보험계약자 또는 피보험자나 보험수익자의 불이익으로 변경하지 못한다. 그러나 재보험 및 해상보험 기타 이와 유사한 보험의 경우에는 그러하지 아니하다〈상법 제663조(보험계약자 등의 불이익변경금지)〉.

ANSWER

19.④ 20.② 21.③

22 **보험목적의 양도에 관한 설명으로 옳지 않은 것은? (다툼이 있는 경우 판례에 의함)**

① 조건이나 기한 등의 제한으로 인해 보험계약의 효력이 발생하지 않더라도 보험목적의 양도 규정은 유효하게 적용된다.
② 보험자가 보험계약에 대해 취소권이나 해지권을 가지고 있는 경우 보험의 목적이 양도된 후에도 보험자는 양수인에 대하여 취소권과 해지권을 행사할 수 있다.
③ 보험목적의 양도 규정은 유상양도이든 무상양도이든 불문하고 적용되지만, 양도에 의한 채권계약만으로는 부족하고 특정승계의 방법(개별적 의사표시)으로 보험의 목적에 대한 소유권이 양수인에게 이전되어야(물권적 양도) 보험계약관계가 양수인에게 이전된다.
④ 화재보험의 목적물이 양도된 경우 보험자는 보험목적의 양도로 인하여 보험 목적물에 현저한 위험의 변경 또는 증가가 없다면 비록 보험계약자 또는 피보험자가 양도의 통지를 하지 않더라도 통지의무 위반을 이유로 당해 보험계약을 해지할 수 없다.

TIP 피보험자가 보험의 목적을 양도한 때에는 양수인은 보험계약상의 권리와 의무를 승계한 것으로 추정한다〈상법 제679조(보험목적의 양도) 제1항〉.

23 **甲은 자신소유의 보험가액 10억 원 건물에 대해 보험료의 절감을 위해 보험금액을 5억 원으로 정하고 특약으로 1차 위험담보 조항(실손보상특약)을 내용으로 보험자인 乙과 화재보험계약을 체결하였다. 그런데 화재보험기간 중 보험 목적물에 화재가 발생하였고 4억 원의 손해가 발생하였다. 이때 乙이 甲에게 지급하여야 하는 보험금은 얼마인가?**

① 5억 원
② 4억 원
③ 2억 5천만 원
④ 2억 원

TIP 1차 위험담보조항으로 가입 한도금액까지 손해액을 전부 보상한다.
※ 화재보험자의 책임 … 화재보험계약의 보험자는 화재로 인하여 생길 손해를 보상할 책임이 있다〈상법 제683조〉.

24 **해상보험의 피보험이익에 관한 설명으로 옳지 않은 것은? (다툼이 있는 경우 판례에 의함)**

① 선박보험에 있어 피보험이익은 선박소유자의 이익 외에 담보권자의 이익, 선박임차인의 사용이익도 포함되므로 선박임차인도 추가보험의 보험계약자 및 피보험자가 될 수 있다.
② 적하보험은 선박에 의하여 운송되는 화물에 대한 소유자 이익을 피보험이익으로 한다.
③ 운임보험은 운송인이 해상위험으로 인해 받을 수 없게 된 운임을 피보험이익으로 한다.
④ 선비보험은 선박의 운항에 필요한 비용 즉 도선료, 입항료, 등대료 등의 비용을 피보험이익으로 한다.

TIP 해상보험자의 면책사유 … 보험자는 다음의 손해와 비용을 보상할 책임이 없다〈상법 제706조〉.
1. 선박 또는 운임을 보험에 붙인 경우에는 발항 당시 안전하게 항해를 하기에 필요한 준비를 하지 아니하거나 필요한 서류를 비치하지 아니함으로 인하여 생긴 손해
2. 적하를 보험에 붙인 경우에는 용선자, 송하인 또는 수하인의 고의 또는 중대한 과실로 인하여 생긴 손해
3. 도선료, 입항료, 등대료, 검역료, 기타 선박 또는 적하에 관한 항해 중의 통상비용

25 해상보험의 워런티(warranty)에 관한 설명으로 옳지 않은 것은? (다툼이 있는 경우 판례에 의함)

① 선박이 발항 당시 감항능력을 갖추고 있을 것을 조건으로 하여 보험자가 해상위험을 인수하였다는 것이 명백한 경우, 보험사고가 그 조건의 결여 이후에 발생한 경우에는 보험자는 조건 결여의 사실, 즉 발항 당시의 불감항 사실만을 입증하면 그 조건 결여와 손해발생 사이의 인과관계를 입증할 필요없이 보험금 지급책임이 없다.

② 보험증권에 그 준거법을 영국의 법률과 관습에 따르기로 하는 규정과 아울러 감항증명서의 발급을 담보한다는 내용의 명시적 규정이 있는 경우, 부보선박이 특정 항해에 있어서 그 감항성을 갖추고 있음을 인정하는 감항증명서는 매 항해 시마다 발급받아야 하는 것이 아니라, 첫 항차를 위해 출항하는 항해 시 발급받으면 그 담보조건이 충족된다.

③ 2015년 영국보험법(The Insurance Act 2015)에 따르면 보험자는 워런티 위반일로부터 장래를 향해 자동적으로 보험자의 보상책임이 면제되는 것이 아니라 위반 내용의 치유 시까지만 면책된다.

④ 2015년 영국보험법(The Insurance Act 2015)에 따르면 보험자는 보험계약자가 워런티의 불이행과 보험사고 발생 사이에 인과관계가 없었음을 증명한 때에는 보험금 지급 책임이 있다.

TIP 보험증권에 그 준거법을 영국의 법률과 관습에 따르기로 하는 규정과 아울러 감항증명서의 발급을 담보한다는 내용의 명시적 규정이 있는 경우 이는 영국 해상보험법 제33조 소정의 명시적 담보에 관한 규정에 해당하고, 부보선박이 특정 항해에 있어서 그 감항성을 갖추고 있음을 인정하는 감항증명서는 매 항해 시마다 발급받아야 비로소 그 담보조건이 충족된다[판결]. 1996. 10. 11. 선고 94다60332 판결].

26 보험자의 면책사유에 관한 설명으로 옳지 않은 것은? (다툼이 있는 경우 판례에 의함)

① 법정면책사유가 약관에 규정되어 있는 경우는 그 내용이 법령에 규정되어 있는 것을 반복하거나 부연하는 정도에 불과하더라도 이는 설명의무의 대상이 된다.

② 보험사고 발생 전에 보험자가 비록 보험금청구권양도 승낙 시나 질권설정 승낙 시에 면책사유에 대한 이의를 보류하지 않았다 하더라도 보험자는 보험계약상의 면책사유를 양수인 또는 질권자에게 주장할 수 있다.

③ 영국해상보험법상 선박기간보험에 있어 감항능력결여로 인한 보험자의 면책요건으로서 피보험자의 '악의(privity)'는 영미법상의 개념으로서 감항능력이 없다는 것을 적극적으로 아는 것뿐 아니라, 감항능력이 없을 수도 있다는 것을 알면서도 이를 갖추기 위한 조치를 하지 않고 그대로 내버려두는 것까지 포함한 개념이다.

④ 소손해면책은 분손의 경우에만 적용되며 그 손해가 면책한도액을 초과하는 경우 보험자는 손해의 전부를 보상해야 한다.

TIP 보험자에게 보험약관의 명시·설명의무가 인정되는 것은 어디까지나 보험계약자가 알지 못하는 가운데 약관에 정하여진 중요한 사항이 계약 내용으로 되어 보험계약자가 예측하지 못한 불이익을 받게 되는 것을 피하고자 하는 데 그 근거가 있다고 할 것이므로, 보험약관에 정하여진 사항이라고 하더라도 거래상 일반적이고 공통된 것이어서 보험계약자가 별도의 설명 없이도 충분히 예상할 수 있었던 사항이거나 이미 법령에 의하여 정하여진 것을 되풀이하거나 부연하는 정도에 불과한 사항이라면 그러한 사항에 대하여서까지 보험자에게 명시·설명의무가 인정된다고 할 수 없다[대법원 1998. 11. 27. 선고 98다32564 판결].

ANSWER

22.① 23.② 24.④ 25.② 26.①

27 책임보험계약상 보험자의 손해보상의무에 관한 설명으로 옳지 않은 것은? (다툼이 있는 경우 판례에 의함)

① 자동차손해배상보장법에 기초한 대인배상Ⅰ에서 보험계약자나 피보험자의 고의에 의한 사고와 관련하여 피해자는 보험자에게 보험금 지급청구를 할 수 있고 보험자는 지급의무를 부담한다.

② 피해자와 피보험자 사이에 판결에 의하여 확정된 손해액은 그것이 피보험자에게 법률상 책임이 없는 부당한 손해라 하더라도 보험자는 원본이든 지연손해금이든 피보험자에게 지급할 의무가 있다.

③ 변제, 승인, 화해 또는 재판 등에 의한 확정책임이 없으면 보험자는 보험금채무의 이행지체에 빠지지 않는다.

④ 피보험자가 보험금을 청구하기 위해서는 그 금액이 확정되어야 그 권리를 행사할 수 있으며 보험금청구권을 행사할 수 있는 때로부터 진행하여 3년의 시효에 걸린다.

TIP ② 보험회사는 피해자와 피보험자 사이에 판결에 의하여 확정된 손해액은 그것이 피보험자에게 법률상 책임이 없는 부당한 손해라는 등의 특단의 사유가 없는 한 원본이든 지연손해금이든 모두 피해자에게 지급할 의무가 있다[대법원 1994. 1. 14. 선고 93다25004 판결].

① 보험계약자 또는 피보험자의 고의로 인한 손해는「대인배상Ⅰ」에서 보상하지 않는다. 다만,「자동차손해배상보장법」제10조의 규정에 따라 피해자가 보험회사에 직접청구를 한 경우, 보험회사는 자동차손해배상보장법령에서 정한 금액을 한도로 피해자에게 손해배상금을 지급한 다음 지급한 날부터 3년 이내에 고의로 사고를 일으킨 보험계약자나 피보험자에게 그 금액의 지급을 청구합니다〈보험업감독업무시행세칙 별표 15 자동차보험 표준약관 제5조(보상하지 않는 손해)〉.

③ 약관에서 책임보험의 보험금청구권의 발생 시기나 발생요건에 관하여 달리 정한 경우 등 특별한 다른 사정이 없는 한 원칙적으로 책임보험의 보험금청구권의 소멸시효는 피보험자의 제3자에 대한 법률상의 손해배상책임이 상법 제723조 제1항이 정하고 있는 변제, 승인, 화해 또는 재판의 방법 등에 의하여 확정됨으로써 그 보험금청구권을 행사할 수 있는 때로부터 진행된다고 봄이 상당하다[대법원 2002. 9. 6. 선고 2002다30206 판결].

④「상법」제662조(소멸시효)

28 책임보험계약상 제3자의 직접청구권의 소멸시효에 관한 설명으로 옳지 않은 것은? (다툼이 있는 경우 판례에 의함)

① 피해자가 보험자에게 갖는 직접청구권은 피해자가 보험자에게 가지는 손해배상청구권이므로 민법 제766조에 따라 피해자 또는 그 법정대리인이 그 손해 및 가해자를 안 날로부터 3년간 이를 행사하지 아니하면 시효로 소멸한다.

② 보험사고가 발생한 것인지의 여부가 객관적으로 분명하지 아니하여 보험금청구권자가 과실 없이 보험사고의 발생을 알 수 없었던 경우에는 보험금청구권자가 보험사고의 발생을 알았거나 알 수 있었던 때로부터 소멸시효가 진행한다.

③ 불법행위로 인한 손해배상청구권의 단기소멸시효의 기산점인 '손해 및 가해자를 안 날'이란 손해의 발생, 위법한 가해행위의 존재, 가해행위와 손해의 발생과의 상당인과관계가 있다는 사실을 인식한 것으로 족하고, 현실적이고 구체적인 인식까지 요하는 것은 아니다.

④ 제3자가 보험자에 대하여 직접청구권을 행사한 경우에 보험자가 제3자와 손해배상금액에 대하여 합의를 시도하였다면 보험자는 그 때마다 손해배상채무를 승인한 것이므로 제3자의 직접청구권의 소멸시효는 중단된다.

TIP 불법행위로 인한 손해배상청구권의 단기소멸시효의 기산점이 되는 민법 제766조 제1항 소정의 '손해 및 가해자를 안 날'이라 함은 손해의 발생, 위법한 가해행위의 존재, 가해행위와 손해의 발생과의 사이에 상당인과관계가 있다는 사실 등 불법행위의 요건 사실에 대하여 현실적이고도 구체적으로 인식하였을 때를 의미하고, 피해자 등이 언제 불법행위의 요건사실을 현실적이고도 구체적으로 인식한 것으로 볼 것인지는 개별적 사건에 있어서의 여러 객관적 사정을 참작하고 손해배상청구가 사실상 가능하게 된 상황을 고려하여 합리적으로 인정하여야 할 것이다[대법원 1998. 7. 24. 선고 97므18 판결].

29 **자동차손해배상보장법상 운행자에 관한 설명으로 옳지 않은 것은? (다툼이 있는 경우 판례에 의함)**

① 운행지배란 현실적인 지배에 한하며 사회통념상 간접지배 내지는 지배가능성이 있다고 볼 수 있는 경우는 포함되지 아니한다.

② 운행자란 자동차관리법의 적용을 받는 자동차와 건설기계관리법의 적용을 받는 건설기계를 자기의 점유 · 지배하에 두고 자기를 위하여 사용하는 자를 말한다.

③ 여관이나 음식점 등의 공중접객업소에서 주차 대행 및 관리를 위한 주차요원을 일상적으로 배치하여 이용객으로 하여금 주차요원에게 자동차와 시동 열쇠를 맡기도록 한 경우에 위 자동차는 공중접객업소가 보관하는 것으로 보아야 하고 위 자동차에 대한 자동차 보유자의 운행지배는 떠난 것으로 볼 수 있다.

④ 제3자가 무단히 자동차를 운전하다가 사고를 내었다 하더라도 그 운행에 있어 소유자의 운행지배와 운행이익이 완전히 상실되었다고 볼 만한 특별한 사정이 없는 경우 소유자는 그 사고에 대하여 자동차손해배상보장법상 소정의 운행자로서 책임을 부담한다.

TIP '자기를 위하여 자동차를 운행하는 자'란 사회통념상 당해 자동차에 대한 운행을 지배하여 그 이익을 향수하는 책임주체로서의 지위에 있다고 할 수 있는 자를 말하고, 이 경우 운행의 지배는 현실적인 지배에 한하지 아니하고 사회통념상 간접지배 내지는 지배가능성이 있다고 볼 수 있는 경우도 포함한다[대법원 2009. 10. 15. 선고 2009다42703,42710 판결].

30 **다음의 설명으로 옳지 않은 것은? (다툼이 있는 경우 판례에 의함)**

① 외국법을 준거법으로 정함으로써 공서양속에 반하는 경우 또는 보험계약자의 이익을 부당하게 침해하는 경우에는 외국법 준거약관의 효력을 부인할 수 있다.

② 자동차손해배상보장법 제3조의 '다른 사람(타인)'이란 '자기를 위하여 자동차를 운행하는 자 및 당해 자동차의 운전자를 제외한 그 이외의 자'를 지칭하므로, 자동차를 현실로 운전하거나 운전의 보조에 종사한 자는 이에 해당하지 않는다.

③ 무보험자동차에 의한 상해담보특약은 상해보험의 성질과 함께 손해보험의 성질도 갖고 있는 손해보험형 상해보험이지만 하나의 사고에 관하여 여러 개의 무보험상해담보특약이 체결되고 그 보험금액의 총액이 피보험자의 손해액을 초과하였다하더라도 중복보험 규정은 준용되지 아니한다.

④ 정액보험형 상해보험에서 기왕장해가 있는 경우에도 약정 보험금 전액을 지급하는 것이 원칙이고 예외적으로 감액규정이 있는 경우에만 보험금을 감액할 수 있으므로, 기왕장해 감액규정과 같이 후유장해보험금에서 기왕장해에 해당하는 보험금 부분을 감액하는 약관 내용은 보험자의 설명의무가 인정된다.

TIP 무보험자동차에 의한 상해담보특약은 손해보험으로서의 성질과 함께 상해보험으로서의 성질도 갖고 있는 손해보험형 상해보험으로서, 상법 제729조 단서의 규정에 의하여 당사자 사이에 다른 약정이 있는 때에는 보험자는 피보험자의 권리를 해하지 아니하는 범위 안에서 피보험자의 배상의무자에 대한 손해배상청구권을 대위행사할 수 있다[대법원 2000. 2. 11. 선고 99다50699 판결].

ANSWER

27.② 28.③ 29.① 30.③

31 타인을 위한 생명보험계약에 관한 설명으로 옳지 않은 것은? (다툼이 있는 경우 판례에 의함)

① 타인을 위한 생명보험계약은 보험계약자가 생명보험계약을 체결하면서 자기 이외의 제3자를 보험수익자로 지정한 계약을 말한다.
② 보험수익자를 수인의 상속인으로 지정한 경우 각 상속인은 균등한 비율에 따라 보험금청구권을 가진다.
③ 보험수익자를 상속인으로 지정한 경우 그 보험금청구권은 상속인의 고유재산에 속하게 된다.
④ 보험수익자를 상속인으로 기재하였다면 그 상속인이란 피보험자의 민법상 법정상속인을 의미한다.

TIP 상해의 결과로 피보험자가 사망한 때에 사망보험금이 지급되는 상해보험에서 보험계약자가 보험수익자를 단지 피보험자의 '법정상속인' 이라고만 지정한 경우, 특별한 사정이 없는 한 그와 같은 지정에는 장차 상속인이 취득할 보험금청구권의 비율을 상속분에 의하도록 하는 취지가 포함되어 있다고 해석함이 타당하다. 따라서 보험수익자인 상속인이 여러 명인 경우, 각 상속인은 특별한 사정이 없는 한 자신의 상속분에 상응하는 범위 내에서 보험자에 대하여 보험금을 청구할 수 있다[대법원 2017. 12. 22. 선고 2015다236820, 236837 판결].

32 질병보험에 관한 설명으로 옳지 않은 것은?

① 질병보험은 보험사고의 원인이 신체의 질병과 같은 내부적 원인에 기인하는 것을 담보한다.
② 질병보험에 관하여는 그 성질에 반하지 않는 한 생명보험 및 상해보험의 일부 규정을 준용한다.
③ 질병보험의 보험금 지급은 정액방식으로만 가능하다.
④ 질병보험은 상법상 인보험에 속하며 보험업법상으로는 제3보험에 속한다.

TIP ③ 질병보험에 관하여는 그 성질에 반하지 아니하는 범위에서 생명보험 및 상해보험에 관한 규정을 준용한다〈상법 제739조의3(질병보험에 대한2 준용규정)〉.
※ 질병보험계약의 보험자는 피보험자의 질병에 관한 보험사고가 발생할 경우 보험금이나 그 밖의 급여를 지급할 책임이 있다〈상법 제739조의2(질병보험자의 책임)〉.

33 인보험에 관한 설명으로 옳지 않은 것은? (다툼이 있는 경우 판례에 의함)

① 인보험계약의 보험자는 피보험자의 생명 또는 신체에 관하여 보험사고가 발생할 경우 보험금을 지급한다.
② 인보험계약에서 보험금은 당사자 간의 약정에 따라 분할지급이 가능하다.
③ 무보험자동차에 의한 상해담보특약에서 당사자 간에 별도 약정이 있는 경우 보험자는 피보험자의 권리를 해하지 않는 범위 내에서 피보험자의 배상의무자에 대한 손해배상청구권을 대위행사 할 수 있다.
④ 인보험증권에는 상법 제666조에 게기된 사항 외에 보험계약의 종류, 피보험자 및 보험계약자의 직업과 성별을 기재하여야 한다.

TIP ④ 인보험증권에는 상법 제666조에 게시된 사항 외에 보험계약의 종류, 피보험자의 주소 · 성명 및 생년월일, 보험수익자의 주소 · 성명 및 생년월일을 기재하여야 한다〈상법 제728조(인보험증권)〉.
①「상법」제727조(인보험자의 책임) 제1항
②「상법」제272조(인보험자의 책임) 제2항
③「상법」제729조(제3자에 대한 보험대위의 금지)

34 **인보험계약에서 보험자대위에 관한 설명으로 옳지 않은 것은? (다툼이 있는 경우 판례에 의함)**

① 생명보험계약의 보험자는 보험사고로 인해 발생한 보험계약자의 제3자에 대한 권리를 대위하여 행사하지 못한다.

② 인보험계약에서 피보험자 등은 자신이 제3자에 대해서 가지는 권리를 보험자에게 양도할 수 없다.

③ 인보험계약에서는 잔존물대위가 인정되지 않는다.

④ 상해보험계약의 경우 당사자 간에 별도의 약정이 있는 경우에는 피보험자의 권리를 해하지 않는 범위 안에서 보험자에게 청구권대위가 인정된다.

TIP ② 피보험자 등의 제3자에 대한 권리의 양도가 법률상 금지되어 있다거나 상법 제729조 전문 등의 취지를 잠탈하여 피보험자 등의 권리를 부당히 침해하는 경우에 해당한다는 등의 특별한 사정이 없는 한, 상법 제729조 전문이나 보험약관에서 보험자대위를 금지하거나 포기하는 규정을 두고 있다는 사정만으로 피보험자 등이 보험자와의 다른 원인관계나 대가관계 등에 기하여 자신의 제3자에 대한 권리를 보험자에게 자유롭게 양도하는 것까지 금지된다고 볼 수는 없다[대법원 2007. 4. 26. 선고 2006다54781 판결].

①④ 「상법」 제729조(제3자에 대한 보험대위의 금지)

③ 인보험계약에서는 보험목적물의 멸실이 있을 수 없기 때문에 잔존물대위가 인정되지 않는다.

35 **상해보험에 관한 설명으로 옳지 않은 것은? (다툼이 있는 경우 판례에 의함)**

① 상해보험계약의 보험자는 피보험자의 신체의 상해에 관하여 보험사고가 생길 경우에 보험금액 기타의 급여를 할 책임이 있다.

② 주로 질병이나 내부적 원인에 기인한 것은 상해보험의 보험사고에서 제외되므로, 피보험자가 농작업 중 과로로 인하여 지병인 고혈압이 악화되어 뇌졸중으로 사망하였다면 이는 상해보험의 보장대상으로 볼 수 없다.

③ 피보험자가 술에 만취하여 지하철 승강장 아래 선로에 서서 선로를 따라 걸어가다가 승강장 안으로 들어오는 전동차에 부딪혀 사망한 경우, 이는 상해 보험의 보험사고의 요건인 우발적인 사고로 볼 수 있다.

④ 출생 전의 태아는 상해보험의 피보험자가 될 수 없다.

TIP 상해보험계약을 체결할 때 약관 또는 보험자와 보험계약자의 개별 약정으로 태아를 상해보험의 피보험자로 할 수 있다. 그 이유는 다음과 같다. 상해보험은 피보험자가 보험기간 중에 급격하고 우연한 외래의 사고로 인하여 신체에 손상을 입는 것을 보험사고로 하는 인보험이므로, 피보험자는 신체를 가진 사람(人)임을 전제로 한다(상법 제737조). 그러나 상법상 상해보험계약 체결에서 태아의 피보험자 적격이 명시적으로 금지되어 있지 않다. 인보험인 상해보험에서 피보험자는 '보험사고의 객체'에 해당하여 그 신체가 보험의 목적이 되는 자로서 보호받아야 할 대상을 의미한다. 헌법상 생명권의 주체가 되는 태아의 형성 중인 신체도 그 자체로 보호해야 할 법익이 존재하고 보호의 필요성도 본질적으로 사람과 다르지 않다는 점에서 보험보호의 대상이 될 수 있다. 이처럼 약관이나 개별 약정으로 출생 전 상태인 태아의 신체에 대한 상해를 보험의 담보범위에 포함하는 것이 보험제도의 목적과 취지에 부합하고 보험계약자나 피보험자에게 불리하지 않으므로 상법 제663조에 반하지 아니하고 민법 제103조의 공서양속에도 반하지 않는다. 따라서 계약자유의 원칙상 태아를 피보험자로 하는 상해보험계약은 유효하고, 그 보험계약이 정한 바에 따라 보험기간이 개시된 이상 출생 전이라도 태아가 보험계약에서 정한 우연한 사고로 상해를 입었다면 이는 보험기간 중에 발생한 보험사고에 해당한다[대법원 2019. 3. 28. 선고 2016다211224 판결].

ANSWER

32.③ 33.④ 34.② 35.④ 36.②

36 甲은 乙을 피보험자로, 丙과 丁을 보험수익자로 지정하여 보험회사와 생명보험계약을 체결하였다. 다음 설명 중 옳지 않은 것은? (다툼이 있는 경우 판례에 의함)

① 甲이 처음부터 乙을 살해할 목적으로 보험계약을 체결한 후 乙을 살해하였을 경우 보험회사는 보험금 지급 의무가 없다.

② 丙이 고의로 乙을 살해한 경우 丙과 丁은 보험금을 지급받을 수 없다.

③ 생명보험표준약관에 따르면 乙이 보험계약의 보장개시일로부터 2년이 경과한 이후에 자살한 경우 丙과 丁은 보험금을 지급받을 수 있다.

④ 乙이 甲과 부부싸움 중 극도의 흥분되고 불안한 정신적 공황상태에서 베란다 밖으로 몸을 던져 사망한 경우 丙과 丁은 보험금을 지급받을 수 있다.

TIP 둘 이상의 보험수익자 중 일부가 고의로 피보험자를 사망하게 한 경우 보험자는 다른 보험수익자에 대한 보험금 지급 책임을 면하지 못한다〈상법 제732조의2(중과실로 인한 보험사고 등) 제2항〉.

37 보험수익자의 지정 · 변경에 관한 설명으로 옳지 않은 것은?

① 보험수익자의 지정 · 변경권은 보험계약자가 자유롭게 행사할 수 있는 형성권이며, 상대방 없는 단독행위이다.

② 보험계약자가 보험수익자의 지정권을 행사하지 아니하고 사망한 경우에는 특별한 약정이 없는 한 피보험자가 보험수익자가 된다.

③ 보험계약자가 보험수익자의 지정권을 행사하기 이전에 피보험자가 사망한 경우에는 보험계약자의 상속인이 보험수익자가 된다.

④ 보험수익자가 사망한 후 보험계약자가 보험수익자를 지정하지 아니하고 사망한 경우에는 보험수익자의 상속인을 보험수익자로 한다.

TIP ③ 보험계약자가 지정권을 행사하기 전에 보험사고가 생긴 경우에는 피보험자 또는 보험수익자의 상속인을 보험수익자로 한다〈상법 제733조(보험수익자의 지정 또는 변경의 권리) 제4항〉.

① 보험계약자는 보험수익자를 변경할 권리가 있다(상법 제733조 제1항). 이러한 보험수익자 변경권은 형성권으로서 보험계약자가 보험자나 보험수익자의 동의를 받지 않고 자유로이 행사할 수 있고 그 행사에 의해 변경의 효력이 즉시 발생한다. 다만 보험계약자는 보험수익자를 변경한 후 보험자에 대하여 이를 통지하지 않으면 보험자에게 대항할 수 없다(상법 제734조 제1항). 이와 같은 보험수익자 변경권의 법적 성질과 상법 규정의 해석에 비추어 보면, 보험수익자 변경은 상대방 없는 단독행위라고 봄이 타당하므로, 보험수익자 변경의 의사표시가 객관적으로 확인되는 이상 그러한 의사표시가 보험자나 보험수익자에게 도달하지 않았다고 하더라도 보험수익자 변경의 효과는 발생한다[대법원 2020. 2. 27. 선고 2019다204869 판결].

②「상법」 제733조(보험수익자의 지정 또는 변경의 권리) 제2항

④「상법」 제733조(보험수익자의 지정 또는 변경의 권리) 제3항

38 甲은 乙을 피보험자로 하여 그의 서면동의를 받아 보험회사와 보험계약을 체결하였다. 다음 설명 중 옳지 않은 것은?

① 법정대리인의 동의 없이 만 15세인 甲이 성년인 乙을 피보험자로 하여 사망보험계약을 체결한 경우 그 보험계약은 무효가 된다.

② 甲이 사망보험계약을 체결할 당시 乙이 심신상실자였다면 그 보험계약은 무효가 된다.

③ 甲이 사망보험계약을 체결할 당시 乙이 의사능력이 없는 심신박약자였다면 그 보험계약은 무효가 된다.

④ 甲이 사망보험계약을 체결할 당시 乙이 만 14세였다면 그 보험계약은 무효가 된다.

TIP 15세 미만자, 심신상실자 또는 심신박약자의 사망을 보험사고로 한 보험계약은 무효로 한다. 다만, 심신박약자가 보험계약을 체결하거나 제735조의3에 따른 단체보험의 피보험자가 될 때에 의사능력이 있는 경우에는 그러하지 아니하다〈상법 제732조(15세 미만자 등에 대한 계약의 금지)〉.

39 상해보험계약에서 보험자의 보험금 지급의무가 발생하지 않는 경우에 해당하는 것을 모두 고른 것은? (다툼이 있는 경우 판례에 의함)

> ㉠ 피보험자가 욕실에서 페인트칠 작업을 하다가 평소가지고 있던 고혈압 증세가 악화되어 뇌교출혈을 일으켜 장애를 입게 된 보험사고
> ㉡ 피보험자가 만취된 상태에서 건물에 올라갔다가 구토 중에 추락하여 발생한 보험사고
> ㉢ 자동차상해보험계약에서 피보험자의 중대한 과실로 해석되는 무면허로 인하여 발생한 보험사고
> ㉣ 자동차상해보험계약에서 피보험자의 중대한 과실로 해석되는 안전띠 미착용으로 인하여 발생한 보험사고

① ㉠
② ㉠㉡
③ ㉠㉡㉢
④ ㉠㉡㉢㉣

TIP 피보험자가 욕실에서 페인트칠 작업을 하다가 뇌교(腦橋) 출혈을 일으켜 장애를 입게 되었으나, 뇌교출혈이 페인트나 시너의 흡입으로 발생한 것이 아니라 피보험자가 평소 가지고 있던 고혈압증세로 인하여 발생한 것으로 보아 보험계약에서 정한 우발적인 외래의 사고가 아니다[대법원 2001. 7. 24. 선고 2000다25965 판결].

40 단체생명보험에 관한 설명으로 옳지 않은 것은? (다툼이 있는 경우 판례에 의함)

① 피보험자인 직원이 퇴사한 이후에 사망한 경우, 만약 회사가 그 직원의 퇴사 후에도 보험료를 계속 납입하였다면 피보험자격은 유지된다.
② 단체의 규약에 따라 구성원을 피보험자로 하는 생명보험계약을 체결한 때에는 보험자는 보험계약자에게만 보험증권을 교부하면 된다.
③ 단체규약에 단순히 근로자의 채용 및 해고, 재해부조 등에 관한 사항만 규정하고 있고, 보험가입에 관하여는 별다른 규정이 없는 경우에는 피보험자의 동의를 받아야 한다.
④ 단체생명보험은 타인의 생명보험계약이다.

TIP 단체보험 계약자 회사의 직원이 퇴사한 후에 사망하는 보험사고가 발생한 경우, 회사가 퇴사 후에도 계속 위 직원에 대한 보험료를 납입하였더라도 퇴사와 동시에 단체보험의 해당 피보험자 부분이 종료되는 데 영향을 미치지 아니한다[대법원 2007. 10. 12. 선고 2007다42877,42884 판결].

ANSWER
36.② 37.③ 38.① 39.① 40.①

2023년 제46회 보험계약법

1 **보험계약에 대한 설명 중 옳지 않은 것은? (다툼이 있는 경우 판례에 의함)**

① 소급보험에서 보험계약 체결일 이전 보험기간 중 에 발생한 보험사고에 대하여 보험자는 최초보험료를 지급받기 전에도 보상할 책임이 있다.

② 보험자의 보험계약상 책임은 당사자 간에 다른 약정이 없으면 최초의 보험료의 지급을 받은 때로부터 개시한다.

③ 가계보험의 경우 상법 보험편의 규정은 당사자 간의 특약으로 보험계약자 또는 피보험자나 보험수익자의 불이익으로 변경하지 못한다.

④ 보험계약은 청약과 승낙에 의한 합의만으로 성립하는 불요식의 낙성계약이다.

TIP ① 보험자가 보험계약자로부터 보험계약의 청약과 함께 보험료 상당액의 전부 또는 일부를 받은 경우에 그 청약을 승낙하기 전에 보험계약에서 정한 보험사고가 생긴 때에는 그 청약을 거절할 사유가 없는 한 보험자는 보험계약상의 책임을 진다. 그러나 인보험계약의 피보험자가 신체검사를 받아야 하는 경우에 그 검사를 받지 아니한 때에는 그러하지 아니하다〈상법 제638조의2(보험계약의 성립) 제3항〉.

② 「상법」 제656조(보험료의 지급과 보험자의 책임개시)

③ 「상법」 제663조(보험계약자 등의 불이익변경금지)

④ 보험계약은 청약과 승낙에 의한 쌍방의 의사표시 합치만으로 성립하는 법률상 불요식 낙성계약이다.

※ 보험계약은 당사자 일방이 약정한 보험료를 지급하고 재산 또는 생명이나 신체에 불확정한 사고가 발생할 경우에 상대방이 일정한 보험금이나 그 밖의 급여를 지급할 것을 약정함으로써 효력이 생긴다〈상법 제638조(보험계약의 의의)〉.

2 **보험대리상에 대한 설명 중 옳지 않은 것은?**

① 보험대리상은 보험계약자로부터 보험료를 수령하고, 보험자가 작성한 보험증권을 보험계약자에게 교부할 권한이 있다.

② 보험대리상은 보험계약자로부터 청약, 고지, 통지, 해지, 취소 등 보험계약에 관한 의사표시를 수령할 수 있는 권한이 있다.

③ 보험대리상은 보험계약자에게 보험계약의 체결, 변경, 해지 등 보험계약에 관한 의사표시를 할 수 있는 권한이 있다.

④ 보험자는 보험대리상의 권한 중 일부를 제한할 수 있지만 보험대리상은 대리권을 전제로 하기 때문에 보험계약 체결의 대리권은 제한할 수 없다.

TIP 제1항에도 불구하고 보험자는 보험대리상의 제1항 각 호의 권한 중 일부를 제한할 수 있다. 다만, 보험자는 그러한 권한 제한을 이유로 선의의 보험계약자에게 대항하지 못한다〈「상법」 제646조의2(보험대리상 등의 권한) 제2항〉. 제646조의2 단서를 보면, 보험자는 보험대리상이 가지는 권한의 일부를 제한할 수 있는데 즉, 대리권을 제한하는 것이므로 보험계약 체결의 대리권을 제한할 수 없다는 것은 잘못된 내용이다.

※ **보험대리상 등의 권한**〈상법 제646조의2〉

① 보험대리상은 다음 각 호의 권한이 있다.

1. 보험계약자로부터 보험료를 수령할 수 있는 권한
2. 보험자가 작성한 보험증권을 보험계약자에게 교부할 수 있는 권한
3. 보험계약자로부터 청약, 고지, 통지, 해지, 취소 등 보험계약에 관한 의사표시를 수령할 수 있는 권한
4. 보험계약자에게 보험계약의 체결, 변경, 해지 등 보험계약에 관한 의사표시를 할 수 있는 권한

② 제1항에도 불구하고 보험자는 보험대리상의 제1항 각 호의 권한 중 일부를 제한할 수 있다. 다만, 보험자는 그러한 권한 제한을 이유로 선의의 보험계약자에게 대항하지 못한다.

③ 보험대리상이 아니면서 특정한 보험자를 위하여 계속적으로 보험계약의 체결을 중개하는 자는 제1항 제1호(보험자가 작성한 영수증을 보험계약자에게 교부하는 경우만 해당한다) 및 제2호의 권한이 있다.

④ 피보험자나 보험수익자가 보험료를 지급하거나 보험계약에 관한 의사표시를 할 의무가 있는 경우에는 제1항부터 제3항까지의 규정을 그 피보험자나 보험수익자에게도 적용한다.

ANSWER

1.① 2.④

3 **보험약관에 "보험금청구권자가 보험금을 청구하면서 증거를 위조 또는 변조하는 등 사기 기타 부정한 행위를 한 때에는 보험자는 보험금을 지급할 책임이 없다."라는 조항이 있는 경우 이에 대한 설명으로 옳지 않은 것은? (다툼이 있는 경우 판례에 의함)**

① 보험목적의 가치에 대한 견해 차이 등으로 보험계약자가 보험목적의 가치를 다소 높게 신고한 경우 보험자는 면책되지 않는다.

② 보험계약자가 화재로 9억 원 상당의 수의와 삼베가 소실되었다고 주장하면서 상당한 양의 허위 증거서류를 제출한 경우 실제로 9억 원 상당의 수의와 삼베에 손해가 있었더라도 보험자는 면책된다.

③ 보험목적이 수개이고 보험금청구권자가 동일인인 경우 그 중 하나의 보험목적에 대하여 사기적인 방법으로 보험금을 청구하더라도 다른 보험목적에는 그 면책의 효력이 미치지 않는다.

④ 보험자는 보험계약자에게 보험약관을 교부하고 그 약관의 중요한 내용을 설명하여야 하는데, 위 약관조항은 설명의무의 대상이 아니다.

TIP ② 실제 발생한 손해까지 면책하지 않으며, 실제 손해는 보상하지만 실제 손해 이상의 손해는 보상하지 않는다. 사기죄는 타인을 기망하여 착오에 빠뜨리고 그 처분 행위를 유발하여 재물을 교부받거나 재산상 이익을 얻음으로써 성립하는 것으로서 기망, 착오, 재산적 처분행위 사이에 인과관계가 있어야 한다. 화재로 인한 수의와 삼베 관련 보험금 청구 판례는 없었으나 유사한 판례는 다음과 같다. 피고인이 남편의 폭행으로 목을 다쳤을 뿐인데도 교통사고로 상해를 입었다는 취지로 보험금을 청구하여 다수의 보험회사들로부터 보험금을 교부받아 편취하였다는 내용으로 기소된 사안에서, 피고인이 위와 같이 상해를 입고 수술을 받았으나 후유장해가 남은 것은 사실이고 이는 일반재해에 해당되므로, 피고인의 교통재해를 이유로 한 보험금청구가 보험회사에 대한 기망에 해당할 수 있으려면 각 보험약관상 교통재해만이 보험사고로 규정되어 있을 뿐 일반재해는 보험사고로 규정되어 있지 않거나 교통재해의 보험금이 일반재해의 보험금보다 다액으로 규정되어 있는 경우에 해당한다는 점이 전제되어야 할 것임에도, 피고인이 가입한 각 보험의 보험사고가 무엇인지 및 각 보험회사들이 보험금을 지급한 것이 피고인의 기망으로 인한 것인지 등에 대하여 상세히 심리·판단하지 아니한 채 피고인의 보험금청구가 기망행위에 해당한다거나 인과관계가 있다고 쉽사리 단정하여 사기죄를 인정한 원심판결에 법리오해 또는 심리미진의 위법이 있다[대법원 2011. 2. 24. 선고 2010도17512 판결].

① 피보험자가 보험금을 청구하면서 실손해액에 관한 증빙서류 구비의 어려움 때문에 구체적인 내용이 일부 사실과 다른 서류를 제출하거나 보험목적물의 가치에 대한 견해 차이 등으로 보험목적물의 가치를 다소 높게 신고한 경우 등까지 이 사건 약관조항에 의하여 보험금청구권이 상실되는 것은 아니라고 해석함이 상당하다 할 것이다[대법원 2007. 12. 27. 선고 2006다29105 판결].

③ "보험계약자 또는 피보험자가 손해의 통지 또는 보험금청구에 관한 서류에 고의로 사실과 다른 것을 기재하였거나 그 서류 또는 증거를 위조하거나 변조한 경우 피보험자는 손해에 대한 보험금청구권을 잃게 된다."고 규정하고 있는 보험계약의 약관 조항의 취지는 피보험자 등이 서류를 위조하거나 증거를 조작하는 등 신의성실의 원칙에 반하는 사기적인 방법으로 과다한 보험금을 청구하는 경우에는 그에 대한 제재로서 보험금청구권을 상실하도록 하려는 데 있고, 독립한 여러 물건을 보험목적물로 하여 체결된 화재보험계약에서 피보험자가 그중 일부의 보험목적물에 관하여 실제 손해보다 과다하게 허위의 청구를 한 경우에 허위의 청구를 한 당해 보험목적물에 관하여 위 약관 조항에 따라 보험금청구권을 상실하게 되는 것은 당연하다. 그러나 만일 위 약관 조항을 피보험자가 허위의 청구를 하지 않은 다른 보험목적물에 관한 보험금청구권까지 한꺼번에 상실하게 된다는 취지로 해석한다면, 이는 허위 청구에 대한 제재로서의 상당한 정도를 초과하는 것으로 고객에게 부당하게 불리한 결과를 초래하여 신의성실의 원칙에 반하는 해석이 되므로, 위 약관에 의해 피보험자가 상실하게 되는 보험금청구권은 피보험자가 허위의 청구를 한 당해 보험목적물의 손해에 대한 보험금청구권에 한한다고 해석함이 상당하다[대법원 2007. 2. 22. 선고 2006다72093 판결].

④ 보험자에게 보험약관의 명시·설명의무가 인정되는 것은 어디까지나 보험계약자가 알지 못하는 가운데 약관에 정하여진 중요한 사항이 계약 내용으로 되어 보험계약자가 예측하지 못한 불이익을 받게 되는 것을 피하고자 하는 데 그 근거가 있다고 할 것이므로, 보험약관에 정하여진 사항이라고 하더라도 거래상 일반적이고 공통된 것이어서 보험계약자가 별도의 설명 없이도 충분히 예상할 수 있었던 사항이거나 이미 법령에 의하여 정하여진 것을 되풀이하거나 부연하는 정도에 불과한 사항이라면 그러한 사항에 대하여서까지 보험자에게 명시·설명의무가 인정된다고 할 수 없다[대법원 1998. 11. 27. 선고 98다32564 판결].

4　**보험 관련 판례에 대한 설명으로 옳은 것은?**

① 자동차종합보험계약을 체결하는 경우 피보험자동차의 양도에 따른 통지의무를 규정한 보험약관은 거래상 일반인들이 보험자의 개별적인 설명없이도 충분히 예상할 수 있는 사항이라고 할 수 없으므로 그 내용을 개별적으로 명시 · 설명하여야 한다.

② 상법 제680조 제1항 본문에서 정한 피보험자의 손 해방지의무에서 손해는 피보험이익에 대한 구체적인 침해의 결과로 생기는 손해뿐만 아니라 보험자 의 구상권과 같이 보험자가 손해를 보상한 후에 취득하게 되는 이익을 상실함으로써 결과적으로 보험자에게 부담되는 손해까지 포함한다.

③ 보험계약자 측이 입원치료를 사유로 보험금을 청구하여 이를 지급받았으나 그 입원치료의 전부 또는 일부가 필요하지 않은 것으로 밝혀져 보험계약의 기초가 되는 신뢰관계가 파괴되었다면, 보험자는 보험계약을 해지할 수 있다.

④ 보험계약자가 피보험자의 상속인을 보험수익자로 하여 체결한 생명보험계약에서 보험수익자로 지정된 상속인 중 1인이 자신에게 귀속된 보험금청구권을 포기한 경우 그 포기한 부분은 다른 상속인에게 귀속된다.

TIP ③ 보험계약자 측이 입원치료를 지급사유로 보험금을 청구하거나 이를 지급받았으나 그 입원치료의 전부 또는 일부가 필요하지 않은 것으로 밝혀진 경우, 입원치료를 받게 된 경위, 보험금을 부정 취득할 목적으로 입원치료의 필요성이 없음을 알면서도 입원을 하였는지 여부, 입원치료의 필요성이 없는 입원 일수나 그에 대한 보험금 액수, 보험금 청구나 수령 횟수, 보험계약자 측이 가입한 다른 보험계약과 관련된 사정, 서류의 조작 여부 등 여러 사정을 종합적으로 고려하여 보험계약자 측의 부당한 보험금 청구나 보험금 수령으로 인하여 보험계약의 기초가 되는 신뢰관계가 파괴되어 보험계약의 존속을 기대할 수 없는 중대한 사유가 있다고 인정된다면 보험자는 보험계약을 해지할 수 있고, 위 계약은 장래에 대하여 그 효력을 잃는다[대법원 2020. 10. 29. 선고 2019다267020 판결].

① 피보험자동차의 양도에 관한 통지의무를 규정한 보험약관은 거래상 일반인들이 보험자의 개별적인 설명 없이도 충분히 예상할 수 있었던 사항인 점 등에 비추어 보험자의 개별적인 명시 · 설명의무의 대상이 되지 않는다[대법원 2007. 4. 27. 선고 2006다87453 판결].

② 상법 제680조 제1항 본문은 "보험계약자와 피보험자는 손해의 방지와 경감을 위하여 노력하여야 한다."라고 정하고 있다. 위와 같은 피보험자의 손해방지의무의 내용에는 손해를 직접적으로 방지하는 행위는 물론이고 간접적으로 방지하는 행위도 포함된다. 그러나 그 손해는 피보험이익에 대한 구체적인 침해의 결과로서 생기는 손해만을 뜻하는 것이고, 보험자의 구상권과 같이 보험자가 손해를 보상한 후에 취득하게 되는 이익을 상실함으로써 결과적으로 보험자에게 부담되는 손해까지 포함된다고 볼 수는 없다[법원 2018. 9. 13. 선고 2015다209347 판결].

④ 보험계약자가 피보험자의 상속인을 보험수익자로 하여 맺은 생명보험계약이나 상해보험계약에서 피보험자의 상속인은 피보험자의 사망이라는 보험사고가 발생한 때에는 보험수익자의 지위에서 보험자에 대하여 보험금 지급을 청구할 수 있고, 이 권리는 보험계약의 효력으로 당연히 생기는 것으로서 상속재산이 아니라 상속인의 고유재산이다. 이때 보험수익자로 지정된 상속인 중 1인이 자신에게 귀속된 보험금청구권을 포기하더라도 그 포기한 부분이 당연히 다른 상속인에게 귀속되지는 아니한다. 이러한 법리는 단체보험에서 피보험자의 상속인이 보험수익자로 인정된 경우에도 동일하게 적용된다[대법원 2020. 2. 6. 선고 2017다215728 판결].

ANSWER
3.② 4.③

5 **보험자의 면책사유에 관한 설명 중 옳지 않은 것은? (다툼이 있는 경우 판례에 의함)**

① 사망을 보험사고로 한 보험계약에서 사고가 보험계약자 또는 피보험자나 보험수익자의 고의로 인하여 발생한 경우에 보험자는 면책되는데, 보험자의 책임이개시된 시점부터 2년이 경과한 이후 자살에 대하여 보험자가 보상책임을 진다는 보험약관은 무효이다.

② 보험사고가 전쟁 기타의 변란으로 인하여 생긴 때에는 당사자 간에 다른 약정이 없으면 보험자는 보험금을 지급할 책임이 없다.

③ 손해보험에서 보험 목적의 성질, 하자 또는 자연소모로 인한 손해는 보험자가 이를 보상할 책임이 없다.

④ 보험약관상 약정면책사유는 원칙적으로 보험약관의 교부 · 설명의무의 대상이다.

TIP ① 甲이 乙 보험회사와 주된 보험계약을 체결하면서 별도로 가입한 재해사망특약의 약관에서 피보험자가 재해를 직접적인 원인으로 사망하거나 제1급의 장해상태가 되었을 때 재해사망보험금을 지급하는 것으로 규정하면서, 보험금을 지급하지 않는 경우의 하나로 "피보험자가 고의로 자신을 해친 경우. 그러나 피보험자가 정신질환상태에서 자신을 해친 경우와 계약의 책임개시일부터 2년이 경과된 후에 자살하거나 자신을 해침으로써 제1급의 장해상태가 되었을 때는 그러하지 아니하다."라고 규정한 사안에서, 위 조항은 고의에 의한 자살 또는 자해는 원칙적으로 우발성이 결여되어 재해사망특약의 약관에서 정한 보험사고인 재해에 해당하지 않지만, 예외적으로 단서에서 정하는 요건, 즉 피보험자가 정신질환상태에서 자신을 해친 경우와 책임개시일부터 2년이 경과된 후에 자살하거나 자신을 해침으로써 제1급의 장해상태가 되었을 경우에 해당하면 이를 보험사고에 포함시켜 보험금 지급사유로 본다는 취지로 이해하는 것이 합리적이고, 약관해석에 관한 작성자 불이익의 원칙에 부합한다[대법원 2016. 5. 12. 선고 2015다243347 판결].

② 「상법」 제660조(전쟁위험 등으로 인한 면책)

③ 「상법」 제678조(보험자의 면책사유)

④ 상법 제638조의3 제1항 및 약관의규제에관한법률 제3조의 규정에 의하여 보험자는 보험계약을 체결할 때에 보험계약자에게 보험약관에 기재되어 있는 보험상품의 내용, 보험료율의 체계, 보험청약서상 기재 사항의 변동 및 보험자의 면책사유 등 보험계약의 중요한 내용에 대하여 구체적이고 상세한 명시 · 설명의무를 지고 있다고 할 것이어서, 만일 보험자가 이러한 보험약관의 명시 · 설명의무에 위반하여 보험계약을 체결한 때에는 그 약관의 내용을 보험계약의 내용으로 주장할 수 없다[대법원 1999. 3. 9. 선고 98다43342, 43359 판결].

6 **상법상 보험약관의 교부 · 설명의무에 관한 설명으로 옳지 않은 것은? (다툼이 있는 경우 판례에 의함)**

① 보험계약자가 보험계약을 체결할 때 보험자는 보험계약자에게 보험약관을 교부하고 그 약관의 중요한 내용을 설명하여야 한다.

② 보험계약자가 충분히 잘 알고 있는 내용에 대하여도 보험자는 설명의무가 있다.

③ 보험자가 보험약관의 교부 · 설명의무를 위반한 경우 보험계약자는 보험계약이 성립한 날부터 3개월 내에 그 계약을 취소할 수 있다.

④ 피보험자가 오토바이 사용자인 경우 가입할 수 없도록 한 상해보험의 약관조항에 대하여 보험자가 설명의무를 이행하지 않아서 보험계약자 또는 피 보험자가 고지의무를 위반한 경우 보험자는 고지 의무 위반을 이유로 보험계약을 해지할 수 없다.

TIP ② 보험계약의 중요한 내용에 해당하는 사항이라고 하더라도 보험계약자나 그 대리인이 그 내용을 충분히 잘 알고 있거나, 거래상 일반적이고 공통된 것이어서 보험계약자가 별도의 설명 없이도 충분히 예상할 수 있거나, 이미 법령에 정하여진 것을 되풀이하거나 부연하는 정도에 불과한 사항이라면 그러한 사항에 대하여서까지 보험자에게 명시 · 설명의무가 인정된다고 할 수는 없다[대법원 2015. 3. 26. 선고 2014다229917,229924 판결].

① 「상법」 제638조의3(보험약관의 교부 · 설명 의무) 제1항

③ 「상법」 제638조의3(보험약관의 교부 · 설명 의무) 제2항

④ 보험자 및 보험계약의 체결 또는 모집에 종사하는 자는 보험계약의 체결에 있어서 보험계약자 또는 피보험자에게 보험약관에 기재되어 있는 보험상품의 내용, 보험료율의 체계 및 보험청약서상 기재사항의 변동사항 등 보험계약의 중요한 내용에 대하여 구체적이고 상세한 명시 · 설명의무를 지고 있다고 할 것이어서 보험자가 이러한 보험약관의 명시 · 설명의무에 위반하여 보험계약을 체결한 때에는 그 약관의 내용을 보험계약의 내용으로 주장할 수 없다 할 것이므로, 보험계약자나 그 대리인이 그 약관에 규정된 고지의무를 위반하였다 하더라도 이를 이유로 보험계약을 해지할 수는 없다고 보아야 할 것이다[대법원 1996. 4. 12. 선고 96다4893 판결].

ANSWER

5.① 6.②

7 **보험계약자 등의 위험변경증가에 대한 통지의무에 관한 설명으로 옳지 않은 것은? (다툼이 있는 경우 판례에 의함)**

① 위험변경증가는 일정상태의 계속적 존재를 전제로 하지만 일시적 위험변경의 경우에도 통지의무를 부담한다.

② 보험계약자 또는 피보험자가 위험변경증가 통지의무를 해태한 경우 보험자는 그 사실을 안 날로부터 1월 내에 한하여 보험계약을 해지할 수 있다.

③ 보험자는 위험변경증가의 통지를 받은 때에는 1월 내에 보험료의 증액을 청구하거나 계약을 해지할 수 있다.

④ 인보험계약을 체결한 후 다른 인보험계약을 다수 가입 하였다는 사정만으로 보험계약자 또는 피보험자에게 위험변경증가에 대한 통지의무가 있다고 볼 수 없다.

TIP ① 상법 제652조 제1항의 '사고발생의 위험이 현저하게 변경 또는 증가된 사실'이란 변경 또는 증가된 위험이 보험계약의 체결 당시에 존재하고 있었다면 보험자가 계약을 체결하지 않았거나 적어도 그 보험료로는 보험을 인수하지 않았을 것으로 인정되는 사실을 말하고, '사고발생의 위험이 현저하게 변경 또는 증가된 사실을 안 때'란 특정한 상태의 변경이 있음을 아는 것만으로는 부족하고 그 상태의 변경이 사고발생 위험의 현저한 변경·증가에 해당된다는 것까지 안 때를 의미한다[대법원 2014. 7. 24. 선고 2012다62318 판결]. 또한 일시적으로 위험이 증가되는 경우는 약관에서 말하는 '위험의 현저한 증가'에 포함되지 않는다[대법원 1992. 11. 10. 선고 91다32503 판결]. 따라서 통지의무를 부담하지 않는다.

② 「상법」 제652조(위험변경증가의 통지와 계약해지) 제1항

③ 「상법」 제652조(위험변경증가의 통지와 계약해지) 제2항

④ 상법 제652조 제1항 소정의 통지의무의 대상으로 규정된 '사고발생의 위험이 현저하게 변경 또는 증가된 사실'이라 함은 그 변경 또는 증가된 위험이 보험계약의 체결 당시에 존재하고 있었다면 보험자가 보험계약을 체결하지 아니하였거나 적어도 그 보험료로는 보험을 인수하지 아니하였을 것으로 인정되는 사실을 말하는 것으로서, 상해보험계약 체결 후 다른 상해보험에 다수 가입하였다는 사정만으로 사고발생의 위험이 현저하게 변경 또는 증가된 경우에 해당한다고 할 수 없다[대법원 2004. 6. 11. 선고 2003다18494 판결].

※ **위험변경증가의 통지와 계약해지〈상법 제652조〉**

① 보험기간 중에 보험계약자 또는 피보험자가 사고발생의 위험이 현저하게 변경 또는 증가된 사실을 안 때에는 지체없이 보험자에게 통지하여야 한다. 이를 해태한 때에는 보험자는 그 사실을 안 날로부터 1월 내에 한하여 계약을 해지할 수 있다.

② 보험자가 제1항의 위험변경증가의 통지를 받은 때에는 1월 내에 보험료의 증액을 청구하거나 계약을 해지할 수 있다.

8 **상법상 보험계약자 등은 보험기간 중고의 또는 중대한 과실로 사고 발생의 위험을 현저하게 변경 또는 증가시키지 않을 의무를 부담하는데, 이에 관한 설명으로 옳지 않은 것은? (다툼이 있는 경우 판례에 의함)**

① 사고발생의 위험이 현저하게 변경 또는 증가된 사실이라 함은 그 변경 또는 증가된 위험이 보험계약의 체결 당시에 존재하고 있었다면 보험자가 보험계약을 체결하지 않았거나 적어도 그 보험료로는 보험을 인수하지 않았을 것으로 인정되는 정도의 것을 말한다.
② 보험수익자가 이 의무를 위반한 경우 상법 제653조에 따라 지체없이 보험자에게 통지하여야 한다.
③ 보험계약자 등이 이 의무위반이 있는 경우 보험자는 그 사실을 안 날로부터 1월 내에 보험료의 증액을 청구하거나 계약을 해지할 수 있다.
④ 피보험자의 직종에 따라 보험금 가입한도에 차등 이 있는 생명보험계약에서 피보험자가 위험이 현저하게 증가된 직종으로 변경한 경우 이는 상법 제653조상의 위험의 현저한 변경 · 증가에 해당한다.

TIP ② 상법 제653조에 보험기간 중에 보험계약자, 피보험자 또는 보험수익자의 고의 또는 중대한 과실로 인하여 사고발생의 위험이 현저하게 변경 또는 증가된 때에는 보험자는 그 사실을 안 날부터 1월 내에 보험료의 증액을 청구하거나 계약을 해지할 수 있다고 규정되어 있으나, 보험자에 대한 통지의무를 명시하지 않는다.
① 보험계약자나 피보험자가 보험기간 중에 통지의무를 지는 상법 제652조 및 보험계약자, 피보험자 또는 보험수익자가 보험기간 중에 위험유지의무를 지는 상법 제653조에 정한 '사고 발생의 위험이 현저하게 변경 또는 증가된 사실'이라 함은, 그 변경 또는 증가된 위험이 보험계약의 체결 당시에 존재하고 있었다면 보험자가 보험계약을 체결하지 않았거나 적어도 그 보험료로는 보험을 인수하지 않았을 것으로 인정되는 정도의 것을 말한다[대법원 1997. 9. 5. 선고 95다25268 판결].
③ 「상법」 제653조(보험계약자 등의 고의나 중과실로 인한 위험증가와 계약해지)
④ 피보험자의 직업이나 직종에 따라 보험금 가입한도에 차등이 있는 생명보험계약에서 피보험자가 직업이나 직종을 변경하는 경우에 그 사실을 통지하도록 하면서 그 통지의무를 해태한 경우에 직업 또는 직종이 변경되기 전에 적용된 보험요율의 직업 또는 직종이 변경된 후에 적용해야 할 보험요율에 대한 비율에 따라 보험금을 삭감하여 지급하는 것은 실질적으로 약정된 보험금 중에서 삭감한 부분에 관하여 보험계약을 해지하는 것이라 할 것이므로 그 해지에 관하여는 상법 제653조에서 규정하고 있는 해지기간 등에 관한 규정이 여전히 적용되어야 한다[대법원 2003. 6. 10. 선고 2002다63312 판결].

ANSWER
7.① 8.②

9 상법상 보험계약자 등이 보험사고 발생을 안 때에는 지체 없이 보험자에게 그 통지를 발송할 의무가 있는데 이에 관한 설명으로 옳지 않은 것은?

① 보험계약자 또는 피보험자나 보험수익자 중 어느 한 사람이라도 통지하면 의무를 이행한 것으로 본다.
② 보험계약자 등이 통지의무를 해태함으로써 손해가 증가된 경우에는 보험자는 그 증가된 손해를 보상할 책임이 없다.
③ 보험계약자 등이 통지의무를 해태한 경우 보험자는 그 사실을 안 날로부터 1월 내에 계약을 해지할 수 있다.
④ 보험자는 보험금액의 지급에 관하여 약정기간이 없는 경우에는 상법 제657조 제1항의 통지를 받은 후 지체 없이 지급할 보험금액을 정하고 그 정하여 진 날부터 10일 내에 피보험자 또는 보험수익자에게 보험금을 지급하여야 한다.

TIP ③ 「상법」 제657조 제1항에 따라 보험계약자 또는 피보험자나 보험수익자는 보험사고의 발생을 안 때에는 지체없이 보험자에게 그 통지를 발송하여야 하며 단, 상법 제657조 제2항에서는 보험계약자 또는 피보험자나 보험수익자가 통지의무를 해태함으로 인하여 손해가 증가된 때에는 보험자는 그 증가된 손해를 보상할 책임이 없으며, 이미 보험사고가 발생한 이후이므로 보험자는 보험사고발생의 통지의무를 위반한 보험계약자에게 보험계약 해지를 할 수 없다.
① 「상법」 제657조에 제1항에 따라 보험사고발생의 통지의무자는 보험계약자 또는 피보험자나 보험수익자이다. 통지의무자가 다수일 경우, 1인에게 통지하여도 통지의무를 이행한 것으로 본다.
② 「상법」 제657조(보험사고발생의 통지의무) 제2항
④ 「상법」 제658조(보험금액의 지급)
※ 보험사고발생의 통지의무〈상법 제657조〉
① 보험계약자 또는 피보험자나 보험수익자는 보험사고의 발생을 안 때에는 지체 없이 보험자에게 그 통지를 발송하여야 한다.
② 보험계약자 또는 피보험자나 보험수익자가 제1항의 통지의무를 해태함으로 인하여 손해가 증가된 때에는 보험자는 그 증가된 손해를 보상할 책임이 없다.

10 보험계약자의 고지의무 위반사실이 보험사고 발생에 영향을 미치지 아니하였음이 증명된 경우에 대한 설명으로 옳지 않은 것은? (다툼이 있는 경우 판례에 의함)

① 보험자는 고지의무 위반을 이유로 보험사고 발생 후에도 보험계약을 해지할 수 있다.
② 보험자는 이미 발생한 보험사고에 대한 보험금을 지급하여야 한다.
③ 보험자는 보험사고 발생 시까지의 보험료를 청구 할 수 없다.
④ 생명보험약관에서 보험자가 인과관계의 존재를 입증한다고 정하는 경우 그 약정은 유효하다.

TIP ③ 제655조에 따라 고지의무(告知義務)를 위반한 사실 또는 위험이 현저하게 변경되거나 증가된 사실이 보험사고 발생에 영향을 미치지 아니하였음이 증명된 경우에는 보험금을 지급할 책임이 있으므로 보험자는 보험사고 발생 시까지의 보험료를 청구할 수 있다.
① 「상법」 제651조(고지의무위반으로 인한 계약해지)
② 「상법」 제655조(계약해지와 보험금청구권)
④ 보험계약자측의 고지의무 위반과 보험계약의 보험사고 사이에 인과관계가 존재하는지 여부에 관하여 원칙적으로 보험금의 지급을 청구하는 보험계약자측이 보험금 지급의무의 발생요건인 인과관계가 존재하지 아니한다는 점을 입증할 책임이 있다고 할 것이나, 입증책임의 분배에 관하여 당사자 사이에 약관 등에 의하여 이를 미리 정하여 둔 경우에는 특별한 사정이 없는 한 그 입증책임계약은 유효하므로 이에 따라야 한다[서울중앙지법 2004. 10. 28. 선고 2004나21069 판결 : 확정].

11 **상법상 보험계약의 해지에 관한 설명으로 옳지 않은 것은? (당사자 간에 다른 약정이 없다고 가정함)**

① 자기를 위한 보험에서 보험계약자는 보험사고가 발생하기 전에는 언제든지 계약의 전부 또는 일부를 해지할 수 있다.

② 보험사고의 발생으로 보험자가 보험금액을 지급한 때에도 보험금액이 감액되지 아니하는 보험의 경우에는 보험계약자는 그 사고발생 후에도 보험계약을 해지할 수 있다.

③ 보험계약자가 보험사고가 발생하기 전 계약을 해지한 경우 보험료불가분의 원칙에 따라 미경과보험료의 반환을 청구할 수 없다.

④ 타인을 위한 보험에서 보험계약자는 그 타인의 동의를 얻지 아니하거나 보험증권을 소지하지 아니하면 그 계약을 해지하지 못한다.

TIP 타인을 위한 보험(상법 제639조)

① 보험계약자는 위임을 받거나 위임을 받지 아니하고 특정 또는 불특정의 타인을 위하여 보험계약을 체결할 수 있다. 그러나 손해보험계약의 경우에 그 타인의 위임이 없는 때에는 보험계약자는 이를 보험자에게 고지하여야 하고, 그 고지가 없는 때에는 타인이 그 보험계약이 체결된 사실을 알지 못하였다는 사유로 보험자에게 대항하지 못한다.

② 제1항의 경우에는 그 타인은 당연히 그 계약의 이익을 받는다. 그러나 손해보험계약의 경우에 보험계약자가 그 타인에게 보험사고의 발생으로 생긴 손해의 배상을 한 때에는 보험계약자는 그 타인의 권리를 해하지 아니하는 범위안에서 보험자에게 보험금액의 지급을 청구할 수 있다.

③ 제1항의 경우에는 보험계약자는 보험자에 대하여 보험료를 지급할 의무가 있다. 그러나 보험계약자가 파산선고를 받거나 보험료의 지급을 지체한 때에는 그 타인이 그 권리를 포기하지 아니하는 한 그 타인도 보험료를 지급할 의무가 있다.

ANSWER

9.③ 10.③ 11.③

12 보험계약의 부활에 관한 설명으로 옳지 않은 것은? (다툼이 있는 경우 판례에 의함)

① 계속보험료 부지급을 이유로 보험계약이 적법하게 해지되었지만 해지환급금이 지급되지 아니한 경우 보험계약자는 일정한 기간 내에 연체보험료에 약정이자를 붙여 보험자에게 지급하고, 그 계약의 부활을 청구할 수 있다.
② 보험계약자가 적법하게 보험계약의 부활을 청구하면 그 청구의 의사표시가 보험자에 도달하는 즉시 보험계약은 부활된다.
③ 보험약관의 "보험계약 실효 후 부활 전에 발생한 보험사고에 대하여는 보험금을 지급하지 않는다."는 조항은 상법 제663조의 불이익변경금지의 원칙에 반하지 않는다.
④ 보험계약 체결시의 보험약관이 법률에서 정한 내용과 달리 규정되어 부활 후에도 적용될 경우 보험자는 원칙적으로 해당 약관에 대하여 설명의무를 이행하여야 한다.

TIP ② 보험계약 부활 시 상법 제638조의2(보험계약의 성립)을 준용하도록 하고 있으므로 새로운 계약 체결과 동일하다. 따라서 보험자가 부활청약에 대하여 승낙하는 시점에서 부활의 효력이 발생한다.
① 「상법」 제650조의2(보험계약의 부활)
③ 보험계약 부활은 해지된 이전의 계약을 회복시키는 것이므로 보험계약 부활 시 동일한 내용의 보험계약이 회복된다. 그러나 해지된 때로부터 부활되는 시점 사이에 발생한 보험사고에 대하여는 보험자는 보상책임을 지지 않으므로 해당 조항은 상법 제663조(보험계약자 등의 불이익변경금지)에 반하지 않는다.
④ 보험계약 부활 시 상법 제638조의2(보험계약의 성립)을 준용하며, 상법 제651조(고지의무위반으로 인한 계약해지)에 따라 보험자는 원칙적으로 해당 약관에 대하여 설명의무를 이행하여야 한다.

13 상법상 보험계약의 무효에 관한 설명으로 옳은 것은?

① 보험계약 체결 당시에 보험사고가 발생할 수 없는 경우 당사자 쌍방이 이를 알았다면 그 계약은 무효이다.
② 보험계약자의 사기 없이 보험금액이 보험가액을 현저하게 초과한 손해보험계약을 체결한 때에는 그 초과된 부분은 무효이므로 보험계약자는 무효인 부분에 대한 보험료의 반환을 청구할 수 있다.
③ 보험계약자의 사기로 보험금액이 보험가액을 현저하게 초과한 손해보험계약을 체결한 때에는 그 전부가 무효이므로 보험자는 그 사실을 안 때까지의 보험료를 청구할 수 없다.
④ 손해보험계약의 전부가 처음부터 무효인 경우 보험계약자는 그 무효인 사실을 알았더라도 보험자에 대하여 기 지급한 보험료 전부의 반환을 청구할 수 있다.

TIP ① 「상법」 제644조(보험사고의 객관적 확정의 효과)
② 상법 제669조(초과보험)에 따라 계약 당시 보험금액이 보험가액을 현저하게 초과한 때나 체결 후 보험기간 중 보험가액이 감소된 경우 보험료의 감액을 청구할 수 있다. 초과보험 주관주의는 보험금액이 보험가액을 초과하는 경우 선의 혹은 악의에 따라 효력을 달리하는데, 선의의 경우 보험금액과 보험료의 감액청구권을 인정하고 악의인 경우 보험계약을 무효로 한다. 우리나라는 주관주의를 채택하고 있으므로 초과부분은 무효가 아니라 선의의 경우 보험료 감액을 청구할 수 있다.
③ 보험금액이 보험계약의 목적의 가액을 현저하게 초과한 때에는 보험자 또는 보험계약자는 보험료와 보험금액의 감액을 청구할 수 있다. 계약이 보험계약자의 사기로 인하여 체결된 때에는 그 계약은 무효로 한다. 그러나 보험자는 그 사실을 안 때까지의 보험료를 청구할 수 있다〈상법 제669조(초과보험) 제1항 및 제4항〉.
④ 보험계약의 전부 또는 일부가 무효인 경우에 보험계약자와 피보험자가 선의이며 중대한 과실이 없는 때에는 보험자에 대하여 보험료의 전부 또는 일부의 반환을 청구할 수 있다. 보험계약자와 보험수익자가 선의이며 중대한 과실이 없는 때에도 같다〈상법 제648조(보험계약의 무효로 인한 보험료반환청구)〉.

14 **타인을 위한 보험계약에 관한 설명으로 옳지 않은 것은? (다툼이 있는 경우에는 판례에 의함)**

① 보험계약자는 타인의 위임이 없더라도 그 타인을 위하여 보험계약을 체결할 수 있다.

② 손해보험에서 보험계약자는 청구권대위의 제3자의 범위에서 배제되지 않는다.

③ 손해보험에서 보험계약자가 그 타인에게 보험사고의 발생으로 생긴 손해의 배상을 한 때에는 보험계약자는 그 타인의 권리를 해하지 아니하는 범위 안에서 보험자에게 보험금액의 지급을 청구할 수 있다.

④ 보험계약자가 타인의 생활상 부양을 목적으로 타인을 보험수익자로 하는 생명보험계약을 체결하였는데, 위 보험계약이 민법 제103조 소정의 선량한 풍속 기타 사회질서에 반하여 무효로 되더라도, 보험자가 이미 보험수익자에게 보험금을 급부한 경우에는 그 반환을 청구할 수 없다.

TIP ④ 보험계약자가 다수의 계약을 통하여 보험금을 부정 취득할 목적으로 보험계약을 체결하여 그것이 민법 제103조에 따라 선량한 풍속 기타 사회질서에 반하여 무효인 경우 보험자의 보험금에 대한 부당이득반환청구권은 상법 제64조를 유추적용하여 5년의 상사 소멸시효기간이 적용된다고 봄이 타당하다[대법원 2021. 7. 22. 선고 2019다277812 전원합의체 판결].

① 「상법」 제639조(타인을 위한 보험) 제1항

② 타인을 위한 손해보험에서 보험자가 담보하는 것은 피보험자의 피보험이익이며, 보험계약자도 제3자에 포함되어 보험자는 대위권을 행사할 수 있다.

③ 「상법」 제639조(타인을 위한 보험) 제2항

④ 보험계약자가 다수의 계약을 통하여 보험금을 부정 취득할 목적으로 보험계약을 체결하여 그것이 민법 제103조에 따라 선량한 풍속 기타 사회질서에 반하여 무효인 경우 보험자의 보험금에 대한 부당이득반환청구권은 상법 제64조를 유추적용하여 5년의 상사 소멸시효기간이 적용된다고 봄이 타당하다[대법원 2021. 7. 22. 선고 2019다277812 전원합의체 판결].

※ 타인을 위한 보험〈상법 제639조〉

① 보험계약자는 위임을 받거나 위임을 받지 아니하고 특정 또는 불특정의 타인을 위하여 보험계약을 체결할 수 있다. 그러나 손해보험계약의 경우에 그 타인의 위임이 없는 때에는 보험계약자는 이를 보험자에게 고지하여야 하고, 그 고지가 없는 때에는 타인이 그 보험계약이 체결된 사실을 알지 못하였다는 사유로 보험자에게 대항하지 못한다.

② 제1항의 경우에는 그 타인은 당연히 그 계약의 이익을 받는다. 그러나 손해보험계약의 경우에 보험계약자가 그 타인에게 보험사고의 발생으로 생긴 손해의 배상을 한 때에는 보험계약자는 그 타인의 권리를 해하지 아니하는 범위 안에서 보험자에게 보험금액의 지급을 청구할 수 있다.

③ 제1항의 경우에는 보험계약자는 보험자에 대하여 보험료를 지급할 의무가 있다. 그러나 보험계약자가 파산선고를 받거나 보험료의 지급을 지체한 때에는 그 타인이 그 권리를 포기하지 아니하는 한 그 타인도 보험료를 지급할 의무가 있다.

ANSWER

12.② 13.① 14.④

15 손해보험에서 실손보상원칙의 예외에 해당하는 것을 모두 묶은 것은?

> ㉠ 기평가보험(사고발생 시의 가액을 현저히 초과하지 아니하는 경우)
> ㉡ 이득금지
> ㉢ 제3자에 대해 가지고 있는 권리의 대위
> ㉣ 신가보험
> ㉤ 선박보험에서의 보험가액불변경주의

① ㉠㉡㉢ ② ㉠㉡㉣
③ ㉠㉢㉤ ④ ㉠㉣㉤

TIP 기평가보험은 보험가액이 사고발생 시의 가액을 초과하더라도 사고발생 시의 가액을 기준으로 하여 손해액을 산정하지 아니하고, 계약된 금액을 기준으로 손해액을 산정하므로 실손보상원칙의 예외가 인정된다. 신가보험은 감가상각이 반영된 실제 손해를 보상하는 것이 아니라 재조달가 전액을 보상하므로 실손보상원칙의 예외가 된다. 보험가액 불변경주의는 운송이나 해상보험의 경우 운송물, 선박 또는 적하물이 수시로 변경되어 손해가 발생한 때와 곳을 특정하기 어려우며, 특히 미평가보험에서는 보험가액 평가가 더욱 어렵기 때문에 실손보상원칙의 예외가 된다.

16 손해보험계약상 보험의 목적에 대한 설명으로 옳지 않은 것은? (다툼이 있는 경우 판례에 의함)

① 영업책임보험에서 피보험자의 대리인의 제3자에 대한 책임은 보험의 목적에 해당하지 않는다.
② 선박보험에서 선박의 속구, 연료, 양식 기타 항해에 필요한 모든 물건은 보험의 목적에 포함된 것으로 한다.
③ 책임보험에서 피보험자가 제3자의 청구를 방어하기 위해 지출한 재판상 또는 재판외의 필요비용은 보험의 목적에 포함된 것으로 한다.
④ 화재보험에서 집합된 물건을 일괄하여 보험의 목적으로 한 때에는 피보험자의 가족과 사용인의 물건도 보험의 목적에 포함된 것으로 한다.

TIP ① 피보험자가 경영하는 사업에 관한 책임을 보험의 목적으로 한 때에는 피보험자의 대리인 또는 그 사업감독자의 제3자에 대한 책임도 보험의 목적에 포함된 것으로 한다〈상법 제721조(영업책임보험의 목적)〉.
② 「상법」 제696조(선박보험의 보험가액과 보험목적) 제2항
③ 「상법」 제720조(피보험자가 지출한 방어비용의 부담) 제1항
④ 「상법」 제686조(집합보험의 목적)

17 **보험계약자와 피보험자가 동일인인 A는 건물의 화재보험가입을 위해 보험가액을 1억 원으로 하여 甲보험회사에 보험금액을 1억 원, 乙보험회사에는 보험금액을 6천만 원, 丙보험회사에 보험금액을 4천만 원으로 하는 계약을 체결하였다. 보험가입 후 해당건물에 화재가 발생하였고 건물이 전손되었다. 각 보험자가 A에게 지급하여야 하는 보험금으로 옳게 묶은 것은? (위 3건의 보험계약은 사기로 체결되지 않았고, 당사자 간에 다른 약정이 없다고 가정함)**

① 甲: 5천만 원, 乙: 2천 5백만 원, 丙: 2천 5백만 원
② 甲: 5천만 원, 乙: 3천만 원, 丙: 2천만 원
③ 甲: 4천만 원, 乙: 4천만 원, 丙: 2천만 원
④ 甲: 3천 5백만 원, 乙: 3천 5백만 원, 丙: 3천만 원

TIP 보험가액 1억 원에 대하여 전손사고가 발생하였으므로 손해액은 1억 원이 되며 보험자는 각각 보험금액 비율에 따라 비례책임을 진다. 세 보험자의 보험금액 합계액이 2억 원이므로 각 보험자는 손해액에 대하여 보험금액의 합계액에 대한 보험금액의 비율에 따라 보상책임을 진다. 따라서

- 甲 보험회사는 손해액 $=$ 1억 원 $\times \frac{\text{1억 원}}{\text{2억 원}} =$ 5천만 원
- 乙 보험회사는 손해액 $=$ 1억 원 $\times \frac{\text{6천만 원}}{\text{2억 원}} =$ 3천만 원
- 丙 보험회사는 손해액 $=$ 1억 원 $\times \frac{\text{4천만 원}}{\text{2억 원}} =$ 2천만 원의 보상책임을 진다.

18 **청구권대위에 대한 설명으로 옳지 않은 것은? (다툼이 있는 경우 판례에 의함)**

① 보험자의 제3자에 대한 보험자대위가 인정되기 위해서는 보험자가 피보험자에게 보험금을 지급할 책임이 있고 이에 따라 보험금이 지급된 경우에 한한다.
② 정액보험인 인보험의 경우에는 청구권대위가 인정 되지 않는다. 다만 상해보험계약의 경우에 당사자 간에 다른 약정이 있는 때에는 보험자는 피보험자 의 권리를 해하지 아니하는 범위안에서 그 권리를 대위하여 행사할 수 있다.
③ 피보험자의 입장에서 볼 때 공동불법행위자는 제3자에 포함되지 않으므로, 보험자는 손해배상금을 지급하여 다른 공동불법행위자들이 공동면책된 경우라 하더라도 공동불법행위자들에 대한 피보험자의 구상권을 대위행사할 수 없다.
④ 보험사고를 야기한 제3자가 보험계약자 또는 피보험자와 실질적으로 공동생활을 함께하는 가족, 즉 동거가족인 경우 그 가족의 과실로 인해 손해가 생겼다면, 보험자대위는 적용되지 않는다.

TIP ③ 공동불법행위자의 보험자들 상호간에는 그 중 하나가 피해자에게 보험금으로 손해배상금을 지급함으로써 공동면책되었다면 그 보험자는 상법 제682조의 보험자대위의 법리에 따라 피보험자가 다른 공동불법행위자의 부담 부분에 대한 구상권을 취득하여 그의 보험자에 대하여 행사할 수 있고, 이 구상권에는 상법 제724조 제2항에 의한 피해자가 보험자에 대하여 가지는 직접청구권도 포함된다[대법원 1999. 6. 11. 선고 99다3143 판결].
① 「상법」 제682조(제3자에 대한 보험대위) 제1항
② 「상법」 제729조(제3자에 대한 보험대위의 금지)
④ 「상법」 제682조(제3자에 대한 보험대위) 제2항

ANSWER
15.④ 16.① 17.② 18.④

19 **손해방지비용에 대한 설명으로 옳지 않은 것은? (다툼이 있는 경우 판례에 의함)**

① 손해방지의무의 이행을 위해 필요 또는 유익하였던 비용과 보험계약에 따른 보상액의 합계액이 보험금액을 초과한 경우라도 보험자는 이를 부담한다.

② 보험사고 발생 이전에 손해의 발생을 방지하기 위해 지출된 비용은 손해방지비용에 포함되지 않는다.

③ 보험사고 발생시 또는 보험사고가 발생한 것과 같이 볼 수 있는 경우에 피보험자의 법률상 책임여부가 판명되지 아니한 상태에서 피보험자가 손해 확대방지를 위해 긴급한 행위로서 필요 또는 유익한 비용을 지출하였다면 이는 보험자가 부담하여 야 한다.

④ 보험계약에 적용되는 보통약관에 손해방지비용과 관련한 별도의 규정이 있다면, 그 규정은 당연히 방어비용에 대하여도 적용된다고 할 수 있다.

TIP ④ 보험계약자와 피보험자는 손해의 방지와 경감을 위하여 노력하여야 한다. 그러나 이를 위하여 필요 또는 유익하였던 비용과 보상액이 보험금액을 초과한 경우라도 보험자가 이를 부담한다〈상법 제680조(손해방지의무) 제1항〉.

① 손해방지의무는 보험사고의 발생을 요건으로 하기 때문에, 보험계약자 등은 보험사고가 발생한 때부터 손해방지의무를 부담한다.

② 보험사고 발생 시 또는 보험사고가 발생한 것과 같게 볼 수 있는 경우에 피보험자의 법률상 책임 여부가 판명되지 아니한 상태에서 피보험자가 손해확대방지를 위한 긴급한 행위를 하였다면 이로 인하여 발생한 필요 · 유익한 비용도 상법 제680조 제1항의 규정에 따라 보험자가 부담하여야 한다[대법원 2003. 6. 27. 선고 2003다6958 판결].

③ 상법 제680조 제1항에 규정된 '손해방지비용'은 보험자가 담보하고 있는 보험사고가 발생한 경우에 보험사고로 인한 손해의 발생을 방지하거나 손해의 확대를 방지함은 물론 손해를 경감할 목적으로 행하는 행위에 필요하거나 유익하였던 비용을 말하는 것이고, 같은 법 제720조 제1항에 규정된 '방어비용'은 피해자가 보험사고로 인적 · 물적 손해를 입고 피보험자를 상대로 손해배상청구를 한 경우에 그 방어를 위하여 지출한 재판상 또는 재판 외의 필요비용을 말하는 것으로서, 위 두 비용은 서로 구별되는 것이므로, 보험계약에 적용되는 보통약관에 손해방지비용과 관련한 별도의 규정을 두고 있다고 하더라도, 그 규정이 당연히 방어비용에 대하여도 적용된다고 할 수는 없다[대법원 2006. 6. 30. 선고 2005다21531 판결].

20 선박의 감항능력에 대한 설명으로 옳지 않은 것은? (다툼이 있는 경우 판례에 의함)

① 선박 또는 운임을 보험에 붙인 경우에 발항 당시 안전하게 항해를 하기에 필요한 준비를 하지 아니 하거나 필요한 서류를 비치하지 아니함으로써 인하여 생긴 손해에 대해 보험자는 면책된다.

② 적하보험의 경우에는 선박의 감항능력 흠결에 따른 면책이 적용되지 아니한다.

③ 감항능력은 특정한 항해에서 통상적인 위험을 견딜 수 있는 능력을 의미하므로 선박의 감항능력 판단에 있어 절대적 · 확정적 기준이 된다.

④ 출항준비를 하는 자가 위험지역이 표시된 최신 해도를 비치하지 아니하였고, 이를 알고 있음에도 불구하고 그대로 출항하였다면 감항능력 결여로서 보험자는 면책된다.

TIP ③ 보험증권에 그 준거법을 영국의 법률과 관습에 따르기로 하는 규정과 아울러 감항증명서의 발급을 담보한다는 내용의 명시적 규정이 있는 경우 이는 영국 해상보험법 제33조 소정의 명시적 담보에 관한 규정에 해당하고, 명시적 담보는 위험의 발생과 관련하여 중요한 것이든 아니든 불문하고 정확하게(exactly) 충족되어야 하는 조건(condition)이라 할 것인데, 해상보험에 있어서 감항성 또는 감항능력이 '특정의 항해에 있어서의 통상적인 위험에 견딜 수 있는 능력'(at the time of the insurance able to perform the voyage unless any external accident should happen)을 의미하는 상대적인 개념으로서 어떤 선박이 감항성을 갖추고 있느냐의 여부를 확정하는 확정적이고 절대적인 기준은 없으며 특정 항해에 있어서의 특정한 사정에 따라 상대적으로 결정되어야 하는 점 등에 비추어 보면, 부보선박이 특정 항해에 있어서 그 감항성을 갖추고 있음을 인정하는 감항증명서는 매 항해시마다 발급받아야 비로소 그 담보조건이 충족된다[대법원 1996. 10. 11. 선고 94다60332 판결].

① 「상법」 제706조(해상보험자의 면책사유)

② 상법 제706조(해상보험자의 면책사유) 제1호에 따라 선박보험, 운임보험에서 감항능력 주의의무 위반으로 생긴 손해의 경우 보험자는 면책되지만 적하보험의 경우에는 적용되지 않는다.

④ 원고 1은 경성호의 선장으로서 항상 최신의 항해안전 정보를 담고 있는 대축적 해도를 구비하여 항해하여야 하고 안전한 항로를 선정하여야 할 주의의무가 있음에도 이를 소홀히 하여 장안서 인천항 입항항로가 표시되어 있지 아니한 지피에스 플로터에 전적으로 의존하여 항해하도록 함으로써 충돌에 이르게 하였고, 원고 소외 1은 경성호의 항해사로서 시계(視界)가 제한된 상태에서 레이더만으로 유니콘마리너호를 탐지한 경우, 매우 근접한 상태가 되고 있는지 또는 충돌의 위험이 있는지 여부를 판단하여야 하고 충분한 시간적 여유를 두고 피항 동작을 취하여야 하며, 앞쪽에 있는 유니콘마리너호와 매우 근접한 상태가 되는 것을 피할 수 없는 경우, 침로 유지에 필요한 최소의 속력으로 감속하든지 또는 필요하면 진행을 완전히 멈추어야 하고 충돌의 위험성이 사라질 때까지 주의하여 항행하여야 할 주의의무가 있음에도 이를 소홀히 하여 충돌에 이르게 하였다고 할 것인바, 같은 취지의 이 사건 징계재결에 사실을 잘못 인정한 위법이 있다고 할 수 없고, 또한 위와 같은 원고들의 과실 내용과 상대 선박의 과실 내용 및 피해 등의 제반 사정을 모두 고려할 때, 각 견책을 내용으로 한 이 사건 징계재결이 원고들에게 지나치게 가혹하여 형평을 잃은 것이라고도 할 수 없으므로, 이에 반한 주장을 기초로 한 이 사건 징계재결의 취소청구는 받아들일 수 없다[대법원 2007. 7. 13. 선고 2005추93 판결].

ANSWER

19.④ 20.③

21 다음은 상법 제666조 손해보험증권에 반드시 기재되어야 하는 사항을 나열한 것이다. 이에 해당하지 않은 것으로 묶인 것은?

> ㉠ 보험사고의 성질
> ㉡ 보험기간을 정한 때에는 그 시기와 종기
> ㉢ 무효와 실권의 사유
> ㉣ 보험자의 상호와 주소
> ㉤ 보험목적의 소재지, 구조와 용도
> ㉥ 보험가액을 정한 때에는 그 가액

① ㉠㉢㉣
② ㉡㉢㉤
③ ㉢㉣㉥
④ ㉣㉤㉥

TIP **손해보험증권** … 손해보험증권에는 다음의 사항을 기재하고 보험자가 기명날인 또는 서명하여야 한다〈상법 제666조〉.

1. 보험의 목적
2. 보험사고의 성질
3. 보험금액
4. 보험료와 그 지급방법
5. 보험기간을 정한 때에는 그 시기와 종기
6. 무효와 실권의 사유
7. 보험계약자의 주소와 성명 또는 상호
8. 피보험자의 주소, 성명 또는 상호
9. 보험계약의 연월일
10. 보험증권의 작성지와 그 작성년월일

※ **화재보험증권** … 화재보험증권에는 제666조에 게기한 사항외에 다음의 사항을 기재하여야 한다〈상법 제685조〉.

1. 건물을 보험의 목적으로 한 때에는 그 소재지, 구조와 용도
2. 동산을 보험의 목적으로 한 때에는 그 존치한 장소의 상태와 용도
3. 보험가액을 정한 때에는 그 가액

22 자동차손해배상보장법 제3조의 운행자성에 대한 설명으로 옳지 않은 것은? (다툼이 있는 경우 판례에 의함)

① 절취운전의 경우 자동차 보유자는 원칙적으로 자동차를 절취 당하였을 때 운행지배와 운행이익을 잃어버린다.
② 자동차의 보유자가 음주 기타 운전 장애사유 등으로 인하여 일시적으로 타인에게 대리운전을 시킨 경우, 대리운전자의 과실로 인하여 발생한 차량사고의 피해자에 대한 관계에서는 자동차의 보유자가 객관적, 외형적으로 운행지배와 운행이익을 가지고 있다.
③ 절취운전 중 사고가 일어난 시간과 장소 등에 비추어 볼 때에 자동차 보유자의 운행지배와 운행이익이 잔존하고 있다고 평가할 수 있는 경우라면 자동차를 절취당한 자동차보유자에게 운행자성을 인정할 수 있다.
④ 호텔이나 유흥음식점에서의 차량 보관 등을 하는 경우 업소에 맡긴 차량을 주차관리자가 차량소유자의 승낙 없이 운전하다가 사고를 야기한 경우, 차량소유자는 차량에 대한 운행지배를 상실하지 않는다.

TIP ④ 여관이나 음식점 등의 공중접객업소에서 주차 대행 및 관리를 위한 주차요원을 일상적으로 배치하여 이용객으로 하여금 주차요원에게 자동차와 시동열쇠를 맡기도록 한 경우에 위 자동차는 공중접객업자가 보관하는 것으로 보아야 하고 위 자동차에 대한 자동차 보유자의 운행지배는 떠난 것으로 볼 수 있다. 그러나 자동차 보유자가 공중접객업소의 일반적 이용객이 아니라 공중접객업자와의 사업·친교 등 다른 목적으로 공중접객업소를 방문하였음에도 호의적으로 주차의 대행 및 관리가 이루어진 경우, 일상적으로는 주차대행이 행하여지지 않는 공중접객업소에서 자동차 보유자의 요구에 의하여 우발적으로 주차의 대행 및 관리가 이루어진 경우 등 자동차 보유자가 자동차의 운행에 대한 운행지배와 운행이익을 완전히 상실하지 아니하였다고 볼 만한 특별한 사정이 있는 경우에는 달리 보아야 한다[대법원 2009. 10. 15. 선고 2009다42703,42710 판결].

①③ 자동차손해배상보장법 제3조가 규정하는 '자기를 위하여 자동차를 운행하는 자'는 자동차에 대한 운행을 지배하여 그 이익을 향수하는 책임주체로서의 지위에 있는 자를 의미하므로, 자동차 보유자와 고용관계 또는 가족관계가 있다거나 지인(知人) 관계가 있는 등 일정한 인적 관계가 있는 사람이 자동차를 사용한 후 이를 자동차 보유자에게 되돌려 줄 생각으로 자동차 보유자의 승낙을 받지 않고 무단으로 운전을 하는 협의의 무단운전의 경우와 달리 자동차 보유자와 아무런 인적 관계도 없는 사람이 자동차를 보유자에게 되돌려 줄 생각 없이 자동차를 절취하여 운전하는 이른바 절취운전의 경우에는 자동차 보유자는 원칙적으로 자동차를 절취당하였을 때에 운행지배와 운행이익을 잃어버렸다고 보아야 할 것이고, 다만 예외적으로 자동차 보유자의 차량이나 시동열쇠 관리상의 과실이 중대하여 객관적으로 볼 때에 자동차 보유자가 절취운전을 용인하였다고 평가할 수 있을 정도가 되고, 또한 절취운전 중 사고가 일어난 시간과 장소 등에 비추어 볼 때에 자동차 보유자의 운행지배와 운행이익이 잔존하고 있다고 평가할 수 있는 경우에 한하여 자동차를 절취당한 자동차 보유자에게 운행자성을 인정할 수 있다[대법원 1998. 6. 23. 선고 98다10380 판결]

② 자동차의 소유자 또는 보유자가 주점에서의 음주 기타 운전장애 사유 등으로 인하여 일시적으로 타인에게 자동차의 열쇠를 맡겨 대리운전을 시킨 경우, 위 대리운전자의 과실로 인하여 발생한 차량사고의 피해자에 대한 관계에서는 자동차의 소유자 또는 보유자가 객관적, 외형적으로 위 자동차의 운행지배와 운행이익을 가지고 있다고 보는 것이 상당하고, 대리운전자가 그 주점의 지배인 기타 종업원이라 하여 달리 볼 것은 아니다[대법원 1994. 4. 15. 선고 94다5502 판결].

ANSWER
21.④ 22.④

23 해상보험에 대한 설명으로 옳지 않은 것은? (다툼이 있는 경우 판례에 의함)

① 선박보험에 있어 피보험이익은 선박소유자의 이익 외에 담보권자의 이익, 선박임차인의 사용이익도 포함되므로 선박임차인도 추가보험의 보험계약자 및 피보험자가 될 수 있다.

② 적하보험에 있어 적하는 해상운송의 객체가 될 수 있는 것으로서 경제적 가치가 있어야 하며, 살아 있는 동물은 운송계약에 있어 면책사유에 해당하므로 운송은 가능하나 적하에 포함되지 않는다.

③ 선비보험이란 선박의 의장 기타 선박의 운항에 요하는 모든 비용에 대해 가지는 피보험이익에 대한 보험이다.

④ 불가동손실보험은 해난사고로 인해 선박소유자 등 이 입게 되는 간접손해가 선박보험에 의해 담보되지 않으므로 이를 보상하기 위한 보험이다.

TIP ② 적하보험은 해상물건운송의 대상인 운송물(화물로 경제적 가치가 있는 모든 물건으로서 생동물도 포함)을 보험의 목적으로 하여 그 적하에 대한 이익을 피보험이익으로 한 보험이다. 즉, 생물도 적하보험의 대상이 될 수 있다.

① 선박보험의 피보험이익은 선박소유자의 이익 외에 담보권자의 이익, 선박임차인의 사용이익도 포함된다. 따라서 선박임차인도 추가보험의 보험계약자 및 피보험자가 될 수 있다.

③ 선비보함이란 선박의 의장, 기타 선박의 운항에 필요한 모든 비용을 피보험이익으로 하는 보험을 말한다. 상법 제706조(해상보험자의 면책사유)에 의거하여 항해 중의 통상비용인 도선료, 입항료, 등대료, 검역료 기타 선박 또는 적하에 관한 항해 중의 통상비용은 면책이므로 선비보험에서 보상하지 않는다.

④ 선박불가동 손실보험은 영국, 미국, 노르웨이의 선체 및 기관보험에서 열거하고 있는 위험 또는 전기 기계와 기관을 포함한 기계의 고장으로 선박이 불가동상태가 되어 운항자가 입는 손실을 보상하는 보험이다. 이는 사고로 인한 직접 손해가 아니라 간접손해를 담보로 하므로 특약 가입이 아닌 경우 보상 대상이 되지 않는다.

24 예정보험에 대한 설명으로 옳지 않은 것은? (다툼이 있는 경우 판례에 의함)

① 예정보험이란 계약체결 당시에 보험계약의 주요 원칙에 대해서만 일단 합의를 하고 적하물의 종류나 이를 적재할 선박, 보험금액 등 보험증권에 기재되어야 할 보험계약 내용의 일부가 확정되지 않은 보험을 말한다.

② 화물을 적재할 선박이 미확정된 상태에서 보험계약을 체결한 후 보험계약자 또는 피보험자가 당해 화물이 선적되었음을 안 때에는 이를 지체 없이 보험자에 대하여 선박의 명칭, 국적과 화물의 종류, 수량과 가액의 통지를 발송하여야 한다.

③ 선박미확정의 적하예정보험에 있어 보험계약자등 이 통지의무를 위반한 때에 보험자는 그 사실을 안 날로부터 1월 내에 계약을 해지할 수 있다.

④ 포괄적 예정보험은 일정한 기간 동안 일정한 조건에 따라 정해지는 다수의 선적화물에 대해 포괄적 · 계속적으로 보험의 목적으로 하므로 화주는 개개 화물의 운송의 경우라 하더라도 그 명세를 보험자에게 통지할 필요가 없다.

TIP ④ 일정한 표준에 따라 정해지는 다수보험의 목적에 대해 포괄적으로 체결되는 계속적 예정보험계약이나 예정 재보험 등을 일컫는다. 포괄적 예정보험에서의 화주는 개개 화물의 운송의 경우여도 명세를 보험자에게 통지하여야 한다.

① 예정보험이란 보험계약 내용의 일부 또는 전부가 계약 할 때에 확정되어 있지 않은 보험계약을 말한다. 해상 · 운송 · 재보험 · 화재보험(총괄보험의 경우)에서 이용되며, 특히 해상보험에서 가장 많이 이용되고 있다.

②③ 「상법」 제704조(선박미확정의 적하예정보험)

25 **책임보험에 있어 제3자의 직접청구권에 대한 설명으로 옳지 않은 것은? (다툼이 있는 경우 판례에 의함)**

① 책임보험에서 피해자의 직접청구권은 약관에서 이를 인정하는 경우에 한하여 인정된다.

② 피해자의 직접청구권에 따라 보험자가 부담하는 손해배상채무는 보험계약을 전제로 하는 것으로서 보험계약에 따른 보험자의 책임 한도액의 범위 내에서 인정된다.

③ 피해자에게 인정되는 직접청구권의 법적 성질은 피해자가 보험자에 대하여 가지는 손해배상청구권이지 피보험자의 보험자에 대한 보험금청구권의 변형 내지는 이에 준하는 권리가 아니다.

④ 직접청구권의 소멸시효기간은 피해자의 손해배상 청구권의 소멸시효기간과 동일하다.

TIP ① 제3자는 피보험자가 책임을 질 사고로 입은 손해에 대하여 보험금액의 한도 내에서 보험자에게 직접 보상을 청구할 수 있다〈상법 제724조(보험자와 제3자와의 관계) 제2항 전단〉.

② 「상법」 제724조(보험자와 제3자와의 관계) 제2항

③ 상법 제724조 제2항에 의하여 피해자에게 인정되는 직접청구권의 법적 성질은 보험자가 피보험자의 피해자에 대한 손해배상채무를 병존적으로 인수한 것으로서 피해자가 보험자에 대하여 가지는 손해배상청구권이고, 피보험자의 보험자에 대한 보험금청구권의 변형 내지는 이에 준하는 권리가 아니다. 그러나 이러한 피해자의 직접청구권에 따라 보험자가 부담하는 손해배상채무는 보험계약을 전제로 하는 것으로서 보험계약에 따른 보험자의 책임 한도액의 범위 내에서 인정되어야 한다[대법원 2019. 1. 17. 선고 2018다245702 판결].

④ 피해자의 직접청구권의 소멸시효는 상법에서 규정된 바가 없다. 직접청구권을 손해배상청구권으로 해석하여 민법 제766조(손해배상청구권의 소멸시효)를 적용하여 피해자나 그 법정대리인이 그 손해 및 가해자를 안 날로부터 3년간 이를 행사하지 아니하면 시효로 인하여 소멸한다고 본다.

ANSWER

23.② 24.④ 25.①

26 자동차보험에 있어 승낙피보험자에 대한 설명으로 옳지 않은 것은? (다툼이 있는 경우 판례에 의함)

① 렌터카 회사로부터 차량을 빌린 경우 차량을 빌린 사람은 승낙피보험자이다.

② 자동차를 매수하고 소유권이전등록을 마치지 아니한 채 자동차를 인도받아 운행하면서 매도인과의 합의 아래 그를 피보험자로 한 자동차종합보험계약을 체결하였다 하더라도 매수인은 기명피보험자의 승낙을 얻어 자동차를 사용 또는 관리하는 승낙피보험자로 볼 수 없다.

③ 승낙피보험자는 기명피보험자로부터 명시적 · 개별적 승낙을 받아야만 하는 것이 아니고, 묵시적 · 포괄적인 승낙이어도 무방하다.

④ 보험계약의 체결 후에 매매가 이루어져 기명피보험자인 매도인이 차량을 인도하고 소유권이전등록을 마친 경우 그 기명피보험자는 운행지배를 상실한 것이므로, 매수인이 기명피보험자의 승낙을 얻어서 자동차를 사용 또는 관리 중인 승낙피보험자로 볼 수 없다.

TIP ② 차량을 매수하였으나 수리비정리 등의 사유로 이전등록을 하지 않고 있는 사이에 보험기간이 만료되어 매수인이 보험회사와 자동차종합보험계약을 체결하면서 피보험자 명의를 보험회사의 승낙을 얻어 공부상 소유명의인으로 하였다면 보험계약상 기명피보험자가 공부상 소유명의자로 되어 있다 하더라도 실질적인 피보험자는 매수인이다[대법원 1993. 4. 13. 선고 92다6693 판결].

① 렌터카 회사로부터 차량을 빌린 경우, 렌터카 회사는 기명피보험자가 되며 차량을 빌린 사람은 승낙피보험자가 된다.

③ 자동차종합보험 보통약관에서 피보험자를 보험증권에 기재된 기명피보험자, 기명피보험자의 승낙을 얻어 피보험자동차를 사용 · 관리중인 승낙피보험자 등으로 열거하여 규정하고 있는 경우 승낙피보험자는 기명피보험자로부터의 명시적, 개별적 승낙을 받아야만 하는 것이 아니고 묵시적, 포괄적인 승낙이어도 무방하나, 그 승낙은 기명피보험자로부터의 승낙임을 요하고, 기명피보험자로부터의 승낙인 이상 승낙피보험자에게 직접적으로 하건 전대를 승낙하는 등 간접적으로 하건 상관이 없다[대법원 1993. 1. 19. 선고 92다32111 판결].

④ 자동차 리스계약을 승계함에 따라 새로이 운행이익과 운행지배를 취득한 경우에는 피보험자동차가 양도된 경우에 해당하고, 이미 운행이익과 운행지배를 상실한 종전 대여시설이용자인 기명피보험자로부터 자동차의 사용을 허락받은 사람을 승낙피보험자의 지위에 있다고 볼 수 없다[대법원 2010. 4. 15. 선고 2009다100616 판결].

27 보증보험에 있어 보상책임에 대한 설명으로 옳지 않은 것은? (다툼이 있는 경우 판례에 의함)

① 보증보험자는 보험계약자의 채무불이행 등으로 인하여 피보험자가 입은 모든 손해를 보상하는 것이 아니라 약관에서 정한 절차에 따라 보험금액의 한도 내에서 피보험자가 실제로 입은 손해를 보상한다. 단 정액보상에 대한 합의가 당사자 사이에 있는 경우에는 약정된 정액금을 지급한다.

② 보증보험계약 체결 당시에 이미 주계약상의 채무 불이행 발생이 불가능한 경우에는 보증보험계약은 무효이므로 선의의 제3자라 하더라도 보증보험계약의 유효를 주장할 수 없다.

③ 보증보험에 있어서의 보험사고는 불법행위 또는 채무불이행 등으로 발생하는 것이고 불법행위나 채무불이행 등은 보험계약자의 고의 또는 과실을 그 전제로 하나, 보험계약자에게 고의 또는 중대한 과실이 있는 경우 보험자의 면책을 규정한 상법의 규정은 보증보험에도 적용된다.

④ 피보험자가 정당한 이유 없이 사고발생을 통지하지 않거나 보험자의 협조요구에 응하지 않음으로 인해 손해가 증가되었다면 보험자는 이러한 사실을 입증함으로써 증가된 손해에 대한 책임을 면할 수 있다.

TIP 보증보험계약에 관하여는 보험계약자의 사기, 고의 또는 중대한 과실이 있는 경우에도 이에 대하여 피보험자에게 책임이 있는 사유가 없으면 제651조, 제652조, 제653조 및 제659조제1항을 적용하지 아니한다〈상법 제726조의6(적용제외) 제2항〉. 보험계약자의 고의 또는 중과실로 인한 보험사고의 경우 보험자의 면책을 규정한 상법 제659조 제1항은 보증보험의 경우에는 특별한 사정이 없는 한 그 적용이 없다[대법원 1998. 3. 10. 선고 97다20403 판결].

28 **인보험에 관한 설명으로 옳지 않은 것은?**

① 보험자가 피보험자의 생명 또는 신체에 관하여 보험 사고가 생길 경우에 보험계약으로 정하는 바에 따라 보험금이나 기타 급여를 지급하고, 이에 대하여 상대방은 보험료를 지급할 것을 약정하는 보험계약이다.
② 생명보험은 정액보험의 형태로만 운영되고, 상해 · 질병보험은 부정액보험의 형태로도 운영될 수 있다.
③ 보험금은 일시지급 또는 분할지급으로 할 수 있다.
④ 모든 자연인은 보험의 목적이 될 수 있다.

TIP ④ 인보험 목적에서의 자연인이란 사람의 생명 또는 신체를 뜻한다. 그러나 15세 미만자, 심신상실자, 의사능력이 없는 심신박약자는 서면 동의를 받아도 보험의 목적인 피보험자가 될 수 없다.
①③ 「상법」 제727조(인보험자의 책임)
② 생명보험은 보험계약 당시 정한 금액을 보험사고 발생 시에 보험금으로 결정하여 지급하는 보험으로 정액보험의 형태로만 운영된다. 상해보험과 질병보험은 보험사고에 의한 실제 손해액에 따라 보험금을 결정하는 부정액보험 형태로 운영될 수 있다.

29 **피보험이익과 관련한 설명으로 옳지 않은 것은? (다툼이 있는 경우 판례에 의함)**

① 피보험이익이란 보험의 목적에 대하여 보험사고의 발생여부에 따라 피보험자가 가지게 되는 경제적 이익 또는 이해관계를 의미한다.
② 무보험자동차에 의한 상해를 담보하는 보험은 상해보험의 성질을 가지고 있으므로, 이 경우에는 중복보험의 법리가 적용되지 않는다.
③ 상법상 생명보험에서는 피보험이익 및 보험가액은 존재하지 않기 때문에 중복보험의 문제가 발생하지 않는다.
④ 상법은 손해보험에 관하여 피보험이익을 인정하는 규정을 두고 있는 반면, 인보험에서는 별도의 규정이 없다.

TIP 하나의 사고에 관하여 여러 개의 무보험자동차특약보험계약이 체결되고 그 보험금액의 총액이 피보험자가 입은 손해액을 초과하는 때에는 손해보험에 관한 상법 제672조 제1항이 준용되어 보험자는 각자의 보험금액의 한도에서 연대책임을 지고, 이 경우 각 보험자 사이에서는 각자의 보험금액의 비율에 따른 보상책임을 진다[대법원 2016. 12. 29. 선고 2016다217178 판결].

ANSWER
26.② 27.③ 28.④ 29.②

30 인보험에서 보험자 대위에 관한 설명으로 옳은 것은? (다툼이 있는 경우 판례에 의함)

① 인보험에서 보험자는 보험사고로 인하여 생긴 보험계약자 또는 보험수익자의 제3자에 대한 권리를 대위하여 행사할 수 있다.

② 자기신체사고 자동차보험은 그 성질상 상해보험에 속한다고 할 것이므로, 그 보험계약상 타 차량과의 사고로 보험사고가 발생하여 피보험자가 상대차량이 가입한 자동차보험 또는 공제계약의 대인배상에 의한 보상을 받을 수 있는 경우에 자기신체사고에 대하여 약관에 정해진 보험금에서 대인배상 으로 보상받을 수 있는 금액을 공제한 액수만을 지급하기로 약정되어 있어 결과적으로 보험자대위 를 인정하는 것과 같은 결과가 초래하는바, 이 계약은 제3자에 대한 보험대위를 금지한 상법 제729조를 피보험자에게 불이익하게 변경한 것이다.

③ 상해보험의 경우 보험자와 보험계약자 또는 피보험자 사이에 피보험자의 제3자에 대한 권리를 대 위하여 행사할 수 있다는 취지의 약정이 없는 한, 피보험자가 제3자로부터 손해배상을 받더라도 이 에 관계없이 보험자는 보험금을 지급할 의무가 있고, 피보험자의 제3자에 대한 권리를 대위하여 행사할 수도 없다.

④ 제3자에 대한 보험대위를 금지한 상법 제729조 본문의 규정 취지상 정액보상 방식의 인보험에서 피보험자 등은 보험자와의 다른 원인관계나 대가관계 등에 의하여 자신의 제3자에 대한 권리를 보험자에게 양도하는 것은 불가능하다.

TIP ③ 「상법」 제682조(제3자에 대한 보험대위) 제1항

① 보험자는 보험사고로 인하여 생긴 보험계약자 또는 보험수익자의 제3자에 대한 권리를 대위하여 행사하지 못한다〈상법 제729조(제3자에 대한 보험대위의 금지) 전단〉.

② 자기신체사고 자동차보험은 피보험자가 피보험자동차를 소유 · 사용 · 관리하는 동안에 생긴 피보험자동차의 사고로 인하여 상해를 입었을 때에 약관이 정하는 바에 따라 보험자가 보험금을 지급할 책임을 지는 것으로서 인보험의 일종이기는 하나, 피보험자가 급격하고도 우연한 외부로부터 생긴 사고로 인하여 신체에 상해를 입은 경우에 그 결과에 따라 정해진 보상금을 지급하는 보험이어서 그 성질상 상해보험에 속한다고 할 것이므로, 그 보험계약상 타 차량과의 사고로 보험사고가 발생하여 피보험자가 상대차량이 가입한 자동차보험 또는 공제계약의 대인배상에 의한 보상을 받을 수 있는 경우에 자기신체사고에 대하여 약관에 정해진 보험금에서 위 대인배상으로 보상받을 수 있는 금액을 공제한 액수만을 지급하기로 약정되어 있어 결과적으로 보험자 대위를 인정하는 것과 같은 효과를 초래한다고 하더라도, 그 계약 내용이 위 상법 제729조를 피보험자에게 불이익하게 변경한 것이라고 할 수는 없다[대법원 2001. 9. 7. 선고 2000다21833 판결].

④ 상법 제729조 전문이나 보험약관에서 보험자대위를 금지하거나 포기하는 규정을 두고 있는 것은, 손해보험의 성질을 갖고 있지 아니한 인보험에 관하여 보험자대위를 허용하게 되면 보험자가 보험사고 발생시 보험금을 피보험자나 보험수익자(이하 '피보험자 등'이라고 한다)에게 지급함으로써 피보험자 등의 의사와 무관하게 법률상 당연히 피보험자 등의 제3자에 대한 권리가 보험자에게 이전하게 되어 피보험자 등의 보호에 소홀해질 우려가 있다는 점 등을 고려한 것이므로, 피보험자 등의 제3자에 대한 권리의 양도가 법률상 금지되어 있다거나 상법 제729조 전문 등의 취지를 잠탈하여 피보험자 등의 권리를 부당히 침해하는 경우에 해당한다는 등의 특별한 사정이 없는 한, 상법 제729조 전문이나 보험약관에서 보험자대위를 금지하거나 포기하는 규정을 두고 있다는 사정만으로 피보험자 등이 보험자와의 다른 원인관계나 대가관계 등에 기하여 자신의 제3자에 대한 권리를 보험자에게 자유롭게 양도하는 것까지 금지된다고 볼 수는 없다[대법원 2007. 4. 26. 선고 2006다54781 판결].

31 타인의 생명보험계약에서 피보험자의 동의의 철회에 관한 설명으로 옳지 않은 것은? (다툼이 있는 경우 판례에 의함)

① 피보험자는 계약성립 전까지 동의를 철회할 수 있다.
② 보험수익자와 보험계약자의 동의가 있을 경우 계약의 효력이 발생한 후에도 피보험자는 동의를 철회할 수 있다.
③ 계약성립 이후에는 피보험자가 서면동의를 할 때 전제가 되었던 사정에 중대한 변경이 있는 경우에도 피보험자는 동의를 철회할 수 없다.
④ 동의 행위 자체에 흠결이 있었다면 민법의 원칙에 따라 그 동의에 대해 무효 또는 취소를 주장할 수 있다.

TIP ③ 임직원으로 재직하고 있던 원고들이 그 재직 중 보험사고를 당할 경우 원고들의 유가족에게 지급할 위로금 등을 마련하기 위하여 체결된 것이고, 그 때문에 원고들이 피보험자로서 이 사건 각 보험계약의 체결에 동의하였으며, 원고들과 피고 회사뿐만 아니라 보험회사들도 위 각 보험계약 체결 당시 그러한 사정을 잘 알고 있었으므로, 원고들이 피고 회사에 계속 재직한다는 점은 이 사건 각 보험계약에 대한 원고들의 동의의 전제가 되는 사정에 해당하고, 따라서 원고들이 피고 회사에서 퇴직함으로써 이 사건 각 보험계약의 전제가 되는 사정에 중대한 변경이 생긴 이상, 원고들은 이 사건 각 보험계약에 대한 동의를 철회할 수 있게 되었다고 판단하였다[대법원 2013. 11. 14. 선고 2011다101520 판결].

①② 피보험자의 동의 철회에 관하여 보험약관에 아무런 규정이 없고 계약당사자 사이에 별도의 합의가 없었다고 하더라도, 피보험자가 서면동의를 할 때 기초로 한 사정에 중대한 변경이 있는 경우에는 보험계약자 또는 보험수익자의 동의나 승낙 여부에 관계없이 피보험자는 그 동의를 철회할 수 있다[대법원 2013. 11. 14. 선고 2011다101520 판결].

④ 타인의 사망을 보험사고로 하는 보험계약의 체결에 있어서 보험모집인은 보험계약자에게 피보험자의 서면동의 등의 요건에 관하여 구체적이고 상세하게 설명하여 보험계약자로 하여금 그 요건을 구비할 수 있는 기회를 주어 유효한 보험계약이 체결되도록 조치할 주의의무가 있고, 그럼에도 보험모집인이 위와 같은 설명을 하지 아니하는 바람에 위 요건의 흠결로 보험계약이 무효가 된다[대법원 2006. 4. 27. 선고 2003다60259 판결].

32 단체보험에 관한 설명으로 옳지 않은 것은? (다툼이 있는 경우 판례에 의함)

① 단체생명보험은 어느 특정회사 또는 공장 등의 단체 구성원 전부 또는 일부를 포괄적으로 피보험자로 하여 그의 생사를 보험사고로 하는 보험계약을 말한다.
② 단체보험에서는 구성원이 단체에 가입 · 탈퇴함으로써 당연히 피보험자의 자격을 취득하거나 상실한다.
③ 단체생명보험은 타인의 생명보험계약의 일종으로 볼 수 있다.
④ 회사의 직원이 퇴사한 후에 사망하는 보험사고가 발생한 경우 회사가 퇴사한 후에도 직원에 대한 보험료를 계속 납입하였다면 원칙적으로 단체보험의 해당 피보험자 자격은 유지된다.

TIP 단체가 구성원의 전부 또는 일부를 피보험자로 하고 보험계약자 자신을 보험수익자로 하여 체결하는 생명보험계약 내지 상해보험계약은 단체의 구성원에 대하여 보험사고가 발생한 경우를 부보함으로써 단체 구성원에 대한 단체의 재해보상금이나 후생복리비용의 재원을 마련하기 위한 것이므로, 피보험자가 보험사고 이외의 사고로 사망하거나 퇴직 등으로 단체의 구성원으로서의 자격을 상실하면 그에 대한 단체보험계약에 의한 보호는 종료되고, 구성원으로서의 자격을 상실한 종전 피보험자는 보험약관이 정하는 바에 따라 자신에 대한 개별계약으로 전환하여 보험 보호를 계속 받을 수 있을 뿐이다[대법원 2007. 10. 12., 선고, 2007다42877,42884 판결].

ANSWER
30.③ 31.③ 32.④

33 보험자의 면책에 관한 설명으로 옳지 않은 것은? (다툼이 있는 경우 판례에 의함)

① 사망을 보험사고로 한 보험계약에서는 사고가 보험계약자 또는 피보험자나 보험수익자의 중대한 과실로 인하여 발생한 경우 보험자는 면책되지 않는다.

② 생명보험에서 보험계약자가 처음부터 피보험자를 살해하여 보험금을 편취할 목적으로 보험계약을 체결한 경우라면 이러한 보험계약은 반사회질서 법률행위로서 무효가 된다.

③ 둘 이상의 보험수익자 중 일부가 고의로 피보험자를 사망하게 한 경우에는 다른 보험수익자에 대한 보험금 지급책임도 면책된다.

④ 피보험자가 타인의 졸음운전으로 인하여 중상해를 입고 병원에 후송되었으나 피보험자가 수혈을 거부함으로써 사망에 이른 경우, 수혈거부 행위가 사망의 유일한 원인 중 하나였다는 점만으로는 보험자가 그 보험금의 지급책임을 면할 수는 없다.

TIP ③ 둘 이상의 보험수익자 중 일부가 고의로 피보험자를 사망하게 한 경우 보험자는 다른 보험수익자에 대한 보험금 지급책임을 면하지 못한다〈상법 제732조의2(중과실로 인한 보험사고 등) 제2항〉.
① 「상법」 제732조의2(중과실로 인한 보험사고 등) 제1항
② 생명보험은 생존과 사망을 보험사고로 한다. 보험계약자가 처음부터 피보험자를 살해하여 보험금 편취를 목적으로 할 경우 계약 체결은 무효가 된다.
④ 자신이 유발한 교통사고로 중상해를 입은 동승자를 병원으로 후송하였으나 동승자에 대한 수혈을 거부함으로써 사망에 이르게 한 경우, 수혈거부가 사망의 유일하거나 결정적인 원인이었다고 단정할 수 없다면 수혈거부행위가 사망의 중요한 원인 중 하나이었다는 점만으로는 보험회사가 보험금의 지급책임을 면할 수 없다[대법원 2004. 8. 20. 선고, 2003다26075 판결].

34 타인의 생명보험과 피보험자의 동의에 관한 설명으로 옳지 않은 것은?

① 타인의 생명보험이란 보험계약자가 제3자를 피보험자로 하여 체결한 생명보험계약이다.

② 타인의 생명보험계약이 성립한 후 보험수익자를 새롭게 지정·변경하려면 피보험자의 동의가 필요하다.

③ 타인의 생명보험에서 피보험자의 동의방식으로는 서면동의 외에도 전자서명법 및 동법 시행령에 따른 전자서명이나 전자문서도 포함된다.

④ 피보험자의 동의를 얻어 성립된 보험계약으로 인한 권리를 피보험자가 아닌 제3자에게 양도하는 경우에는 피보험자의 동의가 필요 없다.

TIP 보험계약으로 인하여 생긴 권리를 피보험자가 아닌 자에게 양도하는 경우에도 제1항과 같다〈상법 제731조(타인의 생명의 보험) 제2항〉.

35 **보험수익자의 지정 · 변경권에 관한 설명으로 옳은 것은?**

① 보험계약자가 보험수익자를 지정 · 변경하는 것은 반드시 서면에 의하여야 한다.
② 보험계약자가 보험수익자 지정권을 행사하지 않고 사망한 경우에는 피보험자를 보험수익자로 한다.
③ 보험계약자가 수익자를 지정한 후에 변경권을 행사하지 않고 사망한 경우에는 보험계약자의 상속인이 보험수익자가 된다.
④ 보험 존속중 지정된 보험수익자가 사망하는 경우 보험계약자는 보험수익자를 재지정할 수 있는데, 이 경우 보험계약자가 지정권을 행사하지 않고 사망한 경우에는 보험계약자의 상속인을 보험수익자로 한다.

TIP ② 「상법」 제733조(보험수익자의 지정 또는 변경의 권리) 제2항
① 보험계약자는 보험수익자를 변경할 권리가 있다(상법 제733조 제1항). 이러한 보험수익자 변경권은 형성권으로서 보험계약자가 보험자나 보험수익자의 동의를 받지 않고 자유로이 행사할 수 있고 그 행사에 의해 변경의 효력이 즉시 발생한다[대법원 2020. 2. 27. 선고 2019다204869 판결].
③ 보험계약자가 제1항의 지정권을 행사하지 아니하고 사망한 때에는 피보험자를 보험수익자로 하고 보험계약자가 제1항의 변경권을 행사하지 아니하고 사망한 때에는 보험수익자의 권리가 확정된다. 그러나 보험계약자가 사망한 경우에는 그 승계인이 제1항의 권리를 행사할 수 있다는 약정이 있는 때에는 그러하지 아니하다〈상법 제733조(보험수익자의 지정 또는 변경의 권리) 제2항〉.
④ 보험수익자가 보험존속 중에 사망한 때에는 보험계약자는 다시 보험수익자를 지정할 수 있다. 이 경우에 보험계약자가 지정권을 행사하지 아니하고 사망한 때에는 보험수익자의 상속인을 보험수익자로 한다〈상법 제733조(보험수익자의 지정 또는 변경의 권리) 제3항〉.

ANSWER
33.③ 34.④ 35.②

36 상해보험계약에서 보험자의 책임에 관한 설명으로 옳지 않은 것은? (다툼이 있는 경우 판례에 의함)

① 상해사망보험계약에서 면책약관으로 "선박승무원, 어부, 사공, 그 밖에 선박에 탑승하는 것을 직무로 하는 사람이 직무상 선박에 탑승하고 있는 동안 상해 관련 보험금 지급사유가 발생한 때에는 보험금을 지급하지 않는다."는 내용을 규정하고 있다면, 선원인 피보험자가 선박에 기관장으로 승선하여 조업차 출항하였다가 선박의 스크루에 그물이 감기게 되자 선장의 지시에 따라 잠수장비를 착용하고 바다에 잠수하여 그물을 제거하던 중 사망한 경우 보험자는 면책된다.

② 후유장해보험금의 청구권 소멸시효는 후유장해로 인한 손해가 발생한 때로부터 진행하고, 그 발생시기는 소멸시효를 주장하는 자가 입증하여야 한다.

③ 상해보험에 있어 계약체결 전에 이미 존재하였던 기왕증 또는 체질의 영향에 따라 상해가 중하게된 때에는 보험자는 약관에 별도의 규정이 없다 하더라도 피보험자의 체질 또는 소인 등이 보험사고의 발생 또는 확대에 기여하였다는 사유를 들어 보험금을 감액할 수 있다.

④ 상해보험에서 기여도에 따른 감액조항이 보험약관에 명시되어 있는 경우 그 사고가 후유증이라는 결과 발생에 대하여 기여하였다고 인정되는 기여도에 따라 그에 상응한 배상액을 가해자에게 부담 시켜야 할 것이므로 그 기여도를 정함에 있어서는 기왕증의 원인과 정도, 기왕증과 후유증과의 상관관계, 피해자의 연령과 직업 및 건강상태 등 제반사정을 종합적으로 고려하여 합리적으로 판단하여야 한다.

TIP ③ 상해보험은 피보험자가 보험기간 중에 급격하고 우연한 외래의 사고로 인하여 신체에 손상을 입는 것을 보험사고로 하는 인보험으로서, 일반적으로 외래의 사고 이외에 피보험자의 질병 기타 기왕증이 공동 원인이 되어 상해에 영향을 미친 경우에도 사고로 인한 상해와 그 결과인 사망이나 후유장해 사이에 인과관계가 인정되면 보험계약 체결시 약정한 대로 보험금을 지급할 의무가 발생하고, 다만 보험약관에 계약체결 전에 이미 존재한 신체장해, 질병의 영향에 따라 상해가 중하게 된 때에는 그 영향이 없었을 때에 상당하는 금액을 결정하여 지급하기로 하는 내용이 있는 경우에 한하여 그 약관 조항에 따라 피보험자의 체질 또는 소인 등이 보험사고의 발생 또는 확대에 기여하였다는 사유를 들어 보험금을 감액할 수 있다[대법원 2007. 10. 11. 선고 2006다42610 판결].

① 甲 보험회사가 乙과 체결한 보험계약 중 상해사망 담보는 피보험자인 乙이 보험기간 중 상해사고로 사망한 경우 보험가입금액을 지급하는 것을 보장 내용으로 하고, 면책약관으로 '선박승무원, 어부, 사공, 그 밖에 선박에 탑승하는 것을 직무로 하는 사람이 직무상 선박에 탑승하고 있는 동안 상해 관련 보험금 지급사유가 발생한 때에는 보험금을 지급하지 않는다.'는 내용을 규정하고 있는데, 乙이 선박에 기관장으로 승선하여 조업차 출항하였다가 선박의 스크루에 그물이 감기게 되자 선장의 지시에 따라 잠수장비를 착용하고 바다에 잠수하여 그물을 제거하던 중 사망한 사안에서, 위 사고는 선원인 乙이 직무상 선박에 탑승하고 있는 동안 발생한 사고라고 할 것이므로 면책약관이 적용된다고 볼 여지가 충분하다[대법원 2023. 2. 2. 선고 2022다272169 판결].

② 후유장해보험금의 청구권 소멸시효는 후유장해로 인한 손해가 발생한 때로부터 진행하며, 그 발생한 시기는 소멸시효를 주장하는 자가 입증한다.

④ 교통사고로 인한 피해자의 후유증이 그 사고와 피해자의 기왕증이 경합하여 나타난 것이라면, 그 사고가 후유증이라는 결과발생에 대하여 기여하였다고 인정되는 정도에 따라 그에 상응한 배상액을 부담케 하는 것이 손해의 공평한 부담이라는 견지에서 타당하고, 법원은 그 기여도를 정함에 있어서 기왕증의 원인과 정도, 기왕증과 후유증과의 상관관계, 피해자의 연령과 직업, 그 건강상태 등 제반 사정을 고려하여 합리적으로 판단하여야 할 것이다[대법원 1992. 5. 22. 선고 91다39320 판결].

37 인보험계약에서 중과실면책에 관한 설명으로 옳지 않은 것은? (다툼이 있는 경우 판례에 의함)

① 피보험자가 비록 음주운전 중 보험사고를 당하였다고 하더라도 그 사고가 고의에 의한 것이 아닌 이상 보험자는 음주운전 면책약관을 내세워 보험금 지급을 거절할 수 없다.
② 사망보험의 중과실면책 조항은 상해보험계약과 질병보험계약에도 준용된다.
③ 인보험계약 당사자가 보험계약자 등의 중과실로인한 보험사고에 대해 보험자가 면책되도록 하는 약정을 하였다면 이러한 약정은 상법 제663조 불이익변경금지 위반으로 무효이다.
④ 무면허 운전은 고의적인 범죄행위이고, 그 고의는 직접적으로 사망이나 상해에 관한 것이어서 보험자는 면책된다.

TIP 무면허운전사고 면책에 관한 보험약관의 규정이 보험사고가 전체적으로 보아 고의로 평가되는 행위로 인한 경우 뿐만 아니라 과실(중과실 포함)로 평가되는 행위로 인한 경우까지 포함하는 취지라면 과실로 평가되는 행위로 인한 사고에 관한 한 무효이고, 이는 그 보험약관이 재무부장관의 인가를 받았다 하여 달라지는 것은 아니라고 한 원심판단은 정당하고 나아가 이 사건 사고는 피보험자인 망 양 승복의 고의 또는 고의에 준하는 행위로 인한 것으로 볼 수 없다고 한 판단 역시 정당하다[대법원 1990. 5. 25., 선고, 89다카17591 판결].

38 질병보험에 관한 설명으로 옳지 않은 것은? (다툼이 있는 경우 판례에 의함)

① 질병보험계약의 보험자는 피보험자의 질병에 관한 보험사고가 발생할 경우 보험금이나 그 밖의 급여를 지급할 책임이 있다.
② 질병보험은 보험의 목적이 신체라는 점에서 생명보험과 유사하지만 보험사고가 불확정적이고 부정액방식으로 운영도 가능하다는 점에서는 손해보험의 성격도 가지고 있다.
③ 상해보험에서 담보되는 위험으로서 상해란 외부로 부터의 우연한 돌발적인 사고로 인한 신체의 손상을 뜻하므로, 그 사고의 원인이 피보험자의 신체의 외부로부터 작용하는 것을 말하고, 신체의 질병 등과 같은 내부적 원인에 기한 것은 상해보험에서 제외되고 질병보험 등의 대상이 된다.
④ 질병보험에 관하여는 그 성질에 반하지 않는 한 생명보험 및 상해보험뿐만 아니라 손해보험에 관한 규정을 준용한다.

TIP ④ 질병보험에 관하여는 그 성질에 반하지 아니하는 범위에서 생명보험 및 상해보험에 관한 규정을 준용한다〈상법 제739조의3(질병보험에 대한 준용규정)〉.
① 「상법」 제739조의2(질병보험자의 책임)
② 정액보험은 보험사고가 발생하였을 때 지급할 보험 금액이 미리 계약 시 정해져 있는 보험으로, 부정액보험은 사고 발생 후 실제 발생한 손해만 보상한다. 이득금지원칙을 적용하며 보험자 대위 적용, 손해방지의무 및 비용을 인정하여 손해보험의 성격도 가지고 있다.
③ 상해보험에서 담보되는 위험으로서 상해란 외부로부터의 우연한 돌발적인 사고로 인한 신체의 손상을 말하는 것이므로, 그 사고의 원인이 피보험자의 신체의 외부로부터 작용하는 것을 말하고 신체의 질병 등과 같은 내부적 원인에 기한 것은 제외되며, 이러한 사고의 외래성 및 상해 또는 사망이라는 결과와 사이의 인과관계에 관해서는 보험금청구자에게 그 증명책임이 있다[서울동부지법 2011. 3. 18. 선고 2010가합14573 판결 : 항소].

ANSWER
36.③ 37.④ 38.④

39 **생명보험계약 관계자에 관한 설명으로 옳지 않은 것은? (다툼이 있는 경우 판례에 의함)**

① 생명보험계약의 당사자는 보험자와 보험계약자이다.

② 생명보험계약에서 보험계약자의 지위를 변경하는 데 보험자의 승낙이 필요하다고 정하고 있는 경우, 보험계약자는 보험자의 승낙이 없는 한 일방적인 의사표시만으로 보험계약상의 지위를 이전할 수는 없다.

③ 피보험자는 자연인이어야 하며, 계약 체결 시부터 확정되어 있을 필요는 없다.

④ 보험수익자는 추상적으로 지정될 수도 있고, 상법상 수익자가 될 수 있는 특별한 자격이 있는 것도 아니다.

TIP ③ 보험수익자는 보험계약 체결 시에 확정되어 있지 않아도 되지만, 피보험자는 인보험에서 보험의 목적이기 때문에 계약 체결 시부터 확정되어야 한다.

① 생명보험계약의 당사자는 보험자와 보험계약자이다.

② 보험계약자의 지위 변경은 피보험자, 보험수익자 사이의 이해관계나 보험사고 위험의 재평가, 보험계약의 유지 여부 등에 영향을 줄 수 있다. 이러한 이유로 생명보험의 보험계약자 지위 변경에 보험자의 승낙을 요구한 것으로 볼 수 있다. 유증은 유언으로 수증자에게 일정한 재산을 무상으로 주기로 하는 단독행위로서 유증에 따라 보험계약자의 지위를 이전하는 데에도 보험자의 승낙이 필요하다고 보아야 한다. 보험계약자가 보험계약에 따른 보험료를 전액 지급하여 보험료 지급이 문제 되지 않는 경우에도 마찬가지이다. 유언집행자는 유증의 목적인 재산의 관리 기타 유언의 집행에 필요한 행위를 할 권리·의무가 있다. 유언집행자가 유증의 내용에 따라 보험자의 승낙을 받아서 보험계약상의 지위를 이전할 의무가 있는 경우에도 보험자가 승낙하기 전까지는 보험계약자의 지위가 변경되지 않는다[대법원 2018. 7. 12. 선고 2017다235647 판결].

④ 보험수익자는 인보험계약에서 보험금청구권을 행사하는 자를 말한다. 인원수나 자격에 제한이 없고 자연인·법인을 불문하며 특정인만이 아니라 불특정인(상속인·배우자)도 가능하다.

40 **소멸시효에 관한 설명으로 옳지 않은 것은? (다툼이 있는 경우 판례에 의함)**

① 보험계약자가 다수의 계약을 통하여 보험금을 부정 취득할 목적으로 체결한 보험계약이 민법 제103조에 의하여 무효인 경우, 보험금에 대한 부당 이득반환청구권에 대하여는 2년의 소멸시효기간이 적용된다.

② 무효인 보험계약에 따라 납부한 보험료에 대한 반환청구권은 특별한 사정이 없는 한 각 보험료를 납부한 시점부터 소멸시효가 진행된다.

③ 보험료채권의 지급확보를 위하여 수표를 받은 경우, 수표에 대한 소송상의 청구는 보험료채권의 소멸시효 중단의 효력이 있다.

④ (구) 상법 제662조에서 보험금청구권에 대하여 2년의 단기소멸시효를 규정하면서 그 기산점을 별도로 정하지 않은 것은 보험금청구권자의 재산권을 침해하지 않는다.

TIP 상행위인 계약의 무효로 인한 부당이득반환청구권은 민법 제741조의 부당이득 규정에 따라 발생한 것으로서 특별한 사정이 없는 한 민법 제162조 제1항이 정하는 10년의 민사 소멸시효기간이 적용되나, 부당이득반환청구권이 상행위인 계약에 기초하여 이루어진 급부 자체의 반환을 구하는 것으로서 채권의 발생 경위나 원인, 당사자의 지위와 관계 등에 비추어 법률관계를 상거래 관계와 같은 정도로 신속하게 해결할 필요성이 있는 경우 등에는 상법 제64조가 유추적용되어 같은 조항이 정한 5년의 상사 소멸시효기간에 걸린다. 이러한 법리는 실제로 발생하지 않은 보험사고의 발생을 가장하여 청구·수령된 보험금 상당 부당이득반환청구권의 경우에도 마찬가지로 적용할 수 있다[대법원 2021. 8. 19. 선고 2018다258074 판결].

※ 상법은 보험료반환청구권에 대하여 2년간 행사하지 아니하면 소멸시효가 완성한다는 취지를 규정할 뿐(제662조) 소멸시효의 기산점에 관하여는 아무것도 규정하지 아니하므로, 소멸시효는 민법 일반 법리에 따라 객관적으로 권리가 발생하고 그 권리를 행사할 수 있는 때로부터 진행한다. 그런데 상법 제731조 제1항을 위반하여 무효인 보험계약에 따라 납부한 보험료에 대한 반환청구권은 특별한 사정이 없는 한 보험료를 납부한 때에 발생하여 행사할 수 있다고 할 것이므로, 위 보험료반환청구권의 소멸시효는 특별한 사정이 없는 한 각 보험료를 납부한 때부터 진행한다[대법원 2011. 3. 24. 선고 2010다92612 판결].

ANSWER

39.③ 40.①

2024년 제47회 보험계약법

1 상법 제663조(보험계약자 등의 불이익변경금지)에 관한 설명으로 옳은 것은? (다툼이 있는 경우 판례에 의함)

① 보험계약자가 보험증권 멸실로 인하여 증권의 재교부를 청구하는 경우 증권작성의 비용을 보험자가 부담한다는 약관조항은 보험계약자 등의 불이익변경금지에 해당한다.

② 어선공제는 해상보험과 유사하므로 어선공제약관은 보험계약자 등의 불이익변경금지 원칙의 적용 대상에 해당하지 않는다.

③ 판례는 기업보험과 가계보험을 구분하는 기준을 보험계약자의 종류에서 구하고 있다.

④ 항공기기체보험에서 고지의무 위반 시 계약해지권 행사기간을 계약체결일로부터 5년으로 규정한 약관조항은 불이익변경금지에 해당된다.

TIP ① 보험증권을 멸실 또는 현저하게 훼손한 때에는 보험계약자는 보험자에 대하여 증권의 재교부를 청구할 수 있다. 그 증권작성의 비용은 보험계약자의 부담으로 한다〈상법 제642조(증권의 재교부청구)〉

② 수산업협동조합중앙회에서 실시하는 어선공제사업은 항해에 수반되는 해상위험으로 인하여 피공제자의 어선에 생긴 손해를 담보하는 것인 점에서 해상보험에 유사한 것이라고 할 수 있으나, 그 어선공제는 수산업협동조합중앙회가 실시하는 비영리 공제사업의 하나로 소형 어선을 소유하며 연안어업 또는 근해어업에 종사하는 다수의 영세어민들을 주된 가입대상자로 하고 있어 공제계약 당사자들의 계약교섭력이 대등한 기업보험적인 성격을 지니고 있다고 보기는 어렵고 오히려 공제가입자들의 경제력이 미약하여 공제계약 체결에 있어서 공제가입자들의 이익보호를 위한 법적 배려가 여전히 요구된다 할 것이므로, 상법 제663조 단서의 입법취지에 비추어 그 어선공제에는 불이익변경금지원칙의 적용을 배제하지 아니함이 상당하다[보험금 대법원 1996. 12. 20. 선고 96다23818 판결].

④ 「상법」 제663조(보험계약자 등의 불이익변경금지)

2 보험계약에 관한 설명으로 옳지 않은 것은?

① 보험계약의 체결은 별도의 형식을 필요로 하지 않는다.

② 보험계약은 부합계약성을 띤다.

③ 보험계약이 성립하기 위해서는 보험증권의 교부가 필요하다.

④ 보험자의 책임개시는 보험료의 납입을 전제로 하는 것이 원칙이다.

TIP 보험자가 보험계약자로부터 보험계약의 청약과 함께 보험료 상당액의 전부 또는 일부의 지급을 받은 때에는 다른 약정이 없으면 30일 내에 그 상대방에 대하여 낙부의 통지를 발송하여야 한다. 보험자가 규정에 의한 기간 내에 낙부의 통지를 해태한 때에는 승낙한 것으로 본다〈상법 제638조의2(보험계약의 성립) 제1항 · 제2항〉.

3 보험의 목적에 관한 설명으로 옳지 않은 것은?

① 개별물건과 집합물건은 보험의 목적이 될 수 있다.

② 인보험에서 피보험자는 자연인이어야 한다.

③ 지식재산권은 손해보험의 대상이 될 수 없다.

④ 보험의 목적은 보험사고의 대상을 의미하므로 보험계약을 체결하는 목적과는 구별된다.

TIP 「상법」 제668조(보험계약의 목적)에 따라 보험계약은 금전으로 산정할 수 있는 이익에 한하여 보험계약의 목적으로 할 수 있다.

4 **소급보험에 관한 설명으로 옳은 것은?**

① 보험계약자가 소급기간 내에 사고가 발생한 것을 알고서 계약을 체결한 경우라도 보험계약의 효력은 발생한다.
② 소급보험의 경우 보험료 선급의 원칙이 적용되지 않는다.
③ 소급보험은 보험계약기간이 보험기간보다 장기이다.
④ 소급보험은 보험계약의 성립 이전의 일정한 시기를 보험기간의 시기로 한다.

TIP 보험계약은 그 계약 전의 어느 시기를 보험기간의 시기로 할 수 있다〈상법 제643조(소급보험)〉.

5 **보험자의 보험약관에 대한 설명의무의 대상에 해당하는 것을 모두 고른 것은? (다툼이 있는 경우 판례에 의함)**

㉠ 상해보험에서 외과적 수술, 그 밖의 의료처치로 인한 손해를 보장하지 아니한다는 내용의 면책규정
㉡ 업무용자동차보험에 있어서 피보험자동차의 양도에 관한 통지의무 규정
㉢ 상해보험에서 기왕장해에 대한 감액규정
㉣ 화물자동차 운수사업에 따라 반드시 가입하여야 하는 적재물배상책임보험약관에서 차량이 육상운송과정이 아닌 선박으로 해상구간을 이동하는 경우의 사고는 보험사고에서 제외된다는 규정
㉤ 주택보증보험계약에서 입주자 모집공고 승인이 취소된 경우 보증계약을 취소하고 잔여 보증기간에 대한 보증료를 환불한다는 규정
㉥ 연금보험에서 연금액의 변동가능성에 관한 규정

① ㉠㉡㉢
② ㉠㉢㉥
③ ㉡㉤㉥
④ ㉢㉤㉥

TIP ㉠ 특정 질병 등을 치료하기 위한 외과적 수술 등의 과정에서 의료과실이 개입되어 발생한 손해를 보상하지 않는다는 것은 일반인이 쉽게 예상하기 어려우므로, 약관에 정하여진 사항이 보험계약 체결 당시 금융감독원이 정한 표준약관에 포함되어 시행되고 있었다거나 국내 각 보험회사가 위 표준약관을 인용하여 작성한 보험약관에 포함되어 널리 보험계약이 체결되었다는 사정만으로는 그 사항이 '거래상 일반적이고 공통된 것이어서 보험계약자가 별도의 설명 없이 충분히 예상할 수 있었던 사항'에 해당하여 보험자에게 명시 · 설명의무가 면제된다고 볼 수 없다[대법원 2013. 6. 28. 선고 2012다107051 판결].

㉢ 정액보험인 상해보험에서는 기왕장해가 있는 경우에도 약정 보험금 전액을 지급하는 것이 원칙이고 예외적으로 감액규정이 있는 경우에만 보험금을 감액할 수 있으므로, 위 기왕장해 감액규정과 같이 후유장해보험금에서 기왕장해에 해당하는 보험금 부분을 감액하는 것이 거래상 일반적이고 공통된 것이어서 보험계약자가 별도의 설명 없이도 충분히 예상할 수 있는 내용이라거나, 이미 법령에 정하여진 것을 되풀이하거나 부연하는 정도에 불과한 사항이라고 볼 수 없어, 보험계약자나 대리인이 내용을 충분히 잘 알고 있지 않는 한 보험자는 기왕장해 감액규정을 명시 · 설명할 의무가 있다〈대법원 2015. 3. 26. 선고 2014다229917,229924 판결].

㉥ 연금보험에서 향후 지급받는 연금액은 당해 보험계약 체결 여부에 영향을 미치는 중요한 사항이므로, 연금보험계약의 체결에 있어 보험자 등은 보험계약자 등에게, 수학식에 의한 복잡한 연금계산방법 자체를 설명하지는 못한다고 하더라도, 대략적인 연금액과 함께 그것이 변동될 수 있는 것이면 그 변동가능성에 대하여 설명하여야 한다[대법원 2015. 11. 17. 선고 2014다81542 판결].

ANSWER
1.③ 2.③ 3.③ 4.②

6 **보험약관의 설명의무 위반의 효과에 관한 설명으로 옳은 것은? (다툼이 있는 경우 판례에 의함)**

① 보험자가 보험약관의 설명의무에 위반하여 보험계약을 체결한 때 보험계약자가 그 약관에 규정된 고지의무를 위반한 경우 보험자는 이를 이유로 보험계약을 해지할 수 있다.

② 보험자가 약관의 설명의무를 위반한 경우 보험계약자는 일정한 기간 내에 보험계약을 해제할 수 있다.

③ 보험자의 보험약관 설명의무 위반 시 보험계약자가 보험계약을 취소하지 않았다고 하더라도 그 위반의 하자가 치유되는 것은 아니다.

④ 보험자가 보험계약자에게 설명하여야 할 부분은 약관 전체를 의미한다.

TIP ③ 상법 제638조의3 제2항에 의하여 보험자가 약관의 교부 및 설명의무를 위반한 때에 보험계약자가 보험계약 성립일로부터 1월 내에 행사할 수 있는 취소권은 보험계약자에게 주어진 권리일 뿐 의무가 아님이 그 법문상 명백하므로, 보험계약자가 보험계약을 취소하지 않았다고 하더라도 보험자의 설명의무 위반의 법률효과가 소멸되어 이로써 보험계약자가 보험자의 설명의무 위반의 법률효과를 주장할 수 없다거나 보험자의 설명의무 위반의 하자가 치유되는 것은 아니다[대법원 1996. 4. 12. 선고 96다4893 판결].

①②④ 「상법」 제638조의3(보험약관의 교부 · 설명 의무)에 따라 보험자는 보험계약을 체결할 때에 보험계약자에게 보험약관을 교부하고 그 약관의 중요한 내용을 설명하여야 한다. 보험자가 이를 위반한 경우 보험계약자는 보험계약이 성립한 날부터 3개월 이내에 그 계약을 취소할 수 있다.

7 **보험계약자 등의 고지의무에 관한 설명으로 옳지 않은 것은? (다툼이 있는 경우 판례에 의함)**

① 보험자가 서면으로 질문한 사항은 중요한 사항으로 추정한다.

② 현저한 부주의로 중요한 사항임을 알지 못한 것에 대하여도 고지의무위반이 된다.

③ 고지의무 위반으로 인하여 해지하는 경우 인보험자는 보험수익자를 위하여 적립한 금액을 지급하여야 한다.

④ 다른 사정이 없는 한 보험자가 보험수익자에게 해지의 통지를 한 경우 그 효력이 있다.

TIP ④ 생명보험계약에 있어서 고지의무위반을 이유로 한 해지의 경우에 그 상대방은 계약의 상대방 당사자인 보험계약자나 그의 상속인 (또는 그들의 대리인)에 대하여 해지의 의사표시를 하여야 하고 타인을 위한 보험에 있어서도 보험금 수익자에게 해지의 의사표시를 한 것은 특별한 사정(보험약관상의 별도기재 등)이 없는 한 그 효력이 없다[대법원 1989. 2. 14. 선고 87다카2973 판결].

① 「상법」 제651조의2(서면에 의한 질문의 효력)

② 「상법」 제651조(고지의무위반으로 인한 계약해지)

③ 「상법」 제736조(보험적립금반환의무 등)

8 **보험료의 감액 또는 증액 청구에 관한 설명으로 옳은 것은?**

① 보험기간 중 특별하게 예기한 위험이 소멸한 경우라도 보험계약자는 보험료의 감액을 청구할 수 없다.
② 손해보험계약에서 보험금액이 보험가액을 현저하게 초과하거나 보험가액이 보험기간 중에 현저하게 감소된 경우 보험계약자만이 보험료의 감액을 청구할 수 있다.
③ 보험기간 중에 사고발생의 위험이 현저하게 변경 · 증가된 경우에는 보험자는 그 사실을 안 날로부터 1월 내에 보험료의 증액을 청구할 수 있다.
④ 보험사고가 발생하기 전에 보험계약자는 언제든지 보험료의 감액을 청구하거나 보험계약을 해지할 수 있다.

TIP ③ 「상법」 제653조(보험계약자 등의 고의나 중과실로 인한 위험증가와 계약해지)
① 보험계약의 당사자가 특별한 위험을 예기하여 보험료의 액을 정한 경우에 보험기간중 그 예기한 위험이 소멸한 때에는 보험계약자는 그 후의 보험료의 감액을 청구할 수 있다〈상법 제647조(특별위험의 소멸로 인한 보험료의 감액청구)〉.
② 보험금액이 보험계약의 목적의 가액을 현저하게 초과한 때에는 보험자 또는 보험계약자는 보험료와 보험금액의 감액을 청구할 수 있다. 그러나 보험료의 감액은 장래에 대하여서만 그 효력이 있다〈상법 제669조(초과보험) 제1항〉.
④ 보험사고가 발생하기 전에는 보험계약자는 언제든지 계약의 전부 또는 일부를 해지할 수 있다. 그러나 제639조의 보험계약의 경우에는 보험계약자는 그 타인의 동의를 얻지 아니하거나 보험증권을 소지하지 아니하면 그 계약을 해지하지 못한다〈상법 제649조(사고발생전의 임의해지) 제1항〉.

9 **보험계약상 보험료의 지급지체의 효과에 관한 설명으로 옳은 것은?**

① 해지예고부최고는 보험료의 부지급을 정지조건으로 하여 미리 해지의 의사표시를 하는 것이다.
② 보험료의 지급기일이 도래하기 전에 보험료의 지급에 관한 안내장을 보험계약자에게 보내는 것은 상법상 최고로서의 효력이 있다.
③ 해지예고부최고를 일반우편으로 송부하는 것으로 그 우편물이 보험계약자 측의 주소지에 도달하였다고 추정할 수 있다.
④ 계약이 성립한 후 보험계약자가 제1회 보험료를 미지급한 경우 이를 이유로 계약을 해지하기 위해서는 이행의 최고를 요건으로 한다.

TIP ① 「상법」 제650조(보험료의 지급과 지체의 효과)
②③ 내용증명우편이나 등기우편과는 달리, 보통우편의 방법으로 발송되었다는 사실만으로는 그 우편물이 상당기간 내에 도달하였다고 추정할 수 없고 송달의 효력을 주장하는 측에서 증거에 의하여 도달사실을 입증하여야 할 것이다[대법원 2002. 7. 26. 선고 2000다25002 판결].
④ 보험계약자는 계약체결후 지체없이 보험료의 전부 또는 제1회 보험료를 지급하여야 하며, 보험계약자가 이를 지급하지 아니하는 경우에는 다른 약정이 없는 한 계약성립후 2월이 경과하면 그 계약은 해제된 것으로 본다〈상법 제650조(보험료의 지급과 지체의 효과) 제1항〉.

ANSWER
6.③ 7.④ 8.③ 9.①

10 타인을 위한 보험계약에 관한 설명으로 옳은 것은?

① 타인을 위한 보험계약의 경우 타인은 보험계약자의 동의 없이는 보험금청구권을 행사할 수 없다.
② 타인을 위한 손해보험의 경우 타인의 위임이 없는 때에는 보험계약자는 이를 보험자에게 고지하지 않아도 된다.
③ 보험계약자가 보험료의 지급을 지체한 때에는 보험수익자는 그 권리를 포기하지 아니하는 한 보험료를 지급할 의무가 있다.
④ 타인을 위한 인보험의 경우 그 타인을 구체적으로 특정하여야 한다.

TIP 타인을 위한 보험〈상법 제639조〉

① 보험계약자는 위임을 받거나 위임을 받지 아니하고 특정 또는 불특정의 타인을 위하여 보험계약을 체결할 수 있다. 그러나 손해보험계약의 경우에 그 타인의 위임이 없는 때에는 보험계약자는 이를 보험자에게 고지하여야 하고, 그 고지가 없는 때에는 타인이 그 보험계약이 체결된 사실을 알지 못하였다는 사유로 보험자에게 대항하지 못한다.
② 제1항의 경우에는 그 타인은 당연히 그 계약의 이익을 받는다. 그러나 손해보험계약의 경우에 보험계약자가 그 타인에게 보험사고의 발생으로 생긴 손해의 배상을 한 때에는 보험계약자는 그 타인의 권리를 해하지 아니하는 범위 안에서 보험자에게 보험금액의 지급을 청구할 수 있다.
③ 제1항의 경우에는 보험계약자는 보험자에 대하여 보험료를 지급할 의무가 있다. 그러나 보험계약자가 파산선고를 받거나 보험료의 지급을 지체한 때에는 그 타인이 그 권리를 포기하지 아니하는 한 그 타인도 보험료를 지급할 의무가 있다.

11 계약 성립 전에 보험사고가 발생한 경우 보험계약의 청약자를 보호하기 위한 상법 제638조의2의 규정에 관한 설명으로 옳은 것은?

① 승낙기간의 경과 전에 보험사고가 발생한 경우에는 보험자의 승낙이 의제되지 않는다.
② 약관상 청약철회규정을 둔 경우에 보험계약자가 청약을 철회하더라도 보험자는 낙부통지의무를 부담한다.
③ 신체검사가 필요한 인보험계약의 경우에는 신체검사를 받은 날부터 통지기간이 기산된다.
④ 승낙기간의 경과로 보험자의 승낙이 의제되기 위해서는 보험계약자와 보험자 간에 상시 거래관계를 요건으로 한다.

TIP 보험계약의 성립〈상법 제638조의2〉

① 보험자가 보험계약자로부터 보험계약의 청약과 함께 보험료 상당액의 전부 또는 일부의 지급을 받은 때에는 다른 약정이 없으면 30일 내에 그 상대방에 대하여 낙부의 통지를 발송하여야 한다. 그러나 인보험계약의 피보험자가 신체검사를 받아야 하는 경우에는 그 기간은 신체검사를 받은 날부터 기산한다.
② 보험자가 제1항의 규정에 의한 기간 내에 낙부의 통지를 해태한 때에는 승낙한 것으로 본다.
③ 보험자가 보험계약자로부터 보험계약의 청약과 함께 보험료 상당액의 전부 또는 일부를 받은 경우에 그 청약을 승낙하기 전에 보험계약에서 정한 보험사고가 생긴 때에는 그 청약을 거절할 사유가 없는 한 보험자는 보험계약상의 책임을 진다. 그러나 인보험계약의 피보험자가 신체검사를 받아야 하는 경우에 그 검사를 받지 아니한 때에는 그러하지 아니하다.

12 보험사고 발생의 현저한 변경 또는 증가에 해당하지 않는 것은? (다툼이 있는 경우 판례에 의함)

① 자동차보험계약 체결 후 피보험자동차의 구조가 현저히 변경된 경우
② 화재보험의 목적인 공장건물에 대한 근로자의 점거, 농성이 장기간 계속되고 있는 경우
③ 화재보험계약 체결 후에 건물의 구조와 용도에 상당한 변경을 가져오는 증·개축 공사를 시행한 경우
④ 영업용자동차보험계약에서 보험가입자인 렌터카회사가 피보험차량을 지입차주로 하여금 렌터카회사의 감독을 받지 않고 독자적으로 렌터카 영업을 하도록 허용한 경우

TIP ① 자동차보험에 있어서는 피보험자동차의 용도와 차종뿐만 아니라 그 구조에 따라서도 보험의 인수 여부와 보험료율이 달리 정하여지는 것이므로 보험계약 체결 후에 피보험자동차의 구조가 현저히 변경된 경우에는 그러한 사항이 계약 체결 당시에 존재하고 있었다면 보험자가 보험계약을 체결하지 않았거나 적어도 그 보험료로는 보험을 인수하지 않았을 것으로 인정되는 사실에 해당하여 상법 제652조 소정의 통지의무의 대상이 되고, 따라서 보험계약자나 피보험자가 이를 해태할 경우 보험자는 바로 상법 규정에 의하여 자동차보험계약을 해지할 수 있다[대법원 1998. 11. 27. 선고 98다32564 판결].
② 화재보험의 목적인 공장건물에 대한 근로자들의 점거, 농성이 장기간 계속되고 있음에도 그 사실을 보험자에게 통지하지 아니한 보험계약자(피보험자)의 행위가, 보험사고 발생의 가능성이 증가한 경우 그 사실을 보험자에게 서면통지하여 보험증권의 배서에 의한 승인을 받도록 규정한 보험약관에 위반되어 보험계약이 실효된다〈대법원 1992. 7. 10. 선고 92다13301,92다13318 판결].
③ 화재보험계약의 체결 후에 건물의 구조와 용도에 상당한 변경을 가져오는 증·개축공사가 시행된 경우에는 보험회사에 통지하여야 한다[대법원 2000. 7. 4. 선고 98다62909,62916 판결].

13 ㉠와 ㉡에 들어갈 것을 모은 것으로 옳은 것은?

보험료청구권은 (㉠)년간, 보험금청구권은 (㉡)년간 행사하지 아니하면 시효의 완성으로 소멸한다.

① ㉠ : 1, ㉡ : 3
② ㉠ : 2, ㉡ : 3
③ ㉠ : 3, ㉡ : 3
④ ㉠ : 3, ㉡ : 2

TIP 보험금청구권은 3년간, 보험료 또는 적립금의 반환청구권은 3년간, 보험료청구권은 2년간 행사하지 아니하면 시효의 완성으로 소멸한다〈상법 제662조(소멸시효)〉.

ANSWER
10.③ 11.③ 12.④ 13.②

14 다음 설명 중 옳지 않은 것은? (다툼이 있는 경우 판례에 의함)

① 상해보험에 가입한 피보험자가 오토바이 운행사실을 알리지 않은 것은 상법상 위험변경 · 증가 시의 통지의무위반에 해당한다고 명시한 약관조항은 법령에 정해진 것을 되풀이한 것에 불과하므로 보험자는 해당 약관조항에 대하여 설명할 의무가 없다.

② 장해분류표에서 "심한 추간판탈출증"을 "추간판을 2마디 이상 수술하고 … 하지의 현저한 마비 또는 대소변의 장해가 있는 경우"라고 정의한 경우 피보험자가 추간판을 2마디 이상 수술하였다는 사정만으로 "심한 추간판탈출증"에 해당한다고 본 것은 잘못이다.

③ 보험계약자가 보험금부정취득 목적으로 체결한 다수보험 계약이 선량한 풍속 기타 사회질서에 반하여 무효인 경우 보험자의 지급보험금에 대한 부당이득반환청구권의 소멸 시효는 5년이다.

④ 모텔 투숙객의 방에서 화재가 발생한 경우, 객실의 지배는 투숙객이 아닌 숙박업자에게 있으므로 발생원인이 불명한 화재로 인하여 객실에 발생한 손해는 숙박업자에게 귀속되고, 숙박업자에게 보험금을 지급한 보험자가 투숙객의 배상책임보험자에게 구상권을 행사할 수는 없다.

TIP ① 보험기간 중에 보험계약자 또는 피보험자가 사고발생의 위험이 현저하게 변경 또는 증가된 사실을 안 때에는 지체 없이 보험자에게 통지하여야 하는데(상법 제652조 제1항), 여기서 '사고발생의 위험이 현저하게 변경 또는 증가된 사실'이란 변경 또는 증가된 위험이 보험계약의 체결 당시에 존재하고 있었다면 보험자가 계약을 체결하지 않았거나 적어도 그 보험료로는 보험을 인수하지 않았을 것으로 인정되는 사실을 말하고, '사고발생의 위험이 현저하게 변경 또는 증가된 사실을 안 때'란 특정한 상태의 변경이 있음을 아는 것만으로는 부족하고 그 상태의 변경이 사고발생 위험의 현저한 변경 · 증가에 해당된다는 것까지 안 때를 의미한다[대법원 2014. 7. 24. 선고 2012다62318 판결].

② '장해분류별 판정기준' 중 '심한 추간판탈출증'을 정한 조항을 '추간판을 2마디 이상 수술'한 것만으로도 그에 해당하는 것으로 규정하고 있다고 해석할 여지는 없고, '하나의 추간판이라도 2회 이상 수술하고 하지의 현저한 마비 또는 대소변의 장해가 있는 경우'에 '심한 추간판탈출증'에 해당하는 것과 마찬가지로, '추간판을 2마디 이상 수술하고 하지의 현저한 마비 또는 대소변의 장해가 있는 경우'에 '심한 추간판탈출증'에 해당한다고 일의적으로 해석할 수밖에 없다[대법원 2021. 10. 14. 선고 2018다279217 판결].

③ 보험계약자가 다수의 계약을 통하여 보험금을 부정 취득할 목적으로 보험계약을 체결하여 그것이 민법 제103조에 따라 선량한 풍속 기타 사회질서에 반하여 무효인 경우 보험자의 보험금에 대한 부당이득반환청구권은 상법 제64조를 유추적용하여 5년의 상사 소멸시효기간이 적용된다고 봄이 타당하다[대법원 2021. 7. 22. 선고 2019다277812 전원합의체 판결].

④ 고객이 숙박계약에 따라 객실을 사용 · 수익하던 중 발생 원인이 밝혀지지 않은 화재로 인하여 객실에 발생한 손해는 특별한 사정이 없는 한 숙박업자의 부담으로 귀속된다고 보아야 한다[대법원 2023. 11. 2. 선고 2023다244895 판결].

15 **다음 설명 중 옳지 않은 것은? (다툼이 있는 경우 판례에 의함)**

① 피보험자가 소형트럭 차량 운행 중 비가 내리자 시동을 켠 채 운전석 지붕에 올라가 적재함에 방수비닐을 덮다가 미끄러져 추락하는 사고로 후유장해를 입은 경우 피보험 자동차의 운행으로 인한 자기신체사고로 보아야 한다.

② 원인불명의 화재사고에서, 화재로 인한 임차인의 임차목적물 부분의 손해에 대하여는 임차인이 귀책사유가 없음을 입증하여야 한다.

③ 원인불명의 화재사고에서, 화재가 임차목적물에서 발생하여 임차하지 않은 목적물까지 타버린 경우에 임차하지 않은 부분의 손해에 대하여는 임대인에게 입증책임이 있다.

④ 보험자는 이른바 임의비급여 진료를 받은 피보험자들에게 지급한 보험금에 대하여 해당 진료비를 받은 병원을 상대로 채권자대위소송을 통해 부당이득반환을 받을 수 있다.

TIP ④ 피보험자가 임의 비급여 진료행위에 따라 요양기관에 진료비를 지급한 다음 실손의료보험계약상의 보험자에게 청구하여 진료비와 관련한 보험금을 지급받았는데, 진료행위가 위법한 임의 비급여 진료행위로서 무효인 동시에 보험자와 피보험자가 체결한 실손의료보험계약상 진료행위가 보험금 지급사유에 해당하지 아니하여 보험자가 피보험자에 대하여 보험금 상당의 부당이득반환채권을 갖게 된 경우, 채권자인 보험자가 금전채권인 부당이득반환채권을 보전하기 위하여 채무자인 피보험자를 대위하여 제3채무자인 요양기관을 상대로 진료비 상당의 부당이득반환채권을 행사하는 형태의 채권자대위소송에서 채무자가 자력이 있는 때에는 보전의 필요성이 인정된다고 볼 수 없다[대법원 2022. 8. 25. 선고 2019다229202 전원합의체 판결].

① 甲이 乙 보험회사와 체결한 영업용자동차보험계약의 피보험차량인 트럭의 적재함에 화물을 싣고 운송하다가 비가 내리자 시동을 켠 상태로 운전석 지붕에 올라가 적재함에 방수비닐을 덮던 중 미끄러져 상해를 입은 사안에서, 위 사고는 전체적으로 피보험차량의 용법에 따른 사용이 사고발생의 원인이 되었으므로 보험계약이 정한 보험사고에 해당하는데도, 甲이 차량 지붕에서 덮개작업을 한 것은 차량 지붕의 용법에 따라 사용한 것이 아니고, 방수비닐이 차량의 설비나 장치에 해당하지 아니한다는 이유 등으로 위 사고를 甲이 차량을 소유, 사용, 관리하는 동안 생긴 사고에 해당하지 아니한다고 본 원심판결에 법리오해 등의 잘못이 있다[대법원 2023. 2. 2. 선고 2022다266522 판결].

② 임차인의 임차물반환채무가 이행불능이 된 경우에 임차인이 그 이행불능으로 인한 손해배상책임을 면하려면 그 이행불능이 임차인의 귀책사유에 의하지 않은 것임을 입증할 책임이 있으며, 임차건물이 화재로 소실된 경우에 그 화재의 발생원인이 불명인 때에도 임차인이 그 책임을 면하려면 그 임차건물의 보존에 관하여 선량한 관리자의 주의의무를 다하였음을 입증하여야 한다[대법원 1982. 8. 24. 선고 82다카254 판결].

③ 임차 외 건물 부분이 대법원 86다카1066 판결 등에서 말하는 구조상 불가분의 일체를 이루는 관계에 있는 부분이라 하더라도, 그 부분에 발생한 손해에 대하여 임대인이 임차인을 상대로 채무불이행을 원인으로 하는 배상을 구하려면, 임차인이 보존 · 관리의무를 위반하여 화재가 발생한 원인을 제공하는 등 화재 발생과 관련된 임차인의 계약상 의무 위반이 있었고, 그러한 의무 위반과 임차 외 건물 부분의 손해 사이에 상당인과관계가 있으며, 임차 외 건물 부분의 손해가 그 의무 위반에 따라 민법 제393조에 의하여 배상하여야 할 손해의 범위 내에 있다는 점에 대하여 임대인이 주장 · 증명하여야 한다[대법원 2017. 5. 18. 선고 2012다86895, 86901 전원합의체 판결].

ANSWER

14.① 15.④

16 **자기신체사고보험 및 자동차상해보험특약에 관한 설명으로 옳지 않은 것은? (다툼이 있는 경우 판례에 의함)**

① 자기신체사고보험은 '인보험'의 일종이다.
② 자동차상해보험 중 피보험자가 상해의 결과 사망하여 사망보험금항목의 보험금이 지급되어도 그 부분이 생명보험이 되는 것은 아니다.
③ 음주운전면책조항은 자기신체사고보험에서 유효한 것과 달리 피해자의 구제를 강조하는 자동차상해보험특약에서는 무효이다.
④ 자동차상해보험특약은 자동차종합보험의 자기신체사고보험을 대체하여 피보험자가 보상받는 것을 주된 목적으로 한다.

TIP ③ 자기신체사고 자동차보험(자손사고보험)은 피보험자의 생명 또는 신체에 관하여 보험사고가 생길 경우에 보험자가 보험계약이 정하는 보험금을 지급할 책임을 지는 것으로서 그 성질은 인보험의 일종이라고 할 것이므로, 그와 같은 인보험에 있어서의 음주운전 면책약관이 보험사고가 전체적으로 보아 고의로 평가되는 행위로 인한 경우뿐만 아니라 과실(중과실 포함)로 평가되는 행위로 인한 경우까지 포함하는 취지라면 과실로 평가되는 행위로 인한 사고에 관한 한 무효라고 보아야 한다[대법원 1998. 12. 22. 선고 98다35730 판결].
① 자기신체사고 자동차보험(자손사고보험)은 피보험자의 생명 또는 신체에 관하여 보험사고가 생길 경우에 보험자가 보험계약이 정하는 보험금을 지급할 책임을 지는 것으로서 그 성질은 인보험의 일종이다[대법원 2017. 7. 18. 선고 2016다216953 판결].
② 교통상해의 직접 결과로서 사망한 경우(질병으로 인한 사망은 제외한다)에 보험금을 지급하나 손해보험에 해당한다.
④ 자동차상해 특별약관에 따라 보험회사는 자기신체사고보험을 대체하여 손해를 보상한다.

17 **복수의 무보험자동차 상해보험이 중복보험에 해당하는 경우의 구상관계에 관한 설명으로 옳지 않은 것은? (다툼이 있는 경우 판례에 의함)**

① 중복보험의 합계금의 총액이 피보험자가 입은 하나의 사고로 인한 손해액을 초과하는 경우 보험자는 각자의 보험금액 한도에서 '부진정'연대책임을 지고, 각 보험자는 각자의 보험금액에 따른 보상책임을 진다.
② 중복보험자 가운데 하나가 단독으로 피보험자에게 보험 약관에서 정한 보험금지급기준에 따라 정당하게 산정된 보험금을 지급하였다면 다른 보험자를 상대로 각자의 보험금액비율에 따른 분담금의 지급을 청구할 수 있다.
③ 단독으로 보험금을 지급한 보험자는 당사자 간에 보험자 대위에 동의하는 약정이 있는 때에 한하여 피보험자의 권리를 해하지 아니하는 범위 안에서 그 권리를 대위하여 행사할 수 있다.
④ 단독으로 보험금을 지급한 보험자는 보험자대위청구권과 중복보험분담금청구권이 그 요건을 모두 갖춘 경우라도 분담금청구권을 먼저 행사하여야 한다.

TIP 여러 보험자가 각자 보험금액 한도에서 연대책임을 지는 경우 특별한 사정이 없는 한 그 보험금 지급책임의 부담에 관하여 각 보험자 사이에 주관적 공동관계가 있다고 보기 어려우므로, 각 보험자는 그 보험금 지급채무에 대하여 부진정연대관계에 있다. 이때 피보험자는 여러 보험자 중 한 보험자에게 그 보험금액 한도에서 보험금 지급을 청구할 수 있고, 그 보험자는 그 청구에 따라 피보험자에게 보험금을 지급한 후 부진정연대관계에 있는 다른 보험자에게 그 부담부분 범위 내에서 구상권을 행사할 수 있다[대법원 2024. 2. 15. 선고 2023다272883 판결].

18 상법상 피보험이익에 관한 설명으로 옳은 것은? (다툼이 있는 경우 통설 · 판례에 의함)

① 보험계약의 유효를 전제로 보험료를 받은 보험자가, 보험사고 발생 후에 비로소 피보험이익이 없다는 이유로 보험계약의 무효를 주장하여도 특별한 사정이 없는 한 신의칙 위반은 아니다.
② 창고보험처럼 보험기간 중에 물건의 수시교체가 이루어지는 총괄보험의 경우는 사고발생시에도 피보험이익의 객체를 확정할 수 없지만 화재나 도난에 대한 대비책으로 적법한 보험제도이다.
③ 피보험이익은 보험계약 성립의 절대적 요건이므로 피보험이익이 없어 보험계약이 무효가 되는 경우라면 보험자는 보험계약자에게 고의가 있어도 보험료를 반환하여야 한다.
④ 조건부 이익은 보험계약 체결시에 확정할 수 있어야 피보험 이익으로 인정된다는 점에서 장래의 이익과 다르다.

TIP ② 피보험이익의 객체를 확정할 수 없는 보험계약은 원칙적으로 무효이다. 피보험이익의 객체를 사고 시점에 확정할 수 있어야만 보험이 유효하다. 총괄보험에서는 물건이 수시로 교체되더라도, 사고 발생 시점에 손해를 입은 구체적인 물건을 특정 및 확정할 수 없다면 보험계약의 유효성을 인정받을 수 없다.
③ 보험계약자에게 고의가 있는 경우, 보험계약의 무효가 보험계약자의 책임으로 보험자는 이미 받은 보험료를 반환할 의무가 없다.
④ 조건부 이익은 보험계약 체결 시에 반드시 확정될 필요는 없다.

19 상법상 일부보험에 관한 설명으로 옳지 않은 것은?

① 당사자 간에 다른 약정이 없는 때에는 보험자는 보험금액의 보험가액에 대한 비율에 따라 보상할 책임을 진다.
② 분손의 경우에 다른 약정이 없는 때에는 손해액에 부보 비율을 곱하여 산출되는 금액을 지급한다.
③ 보험계약체결 이후 보험의 목적의 물가 상승으로 보험 금액이 보험가액에 미달하는 자연적 일부보험의 경우는 일부보험으로 다룰 수 없다는 견해가 있다.
④ 비율보험에는 일부보험에 관한 상법 규정이 준용된다.

TIP 성질에 반하지 아니하는 범위에서 상호보험(相互保險), 공제(共濟), 그 밖에 이에 준하는 계약에 준용한다〈상법 제664조(상호보험, 공제 등에의 준용)〉.
※ 보험가액의 일부를 보험에 붙인 경우에는 보험자는 보험금액의 보험가액에 대한 비율에 따라 보상할 책임을 진다. 그러나 당사자 간에 다른 약정이 있는 때에는 보험자는 보험금액의 한도내에서 그 손해를 보상할 책임을 진다〈상법 제674조(일부보험)〉.

ANSWER
16.③ 17.④ 18.① 19.④

20 다음 중 옳지 않은 것은? (다툼이 있는 경우 통설 · 판례에 의함)

① 손해보험사고의 발생에 보험계약자 등의 고의 또는 중과실이 있는 경우 보험자가 면책되지만 상법에 보험사고에 대한 과실상계조항은 없다.
② 손해보험계약상 보험계약자와 피보험자의 손해방지와 경감의무 위반의 효과에 대하여 상법은 규정하는 바 없다.
③ 이득금지 원칙의 취지에 따라, 보험자가 보상할 손해는 손익상계가 이루어진 후의 금액이다.
④ 약관에서 보험계약자 등이 고의로 손해방지의무를 위반하여 손해를 증가시킨 경우에 이를 배상하도록 규정한다면 이는 보험계약자 등의 불이익변경금지원칙에 따라 무효이다.

TIP 보험사고가 보험계약자 또는 피보험자나 보험수익자의 고의 또는 중대한 과실로 인하여 생긴 때에는 보험자는 보험금액을 지급할 책임이 없다〈상법 제659조(보험자의 면책사유) 제1항〉.

21 보험가액불변동주의와 무관한 것은?

① 운송보험
② 신가보험
③ 선박보험
④ 적하보험

TIP 보험가액불변동주의는 보험계약이 체결된 시점에서 정해진 보험가액이 보험기간 동안 변동되지 않는다는 원칙으로, 보험계약에서 피보험재산의 가치가 변하지 않는 것으로 간주하는 것이다. 재화의 가치가 시간이 지남에 따라 상승하거나 하락할 수 있기 때문에 보험가액이 고정되지 않기 때문에 신가보험은 보험가액이 시간에 따라 변동할 수 있는 보험이다.

22 보증보험에 관한 설명으로 옳지 않은 것은?

① 보험기간을 주계약의 하자담보책임기간과 동일하게 정한 경우 특단의 사정이 없으면 하자담보기간 내에 발생한 하자에 대하여는 비록 보험기간이 종료된 후에 보험사고가 발생하였다고 하여도 보증보험자가 책임을 진다.
② 보증보험은 언제나 타인을 위한 보험계약으로서, 보험자가 계약을 해지할 때에는 보험약관에 별도의 정함이 없는 한 피보험자가 아니라 보험계약자에 대하여 해지권을 행사하여야 한다.
③ 보증보험은 그 실질이 민법의 보증이므로 보증보험계약에 관하여는 보증채무에 관한 민법의 규정을 모두 준용한다.
④ 보증보험의 보험사고는 보험계약자의 고의 또는 과실을 전제로 하는 불법행위 또는 채무불이행 등으로 발생하는 것이므로 보험자가 면책하지 아니하나, 피보험자의 고의 사고의 경우에는 보험자가 면책한다.

TIP 보증보험은 민법상의 보증과 실질적으로 다르다. 보증보험계약에 민법의 보증채무에 관한 규정이 모두 준용되지 않고 상법상 보험계약에 따른 규정이 적용된다.

23　잔존물대위와 보험위부를 설명한 것으로 옳지 않은 것은?

① 잔존물대위는 보험의 목적에 현실전손이 발생하여야 하며 손해에 대하여 전부 보상한 보험자가 법률상 당연히 대위권을 취득한다.
② 보험위부는 피보험자의 특별한 의사표시가 있어야 하며 위부권은 형성권이다.
③ 잔존물대위와 달리 보험위부는 해상보험에서 인정되며 두 가지 모두 인보험에 적용될 수 없다.
④ 보험자가 위부를 승인하지 아니한 때에도 피보험자는 위부의 원인을 증명하지 않고 보험금액의 지급을 청구할 수 있다.

TIP 피보험자가 위부를 하려면, 보험자의 승인이 필요하고, 위부의 원인을 증명해야만 보험금액을 청구할 수 있다.

24　해상보험에 관한 설명으로 옳은 것은?

① 선박이 정당한 사유없이 보험계약에서 정한 항로를 이탈한 경우라도 손해발생전에 원항로로 돌아온 경우에는 보험자는 그 후에 발생한 보험사고에 대하여 보상하여야 한다.
② 적하를 보험에 붙인 경우에 보험계약자 또는 피보험자의 책임 있는 사고로 인하여 선박을 변경한 때에는 그 변경후의 사고에 대하여 책임을 지지 아니한다.
③ 항해도중에 불가항력으로 보험의 목적인 적하를 매각한 때에는 매수인이 그 대금을 지급하는 한 보험자는 따로 보상할 책임이 없다.
④ 보험자는 보험의 목적의 안전이나 보존을 위하여 지급할 특별비용이 보험금액의 한도를 넘더라도 보상할 책임이 있다.

TIP ② 「상법」 제703조(선박변경의 효과)
① 선박이 정당한 사유없이 보험계약에서 정하여진 항로를 이탈한 경우에는 보험자는 그때부터 책임을 지지 아니한다. 선박이 손해발생전에 원항로로 돌아온 경우에도 같다〈상법 제701조의2(이로)〉.
③ 항해도중에 불가항력으로 보험의 목적인 적하를 매각한 때에는 보험자는 그 대금에서 운임 기타 필요한 비용을 공제한 금액과 보험가액과의 차액을 보상하여야 한다〈상법 제709조(적하매각으로 인한 손해의 보상) 제1항〉.
④ 보험자는 보험의 목적의 안전이나 보존을 위하여 지급할 특별비용을 보험금액의 한도내에서 보상할 책임이 있다〈상법 제694조의3(특별비용의 보상)〉.

25　다음 빈칸에 들어갈 것을 모은 것으로 옳은 것은?

> 선박의 존부가 (　　) 분명하지 아니한 때에는 그 선박의 행방이 불명한 것으로 한다. 이 경우에는 (　　)으로 (　　)한다.

① 2월간 – 분손 – 추정　　② 2월간 – 전손 – 추정
③ 3월간 – 분손 – 간주　　④ 3월간 – 전손 – 간주

TIP 선박의 존부가 2월간 분명하지 아니한 때에는 그 선박의 행방이 불명한 것으로 한다. 이 경우에는 전손으로 추정한다〈상법 제711조(선박의 행방불명)〉

ANSWER
20.④　21.②　22.③　23.④　25.②

26　방어비용에 관한 설명 중 옳지 않은 것은? (다툼이 있는 경우 판례에 의함)

① 피보험자가 피해자인 제3자의 청구를 방어하기 위하여 지출한 재판상 또는 재판외의 필요비용은 보험의 목적에 포함된 것으로 하며 피보험자는 그 선급을 청구할 수 있다.
② 피보험자가 담보의 제공 또는 공탁으로써 재판의 집행을 면할 수 있는 경우에는 보험자에 대하여 보험금액의 한도 내에서 그 담보의 제공 또는 공탁을 청구할 수 있다.
③ 재판 또는 담보제공행위가 보험자의 지시에 의한 것인 경우에는 그 금액에 손해액을 가산한 금액이 보험금액을 초과하는 때에도 보험자가 이를 부담하여야 한다.
④ 방어비용에 관한 상법 규정은 임의규정으로서 약관에서 어떤 경우에나 피보험자의 방어비용을 전면적으로 부정하는 것으로 해석되는 규정을 두는 것도 가능하다.

TIP 「약관의 규제에 관한 법률」 제6조에 따라 계약의 중요한 내용에 관해 고객에게 부당하게 불리한 조항은 무효에 해당한다. 피보험자의 방어비용을 전면적으로 부정하는 것은 피보험자에게 중요한 권리를 침해하는 것에 해당된다.
※ 피보험자가 지출한 방어비용의 부담〈상법 제720조〉
① 피보험자가 제3자의 청구를 방어하기 위하여 지출한 재판상 또는 재판외의 필요비용은 보험의 목적에 포함된 것으로 한다. 피보험자는 보험자에 대하여 그 비용의 선급을 청구할 수 있다.
② 피보험자가 담보의 제공 또는 공탁으로써 재판의 집행을 면할 수 있는 경우에는 보험자에 대하여 보험금액의 한도 내에서 그 담보의 제공 또는 공탁을 청구할 수 있다.
③ 제1항 또는 제2항의 행위가 보험자의 지시에 의한 것인 경우에는 그 금액에 손해액을 가산한 금액이 보험금액을 초과하는 때에도 보험자가 이를 부담하여야 한다.

27　책임보험계약상 피해자의 직접청구권에 관한 설명으로 옳지 않은 것은?

① 직접청구권을 인정한 상법 제724조 제2항은 강행규정이므로 직접청구권을 부인하거나 그 행사를 어렵게 하는 약관 조항은 무효이다.
② 피해자는 피보험자에 대한 손해배상청구권을 전제로 직접 청구권을 가지므로 직접청구권은 부종성이 있으며, 보험자는 피해자에게 책임관계상 항변을 원용할 수 있다.
③ 피해자가 피보험자로부터 배상을 받지 못한 상태에서 보험자가 보험금을 임의로 지급한 경우에 그 지급 자체는 유효하고 보험자는 피해자에게 보험금 지급 사실을 들어 항변할 수 있다.
④ 다수의 피해자가 존재하고 총 피해액의 합계가 책임보험 한도액을 초과하는 경우, 다수의 직접청구권자들 사이에는 권리의 우선순위가 없으므로 피해자 각자가 자기 권리의 전부를 주장할 수 있고 보험자는 누구에게라도 유효한 변제를 할 수 있다.

TIP 책임보험은 피보험자가 제3자(피해자)에게 법적으로 배상해야 할 책임을 보장하는 보험이다. 보험자가 직접 제3자인 피해자에게 보험금을 지급할 의무가 있으므로 피해자는 피보험자뿐만 아니라 보험자에게도 직접 청구할 수 있는 권리를 가지며, 보험자는 그에 대한 지급 책임이 있다.

28 **동일인이 다수의 생명보험계약을 체결한 경우 그 사실에 대한 고지 또는 통지에 관한 설명으로 옳지 않은 것은? (다툼이 있는 경우 판례에 의함)**

① 보험자가 생명보험계약을 체결하면서 다른 보험계약의 존재여부를 청약서에 기재하여 질문하였다고 하더라도 다른 보험계약의 존재여부는 고지의무의 대상이 아니다.

② 생명보험계약을 체결한 후 다른 생명보험계약을 다수 가입하였다는 사정만으로 보험계약자 또는 피보험자에게 위험변경증가에 대한 통지의무가 있다고 볼 수 없다.

③ 보험계약 체결 후 동일한 위험을 담보하는 보험계약을 체결할 경우에 이를 통지하도록 하고, 이 통지의무를 위반한 경우에 보험자는 그 보험계약을 해지할 수 있다는 약정은 유효하다.

④ 보험자가 다른 보험계약의 존재 여부에 관한 고지의무 위반을 이유로 보험계약을 해지하려면 보험계약자 또는 피보험자가 다른 보험계약의 존재를 알고 있는 것 외에 그것이 고지를 요하는 중요한 사항에 해당한다는 사실을 알고도 또는 중대한 과실로 알지 못하여 고지의무를 다하지 아니한 사실을 입증하여야 한다.

TIP ①④ 보험자가 생명보험계약을 체결함에 있어 다른 보험계약의 존재 여부를 청약서에 기재하여 질문하였다면 이는 그러한 사정을 보험계약을 체결할 것인지의 여부에 관한 판단자료로 삼겠다는 의사를 명백히 한 것으로 볼 수 있고, 그러한 경우에는 다른 보험계약의 존재 여부가 고지의무의 대상이 된다고 할 것이다. 그러나 그러한 경우에도 보험자가 다른 보험계약의 존재 여부에 관한 고지의무위반을 이유로 보험계약을 해지하기 위하여는 보험계약자 또는 피보험자가 그러한 사항에 관한 고지의무의 존재와 다른 보험계약의 존재에 관하여 이를 알고도 고의로 또는 중대한 과실로 인하여 이를 알지 못하여 고지의무를 다하지 않은 사실이 입증되어야 할 것이다[대법원 2001. 11. 27. 선고 99다33311 판결].

② 생명보험계약 체결 후 다른 생명보험에 다수 가입하였다는 사정만으로 상법 제652조 소정의 사고발생의 위험이 현저하게 변경 또는 증가된 경우에 해당한다고 할 수 없다[대법원 2001. 11. 27. 선고 99다33311 판결].

③ 보험계약 체결 당시 다른 보험계약의 존재 여부에 관하여 고지의무가 인정될 수 있는 것과 마찬가지로 보험계약 체결 후 동일한 위험을 담보하는 보험계약을 체결할 경우 이를 통지하도록 하고, 그와 같은 통지의무의 위반이 있으면 보험계약을 해지할 수 있다는 내용의 약관은 유효하다고 할 것이다[대법원 2001. 11. 27. 선고 99다33311 판결].

ANSWER

26.④ 27.③ 28.①

29 **약관대출과 계약자배당에 관한 설명으로 옳지 않은 것은? (다툼이 있는 경우 판례에 의함)**

① 약관대출금은 보험자가 장래에 지급할 보험금이나 해지 환급금을 미리 지급하는 선급금과 같은 성격이다.

② 약관대출계약은 보험계약과 별개의 독립계약이 아니라 보험계약과 일체를 이루는 하나의 계약이다.

③ 계약자배당금은 보험료산정에 있어 예정기초율과 실제와의 차이에서 발생하는 잉여금을 정산, 환원하는 것으로서 주주에게 배당하는 이익배당과 구별된다.

④ 사차익, 이차익, 비차익 등 이원(利源)별로 발생한 이익이 있다면 보험계약자에게 구체적인 계약자배당청구권이 당연히 발생한다.

TIP ④ 계약자배당은 보험사의 배당정책 및 보험약관에 따라 결정된다. 보험계약자가 배당을 받을 수 있는 권리는 보험 약관에 명시된 조건에 따라 발생한다.

①② 생명보험계약의 약관에 보험계약자는 보험계약의 해약환급금의 범위 내에서 보험회사가 정한 방법에 따라 대출을 받을 수 있고, 이에 따라 대출이 된 경우에 보험계약자는 그 대출 원리금을 언제든지 상환할 수 있으며, 만약 상환하지 아니한 동안에 보험금이나 해약환급금의 지급사유가 발생한 때에는 위 대출 원리금을 공제하고 나머지 금액만을 지급한다는 취지로 규정되어 있다면, 그와 같은 약관에 따른 대출계약은 약관상의 의무의 이행으로 행하여지는 것으로서 보험계약과 별개의 독립된 계약이 아니라 보험계약과 일체를 이루는 하나의 계약이라고 보아야 하고, 보험약관대출금의 경제적 실질은 보험회사가 장차 지급하여야 할 보험금이나 해약환급금을 미리 지급하는 선급금과 같은 성격이라고 보아야 한다[대법원 2007. 9. 28. 선고 2005다15598 전원합의체 판결].

③ 주식회사인 보험회사가 판매한 배당부 생명보험의 계약자배당금은 보험회사가 이자율과 사망률 등 각종 예정기초율에 기반한 대수의 법칙에 의하여 보험료를 산정함에 있어 예정기초율을 보수적으로 개산한 결과 실제와의 차이에 의하여 발생하는 잉여금을 보험계약자에게 정산 · 환원하는 것으로서 이익잉여금을 재원으로 주주에 대하여 이루어지는 이익배당과는 구별되는 것이다[대법원 2005. 12. 9. 선고 2003다9742 판결].

30 **甲은 남편 乙을 피보험자로, 아들 丙을 보험수익자로 하는 생명보험계약을 보험자와 체결하였다. 이 보험계약의 보험수익자에 관한 설명으로 옳지 않은 것은? (다른 약정이나 가정은 전제하지 않고, 상법 제733조만 적용함)**

① 甲이 丙을 보험수익자로 지정하고 변경권을 행사하지 아니하고 사망하면 丙의 보험수익자로서의 권리가 확정된다.

② 丙이 보험존속 중에 사망하고, 甲이 재지정권을 행사하지 아니하고 사망하면 丙의 상속인이 보험수익자가 된다.

③ 丙이 보험존속 중에 사망한 때에는 丙의 상속인이 보험수익자가 된다.

④ 丙이 보험존속 중에 사망하고 甲이 재지정권을 행사하기 전에 乙이 사망한 경우에는 丙의 상속인이 보험수익자가 된다.

TIP 보험수익자의 지정 또는 변경의 권리〈상법 제733조〉

① 보험계약자는 보험수익자를 지정 또는 변경할 권리가 있다.

② 보험계약자가 제1항의 지정권을 행사하지 아니하고 사망한 때에는 피보험자를 보험수익자로 하고 보험계약자가 제1항의 변경권을 행사하지 아니하고 사망한 때에는 보험수익자의 권리가 확정된다. 그러나 보험계약자가 사망한 경우에는 그 승계인이 제1항의 권리를 행사할 수 있다는 약정이 있는 때에는 그러하지 아니하다.

③ 보험수익자가 보험존속 중에 사망한 때에는 보험계약자는 다시 보험수익자를 지정할 수 있다. 이 경우에 보험계약자가 지정권을 행사하지 아니하고 사망한 때에는 보험수익자의 상속인을 보험수익자로 한다.

④ 보험계약자가 제2항과 제3항의 지정권을 행사하기 전에 보험사고가 생긴 경우에는 피보험자 또는 보험수익자의 상속인을 보험수익자로 한다.

31 甲은 자신을 피보험자, 남편 乙을 보험수익자로 하는 사망보험계약을 체결하였다. 그 후 보험기간 중에 보험수익자를 법정상속인으로 변경한 후 사망하였다. 이 보험계약에 관한 설명으로 옳은 것은? (다른 약정이 없다고 가정하고, 다툼이 있는 경우 판례에 의함)

① 甲이 보험수익자를 변경하는 행위는 보험자의 동의가 있어야 유효하다.
② 甲이 보험수익자 중 1인의 고의에 의하여 사망하였다면 보험자는 다른 보험수익자에 대한 보험금지급책임을 면하지 못한다.
③ 보험수익자로 변경 · 지정된 수인의 법정상속인 중 1인이 보험금청구권을 포기한 경우 그 포기한 부분은 당연히 다른 상속인에게 귀속된다.
④ 甲이 사망할 시에 법정상속인이 수인인 경우에 보험금 청구권이 보험수익자의 고유재산이므로 각 상속인은 균등한 비율로 보험금청구권을 갖는다.

TIP ① 보험수익자 변경은 보험자의 동의가 필요하지 않다.
③ 보험금청구권을 포기하더라도 포기한 부분이 자동으로 다른 수익자에게 귀속되지 않는다. 보험금청구권은 수익자의 개인 권리이므로, 특정 수익자가 그 권리를 포기하면 그 부분이 다른 수익자에게 귀속될지 여부는 법률적으로 별도로 결정되거나 상속 절차에 따라 처리된다.
④ 보험수익자가 법정상속인으로 지정된 경우 보험금은 상속 비율에 따라 분배된다.

32 인보험계약에서 담보되는 보험사고에 관한 설명으로 옳지 않은 것은? (다툼이 있는 경우 판례에 의함)

① 암 진단이 확정되어 있음에도 불구하고 암으로 인한 사망을 보험사고로 하여 체결된 보험계약은 보험사고가 확정된 암과 관련하여 발생한 경우에 한하여 보험계약이 무효이다.
② 암 진단의 확정 및 그와 같이 확진이 된 암을 직접적인 원인으로 한 사망을 보험사고의 하나로 하는 보험계약에서 피보험자가 보험계약일 이전에 암 진단이 확정되어 있었던 경우에는 보험계약을 무효로 한다는 약관 조항은 유효하다.
③ 부부싸움 중 극도로 흥분되고 불안한 정신적 공황상태에서 베란다 밖으로 몸을 던져서 사망한 경우, 이 사고는 우발적인 우연한 사고다.
④ 상해보험계약에 의하여 담보되는 보험사고의 우연성에 관하여 보험금청구권자에게 그 입증책임이 있다.

TIP 보험사고의 객관적 확정의 효과에 관하여 규정하고 있는 상법 제644조는 사고 발생의 우연성을 전제로 하는 보험계약의 본질상 이미 발생이 확정된 보험사고에 대한 보험계약은 허용되지 아니한다는 취지에서 보험계약 당시 이미 보험사고가 발생하였을 경우에는 그 보험계약을 무효로 한다고 규정하고 있고, 암 진단의 확정 및 그와 같이 확진이 된 암을 직접적인 원인으로 한 사망을 보험사고의 하나로 하는 보험계약에서 피보험자가 보험계약일 이전에 암 진단이 확정되어 있는 경우에는 보험계약을 무효로 한다는 약관조항은 보험계약을 체결하기 이전에 그 보험사고의 하나인 암 진단의 확정이 있었던 경우에 그 보험계약을 무효로 한다는 것으로서 상법 제644조의 규정 취지에 따른 것이라고 할 것이므로, 상법 제644조의 규정 취지나 보험계약은 원칙적으로 보험가입자의 선의를 전제로 한다는 점에 비추어 볼 때, 그 약관조항은 그 조항에서 규정하고 있는 사유가 있는 경우에 그 보험계약 전체를 무효로 한다는 취지라고 보아야 할 것이지, 단지 보험사고가 암과 관련하여 발생한 경우에 한하여 보험계약을 무효로 한다는 취지라고 볼 수는 없다[대법원 1998. 8. 21. 선고 97다50091 판결].

ANSWER
29.④ 30.③ 31.② 32.①

33 甲이 남편 乙을 피보험자로, 자신을 보험수익자로 하는 사망보험계약을 체결하였다. 이 과정에서 보험설계사는 약관상의 피보험자의 서면동의조항(상법 제731조)에 관하여 설명하지 않은 채 乙의 동의 없이 서명을 위조하였다. 이 보험계약에 관한 설명으로 옳지 않은 것은? (다툼이 있는 경우 판례에 의함)

① 타인의 사망을 보험사고로 하는 보험계약에 있어서 보험계약체결 시 그 乙의 서면동의를 얻어야 한다는 상법 규정은 강행법규로서 이 규정을 위반한 보험계약은 무효이다.

② 서면동의조항을 위반하여 계약을 체결한 자가 스스로 무효를 주장한다고 해도 이러한 주장이 신의성실의 원칙 또는 금반언의 원칙에 반하는 것은 아니다.

③ 甲이 모집과정에서 보험설계사의 주의의무 해태 내지 불법행위로 인하여, 보험사고에도 불구하고 보험금을 지급받지 못하게 되었다면, 보험자는 보험계약자에게 그 보험금 상당의 손해를 배상할 책임이 있다.

④ 乙이 보험계약 성립 이후에 이 계약을 추인한다면 그 보험계약이 유효하고 甲은 보험사고 발생시 보험자에 대하여 보험금청구권을 행사할 수 있다.

TIP ④ 피보험자의 서면 동의가 없는 생명보험 계약은 처음부터 무효이다(상법 제731조). 피보험자의 서명 동의는 생명보험 계약의 유효성을 위한 필수 요건에 해당한다. 피보험자(乙)가 나중에 계약을 추인(승인)하더라도, 계약 성립 당시의 하자가 치유되지 않기 때문에 유효가 될 수 없다. 피보험자의 서면 동의가 없었던 시점에서 이 계약은 무효이므로, 이후 추인하더라도 계약은 유효해지지 않고, 따라서 甲은 보험금 청구권을 행사할 수 없다.

①② 타인의 사망을 보험사고로 하는 보험계약에는 보험계약 체결시에 그 타인의 서면에 의한 동의를 얻어야 한다는 상법 제731조 제1항의 규정은 강행법규로서 이에 위반하여 체결된 보험계약은 무효이다. 상법 제731조 제1항의 입법취지에는 도박보험의 위험성과 피보험자 살해의 위험성 외에도 피해자의 동의를 얻지 아니하고 타인의 사망을 이른바 사행계약상의 조건으로 삼는 데서 오는 공서양속의 침해의 위험성을 배제하기 위한 것도 들어있다고 해석되므로, 상법 제731조 제1항을 위반하여 피보험자의 서면 동의 없이 타인의 사망을 보험사고로 하는 보험계약을 체결한 자 스스로가 무효를 주장함이 신의성실의 원칙 또는 금반언의 원칙에 위배되는 권리 행사라는 이유로 이를 배척한다면, 그와 같은 입법취지를 완전히 몰각시키는 결과가 초래되므로 특단의 사정이 없는 한 그러한 주장이 신의성실 또는 금반언의 원칙에 반한다고 볼 수는 없다[대법원 1996. 11. 22. 선고 96다37084 판결].

④ 타인의 사망을 보험사고로 하는 보험계약의 체결에 있어서 보험설계사는 보험계약자에게 피보험자의 서면동의 등의 요건에 관하여 구체적이고 상세하게 설명하여 보험계약자로 하여금 그 요건을 구비할 수 있는 기회를 주어 유효한 보험계약이 성립하도록 조치할 주의의무가 있고, 보험설계사가 위와 같은 설명을 하지 아니하는 바람에 위 요건의 흠결로 보험계약이 무효가 되고 그 결과 보험사고의 발생에도 불구하고 보험계약자가 보험금을 지급받지 못하게 되었다면 보험자는 보험업법 제102조 제1항에 기하여 보험계약자에게 그 보험금 상당액의 손해를 배상할 의무를 진다[대법원 2008. 8. 21. 선고 2007다76696 판결].

34 생명보험자의 면책사유에 관한 설명으로 옳지 않은 것은? (다툼이 있는 경우 판례에 의함)

① 사망보험계약에서 자살을 면책사유로 규정한 경우, 그 자살은 사망자가 자기의 생명을 끊는다는 것을 의식하고 그것을 목적으로 의도적으로 자기 생명을 절단하여 사망의 결과를 발생케 한 행위를 의미한다.

② 생명보험에서 피보험자가 정신질환 등으로 자유로운 의사결정을 할 수 없는 상태에서 사망의 결과를 발생케 한 경우에는 보험자는 면책되지 않는다.

③ 보험사고의 발생에 기여한 복수의 원인이 존재하는 경우, 그 중 하나가 피보험자 등의 고의행위임을 주장하여 보험자가 면책되기 위해서는 그 행위가 공동원인의 하나이었다는 점을 증명하면 족하다.

④ 생명보험약관에서 '피보험자가 고의로 자신을 해친 경우'를 보험자의 면책사유로 규정하고 있는 경우, 보험자가 보험금 지급책임을 면하기 위해서는 면책사유에 해당하는 사실을 입증할 책임이 있다.

TIP ③ 보험사고의 발생에 기여한 복수의 원인이 존재하는 경우, 그 중 하나가 피보험자 등의 고의행위임을 주장하여 보험자가 면책되기 위하여는 그 행위가 단순히 공동원인의 하나이었다는 점을 입증하는 것으로는 부족하고 피보험자 등의 고의행위가 보험사고 발생의 유일하거나 결정적 원인이었음을 입증하여야 할 것이다[대법원 2004. 8. 20. 선고 2003다26075 판결].

① '상법' 제659조 제1항 및 제732조의2의 입법 취지에 비추어 볼 때, 사망을 보험사고로 하는 보험계약에 있어서 자살을 보험자의 면책사유로 규정하고 있는 경우, 그 자살은 자기의 생명을 끊는다는 것을 의식하고 그것을 목적으로 의도적으로 자기의 생명을 절단하여 사망의 결과를 발생케 한 행위를 의미하고, 피보험자가 정신질환 등으로 자유로운 의사결정을 할 수 없는 상태에서 사망의 결과를 발생케 한 경우까지 포함하는 것은 아닐 뿐만 아니라, 그러한 경우 사망의 결과를 발생케 한 직접적인 원인 행위가 외래의 요인에 의한 것이라면 그 보험사고는 피보험자의 고의에 의하지 않은 우발적인 사고로서 재해에 해당한다[대법원 2008. 8. 21. 선고 2007다76696 판결].

② 상법 제659조 제1항 및 제732조의2의 입법 취지에 비추어 볼 때, 사망을 보험사고로 하는 보험계약에서 자살을 보험자의 면책사유로 규정하고 있는 경우, 그 자살은 사망자가 자기의 생명을 끊는다는 것을 의식하고 그것을 목적으로 의도적으로 자기의 생명을 절단하여 사망의 결과를 발생케 한 행위를 의미하고, 피보험자가 정신질환 등으로 자유로운 의사결정을 할 수 없는 상태에서 사망의 결과를 발생케 한 경우는 포함되지 않는다[대법원 2011. 4. 28. 선고 2009다97772 판결].

④ '피보험자가 고의로 자신을 해친 경우'를 보험자의 면책사유로 규정하고 있는 경우 보험자가 보험금 지급책임을 면하기 위하여는 위 면책사유에 해당하는 사실을 입증할 책임이 있다[대법원 2002. 3. 29. 선고 2001다49234 판결].

35 단체생명보험에 관한 설명으로 옳지 않은 것은? (다툼이 있는 경우 판례에 의함)

① 피보험자가 보험사고 이외의 사고로 사망하거나 퇴직 등으로 단체의 구성원으로서 자격을 상실하면 그에 대한 단체보험계약에 의한 보호는 종료된다.

② 단체보험계약은 단체 구성원이 보험수익자가 되는 타인을 위한 보험계약이어야 한다.

③ 단체규약으로 피보험자 또는 그 상속인이 아닌 자를 보험수익자로 지정한다는 명시적인 정함이 없는 경우, 피보험자의 서면동의 없이 피보험자 또는 그 상속인이 아닌 자를 보험수익자로 지정하였다면 그 지정은 무효이다.

④ 단체보험계약자인 회사의 직원이 퇴사 후 사망하는 보험사고가 발생한 경우, 회사가 그 직원에 대한 보험료를 퇴직 후 계속 납입하였더라도 퇴사와 동시에 단체보험의 피보험자의 지위가 종료되는데 영향을 미치지 아니한다.

TIP 단체보험〈상법 제735조의3〉

① 단체가 규약에 따라 구성원의 전부 또는 일부를 피보험자로 하는 생명보험계약을 체결하는 경우에는 제731조를 적용하지 아니한다.

② 제1항의 보험계약이 체결된 때에는 보험자는 보험계약자에 대하여서만 보험증권을 교부한다.

③ 제1항의 보험계약에서 보험계약자가 피보험자 또는 그 상속인이 아닌 자를 보험수익자로 지정할 때에는 단체의 규약에서 명시적으로 정하는 경우 외에는 그 피보험자의 제731조 제1항에 따른 서면 동의를 받아야 한다.

ANSWER

33.④ 34.③ 35.②

36 인보험에서 보험자대위에 관한 설명으로 옳지 않은 것은? (다툼이 있는 경우 판례에 의함)

① 생명보험계약에서는 잔존물대위나 청구권대위가 인정되지 않는다.
② 상해보험계약의 경우 당사자 사이의 약정에 의하여 보험자는 피보험자의 권리를 해하지 않는 범위 안에서 보험사고로 인하여 생긴 보험계약자 또는 보험수익자의 제3자에 대한 권리를 대위하여 행사할 수 있다.
③ 자기신체사고 자동차보험에서 타 차량의 사고로 보험사고가 발생하여 피보험자가 상대 차량 자동차보험에 의한 보상을 받을 수 있는 경우에 약관에 정한 보험금에서 상대 차량 자동차보험 대인배상에서 보상받을 수 있는 금액을 공제한 액수만 지급하기로 한 약정은 결과적으로 보험자대위를 인정하는 것과 같은 결과를 초래하여 효력이 없다.
④ 상해보험의 경우 대위권에 관한 약정이 없는 한, 피보험자가 제3자로부터 손해배상을 받더라도 이에 관계없이 보험자는 보험금을 지급할 의무가 있고, 피보험자의 제3자에 대한 권리를 대위하여 행사할 수도 없다.

TIP 자기신체사고 보험에서 약관에 따라 상대방의 자동차보험(대인배상)에서 보상받을 수 있는 금액을 공제하고 보험금을 지급하는 것은, 보험자대위와는 다른 개념이며, 이는 법적으로 유효한 약정이다. 자기신체사고 보험에서 상대방 보험에서 받을 수 있는 금액을 미리 공제하는 것은 중복 보상을 방지하기 위한 약정에 해당하여 보험자대위와 구별되어 이중보상을 방지하는 조치이다.

37 보험료적립금의 반환에 관한 설명으로 옳지 않은 것은?

① 보험사고 발생 전에 보험계약자에 의해 임의로 계약이 해지되는 경우에, 일반보험에서 보험자는 원칙적으로 미경과보험료만 반환하면 되지만 장기인 생명보험에서는 저축적 요소가 포함되어 보험료적립금 반환의 문제가 발생할 수 있다.
② 보험기간 중에 보험계약이 해지되어 보험자의 지급책임이 면제된 경우에 보험자는 보험수익자를 위하여 적립한 금액을 보험수익자에게 지급하도록 하고 있다.
③ 보험료적립금 반환청구권은 3년간 행사하지 아니하면 시효의 완성으로 소멸한다.
④ 보험료적립금 반환사유 중에 보험사고가 보험계약자의 고의로 인해 발생하여 보험자가 보험금 지급책임을 면하게 된 때에, 당사자간에 다른 약정이 없는 한, 보험자는 보험료적립금 반환의무를 부담하지 않는다.

TIP 보험자는 일반적으로 보험수익자가 아닌 보험계약자에게 적립된 해지환급금을 지급한다. 보험수익자는 피보험자의 사망과 같은 보험사고 발생 시에 보험금을 받을 권리가 있을 뿐, 계약이 해지된 경우에는 해지환급금에 대한 권리가 없다. 해지 시 적립된 금액은 보험계약자에게 지급되고 보험수익자에게 지급되지 않는다.

38 보험증권에 관한 설명으로 옳지 않은 것은?

① 보험금청구권자가 보험증권을 제시하지 않았으나 그가 정당한 권리자임을 입증한 경우 보험자는 보험금지급책임이 있다.
② 보험증권은 보험계약자의 고지의무위반, 보험료의 부지급 등으로 인해 보험계약이 해지되면 증권소지인에게 영향을 미친다.
③ 보험증권은 보험계약의 성립을 증명하기 위하여 발행하는 증거증권이 아니라 보험계약상의 권리의무가 발생하는 설권증권이다.
④ 타인을 위한 보험에서 그 타인의 동의를 얻거나 보험증권을 소지한 경우에 한하여 계약을 해지할 수 있다.

TIP 보험증권은 보험계약의 성립을 증명하기 위한 증거증권에 해당한다. 보험계약은 청약과 승낙에 의해 성립되며 보험증권은 이 계약이 성립했음을 증명하는 문서이다.

39 **보험계약과 관련된 통지의무에 관한 설명으로 옳지 않은 것은?**

① 보험계약자 또는 피보험자나 보험수익자는 보험사고의 발생을 안 때에 지체없이 보험자에게 그 통지를 발송하여야 한다.
② 보험사고 통지의무를 해태함으로 인하여 손해가 증가된 때에는 보험자는 그 증가된 손해를 보상할 책임이 없다.
③ 책임보험에서 피보험자가 제3자로부터 배상청구를 받은 때에도 그 통지를 발송하여야 하고, 통지를 게을리하여 손해가 증가된 경우에도 보험자는 그 증가된 손해를 보상할 책임이 있다.
④ 책임보험에서 피보험자가 제3자에 대하여 변제, 승인, 화해 또는 재판으로 인하여 채무가 확정된 때에는 지체없이 보험자에게 그 통지를 발송하여야 한다.

TIP 「상법」 제722조(피보험자의 배상청구 사실 통지의무) 제1항에 따라 피보험자가 제3자로부터 배상청구를 받았을 때 보험자에게 통지할 의무가 있다. 피보험자가 통지를 게을리하여 그로 인해 손해가 증가한 경우, 보험자는 그 증가된 손해에 대해서는 책임을 지지 않는다.

40 **보험자의 면책사유에 관한 설명으로 옳은 것은? (다툼이 있는 경우 판례에 의함)**

① 보험사고가 보험계약자 또는 피보험자나 보험수익자의 고의 또는 중대한 과실로 인하여 생긴 때에는 보험자는 보험금액을 지급할 책임이 없다고 규정하고 있는 상법 제659조는 보증보험에도 적용된다.
② 보험사고가 보험계약자 또는 피보험자나 보험수익자의 고의 또는 중대한 과실로 인하여 생긴 때에는 보험자는 보험금 지급책임이 없으므로 손해보험에서 고의만 면책으로 하고 중과실 사고에 대하여 보험자의 책임을 인정하는 약정은 효력이 없다.
③ 보험계약자 또는 피보험자의 친족이나 피용인 등의 고의 또는 중과실을 보험계약자 등의 고의 또는 중과실과 동일한 것으로 보고 보험자를 면책시키는 대표자책임 이론은 판례상 일반적으로 인정되고 있다.
④ 손해보험에서 복수의 피보험자가 있는 경우, 면책사유가 그 중 일부의 피보험자에 대하여 적용되는 경우에 이러한 면책사유는 당해 피보험자에게만 개별적으로 적용된다.

TIP ① 상법 제659조는 손해보험에 적용되는 규정으로, 피보험자의 고의 또는 중대한 과실로 발생한 보험사고에 대해 보험자의 면책을 규정하지만 보증보험은 적용되지 않는다.
② 「상법」 제659조(보험자의 면책사유) 제1항에 따라 피보험자 또는 보험수익자의 고의로 인해 발생한 보험사고에 대해서는 보험자가 보험금을 지급할 책임이 없다고 규정되어 있으나 중과실 면책에 대해서는 강제되지 않는다.
③ 보험계약자나 피보험자 본인의 고의 또는 중과실이 아닌 경우, 즉 그들의 친족이나 피용인의 고의나 중과실이 사고의 원인이 된 경우에는, 그 책임을 보험계약자나 피보험자 본인의 고의나 중과실과 동일하게 보지 않으며, 따라서 보험자의 면책을 인정하지 않는다.

ANSWER
36.③ 37.② 38.③ 39.③ 40.④

PART

04

손해사정이론

2017년 제40회 손해사정이론
2018년 제41회 손해사정이론
2019년 제42회 손해사정이론
2020년 제43회 손해사정이론
2021년 제44회 손해사정이론
2022년 제45회 손해사정이론
2023년 제46회 손해사정이론
2024년 제47회 손해사정이론

2017년 제40회 손해사정이론

1 **손해배상금 산정 시의 중간이자 공제에 관한 다음 설명 중 옳은 것은?**

① 상실수익액에 대한 중간이자 공제는 약관에서 정하는 약관대출이자율을 적용한다.
② 여타의 조건이 동일한 경우 호프만 방식보다 라이프니츠 방식에서 배상금이 더 많이 산정된다.
③ 「국가배상법」에서는 5% 복리 할인법에 의거하여 배상금을 산정할 것을 규정하고 있다.
④ 중간이자 공제는 일시금 배상에 따른 과잉배상을 방지하기 위한 것이다.

TIP ① 상실수익액에 대한 중간이자 공제는 연 5%의 민사법정이율을 적용한다.
② 여타의 조건이 동일한 경우 호프만 방식이 라이프니츠 방식에 비해 배상금이 더 많이 산정된다.
③ 「국가배상법」에서는 5% 단리 할인법(호프만식 산정방법)에 의거하여 배상금을 산정할 것을 규정하고 있다.

2 **역선택(adverse selection) 문제의 발생 시점과 발생 원인을 순서대로 바르게 배열한 것은?**

	발생 시점	발생원인		발생 시점	발생원인
①	보험계약체결이후	숨겨진 행동	②	보험계약체결 시점	숨겨진 행동
③	보험계약체결이후	숨겨진 속성	④	보험계약체결 시점	숨겨진 속성

TIP 역선택은 보험계약체결 시점에서 숨겨진 속성으로 인해 발생한다.

3 **다음에서 설명하는 보상책임에 관한 원칙은?**

> ㉠ 손해의 결과에 대하여 선행하는 위험이 면책위험이 아닐 경우 보험자는 면책을 주장할 수 없다.
> ㉡ 화재보험에서 발화의 원인을 불문하고 그 화재로 인하여 보험목적물에 손해가 생긴 때에는 보험자는 그 손해를 보상할 책임이 있다.
> ㉢ 일반화재보험에서 폭발손해 자체는 화재로 인한 것이든 아니든 면책이지만, 폭발로 발생한 화재손해에 대해서는 보험자의 책임이 발생한다.

① 위험보편의 원칙　② 위험개별의 원칙
③ 우선효력의 원칙　④ 분담주의 원칙

TIP 위험보편의 원칙 … 담보위험의 원인인 선행위험이 면책위험이 아닌 한 그 후행위험이 무엇이든 상관없이 담보위험으로 인한 손해 및 담보위험의 후행위험으로 인한 손해를 보험자가 보상한다는 원칙이다.

4 **다음 중 보험회사의 지급여력비율 산출 시 지급여력금액 항목에 합산되지 않는 것은?**

① 책임준비금
② 보통주 자본금
③ 기타포괄손익누계액
④ 우선주 자본금

TIP 지급여력금액〈보험업감독규정 제7 - 1조〉

① 영 제65조 제1항 제1호의 규정에 의한 지급여력금액은 제1호와 제2호를 합산하고, 제3호를 차감하여 산출한다.
  1. 제7-2조의2의 재무상태표에서 부채금액을 초과하는 자산금액(순자산)으로 다음 각 목의 항목으로 구성된다.
    가. 보통주자본금 및 자본잉여금
    나. 우선주자본금 및 자본잉여금(누적적우선주 제외)
    다. 이익잉여금(〈예외조항 삭제 2022. 12. 21〉)
    라. 기타포괄손익누계액
    마. 자본금에 준하는 경제적 기능(후순위성, 영구성 등)을 가진 것으로서 감독원장이 정하는 기준을 충족하는 자본증권 〈삭제 2022. 12. 21.〉
    바. 가목부터 마목까지의 항목 및 금액 이외에 손실보전에 사용될 수 있다고 감독원장이 인정하는 항목
  2. 제7-2조의2의 재무상태표에서 부채에 해당하나, 손실위험 보전에 사용할 수 있는 금액으로 다음 각 목의 항목으로 구성된다. 〈삭제 2022. 12. 21.〉
    가. 제7-9조제1항제5호의 규정에 의한 후순위채무액 〈삭제 2022. 12. 21.〉
    나. 제1호 각 목보다 자본성이 낮은 것으로 인정되는 항목 중 가목 이외에 손실보전에 사용될 수 있다고 감독원장이 인정하는 항목
  3. 주식할인발행차금, 자기주식 등 제7-2조의2의 재무상태표의 자산 또는 자본 중 보험회사의 예상하지 못한 위험으로 인한 손실보전에 사용될 수 없다고 감독원장이 인정하는 금액
② 제1항의 규정에 의한 지급여력금액은 손실보전에 사용할 수 있는 정도(손실흡수능력)에 따라 기본자본과 보완자본으로 분류하여 적용한다.
  1. 자본증권은 손실흡수능력을 평가하여 기본자본과 보완자본으로 구분한다.
  2. 기타 자본항목은 기본자본으로 우선 분류하되 손실흡수능력에 제한이 있는 항목은 기본자본에서 차감하여 보완자본으로 재분류한다.
③ 제1항 및 제2항의 규정에 관하여 필요한 세부기준은 감독원장이 정한 바에 따른다.
④ 보완자본은 영 제65조 제1항 제2호의 규정에 의한 지급여력기준금액의 100분의 50 이내에 해당하는 금액을 한도로 한다.

ANSWER

1.④ 2.④ 3.① 4.①

5 **쌍방 간의 과실로 보험사고가 발생하였을 경우 당사자들은 과실비율에 대한 규명 없이 각자의 보험회사로부터 손실을 보상 받을 수 있도록 하는 배상책임제도는?**

① 손익상계제도
② 교차책임제도
③ 과실상계제도
④ 무과실책임제도

TIP 무과실책임제도 … 쌍방과실로 보험사고가 발생하였을 경우 당사자들은 과실비율에 대한 규명 없이 각자의 보험회사로부터 손실을 보상 받을 수 있도록 하는 배상책임제도이다.

6 **기대효용가설(expected utility hypothesis) 관점에서 개인의 보험구매의사결정에 관한 설명으로 적절하지 않은 것은?**

① 위험회피형 개인은 부가보험료가 존재하더라도 보험을 구매할 수 있다.
② 위험중립형 개인은 부가보험료가 존재할 경우 보험을 구매하지 않는다.
③ 위험회피형 개인의 리스크 프리미엄(risk premium)이 부가보험료보다 크면 보험을 구매하지 않는다.
④ 위험선호형 개인은 부가보험료가 없더라도 보험을 구매하지 않는다.

TIP 위험회피형 개인의 리스크 프리미엄(risk premium)이 부가보험료보다 작으면 보험을 구매하지 않는다.

7 **다음에서 설명하는 보험계약의 법적 성격은?**

> 보험자의 관점에서 볼 때 동일한 보험목적물이라도 피보험자가 누구냐에 따라 손실발생 위험이 달라지는 것이기 때문에 보험계약의 내용이 달라질 수 있고 계약의 인수가 거절될 수도 있다.

① 인적계약(personal contract)
② 부합계약(adhesive contract)
③ 조건부계약(conditional contract)
④ 사행계약(aleatory contract)

TIP 제시된 내용은 보험계약의 인적계약성에 대한 설명이다.

※ 보험계약의 특징
㉠ 불요식 낙성계약성
㉡ 유상계약성
㉢ 쌍무계약성
㉣ 사행계약성
㉤ 부합계약성
㉥ 선의계약성
㉦ 계속계약성
㉧ 인적계약성
㉨ 영리적 상행위성

8 다음은 보험에 대한 설명이다. ( ) 안에 들어갈 단어를 순서대로 바르게 배열한 것은?

> 계약자의 입장에서 보면 보험은 (㉠) 제도이지만, 기술적인 측면에서 보면 보험은 다수의 위험단위를 집단화함으로써 개별 계약자의 손실에 대한 불확실성을 경감하는 (㉡) 제도이다.

	㉠	㉡		㉠	㉡
①	위험통제	위험전가	②	위험전가	위험결합
③	위험분담	위험전가	④	위험전가	위험보유

TIP 계약자의 입장에서 보면 보험은 위험전가 제도이지만, 기술적인 측면에서 보면 보험은 다수의 위험단위를 집단화함으로써 개별 계약자의 손실에 대한 불확실성을 경감하는 위험결합 제도이다.

9 보험회사의 경영성과지표에 관한 다음 설명 중 가장 적절한 것은?

① 보험회사의 자산운용수익은 합산비율에 영향을 미친다.
② 실제사업비율이 예정사업비율보다 낮으면 효율적 경영이 이루어졌다고 할 수 있다.
③ 재보험거래 결과는 경과손해율에 영향을 미치지 않는다.
④ 손해사정비용은 사업비율에 영향을 미친다.

TIP ① 보험회사의 자산운용수익은 합산비율에 영향을 미치지 않는다.
③ 재보험거래 결과는 경과손해율에 영향을 미친다.
④ 손해사정비용은 사업비율에 영향을 미치지 않는다.

10 보험기간 중 보험계약자나 피보험자의 행위로 위태가 증가되었을 때 이 위태가 증가된 상태에 있는 한 보험효력이 일시 정지되고, 증가된 위태가 제거되거나 원상으로 복귀되었을 때 보험효력이 재개되도록 규정하는 계약조항은?

① grace period clause(유예기간조항)
② if clause(만약조항)
③ while clause(동안조항)
④ floater clause(유동조항)

TIP while clause(동안조항) … 보험기간 중 보험계약자나 피보험자의 행위로 위태가 증가되었을 때 이 위태가 증가된 상태에 있는 한 보험효력이 일시 정지되고, 증가된 위태가 제거되거나 원상으로 복귀되었을 때 보험효력이 재개되도록 규정하는 계약조항이다.

ANSWER
5.④ 6.③ 7.① 8.② 9.② 10.③

11 다음 중 기업신용보험(commercial credit insurance)에 대한 설명으로 옳지 않은 것은?

① 기업신용보험은 기업이 다른 기업과의 신용거래에 따른 외상매출금의 회수불능위험을 관리하는 보험으로서 기업의 신용손실을 보상하는 것이다.
② 기업신용보험은 비정상적 신용손실(abnormal credit loss)이 아니라 정상적 사업과정에서 발생하는 통상적 신용손실(normal credit loss)을 보상하는 것이다.
③ 기업신용손실의 원인은 채무자의 파산 또는 지급불능이어야 하고, 그 밖의 원인에 의한 신용손실은 보상에서 제외된다.
④ 기업신용보험은 기업의 불량채무손실을 감소시키고 거래 상대방의 지급불능 시 효율적인 회수 및 구조서비스를 제공한다.

TIP 기업신용보험은 정상적 사업과정에서 발생하는 통상적 신용손실(normal credit loss)이 아니라 비정상적 신용손실(abnormal credit loss)을 보상하는 것이다.

12 책임보험의 일반적 성질과 거리가 가장 먼 것은?

① 손해를 보상하는 손해보험의 성질을 가진다.
② 피해자가 보험자에게 손해의 전보를 직접청구할 수 있다.
③ 피보험자에게 발생하는 적극적 손해를 보상하는 적극보험의 성질을 가진다.
④ 원칙적으로 보험가액이라는 개념이 존재하지 않는다.

TIP 책임보험은 피보험자에게 직접 발생한 손해를 보상하는 것이 아니고 피보험자가 제3자에 대하여 부담하는 배상책임으로 인한 손해를 보상하는 소극보험성을 가진다.

13 다음 손실통제(loss control) 활동 중 손실감소(loss reduction)에 해당하는 것은?

① 안전교육
② 금연과 금주
③ CCTV 설치
④ 에어백 설치

TIP 손실통제(loss control)
㉠ 손실예방(loss prevention) : 발생횟수 축소에 초점을 둔 활동(예 안전교육, 금연과 금주, CCTV · 방화벽 설치 등)
㉡ 손실감소(loss reduction) : 손실규모 축소에 초점을 둔 활동(예 자동차의 에어백, 안전띠 등)

14 **보험가입 후 위험관리를 소홀히 한다거나 사고발생 후 적극적으로 손해방지활동을 하지 않는 것은 다음 중 무엇에 해당하는가?**

① 실체적 위태(physical hazard)
② 도덕적 위태(moral hazard)
③ 정신적 위태(morale hazard)
④ 법률적 위태(legal hazard)

TIP 위태(Hazard) … 특정한 사고로 인하여 발생할 수 있는 손해의 가능성을 새로이 창조하거나 증가시키는 상태이다.
㉠ 실체적 위태(physical hazard) : 사람이나 물체에 존재하는 육체적 또는 물리적인 위태이다.
㉡ 도덕적 위태(moral hazard) : 인간의 정신적 또는 심리적 요인 등 갖가지 잠재적 사정이나 태도에 기인하는 위험이다.
㉢ 정신적 위태(morale hazard) : 광의의 도덕적 위태에 포함되는 것으로서, 부주의, 무관심, 기대심, 사기저하, 풍기문란 등의 인적 사정이다.

15 **다음 중 위험보유의 형태라 할 수 없는 것은?**

① 공제조항(deductible clause)
② 자가보험(self-insurance)
③ 캡티브보험(captive insurance)
④ 타보험조항(other insurance)

TIP 타보험조항은 위험보유의 형태라고 할 수 없다.

16 **다음 중 전쟁 · 천재지변 등으로 인한 손해를 면책하는 내용은?**

① 제외손인(excluded perils)
② 제외손실(excluded losses)
③ 제외재산(excluded property)
④ 제외지역(excluded locations)

TIP 전쟁 · 천재지변 등을 이유로 손해를 면책하는 것은 제외손인에 해당한다.
※ 면책사항의 주요 유형
㉠ 면책위험(excluded perils) : 보험계약은 일부의 위험 또는 손해원인을 제외시킬 수 있다.
㉡ 면책손해(excluded losses) : 보험계약에서 일부 형태의 손해가 제외된다.
㉢ 면책재산(excluded property) : 보험계약은 일부 재산에 대한 보상책임을 제외하거나 보상책임을 제한한다.

ANSWER
11.② 12.③ 13.④ 14.③ 15.④ 16.①

17 다음 중 피보험이익에 관한 설명으로 옳지 않은 것은?

① 보험목적물의 가치를 말한다.
② 피보험이익의 원칙은 도덕적 위태를 감소시키는 기능을 한다.
③ 반드시 현존하는 이익일 필요는 없다.
④ 하나의 보험목적물에 복수의 피보험이익이 존재할 수 있다.

TIP 피보험이익 … 보험의 목적에 대해 보험사고가 발생하지 않음으로 인해 피보험자가 갖는 경제적 이익을 의미한다.
※ 피보험이익의 의미
㉠ 보험자의 책임보험의 확정
㉡ 중복보험 및 초과보험의 방지
㉢ 도박보험의 방지
㉣ 보험계약의 동일성을 구별하는 표준

18 다음 중 보험자가 보험계약을 해지할 수 있는 사유에 해당하지 않는 것은?

① 위험의 변경 · 증가 통지의무 위반
② 계속보험료의 미지급
③ 사고발생의 통지의무 위반
④ 고지 의무 위반

TIP 통지의무자가 보험사고발생의 통지를 하지 않은 경우에도 보험자의 보상책임이 전부 면책되는 것은 아니다. 단, 보험계약자 또는 피보험자나 보험수익자가 보험사고발생의 통지의무를 해태함으로 인하여 손해가 증가된 때에는 보험자는 그 증가된 손해를 보상할 책임이 없다.

19 다음 중 공동보험조항(co-insurance clause)에 대한 설명으로 적절하지 않은 것은?

① 손실발생 시 피보험자로 하여금 손실의 일부를 부담하게 하는 조항이다.
② 보험계약자 간 보험요율의 형평성을 유지하는 데 주된 목적이 있다.
③ 소액보상청구를 줄임으로써 손실처리비용을 감소시킬 수 있다.
④ 위험관리를 유도함으로써 손실발생 방지의 효과를 거둘 수 있다.

TIP 공동보험조항의 목적은 일부보험을 사전에 방지하고, 전부보험을 권장하고자 함이며, 전부보험이나 일부보험에 가입한 보험계약자 간의 형평성 및 수입보험료의 충분성을 유지하여 보험경영의 합리화를 위함이다.
※ 공동보험조항(co-insurance clause) … 전부보험 또는 보험자가 요구한 일정비율 이상으로 부보한 경우의 보험사고에서는 실손해를 보상하지만, 보험금액이 그 이하인 경우 일부보험으로 인정하여 그 부족분의 손해를 피보험자가 분담하도록 규정한 조항으로서 보험자와 가입자 간의 위험관리를 통한 위험의 분담을 도모한다.

20 다음은 보험가액 5억 원인 주택의 화재발생 시 손해액에 대한 확률분포이다. 80% 공동보험조항 하에서 보험가입금액을 2억 원으로 했을 때 예상 지급보험금은 얼마인가?

손해액	5억 원	3억 원	1억 원	0원
확률	0.1	0.1	0.2	0.6

① 1,600만 원
② 4,000만 원
③ 4,500만 원
④ 5,000만 원

TIP 5억 손해 시 지급보험금 : 5억 × 2/(5 × 0.8) = 2.5억이지만, 보험가입금액이 2억이므로 2억 × 0.1 = 0.2억
3억 손해 시 지급보험금 : 3억 × 2/(5 × 0.8) = 1.5억이므로 1.5억 원 × 0.1 = 0.15억
1억 손해 시 지급보험금 : 1억 × 2/(5 × 0.8) = 0.5억으므로 0.5억 원 × 0.2 = 0.1억
따라서 예상 지급보험금은 0.2 + 0.15 + 0.1 = 0.45억 원이다.

21 A보험회사는 자사가 인수한 보험계약에 대하여 매 위험당 20% 출재, 특약한도액 50만 원으로 하는 비례분할 재보험특약(quota share reinsurance treaty)을 운용하고 있다. 재보험계약 담보기간 중 아래와 같은 3건의 손해가 발생하였을 때 재보험자로부터 회수할 수 있는 재보험금은 얼마인가?

원보험계약	1	2	3
손해액	150만 원	200만 원	300만 원

① 120만 원
② 130만 원
③ 520만 원
④ 530만 원

TIP 매 위험당 20% 출재, 특약한도액이 50만 원이므로 3건의 손해가 발생했을 때 재보험자로부터 회수할 수 있는 재보험금은 150만 원 × 0.2 + 200만 원 × 0.2 + 300만 원 × 0.2(60만 원이지만 특약한도액이 50만 원이므로 50만 원) = 30 + 40 + 50 = 120만 원이다.

ANSWER
17.① 18.③ 19.③ 20.③ 21.①

22 **다음 중 소급보험과 승낙전보호제도에 대한 설명으로 옳지 않은 것은?**

① 양자 모두 보험계약이 성립하기 전 일정시점부터 보험자의 책임이 개시된다.
② 소급보험은 당사자의 합의에 의하여 효력이 발생하나, 승낙전보호제도는 당사자의 합의에 관계없이 법률규정에 의하여 보호된다.
③ 소급보험은 보험계약이 성립되어야 적용되나, 승낙전보호제도는 보험계약이 성립되기 전 단계에서 적용되는 제도이다.
④ 소급보험에서는 청약일 이후에야 보험자의 책임이 개시되나, 승낙전보호제도에서는 보험자의 책임이 청약일 이전에 개시된다.

TIP 보험자의 책임은 보험계약의 청약에 대하여 승낙한 후 다른 약정이 없으면 최초의 보험료를 지급받은 때로부터 개시되는 것이 원칙이다〈상법 제656조(보험료의 지급과 보험자의 책임개시)〉. 그러나 「상법」 제638조의2(보험계약의 성립) 제3항은 보험자가 보험계약자로부터 보험계약의 청약과 함께 보험료 상당액의 전부 또는 일부를 받은 경우에 그 청약을 승낙하기 전에 보험계약에서 정한 보험사고가 생긴 때에는 그 청약을 거절할 사유가 없는 한 보험자는 보험계약상의 책임을 진다고 규정하고 있다.

23 **자가보험(self-insurance)에 대한 다음 설명 중 옳지 않은 것은?**

① 보험자의 전문적인 위험관리서비스를 받을 수 있다.
② 부가보험료를 절감할 수 있어 위험비용을 낮출 수 있다.
③ 대수의 법칙에 의하여 미래손실을 비교적 정확하게 예측할 수 있는 경우에 활용된다.
④ 보험료가 사외로 유출되지 않아 유동성을 확보하고 투자이익을 얻을 수 있는 이점이 있다.

TIP 자가보험 … 사고로 인한 우연의 재산적 손해를 전보할 목적으로 매년 그 재산의 멸실의 위험을 측정하여 일정비율의 금전을 적립하는 것이다. 때문에 보험자의 전문적인 위험관리서비스를 받을 수는 없다.

24 **이미 사고는 발생하였으나 아직 보험회사에 보고되지 아니한 손해에 대하여 보험회사가 미래에 청구될 보험금 지급에 충당하기 위하여 적립하는 준비금은?**

① 우발적 준비금
② IBNR준비금
③ 미경과보험료준비금
④ 비상위험준비금

TIP IBNR(Incurred But Not Reported) 준비금 … 이미 사고는 발생하였으나 아직 보험회사에 보고되지 아니한 손해 즉, 미보고발생손해에 대하여 보험회사가 미래에 청구될 보험금 지급에 충당하기 위하여 적립하는 준비금이다.

25 손해사정업무는 통상 검정업무(survey)와 정산업무(adjustment)로 구분된다. 다음 중 검정업무에 해당하지 않는 것은?

① 보험계약사항의 확인
② 현장조사 및 사고사실 확인
③ 대위 및 구상
④ 손해액 산정

TIP 대위 및 구상은 정산업무에 해당한다.

26 열거위험담보계약(named – perils policy)과 포괄위험담보계약(all – risks policy)에 대한 다음 설명 중 옳지 않은 것은?

① 열거위험담보계약에서는 필요한 위험만을 선택하여 가입할 수 있다.
② 열거위험담보계약에서 보험자로부터 손해보상을 받기 위해서 피보험자는 손해의 발생사실만을 입증하면 된다.
③ 포괄위험담보계약에서는 다른 보험계약에서 담보된 위험이 중복 가입될 가능성이 있다.
④ 포괄위험담보계약이 열거위험담보계약보다 일반적으로 담보범위가 넓고 보험료가 비싸다.

TIP 포괄위험담보계약은 특별히 열거된 면책손해만을 제외한 모든 손해에 대하여 보상하므로 피보험자는 손해의 발생사실만을 입증하면 되고, 면책을 주장하기 위해서는 보험자가 그 손해가 열거된 면책손해 또는 면책위험으로 인한 손해라는 사실을 입증해야 한다. 반면 열거위험담보계약은 열거한 위험으로 인한 손해에 대하여 보상하므로 보험자로부터 손해보상을 받기 위해서는 피보험자가 열거위험으로 인하여 손해가 발생하였다는 것을 입증해야 한다.

27 사건 발생기준(occurrence basis) 배상책임보험과 배상청구기준(claims – made basis) 배상책임보험에 대한 다음 설명 중 옳지 않은 것은?

① 사건 발생기준 배상책임보험은 불법행위와 그 결과가 시간적으로 근접해 있을 때 적용이 용이하다.
② 배상청구기준 배상책임보험은 보험기간 중에 피보험자로부터 청구된 사고를 기준으로 배상책임을 결정한다.
③ 사건 발생기준 배상책임보험은 장기성 배상책임(long – tail liability)의 특성을 갖는 전문직 배상책임보험 등에 적용된다.
④ 배상청구기준 배상책임보험에서는 보험급부 여부를 결정할 때 보험사고를 둘러싼 분쟁을 줄일 수 있다.

TIP 사건 발생기준 배상책임보험 … 보험기간 중에 발생한 사고를 기준으로 보험자의 보상책임을 정하는 방식이다. 불법행위와 그 결과가 시간적으로 근접해 있고 사고발생 시점이 명확하게 확인될 수 있어야 한다는 것을 근거로 하므로 장기성 배상책임의 특성을 갖는 전문직 배상책임보험에는 적합하지 않다. 주로 전통적인 화재보험이나 해상보험 등 물건보험에서 사용되어 왔다. 전문직 배상책임보험은 대체적으로 배상청구기준을 택하고 있다.

ANSWER
22.④ 23.① 24.② 25.③ 26.② 27.③

28 다음 중 보험료불가분의 원칙과 가장 밀접한 관련이 있는 개념은?

① 보험계약기간
② 보험기간
③ 보험책임기간
④ 보험료기간

TIP 보험료불가분의 원칙 … 보험료기간은 하나의 단일한 것으로써 더 이상 나눌 수 없으므로 보험자가 보험료기간의 일부에 대해서만 위험을 부담했다 하더라도 그 보험료 전액을 취득할 수 있다는 원칙이다.

29 금융재보험(finite reinsurance)을 소급형(retrospective)과 장래형(prospective)으로 구분할 때 다음 중 장래형 금융재보험에 해당하는 것은?

① 지급준비금할인 재보험(time and distance policy : TDP)
② 보험금분산특약 재보험(spread loss treaties : SLT)
③ 손실금이전 재보험(loss portfolio transfers : LPT)
④ 역진전 준비금담보(adverse development covers : ADC)

TIP ①③④ 소급형 금융재보험에 해당한다.

30 실손보상의 원칙에서의 실제현금가치(actual cash value)에 대한 일반적인 계산식으로 옳은 것은?

① 보험가액 − 감가상각액
② 보험금액 − 감가상각액
③ 보험가액 − 대체비용 − 감가상각액
④ 대체비용 − 감가상각액

TIP 실손보상 원칙에서의 실제현금가치 = 대체비용 − 감가상가액

※ 실손보상의 원칙 … 보험회사가 손해를 보상하는 경우 피보험자의 재산적 지위를 사고가 발생하기 이전의 상태로 회복시킨다는 원칙으로, 담보된 위험의 손실 원인에 대하여 실제로 발생한 경제적인 손실에 대해서만 보상을 해준다.

31 **다음 중 보험업법을 통하여 보험사업을 감독하고 규제하는 이유로 가장 적절한 것은?**

① 보험계약자의 도덕적 위태 문제 완화
② 역선택 문제 완화
③ 정부의 실패에 대한 대응
④ 보험상품에 관한 정보 면에서 불리한 위치에 있는 소비자보호

TIP 보험업법을 통하여 보험사업을 감독 · 규제하는 이유는 보험상품에 관한 정보 면에서 약자의 위치에 있는 소비자를 보호하기 위함이다.

※ 이 법은 보험업을 경영하는 자의 건전한 경영을 도모하고 보험계약자, 피보험자, 그 밖의 이해관계인의 권익을 보호함으로써 보험업의 건전한 육성과 국민경제의 균형 있는 발전에 기여함을 목적으로 한다〈보험업법 제1조(목적)〉.

32 **다음에서 설명하는 보험증권의 법적 성격은?**

> 보험자는 보험금 등의 급여를 지급함에 있어 보험증권 제시자의 자격 유무를 조사할 권리는 있으나 의무는 없다. 그 결과 보험자는 보험증권을 제시한 사람에 대해 악의 또는 중대한 과실이 없이 보험금 등을 지급한 때에는 증권제시자가 권리자가 아니라 하더라도 그 책임을 부담하지 않는다.

① 유가증권성
② 상환증권성
③ 증거증권성
④ 면책증권성

TIP 제시된 내용은 보험증권의 면책증권성에 대한 설명이다.

※ 보험증권의 법적 성격
㉠ 증거증권성
㉡ 비설권증권성
㉢ 요식증권성
㉣ 유인증권성
㉤ 유가증권성
㉥ 면책증권성
㉦ 제시증권성/상환증권성

ANSWER
28.④ 29.② 30.④ 31.④ 32.④

33 다음 중 우리나라에서 현재 시행 중인 사회보험을 모두 고른 것은?

㉠ 고용보험	㉡ 산업재해보상보험
㉢ 질병보험	㉣ 간병보험
㉤ 장애인복지보험	

① ㉠㉡　② ㉡㉢
③ ㉡㉣　④ ㉠㉤

TIP 현재 우리나라에서 시행 중인 사회보험에는 국민건강보험, 산업재해보상보험, 국민연금제도, 고용보험이 있다.

34 다음 중 해당 보험종목의 초과손해액재보험특약(excess of loss reinsurance treaty)의 내용에 통상적으로 지수조항(index clause)을 포함하고 있는 것은?

① 화재보험(fire insurance)
② 적하보험(cargo insurance)
③ 선박보험(hull insurance)
④ 일반배상책임보험(general liability insurance)

TIP ④ 일반배상책임보험은 해당 보험종목의 초과손해액재보험특약(excess of loss reinsurance treaty)의 내용에 통상적으로 지수조항(index clause)을 포함한다.
①②③ 통상적으로 지수조항을 포함하지 않는다.

35 다음 중 보험사기방지 특별법의 내용으로 옳지 않은 것은?

① 보험사기행위로 보험금을 취득한 자에 대하여는 10년 이하의 징역 또는 2천만 원 이하의 벌금에 처한다.
② 보험회사는 보험계약자 등의 행위가 보험사기행위로 의심할 만한 합당한 근거가 있는 경우에는 관할 수사기관에 고발 등의 필요한 조치를 취하여야 한다.
③ 보험사기 미수범에 대하여도 보험사기죄를 적용하여 처벌한다.
④ 보험사기를 범한 자가 그 범죄행위로 인하여 취득한 보험사기이득액이 일정금액 이상일 때에는 가중처벌을 하고 그 이득액 이하에 상당하는 벌금도 병과할 수 있다.

TIP 보험사기죄〈보험사기방지 특별법 제8조〉
① 다음 각 호의 어느 하나에 해당하는 자는 10년 이하의 징역 또는 5천만 원 이하의 벌금에 처한다.
1. 보험사기행위로 보험금을 취득하거나 제3자에게 보험금을 취득하게 한 자
2. 제5조의2를 위반하여 보험사기행위를 알선 · 유인 · 권유 또는 광고한 자
② 제1항 제1호의 경우 징역형과 벌금형을 병과할 수 있다.

36 보험계약이 체결되고 일정한 기간이 경과한 후에는 보험계약자의 착오나 허위진술 등을 이유로 보험자가 보험금의 지급을 거절할 수 없음을 규정하고 있는 약관조항은?

① 계약구성조항(entire contract clause)
② 불몰수조항(non-forfeiture clause)
③ 금반언조항(estoppel clause)
④ 불항쟁조항(incontestable clause)

TIP 불항쟁조항(incontestable clause) … 보험계약이 체결되고 일정한 기간이 경과한 후에는 보험계약자의 착오나 허위진술 등을 이유로 보험자가 보험금의 지급을 거절할 수 없음을 규정하고 있는 약관조항이다.

37 아래의 사례에서 피해자인 환자가 치과의사를 상대로 제기한 손해배상청구소송에서 주장할 수 있는 배상책임의 법리는?

치아를 뽑기 위해 치과의사를 방문한 환자가 일반적인 마취제를 사용하여 치료를 받은 후 마취에서 깨어났을 때 턱뼈가 부러져 있었다.

① 기여과실책임(contributory negligence)
② 전가과실책임(imputed negligence)
③ 최종적 명백한 기회(last clear chance)
④ 과실추정의 원칙(res ipsa loquitur)

TIP 과실추정의 원칙(res ipsa loquitur) … 발생한 결과를 놓고 봤을 때 누군가의 과실이 없이는 발생하지 않을 사건이라는 상황 판단이 있을 때 그 누군가의 과실을 추정할 수 있다는 원칙이다.

ANSWER
33.① 34.④ 35.① 36.④ 37.④

38 **아래에서 설명하는 내용은 무엇에 관한 것인가?**

> 보험요율의 적정성(rate adequacy)과 언더라이팅 손익(underwriting profits or losses) 사이의 밀접한 관계에 따라 나타나는 보험요율과 손익의 기복현상으로서 주로 재산·배상책임보험분야에서 나타난다. 이는 감독기관의 규제·간섭에 의해 야기되기도 하고, 보험회사 간의 극심한 경쟁이나 보험수요 측면에서의 보험가격의 비탄력성으로 인해 나타나기도 한다.

① 역선택(adverse selection)
② 시장세분화(market segmentation)
③ 수지상등의 원칙(equivalence principle)
④ 언더라이팅 주기(underwriting cycle)

TIP 제시된 내용은 언더라이팅 주기(underwriting cycle)에 대한 설명이다.

39 **A와 B의 쌍방과실로 인한 양측의 손해액과 과실비율이 다음과 같을 때 단일책임주의(principle of single liability) 방식에 의한 상호 배상책임액 정산으로 옳은 것은?**

A의 손해액 : 500만 원	B의 손해액 : 200만 원
A의 과실비율 : 60%	B의 과실비율 : 40%

① A가 B에게 120만 원을 배상하여야 한다.
② A가 B에게 140만 원을 배상하여야 한다.
③ B가 A에게 80만 원을 배상하여야 한다.
④ B가 A에게 200만 원을 배상하여야 한다.

TIP 손해액의 합이 700만 원이므로 A의 자기 부담은 700 × 0.6 = 420만 원이고 B의 자기 부담은 700 × 0.4 = 280만 원이므로 B가 A에게 80만 원을 배상하여야 한다.

※ 단일책임주의 … 쌍방의 손해액을 합한 금액에 양쪽 과실비율을 곱해 각각 자기가 부담해야 할 금액을 산출하고, 자기가 입은 손해액을 뺀 차액을 배상하는 것이다.

40 다음에 주어진 조건하에서 순보험료방식(pure premium method)에 따라 산출한 영업보험료는? (단, 예정이익률은 고려하지 않는다)

> • 1년간 총발생손실액 : 300억 원
> • 총계약건수 : 50만 건
> • 예정사업비율 : 40%

① 36,000원
② 60,000원
③ 84,000원
④ 100,000원

TIP ㉠ 순보험료 = 손실빈도 × 손실규모 = 총사고건수/총부보건수 × 총손실금액/총사고건수 = 총손실금액/총부보건수
= 300/50 = 60,000원

㉡ 영업보험료 = 순보험료/(1 − 사업비율) = 60,000/(1 − 0.4) = 100,000원

ANSWER
38.④ 39.③ 40.④

2018년 제41회 손해사정이론

1 **도덕적 위태(moral hazard)를 감소시키기 위해 보험자가 활용하는 방법으로 볼 수 없는 것은?**

① 보험자와 피보험자의 공동보험(coinsurance) ② 공제(deductible)
③ 엄격한 위험인수(underwriting) ④ 재보험(reinsurance)

TIP 재보험은 보험자가 보험사고로 인하여 부담할 책임에 대하여 다른 보험자와 보험계약을 체결하는 것으로 이 재보험계약은 원보험계약의 효력에 영향을 미치지 아니한다. 따라서 보험계약자나 피보험자의 도덕적 위태를 감소시키기 위해 보험자가 활용하는 방법으로 볼 수 없다.

※ 보험사고를 통해 이익을 볼 수 있다면 고의로 손해를 유발하거나 손해 정도를 증가시키려는 경향인 도덕적 위태가 증가할 수 있다. 이러한 도덕적 위태를 방지하기 위해 보험자는 일부보험이나 자기부담금제도, 공제조항, 공동보험조항 등 보험가입자에게 일정 부분의 위험을 부담시키는 방법이나, 엄격한 위험인수 등의 방법을 활용한다.

2 **산업재해보상보험에 대한 설명으로 옳지 않은 것은?**

① 근로자재해배상책임보험의 성격을 가진다.
② 사회보험으로 근로복지공단에서 운영하고 있다.
③ 출퇴근 재해는 보상범위에 포함되지 않는다.
④ 장해급여와 유족급여는 연금으로 수급가능하다.

TIP 업무상의 재해의 인정 기준 … 근로자가 다음의 어느 하나에 해당하는 사유로 부상 · 질병 또는 장해가 발생하거나 사망하면 업무상의 재해로 본다. 다만, 업무와 재해 사이에 상당인과관계(상당인과관계)가 없는 경우에는 그러하지 아니하다〈산업재해보상보험법 제37조 제1항〉.

① 업무상 사고
가. 근로자가 근로계약에 따른 업무나 그에 따르는 행위를 하던 중 발생한 사고
나. 사업주가 제공한 시설물 등을 이용하던 중 그 시설물 등의 결함이나 관리소홀로 발생한 사고
다. 사업주가 주관하거나 사업주의 지시에 따라 참여한 행사나 행사준비 중에 발생한 사고
라. 휴게시간 중 사업주의 지배관리하에 있다고 볼 수 있는 행위로 발생한 사고
마. 그 밖에 업무와 관련하여 발생한 사고

② 업무상 질병
가. 업무수행 과정에서 물리적 인자(인자), 화학물질, 분진, 병원체, 신체에 부담을 주는 업무 등 근로자의 건강에 장해를 일으킬 수 있는 요인을 취급하거나 그에 노출되어 발생한 질병
나. 업무상 부상이 원인이 되어 발생한 질병
다. 그 밖에 업무와 관련하여 발생한 질병

③ 출퇴근 재해
가. 사업주가 제공한 교통수단이나 그에 준하는 교통수단을 이용하는 등 사업주의 지배관리하에서 출퇴근하는 중 발생한 사고
나. 그 밖에 통상적인 경로와 방법으로 출퇴근하는 중 발생한 사고

3 **국민건강보험에 대한 설명으로 옳지 않은 것은?**

① 소득재분배 성격을 가지고 있다.
② 직장가입자와 지역가입자의 보험료 산정기준이 다르다.
③ 구상제도가 없다.
④ 공제(deductible) 제도가 있다.

TIP 구상권〈국민건강보험법 제58조〉
① 공단은 제3자의 행위로 보험급여사유가 생겨 가입자 또는 피부양자에게 보험급여를 한 경우에는 그 급여에 들어간 비용 한도에서 그 제3자에게 손해배상을 청구할 권리를 얻는다.
② 제1항에 따라 보험급여를 받은 사람이 제3자로부터 이미 손해배상을 받은 경우에는 공단은 그 배상액 한도에서 보험급여를 하지 아니한다.

4 **운송보험에서 보험계약 당사자 사이에 보험가액에 대한 별도의 약정이 없을 때, 보험가액에 포함되지 않는 것은?**

① 운송물을 발송한 때와 장소에서의 가액
② 도착지까지의 운임
③ 도착지까지의 포장비
④ 희망이익

TIP 운송보험의 보험가액〈상법 제689조〉
① 운송물의 보험에 있어서는 발송한 때와 곳의 가액과 도착지까지의 운임 기타의 비용을 보험가액으로 한다.
② 운송물의 도착으로 인하여 얻을 이익은 약정이 있는 때에 한하여 보험가액 중에 산입한다.

5 **보험회사가 위험인수 방침을 설정할 때 고려해야 하는 사항과 거리가 먼 것은?**

① 인수능력
② 규제
③ 재보험
④ 자산운용

TIP 보험회사의 경우 타 경제주체의 위험인수라는 보험업 특성상 위험관리가 무엇보다 중요하다. 따라서 보험회사가 위험인수 방침을 설정할 때는 통합리스크 평가 등을 통해 자사의 인수능력, 규제, 재보험 등을 충분히 고려해야 한다.

ANSWER
1.④ 2.③ 3.③ 4.④ 5.④

6 **과실상계에 대한 설명으로 옳지 않은 것은?**

① 과실상계란 손해배상책임을 정함에 있어서 손해발생이나 손해확대에 대한 피해자의 과실을 참작하는 제도를 말한다.
② 고액의 배상액을 공평분담의 견지에서 감액함으로써 위자료와 함께 손해배상액 산정에 있어서 조정 기능을 한다.
③ 과실상계율은 자기과실에 대한 비율로서 손해배상액 산정 시 통상적으로 자기부담부분을 의미한다.
④ 피해자의 과실은 의무 위반에 한정되지 않고 사회통념상 신의성실의 원칙에 따라 요구되는 약한 부주의를 포함한다.

TIP 과실상계 … 채무불이행 또는 불법행위에 의해 손해가 발생한 경우 채무불이행 또는 불법행위의 성립 그 자체나 그로 인한 손해의 발생, 손해의 확대에 채권자 또는 피해자의 과실이 있는 경우 손해배상책임 및 그 금액을 정함에 있어 이를 참작하는 법리를 말한다(민법 제396조, 제763조). 즉, 과실상계는 피해자에게 과실이 존재할 때 발생한 손해에 대하여 자신의 과실만큼 상대방의 손해를 배상하는 것이라고 할 수 있다.

7 **손해율 산정방식 중 경과손해율(incurred－to－earned basis loss ratio)에 해당하는 것은?**

① $\frac{\text{경과보험료}}{\text{지급보험금}}$
② $\frac{\text{수입보험료}}{\text{지급보험금}}$
③ $\frac{\text{경과보험료}}{\text{발생손해액}}$
④ $\frac{\text{수입보험료}}{\text{발생손해액}}$

TIP 경과손해율 … 경과보험료 대비 발생손해액이 차지하는 비율을 말한다.

8 **자동차보험의 대물배상보험금 중 간접손해에 포함되지 않는 것은?**

① 대차료
② 자동차 시세하락 손해
③ 휴차료
④ 영업손실

TIP 자동차 시세하락 손해는 직접손해에 해당한다.
※ 자동차보험의 대물배상보험금 중 간접손해는 자동차사고로 대물 보상처리 시 발생하는 피해물의 원상복구비용 외 사고로 발생한 손해를 말한다. 간접손해 항목으로는 대차료, 휴차료, 영업손실이 있다.

9　지급여력기준금액에 대한 설명으로 옳지 않은 것은? [기출 변형]

① 보험회사가 채무이행을 위해 보유해야 하는 기준액이다.
② 지급여력비율은 지급여력금액을 지급여력기준금액으로 나누어 산출한다.
③ 지급여력기준금액은 향후 3년간 99.5% 신뢰 수준 내에서 발생 가능한 요구 자본으로 측정한다.
④ 기본요구자본에서 법인세조정액을 차감한 후 기타요구자본을 가산하여 산출한다.

TIP 지급여력기준금액은 향후 1년간 99.5% 신뢰 수준 내에서 발생 가능한 요구 자본으로 측정한다〈보험업감독업무시행세칙 별표 22〉.

10　풍수해보험에 대한 설명으로 옳은 것은?

① 보험계약자가 보험료를 전액 부담한다.
② 행정안전부에서 관장하고 민영보험사가 운영한다.
③ 지진담보특약을 추가하지 않으면 지진으로 인한 손해를 보상받지 못한다.
④ 농작물과 농업시설, 농가주택을 대상으로 하며 공동주택은 가입할 수 없다.

TIP ② 「풍수해보험법」 제6조(보험사업자) 제1항
① 국가와 지방자치단체는 예산의 범위에서 보험계약자가 부담하는 보험료의 일부를 지원할 수 있다〈풍수해보험법 7조(국가 등의 재정지원) 제1항〉.
③ 풍수해란 「자연재해대책법」에 따른 자연재해 중 태풍·홍수·호우(豪雨)·강풍·풍랑·해일(海溢)·대설·지진(지진해일을 포함)으로 발생하는 재해를 말한다〈풍수해보험법 제2조(정의) 제1호〉.
④ 풍수해보험이 담보할 수 있는 보험의 목적물은 다음의 시설물 및 그에 부수 또는 포함되는 동산으로 한다〈풍수해보험법 제4조(보험목적물)〉.
㉠ 「건축법」에 따른 건축물 : 토지에 정착(定着)하는 공작물 중 지붕과 기둥 또는 벽이 있는 것과 이에 딸린 시설물, 지하나 고가(高架)의 공작물에 설치하는 사무소·공연장·점포·차고·창고, 그 밖에 대통령령으로 정하는 것
㉡ 그 밖에 피해의 가능성과 보험의 효용성 등을 종합적으로 고려하여 대통령령으로 정하는 시설물 : 농업용·임업용 온실(비닐하우스를 포함)

ANSWER
6.③ 7.③ 8.② 9.③ 10.②

11　대재해위험을 자본시장의 투자자들에게 전가하는 대체위험전가(alternative risk transfer : ART)의 방법이 아닌 것은?

① 금융재보험(financial reinsurance)
② 대재해채권(catastrophe bond)
③ 사이드카(side car)
④ 대재해옵션(catastrophe option)

TIP 금융재보험은 보험사가 고금리 보험계약에 대한 이율 부담과 향후 준비금(부채) 적립 위험 부담을 재보험사에 넘길 수 있는 상품이다.

※ 대재해채권 … 보험회사가 인수한 자연재해위험을 채권을 통하여 자본시장에 전가하는 새로운 형태의 위험관리기법이다.

12　다음은 피보험자 갑의 동일한 보험목적물에 대한 보험사별 보험가입현황이다. 손해액이 6억 원일 때, 타보험계약에 대하여 책임한도분담조항(독립책임액분담 조항)을 적용하는 경우 A보험사의 지급보험금은 얼마인가?

- 보험가액 : 10억 원
- A보험사 : 보험금액 2억 원, 실손보상
- B보험사 : 보험금액 8억 원, 실손보상

① 1억 2,000만 원
② 1억 5,000만 원
③ 4억 5,000만 원
④ 4억 8,000만 원

TIP 독립책임액분담조항은 각자가 다른 보험회사가 없는 것으로 간주하여 책임져야 할 지급보험금을 계산하여 각자의 책임액을 각자 책임액의 합계의 비율로 나눈 값을 손해액에 곱하는 방법을 취한다. 이를 독립책임비례분담주의라고 하는데, 지급보험금의 계산방법이 다르기 때문에 각 보험자의 지급보험금은 보험금액에 비례하지 아니하고 독립책임액에 비례하기 때문이다. 따라서 A, B보험사의 지급보험금을 구하면 다음과 같다.

- A보험사 $= \frac{2\text{억 원}}{(2+6)\text{억 원}} \times 6\text{억 원} = 1.5\text{억 원}$
- B보험사 $= \frac{6\text{억 원}}{(2+6)\text{억 원}} \times 6\text{억 원} = 4.5\text{억 원}$

13 다음은 어떤 보험회사의 영업 첫 해의 연도 말 회계관련자료이다. 이 자료를 토대로 산출한 당해 회계년도 발생 손해액은 얼마인가?

> • 개별추산준비금(case reserve) : 4,000만 원
> • 지급보험금(paid loss) : 3,400만 원
> • IBNR준비금 : 3,500만 원
> • 장래손해조사비 : 530만 원

① 3,400만 원
② 8,030만 원
③ 1억 900만 원
④ 1억 1,430만 원

TIP 발생손해액 = 지급보험금 + 지급준비금 − 환입된 지급준비금
따라서 제시된 자료를 토대로 산출한 당해 회계년도 발생손해액은 모든 금액을 더한 1억 1,430만 원이다.
※ 지급준비금은 이미 발생한 사고에 대한 준비금으로 개별추산준비금, 장래손해조사비, IBNR 준비금 등이다.

14 상법상 잔존물 대위에 대한 설명으로 옳지 않은 것은?

① 잔존물 대위의 요건이 갖추어지면 보험자는 피보험자가 보험의 목적에 대해 가지는 피보험이익에 관한 모든 권리를 당연히 취득하게 된다.
② 보험자는 대위권의 행사를 포기할 수 있다.
③ 잔존물 대위가 인정되기 위해서 보험자가 해당 보험금 및 기타 보상급여 전부를 지급해야 하는 것은 아니다.
④ 일부보험에서의 잔존물 대위권은 보험금액의 보험가액에 대한 비율에 따라 정한다.

TIP 보험의 목적의 전부가 멸실한 경우에 보험금액의 전부를 지급한 보험자는 그 목적에 대한 피보험자의 권리를 취득한다. 그러나 보험가액의 일부를 보험에 붙인 경우에는 보험자가 취득할 권리는 보험금액의 보험가액에 대한 비율에 따라 이를 정한다〈상법 제681조(보험목적에 관한 보험대위)〉.

ANSWER
11.① 12.② 13.④ 14.③

15 **다음의 사례에서 경기장 운영자가 주장할 수 있는 법리는?**

> 야구경기장에서 경기를 관람하는 도중에 파울볼(foul ball)에 맞아 상해를 입은 관객이 경기장 운영자에게 상해에 대한 배상을 요구하였다.

① 기여과실(contributory negligence)
② 상계과실(comparative negligence)
③ 리스크의 인정(assumption of risk)
④ 최종적 명백한 기회(last clear chance)

TIP 관객은 관람석으로 파울볼이 날아올 수 있다는 사실을 인지하고도 경기를 관람하러 왔기 때문에 경기장 운영자는 리스크의 인정(assumption of risk)을 주장할 수 있다.

※ **리스크의 인정**(assumption of risk) … 원고가 피고의 과실행동에서 발생한 위험성을 자진해서 감수한 경우를 말한다. 리스크의 인정을 주장하기 위해서는 과실로 발생한 위험 사항에 대한 인지(認知) 및 그 인지된 위험에 대한 자발적 감수가 필수적으로 증명되어야 한다. 일단 피고가 이를 증명해 낼 수 있고, 이 사법권이 기여과실을 적용한다면, 피고는 자신의 과실 책임을 면할 수 있다.

16 **다음 중 개별요율 산정방식이 아닌 것은?**

① 예정표요율(schedule rating)
② 등급요율(class rating)
③ 경험요율(experience rating)
④ 소급요율(retrospective rating)

TIP ② **등급요율**(class rating) : 동일 등급에 속하는 위험에 대해 동일한 보험요율 즉, 평균요율을 적용하는 방식이다. 등급요율의 경우 적용이 간편하고 개별요율에 비해 상대적으로 작은 비용으로 요율을 산출할 수 있다는 장점이 있으나, 동일 등급에 속한 위험에 대해서는 평균요율을 적용하기 때문에 집단 내 위험 간 불공평이 존재한다는 단점이 있다.

① **예정표요율**(schedule rating) : 동일 위험군에 속한 동질적 위험의 과거경험에 따라 기준이 되는 보험요율을 산정한 후, 이를 기초로 각 위험의 특수성을 반영하여 최종적 요율을 산출하는 방식이다.

③ **경험요율**(experience rating) : 각 위험의 과거 손해실적에 따라 차기 보험료에 차등을 두는 방식으로, 객관적 기준마련을 위해 보험대상을 동질성을 기준으로 분류하고 동일등급에 속하는 위험의 개별적인 과거 손해경험에 따라 표준보험요율을 산정한다.

④ **소급요율**(retrospective rating) : 경험요율의 일종으로, 보험기간 동안의 손해발생 결과를 당해 보험료에 바로 반영시키는 방식이다.

17 **보험계약 조건 및 손실확률분포가 다음과 같을 때 순보험료(net premium)는 얼마인가?**

- 보험가액 : 1,000만 원
- 보험금액 : 700만 원
- 보상방식 : 비례보상
- 손실확률분포

손해액	0원	100만 원	500만 원	1,000만 원
사고발생 확률	0.7	0.1	0.1	0.1

① 112만 원
② 130만 원
③ 160만 원
④ 210만 원

TIP 보험금액이 700만 원이므로 손실확률분포에 따른 순보험료를 구하면,

순보험료 = 예상손실액 × 발생확률

$= (100\text{만 원} \times \frac{700\text{만 원}}{1,000\text{만 원}} \times 0.1) + (500\text{만 원} \times \frac{700\text{만 원}}{1,000\text{만 원}} \times 0.1) + (1,000\text{만 원} \times \frac{700\text{만 원}}{1,000\text{만 원}} \times 0.1)$

= 112만 원

18 **타인을 위한 보험계약으로 볼 수 없는 것은?**

① 창고업자가 자신이 보관하는 타인의 물건에 대하여 그 물건의 소유자를 피보험자로 하는 보험계약을 체결하는 것
② 임차인이 건물의 소유주를 피보험자로 하는 화재보험계약을 체결하는 것
③ 아버지가 자기의 사망을 보험사고로 하는 생명보험계약을 체결하면서 자녀를 보험수익자로 정하는 것
④ 타인 소유의 물건을 운송하는 자가 소유권자의 손해배상청구에 대비하기 위하여 보험에 가입하는 것

TIP 자가 소유권자의 손해배상 청구를 대비하여 자신을 위한 보험가입으로 타인을 위한 보험계약으로 볼 수 없다.

※ 타인을 위한 보험계약 … 보험계약자가 위임을 받거나 위임을 받지 아니하고 특정 또는 불특정의 타인을 위하여 체결하는 보험계약이다.

ANSWER

15.③ 16.② 17.① 18.④

19 보험계약의 부합계약성에 기인하여 계약자가 입을 수 있는 불이익을 방지하기 위한 수단과 거리가 먼 것은?

① 불이익변경금지의 원칙
② 약관교부설명 의무
③ 작성자불이익의 원칙
④ 피보험이익의 원칙

TIP 부합계약 … 그 내용이 당사자 일방에 의해 획일적으로 정해지고 다른 일방이 이를 포괄적으로 승인함으로써 성립되는 계약을 말한다. 보험계약은 그 성질상 다수의 보험계약자를 대상으로 동일한 내용의 계약이 반복되므로 개개의 계약과 같이 그 내용을 일일이 정하는 것은 거의 불가능하다. 그러므로 보험계약은 보험회사가 미리 마련한 정형화된 약관에 따라 계약을 체결하고 있어 부합계약의 성질을 갖는다.

※ 피보험이익의 원칙 … 피보험자 및 보험계약자는 반드시 피보험이익을 가져야 한다는 원칙으로, 여기서 피보험이익이란 손실이 발생할 경우 피해를 입는 피보험자는 그 사고로 인해서 어떠한 형태이든 피해를 당하게 되어 있으며, 그 피해로 인해서 이익(손해배상)이 발생하게 된다는 것이다.

20 민영보험과 사회보험의 공통적인 특징으로 옳지 않은 것은?

① 우연한 사고로 인한 경제적 필요의 충족을 목적으로 한다.
② 다수 경제주체의 결합을 요건으로 한다.
③ 역선택의 문제가 발생한다.
④ 고의적 사고의 발생과 같은 도덕적 위태의 문제가 존재한다.

TIP 역선택의 문제는 민영보험의 특징이다. 보험회사는 보험가입자의 사고율에 대한 완전정보를 가지고 있지 않아 보험가입자별로 보험료에 차등을 두지 못하고 일률적인 평균보험료율로 계약을 맺는다. 이 경우 위험도가 낮은 보험가입자는 보험료에 불만을 갖고 보험시장에서 퇴장하고 높은 사고율을 가지는 보험가입자만 시장에 남아 보험에 가입하는 보통과는 뒤바뀐 선택이 이루어지게 되는데, 이 현상을 역선택이라 한다. 민영보험사는 보험의 역선택 방지를 위한 언더라이팅 기능을 강화해 손해율관리를 철저히 해야 하며, 부당보험금 누수를 방지하기 위해 손해사정을 강화해야 한다.

21 다음 설명내용에 적합한 보험회사의 자산운용원칙은?

> 보험회사의 자산은 대부분 보험계약자가 선납한 보험료로 구성되며, 이것은 미래의 보험금을 원활히 지급하기 위한 법정적립금(legal reserve)의 형태로 보전되어야 한다. 따라서 보험회사의 자산운용에 있어서 이 원칙을 희생하는 다른 원칙의 추구는 의미가 없기 때문에 다른 어느 원칙보다 중요하다고 할 수 있다. 전통적으로 자산운용에 대한 정부의 감독 · 규제는이 원칙에 초점이 맞추어져 왔다.

① 수익성
② 공공성
③ 유동성
④ 안전성

TIP 제시된 내용은 안전성에 대한 설명이다. 보험회사는 경영의 건전성 및 자산운용의 효율성을 증진하고 보험가입자의 이익보호를 우선적으로 고려해야 하며, 선량한 관리자의 주의로 그 자산을 운용하여야 하므로, 자산운용 시 안정성, 유동성, 수익성 및 공익성이 확보되도록 하여야 한다.

22 **영국 해상보험법상의 보험위부(abandonment)에 대한 설명으로 적절하지 않은 것은?**

① 위부의 통지는 서면으로 하든 구두로 하든 통지의 방법에는 아무런 제한이 없다.
② 위부의 통지는 위부를 한다는 의사표시만 명백하면 조건부로도 할 수 있다.
③ 위부의 통지가 보험자에 의해 승인된 이후에는 피보험자는 이를 철회할 수 없다.
④ 보험자가 위부를 승인한 후에는 보험자는 그 위부에 대하여 이의를 제기하지 못한다.

TIP 다음은 영국 해상보험법 62. Notice of abandonment (2)의 내용이다.
Notice of abandonment may be given in writing, or by word of mouth, or partly in writing and partly by word of mouth, and may be given in any term which indicate the intention of the assured to abandon his insured interest in the subjectmatter insured unconditionally to the insurer.
위부의 통지는 서면으로 하거나, 구두로도 할 수 있고, 또는 일부는 서면으로 일부는 구두로 할 수 있으며, 보험의 목적에 대한 피보험자의 보험이익을 보험자에게 무조건 위부한다는 피보험자의 의사를 나타내는 것이면 어떠한 용어로 하여도 무방하다.

23 **확률 또는 표준편차와 같은 통계적 방법에 의해 측정이 가능한지의 여부에 따라 분류한 위험의 종류는?**

① 순수 위험(pure risk), 투기적 위험(speculative risk)
② 객관적 위험(objective risk), 주관적 위험(subjective risk)
③ 동태적 위험(dynamic risk), 정태적 위험(static risk)
④ 본원적위험(fundamental risk), 특정위험(particular risk)

TIP 객관적 위험이 확률 또는 표준편차와 같은 수단으로 객관적으로 측정할 수 있는 위험이라면, 주관적 위험은 측정이 곤란하고 계량화하기 힘든 개인의 특성에 따라 평가가 달라질 수 있는 위험이다.

24 **출재사인 원보험자의 파산 시에 재보험자가 원보험계약의 피보험자에게 직접 재보험금을 지급할 수 있도록 규정한 재보험계약조항은?**

① Cut-Through Clause
② Follow the Fortune Clause
③ Claim Cooperation Clause
④ Arbitration Clause

TIP ① Cut-Through Clause(직접지급조항) : 출재사 재보험자가 출재사 대신 피보험자 또는 담보권자에게 재보험으로 담보되는 금액을 직접 보험금으로 지급한다는 조항이다.
② Follow the Fortune Clause(공동운명조항) : 재보험계약관계에서 원초적으로 존재하는 개념으로서 재보험자는 해당 재보험계약상 모든 사항에 있어 출재사가 처리하는 조치에 따라야 한다는 조항이다.
③ Claim Cooperation Clause(손해처리사전협의조항) : 보험금 처리에 있어 출재사가 재보험회사와 사전협의를 하는 것을 규정한 조항이다.
④ Arbitration Clause(중재조항) : 계약 쌍방이 분쟁을 소송 대신 중재에 회부할 것을 동의하는 조항이다.

ANSWER
19.④ 20.③ 21.④ 22.② 23.② 24.①

25 **다음에 열거한 구상권 행사의 절차를 순서대로 바르게 배열한 것은?**

> ㉠ 구상채권의 확보
> ㉡ 구상권 행사가치 존재여부의 판단
> ㉢ 임의변제의 요청
> ㉣ 구상권 성립여부의 확인
> ㉤ 소송의 제기, 구상청구금액 감액 합의 또는 포기여부의 판단과 결정

① ㉠ - ㉢ - ㉣ - ㉡ - ㉤
② ㉡ - ㉣ - ㉢ - ㉠ - ㉤
③ ㉢ - ㉤ - ㉡ - ㉣ - ㉠
④ ㉣ - ㉡ - ㉠ - ㉢ - ㉤

TIP 구상권 행사의 절차는 '㉣ 구상권 성립여부의 확인 → ㉡ 구상권 행사가치 존재여부의 판단 → ㉠ 구상채권의 확보(피구상자의 재산조사 등으로 부동산 등의 재산이 확인되면 가압류 조치를 시행한다) → ㉢ 임의변제의 요청(구상채권 확보 절차 후 구상가액을 정하고 피구상자에게 임의변제를 요청한다) → ㉤ 소송제기, 구상청구금액 감액 합의 또는 포기 여부의 판단과 결정'을 거친다.

26 **재물 손해보험에서 피보험이익의 존재시기에 대한 설명으로 옳은 것은?**

① 보험계약체결 시점에만 존재하면 된다.
② 손해가 발생하는 시점에는 반드시 존재해야 한다.
③ 보험계약체결 시점에는 물론 손해발생 시점을 포함하여 반드시 보험기간 동안 계속하여 존재해야 한다.
④ 피보험자의 동의만 있으면 보험계약이 성립하고 피보험이익의 문제는 발생하지 않는다.

TIP 우리나라의 경우 재물 손해보험에서 피보험이익은 손해가 발생하는 시점에 반드시 존재해야 한다. 이와 달리 미국의 경우 보험계약체결 시점에 피보험이익이 존재하면 인정한다.

27　권원보험(title insurance)에 대한 설명으로 옳지 않은 것은? [기출 변형]

① 권원보험에는 소유자증권(owner's policy)과 저당권자 증권(mortgagee policy)이 있다.
② 납입 후 소유권 이전 등기 진행하고 이를 확인 후 증권이 발권된다.
③ 증권발급 이후에 생긴 부동산의 소유권 하자로 인한 경제적 손실을 보상한다.
④ 손해가 발생하면 매매가액 전액을 한도로 실손해액을 보상한다.

TIP 권리관계의 하자는 계약체결 당시에 존재한 것만이 담보되고, 계약체결 후에 발생한 하자는 담보대상에서 제외된다.

※ 권원보험 … 부동산 물권 취득과 관련한 등기부와 실제 물권 관계가 일치하지 않거나 이중매매나 공문서 위조, 기타의 사유로 인해 소유권을 취득하지 못하면 그 손해를 보상해 주는 보험이다.

※ 권원보험과 일반손해보험의 비교

구분	권원보험	일반손해보험
목적	위험의 제거 및 손실예방	위험인수 및 분산
보험사고	과거에 발생한 권리의 하자로 인한 손해보험	보험계약체결 후에 발생하는 손해
보험료 납입방법	1회 보험료 납입	일정 기간 단위로 보험료 추가 납입
해약여부	해약불가	해약가능
보험기간	종료기간 미확정	시기 및 종료기간이 확정
보험료 구성	사업비 비중이 위험보험료 비중보다 높음	사업비 비중이 위험보험료 비중보다 낮음

28　다음 중 독립손해사정사에게 금지되는 행위는?

① 손해발생사실의 확인, 보험약관 및 관계 법규 적용의 적정성 판단
② 보험회사에의 손해사정업무수행과 관련된 의견 진술
③ 보험회사와의 보험금에 대한 합의 또는 절충
④ 손해사정업무와 관련된 서류의 작성 · 제출의 대행

TIP 독립손해사정사의 금지행위 … 독립손해사정사 또는 독립손해사정사에게 소속된 손해사정사는 업무와 관련하여 다음의 행위를 하여서는 아니 된다〈보험업감독규정 제9-14조 제1항〉.

1. 보험금의 대리청구행위
2. 일정보상금액의 사전약속 또는 약관상 지급보험금을 현저히 초과하는 보험금을 산정하여 제시하는 행위
3. 특정변호사 · 병원 · 정비공장 등을 소개 · 주선 후 관계인으로부터 금품등의 대가를 수수하는 행위
4. 불필요한 소송 · 민원유발 또는 이의 소개 · 주선 · 대행 등을 이유로 하여 대가를 수수하는 행위
5. 사건중개인 등을 통한 사정업무 수임행위
6. 보험회사와 보험금에 대하여 합의 또는 절충하는 행위
7. 그 밖에 손해사정업무와 무관한 사항에 대한 처리약속 등 손해사정업무 수임유치를 위한 부당행위

ANSWER
25.④ 26.② 27.③ 28.③

29 **보험사기의 유형 중 연성사기(soft fraud)에 대한 설명으로 옳지 않은 것은?**

① 보험증권에서 보상되는 재해, 상해, 화재 등 손해발생을 의도적으로 조작하는 행위를 말한다.
② 연성사기는 기회주의적 사기(opportunity fraud)라고도 불린다.
③ 합법적인 보험금 청구를 함에 있어서 사고금액을 과장 또는 확대함으로써 부당한 이득을 취하려는 일체의 행위를 말한다.
④ 보험회사에 의해 보험인수가 거절될 자가보험에 인수될 가능성을 높이려는 악의적 행위도 포함된다.

TIP 연성보험사기와 경성보험사기

㉠ 연성보험사기(soft insurance fraud) : 보험계약자 또는 보험금청구권자가 보험금 청구를 위해 보험사고를 과장 · 확대하거나 보험계약 가입 또는 갱신 시 거짓정보를 제공함으로써 낮은 보험료를 납입, 보험계약을 체결할 수 없는 거절체에 대하여 보험인수 가능성을 높이는 행위 등을 말한다. 기회사기(opportunity fraud)라고도 한다.
㉡ 경성보험사기(hard Insurance fraud) : 보험계약에서 담보하는 재해, 상해, 도난, 방화, 기타 손실 등 보험금 지급사유를 의도적으로 발생, 각색, 조작하는 행위를 말한다.

30 **손해보험회사의 비상위험준비금에 대한 설명으로 옳지 않은 것은?**

① 대화재, 태풍, 지진 등 재난적 손해에 대비하기 위하여 적립하는 금액이다.
② 외국보험회사 국내지점은 국내에서 체결한 계약에 관하여 적립한 비상위험준비금에 상당하는 자산을 국내에 보유하여야 한다.
③ 하나의 계약기간에는 발생할 것으로 예상되지 않을 수 있으나 언젠가는 지급이 예상되는 금액이므로, 재무상태표상의 부채항목으로 인식된다.
④ 보험회사의 경영측면에서 비상위험준비금을 많이 적립할 수 있다는 것은 보험회사의 재무건전성이 높다는 것을 의미하기도 한다.

TIP 과거에는 K-GAAP에 따라 비상위험준비금을 '비용'으로 계상하고 미래에 지급해야 할 보험금 명목으로 부채로 처리해 왔다. 그러나 IFRS 체제하에서는 비상위험준비금을 '법정적립금'으로 처리하고 자본으로 환입한다.

31 **보험계약의 선언(declaration) 부문에 대한 설명으로 옳은 것은?**

① 특정 손인(peril)이나 손해 또는 재산 및 지역 등에 대하여 보험자의 책임이 면제되는 사항을 명시한 부문을 말한다.
② 보험에 가입한 재산 또는 사람에 대한 정보를 기술한 부문으로서, 일반적인 손해보험에서는 보험의 목적, 보험금액, 피보험자, 보험기간 등을 기재하고 있다.
③ 보험자로부터 보험계약자나 피보험자가 피해보상을 받기 위하여 반드시 준수해야 하는 의무 또는 권리 제한 등이 포함된 부문이다.
④ 보험계약자와 보험자가 보험계약이 성립되었음을 확인하였다는 사실을 표시한 부문이다.

TIP ② 보험계약의 선언 부문은 보험계약의 적용범위 및 조건에 대한 개요로 사용된다. 보험증권 전체 내용을 통해 보험 정책의 기본 사항을 이해하는 것은 복잡하기 때문에, 보험 선언 부문에서 보험증권 보유자에게 보험 정책의 기본 개요를 제공함으로써 모든 것을 명확하게 설명할 뿐만 아니라 보장 범위와 관련된 비용을 제공함으로써 이 과정을 단순화한다.
① 제외부문 규정에 대한 설명이다.
③ 조건부문 규정에 대한 설명이다.
④ 보험가입합의문 규정에 대한 설명이다.

32 **다음과 같이 초과손해액 특약재보험(excess of loss treaty cover)에 가입한 경우 하나의 보험사고로 인한 원수보험자의 지급보험금이 30억 원일 때, 동 사고에 대해 재보험금 회수 후 출재사인 원수보험자가 부담하게 되는 순보유 손해금액은 얼마인가?**

90% of 20억 원 in excess of 5억 원 per occurrence

① 12억 원
② 13억 원
③ 17억 원
④ 18억 원

TIP 5억 원을 초과하는 발생당 20억 원의 90%를 보장하므로, 원수보험자의 지급보험금이 30억 원일 때 회수할 수 있는 재보험금은 18억 원이므로 출재사인 원수보험자가 부담하게 되는 순보유손해금액은 30 − 18 = 12억 원이다.

ANSWER
29.① 30.③ 31.② 32.①

33 **피보험자 A는 보험금액이 1억 원인 보험에 가입 후 보험기간 중 발생한 1건의 보험사고로 500만 원에 해당하는 손실을 입었다. 다음과 같은 3가지 공제(deductible) 조건하에서 보험회사가 보상해야 할 금액은 각각 얼마인가?**

> ㉠ 정액공제(straight deductible) 200만 원
> ㉡ 프랜차이즈공제(franchise deductible) 100만 원
> ㉢ 소멸성공제(disappearing deductible) 100만 원, 보상 조정계수 110%

	㉠	㉡	㉢
①	200만 원	100만 원	110만 원
②	300만 원	500만 원	450만 원
③	300만 원	400만 원	440만 원
④	300만 원	500만 원	440만 원

TIP ㉠ **정액공제** : 보험자가 보험금을 지급할 때 보험증권에 기재된 일정금액 또는 보험가액의 일정비율에 해당되는 금액을 공제하여 지급 – 500 – 200 = 300만 원
㉡ **프랜차이즈공제** : 손해가 보험금액의 일정비율에 해당되는 금액 또는 일정금액에 미달되는 경우 보험자가 보험금을 지급하지 않고, 초과하는 경우에만 보험금을 지급하는 방식으로 정액공제와 달리 공제금액을 초과한 경우 공제 없이 손해액 전부를 보험금 지급대상으로 함 – 500만 원
㉢ **소멸성공제** : 손해액이 커질수록 공제액이 줄어드는 형태로, 담보 최저액을 설정한 후 손해가 최저액 미만인 경우 보험자가 보상을 하지 않는 반면, 최저액을 초과한 경우 초과한 부분(손해액에서 최저액을 공제한 금액)에 일정률을 곱한 금액을 보상 – (500 – 100) × 110% = 440만 원

34 **PML(probable maximum loss)과 MPL(maximum possible loss)에 대한 설명으로 옳지 않은 것은?**

① MPL은 최악의 시나리오를 가상하여 추정한 최대손해액을 말한다.
② 보험회사가 위험의 인수여부 및 조건을 결정하고, 보험료를 산출하는 기초로 사용하는 개념도 MPL이다.
③ EML(estimated maximum loss)은 MPL과 동의어로 쓰기도 한다.
④ PML의 결정에는 손해액의 확률분포에 대한 위험관리자의 주관적인 선택이 개입된다.

TIP 보험회사가 위험의 인수여부 및 조건을 결정하고, 보험료를 산출하는 기초로 사용하는 개념은 PML이다.
※ PML과 MPL
㉠ PML(Probable Maximum Moss, 추정최대손실) : 현실적으로 예상할 수 있는 최대규모의 손실로, 사적 보호시스템은 작동하지 않지만 공공 보호시스템의 협조를 받는 경우의 최대추정손해이다.
㉡ MPL(Maximum Possible Moss, 최대가능손실) : 어떤 사고로부터 초래될 수 있는 가능한 최대의 손실로, 사적·공적 보호시스템이 작동하지 않을 때 발생하는 예상최대 손해액을 말한다. 그 이상의 손실이 발생할 확률은 거의 없는 손실규모로, 전부손실이라고 할 수 있다.

35 **손실통제의 이론과 기법으로서 소위 에너지방출이론(energy release theory)에 대한 설명으로 옳지 않은 것은?**

① 손실통제의 기본방향은 기계적 접근방법에 두는 것이 바람직하다는 주장에 바탕을 두어 사고발생의 물리적, 기계적 측면을 강조하고 있다.

② 사고의 발생은 근본적으로 에너지가 갑자기 급격하게 방출됨으로써 에너지를 통제하지 못한 결과에 기인한 것이라고 한다.

③ 하돈(William Haddon, Jr.)에 의하여 주장되었다.

④ 사고의 궁극적 원인을 경영관리의 문제라고 지적하고, 손실통제의 노력은 안전규칙의 강화, 안전교육훈련의 증가에 집중되어야 한다고 본다.

TIP 대부분의 손실사고는 사람의 실수나 부주의를 원인으로 하기 때문에 사람이 실수하지 않도록 환경을 개선하고 안전규칙 및 사고예방교육훈련을 강화하는 것이 중요하다고 보는 것은 Heinrich의 도미노이론이다.

※ Haddon의 에너지방출이론 … 사고는 특정구조에 견딜 수 없는 정도의 스트레스를 줌으로써 통제되지 않는 에너지가 급격히 방출됨으로써 일어난다는 이론으로, 유해한 에너지의 축적이나 방출을 막는 물리적·공학적 준비(안전시설의 보강)가 중요하다고 본다.

36 **다음은 위험결합(risk pooling) 개념으로서 보험을 정의한 것이다. ( ) 안에 들어갈 용어들을 바르게 짝지은 것은?**

> 보험이란 단순히 말해서 위험의 결합으로 (㉠)을 (㉡)으로 전환시키는 사회적 제도라고 할 수 있다. 즉, 보험은 다수의 동질적 위험을 한 곳에 모으는 위험결합을 통해서 가계나 기업의 (㉢)을 (㉣)로 대체하는 제도라고 할 수 있다.

	㉠	㉡	㉢	㉣
①	불확실성	확실성	실제손실	평균손실
②	확실성	불확실성	실제손실	평균손실
③	확실성	불확실성	평균손실	실제손실
④	불확실성	확실성	평균손실	실제손실

TIP 보험이란 단순히 말해서 위험의 결합으로 불확실성을 확실성으로 전환시키는 사회적 제도라고 할 수 있다. 즉, 보험은 다수의 동질적 위험을 한 곳에 모으는 위험결합을 통해서 가계나 기업의 실제손실을 평균손실로 대체하는 제도라고 할 수 있다.

ANSWER
33.④ 34.② 35.④ 36.①

37 **보험계약의 최대선의성의 원칙이 손해보험계약상에 구현된 제도라고 할 수 없는 것은?**

① 사기로 인한 중복보험 시 보험계약의 무효
② 고지 의무제도와 위험변경증가 시 통지의무
③ 보험자대위
④ 손해방지경감의무

TIP 최대선의성 원칙 … 보험계약 시 계약의 당사자에게 다른 일반계약보다 훨씬 높은 정직성과 선의 혹은 신의성실을 요구하는 것이다.

38 **보험계약의 무효 사유에 해당하지 않는 것은?**

① 사기로 인한 초과보험
② 보험계약자의 중대한 과실로 중요한 사항을 고지하지 아니한 경우
③ 심신상실자의 사망을 보험사고로 하는 보험계약
④ 타인의 서면동의 없이 그 타인의 사망을 보험사고로 하는 보험계약

TIP ② 보험계약당시에 보험계약자 또는 피보험자가 고의 또는 중대한 과실로 인하여 중요한 사항을 고지하지 아니하거나 부실의 고지를 한 때에는 보험자는 그 사실을 안 날로부터 1월 내에, 계약을 체결한 날로부터 3년 내에 한하여 계약을 해지할 수 있다. 그러나 보험자가 계약 당시에 그 사실을 알았거나 중대한 과실로 인하여 알지 못한 때에는 그러하지 아니하다〈상법 제651조(고지의무위반으로 인한 계약해지)〉.
① 「상법」 제669조(초과보험) 제4항
③ 「상법」 제731조(타인의 생명의 보험) 제1항
④ 「상법」 제732조(15세 미만자등에 대한 계약의 금지)

39 다음은 「상법」 제653조의 내용이다. 밑줄 친 내용과 가장 가까운 개념은?

> 보험기간 중에 보험계약자, 피보험자 또는 보험수익자의 고의 또는 중대한 과실로 인하여 사고발생의 위험이 현저하게 변경 또는 증가된 때에는 보험자는 그 사실을 안 날부터 1월 내에 보험료의 증액을 청구하거나 계약을 해지할 수 있다.

① 위태(hazard)
② 손인(peril)
③ 손실(loss)
④ 불확실성(uncertainty)

TIP ① **위태** : 손실의 발생가능성을 유발하거나 증가하게 하는 상태를 말한다.
② **손인** : 손실의 원인 또는 원천을 말한다.
③ **손실** : 우발사고로부터 발생하는 예상하지 못한 가치의 저하 또는 소실을 말한다.
④ **불확실성** : 실제 결과와 예상치의 차이 정도를 말한다.

40 일반적으로 방사능오염을 제외손인(excluded peril)으로 하고 있는 이유는 보험가능한 위험의 특정 요건이 충족되지 않기 때문이다. 이에 해당하는 위험의 특성으로 적절한 것은?

① 위험의 확정성
② 위험의 동질성
③ 위험의 독립성
④ 위험의 우연성

TIP 보험가능리스크의 요건
㉠ **다수의 동질적 리스크(동질성, 독립성)** : 유사한 속성(발생빈도 및 손실규모)의 리스크가 발생의 연관이 없는 독립적으로 다수 존재해야 한다는 것을 말한다.
㉡ **우연한 손실** : 인위적이거나 의도적이지 않은 순수하게 우연적인 것을 말한다.
㉢ **한정적 손실** : 피해의 원인, 시간, 장소, 피해의 정도를 분명히 식별하고 측정할 수 있는 리스크를 말한다.
㉣ **비재난적 손실** : 보험회사의 능력으로 보상이 가능한 규모의 손실을 말한다.
㉤ **손실확률 계산 가능** : 손실발생 확률을 추정할 수 있는 리스크를 말한다.
㉥ **경제적으로 부담이 가능한 보험료** : 가입자가 경제적으로 부담이 될 경우 불가능하다.

ANSWER
37.③ 38.② 39.① 40.③

2019년 제42회 손해사정이론

1　**다음 중 물리적 위태(physical hazard)를 통제하기 위한 제도로 적절한 것은?**

① 소손해면책제도
② 대기기간
③ 위험변경증가 통지의무
④ 고의사고면책제도

TIP 물리적 위태(physical hazard) … 손실의 기회를 증대시키는 물리적인 혹은 실체적인 조건을 말한다. 위험변경증가 통지의무는 이러한 물리적 위태를 통제하는 데에 효과적이다.

※ 위태의 종류
㉠ 물리적 위태(physical hazard) : 손실의 기회를 증대시키는 물리적인 혹은 실체적인 조건이다.
㉡ 도덕적 위태(moral hazard) : 부정직성, 성격장애 등 손실의 발생가능성을 고의적으로 창출하거나 증대시키는 개인의 특성이다.
㉢ 정신적 위태(morale hazard) : 보험가입이나 계약을 통해 위험을 전가함으로써 손실에 대해 무관심하거나 부주의한 상태이다.
㉣ 법률적 위태(legal hazard) : 새로운 법률 제정, 법적 절차의 복잡성, 배상청구의식 강화 등이다.

2　**아래에서 설명하는 내용은 무엇에 관한 것인가?**

> 통상적인 조건이 지켜지지 않는 최악의 조건하에서 위험이 목적물에 초래할 것으로 예상되는 이론적인 최대규모의 손실을 말하며, 그 이상의 손실발생 가능성은 거의 없다.

① PML(probable maximum loss)
② MPL(maximum possible loss)
③ EML(estimated maximum loss)
④ VAR(value at risk)

TIP ① PML(probable maximum loss) : 최대추정손실
③ EML(estimated maximum loss) : 예상최대손실
④ VAR(value at risk) : 최대예상손실액

3 **다음 중 자가보험(self-insurance)의 장점으로 적절하지 않은 것은?**

① 보험료를 구성하는 부가보험료 등 보험경비를 절약할 수 있다.
② 보험기금의 재투자로 인한 추가이득이 가능하다.
③ 위험보유에 따른 심리적인 부담으로 위험관리 활동이 촉진될 수 있다.
④ 대재해 등 심도가 큰 위험에 대비하기 위하여 적합한 방식이다.

TIP 대재해 등 심도가 큰 위험 대비에는 적합하지 않다.

※ 자가보험 … 다수의 선박을 소유하는 해상운송회사나 각지에 다수의 공장 · 창고 등을 소유한 기업이 해난 · 화재 기타의 사고로 인한 우연의 재산적 손해를 전보할 목적으로 매년 그 재산의 멸실의 위험을 측정하여 일정비율의 금전을 적립하는 제도이다.

4 **다음 중 손해보험의 피보험이익에 관한 설명으로 옳지 않은 것은?**

① 보험사고발생 시 누구도 피보험이익의 평가액 이상의 손해에 대하여 보상받을 수 없다.
② 한 개의 동일한 보험목적물에는 한 종류의 피보험이익만 존재할 수 있다.
③ 피보험이익이 없으면 보험도 없다.
④ 피보험이익은 보험자의 법정 최고 보상한도액이다.

TIP 피보험이익은 보험목적물과 피보험자 사이의 이해관계로서 동일한 보험목적물에 대하여 수 개의 피보험이익이 존재할 수 있다.

5 **"골동품, 서화 등은 손실발생 시 손해액 산정이 곤란하기 때문에 담보에서 제외한다."에서 규정하고 있는 면책사유로 옳은 것은?**

① 면책손인(excluded perils)
② 면책재산(excluded property)
③ 면책손실(excluded losses)
④ 면책지역(excluded locations)

TIP 서화, 조각물, 골동품, 고도서 등으로서 예술적 가치를 지닌 것은 현실적 사용가치 보다는 주관적 판단이나 희소성에 의해 그 가치가 평가되는 물품으로 피해액의 산정기준이 달라진다. 물품을 정하여 담보에서 제외한다고 규정하고 있으므로 면책재산에 해당한다.

ANSWER

1.③ 2.② 3.④ 4.② 5.②

6　**다음 중 실손보상의 원칙을 구현하기 위한 손해보험제도로 볼 수 없는 것은?**

① 보험자대위제도
② 기평가보험계약
③ 신구교환이익공제
④ 손해액의 시가주의

TIP 기평가보험계약은 계약 당사자 간 보험가액을 미리 협의한 협정보험가액으로 체결한 보험이므로 실손보상의 원칙을 구현하기 위한 손해보험제도로 볼 수 없다.

7　**다음 중 보험계약의 부합계약성에 대한 설명으로 옳지 않은 것은?**

① 보험계약내용이 전적으로 보험자에 의하여 준비된다.
② 불특정 다수와 동일한 내용의 계약을 대량으로 체결하는데 유리하다.
③ 계약내용의 정형화로 보험계약자 간의 형평성을 유지할 수 있다.
④ 계약내용이 모호할 경우 가급적이면 보험자에게 유리하게 해석한다.

TIP 계약내용이 모호할 경우 보험자에게 불리하게, 즉 고객에게 유리하게 해석한다. – 작성자 불이익의 원칙

8　**보험계약자 A가 자신이 소유하는 건물을 대상으로 화재보험에 가입하였는데 보험계약내용 및 발생손해액은 다음과 같다. 보험자가 피보험자에게 지급하여야 할 보험금은 얼마인가?**

- 보험가입금액 : 6억 원
- 가입당시 건물의 보험가액 : 8억 원
- 공동보험요구비율 : 80%
- 정액공제 : 1억 원(우선 적용)
- 발생손해액 : 5억 원
- 사고 당시 건물의 시가 : 10억 원

① 2억 7천 5백만 원　　② 3억 원
③ 3억 7천 5백만 원　　④ 4억 원

TIP 사고로 인하여 발생한 손해액에 대하여 보험가액 대비 보험에 가입한 비율에 의하여 비례보상을 하게 된다.

$$\text{지급보험금} = \text{손실액} \times \frac{\text{보험가입금액}}{\text{보험가액의 80\% 해당액}}$$

$$= (5억\ 원 - 1억\ 원) \times \frac{6억\ 원}{10억\ 원 \times 80\%} = 3억\ 원$$

∴ 3억 원이 된다.

9 **보험기간 동안 사고발생 확률과 예상손해액이 다음과 같은 보험목적물에 대하여 정액공제(straight deductible)금액이 300만 원으로 설정되어 있을 때 순보험료(net premium)는 얼마인가?**

손해액	0원	500만 원	700만 원	900만 원
확률	0.6	0.2	0.15	0.05

① 100만 원
② 110만 원
③ 130만 원
④ 150만 원

TIP 정액공제금액이 300만 원이 설정되어 있으므로,
- 손해액이 500만 원일 때 (500 − 300) × 0.2 = 40
- 손해액이 700만 원일 때 (700 − 300) × 0.15 = 60
- 손해액이 900만 원일 때 (900 − 300) × 0.05 = 30

따라서 순보험료는 130만 원이다.

10 **다음 중 중복보험의 요건으로 옳지 않은 것은?**

① 피보험이익이 서로 달라야 한다.
② 보험기간이 중복되어야 한다.
③ 보험금액의 합이 보험가액을 초과하여야 한다.
④ 동일한 목적물이어야 한다.

TIP 중복보험이 성립하려면 피보험이익, 보험사고, 보험기간이 동일 또는 중복될 것, 보험금액의 합계액이 보험가액을 초과할 것 등의 요건이 충족되어야 한다.

11 **다음 중 보험사고발생 시 권리관계의 존부를 판단함에 있어서 보험자가 입증할 내용으로 적절하지 않은 것은?**

① 보험사고 및 사고로 인한 손해발생사실
② 사기에 의한 초과, 중복보험 해당 여부
③ 고지 의무 및 통지의무 위반 사실
④ 피보험자의 의무 위반으로 인하여 증가된 손해

TIP 보험사고 및 사고로 인한 손해발생사실은 피보험자가 입증할 내용이다.

ANSWER
6.② 7.④ 8.② 9.③ 10.① 11.①

12 **다음 중 과실배상책임에 따른 손해배상에서 가해자가 항변할 수 있는 법리와 관련 없는 것은?**

① 비교과실(comparative negligence)
② 리스크의 인식(assumption of risk)
③ 기여과실(contributory negligence)
④ 연대배상책임(joint and several liability)

TIP 비교과실(쌍방이 과실에 책임이 있는 경우), 기여과실(피해자가 과실에 기여한 경우), 리스크의 인식(피해자가 리스크를 인식하고 있었을 경우)은 손해배상에서 가해자가 항변할 수 있다.

13 **다음 중 배상책임에서 무과실책임주의가 확대될 때 보험산업에 미치는 영향으로 적절하지 않은 것은?**

① 피해자 보호 증진
② 도덕적 위험의 감소
③ 보험시장의 확대
④ 손해율의 상승

TIP 무과실책임주의 … 가해자에게 과실이 없더라도 그 가해자의 행위에 의하여 손해가 발생하였다는 관계가 있으면, 그것만으로써 손해배상책임이 발생하는 것으로 하는 주의를 말한다. 따라서 배상책임에서 무과실책임주의가 확대될 경우 피해자 보호가 증진되며, 보험시장이 확대되고 손해율이 상승할 수 있다.

14 **다음 중 캡티브 보험사(captive insurer) 설립의 이점으로 거리가 먼 것은?**

① 재보험료를 절감할 수 있다.
② 부가비용(loading)을 절감할 수 있다.
③ 모기업의 재정적인 부담을 줄일 수 있다.
④ 부가수입에 대한 투자를 통하여 투자수익을 창출할 수 있다.

TIP 캡티브 보험사(captive insurer) … 자가전속보험, 모기업이 보험자회사를 설립하고 보험자회사는 그룹의 위험을 인수하는 형태이다. 따라서 모기업의 재정적인 부담이 증가한다.

15 **다음 중 재보험에 대한 설명으로 옳지 않은 것은?**

① 재보험은 원보험계약의 효력에 영향을 미친다.
② 재보험은 원보험자의 인수능력을 증가시킨다.
③ 재보험은 원수보험사의 수익의 안정을 가져올 수 있다.
④ 재보험은 언더라이팅의 중단 시 활용될 수 있다.

TIP 보험자는 보험사고로 인하여 부담할 책임에 대하여 다른 보험자와 재보험계약을 체결할 수 있다. 이 재보험계약은 원보험계약의 효력에 영향을 미치지 아니한다〈상법 제661조(재보험)〉.

16 다음 위험관리의 목적 중 손해발생 후의 목적(postloss objectives)으로 옳은 것은?

① 사고발생의 우려와 심리적 불안의 경감
② 영업활동의 지속
③ 손실방지를 위한 각종 규정의 준수
④ 사고발생 가능성의 최소화

TIP ①③④ 손해발생 전의 목적에 해당한다.

※ 위험관리 목적

㉠ 손해발생 전의 목적
- 경제적 목적(최소 비용으로 최대 효과 달성)
- 불안 감소 목적(사고발생 우려 및 심리적 불안 제거 및 최소화)
- 의무규정 충족 목적(손실방지를 위한 각종 규정 준수)

㉡ 손해발생 후의 목적
- 생존 목적(가계 및 기업의 존재)
- 활동계속 목적(영업의 지속)
- 안정수입 목적(수익의 안정)
- 성장 지속 목적(지속적인 성장)
- 사회적 책임 목적(기업의 손해가 사회에 미치는 영향을 최소화할 수 있도록 관리)

17 다음 중 대위의 원칙(principle of subrogation)에 대한 설명으로 옳지 않은 것은?

① 피보험자가 동일한 손실에 대한 책임 있는 제3자와 보험자로부터 이중보상을 받아 이익을 얻는 것을 방지할 목적을 가지고 있다.
② 피보험자의 책임이 없는 손해로 인한 보험료 인상을 방지 한다.
③ 과실이 있는 피보험자에게 손실발생의 책임을 묻는 효과가 있다.
④ 손해보험의 이득금지 원칙과 관련 있다.

TIP 대위의 원칙 … 피보험자가 제3자의 과실로 입은 손실을 보험회사로부터 보상받은 경우, 보험회사에 제3자에 대한 권리를 인도하는 법적 원칙을 말한다. 이 원칙에 따라 보험회사는 보상액 한도에서 제3자에게 구상권을 행사할 수 있다.

18 피보험자 갑이 동일한 피보험이익에 대하여 A, B 두 보험회사에 각각 보험금액 2,000만 원, 8,000만 원의 보험계약을 체결하고, 보험기간 중 6,000만 원의 손해가 발생하였다. 다음 중 초과부담조항(excess insurance clause)(단, A보험회사가 1차 보험자임)을 적용했을 때 B보험회사의 손실부담액은 얼마인가?

① 2,000만 원
② 4,000만 원
③ 6,000만 원
④ 8,000만 원

TIP 초과부담조항은 1차 보험자가 우선적 책임을 지므로 자신의 보상한도까지 보상하고, 두 번째로 책임을 지는 초과 보험자가 자신의 보상책임 한도 내에서 보상한다. 그러므로 6,000만 원의 손해 중 A보험회사가 2,000만 원을 부담하고 이를 초과한 4,000만 원에 대해서만 B보험회사가 부담하면 된다.

ANSWER

12.④ 13.② 14.③ 15.① 16.② 17.③ 18.②

19 다음 중 손해사정의 업무단계를 일반적 손해사정 절차에 따라 순서대로 바르게 열거한 것은?

㉠ 사고통지의 접수	㉡ 현장조사
㉢ 약관의 면부책내용 등 확인	㉣ 계약사항의 확인
㉤ 보험금 산정	㉥ 대위 및 구상권 행사
㉦ 손해액 산정	㉧ 보험금 지급

① ㉠ – ㉡ – ㉣ – ㉢ – ㉦ – ㉤ – ㉧ – ㉥
② ㉠ – ㉡ – ㉣ – ㉢ – ㉤ – ㉦ – ㉧ – ㉥
③ ㉠ – ㉣ – ㉢ – ㉡ – ㉦ – ㉤ – ㉧ – ㉥
④ ㉠ – ㉣ – ㉢ – ㉡ – ㉤ – ㉦ – ㉧ – ㉥

TIP 손해사정 업무단계
㉠ 사고통지의 접수
㉣ 계약사항의 확인
㉢ 약관의 면부책내용 등 확인
㉡ 현장조사
㉦ 손해액 산정
㉤ 보험금 산정
㉧ 보험금 지급
㉥ 대위 및 구상권 행사

20 다음 중 최대선의의 원칙(principle of utmost good faith)의 실현을 위한 제도에 해당하지 않는 것은?

① 고지(representation)의무
② 은폐(concealment)금지
③ 대위(subrogation)
④ 보증(warranty)

TIP 최대선의의 원칙 … 일반적인 성의성실보다 높은 정도의 성실의무를 말한다. 계약 당사자 간의 최대선의가 요구되며 최대선의의 원칙 실현을 위한 제도로는 고지 의무, 은폐금지, 보증 등이 있다.

21 **다음 중 일반적으로 배상청구기준(claims – made basis)을 사용하는 배상책임보험을 모두 고른 것은?**

㉠ 회계사배상책임보험	㉡ 제조물배상책임보험
㉢ 자동차손해배상책임보험	㉣ 의사배상책임보험

① ㉠㉡㉢
② ㉠㉡㉣
③ ㉡㉢㉣
④ ㉠㉢㉣

TIP 배상청구기준과 손해사고기준

㉠ **배상청구기준**(claims – made basis) : 보험기간 중에 피보험자 또는 보험회사에 최초로 제기된 손해배상청구를 담보의 기준으로 하며, 손해배상청구의 원인이 되는 생산물 사고는 증권상에 명기된 소급 담보일자 이후에 발생한 것이어야 한다.

㉡ **손해사고기준**(occurrence basis) : 보험기간 중에 발생한 사고이면 그 사고가 언제 발견되었는가 또는 그 사고에 대한 배상 청구가 언제 제기되었는가에 관계없이 그 사고가 발생한 일자에 유효한 보험증권상의 보험 조건을 말한다.

22 **보험계약 조건 및 발생손해액이 다음과 같을 때 피보험자가 부담해야 할 금액은?**

- 보험금액 : 2,000만 원
- 공제금액 : 100만 원
- 손해액 : 500만 원
- 소멸성공제(disappearing deductible)방식 적용
- 손실조정계수 : 105%

① 80만 원
② 100만 원
③ 400만 원
④ 420만 원

TIP 초과손해액 (500 – 100만 원) × 105% = 420만 원을 보상하고 피보험자는 500만 원 – 420만 원 = 80만 원을 부담해야 한다.

※ **소멸성공제** … 일정액의 공제한도를 설정하고 설정된 공제한도 이하의 손해는 전액 피보험자가 부담하고, 공제한도를 초과하는 손해에 대해서는 초과손해액의 100%를 넘어가는 일정 비율, 즉 손실조정계수를 반영하여 보상하는 방법이다.

23 **다음 위험관리기법 중 위험금융기법(risk financing technique)에 해당하는 것은?**

① 위험회피
② 보험가입
③ 손실통제
④ 위험분리

TIP 위험회피, 손실통제, 위험분리는 리스크 발생빈도나 손실규모를 물리적으로 통제하려는 기법인 리스크 통제기법(risk control technique)에 해당한다.

ANSWER

19.③ 20.③ 21.② 22.① 23.②

24 다음은 A 보험회사의 2018년도 회계자료이다. 경과손해율(%)은 얼마인가?

- 수입보험료 : 8,000만 원
- 전기이월 미경과보험료 : 4,000만 원
- 차기이월 미경과보험료 : 2,000만 원
- 지급보험금 : 6,000만 원
- 지급준비금 : 2,000만 원
- 손해조사비 : 500만 원

① 70%
② 75%
③ 85%
④ 142%

TIP 경과손해율은 경과보험료 대비 발생손해액이 차지하는 비율로, '발생손해액 ÷ 경과보험료 × 100'으로 구한다.

따라서 $\frac{6,000+2,000+500}{8,000+4,000-2,000} \times 100 = 85\%$ 이다.

※ 발생손해액 = 지급보험금 + 지급준비금 + 손해조사비, 경과보험료 = 수입보험료 + 전기이월 미경과보험료 − 차기이월 미경과보험료

25 다음 중 손실의 발생가능성과 발생빈도를 줄이는 손실예방기법으로 적합하지 않은 것은?

① 음주단속
② 홍수에 대비한 댐 설치
③ 자동차 에어백 장착
④ 휘발성 물질 주변에서의 금연

TIP 자동차 에어백 장착은 손실의 발생피해를 경감하는 기법에 해당한다.

26 다음 중 대체가격보험에 대한 설명으로 옳지 않은 것은?

① 대체가격보험은 인위적인 사고유발이 우려되는 보험에 한해서 인정되고 있다.
② 대체가격보험은 보험사고가 발생한 경우 감가상각을 하지 않고 피보험목적물과 동종, 동형, 동질의 신품을 구입하는 데 소요되는 비용을 지급하는 보험이다.
③ 신가보험이라고도 한다.
④ 대체가격보험은 실손보상 원칙의 예외로서 이용되는 보험이다.

TIP 인위적인 사고유발이 우려되는 보험에서 신가보험을 인정한다면 인위적인 사고의 비율이 더 증가할 것이다.

※ 신가보험 … 시가(時價)를 기준으로 하는 재산을 보험에 붙였을 경우, 손해를 보았을 때 수령하는 보험금으로는 보험의 목적과 동일한 것을 조달할 수 없는 경우가 많아 이러한 손해를 막기 위한 실손보상의 원칙에 따라 신조달가격(新調達價格)을 보험가격으로 한다.

27 다음 중 열거위험담보계약(named－perils policy)과 포괄위험담보계약(all－risks policy)에 대한 설명으로 옳지 않은 것은?

① 포괄위험담보계약은 면책위험을 제외한 모든 위험으로 인한 손해를 보상한다.
② 열거위험담보계약은 피보험자가 열거위험으로 인한 손해가 발생하였다는 사실을 입증해야 된다.
③ 포괄위험담보계약에서는 다른 보험계약에서 담보된 위험이 중복 가입될 가능성이 있다.
④ 열거위험담보계약이 포괄위험담보계약보다 일반적으로 담보범위가 넓다.

TIP 포괄위험담보계약이 열거위험담보계약보다 일반적으로 담보범위가 넓다.

28 A와 B의 쌍방과실로 인한 양측의 손해액과 과실비율이 다음과 같을 때 교차책임주의(principle of cross liability) 방식에 의한 각각의 배상책임액으로 옳은 것은?

• A의 손해액 : 600만 원	• B의 손해액 : 300만 원
• A의 과실비율 : 30%	• B의 과실비율 : 70%

① A가 B에게 90만 원을, B는 A에게 420만 원을 배상하여야 한다.
② A가 B에게 420만 원을, B는 A에게 90만 원을 배상하여야 한다.
③ B가 A에게 600만 원을 배상하여야 한다.
④ A가 B에게 300만 원을 배상하여야 한다.

TIP A의 손해액 600만 원에 대하여 B는 과실비율인 70%에 해당하는 420만 원(A손해액 × B과실비율)을, B의 손해액 300만 원에 대하여 A는 과실비율인 30%에 해당하는 90만 원(B손해액 × A과실비율)을 배상해야 한다.

※ 교차책임주의 … 쌍방 과실로 인해 양쪽 모두 손해가 생겼을 때, 양쪽이 분담해야 할 손해는 상호 과실의 비율을 판정할 수 있을 때는 그 비율로 하고 판정할 수 없을 때는 똑같이 부담하는 주의이다.

29 다음 중 도덕적 위태(moral hazard)를 방지할 수 있는 수단으로 적절하지 않은 것은?

① 실손보상제도의 운용
② 보험계약자의 해지권 인정
③ 보험 인수요건의 강화
④ 손해사정시의 조사 강화

TIP 도덕적 위태(moral hazard) … 부정직성, 성격장애 등 손실의 발생가능성을 고의적으로 창출하거나 증대시키는 개인의 특성으로 인한 위태를 말한다. 이러한 도덕적 위태를 방지할 수 있는 수단으로는 손실보상제도의 운용, 보험 인수요건의 강화, 손해사정 시의 조사 강화 등이 있다.

ANSWER

24.③ 25.③ 26.① 27.④ 28.① 29.②

30 다음 중 책임준비금에 해당되지 않는 항목은?

① 지급준비금
② 비상위험준비금
③ 계약자배당준비금
④ 미경과보험료적립금

TIP 책임준비금 … 보험회사가 계약자에 대한 보험금을 지급하기 위해 보험료의 일정액을 적립시키는 것으로, 비상위험준비금은 책임준비금에 해당하지 않는다.

31 다음 중 실손보상의 원칙에서 실제가치(actual cash value) 산정에 대한 개념으로 옳은 것은?

① 보험사고 발생 당시 담보된 물건의 수리비용에서 감가상각을 제한 액수
② 보험계약 체결 당시 담보된 물건의 수리비용에서 감가상각을 제한 액수
③ 보험사고 발생 당시 담보된 물건의 대체비용에서 감가상각을 제한 액수
④ 보험계약 체결 당시 담보된 물건의 대체비용에서 감가상각을 제한 액수

TIP 실손보상의 원칙에서 실제가치(actual cash value)는 보험사고 발생 당시 담보된 물건의 대체비용에서 감가상각을 제한 액수로 산정한다. 즉, 실제가치 = 대체비용(재조달가액) − 감가상각으로 산정한다.

32 국민건강보험의 보장성을 높일 때 민영보험시장에 미치는 영향으로 가장 거리가 먼 것은?

① 국민건강보험의 비급여 항목을 급여화하면, 관련 민영보험의 보험금 지급액이 감소 가능하다.
② 국민건강보험의 본인부담률의 인하는 관련 민영보험 보험금 지급액과 관련성이 약하다.
③ 국민건강보험의 보장성을 확대하면 관련 민영보험의 손해율은 낮아질 수 있다.
④ 국민건강보험의 보장성 확대는 관련 민영보험상품의 보험료 인하 요구를 받을 수 있다.

TIP 국민건강보험의 본인부담률을 인하할 경우 관련 민영보험의 보험금 지급액 감소가 가능하다.

33 다음 중 사회보험으로 운영되는 노인장기요양보험에 대한 설명으로 옳지 않은 것은?

① 보험급여에는 재가급여, 시설급여, 특별현금급여 등이 있다.
② 피보험자는 65세 이상 노인으로 한정한다.
③ 노인장기요양보험의 보험료는 국민건강보험 보험료에 장기요양보험료율을 곱하여 산정한다.
④ 재원 중 일부는 국고에서 지원된다.

TIP 피보험자는 65세 이상의 노인 또는 65세 미만의 자로서 치매·뇌혈관성질환 등 대통령령으로 정하는 노인성 질병을 가진 자이다.

34 다음 중 보험자가 피보험자와 공동으로 위험을 인수한다는 의미에서의 공동보험조항(co-insurance clause)에 대한 설명으로 옳지 않은 것은?

① 보험가액에 대한 보험가입금액의 비율이 낮을수록 보험가입금액 대비 보험료 비율은 높아진다.
② 보험금 지급액은 보험가입금액을 초과할 수 없다.
③ 공동보험 요구비율이 보험가액의 80%인 경우, 손해액의 80%이상은 보상하지 않는다.
④ 보험가입금액은 보험계약자가 결정한다.

TIP 요구부보금액 이상 가입한 경우에는 분손의 경우라도 보험금액 한도 내에서 실손보상하며, 요구부보금액 이하 가입한 경우에는 요구부보금액에 대한 실제부보금액에 대한 비율에 따라 손해액을 산정하여 보험금을 지급한다. 지급보험금은 '손해액 × (보험가입금액 / 부보비율에 해당하는 금액)'으로 구한다.

35 다음은 보험과 복권을 비교한 설명이다. 옳지 않는 것은?

① 보험은 기존의 리스크 전가이고, 복권은 새로운 리스크 창출이다.
② 보험은 사전적 확률에 근거하고, 복권은 사후적 확률에 근거한다.
③ 보험과 복권 모두 사행성 계약으로 분류된다.
④ 보험과 복권 모두 객관적 리스크로 볼 수 있다.

TIP 복권은 실제로 복권을 사지 않아도 당첨될 확률을 계산할 수 있는데 이를 사전적 확률이라고 한다. 반면, 보험은 사고에 대한 확률을 단언할 수 없어 사후적 확률에 근거한다.

ANSWER

30.② 31.③ 32.② 33.② 34.③ 35.②

36 다음 중 보험시장에서의 역선택(adverse selection)에 대한 설명으로 옳지 않은 것은?

① 사후적 정보의 비대칭으로 발생한다.
② 중고 자동차 시장(lemon market)의 문제로 비유된다.
③ 불량위험체가 이익을 본다.
④ 역선택을 줄이기 위한 방법으로 고지의 의무 조항이 있다.

TIP 역선택은 정보의 불균형으로 인해 불리한 의사결정을 하는 것으로 사전적 정보의 비대칭으로 발생한다.

37 다음 중 해상보험의 특성에 대한 설명으로 옳지 않은 것은?

① 영국의 해상보험법이 준거법이다.
② 기업보험성이 강하다.
③ 최대선의 원칙이 적용되는 보험이다.
④ 개별요율 중 소급요율을 주로 적용한다.

TIP 해상보험 같이 신뢰할 통계자료 확보가 충분하지 않은 경우 판단요율법을 주로 이용한다. 판단요율은 개별적 리스크의 특성을 고려하여 언더라이터의 경험과 직관에 의한 판단에 따라 요율을 산정한다.

38 다음 중 보증보험에 대한 설명으로 옳지 않은 것은?

① 채권자인 제3자를 위한 계약이다.
② 보험계약자 임의로 계약을 해지할 수 없다.
③ 대위변제가 목적이다.
④ 인위적인 보험사고에는 보험금을 지급하지 않는다.

TIP 보증보험사고는 보험사고의 발생 여부가 보험계약자의 의사에 달려있는 '인위적 사고'의 특성을 지닌다.

39 다음 중 손실통제이론 중 도미노이론이 사고예방을 위한 연쇄관계 차단을 위해서 가장 필요하다고 주장하는 개선 단계는?

① 사회적 환경
② 인간의 과실
③ 위태
④ 사고

TIP 하인리히의 도미노이론은 재해가 일어나는 5가지 원인을 나눠서 한 가지 원인만 제거해도 재해가 일어나지 않는다고 설명한다. 그러나 5가지 원인 중 불안전한 행동, 불안전한 상태 즉, 인간의 과실만이 제거 가능하다.

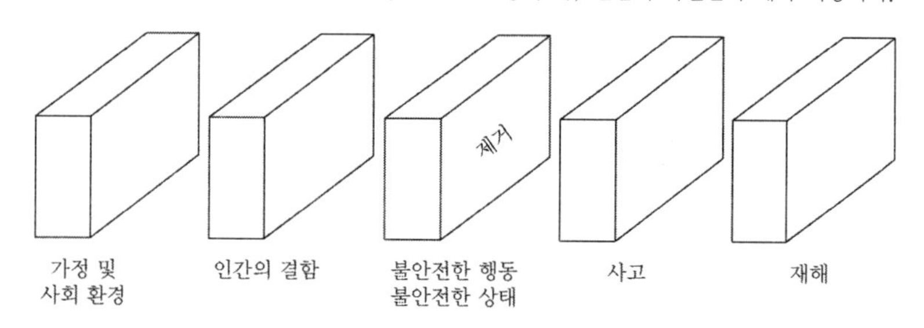

40 다음 중 손해보험상품과 생명보험상품에 대한 설명으로 옳지 않은 것은?

① 손해보험은 실손보상 원리를 중시한다.
② 생명보험은 보험계약법상 인보험으로 분류한다.
③ 생명보험은 정액보험의 성격을 가진다.
④ 손해보험은 인명손실을 보상하지 아니한다.

TIP 손해보험과 생명보험의 비교

구분	손해보험	생명보험
보험대상	재산상의 손해	사람의 생존과 사망
보상방식	실손보상	정액보상
설계 방식	보장 설계 중심	자금 설계 중심
주계약(기본계약)	상해 사망 상해후유 장애(3 ~ 100%)	일반사망
상속 / 증여	불가능	가능

ANSWER
36.① 37.④ 38.④ 39.② 40.④

2020년 제43회 손해사정이론

1 **다음 중 보험가능리스크의 요건에 해당하지 않는 것은?**

① 손실발생은 우연적이고, 고의적이 아니어야 한다.
② 손실은 한정적이어야 한다.
③ 손실발생 확률은 측정가능해야 한다.
④ 손실은 대재해적(catastrophic)이어야 한다.

TIP 보험가능리스크의 요건
㉠ 다수의 동질적이고 독립적인 리스트가 존재하여야 한다.
㉡ 손실은 우연적이고 고의적이 아니어야 한다.
㉢ 손실은 원인이나 발생장소, 특성이 분명하여야 한다.
㉣ 손실의 규모가 지나치게 크거나 재난적이지 않아야 한다.
㉤ 손실발생 확률을 측정할 수 있어야 한다.
㉥ 경제적으로 부담할 수 있는 보험료가 가능한 손실이어야 한다.

2 **상법상 보험목적에 관한 보험대위(잔존물대위)의 경우에 보험자가 피보험자의 권리를 취득하는 시기는?**

① 보험사고가 발생한 때
② 보험사고발생사실을 통지받은 때
③ 피보험자가 보험금을 청구한 때
④ 보험금액 전부를 지급한 때

TIP 보험의 목적의 전부가 멸실한 경우에 보험금액의 전부를 지급한 보험자는 그 목적에 대한 피보험자의 권리를 취득한다. 그러나 보험가액의 일부를 보험에 붙인 경우에는 보험자가 취득할 권리는 보험금액의 보험가액에 대한 비율에 따라 이를 정한다.

3 **"연금저축계약, 퇴직보험계약, 변액보험계약 등의 보험계약에 대하여 그 준비금에 상당하는 자산의 전부 또는 일부를 그 밖의 자산과 구분하여 이용하기 위한 계정"에 대한 보험업법상의 명칭은?**

① 특별계정
② 장기자산계정
③ 금융자산계정
④ 구분계리계정

TIP 특별계정의 설정 · 운용 … 보험회사는 다음의 어느 하나에 해당하는 계약에 대하여는 대통령령으로 정하는 바에 따라 그 준비금에 상당하는 자산의 전부 또는 일부를 그 밖의 자산과 구별하여 이용하기 위한 계정(이하 "특별계정"이라 한다)을 각각 설정하여 운용할 수 있다〈보험업법 제108조 제1항〉.
1. 「소득세법」에 따른 연금저축계좌를 설정하는 계약
2. 「근로자퇴직급여보장법」에 따른 보험계약 및 근로자퇴직급여보장법 전부개정법률 부칙에 따른 퇴직보험계약
3. 변액보험계약(보험금이 자산운용의 성과에 따라 변동하는 보험계약)
4. 그 밖에 금융위원회가 필요하다고 인정하는 보험계약

4 **산업재해보험법상 진폐(분진을 흡입하여 폐에 생기는 섬유증식성 변화를 주된 증상으로 하는 질병)에 따른 보험급여의 종류에 해당하지 않는 것은?**

① 장해급여 ② 간병급여
③ 장의비 ④ 직업재활급여

TIP 진폐에 따른 보험급여의 종류는 요양급여, 간병급여, 장례비, 직업재활급여, 진폐보상연금 및 진폐유족연금으로 한다.
※ 보험급여의 종류와 산정 기준 등 … 보험급여의 종류는 다음 각 호와 같다. 다만, 진폐에 따른 보험급여의 종류는 제1호의 요양급여, 제4호의 간병급여, 제7호의 장례비, 제8호의 직업재활급여, 제91조의3에 따른 진폐보상연금 및 제91조의4에 따른 진폐유족연금으로 하고, 제91조의12에 따른 건강손상자녀에 대한 보험급여의 종류는 제1호의 요양급여, 제3호의 장해급여, 제4호의 간병급여, 제7호의 장례비, 제8호의 직업재활급여로 한다〈산업재해보상보험법 제36조 제1항〉.
1. 요양급여
2. 휴업급여
3. 장해급여
4. 간병급여
5. 유족급여
6. 상병(傷病)보상연금
7. 장례비
8. 직업재활급여

5 **재보험계약실무에서 초과손해액재보험(XOL : excess of loss reinsurance)계약체결 시 아래의 전제조건 하에 출재사의 과거 실적(보유보험료 대비 XOL재보험금회수액)을 기초로 재보험요율을 산정하는 방식은?**

- 보험사고의 발생빈도 및 심도에 영향을 미치는 요소는 불변이다.
- 계약의 구성이 대체로 동일하다.
- 경제적 · 사회적 여건이 동일하다.

① burning cost rating 방식
② exposure rating 방식
③ retrospective rating 방식
④ simulation rating 방식

TIP ① 비교적 재보험금 회수빈도가 높은 ELC 재보험료 산정에 이용된다. 전년도 사고경력을 토대로 일정 기간 동안 해당 ELC의 과거 회수재보험금 총액을 동일한 기간 중의 GNPI로 나눈 숫자를 구한 다음 이 숫자에 일정한 안전할증을 부과하여 재보험요율을 경정하는데, 이 방법이 가장 널리 이용되고 있다.
② 재보험금 회수빈도가 비교적 낮지만 1회의 사고로 손해액 규모가 큰 포트폴리오나 손해율의 변동폭이 큰 원수 포트폴리오 등을 담보하는 ELC, 특히 working cover에 대해서도 버닝 코스트 방식으로 적정한 요율산정이 곤란한 경우가 있다. 이러한 경우에 이 방법을 이용한다.
③ 출재사가 지급하는 재보험료를 계약기간이 종료된 후에 궁극적인 손해율에 따라 소급하여 결정한다.
④ 경험데이터의 평균과 분산으로 개별 보험사고 간 종속성으로 인한 불확실성리스크를 반영한 총손해액 분포를 가정된 확률분포에 따라 근사시킨다.

ANSWER
1.④ 2.④ 3.① 4.① 5.①

6 **다음 중 질병 · 상해보험 표준약관상 보험금 지급사유가 성립되기 위하여 갖추어야 할 상해사고의 요건에 해당하지 않는 것은?**

① 경제성(monetary)
② 우연성(accidental)
③ 급격성(violent)
④ 외래성(external)

TIP 상해 … 보험기간 중에 발생한 급격하고도 우연한 외래의 사고로 신체(의수, 의족, 의안, 의치 등 신체보조장구는 제외하나, 인공장기나 부분 의치 등 신체에 이식되어 그 기능을 대신할 경우는 포함)에 입은 상해를 말한다.

7 **현행 제조물책임법에 규정된 징벌적 손해배상(punitive damages)에 대한 설명으로 옳지 않은 것은?**

① 제조업자의 악의적인 불법행위에 대한 제재적 성격이 반영된 것이기 때문에 공급업자에게는 적용되지 않는다.
② 징벌적 손해배상책임은 피해자가 입은 손해의 10배를 넘지 아니하는 범위로 한다.
③ 피해자의 생명 또는 신체에 중대한 손실이 발생한 경우에만 적용되고, 단순 재산상의 손해에 관하여는 징벌적 손해배상을 받을 수 없다.
④ 배상액을 정할 때 법원은 고의성의 정도, 해당 제조물의 결함으로 인하여 발생한 손해의 정도 등의 제반 사항을 고려하여야 한다.

TIP 제조물 책임 … 제조업자가 제조물의 결함을 알면서도 그 결함에 대하여 필요한 조치를 취하지 아니한 결과로 생명 또는 신체에 중대한 손해를 입은 자가 있는 경우에는 그 자에게 발생한 손해의 3배를 넘지 아니하는 범위에서 배상책임을 진다. 이 경우 법원은 배상액을 정할 때 다음의 사항을 고려하여야 한다〈제조물 책임법 제3조 제2항〉.

1. 고의성의 정도
2. 해당 제조물의 결함으로 인하여 발생한 손해의 정도
3. 해당 제조물의 공급으로 인하여 제조업자가 취득한 경제적 이익
4. 해당 제조물의 결함으로 인하여 제조업자가 형사처벌 또는 행정처분을 받은 경우 그 형사처벌 또는 행정처분의 정도
5. 해당 제조물의 공급이 지속된 기간 및 공급 규모
6. 제조업자의 재산상태
7. 제조업자가 피해구제를 위하여 노력한 정도

8 **아래 보기 중 묵시담보(implied warranty)에 해당하는 것을 모두 고른 것은?**

> ㉠ 안전담보(warranty of good safety)
> ㉡ 적법담보(warranty of legality)
> ㉢ 협회(항로정한, 航路定限)담보(institute warranties)
> ㉣ 선비담보(disbursement warranties)
> ㉤ 감항담보(warranty of seaworthiness)
> ㉥ 중립담보(warranty of neutrality)

① ㉠㉡㉢㉣㉤㉥　② ㉠㉡㉤㉥
③ ㉡㉤㉥　④ ㉡㉤

TIP 명시담보는 보험계약 당사자의 합의로 보험증권에 기재되지만, 묵시담보는 MIA에 의하여 당연히 계약에 포함되는 것을 말한다. 묵시담보에는 감항능력담보와 적법성담보가 있다.
감항능력담보는 선박이 특정 항해를 완수할 수 있을 정도로 능력을 갖춘 상태여야 한다는 묵시적 담보이며 적법담보는 피보험자가 지배할 수 없는 경우를 제외하고 모든 해상사업이 합법적이어야 한다는 것을 묵시적으로 담보하는 것이다.
※ 묵시담보 및 명시담보
㉠ 묵시담보
- 적법담보
- 감항능력담보

㉡ 명시담보
- 안전담보
- 중립담보
- 선비담보
- 협회담보

9 **아래에서 설명하는 손해보상의 방법은?**

> 보험자와 피보험자의 의견이 상반되어 중재로도 원만한 해결이 이루어지지 않는다면 소송이 제기될 수도 있으므로, '여타 보험에 영향을 미침이 없이'라는 조건으로 앞으로는 그와 유사한 클레임을 제기하지 않겠다는 약속 하에 손해액의 전부 혹은 일부를 지급하는 방식

① 특혜지불(ex-gratia payment)　② 특례지급(without prejudice settlement)
③ 타협정산(compromised settlement)　④ 대부금 형식의 보상(loan form payment)

TIP ① 보험자가 자신의 법적 책임이 없는 클레임에 대해 지불하는 것을 말한다.
③ 손해가 발생한 경우 손해의 원인, 비율, 성질이나 손해액 따위에 관하여 피보험자와 보험자 사이에 생각이 다를 때, 서로 타협하여 지급액을 결정하여 해결하는 일을 말한다.
④ 보험사고로 인한 손해에 대해 보험회사의 지급은 무이자의 대부금형식으로 지급되는 것이다.

ANSWER
6.① 7.② 8.④ 9.②

10 **다음 중 책임보험에서 피해자(제3자)의 직접청구권에 관한 설명으로 옳지 않은 것은?**

① 대법원은 직접청구권의 법적성질을 피해자가 보험자에게 가지는 손해배상청구권으로 보고 있다.
② 보험자가 피해자로부터 직접청구를 받은 때에는 지체 없이 피보험자에게 이를 통지하여야 한다.
③ 피보험자의 보험금청구권과 피해자의 직접청구권이 경합하는 경우에는 피보험자의 보험금청구권이 우선한다.
④ 보험자는 피보험자가 사고에 관하여 가지는 항변으로써 피해자에게 대항할 수 있다.

TIP 상법 제724조 제1항은, 피보험자가 상법 제723조 제1항, 제2항의 규정에 의하여 보험자에 대하여 갖는 보험금청구권과 제3자가 상법 제724조 제2항의 규정에 의하여 보험자에 대하여 갖는 직접청구권의 관계에 관하여, 제3자의 직접청구권이 피보험자의 보험금청구권에 우선한다는 것을 선언하는 규정이다[대법원 2014. 9. 25. 선고 2014다207672 판결].

11 **아래 사례에서 질병 · 상해보험 표준약관상의 규정에 따라 계산한 피보험자의 현재 보험나이는? (단, 계약의 무효에 적용하는 나이계산 방식은 무시하고, 기타 일반적인 경우에 적용하는 보험나이를 계산할 것)**

• 피보험자 생년월일 : 1999년 10월 2일
• 현재(계약일) : 2020년 4월 13일

① 20년
② 20년 6월
③ 20년 7월
④ 21년

TIP 보험 나이는 계약일 시점 피보험자의 주민등록상 생년월일을 기준으로 계약일에서 생년월일을 뺀 다음, 6개월 미만이면 1살을 빼고 6개월 이상이면 1살을 더하는 식으로 계산된다. 이후에는 매년 계약 해당일에 나이가 1살씩 늘어나는 것으로 한다.

12 **다음 중 공동해손(general average)의 성립요건으로 적절하지 않은 것은?**

① 공동해손행위의 목적은 공동의 위험에 처한 해상사업단체(common maritime adventure)의 공동안전을 위한 것이어야 한다.
② 위험은 현실적(real)이고 절박(imminent)해야 한다.
③ 희생이나 비용은 의도적(intentional)인 행위에 의해 발생 또는 지출된 것이어야 한다.
④ 희생이나 비용은 통상적(ordinary)인 것이어야 하고 합리적(reasonable) 행위에 의해 발생한 것이어야 한다.

TIP 공동해손의 성립요건
㉠ 복수의 재산이 존재
㉡ 현실적이고도 중대한 공동의 위험이 존재
㉢ 고의적이고도 이례적인 그리고 합리적인 처분
㉣ 공동해손 행위의 직접적인 결과로 생긴 손해 및 비용
㉤ 공동해손 행위의 결과 선박 또는 적하가 잔존

13 법률적 배상책임에 대한 금전보상과 관련하여 아래 보기에서 설명하고 있는 손해의 종류를 올바르게 짝지은 것은?

> ㉠ 고통 · 괴로움, 정신적 피해, 위자료의 손실 등 구체적으로 그 양을 측정할 수 없는 손해에 대한 보상
> ㉡ 의료비용, 소득손실, 손상재산의 수리비용 등 일반적으로 쉽게 화폐로 측정할 수 있는 손해에 대한 보상
> ㉢ 실제 발생 피해를 보상하기 위한 목적이 아니라 바람직하지 못한 행위를 한 가해자에게 예외적으로 형벌의 의미에서 의도된 보상

	㉠	㉡	㉢
①	징벌적 손해(punitive damage)	일반손해(general damage)	특별손해(special damage)
②	징벌적 손해(punitive damage)	특별손해(special damage)	일반손해(general damage)
③	특별손해(special damage)	일반손해(general damage)	징벌적 손해(punitive damage)
④	일반손해(general damage)	특별손해(special damage)	징벌적 손해(punitive damage)

TIP ㉠ 일반손해(통상 손해) : 경험칙에 비추어 그와 같은 채무불이행이 있으면 일반적으로 생길 것이라고 인정되는 손해가 바로 통상 손해인 것이다.
㉡ 특별손해 : '특별한 사정으로 인한 손해는 채무자가 그 사정을 알았거나 알 수 있었을 때에 한하여 배상의 책임이 있다'라고 규정하고 있다.
㉢ 징벌적 손해 : 민사상 가해자가 피해자에게 '악의를 가지고' 또는 '무분별하게' 재산 또는 신체상의 피해를 입힐 목적으로 불법행위를 행한 경우에, 이에 대한 손해배상 청구시, 가해자에게 손해 원금과 이자만이 아니라 형벌적인 요소로서의 금액을 추가적으로 포함시켜서 배상받을 수 있게 한 제도

14 다음 전문직배상책임보험(professional liability insurance)의 종류 중 그 분류기준이 나머지 셋과 다른 것은?

① 의사(doctors)배상책임보험
② 공인회계사(certified public accountants)배상책임보험
③ 신탁자(fiduciaries)배상책임보험
④ 정보처리업자(data processors)배상책임보험

TIP 전문직배상책임보험은 분류방식에 따라 여러 종류로 구분할 수 있으나 가장 보편적인 분류방식은 신체 관련 직종인가의 구분과 전문성의 정도에 따라 구분된다.

ANSWER
10.③ 11.④ 12.④ 13.④ 14.①

15 20Line의 초과액재보험특약(surplus reinsurance treaty)을 운용하고 있는 출재보험사(A)가 보험가입금액이 US$5,000인 물건을 인수하였다. 손실규모가 US$3,000인 보험사고가 발생하였을 때 A사의 재보험회수금액은? [단, 동 물건에 대한 A사의 보유(retention)금액은 US$500이었음]

① US$1,500
② US$2,000
③ US$2,500
④ US$2,700

TIP 1Line = US$500, 20Line =US$10,000이라고 할 때,

• 원보험 = $\frac{500}{5,000} \times 3,000 = 300$

• 재보험 = $\frac{4,500}{5,000} \times 3,000 = 2,700$

따라서 재보험회수금액은 US$2,700이 된다.

16 아래 리스크관리기법 중 리스크 통제기법(risk control technique)에 해당하는 것을 모두 고른 것은?

㉠ 리스크 회피(risk avoidance)	㉡ 리스크보유(risk retention)
㉢ 리스크분리(risk separation)	㉣ 보험(insurance)

① ㉠㉡
② ㉠㉢
③ ㉡㉣
④ ㉢㉣

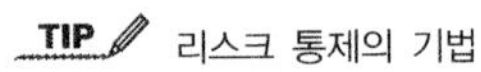
TIP 리스크 통제의 기법

㉠ 회피(Avoidance)
㉡ 손실통제(Loss Control)
㉢ 리스크 요소의분리(Segregation)
㉣ 계약을 통한 전가(Transfer by contracts)

17 아래 보기 중 도덕적 위태(moral hazard)를 경감 또는 예방할 수 있는 원칙을 모두 고른 것은?

㉠ 수지상등의 원칙	㉡ 피보험이익의 원칙
㉢ 대위의 원칙	㉣ 위험보편의 원칙

① ㉠㉡
② ㉡㉢
③ ㉠㉣
④ ㉢㉣

TIP 도덕적 위험 방지대책
㉠ 초과보험에서 보험금액감액
㉡ 사기로 인한 초과보험의 무효화
㉢ 중복보험에서의 비례주의 적용 및 통지의무 부여
㉣ 사기로 인한 중복보험의 무효화
㉤ 수 개의 책임보험에서 중복보험규정의 준용
㉥ 기평가보험의 현저한 초과의 경우 사고 시 가액 적용
㉦ 보험자대위제도 활용
㉧ 피보험이익이 없는 계약의 무효화
㉨ 신구교환공제 적용

18 다음 중 사고발생기준(occurrence basis) 배상책임보험에 대한 설명으로 옳지 않은 것은?

① 보험기간 중에 발생한 사고를 기준으로 보험자의 보상책임을 정하는 방식이다.
② 보험사고가 보험기간에 발생하면 보험기간이 종료한 후에 손해배상 청구를 하였더라도 보험금청구권이 소멸되지 않는 한 보험자는 보험금 지급책임을 진다.
③ 화재보험, 자동차손해배상책임보험 등에 적합한 방식이라 할 수 있다.
④ 보험급부의 여부를 결정할 때 보험사고의 파악을 둘러싼 분쟁을 회피할 수 있다.

TIP 사건 발생기준 배상책임보험 방식은 일반적인 물건보험의 경우에는 적합한 방식이라 할 수 있으나 의사나 건축가 등 전문직업인의 보험이나 생산물배상책임보험의 사고에서는 행위와 그 결과가 반드시 시간적으로 근접해 있지 않은 경우가 많아 사고의 발생 시점이 언제인가 확정하기 어려운 단점을 가지고 있다. 이러한 단점을 보완하기 위해 배상청구기준 배상책임보험이 도입되었다. 배상청구기준의 배상책임보험 방식은 사건 발생기준 배상책임보험에서 문제가 되었던 사고발생 시점의 확인상의 어려움을 제거하기 위해 피보험자에게 제기된 최초의 손해배상청구시점을 보험사고의 성립시점으로 해석함에 따라 피보험자와 보험자 양자에게 보험사고를 확인하는 것이 용이해지고 보험급부의 여부를 결정할 때의 보험사고의 파악을 둘러 싼 분쟁을 회피할 수 있다.

ANSWER
15.④ 16.② 17.② 18.④

19 갑을기업은 A, B, C 3개 보험회사와 아래와 같이 보상한도를 달리하는 배상책임보험계약을 각각 체결하였다. 이후 3건의 보험계약 모두의 보험기간이 중복되는 시점에 보험사고로 1억 2,000만 원의 손해가 발생하였을 때 보험회사별 보상책임액을 올바르게 짝지은 것은? [단, 타보험조항(other insurance clause)에 의한 보상배분은 균등액분담조항(contribution by equal share)방식에 따름]

보험사	A	B	C
보상한도액	1억 5,000만 원	4,000만 원	3,000만 원

	A	B	C
①	8,500만 원	2,000만 원	1,500만 원
②	7,000만 원	3,000만 원	2,000만 원
③	6,000만 원	3,000만 원	3,000만 원
④	5,000만 원	4,000만 원	3,000만 원

TIP

구분	1차 분담액	2차 분담액	3차 분담액	4차 분담액
A사	1,000	2,000	1,000	1,000
B사	1,000	2,000	1,000	–
C사	1,000	2,000	–	–
합	3,000	6,000	2,000	1,000

20 아래 보험계약 사례에서 보험자가 지급하여야 할 보험금은 얼마인가?

> 한국화학(주)가 소유하는 화학공장에 공장화재보험을 가입했으며, 보험계약내용 및 발생손해액은 다음과 같다.
> - 보험가입금액 : 18억 원
> - 가입당시 화학공장물건의 보험가액 : 24억 원
> - 발생손해액 : 8억 원
> - 화재사고 당시 화학공장물건 보험가액 : 30억 원

① 4억 8,000만 원
② 6억 원
③ 6억 4,000만 원
④ 8억 원

TIP 사고로 인하여 발생한 손해액에 대하여 보험가액 대비 보험에 가입한 비율에 의하여 비례보상을 하게 된다.

그러므로, 지급보험금 $=$ 손해액 $\times \dfrac{\text{보험가입금액}}{\text{보험가액}} =$ 8억 원 $\times \dfrac{\text{18억 원}}{\text{30억 원}} =$ 4억 8,000만 원이다.

※ 보험가입액이 보험가액과 같거나 클 땐보험가입금액을 한도로 손해핵 전액을 하나, 보험가입금액이 클 땐 보험가액을 한도로 한다.

21 다음 중 기발생 미보고손해액(IBNR : incurred but not reported)을 적립하지 않은 해당 회계년도에 대한 설명으로 옳지 않은 것은?

① 부채의 과소평가가 이루어진다.
② 보험회사의 재무건전성을 왜곡시킨다.
③ 적정한 보험료 산출을 저해한다.
④ 보험회사의 주주배당가능이익이 줄어든다.

TIP 미보고발생손해액(Incurred But Not Reported) … 보험사고가 이미 발생하였으나 아직 보험회사에 청구되지 아니한 사고에 대해 향후 지급될 보험금 추정액으로 보험금의 지급재원인 책임준비금을 구성하는 것으로 보험회사의 주주배당가능이익이 늘어난다.

22 아래 2019년도 말 A보험회사의 회계자료를 토대로 산출한 경과손해율은?

㉠ 수입보험료 : 9,000만 원	㉡ 전기 이월미경과보험료 : 5,000만 원
㉢ 차기 이월미경과보험료 : 4,000만 원	㉣ 지급준비금적립액 : 2,000만 원
㉤ 지급보험금 : 5,000만 원	㉥ 기발생 미보고손해액(IBNR) : 600만 원
㉦ 지급준비금환입 : 200만 원	

① 70%
② 74%
③ 76%
④ 78%

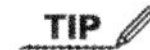

$$\text{경과손해율}(\%) = \frac{\text{발생손해액}}{\text{경과보험료}} \times 100$$

$$= \frac{5{,}000\text{만 원} + 2{,}000\text{만 원} + 600\text{만 원} - 200\text{만 원}}{9{,}000\text{만 원} + 5{,}000\text{만 원} - 4{,}000\text{만 원}} \times 100 = 74\%$$

※ 발생손해액＝지급보험금＋지급준비금＋기발생 미보고손해액(IBNR)－지급준비금 환입, 경과보험료＝수입보험료＋전기이월 미경과보험료－차기이월 미경과보험료

ANSWER
19.④ 20.① 21.④ 22.③

23 다음 손해사정업무 중 정산업무(adjustment)에 해당하지 않는 것은?

① 보험금 지급방법 결정
② 손해액 확인
③ 보험자 지급책임액 결정
④ 구상권 행사

TIP 손해사정업무 중 정산업무(adjustment)

㉠ 보험가액 결정 : 재물보험의 경우 보험가액을 먼저 결정하고 계약 당시의 보험가입금액과 비교하여야 한다. 협정보험가액인 경우 사고발생 시의 가액이 협정보험가액과 현저한 차이가 있는지 여부를 판정하여야 한다. 미평가보험인 경우 보험가액에 대한 분쟁이 다발하기 때문에 좀 더 정확하게 보험가액 평가를 하여야 할 것이다. 이에 따라 상해보험이나 배상책임보험의 대인사고의 경우 보험가액 산정이란 있을 수 없어 보험가입 시 보험료에 상당한 보험금액을 정하여 보험가입한다.

㉡ 보상한도의 결정 : 배상책임보험의 경우 보험계약체결 시 1인당 및 1사고당 보상한도가 결정되기 때문에 계약체결 시의 보상한도를 보면 된다. 재물보험의 경우 일부, 초과, 중복보험 여부를 판정하여야 한다. 초과보험의 경우 보험금액을 기준하여 손해액을 평가하지 아니하고 사고가 발생한 장소와 시간의 보험가액을 한도로 한다.

㉢ 보험금산출방법 결정 : 일부보험의 경우 보험약관에서 비례보상방법, 실손보상방법, 부보비율조건부 실손보상방법중 어떤 방법을 택했는지를 검토한다. 그리고 보상책임을 같이하는 타보험계약(공동보험, 중복보험, 병존보험 등)이 있을 때 초과액보상방식인지, 제1차 방식인지, 분담방법인지를 결정한다. 분담방법을 취한 경우 상대방 보험금 결정방법과 동일성 여부를 따져 보험금액 비례분담방법을 취할 것인지, 독립책임액 분담방법을 취할 것인지 여부를 결정하여 자기가 보상하여야 할 책임액을 결정하고 보험금 지급방법을 결정한다.

㉣ 지급보험금 결정과 합의 : 상기 자료에 의하여 지급보험금을 결정하며 지급보험금 결정시 재조달가액에서 감가액을 공제한 실제현금가치를 기준하여 산출한다. 공제면책금액이 있는 경우 이를 공제하며 비용의 경우 보험금액을 초과하더라도 보험자가 부담한다. 그리고 지급보험금이 결정되었으면 피보험자에게 그 내용을 설명하고, 협의하여 최종보험금을 결정한다. 그리고 구상에 관련된 사건일 경우 구상과 관련된 서류를 요구하고, 피보험자에게 권리 포기증을 요구한다.

㉤ 구상금 환입 : 피보험자가 보험의 목적이나, 보험사고로 인하여 제3자에게 갖는 권리가 있을 경우 그 권리를 대위한다. 보험의 목적에 갖는 대위권은 그 목적을 취득하는데 소요되는 비용, 즉 인양견인비와 잔존물의 가액을 비교하여 잔존물의 가액이 많은 경우만 구상하고, 인양비가 잔존물가액보다 클 경우엔 보험금액의 비율에 의하여 보험자와 피보험자간에 분담한다.

24 다음 중 보험증권 문언 내용이 상호 모순, 충돌하는 경우에 그 해석과 적용의 효력이 우선하는 순서대로 나열한 것은?

① 인쇄 문언 – 타자 및 스탬프 문언 – 수기 문언
② 타자 및 스탬프 문언 – 수기 문언 – 인쇄 문언
③ 수기 문언 – 타자 및 스탬프 문언 – 인쇄 문언
④ 수기 문언 – 인쇄 문언 – 타자 및 스탬프 문언

TIP 보험증권의 해석에 있어서 수기문언이 인쇄문언 등의 문언보다 가장 우선하여 적용된다는 원칙이다. '수기 문언 – 타자 문언 – 스탬프문언 – 특별약관 – 협회적하약관 – 난외약관 – 이탤릭 서체약 – 본문약관' 순이다.

25 **5% 프랜차이즈 공제(franchise deductible)가 설정된 보험가입금액 100억 원의 보험계약을 체결했다. 보험기간 중 보험사고로 8억 원의 손실이 발생했을 때 보험금은 얼마인가?**

① 0원
② 3억 원
③ 5억 원
④ 8억 원

TIP 프랜차이즈 공제는 설정된 공제금이하의 손해에 대해서는 일체 보상하지 않지만 동금액을 넘는 손해에 대해서는 공제 없이 전액지급하는 방식이다. 따라서 8억 원을 지급한다.

26 **다음 중 보험의 사회적 기능으로 옳지 않은 것은?**

① 불안 감소
② 손실을 회복할 수 있는 재원 마련
③ 신용 증대
④ 보험금 과잉 청구

TIP 보험의 사회적 기능
㉠ 보험은 개인과 법인에게 미래에 발생할 수 있는 불확실한 특정 사건인 리스크에 대한 불안함과 초조함을 덜어준다.
㉡ 보험은 재무적 안전성과 안정성을 확보해준다.
㉢ 자원의 효율적 이용과 배분 기능을 수행한다.
㉣ 투자의 자본조달 비용을 낮춰준다.
④ 계약 당사자 간 각종 통지에 관련된 약정을 위한 조항이다.

27 **다음 중 보험공제(insurance deductible)에 대한 설명으로 옳지 않은 것은?**

① 소액 보상청구를 방지하기 위한 목적으로 이용된다.
② 보험공제조항을 이용할 경우 보험료를 절감할 수 있다.
③ 일반적으로 재산보험, 자동차보험, 생명보험 등에서 많이 사용된다.
④ 보험공제의 금액이 클수록 피보험자가 손실방지를 위해 노력할 동기가 강화된다.

TIP 공제 보험 … 어느 한계를 정해놓고 돈을 주는 것을 공제보험이라고 한다. 사고가 났을 때 사고 피해액을 모두 다 보상해주는 것이 아니고 일정액을 정해놓고 보상해 주는 것이다. 화재보험과 같은 재물보험에서 널리 사용된다.

ANSWER
23.② 24.③ 25.④ 26.④ 27.③

28 **아래에서 설명하고 있는 재보험계약조항으로 옳은 것은?**

출재사의 보험금 지급책임 부담 여부가 불분명한 상태에서 출재사가 선의로 업무를 처리하고, 재보험계약 담보범위에 포함될 경우 재보험자는 면책여부를 엄밀히 따지지 않고 재보험계약상의 보상책임을 짐

① 중재조항(arbitration clause)
② 클레임협조조항(claim co-operation clause)
③ 운명추종조항(follow the fortunes clause)
④ 통지조항(notification clause)

TIP ① 계약 쌍방이 분쟁을 소송대신 중재에 회부할 것을 동의하는 재보험증권상의 조항이다.
② 보험사고발생 시에 그 이재처리에 있어서는 출재회사와 재보험자 간에 상호 협조하여야 한다는 조항이다.
④ 계약 당사자 간 각종 통지에 관련된 약정을 위한 조항이다.

29 **다음 중 보험목적의 양도에 대한 설명 중 옳지 않은 것은?**

① 보험목적은 동산, 부동산 등 특정된 물건이어야 한다.
② 개별화되지 않는 집합보험은 양수인이 동의해야 보험권리 승계가 가능하다.
③ 자동차보험의 보험목적 양도 시 보험자의 승낙을 얻은 경우에 한하여 보험계약 상의 지위가 양수인에게 승계된다.
④ 보험목적 양도 시 양도인 또는 양수인은 보험자에게 그 사실을 지체 없이 알려야 한다.

TIP 집합보험의 경우에는 그것이 양도된 경우에도 그에 관한 보험관계가 이전될 수 없다.

30 **아래 보기 중 도덕적 위태(moral hazard)를 유발하는 원인을 모두 고른 것은?**

㉠ 부정직	㉡ 무관심
㉢ 부주의	㉣ 사기

① ㉠㉡
② ㉠㉣
③ ㉡㉢
④ ㉡㉣

TIP 도덕적 위태(moral hazard) … 인간의 정신적, 심리적 요인으로 손해발생 가능성을 만들어 내거나 증가시키고, 혹은 발생한 손해를 증가시키는 개인적 성향을 말하는 것으로 부정직, 부도덕 등 각종 성격결함을 말한다.

31 철수가 현재 보유하고 있는 총 재산 120원에 대한 전부보험의 보험료는 20원이다. 철수의 효용함수는 $U(w) = \sqrt{w}$ 이고, 재산의 손실확률분포는 아래와 같다. 전부보험가입 시 철수의 기대효용은 얼마인가?

확률	손실액
0.2	0
0.3	10
0.5	20

① 5
② 10
③ 12
④ 20

TIP $U(w)$는 철수가 가진 재화이다. 따라서 효용함수 $U(100) = \sqrt{100} = 10$이 된다.
전부 보험에 가입하였으므로 사고의 유무와 상관없이 철수가 가지게 되는 재화의 상태에서 느끼는 효용의 정도는 10이 된다.

32 다음 중 보험증권에 대한 설명으로 옳지 않은 것은?

① 보험증권은 증거증권에 불과해 보험계약 당사자의 의사와 계약체결 전후의 사정을 고려해 보험계약의 내용을 인정할 수 있다.
② 보험계약 당사자는 보험증권교부가 있은 날로부터 일정한 기간 내에 한하여 증권 내용의 정부(正否)에 관한 이의를 제기할 수 있다.
③ 기존 보험계약을 연장하거나 변경하는 경우 보험자는 기존 보험증권에 그 사실을 기재함으로써 보험증권의 교부를 갈음할 수 있다.
④ 상법상 보험자는 보험계약이 성립한 경우 최초 보험료의 수령 여부와 관계없이 보험계약자에게 보험증권을 지체 없이 교부해야 한다.

TIP 보험자는 보험계약이 성립한 때에는 지체 없이 보험증권을 작성하여 보험계약자에게 교부하여야 한다. 그러나 보험계약자가 보험료의 전부 또는 최초의 보험료를 지급하지 아니한 때에는 그러하지 아니하다〈상법 제640조(보험증권의 교부) 제1항〉.

ANSWER
28.③ 29.② 30.② 31.② 32.④

33　**다음 중 세계 재보험시장 환경이 경성시장(hard market)화 될 때 나타나는 일반적인 현상이 아닌 것은?**

① 연성시장(soft market)에 비해 낮은 손해율
② 재보험 인수기준 강화
③ 재보험사 담보력 감소
④ 재보험요율 상승

TIP 재보험시장이 공급자 중심의 경성시장일 때 원수보험회사는 재보험인수를 거부당하거나, 높은 재보험료로 인하여 위험전가가 불가능할 수 있다.

34　**대체위험전가(ART) 방법 중 하나인 사이드카(sidecar)에 대한 설명으로 옳지 않은 것은?**

① 대재해채권과 같은 보험연계증권의 한 형태이다.
② 전통적 재보험과 유사하나, 최소한의 서류 작업과 관리비용으로 운영하기 용이하다.
③ 통상 excess of loss cover 구조로 운영된다.
④ 주로 제한된 범위의 단기 보험계약을 대상으로 대재해에 따른 재물손해를 담보한다.

TIP 사이드카 … 보험회사에 추가적 인수능력을 제공하는 구조로 보험회사가 투자자 또는 제3자와 리스크를 공유하거나 그들에게 리스크를 넘기는 것을 허용하기 위해 설계된 금융상품이다. 투자자나 제3자는 리스크를 부담하는 대신 특정 보험 또는 재보험사의 수익으로부터 이익을 얻을 수 있다.

35　**다음 중 금융재보험에 대한 설명으로 옳지 않은 것은?**

① 출재사로서는 담보력 안정화를 꾀할 수 있다.
② 재보험사의 책임한도를 제한하는 대신 투자 이익 등을 출재사와 공유한다.
③ 주로 지급준비금 등 장래 예상되는 출재사의 손해변동성을 관리하기 위한 목적으로 활용된다.
④ 통상 1년 이하의 단기계약으로 체결된다.

TIP 금융재보험 … 기발생 또는 미발생 보험사고에 대해 일정 기간(통상 3년에서 10년)을 보험기간으로 하는 재보험계약이다.

36 다음 중 S.G. 증권상의 소급보험조항으로 옳은 것은?

① 보험이익불공여조항(not to inure clause)
② 약인조항(consideration clause)
③ 멸실여부불문조항(lost or not lost clause)
④ 포기조항(waiver clause)

TIP ③ 로이즈보험증권 본문에서는 '멸실여부를 불문함(Lost or Not Lost)'이라는 소위, 소급약관을 규정하고 있다.
① 보험은 운송인 기타의 수탁자를 이롭게 하기 위해 이용되어선 안 된다는 조항이다.
② 피보험자가 약정한 보험료를 보험자에게 지급함으로써 보험자는 보험증권에 규정된 범위와 방법에 따라 보험목적물의 물적손해, 책임, 비용을 보상할 것에 합의한다는 조항이다.
④ 보험목적물을 구조, 보호, 회복하기 위한 피보험자 또는 보험자의 조치는 위부의 포기 또는 승낙으로 간주되지 않으며 당사자의 권리를 침해하지 않는다는 조항이다.

37 다음 중 손실의 발생과 크기가 시간요소(time element)와 관계있는 간접손실보험은?

① 기업휴지보험(business interruption insurance)
② 이익보험(profit insurance)
③ 외상매출금보험(accounts receivable insurance)
④ 기후보험(weather insurance)

TIP 기업휴지보험 … 화재 등에 따른 물적 손해를 직접적으로 보장하는 재물보험과 달리, 화재나 폭발 또는 전염병에 따른 원재료 공급중단 리스크 등 휴업손실을 보장하는 기업성보험을 말한다.

ANSWER
33.① 34.③ 35.④ 36.③ 37.①

38 **다음 중 손해배상책임액의 산정과 관련하여 아래 사례에 해당되는 것은?**

> • 주최측에서 체재비 전액을 부담하기로 한 공연 계약이 공연단의 귀책사유로 취소된 경우 공연단이 부담하는 채무불이행으로 인한 손해배상액은 주최측이 입은 손해액에서 지급을 면한 체재비를 공제하여야 한다.
> • 불법행위로 타인을 사망케 한 경우의 손해배상액은 피해자가 입은 손해액에서 피해자가 지출을 면하게 된 장래의 생활비를 공제하여야 한다.

① 손익상계
② 과실상계
③ 배상액의 경감
④ 사정변경

TIP ② 채무불이행에 의한 손해배상의 경우와 불법행위에 의한 손해배상의 경우 법원이 의하여 필요적으로 참작되어야 하는 채권자나 피해자의 과실을 말한다.
③ 배상의무자는 그 손해가 고의 또는 중대한 과실에 의한 것이 아니고 그 배상으로 인하여 배상자의 생계에 중대한 영향을 미치게 될 경우에는 법원에 그 배상액의 경감을 청구할 수 있다.
④ 법률행위 성립 당시 기초가 된 객관적 사정에 당사자가 예견할 수 없었던 변경이 발생하고, 당초의 계약내용대로의 구속력을 인정한다면 현저히 신의칙에 반하는 경우, 계약의 내용을 변경된 사정에 맞게 수정하거나 해제 또는 해지할 수 있다는 원칙이다.

39 **다음 중 의무적 임의재보험(facultative obligatory cover)에 대한 설명으로 옳지 않은 것은?**

① 재보험자는 수재여부를 임의로 정할 수 있으나, 원보험자는 의무적으로 출재해야 한다.
② 통상 비례재보험특약이나 초과재보험특약의 재보험담보력이 소진된 이후에 활용된다.
③ 재보험료와 재보험금이 불균형하고 특약의 손해율이 불규칙한 특징이 있다.
④ 특약재보험으로 출재하기에는 재보험계약의 양이 적거나 특정한 위험 분산 차원에서 활용된다.

TIP 의무적 임의재보험 … 원보험자는 출재여부를 임의로 결정할 수 있으나 재보험자는 의무적으로 수재하도록 정하여진 계약으로 통상 비례재보험특약이나 초과액재보험특약의 재보험담보력이 소진된 후에 사용되고 있다. 그러나 재보험료와 재보험금액의 균형이 잘 맞지 않고 특약의 손해율도 불규칙적이어서 재보험자들이 수재를 꺼려하는 재보험방법이다.

40 다음 중 순수 리스크(pure risk)에 해당하지 않는 것은?

① 코로나19로 인한 사망 리스크
② 지구온난화에 따른 기후변화 리스크
③ 황사로 인한 대기오염 리스크
④ 환율 급변동에 따른 투자 리스크

TIP '환율 급변동에 따른 투자 리스크'는 투기적 리스크에 해당한다.

※ 순수 리스크 … 항상 손실의 기회가 존재하고 이득의 기회는 전혀 존재하지 않는 상황이다. 화재, 낙뢰, 홍수, 지진, 폭발, 붕괴 등으로 인한 재산손실과 사망, 부상, 불구 등의 인적손실이 이에 해당한다.

ANSWER

38.① 39.① 40.④

2021년 제44회 손해사정이론

1 **보험기간 내에 발생손실에 대한 피보험자의 자기부담금이 전혀 없을 수 있는 가입조건은?**

① 소손해면책(franchise deductible)
② 건강보험의 공동보험약관(co-insurance clause)
③ 정액공제(straight deductible)
④ 총액공제(aggregate deductible)

TIP ① **공제조항**(deductible) : 손해가 발생했을 시 피보험자로 하여금 손실의 일부를 부담하게 하는 조항으로 소손해면책(franchise deductible)은 발생한 손해가 책정된 금액이상 되었을 때 일체 공제하지 않고 전액 지급하는 방식으로 사고취급공제면책이라고도 한다.
② **건강보험의 공동보험약관**(co-insurance clause) : 전부보험 또는 보험자가 요구한 일정 비율 이상으로 부보(cover)한 경우 보험사고에서 실제 손해는 보상하고, 보험금액이 그 이하의 경우 일부보험으로 인정하여 부족한 부분은 피보험자가 분담하도록 규정한 것이다.
③ **정액공제**(straight deductible) : 계약 시 면책금액이 정하는 것이다.
④ **총액공제**(aggregate deductible) : 공제조항 및 금액이 있는 보험이다.

2 **리스크재무(risk financing)에 해당하지 않는 것은?**

① 면책계약 ② 하청계약
③ 선물계약 ④ 보험계약

하청계약은 리스크를 통제하는 방법으로 계약상 전가(책임전가계약)에 해당된다.
※ **리스크**(risk) … 손해발생의 가능성(chance of loss), 손해발생의 기회(possibility of loss), 또는 손해에 대한 불확실성(uncertainty of loss)으로 정의할 수 있다. 리스크의 구성요소는 위태(hazard), 손인 · 사고(peril), 손실(loss), 손실대상(exposure)으로 구성되어 있다. 리스크 재무(risk financing)는 손실에 대비하여 자금을 준비하는 것으로 리스크 전가의 형태로는 보험계약이나 면책계약, 선물계약이 있다.

3 **다음 중 손해사정사의 업무에 해당하지 않는 것은?**

① 손해발생사실 확인
② 약관의 면·부책내용 확인
③ 보상한도액 결정
④ 보험금 산정

TIP 보상한도액 결정은 보험자가 할 수 있다.
※ 손해사정사 업무 범위〈보험업법 제188조〉
1. 손해발생사실의 확인
2. 보험약관 및 관계 법규 적용의 적정여부 판단
3. 손해액 및 보험금의 사정
4. 제1호부터 ~ 제3호까지의 업무와 관련한 서류의 작성 제출의 대행
5. 제1호부터 ~ 제3호까지 업무의 수행과 관련한 보험회사에 대한 의견의 진술

4 **다음 중 건강보험에서 기왕증(pre-existing conditions)을 면책하는 이유에 해당하는 것은?**

① 역선택 방지
② 도덕적 위태 감소
③ 보험료 절감
④ 정신적 위태 감소

TIP 계약 전 알릴 의무는 보험가입 시 피보험자의 신체에 대한 정보(5년 이내 암, 7일 이상 치료 및 30일 이상 투약처방, 수술, 입원 등)에 관한 정보를 보험사에 알려야하는 의무이다. 보험회사가 이를 알지 못할 경우 정보의 비대칭으로 인해 자신의 질병을 보험으로 보장받으려고 가입하는 역선택을 방지하기 위해 필요하다.

5 **다음 중 보험사기에 대한 설명으로 올바르지 않은 것은?**

① 정신적 위태(morale hazard)와 구별된다.
② 우연한 사고와는 전혀 관계없다.
③ 적발 시 제재수준을 높이면 줄일 수 있다.
④ 조사활동 강화를 통해 줄일 수 있다.

TIP 정신적 위태는 고의성 없이 사고를 발생시키거나 손실을 확대시키는 행동이다. 무관심, 부주의, 풍기문란으로 사고를 유발시키고 손실의 크기를 확대시키는 것이다. 우연한 사고라도 사례가 축적되고 비정상적인 움직임이 감지되면 고의성에 대해 의심해보아야 하며 보험사기에 해당될 수도 있다.

ANSWER
1.① 2.② 3.③ 4.① 5.②

6　**다음 중 보험가격에 대한 설명으로 올바르지 않은 것은?**

① 미래기간의 발생원가 예측에 근거한다.
② 보험자의 통제 범위를 벗어나는 부분이 많다.
③ 집단전체의 평균원가개념이 적용된다.
④ 순보험료 산출 시 규모의 경제 효과가 크다.

TIP 보험료는 위험보험료와 같은 개념으로써, 보험료율과 보험가입금액을 곱하여 산출한다. 영업보험료 중에 예정위험률과 예정이율로 산출하고, 장래의 보험금 지급 재원이 된다. 위험 보험료와 저축보험료로 구분할 수 있으며 위험보험료는 보험연도에 납입되는 보험료의 순보험료 중 그 해 사망을 보장하기 위하여 충당되는 금액이며, 저축보험료는 순보험료에서 위험보험료를 공제한 보험료로 장래의 만기 생존 보험금 지급을 위하여 축적되는 것이다. 상품의 원가, 즉, 순보험료의 비중이 크고 부가보험료의 비중이 작아 규모의 경제성이 작고 가격인하 소지가 적다.
※ **보험가격**(insurable value) … 보험에서 피보험자의 손해를 금전으로 평가한 것으로 이 한도 내에서 보험금을 결정하게 된다.

7　**보험요율 산정 목적 가운데 역선택(adverse selection) 감소효과와 관계가 깊은 것은?**

① 충분성
② 비과도성
③ 안정성
④ 공평한 차별성

TIP **역선택**(advers selection) … 보험계약자와 보험자간에 위험 특성에 관한 정보의 불균형으로 초래된다. 보험계약자는 자신의 위험에 대해 잘 알고 있지만 보험자는 모르는 경우가 많아 결국 불량위험자들이 보험계약을 선택하게 되는 경우를 말한다. 역선택은 보험회사의 손실을 초래하고, 잠재적인 계약자들에게 무보험상태를 초래하게 되며 비효율성 및 보험의 구매 불가능을 발생시킨다. 이를 해결하기 위해서는 계약자와 보험자간의 정보불균형을 해소해야 한다. 이를 위한 방법으로는 고지 의무를 부과하고, 계약자의 위험(경험요율, 갱신부 장기계약 및 검사)을 평가하여 계약에 이를 반영하며 단체보험이나 보험의 강제 가입 등을 통해 불가용성을 해결하는 것이다. 따라서 역선택의 감소효과와 관계가 깊은 것은 공평한 차별성에 있다.

8　**다음 중 도덕적 위태(moral hazard)와 역선택(adverse selection)의 공통점에 해당하지 않는 것은?**

① 정보비대칭이 원인이다.
② 피보험자의 위험특성 정보와 관련 있다.
③ 보험자에게 초과손해를 초래할 수 있다.
④ 보험사업의 안정성을 저해하게 된다.

TIP **도덕적 위태**(moral hazard) … 손실의 발생을 고의적으로 증가시키는 것을 말하며, 역선택은 보험자와 계약자간의 정보불균형으로 초래되는 것을 말한다. 역선택과 도덕적 위태는 정보불균형(비대칭)으로 발생되며, 증가할 경우 보험자의 손해가 증가될 수 있고, 보험사업 안전성을 저해하게 된다. 위험특성정보와는 관련이 없다.

9 다음 중 타보험조항(other insurance clause)의 형태에 해당하지 않는 것은?

① 비례분할부담(pro rata liability clause)
② 균일부담(contribution by equal share)
③ 초과손실분담(excess of loss share contract)
④ 초과부담(primary and excess insurance)

TIP ③ **초과손실분담**(excess of loss share contract) : 두 가지 이상의 보험에서 동일한 사고를 보상해야하는 경우 보험자간에 분담 및 보상 등에 대해 정해놓은 것이 타보험조항(other insurance)이다. 초과손실분담(excess of loss share contract)은 다른 보험계약에서 보상한도액까지 우선 보상하고 초과손해액에 대해서만 지급하는 것이다. 타보험조항은 비례분할부담(pro rata liability clause), 균일부담(contribution by equal share), 초과부담(primary and excess insurance)으로 분류할 수 있다.

① **비례분할부담**(pro rata liability clause) : 중복가입한 보험가입액 총액을 보험계약 가입금액에 대한 비율에 따라 비례하여 분담하는 방식이다.

② **균일부담**(contribution by equal share) : 중복가입한 여러 보험계약 중에서 가입금액이 제일 작은 계약의 보험가입금액 한도 내에서 균등하게 분담하여 전체손해액을 다 지급할 때까지 동일한 방법으로 가입금액내에서 균일하게 분담하는 방법이다.

④ **초과부담**(primary and excess insurance) : 주보험자가 한도가 소진될 때까지 가장 먼저 지급하고 초과되는 부분에 대해서만 초과액보험자가 보상하는 것이다.

10 다음 중 순수리스크 여부가 보험가능성의 일차적 기준이 되는 이유에 해당하는 것은?

① 영향 범위가 넓지 않다.
② 도덕적 위태가 상대적으로 적다.
③ 최대가능손실이 크지 않다.
④ 목적물의 갯수가 많다.

TIP 보험사가 인수할 수 있는 위험(insurable risk)의 요건에는 우연적이고 고의성이 없는 순수위험(accidental and unintentional)이 있는데 순수위험의 종류에는 인적위험, 재산위험, 배상책임위험이 있다. 보험은 가장 중요한 순수위험의 관리수단으로 보험료와 같이 보험자에게 순수위험을 전가하는 것이며, 투기적 위험은 적극적 이익추구와 관련이 있어 해당요건이 되지 않는다. 순수위험은 도덕적 위태가 상대적으로 적어 보험가능성의 일차적 기준이 된다.

ANSWER
6.④ 7.④ 8.② 9.③ 10.②

11 다음 중 대기기간(waiting period)에 대한 설명으로 올바르지 않은 것은?

① 정보비대칭에 따른 문제개선이 목적이다.
② 보험금 지급을 제한하는 효과가 있다.
③ 역선택 감소가 목적이다.
④ 피보험자 위험특성정보 수집이 목적이다.

TIP 대기기간(waiting period) … 보험사고가 일어난 시점부터 보험금 청구권이 발생하기까지 유예기간을 두는 것을 말한다. 대기기간 조항은 보험사고가 발생한 경우 즉시 보험금을 지급하는 것이 아니라 일정 대기기간을 정한 후 그 기간이 초과하는 날부터 보험금이 지급되는 보험을 말한다. 이는 손해발생 이후에 보험에 가입하고자 하는 도덕적 해이현상을 방지하기 위해 설정하며, 일반적으로 질병 및 상해보험, 수출보험 등에서 주로 사용된다. 이는 정보비대칭에 따른 문제개선에 효과가 있고, 보험금 지급을 제한하는 효과가 있으며, 역선택 감소가 목적이다. 피보험자의 위험 특성정보 수집과는 관계가 없다.

12 다음 중 특정 재산을 보험목적물에서 제외(excluded property)하는 일반적 이유에 해당하지 않는 것은?

① 다른 보험에서 담보되어서
② 도덕적 위태 가능성이 있어서
③ 정확한 손실액 측정이 어려워서
④ 보험가액이 커서

TIP 제외재산(excuded property) … 면책재산, 보험계약에서 보상책임을 제외하거나 제한하는 재산을 말한다. 이미 다른 보험에 가입되어있는 경우 제외하기도 하며, 도덕적 위태의 가능성이 있어 제외하기도 하고, 정확한 손실액의 측정이 어려운 경우에도 제외하기도 한다. 보험가액이 큰 경우에는 다른 보험과 손해액을 부담하는 방식으로 인수하기도 하며, 재보험 형태로 인수할 수 있다.

13 다음 보험계약 특성 중 보험자가 미리 마련한 보통보험약관을 매개로 체결되는 특성을 가리키는 것은?

① 유상계약
② 조건부계약
③ 부합계약
④ 낙성계약

TIP ③ 부합계약 : 보험회사가 미리 정형화한 보험약관을 제시하고 보험계약자가 이를 포괄승인하는 것을 말한다.
① 유상계약 : 보험계약자는 보험회사가 위험을 인수한 대가로써 보험료를 납입하는 것을 말한다.
② 조건부계약 : 주로 어떤 상황이 발생한다면 그에 따라 어떠한 책임을 이행하겠다는 내용의 계약이다.
④ 낙성계약 : 보험계약자의 청약과 보험회사의 승낙이란 계약 당사자 간 의견합치로 성립되는 것을 말한다.

14 다음 중 보험자의 제3자에 대한 대위의 목적에 해당하지 않는 것은?

① 실손보상의 원칙 유지
② 최대선의의 원칙 유지
③ 이중보상 방지
④ 보험료 부당 인상 방지

TIP 제3자 대위 … 피보험자 또는 보험계약자가 보험의 목적이나 제3자에 대하여 갖는 권리로서 보험자가 법률상 취득하는 것을 말한다. 실손보상의 원칙을 유지하며, 이중보상으로 인한 피보험자의 이득을 방지한다는 취지는 물론, 보험료를 부당하게 인상하는 것을 방지할 수 있다. 최대선의의 원칙유지와는 상관이 없다.

15 다음 중 원보험자의 재보험계약 효과에 해당하지 않는 것은?

① 손해의 변동성 감소
② 인수능력 확대
③ 이익 감소
④ 신상품 개발 촉진

TIP 혼자 부담하기 어려운 다액의 보험계약의 경우 보험자의 위험분산을 위한 것으로 사용되며, 이는 손해의 변동성을 감소시키며 인수능력을 확대하고 신상품개발을 촉진한다. 이익의 감소와는 상관이 없다.
※ 재보험 … 보험계약상의 책임을 다른 보험자에게 전부 또는 일부를 인수시키는 보험을 말한다.

16 보험가능리스크의 요건 중 한정적 손실(definite loss)이 요구하는 바와 거리가 먼 것은?

① 손실의 원인을 식별할 수 있어야 한다.
② 손실발생시점을 판단할 수 있어야 한다.
③ 손실발생장소를 식별할 수 있어야 한다.
④ 발생손실규모가 제한적이어야 한다.

TIP 보험이 가능한 위험은 피해의 원인, 시간, 장소, 피해의 정도를 분명히 식별하고 측정 가능할 수 있는 것이어야 하며 손실의 원인이나 규모, 장소를 한정하기 어려운 상태라면 보험료 측정이 어려워 이를 인수할 수 없다. 한정적 손실(definite loss)의 요건을 갖추어야 보험가능리스크라 할 수 있다. 발생손실규모와는 상관이 없다.

ANSWER
11.④ 12.④ 13.③ 14.② 15.③ 16.④

17 **다음 설명이 가리키는 것은?**

보험수리적으로 공정한 보험료(actuarially fair premium)하에서 리스크 회피형 개인은 전부보험(full insurance)을 선택한다.

① 베르누이 원칙(Bernoulli principle)
② 렉시스의 원리(Lexi's principle)
③ 세인트 피터스버그 역설(St. Petersburg paradox)
④ 그래샴의 법칙(Gresham's law)

TIP ① **베르누이 원칙** : 보험료가 순보험료만으로 책정되는 경우에 위험회피성향을 지닌 모든 보험계약자는 전부보험을 구입한다는 보험경제학의 정리를 의미한다.
② **렉시스의 원리** : 사고발생의 확률이 높은 보험계약일수록 비례적으로 보험료의 부담도 크게된다는 것을 말한다.
③ **세인트피터스버그 역설** : 경제학에서 사람들의 의사결정에서 기대하는 값이 가지는 의미차이에서 발생하는 역설을 말한다.
④ **그래샴의 법칙** : 가치가 서로 다른 화폐가 동일한 명목가치를 가진 화폐로 사용되면 소재가치가 높은 화폐는 유통시장에서 소멸되고 소재가치가 낮은 화폐만 유통되는 현상을 말한다.

18 **프로 스포츠선수 A는 부상을 당하지 않는 조건으로 연봉 75만 달러를 받지만 부상을 당하면 연봉은 없다. 이 선수의 연간 부상확률은 0.1이다. A의 보유자산은 25만 달러이고 효용함수는 $U(w) = \sqrt{w}$ (w는 자산을 의미함)이다. 부상을 입었을 때 75만 달러의 보험금이 지급되는 보험에 가입하기 위해서 A가 지급할 수 있는 최대한도의 보험료는 얼마인가?**

① 75,000 달러
② 75,500 달러
③ 97,000 달러
④ 97,500 달러

TIP 최대보험료는 소비자가 손해를 본 전액을 확실히 보장받기 위해 부담하는 보험료로 위험프리미엄(risk premium, RP)과 공정보험료(기대손실액만큼 납입하는 금액)의 합으로 계산한다.
위험프리미엄 = 기대소득(기대치) − 확실성 등가(위험한 기회로부터 예상되는 기대효용과 동일한 수준의 효용을 주는 확실한 소득) … ㉠
기대효용 = 사건발생 확률 × 사건발생 시 얻을 효용 … ㉡
따라서, 사고발생 시 피해액이 75만 달러이고 사고가 발생할 확률은 0.1이므로 75만 달러 × 0.1만큼이 기대보험금이 되며 최대한도의 보험료는 7,5000달러가 된다.

19 **아래 사례에서 주택화재보험 보통약관에 따라 계산한 보험금은 얼마인가?**

> • 보험가입금액 : 4억 원
> • 보험기간 중 화재로 인한 손해액 : 7억 원
> • 보험의 목적인 건물의 잔존물 해체 비용 : 6천만 원
> • 화재 발생 당시의 보험가액 : 10억 원

① 4억 1천만 원
② 4억 원
③ 3억 8천만 원
④ 3억 5천만 원

TIP 주택화재보험 보통약관에서 지급보험금 계산은 다음과 같다.
보험가입금액이 보험가액의 80% 해당액과 같거나 클 때 : 보험가입금액을 한도로 손해액 전액을 지급받으나 보험가입금액이 보험가액보다 많을 때에는 보험가액을 한도로 한다. … ㉠
보험가입 금액이 보험가액의 80% 해당액보다 작을 때 : 보험가입금액을 한도로 손해액 × 보험가입금액 / 보험가액의 80%가 해당액이 된다. 잔존물 제거비용은 사고현장에서의 잔존물의 해체비용, 청소비용 및 차에 싣는 비용에 대해서 보상하는 데 손해액의 10%를 초과할 수 없다. … ㉡
따라서, 3억 2천만 원(보험가입금액 4억 원의 80%)+6천만 원(건물의 잔존물 해체비용) = 총 3억 8천만 원이 된다.

20 **상법상 대위와 위부에 대한 설명으로 올바르지 않은 것은?**

① 대위는 해상보험을 비롯한 모든 손해보험에 통용되지만, 위부는 해상보험에서만 적용된다.
② 제3자에 대한 대위권은 손실정도에 상관없이 보험자가 보험금을 지급하면 자동적으로 승계되지만, 위부는 추정전손을 성립시키기 위한 형식적인 요건이기 때문에 전손인 경우에만 해당된다.
③ 보험자는 보험금을 지급한 범위 내에서 제3자에 대한 대위권을 행사할 수 있지만, 위부가 성립되면 보험자는 잔존물에 대한 일체의 권리를 승계한다.
④ 보험자가 위부를 거절하고 분손 보험금을 지급하면 제3자에 대한 대위권을 승계하지 못한다.

TIP 대위와 위부
㉠ **보험자대위** : 보험자(보험회사)가 보험사고로 인한 손해비용을 지급한 경우, 지급한 금액 범위 내에서 권리를 취득하는 것을 의미한다. 보험자 대위는 상법 제681조(보험목적물대위), 상법 제682조(제3자대위)가 있다.
㉡ **보험목적물대위** : 보험회사가 현금보장금이나 현금배상금을 지급하기로 한 경우 당해 유체동산가치에 관한 재화의 권리를 취득할 수 있는 근거가 되는 법이다.
㉢ **제3자 대위** : 보험회사가 우선 보장금 또는 배상금을 지급한 이후 사고원인 제공자, 공동불법행위자를 상대로 구상권을 행사할 수 있는 근거가 되는 법률이다. 손해보험에서 적용되고 있으며 인보험은 상해보험에서 적용되고 있다.
㉣ **상법상 위부** : 보험의 목적이 전부 멸실한 것과 동일시 할 수 있는 일정한 경우에 피보험자가 보험의 목적에 대한 모든 권리를 보험자에게 이전시키고 보험자에 대하여 보험금액의 전부를 청구하는 것을 말한다〈상법 제710조, 제718조〉.

ANSWER
17.① 18.④ 19.③ 20.④

21 리스크관리에 관한 설명으로 올바른 것은?

① 「제조물책임법」에서 설계상의 결함이라 함은 제조물이 원래 의도한 설계와 다르게 제조 · 가공됨으로써 안전하지 못한 경우를 말한다.

② 캡티브보험자(captive insurer)는 복수의 기업이 기금을 출연하여 기금 풀(pool)을 만들고, 사고를 당한 회원기업에게 기금 풀에서 손해를 보상해 주는 제도이다.

③ 리스크 회피는 적극적인 리스크 관리수단으로, 빈도와 심도가 낮은 리스크에 적합하다.

④ 순수리스크인 지진과 태풍은 재무분야의 시장리스크와 유사한 개념인 근원적 리스크(fundamental risk)에 속한다.

TIP ① 제조물책임법상 설계상 결함 : 제조업자가 합리적인 대체설계를 채용했더라면 피해나 위험을 줄이거나 피할 수 있었음에도 대체설계를 채용하지 아니하여 해당 제조물이 안전하지 못한 경우를 말한다.
② 캡티브(captive) : 경제주체가 자신의 위험을 보험회사나 재보험회사에 전가하지 않고 자회사 형태로 보험회사를 설립하여 위험을 인수하는 방법으로써 위험관리비용이 감소되고 보험시장에서 부보하기 어려운 위험도 캡티브를 통해 가입할 수 있다는 이점이 있지만 비용면에서 모기업에 부담이 된다는 단점을 가진다.
③ 리스크 회피 : 리스크가 예상되는 활동을 아예 하지 않는 것을 말하는 소극적인 방법이다.

22 다음 중 금반언(estoppel) 원칙의 적용과 가장 거리가 먼 것은?

① 보험계약을 체결할 때 협정보험가액에 동의한 후 보험자가 협정가액을 부인할 수 없다.

② 보험계약이 체결되고 3년이 경과한 후에 계약자가 잘못 진술한 내용을 근거로 보험자가 면책을 주장할 수 없다.

③ 보험자가 고지 의무의 위반을 안 날로부터 1개월 이내에 해약하지 않으면, 이후 고지 의무 위반의 효과에 기인하는 보험자의 해지권은 제한된다.

④ 보험자가 피보험자에게 보험의 목적을 수리하라고 말하여 피보험자가 그에 따름으로써 비용이 발생한 후에 보험자가 면책조항을 들어 보험금을 지급하지 못하겠다고 주장할 수 없다.

TIP 보험계약이 체결되고 3년이 경과한 후에 계약자가 잘못 진술한 내용을 근거로 하여 보험자가 면책을 주장할 수 있다.
※ 금반언 원칙 … 신의성실의 원칙에서 파생되는 원칙으로 자신의 선행행위와 모순되는 후행행위는 허용되지 않는다는 원칙이다.

23 의무보험의 기대효과와 거리가 먼 것은?

① 도덕적 위태의 완화
② 역선택 문제의 완화
③ 거래비용의 절약
④ 피해자 구호 및 배상자력의 확보

TIP 보험가입 의무화는 역선택 문제를 최소화하며 가입 의무화를 통한 거래비용 절감은 사회 전체적으로 후생증대효과를 기대할 수 있고, 손해배상 수단이 미비한 상황에서 의무보험은 잠재적 가해자의 재무능력을 담보하여 피해자 보호를 강화하고 배상자력을 확보한다.

24 다음 중 보험계약이 유효한 법적계약으로서 성립되기 위하여 갖추어야 할 일반적인 요건으로 적합하지 않은 것은?

① 적법한 양식(legal form)
② 교환되는 가치(consideration)의 존재
③ 계약 당사자의 법적행위능력(competent parties)
④ 계약목적의 합법성(legal purpose)

TIP 상법 제638조(보험계약의 의의)에 의하면 보험계약은 당사자 일방이 보험료를 지급하고 상대방이 재산 또는 생명이나 신체에 관하여 불확정한 사고가 생길 경우에 일정한 보험금액 그 밖의 급여를 할 것을 약정함으로써 효력이 생긴다고 정의하고 있다. 적법한 양식은 일반적인 요건에 해당되지 않는다.

25 다음 중 보험자가 입증책임을 부담하는 것은?

① 고지 의무 위반과 사고사이의 인과관계 부존재
② 위험변경통지의무의 위반요건
③ 열거위험담보계약에서 손해와 열거위험사이의 인과관계
④ 보험자의 책임제한에 대한 항변사유

TIP 보험계약자 또는 피보험자는 보험기간 중에 사고발생 위험이 현저하게 변경 또는 증가된 사실을 안 때에는 지체 없이 보험자에게 통지하여야 하고, 이를 해태한 때에는 보험자는 그 사실을 안 때로부터 1월내에 계약을 해지할 수 있다〈상법 제652조(위험변경증가의 통지와 계약해지) 제1항〉. 사고발생의 위험이 '현저하게 변경 또는 증가된 사실'이란 그 변경 또는 증가된 위험이 보험계약의 체결 당시에 존재하고 있었다면 보험자가 보험계약을 체결하지 않았거나 적어도 그 보험료로는 보험을 인수하지 않았을 것으로 인정되는 사실을 말한다[대법원 98다32565 판결]. 따라서 입증책임은 보험자에게 있다.

ANSWER
21.④ 22.② 23.① 24.① 25.②

26 보험가능리스크(insurable risk)의 요건 중 보험수요자 입장에서 보험이 효율적인 리스크 관리수단이 되기 위한 조건은?

① 한정적인 손실
② 손실의 우연성
③ 측정 가능한 손실발생 확률
④ 심도가 크고 손실발생 확률이 낮은 리스크

TIP 보험수요자입장에서 보험이 효율적인 리스크 관리수단이 되기 위해서는 손실 규모는 크지만 손실발생 확률이 낮은 리스크가 해당될 수 있다.
※ 보험가능한 리스크의 요건
㉠ 다수의 동질적이고 독립적인 위험
㉡ 손실은 우연적인 것(고의적인 것 제외)
㉢ 분명한 손실의 원인, 발생장소, 특성
㉣ 손실의 규모가 너무 크지 말 것
㉤ 분명한 손실발생 확률
㉥ 경제적 부담이 가능한 보험료가 책정

27 아래는 제조물책임법상 손해배상청구권의 소멸시효 등에 관한 내용이다. ( ) 안에 들어갈 숫자를 순서대로 바르게 짝지은 것은?

> 이 법에 따른 손해배상의 청구권은 피해자 또는 그 법정대리인이 손해와, 손해배상책임을 지는 자를 알게 된 날로부터 (㉠)년간 행사하지 아니하면 시효의 완성으로 소멸하고, 제조업자가 손해를 발생시킨 제조물을 공급한 날로부터 (㉡)년 이내에 행사하여야 한다.

	㉠	㉡
①	1	3
②	1	10
③	3	5
④	3	10

TIP 소멸시효 등〈제조물책임법 제7조〉
① 이 법에 따른 손해배상의 청구권은 피해자 또는 그 법정대리인이 다음의 사항을 모두 알게 된 날부터 3년간 행사하지 아니하면 시효의 완성으로 소멸한다.
1. 손해
2. 제3조에 따라 손해배상책임을 지는 자
② 이 법에 따른 손해배상의 청구권은 제조업자가 손해를 발생시킨 제조물을 공급한 날부터 10년 이내에 행사하여야 한다. 다만, 신체에 누적되어 사람의 건강을 해치는 물질에 의하여 발생한 손해 또는 일정한 잠복기간(潛伏期間)이 지난 후에 증상이 나타나는 손해에 대하여는 그 손해가 발생한 날부터 기산(起算)한다.

28 **금융소비자보호법상 금융상품판매업자 등의 금융상품 유형별 영업행위 준수사항에 해당되지 않는 것은?**

① 설명 의무
② 정합성 원칙
③ 적합성 원칙
④ 적정성 원칙

TIP 정합성의 원칙과는 상관이 없다. 「금융소비자 보호에 관한 법률」 제4장 제2절 금융상품 유형별 영업행위 준수사항은 제17조(적합성원칙), 제18조(적정성원칙), 제19조(설명 의무), 제20조(불공정영업행위의 금지), 제21조(부당권유행위 금지), 제22조(금융상품등에 관한 광고관련 준수사항), 제23조(계약서류의 제공의무)가 있다.

29 **근로자재해보장책임보험에서 피해자가 사망한 경우 가해자가 배상해야 할 손해액 산정 시 고려요소로 볼 수 없는 것은?**

① 생활비공제
② 손익공제
③ 중간이자공제
④ 참여비율공제

TIP 근로자재해보장책임보험은 사용자배상책임담보특약(EL)으로 산재보상 후 민사상 초과손해를 보상하는 보험이다. 보상방식은 법원의 손해액 산출방식과 동일하며 위자료, 일실수입, 향후 치료비 등이 포함된다. 이에 생활비공제, 손익공제, 중간이자 공제는 손해액 산정 시 고려요소로 볼 수 있으며 참여비율공제는 고려요소로 볼 수 없다.

30 **다음 중 비례재보험(proportional reinsurance) 방식이 아닌 것은?**

① quota share treaty
② surplus share treaty
③ facultative obligatory cover
④ excess of loss cover

TIP 초과손해율담보(excess of loss cover)는 비비례재보험에 해당된다. 비례적으로 분할하지 않고 출재자는 일정 보험금 이하만 책임을 부담하며 그 이상은 재보험자가 부담하는 방식에 해당한다.
※ 비례재보험은 재보험자가 원보험계약에 의해 인수된 위험을 일정 비율에 따라 인수하는 재보험이다. 종류에는 비례재보험특약(quota share R/I treaty), 초과재보험특약(surplus R/I treaty), 비례 및 초과액재보험특약(quota share & surplus R/I treaty), 의무적 임의 재보험특약(facultative/obligatory R/I treaty F/O cover), 포괄담보계약(open cover)이 있다.

ANSWER
26.④ 27.④ 28.② 29.④ 30.④

31 재보험계약 중 'stop loss cover' 특약에 대한 설명으로 올바르지 않은 것은?

① 재보험계약기간 중 출재사의 누적 손해율이 약정된 비율을 초과할 경우 재보험금이 지급된다.
② 개별 리스크 단위당 손해에 대한 출재사의 보유초과분을 담보함으로써 출재사의 보유손실금액을 제한한다.
③ 출재사의 손해율을 목표 수준 아래로 유지시켜 보험영업실적을 안정화시키는 효과가 있다.
④ 손해율의 등락폭이 크고 연단위로 손해 패턴이 비교적 주기적인 농작물재해보험 등에 적합한 재보험방식이다.

TIP 초과손해율비 비례재보험(stop loss cover) … 특약기간 중에 출재된 계약들의 전체 손해율이 일정수준을 초과할 경우 재보험사가 초과한 부분에 대해 사전에 합의한 한도 내에서 보상하는 방식을 말한다. 이는 주로 출재보험사 연간 보험인수 영업실적을 안정화하기 위한 방식이며 주로 농작물재해보험 및 정책성 보험에 많이 사용되고 있다. 개별리스크 단위당 손해에 대한 출재사의 보유초과분을 담보함으로 출재사의 보유손실금액을 제한하는 것은 초과손해율비래재보험(excess of loss cover)이다.

32 대체리스크전가(ART : alternative risk transfer) 방법 중 하나인 조건부 자본(contingent capital)에 대한 설명으로 올바르지 않은 것은?

① 실제 손해발생 시 사전에 정한 조건으로 자본을 조달할 수 있다.
② 손실보전이라는 보험의 특성을 지니고 있다.
③ 발생 빈도가 낮고, 강도는 큰 사고에 대비하는 데 적합하다.
④ 초과손해액재보험 특약을 보완하는 방법으로 활용할 수 있다.

TIP ART는 손실의 자기보유 수준이 높으며, 계약기간이 길고 복수의 리스크를 대상으로 통상 보험계약으로 담보되지 않는 리스크를 대상으로 한다. 자본시장에서 거래되는 증권 및 증권투자가 여기에 포함된다. 따라서 손실보전이라는 보험의 특성을 지니지 않는다.

※ 대체리스크전가 및 조건부자본
- ㉠ 대체리스크전가 : 기존 보험계약을 대체하기 위한 위험전가의 수단으로 보험계약을 통해 리스크를 전가하는 보험계약을 제외한 모든 리스크 전가방식을 포괄한다.
- ㉡ 조건부 자본 : 미리 정해놓은 조건이 충족되는 경우에 금융기관이나 투자자로부터 미리 정해놓은 조건으로 차입을 하거나 주식을 발행할 수 있는 것을 말한다.

33 **다음 중 파라메트릭(parametric)보험에 대한 설명으로 올바르지 않은 것은?**

① 실제 손해발생액보다 지급보험금이 적은 베이시스 리스크(basis risk)가 존재한다.
② 보험금 지급절차가 간편하여 전통형 보험상품에 비해 신속한 보험금 지급이 가능하다.
③ 보험사기 발생 가능성이 전통형 보험상품에 비해 크다.
④ 보험가입 과정이 전통형 보험상품에 비해 간단하다.

TIP 파라메트릭보험 … 손실이 광범위하고 직접 또는 간접적이어서 그 규모를 객관적으로 측정하기 어려울 때 지표를 정해 보험금을 지급하는 상품이다. 예를 들면 홍수 및 지진 등 자연재해를 보상하는 보험에 주로 사용된다. 이러한 특성 때문에 보험사기 발생가능성이 낮다.

34 **교통사고처리특례법상 교통사고발생 시 보험회사의 피해자에 대한 우선 지급 금액 범위로 올바르지 않은 것은?**

① 통상의 치료비 전액
② 부상 시 위자료 전액
③ 후유장애 시 상실수익액의 전액
④ 대물배상 발생 시 대물배상금의 50%

TIP 교통사고처리특례법상 우선 지급할 손해배상금의 범위는 치료비(전액우선지급), 부상(보험지급기준의 위자료 전액과 휴업손해액의 100분의 50), 후유장애(보험지급기준의 위자료 전액과 상실수익액의 100분의 50)이며, 대물손해의 경우 보험약관 지급기준에 의하여 산출한 대불배상액의 100분의 50에 해당하는 금액이다.

35 **다음 중 자동차보험 대인배상에서 손익상계 대상이 아닌 것은?**

① 국민연금급여
② 공무원연금급여
③ 상해보험금
④ 산재보험금

TIP 자동차보험 대인배상에서 손익상계란 이득금지 원칙에 의거하여 손해액에서 이익을 공제하는 것을 말한다. 공무원연금급여, 산재보험급여, 국민연금급여 등이 대상이 되며 손해전보성 금액이 아닌 개인적으로 가입한 생명보험, 상해보험 등은 손익상계대상이 되지 않는다.

ANSWER
31.② 32.② 33.③ 34.③ 35.③

36 다음 중 상실수익액 산정 시 사용되는 계수법에 대한 설명으로 올바르지 않은 것은?

① 호프만계수법은 중간이자를 복리로 계산한다.
② 라이프니츠계수법은 과잉배상 문제가 발생되지 않는다.
③ 라이프니츠계수법은 약관에서 적용되고, 호프만계수법은 법원에서 주로 사용되는 방법이다.
④ 호프만계수법은 인플레이션 상황에서 화폐가치의 하락 분을 어느 정도 메울 수 있다.

TIP 상실수익액 … 사고 등으로 인해 보험가입자가 사망하거나 장애가 발생하였을 때 보험가입자가 사고이전 경제활동을 통해 얻을 수 있는 수익을 현재 가치로 환산하여 배상해주는 금액을 말한다. 월 소득액에서 생활비를 제외하고 취업 가능한 기간을 곱하여 산정한다. 호프만계수법은 단리이자법으로 계산하며 라이프니츠계수법은 복리이자로 계산한다. 중간이자를 공제하는 이유는 손해액의 과잉배상을 방지하고자 사용된다.

37 다음 중 「민법」에서 규정한 상속 순위를 올바르게 나열한 것은?

㉠ 피상속인의 직계존속	㉡ 피상속인의 직계비속
㉢ 피상속인의 형제자매	㉣ 피상속인의 4촌 이내의 방계혈족

① ㉠ - ㉡ - ㉢ - ㉣
② ㉡ - ㉠ - ㉢ - ㉣
③ ㉠ - ㉢ - ㉡ - ㉣
④ ㉡ - ㉠ - ㉣ - ㉢

TIP 상속의 순위〈민법 제1000조〉
① 상속에 있어서는 다음 순위로 상속인이 된다.
  1. 피상속인의 직계비속
  2. 피상속인의 직계존속
  3. 피상속인의 형제자매
  4. 피상속인의 4촌 이내의 방계혈족
② 전항의 경우에 동순위의 상속인이 수인인 때에는 최근친을 선순위로 하고 동친 등의 상속인이 수인인 때에는 공동상속인이 된다.
③ 태아는 상속순위에 관하여는 이미 출생한 것으로 본다.

38 「산업재해보상보험법」에서 명시하고 있는 보험급여가 아닌 것은?

① 휴업급여 ② 구직급여
③ 간병급여 ④ 직업재활급여

TIP 보험급여의 종류와 산정 기준 등 … 보험급여의 종류는 다음 각 호와 같다. 다만, 진폐에 따른 보험급여의 종류는 제1호의 요양급여, 제4호의 간병급여, 제7호의 장례비, 제8호의 직업재활급여, 제91조의3에 따른 진폐보상연금 및 제91조의4에 따른 진폐유족연금으로 하고, 제91조의12에 따른 건강손상자녀에 대한 보험급여의 종류는 제1호의 요양급여, 제3호의 장해급여, 제4호의 간병급여, 제7호의 장례비, 제8호의 직업재활급여로 한다〈산업재해보상보험법 제36조 제1호〉.
1. 요양급여
2. 휴업급여
3. 장해급여
4. 간병급여
5. 유족급여
6. 상병(傷病)보상연금
7. 장례비
8. 직업재활급여

39 보험계약준비금에 대한 다음 설명 중 올바르지 않은 것은?

① 지급준비금은 매 결산 때 이미 발생한 보험사고에 대한 미지급 보험금액을 추산해 적립해야 하는 준비금이다.
② 비상위험준비금은 지진, 폭풍 등 대형 재해 발생에 대비한 준비금으로 부채항목으로 계상한다.
③ 미경과보험료적립금은 차기 회계년도 이후 기간에 해당하는 보험료를 적립하는 것이다.
④ 책임준비금은 보험료에 대한 반대급부로 장래 보험금 지급 책임을 다하기 위해 적립하는 준비금이다.

TIP ㉠ 보험계약준비금 : 보험회사가 보험계약에 따라 책임을 이행하기 위해서 결산 시 적립한 금액으로 책임준비금과 비상위험준비금으로 구성된다.
• 책임준비금 : 보험계약상 채무를 이행하기 위해 적립하는 준비금이다.
• 비상위험준비금 : 예측할 수 없는 재해나 사고에 대한 보험금 지급을 대비하여 책임준비금과 구분하여 따로 적립하는 준비금이다.
㉡ 미경과보험료적립금 : 보험료가운데 보험책임이 남은 기간에 해당하는 보험료를 채워놓으려고 적립해놓은 것이다.

40 PML(probable maximum loss)에 대한 설명으로 올바르지 않은 것은?

① 적정한 보험료산출의 기초로 활용된다.
② 보험인수여부 및 조건결정의 판단기준이 된다.
③ 보험자가 보험가액을 결정할 때 사용하는 개념이다.
④ 리스크관리자의 리스크회피도가 낮을수록 커진다.

TIP PML(probable maximum loss) … 최악의 상황이 동시에 발생하는 것을 가정한 것으로서 추정최대손실을 이용하여 보상한도액 산정에 활용한다. 또한 추정최대손실에 근거하여 보험 보유규모와 합리적 보험료를 산정하게 된다. 리스크관리자의 리스크회피도와는 관련이 없다.

ANSWER
36.① 37.② 38.② 39.② 40.④

2022년 제45회 손해사정이론

1 **다음 중 인플레이션, 대량실업, 전쟁이나 내란 등과 같이 다수에게 영향을 초래하는 리스크는?**

① 동태적 리스크(dynamic risk)
② 근원적 리스크(fundamental risk)
③ 투기적 리스크(speculative risk)
④ 특정 리스크(particular risk)

TIP ② 근원적 리스크(fundamental risk) : 사회 경제, 국민, 기업에 영향을 미치는 리스크이다. 인플레이션, 대량실업, 전쟁이나 내란 등이 있다.
① 동태적 리스크(dynamic risk) : 발생한 리스크가 시간이 지날수록 진화하거나 발전하는 리스크를 말한다. 경기순환, 기술의 변화 소비자 기호 변화 등이 있다.
③ 투기적 리스크(speculative risk) : 손해와 이익의 가능성을 동시에 내포하고 있는 리스크로, 주식이나 옵션투자, 신규 사업이나 상품개발 등이 포함된다.
④ 특정 리스크(particular risk) : 특정 집단이나 개인에게 국한되어 존재하는 리스크이다. 주택 화재나 건물 폭발, 귀중품 도난이나 은행 강도, 자동차 사고, 질병이나 상해 등이 포함된다.

2 **아래에서 설명하는 리스크요소 파악 방법은?**

- 조직 내에서의 일련의 기업활동을 일목요연하게 보여줌으로써 예기치 못한 사고가 업무간 상호관계를 어떻게, 어느 정도로 차단하게 되는가를 파악하는 데 도움을 줄 수 있다.
- 리스크요소 파악과정에서 애로점(bottle neck)이라고 파악되었던 부분에 실질적으로는 애로가 전혀 존재하지 않을 수도 있으므로 현장실사로 보완하는 것이 중요하다.

① 잠재손실 점검표(checklist)에 의한 방법
② 재무제표(financial statements) 등 기록에 의한 조사방법
③ 업무흐름도(flowchart) 방법
④ 표준화된 설문서(standardized questionnaire)에 의한 방법

TIP ③ 업무흐름도 방법은 서비스 및 재화의 생산과 전달 흐름을 도표로 일목요연하게 보여주는 파악 방법이다.
① 가장 보편적으로 사용되는 방법으로, 한 번에 여러 위험을 파악할 수 있으나 질문되지 않은 위험에 대한 인지가 불가능하다.
② 재무제표, 업무일지, 보험계약서 등으로부터 잠재적 손해의 원인을 파악한다.
④ 리스크와 관련된 사람들이 예견할 수 있는 리스크에 대한 의견을 묻는 방법이다.

3 아래 설명의 (　　) 안에 들어갈 용어를 순서대로 바르게 나열한 것은?

> 보험은 개별적 리스크와 집단적 리스크를 모두 감소시키는 기능을 갖고 있다. 개별적 리스크는 (㉡)에 의하여, 집단적 리스크는 (㉠)에 의하여 효율적으로 감소된다.

	㉠	㉡
①	전가	결합
②	손실통제	보험
③	결합	전가
④	손실통제	회피

TIP 개별적 리스크는 전가에 의하여, 집단적 리스크는 결합에 의하여 효율적으로 감소된다.

4 아래에서 손해보험 보험사고의 요건을 모두 고른 것은?

> ㉠ 단체성
> ㉡ 기술성
> ㉢ 우연성
> ㉣ 임의성
> ㉤ 발생가능성

① ㉠㉡
② ㉠㉢
③ ㉡㉣
④ ㉢㉤

TIP 보험사고의 요건은 우연성, 발생가능성, 한정성이다.

5 다음 중 고용보험법상 구직급여에 해당하는 것은?

① 상병급여
② 광역구직활동비
③ 조기재취직수당
④ 직업능력개발수당

TIP ②③④ 고용보험법상 취업촉진수당에 해당한다.

ANSWER

1.② 2.③ 3.① 4.④ 5.①

6 **다음 중 국민연금법상 가입자가 사망할 당시 그에 의하여 생계를 유지하고 있던 자(인정기준 충족) 중 유족연금을 지급받을 수 있는 유족의 순위를 바르게 나열한 것은?**

① 배우자 – 부모 – 자녀 – 조부모 – 손자녀
② 배우자 – 자녀 – 부모 – 손자녀 – 조부모
③ 자녀 – 배우자 – 부모 – 손자녀 – 조부모
④ 자녀 – 배우자 – 부모 – 조부모 – 손자녀

TIP 유족의 범위 등〈국민연금법 제73조〉

① 유족연금을 지급받을 수 있는 유족은 제72조 제1항 각 호의 사람이 사망할 당시(「민법」 제27조 제1항에 따른 실종선고를 받은 경우에는 실종기간의 개시 당시를, 같은 조 제2항에 따른 실종선고를 받은 경우에는 사망의 원인이 된 위난 발생 당시를 말한다) 그에 의하여 생계를 유지하고 있던 다음 각 호의 자로 한다. 이 경우 가입자 또는 가입자였던 자에 의하여 생계를 유지하고 있던 자에 관한 인정 기준은 대통령령으로 정한다.

1. 배우자
2. 자녀. 다만, 25세 미만이거나 제52조의2에 따른 장애상태에 있는 사람만 해당한다.
3. 부모(배우자의 부모를 포함한다. 이하 이 절에서 같다). 다만, 60세 이상이거나 제52조의2에 따른 장애상태에 있는 사람만 해당한다.
4. 손자녀. 다만, 19세 미만이거나 제52조의2에 따른 장애상태에 있는 사람만 해당한다.
5. 조부모(배우자의 조부모를 포함한다. 이하 이 절에서 같다). 다만, 60세 이상이거나 제52조의2에 따른 장애상태에 있는 사람만 해당한다.

② 유족연금은 제1항 각 호의 순위에 따라 최우선 순위자에게만 지급한다. 다만, 제1항 제1호에 따른 유족의 수급권이 제75조 제1항 제1호 및 제2호에 따라 소멸되거나 제76조 제1항 및 제2항에 따라 정지되면 제1항 제2호에 따른 유족에게 지급한다.

③ 제2항의 경우 같은 순위의 유족이 2명 이상이면 그 유족연금액을 똑같이 나누어 지급하되, 지급 방법은 대통령령으로 정한다.

7 **다음 중 손해보험회사가 구분 적립해야 하는 책임준비금의 구성항목이 아닌 것은?**

① 미경과보험료적립금
② 배당보험손실보전준비금
③ 보증준비금
④ 계약자이익배당준비금

TIP 책임준비금의 구성항목으로는 장기 저축성 보험료 적립금, 미경과 보험료 적립금, 계약자 배당준비금, 계약자이익배당준비금이 있다.

8 아래에서 설명하는 보험을 통칭하는 명칭은?

- 전통적 손해보험에서 보상하지 않는 리스크를 담보하는 보험으로 특정한 사건 즉, 날씨, 온도, 경기결과 등을 전제로 예정된 사건이 현실화됐을때 발생하는 금전적 손실을 보상하는 보험이다.
- 대표적인 예로는 스포츠시상보험, 행사종합보험등이 있다.

① 유니버설보험(universal insurance)
② 컨틴전시보험(contingency insurance)
③ 추가비용보험(extra expense insurance)
④ 특별복합손인보험(special multiperil insurance)

TIP 컨틴전시보험은 특정한 사건(날씨, 온도, 경기결과 등)을 손실 조건으로 정하고 조건이 충족될 경우 보상을 해주는 보험이다. 대표적인 예로는 스포츠 시상보험, 날씨보험, 행사종합보험, 유명인사 불출연 보험 등이 있다.

9 「화재로 인한 재해보상과 보험가입에 관한 법률」 및 그 시행령에 규정된 내용으로 올바르지 않은 것은?

① 특수건물의 소유자는 화재로 인한 손해배상책임을 이행하기 위하여 손해보험회사가 운영하는 특약부(附)화재보험에 가입하여야 한다.
② 현행 특수건물 소유자의 손해배상책임은 대인배상은 피해자 1인 당 1억 원, 대물배상은 1사고 당 10억 원을 한도액으로 한다.
③ 특수건물 소유자가 가입하여야 하는 화재보험의 보험금액은 시가에 해당하는 금액으로 한다.
④ 특수건물 소유자는 건축물의 사용승인 준공인가일 또는 소유권을 취득한 날로부터 30일 이내에 특약부(附) 화재보험에 가입하여야 한다.

TIP 보험금액 … 법 제8조 제1항 제2호에 따라 특수건물의 소유자가 가입하여야 하는 보험의 보험금액은 다음의 기준을 충족하여야 한다〈화재로 인한 재해보상과 보험가입에 관한 법률 시행령 제5조 제1항〉.

1. 사망의 경우 : 피해자 1명마다 1억 5천만 원의 범위에서 피해자에게 발생한 손해액. 다만, 손해액이 2천만 원 미만인 경우에는 2천만 원으로 한다.
2. 부상의 경우 : 피해자 1명마다 별표 1에 따른 금액의 범위에서 피해자에게 발생한 손해액
3. 부상에 대한 치료를 마친 후 더 이상의 치료효과를 기대할 수 없고 그 증상이 고정된 상태에서 그 부상이 원인이 되어 신체에 생긴 장애(이하 "후유장애"라 한다)의 경우 : 피해자 1명마다 별표 2에 따른 금액의 범위에서 피해자에게 발생한 손해액
4. 재물에 대한 손해가 발생한 경우: 사고 1건마다 10억 원의 범위에서 피해자에게 발생한 손해액

ANSWER
6.② 7.③ 8.② 9.②

10 무보험자동차 등에 의한 사고 피해자에 대하여 정부가 책임보험금액 한도 내에서 피해를 보상하는 근거가 되는 법률은?

① 교통사고처리특례법
② 도로교통법
③ 산업재해보상보험법
④ 자동차손해배상보장법

TIP 자동차손해배상 보장사업 … 정부는 다음의 어느 하나에 해당하는 경우에는 피해자의 청구에 따라 책임보험의 보험금 한도에서 그가 입은 피해를 보상한다. 다만, 정부는 피해자가 청구하지 아니한 경우에도 직권으로 조사하여 책임보험의 보험금 한도에서 그가 입은 피해를 보상할 수 있다〈자동차손해배상 보장법(시행 제30조 제1항〉.

1. 자동차보유자를 알 수 없는 자동차의 운행으로 사망하거나 부상한 경우
2. 보험가입자 등이 아닌 자가 제3조에 따라 손해배상의 책임을 지게 되는 경우. 다만, 제5조 제4항에 따른 자동차의 운행으로 인한 경우는 제외한다.
3. 자동차보유자를 알 수 없는 자동차의 운행 중 해당 자동차로부터 낙하된 물체로 인하여 사망하거나 부상한 경우

11 1982년 협회전쟁약관(적하)[Institute War Clauses(cargo), 1982]에서 담보하는 위험이 아닌 것은?

① 유기된 기뢰 어뢰 폭탄
② 전쟁 내란 혁명 모반 반란
③ 전쟁 내란 등의 위험으로 인해 발생한 포획 나포억류 억지
④ 핵무기의 적대적 사용

TIP 핵무기에 의한 손해는 면책위험에 속한다.

12 아래의 내용 중 (　　) 안에 들어갈 보험종목은?

> 상법상 인보험에는 원칙적으로 제3자에 대한 보험대위가 인정되지 않는다. 그러나 (　　)계약의 경우에 당사자 간에 다른 약정이 있는 때에는 보험자는 피보험자의 권리를 해하지 아니하는 범위 안에서 그 권리를 대위하여 행사할 수 있다.

① 생명보험
② 상해보험
③ 질병보험
④ 생사혼합보험

TIP 보험자는 보험사고로 인하여 생긴 보험계약자 또는 보험수익자의 제3자에 대한 권리를 대위하여 행사하지 못한다. 그러나 상해보험계약의 경우에 당사자 간에 다른 약정이 있는 때에는 보험자는 피보험자의 권리를 해하지 아니하는 범위 안에서 그 권리를 대위하여 행사할 수 있다〈상법 제729조(제3자에 대한 보험대위의 금지)〉.

13 **아래와 같은 사유가 발생한 경우에 재보험사가 특약의 전체 또는 일부를 종료 취소할 수 있음을 규정하고 있는 특약재보험계약조항은?**

> • 출재사의 합병이나 양도 등에 따른 경영진의 변화
> • 출재사의 자본금 감소
> • 출재사의 채무지급불능상황
> • 특약상의 출재사의 순보유분에 대한 별도의 재보험계약 체결

① commutation clause
② cut-through clause
③ interlocking clause
④ sudden death clause

TIP ④ sudden death clause : 즉시해지조항으로, 출재사의 합병이나 양도 등에 따른 경연진의 변화, 출재사의 자본금 감소, 출재사의 채무지급불능상황, 특약상의 출재사의 순보유분에 대한 별도의 재보험계약 체결의 사유 발생 시 특약의 전체 또는 일부를 재보험사가 취소할 수 있음을 규정하고 있다.
① commutation clause : 합의청산조항으로, 재보험사가 출재사와 합의된 금액을 청산하여 미지급 보험금 등 잔존책임을 종료하는 조항이다.
② cut-through clause : 직접지급조항으로, 재보험사가 출재사 대신 피보험자에게 재보험금을 직접 지급할 수 있도록 규정하는 조항이다.
③ interlocking clause : 연동조항으로, 둘 이상의 재보험 조약 사이에 손실을 배분하는 방법을 결정하는 데 사용된다.

14 **아래의 상황에서 A건물이 입은 손실에 대한 보험자의 지급보험금은?**

> • 보험계약 : 장소를 달리하는 A, B 두 사무실 건물을 보험목적물로 하여 보험가입금액 1,000만 원인 국문화재보험약관부(附) 포괄계약(blanket coverage)을 체결하였음
> • 사고내역 : 보험기간 중 발생한 화재사고로 A건물에 300만 원의 손실이 발생함
> • 보험가액 : 사고발생 시 확인된 금액은 A건물 900만 원, B건물 600만 원임

① 180만 원
② 200만 원
③ 250만 원
④ 300만 원

TIP A = 1,000만 × (900/1500) = 600만, B = 1,000만 × (600/1500) = 400만
300만 × 600만/(900만 × 80%) = 250만 원

ANSWER
10.④ 11.④ 12.② 13.④ 14.③

15 20 line의 surplus특약(surplus reinsurance treaty)을 운영하고 있는 보험회사가 보험가입금액이 각각 US$ 200,000인 A와 B 2개의 계약을 인수하였다. A와 B에 대한 보유금액이 아래와 같을 때 동 특약에서의 출재금액은 각각 얼마인가? (단, 특약한도액(treaty limit)은 US$200,000이며, 특약한도액을 초과하는 부분에 대하여는 별도의 임의재보험방식으로 출재하는 것으로 가정한다.)

구 분	A계약	B계약
보험가입금액	US$ 200,000	US$ 200,000
보유액(retention)	US$ 20,000	US$ 8,000
특약출재금액	()	()

	A계약	B계약
①	US$ 200,000	US$ 200,000
②	US$ 180,000	US$ 200,000
③	US$ 180,000	US$ 192,000
④	US$ 180,000	US$ 160,000.

TIP A계약 =US$ 200,000 – US$ 20,000 = US$180,000
B계약 = US$ 200,000 – US$ 8,000 = 192,000
B계약 재보험한도액 = US$8,000 × 20 line = US$160,000

16 다음 리스크관리기법 중 리스크재무(risk financing)에 해당하는 것을 모두 고른 것은?

㉠ 손실통제(loss control)
㉡ 리스크보유(risk retention)
㉢ 보험계약을 통한 리스크전가(risk transfer)
㉣ 리스크분리(risk separation)

① ㉠㉡
② ㉡㉢
③ ㉢㉣
④ ㉠㉣

TIP 위험재무는 손실을 회복하거나 복구하는데 필요한 자금의 조달에 중점을 둔 방법이다. 리스크 보유와 리스크 전가 방법이 있다. 손실통제와 리스크 분리는 위험통제 방법이다.

17 **다음 중 전문직배상책임보험에 대한 설명으로 올바르지 않은 것은?**

① 의사, 변호사 등 전문직업인이 그 업무의 특수성으로 말미암아 타인에게 지게 되는 배상책임을 보장하는 보험상품을 말한다.
② 전문직배상책임보험은 일반적으로 사고발생기준이기 때문에 사고와 보상청구가 모두 보험기간 안에 이루어져야 한다.
③ 통상 1사고당 한도액과 함께 연간 총 보상한도액을 설정하고 있다.
④ 사람의 신체에 관한 전문직 리스크뿐만 아니라 변호사, 공인회계사 등의 과실, 태만 등으로 인한 경제적 손해도 담보한다.

TIP 전문직배상책임 보험은 배상청구기준이기 때문에 사고와 보상청구가 모두 보험기간 안에 이루어져야 한다.

18 **다음 중 배상책임보험의 사회적 기능과 역할을 확대시켜주는 것을 모두 고른 것은?**

㉠ 피해자 직접청구권제도	㉡ 의무보험제도
㉢ 과실책임주의	㉣ 보험자 대위제도
㉤ 무과실책임주의	

① ㉠㉡㉤
② ㉠㉢㉣
③ ㉡㉢㉣
④ ㉡㉢㉤

TIP 배상책임보험은 피해자 직접청구권, 무과실책임주의의 피해자 보호기능과 의무보험제도 피보험자 보호의 사회적 기능과 역할이 있다.

19 **다음 중 실손보상원칙에 대한 예외를 모두 고른 것은?**

㉠ 피보험이익원칙	㉡ 대체비용보험
㉢ 보험자대위제도	㉣ 손해액의 시가주의
㉤ 기평가보험	㉥ 과실상계 및 손익상계

① ㉠㉡
② ㉡㉤
③ ㉢㉣
④ ㉣㉥

TIP 실손보상원칙의 예외로는 신가보험(재조달가액보험), 손해보험상품 중 정액보험, 기평가보험이 있다.

ANSWER
15.④ 16.② 17.② 18.① 19.②

20 피보험자 A는 보험금액이 2,000만 원인 보험에 가입 후 보험기간 중 발생한 1건의 보험사고로 300만 원에 해당하는 손실을 입었다. 다음과 같은 두 가지 보험공제(deductible) 조건 아래에서 보험자가 보상해야 할 금액은 각각 얼마인가?

- A : 정액공제(straight deductible) 100만 원
- B : 프랜차이즈공제(franchise deductible) 200만 원

	A	B
①	200만 원	200만 원
②	200만 원	300만 원
③	100만 원	200만 원
④	100만 원	300만 원

TIP A = 300(손해액) − 100(정액공제) = 200만 원
B = 300(손해액) − 0(프렌차이즈공제) = 300만 원
프렌차이즈공제는 공제금액을 초과하는 손해 발생 시 공제 없이 전액 지급한다.

21 다음 손해사정업무 중 검정업무(survey)에 해당하는 것은?

① 보험자 지급책임액 결정
② 보험금 지급방법 결정
③ 손해액 확인 및 산정
④ 구상권(대위권) 행사

TIP 손해사정업무 중 검정업무는 사고접수, 보험계약사항 확인, 현장조사와 사고사실 확인, 손해금액 확인 및 산정, 구상관계의 조사로 보험사고 조사부터 보험자의 책임 여부와 손해금액을 결정하는 과정이다.

22 A보험회사가 판매한 재산보험의 예정손해율은 50%였으나, 그 후 요율조정대상기간의 평균 실제손해율이 40%일 때 차기에 적용할 예정손해율은 얼마인가? [단, 보험료 조정은 손해율 방식(loss ratio method)을 따르고 신뢰도계수(credibility factor)는 0.5를 적용함]

① 45% ② 50%
③ 55% ④ 60%

TIP [(실제손해율 − 예정손해율)] × 신뢰도계수 = 요율조정률
[(40 − 50)/50] × 0.5 = −10%(인하)
50 + [50 × (− 10)] = 45%

23 **다음 중 배상책임보험의 일반적 성질에 대한 설명으로 올바르지 않은 것은?**

① 피보험자가 제3자에게 법률상 손해배상책임을 부담함으로써 입게 되는 피보험자의 직접손해를 보상하는 적극보험의 성질을 가진다.
② 보관자의 책임보험과 같이 보험자의 책임이 일정한 목적물에 생긴 손해로 제한된 경우를 제외하고는 원칙적으로 보험가액이라는 개념이 존재하지 않는다.
③ 피해자인 제3자는 보험금액의 한도 내에서 보험자에게 손해의 전보를 직접 청구할 수 있다.
④ 보험자는 피보험자가 그 사고에 관하여 가지는 항변으로써 피해자인 제3자에게 대항할 수 있다.

TIP 배상책임보험은 피보험자가 제3자에게 피해를 입혔을 때 손해를 보험자가 보상할 것을 목적으로 한다.

24 **다음 중 도덕적 위태(moral hazard) 감소 수단을 모두 고른 것은?**

> ㉠ 실손보상원칙의 적용
> ㉡ 책임보험의 보상한도 상향
> ㉢ 재물보험의 공동보험조항(co－insurance clause)부보비율 상향
> ㉣ 보험공제(deductible) 금액 상향

① ㉠㉢
② ㉠㉣
③ ㉡㉢
④ ㉡㉣

TIP 도덕적 위태 감소수단은 실손보상 원칙, 대위변제의 원칙, 피보험이익의 원칙, 최대선의의 원칙의 적용이 있으며, 그 외로 공제제도 도입, 금액 상향, 역선택의 방지 등이 있다.

25 **국문 화재보험계약에서 보험사고 발생 시 보험자가 보상하는 다음의 비용손해 중 재물손해 보험금과의 합계가 보험가입금액을 초과하더라도 지급하는 비용이 아닌 것은?**

① 손해방지비용
② 잔존물 제거비용
③ 대위권 보전비용
④ 잔존물 보전비용

TIP 잔존물제거비용은 손해액의 10% 한도 내에서 보상한다.

ANSWER
20.② 21.③ 22.① 23.① 24.② 25.②

26 다음 중 보험업감독규정상 독립손해사정사의 금지행위가 아닌 것은?

① 보험금의 대리 청구행위
② 일정 보상금액의 사전 약속 행위
③ 손해사정업무 관련 서류의 작성, 제출 대행 행위
④ 보험금에 대한 보험사와의 합의 또는 절충 행위

TIP 독립손해사정사의 금지행위 … 독립손해사정사 또는 독립손해사정사에게 소속된 손해사정사는 업무와 관련하여 다음 각 호의 행위를 하여서는 아니된다〈보험업감독규정 제9-14조〉.

1. 보험금의 대리청구행위
2. 일정보상금액의 사전약속 또는 약관상 지급보험금을 현저히 초과하는 보험금을 산정하여 제시하는 행위
3. 특정변호사 · 병원 · 정비공장 등을 소개 · 주선 후 관계인으로부터 금품 등의 대가를 수수하는 행위
4. 불필요한 소송 · 민원유발 또는 이의 소개 · 주선 · 대행 등을 이유로 하여 대가를 수수하는 행위
5. 사건중개인 등을 통한 사정업무 수임행위
6. 보험회사와 보험금에 대하여 합의 또는 절충하는 행위
7. 그 밖에 손해사정업무와 무관한 사항에 대한 처리약속 등 손해사정업무 수임유치를 위한 부당행위

27 다음 중 보험자가 입증책임을 부담하는 것을 모두 고른 것은?

㉠ 위험변경 · 증가 통지의무 위반
㉡ 고지의무 위반
㉢ 열거위험담보방식에서의 인과관계 입증
㉣ 보험사기

① ㉠㉡㉢
② ㉠㉡㉣
③ ㉠㉢㉣
④ ㉡㉢㉣

TIP 포괄위험담보방식은 보험자에게 입증책임이 있으며, 열거위험담보방식은 피보험자에게 입증책임이 있다.

28　아래 자료를 참고하여 순보험료법에 의해 산출한 순보험료는?

> • 보험상품 : 주택화재보험
> • 계약건수 : 동급의 동질 리스크 연간 10,000건
> • 사고발생건수 : 연간 5건
> • 1사고당 평균지급보험금 : 3,000만 원

① 15,000원　　② 30,000원
③ 150,000원　　④ 300,000원

TIP 순보험료 = 예상손실액 × 사고발생확률
= (사고건수/계약건수) × (보험금/사고건수)
= 보험금/계약건수
= (5 × 3,000만 원)/10,000

29　다음 중 고용보험에 대한 설명으로 올바르지 않은 것은? [기출 변형]

① 65세 이후에 고용된 근로자는 적용 대상이 아니다.
② 근로자의 직업능력 개발과 향상을 목적으로 한다.
③ 국가의 직업지도와 직업소개기능 강화를 목적으로 한다.
④ 별정우체국 직원도 적용 대상이 아니다.

TIP ④ 법 제10조 제1항 제5호에서 "대통령령으로 정하는 사람"이란 「별정우체국법」에 따른 별정우체국 직원, 농업 · 임업 및 어업 중 법인이 아닌 자가 상시 4명 이하의 근로자를 사용하는 사업에 종사하는 근로자(다만, 본인의 의사로 고용노동부령으로 정하는 바에 따라 고용보험에 가입을 신청하는 사람은 고용보험에 가입할 수 있다)중 어느 하나에 해당하는 사람을 말한다〈고용보험법 시행령 제3조(적용 제외 근로자) 제3항〉.
① 「고용보험법」 제10조(적용 제외) 제2항
②③ 「고용보험법」 제1조(목적)

ANSWER
26.③　27.②　28.①　29.④

30 다음 중 정태적 리스크(static risk)에 해당되는 것을 모두 고른 것은?

㉠ 금리 리스크	㉡ 시장 리스크
㉢ 자연재해 리스크	㉣ 전쟁 리스크

① ㉠㉡ ② ㉢㉣
③ ㉠㉢ ④ ㉡㉣

TIP 정태적 리스크는 지진, 화재, 홍수처럼 위험의 성격과 발생 여부가 변하지 않는 위험이다.

31 다음 중 손실통제의 연쇄개념(chain concept of loss control)을 이용한 손실통제의 체계적 수행절차를 순서대로 바르게 나열한 것은?

㉠ 위태(hazard) 경감	㉡ 구조 작업
㉢ 손실 원천 봉쇄	㉣ 손실 최소화

① ㉠→㉢→㉣→㉡
② ㉠→㉢→㉡→㉣
③ ㉢→㉠→㉡→㉣
④ ㉢→㉠→㉣→㉡

TIP 손실통제의 수행절차는 '손실의 원천(손실발생의 가능성을 원천적으로 봉쇄)→위태 경감(사고발생의 환경적 요인을 통제로 사고확률 감소)→손실 최소화(손실 발생 후 그 규모의 최소화 노력)→구조 작업(손실의 최소화 또는 복구)' 순으로 이루어진다.

32 보험증권의 일반적인 법적 성격으로 적절하지 않은 것은?

① 면책증권성
② 임의증권성
③ 요식증권성
④ 증거증권성

TIP 보험증권의 일반적인 법적 성격으로는 면책증권성, 요식증권성, 증거증권성, 유가증권성이 있다.

33 아래 표는 부보가능한 리스크의 손실액 확률분포이다. 96% 신뢰도 적용 시 PML(probable maximum loss) 값은?

손실액	확률
0 ~ 50만 원	0.04
50만 원 초과 ~ 150만 원	0.30
150만 원 초과 ~ 300만 원	0.40
300만 원 초과 ~ 700만 원	0.20
700만 원 초과 ~ 1,200만 원	0.02
1,200만 원 초과 ~ 3,000만 원	0.02
3,000만 원 초과 ~ 5,000만 원	0.02

① 150만 원
② 750만 원
③ 950만 원
④ 1,200만 원

TIP 0.04 + 0.30 + 0.40 + 0.20 + 0.02 = 0.96 손실액인 1,200만 원이 된다.

34 Lloyd's S.G. Policy 위험약관(Perils Clause)상의 해상고유의 위험(perils of the seas)에 해당하지 않는 것은?

① 충돌(collision)
② 화재(fire)
③ 좌초(stranding
④ 악천후(heavy weather)

TIP 해상고유의 위험이란 침몰, 충돌, 악천후, 좌초 등을 말한다.
※ 해상에서 발생할 수 있는 일반적 손인
㉠ 화재
㉡ 투하
㉢ 선원의 악행
㉣ 해적
㉤ 방랑자
㉥ 강도

35 다음 중 보험자의 면책사유가 아닌 것은?

① 자동차보험에서 지진으로 인한 자기차량 손해
② 상해보험에서 피보험자의 중과실로 인한 상해
③ 운송보험에서 운송보조자의 고의, 중과실로 인한 손해
④ 해상보험에서 도선료, 입항료 등 항해 중의 통상비용

TIP 사망을 보험사고로 한 보험계약에서는 사고가 보험계약자 또는 피보험자나 보험수익자의 중대한 과실로 인하여 발생한 경우에도 보험자는 보험금을 지급할 책임을 면하지 못한다〈상법 제732조의2(중과실로 인한 보험사고 등) 제1항〉.

ANSWER
30.② 31.④ 32.② 33.④ 34.②

36 **아래 표에서 설명하는 재보험계약 방식은?**

출재사가 사전에 출재 대상으로 정한 모든 리스크에 대해 정해진 비율로 재보험사에 출재하고, 재보험사는 이를 인수해야 한다.

① surplus reinsurance treaty
② quota share treaty
③ stop loss cover
④ excess of loss treaty

TIP 비례재보험특약(quota share treaty)은 출재사가 출재 대상으로 정한 모든 리스크에 대해 정해진 비율로 재보험사에 출재하고, 재보험사는 이를 인수해야하는 비례적 재보험의 계약방식이다.

37 **대체리스크전가기법 중 보험리스크를 증권화하거나 파생금융상품과 연계하여 자본시장에 전가하는 것은?**

① finite reinsurance
② insurance-linked securities
③ captive insurance
④ contingent capital

TIP 보험연계증권(insurance-linked securities) … 대체리스크전가기법 중 하나로 보험리스크를 증권화 하거나 파생금융상품과 연계하여 자본시장에 전가하는 것이다. 대재해채권, 사이드카가 한 형태이다.

38 **다음 중 자동차손해배상보장법상의 가불금 지급에 대한 설명으로 올바르지 않은 것은?**

① 가불금 청구권자는 보험가입자이다.
② 가불금 청구권자는 자동차보험진료수가에 대해 전액 지급을 청구할 수 있다.
③ 보험자는 가불금을 청구 받은 날로부터 국토교통부령에서 정한 기한 내에 지급해야 한다.
④ 보험자는 지급한 가불금이 지급할 보험금을 초과하면 그 초과액의 반환을 청구할 수 있다.

TIP 피해자에 대한 가불금〈자동차손해배상 보장법 제11조〉

① 보험가입자 등이 자동차의 운행으로 다른 사람을 사망하게 하거나 부상하게 한 경우에는 피해자는 대통령령으로 정하는 바에 따라 보험회사 등에게 자동차보험진료수가에 대하여는 그 전액을, 그 외의 보험금등에 대하여는 대통령령으로 정한 금액을 제10조에 따른 보험금등을 지급하기 위한 가불금(假拂金)으로 지급할 것을 청구할 수 있다.
② 보험회사 등은 제1항에 따른 청구를 받으면 국토교통부령으로 정하는 기간에 그 청구받은 가불금을 지급하여야 한다.
③ 보험회사 등은 제2항에 따라 지급한 가불금이 지급하여야 할 보험금등을 초과하면 가불금을 지급받은 자에게 그 초과액의 반환을 청구할 수 있다.
④ 보험회사 등은 제2항에 따라 가불금을 지급한 후 보험가입자등에게 손해배상책임이 없는 것으로 밝혀진 경우에는 가불금을 지급받은 자에게 그 지급액의 반환을 청구할 수 있다.
⑤ 보험회사 등은 제3항 및 제4항에 따른 반환 청구에도 불구하고 가불금을 반환받지 못하는 경우로서 대통령령으로 정하는 요건을 갖추면 반환받지 못한 가불금의 보상을 정부에 청구할 수 있다.

39 **다음 중 배상책임소송에서 피해자인 원고를 돕기 위하여 도입된 법리가 아닌 것은?**

① 전가과실(imputed negligence)책임 또는 대리배상책임(vicarious liability)
② 연대배상책임(joint and several liability)
③ 최종적 명백한 기회(last clear chance)
④ 과실추정의 원칙(res ipsa loquitur)

TIP ① 특정한 조건하에 원고의 과실이 다른 사람에게 전가될 수 있다는 원칙이다. 운전자에 대한 운행자의 책임 등이 해당된다.
② 피고인들 중 하나가 피해 발생에 대해 조금의 과실만 있더라도 전체 보상에 대해 책임을 질 수 있다는 원칙이다.
④ 과실의 입증책임은 피해자인 원고에게 있다는 원칙이다.

40 **다음 중 재보험의 기능으로 적절하지 않은 것은?**

① 전문적 자문과 서비스 제공
② 인수능력 축소
③ 미경과보험료적립금 경감
④ 언더라이팅 이익 안정화

TIP 재보험은 위험을 분산시키고 경영안정성을 높여 인수능력을 증대시킨다.
※ 재보험의 기능
㉠ 위험분산
㉡ 인수능력 확대
㉢ 언더라이팅 이익 안정화
㉣ 미경과보험료적립금 경감
㉤ 전문적 자문과 서비스 제공

ANSWER
36.② 37.② 38.① 39.③ 40.②

2023년 제46회 손해사정이론

1 **다음 중 사고의 구조에 대한 이론 가운데 도미노이론(domino theory)에 대한 설명으로 올바르지 않은 것은?**

① 대부분의 사고가 5가지의 연쇄적 사건으로 구성되어 있다고 본다.
② 이 이론을 제시한 학자는 하인리히(H. W. Heinrich)이다.
③ 사건의 연쇄관계를 차단하면 사고를 예방할 수 있다고 한다.
④ 환경 내에 산재하는 물리적 위태를 줄이는 데 중점을 둔다.

TIP ④ 인간의 과실 방지를 중점으로 둔다.
① 미국 학자 하인리히(H. W. Heinirich)가 재해발생과정에 관하여 도미노이론을 인용하였다.
② '사회적 환경－인간의 과실－위태－사고－상해'의 5가지 연쇄적 사건으로 구성된다고 본다.
③ 사건의 5가지 연쇄관계를 차단하면 사고를 예방할 수 있다고 한다.

2 **아래에서 재난배상책임보험 보통약관상 보상하는 손해를 모두 고른 것은?**

㉠ 피보험자의 과실유무를 불문하고 피보험자가 피해자에게 지급할 책임을 지는 법률상의 손해배상금 ㉡ 피보험자가 지급한 소송비용, 변호사비용 ㉢ 피보험자가 지급한 중재 또는 조정에 관한 비용 ㉣ 보상한도액 내의 공탁보증보험료

① ㉡㉣　　② ㉡㉢㉣
③ ㉠㉡㉣　　④ ㉠㉡㉢㉣

TIP 보상하는 손해 … 회사는 피보험자가 보험증권상의 보장지역 내에서 보험기간 중에 발생된 보험사고로 인하여 피해자에게 법률상의 배상책임을 부담함으로써 입은 아래의 손해를 이 약관에 따라 보상한다〈보험업감독업무시행세칙 별표15 배상책임보험 표준약관 제2관 제3조〉.
1. 피보험자가 피해자에게 지급할 책임을 지는 법률상의 손해배상금
2. 계약자 또는 피보험자가 지출한 아래의 비용
가. 피보험자가 제11조(손해방지의무) 제1항 제1호의 손해의 방지 또는 경감을 위하여 지출한 필요 또는 유익하였던 비용
나. 피보험자가 제11조(손해방지의무) 제1항 제2호의 제3자로부터 손해의 배상을 받을 수 있는 그 권리를 지키거나 행사하기 위하여 지출한 필요 또는 유익하였던 비용
다. 피보험자가 지급한 소송비용, 변호사비용, 중재, 화해 또는 조정에 관한 비용
라. 보험증권상의 보상한도액내의 금액에 대한 공탁보증보험료. 그러나 회사는 그러한 보증을 제공할 책임은 부담하지 않는다.
마. 피보험자가 제12조(손해배상청구에 대한 회사의 해결) 제2항 및 제3항의 회사의 요구에 따르기 위하여 지출한 비용

3 **다음 중 자동차보험약관상 보험사고 발생 시 보험금청구 및 지급과 관련된 설명으로 올바르지 않은 것은?**

① 피보험자동차를 도난당하였을 때에는 지체없이 그 사실을 경찰관서에 신고하여야 한다.

② 피해자의 응급조치 등 긴급조치를 위한 것이 아닌 한 손해배상의 청구를 받은 경우에는 미리 보험회사의 동의없이 그 전부 또는 일부를 합의하여서는 안된다.

③ 피보험자의 보험금청구가 손해배상청구권자의 직접 청구와 경합할 때에는 보험회사가 손해배상청구권자 에게 우선하여 보험금을 지급한다.

④ 보험회사는 보험금청구에 관한 서류를 받은 때에는 지체없이 지급할 보험금을 정하고 그 정하여진 날로부터 15일 이내에 지급을 한다.

TIP 보험회사는 보험금 청구에 관한 서류를 받았을 때에는 지체 없이 지급할 보험금액을 정하고 그 정하여진 날부터 7일 이내에 지급합니다〈자동차보험 표준약관 제26조(청구 절차 및 유의 사항) 제1항〉.

① 「자동차보험 표준약관」 제46조(사고발생 시 의무) 제1항 제5호

② 「자동차보험 표준약관」 제46조(사고발생 시 의무) 제1항 제3호

③ 「자동차보험 표준약관」 제26조(청구 절차 및 유의 사항) 제5조

4 **아래에서 설명하는 내용은 무엇에 관한 것인가?**

- 전통적 재보험과는 달리 저축 및 부가보험료를 함께 재보험사에 출재하므로 보험리스크에 더해 금리리스크, 해지리스크를 함께 이전한다.
- 손익변동성 관리 및 자본비용 절감이 가능하며, 보험계약 포트폴리오를 조정하여 핵심사업에 역량을 집중할 수 있는 효익이 있다.

① 조건부자본

② 한정리스크계약

③ 보험스왑

④ 공동재보험

TIP ① **조건부자본** : 보험사고 발생 후 금융기관이나 투자자로부터 미리 정한 조건으로 차입하거나 주식을 발행할 수 있는 예약을 의미한다.

② **한정리스크계약** : 보험계약이지만 계약자로부터 보험사에 전가되는 위험이 한정되어 있는 계약으로, 금융보험이라고도 한다.

③ **보험스왑** : 계약 당사자 간 상관관계가 낮은 재해손실지급을 서로 교환하는 계약이다. 보험스왑 참가자들은 보험회사, 재보험사, 보험중개사들이다.

ANSWER

1.④ 2.④ 3.④ 4.④

5 **아래 내용은 다음 중 무엇에 관한 설명인가?**

> • 이것은 계약성립을 위해 계약당사자 간에 서로 대가(對價)를 지불하는 것을 의미한다.
> • 피보험자측은 1회분 보험료의 납부와 보험증권에 명시되어 있는 여러 조건을 준수하는 것이고, 보험자측은 손실보상, 손실예방 등에 관한 서비스를 제공하는 것이다.

① 담보(warranty)
② 진술(representation)
③ 특약(endorsements and riders)
④ 약인(consideration)

TIP ① 담보(warranty) : 피보험자에 의해 반드시 지켜져야 할 약속이다. 어떤 특정한 일이 행해지거나 또는 행하여지지 않을 것이라는 약속사항, 또는 어떠한 조건이 충족될 것이라는 약속사항, 또는 특정한 사실의 존재를 긍정하거나 부정하는 약속사항을 일컫는다. 보증이라고도 하는데, 내용을 해석함에 있어서 보증이 진술보다 더욱 엄격하다.
② 진술(representation) : 보험계약 체결에 앞서 보험자가 질문한 것을 보험계약자 또는 피보험자가 답변하는 것을 말한다.
③ 특약(endorsements and rider) : 기본적인 주계약의 보장내용을 확대보완하고, 재해나 질병 및 상해에 대해 추가보장 등과 같이 주계약에 부가해서 판매하는 것을 말한다.

6 **아래 설명의 ( ) 안에 들어갈 용어를 순서대로 바르게 나열한 것은?**

> 질병 · 상해보험 표준약관에서는 보험계약자가 보험수익자를 지정하지 않은 때 사망보험금은 ( ), 기타 후유장해보험금 및 입원보험금간병보험금 등은 ( )을(를) 각각 그 수익자로 한다고 규정하고 있다.

① 계약자, 피보험자
② 계약자, 피보험자의 법정상속인
③ 피보험자의 법정상속인, 피보험자
④ 피보험자의 법정상속인, 계약자

TIP 보험수익자를 지정하지 않은 때에는 보험수익자를 제9조(만기환급금의 지급) 제1항의 경우는 계약자로 하고, 제3조(보험금의 지급사유) 제1호의 경우는 피보험자의 법정상속인, 같은 조 제2호 및 제3호의 경우는 피보험자로 한다〈보험업감독업무 시행 세칙 별표 15 질병 · 상해보험 표준약관 제12조(보험수익자의 지정)〉.

※ 보험금의 지급사유 … 회사는 피보험자에게 다음 중 어느 하나의 사유가 발생한 경우에는 보험수익자에게 약정한 보험금을 지급한다(보험업감독업무 시행세칙 별표 15 질병 · 상해보험 표준약관 제3조).

1. 보험기간 중에 상해의 직접결과로써 사망한 경우(질병으로 인한 사망은 제외한다) : 사망보험금
2. 보험기간 중 진단 확정된 질병 또는 상해로 장해분류표(〈부표 9〉 참조)에서 정한 각 장해지급률에 해당하는 장해상태가 되었을 때 : 후유장해보험금
3. 보험기간 중 진단 확정된 질병 또는 상해로 입원, 통원, 요양, 수술 또는 수발(간병)이 필요한 상태가 되었을 때 : 입원보험금, 간병보험금 등

7 **아래 설명의 (　) 안에 들어갈 보험종목은?**

> 상법상 (　)에 관한 규정은 그 성질에 반하지 아니하는 범위에서 재보험계약에 준용한다.

① 화재보험　② 해상보험
③ 책임보험　④ 특종보험

TIP 이 절(책임보험)의 규정은 그 성질에 반하지 아니하는 범위에서 재보험계약에 준용한다〈상법 제726조(재보험에의 준용)〉.

8 **아래에서 설명하는 특약재보험 조항의 명칭은?**

> – 비례재보험특약임에도 불구하고 예외적으로 출재를 하지 않아도 되는 경우를 기술하고 있다.
> – 예외적으로 인정되는 상황
> • 재보험사의 이익을 위해 특약출재 대신에 별도의 임의재보험으로 출재하는 경우
> • 감독기관이 정한 규정을 불가피하게 준수해야 하는 경우
> • 보험계약자의 특별 요구나 조건에 따른 경우
> • 출재금액이 최종단계에서 과다해질 것이 분명한 경우

① Outside Reinsurance Clause　② Counsel and Concur Clause
③ Interlocking Clause　④ Stability Clause

TIP Interlocking Clause(연동조항) … 둘 이상의 재보험 조약 사이에 손실을 배분하는 방법을 결정하는 데 사용된다. 재보험사가 최소 두 개의 합의기간을 거쳐 위험을 분산시킬 수 있도록 한다.

9 **다음 중 고용보험법상의 취업촉진수당에 해당하지 않는 것은?**

① 이주비　② 구직급여
③ 광역구직활동비　④ 조기재취업수당

TIP ② 근로의 의사와 능력이 있음에도 불구하고 취업(영리를 목적으로 사업을 영위하는 경우 포함)하지 못한 상태에 있는 근로자에게 주는 혜택이다. 고용보험 가입 근로자가 실직하여 재취업 활동을 하는 기간에 소정의 급여를 지급하는 제도인 실업급여 제도 중 하나로 구직급여와 취업촉진수당으로 구분한다.
①③④ 취업촉진 수당의 종류는 조기(早期)재취업 수당, 직업능력개발 수당, 광역 구직활동비, 이주비와 같다〈고용보험법 제37조(실업급여의 종류) 제2항〉.

ANSWER
5.④ 6.③ 7.③ 8.① 9.②

10 다음 중 언더라이팅(underwriting)의 목적과 거리가 먼 것은?

① 역선택 방지와 적정요율의 합리적 적용
② 보험범죄의 방지
③ 보험사업의 수익성 확보
④ 보험계약의 부합계약성 유지

TIP 부합계약이란 계약 당사자 일방이 계약 내용을 일방적으로 작성하고 상대가 그 정형화된 계약 내용에 승인 또는 거절하는 계약이므로, 보험계약은 보험약관에 의하여 이루어지므로 부합계약성을 가진다.
※ 언더라이팅 … 보험회사가 위험을 인수 또는 거절하는 과정이다. 위험을 인수할 경우 그 조건을 결정하는 것을 포함한다. 즉, 피보험자 및 피보험물건의 위험평가 및 선택, 가입조건의 결정, 보험요율의 결정 등 일련의 체결 전 과정을 의미하는데, 정보수집과 평가 및 결정, 결정의 수행과 감시의 과정을 거친다. 환경 · 신체 · 도덕 · 재정적 위험이 언더라이팅의 대상이 된다.

11 갑 보험회사는 아래와 같은 초과손해액재보험특약(Excess of Loss Reinsurance Treaty)을 체결하였다. 특약기간 중 사고일자를 달리하는 3건의 손해가 발생하였을 때 갑보험회사가 지급받을 재보험금의 합계액은?

– 특약프로그램
 • 특약한도 US$ 1,000,000 in excess of US$ 500,000
 • 연간누적자기부담금 : US$ 1,000,000
 • 손해기준 : e.e.l.(each and every loss)
– 3건의 발생손해 내역
 A : US$ 750,000, B : US$ 1,000,000, C : US$ 1,200,000

① US$ 450,000
② US$ 950,000
③ US$ 1,450,000
④ US$ 1,950,000

TIP 원보험자는 US$ 500,000 한도 내에서, 재보험자는 US$ 500,000 초과하는 US$ 1,000,000까지 부보할 수 있다. A는 US$ 250,000, B는 US$ 500,000 C는 US$ 700,000을 부담한다. 총 US$ 1,450,000에서 연간누적자기부담금을 제한 US$ 450,000을 지급받을 수 있다.

12 보험가액이 10,000원인 물건의 사고발생확률과 손해액이 아래 표와 같다. 이 때 보험가입금액을 4,000원으로 하고 80% 공동보험조항이 첨부된 경우 이 물건의 영업보험료는? (단, 예정사업비율은 20%이며, 예정이익율은 고려하지 않음. 순보험료는 기대보험금으로 함.)

손해액	0 원	2,000 원	5,000 원	10,000 원
확률	0.85	0.1	0.04	0.01

① 100 원
② 240 원
③ 300 원
④ 312.5 원

TIP 제시된 표의 순보험료는 10,000 × 0.01 = 100, 5,000 × 0.04 = 200, 2,000 × 0.1 = 200으로 500원이 된다. 보험가입금액이 설정되어 있으므로 순보험료와 이상인 부분의 차액을 계산하면 300원이 된다.

13 다음의 적하보험 가입조건 중 포괄위험담보방식을 채택하고 있는 것은?

① ICC(WA)
② ICC(C)
③ ICC(A)
④ ICC(FPA)

TIP 포괄위험담보방식은 약관상 면책사유 이외에 기타 우연한 사고로 생긴 손해를 보상하는 방식이다. ICC(A)는 포괄책임주의로, 위험약관에 보험자의 면책위험이 열거되어 있다.

14 아래 내용 중 자동차보험 보통약관상 '피보험자의 자녀'의 범위에 포함되는 것을 모두 고른 것은?

㉠ 법률상의 혼인관계에서 출생한 자녀
㉡ 양자 또는 양녀
㉢ 사실혼관계에서 출생한 자녀

① ㉠
② ㉠㉡
③ ㉠㉢
④ ㉠㉡㉢

TIP 자동차보험 보통약관상 피보험자의 부모는 피보험자의 부모, 양부모를 말하며 피보험자의 배우자는 법률상의 배우자 또는 사실혼관계에 있는 배우자를 말한다. 피보험자의 자녀는 법률상의 혼인관계에서 출생한 자녀, 사실혼관계에서 출생한 자녀, 양자 또는 양녀를 말한다.

ANSWER
10.④ 11.① 12.③ 13.③ 14.④

15 **고가의 외제차가 증가한 주변 환경으로 인하여 선의의 자동차보험 가입자의 보험료 부담이 증가한 현상은 다음 중 어디에 해당하는가?**

① 역선택(adverse selection)
② 도덕적 위태(moral hazard)
③ 외부불경제(external diseconomy)
④ 무임승차(free riding)

TIP ③ 외부불경제 : 경제 활동이 제3자에게 의도치 않은 불이익을 제공하는 경우를 말한다.
① 역선택(adverse selection) : 보험계약자와 보험회사 간 보험계약자의 위험특성에 대한 사전적 정보의 비대칭으로 발생한다.
② 도덕적 위태(moral hazard) : 보험계약자가 계약 이후 고의로 사고를 내고 보험금을 청구하거나 피해액을 부풀려 보험금을 타는 비양심적인 상태를 말한다.
④ 무임승차(free riding) : 정당한 대가를 지불하지 않고 재화나 서비스를 소비하여 야기되는 문제를 말한다.

16 **다음 중 보험소비자 보호를 위한 보험사업자에 대한 감독과 규제의 근거와 거리가 먼 것은?**

① 보험원가의 불확실성과 그 계산의 기술적 복잡성
② 보험상품의 미래지향적 특성으로 인한 소비자 판단의 어려움
③ 정보의 비대칭이 초래하는 역선택(adverse selection) 문제
④ 보험계약자와 보험자간의 보험계약에 관한 전문성 격차

TIP 일반적으로 소비자는 보험 상품을 선택하는 데 있어, 전문 지식이 부족할 수 있다. 보험감독과 규제를 통해 소비자가 합리적인 가격으로 보험 상품을 구입할 수 있도록 하며 공평성 문제를 해결하기 위함이다. 역선택은 보험계약 체결 시 소비자가 보험자에게 불리한, 보험 사고 발생 가능성이 높은 위험을 자진선택하여 보험에 가입하는 경우를 일컫는데, 예를 들어 치명적인 질병을 앓고 있는 소비자가 생명보험에 가입하는 경우다. 역선택은 보험회사에 재정적 손실을 초래한다.

17 **다음 중 법률상 의무보험이 아닌 것은?**

① 가스사고배상책임보험
② 항공보험
③ 적재물배상책임보험
④ 생산물배상책임보험

TIP 가입의무가 있는 보험으로는 자동차손해배상보장법, 원자력배상책임보험, 가스사고배상책임보험, 항공보험 등이 있다.

18 **다음 중 요구부보율 조건이 적용되는 계약조항은?**

① 자동차보험의 정액공제조항
② 적하보험의 프랜차이즈공제조항
③ 건강보험의 공동보험조항
④ 화재보험의 공동보험조항

TIP 공동보험 조항의 요구부보율이란 보험가입자가 일정한 비율 이상을 가입할 경우 손해액 전부를 보상하되 요구부보율 이하로 가입하면 패널티를 부과하여 손해액 일부만 부과하는 방식을 말한다. 화재보험의 공동보험 조항이 해당한다.

19 **기대효용을 기준으로 의사결정을 하는 홍길동의 보유재산은 50, 보유재산의 사고발생 확률 0.2, 사고 시 잔여재산이 10일 때 재산의 기대가치는 아래 그림에서 A로 표시된다. 다음 중 이에 대한 설명으로 올바른 것은?**

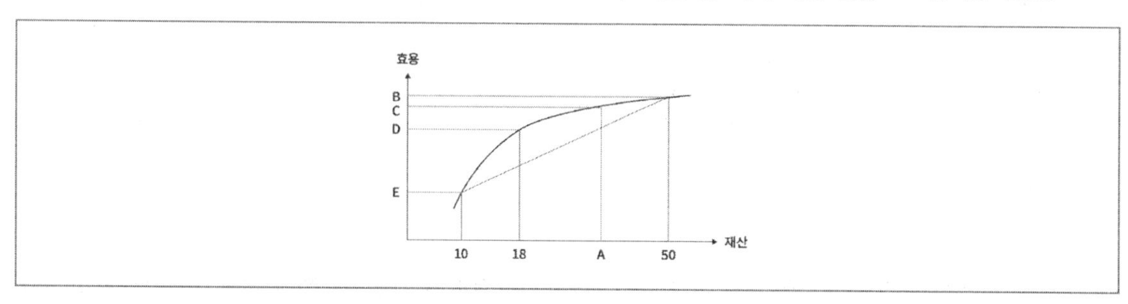

① 계리적으로 공정한 보험료가 부과되는 보험에 가입하였을 때 홍길동의 기대효용수준은 D이다.
② 홍길동이 지불할 의사가 있는 최대보험료는 30이다.
③ 부가보험료가 순보험료의 2.5배 이상이면 홍길동은 보험에 가입하지 않는다.
④ 홍길동의 리스크 프리미엄(risk premium)은 24이다.

TIP ① 계리적으로 공정한 보험료가 부과되는 보험에 가입하였을 때 홍길동의 기대효용수준은 C이다.
② 홍길동이 지불할 의사가 있는 최대 보험료는 32이다.
③ 위험회피형 개인의 리스크 프리미엄이 부가보험료보다 같거나 작아야 보험거래가 성립된다. 즉, 리스크 프리미엄이 부가보험료보다 커야 보험을 구매한다.

ANSWER
15.③ 16.③ 17.④ 18.④ 19.④

20 아래에서 보험업법상 소액단기전문보험회사가 취급할 수 있는 보험종목은 모두 몇 개인가?

ⓐ 상해보험
ⓑ 질병보험
ⓒ 연금보험
ⓓ 간병보험
ⓔ 비용보험
ⓕ 날씨보험
ⓖ 책임보험
ⓗ 유리보험
ⓘ 자동차보험
ⓙ 동물보험

① 3
② 5
③ 7
④ 9

TIP 법 제9조 제2항 제2호에서 "모집할 수 있는 보험상품의 종류, 보험기간, 보험금의 상한액, 연간 총보험료 상한액 등 대통령령으로 정하는 기준"이란 생명보험상품 중 제1조의2 제2항 제1호에 따른 보험상품(생명보험계약), 손해보험상품 중 제1조의2 제3항 제6호(책임보험계약), 제9호부터 제11호(도난보험계약, 유리보험계약, 동물보험계약)까지, 제13호(비용보험계약) 또는 제14호(날씨보험계약)에 따른 보험상품, 제3보험상품 중 제1조의2 제4항 제1호(상해보험계약) 또는 제2호(질병보험계약)에 따른 보험상품을 말한다〈보험업법 시행령 제13조의2(소액단기전문보험회사) 제1항 제1호〉. 따라서 보기에서 소액단기전문보험회사가 취급할 수 있는 보험종목은 모두 7개이다.

21 다음 중 추정전손으로 보험금 청구 시 피보험자가 보험의 목적에 대한 전부의 권리를 보험자에게 양도하는 의사표시는?

① 위부(abandonment)
② 대위(subrogation)
③ 권리포기(waiver)
④ 보험목적의 양도(assignment)

TIP ② 대위(subrogation) : 보험의 목적이나 제3자에 대하여 가지는 권리를 보험자에게 이전시키도록 하는 것을 말한다.
③ 권리포기(waiver) : 권리를 보유한 일방 당사자가 특정 경우 권리를 포기했을 때, 추후 동일한 상황이 발생한 경우 동일한 권리를 포기하는 것이 아니라는 조항을 말한다.
④ 보험목적의 양도(assignment) : 손해보험계약에서 피보험자가 보험계약의 대상으로 되어있는 목적물을 의사표시에 의하여 타인에게 양도하는 것을 말한다.

22 **다음 중 보험계약의 인적계약 특성을 설명하고 있는 것은?**

① 보험계약자가 보험료를 납부하지 않아도 계약이행을 강제하는 등의 조치를 취할 수 없다.
② 보험계약상 보험자는 손실보상이라는 약속이행의 전 제조건으로 피보험자에게 보험약관에 명시되어 있는 여러 가지 조건을 만족시킬 것을 요구하고 있다.
③ 동일한 보험목적물이라도 보험계약자나 피보험자가 누구냐에 따라 손실발생의 위험이 달라지기 때문에 보험계약의 내용이 달라질 수 있다.
④ 보험계약은 통상 다수인을 상대로 체결되고, 보험의 기술성과 공동체성으로 인해 정형성이 요구된다.

TIP 인적계약은 보험자의 관점에서 동일한 보험목적물이라도 피보험자가 누구냐에 따라 손실 발생 위험이 달라지는 것이므로 보험계약의 내용이 달라질 수 있고 계약의 인수가 거절될 수도 있다.

23 **다음 중 우리나라 산업재해보상보험제도에 관한 설명으로 올바른 것은?**

① 상시 5인 이상의 근로자를 고용하는 모든 사업장을 대상으로 한다.
② 보험료는 사용자와 근로자가 각각 절반씩 부담한다.
③ 급여 종류로는 요양급여, 휴업급여, 장해급여, 분만급여 등이 있다.
④ 업무상 재해는 업무상 사고, 업무상 질병, 출퇴근 재해로 구분된다.

TIP ④ 「산업재해보상보험법」 제37조(업무상의 재해의 인정 기준) 제1항
① 근로자를 사용하는 모든 사업 또는 사업장(이하 "사업"이라 한다)에 적용한다〈산업재해보상보험법 제6조(적용 범위) 전단〉.
② 산재보험료는 원칙적으로 사업주가 전액 부담한다. 보험사업에 드는 비용에 충당하기 위하여 보험가입자로부터 고용안정·직업능력개발사업 및 실업급여의 보험료(이하 "고용보험료"라 한다), 산재보험의 보험료(이하 "산재보험료"라 한다)를 징수한다〈고용보험 및 산업재해보상보험의 보험료징수 등에 관한 법률 제13조 제1항〉.
③ 보험급여의 종류는 요양급여, 휴업급여, 장해급여, 간병급여, 유족급여, 상병(傷病)보상연금, 장례비, 직업재활급여와 같다〈산업재해보상보험법 제36조(보험급여의 종류와 산정 기준 등) 제1항〉.

ANSWER

20.③ 21.① 22.③ 23.④

24 **아래에서 주택화재보험 보통약관상 담보손인을 모두 고른 것은?**

> ㉠ 화재
> ㉡ 파열
> ㉢ 폭발
> ㉣ 지진

① ㉠
② ㉠㉡
③ ㉠㉡㉢
④ ㉠㉡㉢㉣

TIP 화재, 폭발, 파열에 따른 손해를 보상한다.

25 **아래는 홍길동이 동일한 피보험이익에 대하여 3개 보험사와 체결한 보험계약내역이다. 사고 발생시 보험가액 12억 원, 손해액 6억 원일 때 독립책임분담액 방식을 적용하면 보험사별 보상금액은 각각 얼마인가?**

> – 갑보험사 : 보험금액 2억 원, 실손보상
> – 을보험사 : 보험금액 4억 원, 비례보상
> – 병보험사 : 보험금액 6억 원, 50%요구부보조건부 실손보상

	갑	을	병
①	0.75억 원	2.25억 원	3억 원
②	1억 원	2억 원	3억 원
③	1.2억 원	1.2억 원	3.6억 원
④	2억 원	2억 원	2억 원

TIP 갑보험사는 실손보상임으로 실제 손해액에 대해 설정된 가입 금액 내에서 지급한다. 따라서 6×0.2=1.2억 원이 되고, 을보험사는 일정한 비율만 지급하는 비례보상이므로 1.2억 원이 된다. 병보험사는 요구부보조건부 실손보상으로 6×0.6=3.6억 원이 된다.

26 **A회사는 공장에 10조 원을 투자하는 안을 검토하고 있다. 1안은 한 지역에 10조 원 전액을 투자하는 안이고, 2안은 5조원씩 두 지역에 투자하는 안이다. 지역별 사고발생 확률은 독립적이고 동일하다. 사고 발생 지역의 투자금액은 전부 멸실하는 것으로 가정한다. 리스크관리 관점에서의 설명으로 올바르지 않은 것은?**

① 기대손실 면에서 1안이 유리하다.
② 손실의 변동성 면에서 2안이 유리하다.
③ 최대가능손실(maximum possible loss) 발생확률은 1안이 더 크다.
④ 분산지역 수가 증가하면 동일한 신뢰도 하에서 가능 최대손실(probable maximum loss)을 축소할 수 있다.

TIP 기대손실(예상가능손실)을 감소시키기 위해서는 손실통제가 필요하다. 손실통제는 손실 발생횟수나 발생규모를 경감시키는 전략이다. 발생빈도 및 규모를 줄이고 소요되는 위험비용을 축소함으로 위험관리를 제고하는 것이므로, 지역별 사고발생 확률이 동일할 경우 5조원 씩 두 지역에 투자하는 투자하는 2안을 선택하는 것이 기대손실 면에서 유리하다.

27 **다음 중 교통사고처리특례법상 12대 중과실사고(동법 제3조 제2항 단서에 의함)에 포함되지 않는 것은?**

① 제한속도보다 시속 10km를 초과하여 운전한 경우
② 어린이 보호구역에서 안전운전유지의무를 위반하여 어린이의 신체를 상해에 이르게 한 경우
③ 철도건널목 통과방법을 위반하여 운전한 경우
④ 자동차의 화물이 떨어지지 않도록 필요한 조치를 하지 않고 운전한 경우

TIP 처벌의 특례 … 차의 교통으로 제1항의 죄 중 업무상과실치상죄(業務上過失致傷罪) 또는 중과실치상죄(重過失致傷罪)와 「도로교통법」 제151조의 죄를 범한 운전자에 대하여는 피해자의 명시적인 의사에 반하여 공소(公訴)를 제기할 수 없다. 다만, 차의 운전자가 제1항의 죄 중 업무상과실치상죄 또는 중과실치상죄를 범하고도 피해자를 구호(救護)하는 등 「도로교통법」 제54조 제1항에 따른 조치를 하지 아니하고 도주하거나 피해자를 사고 장소로부터 옮겨 유기(遺棄)하고 도주한 경우, 같은 죄를 범하고 「도로교통법」 제44조 제2항을 위반하여 음주측정 요구에 따르지 아니한 경우(운전자가 채혈 측정을 요청하거나 동의한 경우는 제외한다)와 다음 각 호의 어느 하나에 해당하는 행위로 인하여 같은 죄를 범한 경우에는 그러하지 아니하다〈교통사고처리 특례법 제3조 제1항〉.

1. 「도로교통법」 제5조에 따른 신호기가 표시하는 신호 또는 교통정리를 하는 경찰공무원등의 신호를 위반하거나 통행금지 또는 일시정지를 내용으로 하는 안전표지가 표시하는 지시를 위반하여 운전한 경우
2. 「도로교통법」 제13조 제3항을 위반하여 중앙선을 침범하거나 같은 법 제62조를 위반하여 횡단, 유턴 또는 후진한 경우
3. 「도로교통법」 제17조 제1항 또는 제2항에 따른 제한속도를 시속 20킬로미터 초과하여 운전한 경우
4. 「도로교통법」 제21조 제1항, 제22조, 제23조에 따른 앞지르기의 방법 · 금지시기 · 금지장소 또는 끼어들기의 금지를 위반하거나 같은 법 제60조 제2항에 따른 고속도로에서의 앞지르기 방법을 위반하여 운전한 경우
5. 「도로교통법」 제24조에 따른 철길건널목 통과방법을 위반하여 운전한 경우
6. 「도로교통법」 제27조 제1항에 따른 횡단보도에서의 보행자 보호의무를 위반하여 운전한 경우
7. 「도로교통법」 제43조, 「건설기계관리법」 제26조 또는 「도로교통법」 제96조를 위반하여 운전면허 또는 건설기계조종사면허를 받지 아니하거나 국제운전면허증을 소지하지 아니하고 운전한 경우. 이 경우 운전면허 또는 건설기계조종사면허의 효력이 정지 중이거나 운전의 금지 중인 때에는 운전면허 또는 건설기계조종사면허를 받지 아니하거나 국제운전면허증을 소지하지 아니한 것으로 본다.
8. 「도로교통법」 제44조 제1항을 위반하여 술에 취한 상태에서 운전을 하거나 같은 법 제45조를 위반하여 약물의 영향으로 정상적으로 운전하지 못할 우려가 있는 상태에서 운전한 경우
9. 「도로교통법」 제13조 제1항을 위반하여 보도(步道)가 설치된 도로의 보도를 침범하거나 같은 법 제13조제2항에 따른 보도 횡단방법을 위반하여 운전한 경우
10. 「도로교통법」 제39조 제3항에 따른 승객의 추락 방지의무를 위반하여 운전한 경우
11. 「도로교통법」 제12조 제3항에 따른 어린이 보호구역에서 같은 조 제1항에 따른 조치를 준수하고 어린이의 안전에 유의하면서 운전하여야 할 의무를 위반하여 어린이의 신체를 상해(傷害)에 이르게 한 경우
12. 「도로교통법」 제39조 제4항을 위반하여 자동차의 화물이 떨어지지 아니하도록 필요한 조치를 하지 아니하고 운전한 경우

ANSWER

24.③ 25.③ 26.① 27.①

28 다음 중 피보험이익에 관한 설명으로 올바르지 않은 것은?

① 재물보험의 피보험이익은 재산 소유권자에게만 존재한다.
② 피보험이익은 피보험자의 손실 크기를 측정하게 해준다.
③ 피보험이익은 도덕적 위태를 감소시킨다.
④ 피보험이익은 손실의 발생 시점에 반드시 존재해야 한다.

TIP 타인의 물건이나 재산에 대해서도 배상 책임 발생에 따른 피보험이익이 존재한다.

29 다음 중 보험마케팅의 특성에 관한 설명으로 올바르지 않은 것은?

① 보험사업의 가치사슬에서 판매가 차지하는 비중이 다른 사업에 비해 높고 판매비용이 상당하다.
② 보험상품은 소비자의 자발적 수요가 다른 일반상품에 비해 약하다.
③ 보험상품은 원가가 먼저 확정되고, 다음으로 유통비 등을 책정하여 최종 소비자 가격이 정해진다.
④ 보험회사는 보험마케팅을 수행함에 있어서 소비자 보호차원의 여러 가지 공적 규제를 받는다.

TIP 보험상품은 예정기초율에 의해 가격을 결정한다. 미래예측에 근거한 가격 산출이 필요하며, 보험원가의 사후확정성 및 통제불가능성을 가진다. 원가비중(순보험료 비중)이 높고 이익이 사후에 확보되므로 가격이 비탄력적이다. 보험의 사회성, 공공성으로 인해 보험가격 안정성에 대한 감독기관의 통제가 있다.

30 다음 중 인공위성 또는 아주 특수한 공장이나 구조물이 충족시키지 못하고 있는 보험가능요건은?

① 손실의 발생은 우연적이어야 하고 고의성이 없어야 한다.
② 상당수의 동질적 위험이 존재하여야 한다.
③ 담보하는 리스크가 합법적이어야 한다.
④ 손실은 확정적이고 측정이 가능해야 한다.

TIP 보험가입 대상이 되는 위험 중 상당수의 동질적 위험은 유사한 특성을 가진 다수의 위험단위들이 필요할 때 충족된다.
※ 보험가입 대상 위험의 특성
㉠ 상다수의 동질적 위험 : 유사한 특성을 가진 다수의 위험단위들
㉡ 측정가능한 위험 : 손해의 운인, 시간, 장소, 손실금액 등을 측정할 수 있는 위험
㉢ 우연한 사고 발생 : 손해 발생 여부, 시기, 정도가 우연한 위험
㉣ 적당한 크기 손실 : 보험회사가 감당하기 어려울 정도로 거대하지 않은 위험

31 다음 보험요율의 산정방식 가운데 등급요율방식(class rating)에 해당하는 것은?

① 순보험료 방식(pure premium method)
② 판단요율 방식(judgement rating)
③ 소급요율 방식(retrospective rating)
④ 경험요율 방식(experience rating)

TIP ① 순보험료 방식(pure premium method) : 순보험료를 계산하는 기법으로, 총보험료는 순보험료를 결정한 후에 부가보험료를 추가해서 계산한다.
② 판단요율 방식(judgement rating) : 각 계약자들의 위험 특성에 따라 보험자가 요율을 결정하는 방식이다. 개별요율에 해당한다.
③ 소급요율 방식(retrospective rating) : 보험계약기간 동안의 피보험자 손실경험이 그 기간의 보험료를 결정한다. 개별요율에 해당한다.
④ 경험요율 방식(experience rating) : 위험집단별로 표준요율을 정해놓고 지난 3년간 손해율에 따라 차기 요율을 조정하는 방식이다. 개별요율에 해당한다.

32 초과액재보험특약(surplus reinsurance treaty)상의 이익수수료조항에따라 이익수수료를 산출할 때 지출항목(outgo)에 포함되지 않는 것은? (단, calendar year 방식에 따름.)

① 출재수수료
② 재보험사 경비
③ 지급보험금
④ 전기이월미지급보험금

TIP 전기이월미지급보험금은 이익수수료 산출 시 수입항목(Income)에 해당한다.

33 다음 중 보험업법상 보험회사의 자산운용원칙이 아닌 것은?

① 공익성
② 적정성
③ 유동성
④ 수익성

TIP 보험회사는 그 자산을 운용할 때 안정성 · 유동성 · 수익성 및 공익성이 확보되도록 하여야 한다〈보험업법 제104조(자산운용의 원칙) 제1항〉.

ANSWER

28.① 29.③ 30.② 31.① 32.④ 33.②

34 손해보험업의 보험종목 전부를 취급하는 손해보험회사가 질병사망을 담보하는 제3보험상품을 개발하는 경우에 이 상품이 갖추어야 할 요건으로 올바르지 않은 것은?

① 질병사망을 주계약(보통약관)에서 보장할 것
② 보험만기는 80세 이하일 것
③ 만기환급금은 납입보험료 합계액의 범위 이내일 것
④ 보험금액의 한도는 개인당 2억 원 이내일 것

TIP 법 제10조 제3호에서 "대통령령으로 정하는 기준에 따라 제3보험의 보험종목에 부가되는 보험"이란 질병을 원인으로 하는 사망을 제3보험의 특약 형식으로 담보하는 보험으로서 보험만기는 80세 이하일 것, 보험금액의 한도는 개인당 2억원 이내일 것, 만기 시에 지급하는 환급금은 납입보험료 합계액의 범위 내일 것의 요건을 충족하는 보험을 말한다〈보험업법 시행령 제15조(겸영 가능 보험종목) 제2항〉.

35 아래에서 설명하는 보험계약조항은?

• 보험기간 중 특별한 조건을 위배하거나 위반했을 경우 보험효력을 종결시킴을 규정한 조항
• 이 경우 일단 종결된 보험계약의 효력을 다시 살리기 위해서는 새로운 보험계약을 체결함이 통례임

① policy change clause('계약전환'조항)
② if clause('만약'조항)
③ while clause('동안'조항)
④ entire contract clause('계약구성'조항)

TIP ① policy change clause('계약전환' 조항) : 보험에서 계약 내용을 변경하거나 정정할 수 있는 조항을 말한다.
③ while clause('동안' 조항) : 보험기간 중 보험계약자나 피보험자의 행위로 위태가 증가되었을 때 이 위태가 증가된 상태에 있는 한 보험효력이 일시 정지되고, 증가된 위태가 제거되거나 원상으로 복귀되었을 때 보험효력이 재개되도록 규정하는 계약조항이다.
④ entire contract clause('계약구성' 조항) : 보험회사와 피보험자 사이에 체결된 보험계약서에 명시된 내용에 대해서만 서로 책임을 지고 계약서에 명시되지 않은 내용이나 구두로 별도 합의된 내용에 대해선 책임을 부담하지 않겠다는 조항이다.

36 도로 상태가 좋지 않아 발생한 교통사고로 자동차가 파손되어 수리비를 지급하였다. 다음 중 위태(hazard)에 해당하는 것은?

① 도로 상태가 좋지 않은 것
② 교통사고
③ 자동차 파손
④ 수리비 지급

TIP 위태는 특정한 사고로부터 발생될 수 있는 손해의 가능성을 새로 만들거나 증가시키는 것을 말하는데, 자연적 성질의 물리적 위태, 고의적 행위 및 부정 등 도덕적 위태, 부주의 및 사기저하 등 정신적 위태, 새로운 법률 제정 등의 법률적 위태로 나눌 수 있다. 도로 상태가 좋지 않은 것은 물리적 위태에 해당한다.

37 리스크관리기법에 대한 다음 설명 중 올바르지 않은 것은?

① 건물 내 개인용 전열기 사용금지는 손실예방에 해당한다.
② 건물 내 스프링클러 설치는 손실예방에 해당한다.
③ 건물 내 소화기 비치는 손실경감에 해당한다.
④ 건물 공사 시 내연자재 사용은 손실경감에 해당한다.

TIP 손실예방은 손실의 발생가능성이나 발생빈도를 줄이려는 것이며 손실감소는 손실의 발생규모를 줄이려는 것이다. 스프링클러의 설치는 손실경감에 해당한다.

※ 리스크관리기법
㉠ 리스크통제 : 리스크회피(차단), 리스크요소의 분산(분리, 격리), 손실통제(손실예방, 손실경감), 계약을 통한 전가(리스, 하청)
㉡ 리스크재무 : 리스크 보유(적립금, 자가보험), 리스크 전가(보험계약, 면책계약, 헤징, 선물계약), 리스크재무기법(공제, 자기부담금, 공동보험)

ANSWER
34.① 35.② 36.① 37.②

38 다음 중 보험요율산정의 규제상 목적에 해당하지 않는 것은?

① 보험요율의 충분성(adequacy)
② 보험요율의 안정성(stability) 및 탄력성(flexibility)
③ 보험요율의 비과도성(inexcessiveness)
④ 보험요율의 공평한 차별성(fair discrimination)

TIP 보험요율의 경영상의 목적에 해당한다.
※ 보험요율의 산정 목적
㉠ 규제상의 목적 : 충분성, 비과도성, 공평한 차별성
㉡ 경영상의 목적 : 단순성, 안전성, 탄력성, 손실방지 장려

39 다음 중 국민연금에서 지급되는 노령연금의 기본연금액을 결정하는 요인으로 올바르지 않은 것은?

① 전체가입자 소득수준
② 부양가족 수
③ 가입기간
④ 가입자 본인 소득수준

TIP 노령연금은 연령, 가입기간, 소득활동 유무에 따라 기본연금액이 결정된다.

40 **다음 중 실손보상원칙과 직접 관련이 없는 것은?**

① 고지의무
② 피보험이익의 원칙
③ 타보험조항
④ 보험자대위

TIP 실손보상원칙 구현을 위한 손해보험제도에는 피보험이익원칙, 보험자대위, 타보험조항, 신구교환공제, 손해액의 시가주의 등이 있다.
※ 실손보상원칙은 피보험자의 경제적 상태를 손해발생 이전상태로 복원시키는 이득금지원칙과 도덕적 위태의 감소를 목적으로 한다.

ANSWER
38.② 39.② 40.①

2024년 제47회 손해사정이론

1 **다음 중 대재해적 손실이 보험 대상 리스크로 적합하지 않은 이유에 해당하는 것은?**

① 확률적 동질성이 없다.
② 확률적 독립성이 없다.
③ 목적물의 수가 많지 않다.
④ 개별 손실규모가 크다.

TIP 지진, 대규모 홍수 등과 같은 대재해적 손실은 여러 피보험자가 동시에 피해를 입을 가능성이 크며, 이러한 사건들은 서로 확률적으로 독립적이지 않아서 보험에서 리스크 분산이 어렵다. 하나의 사건이 다수의 보험 계약에 영향을 주면서 보험사가 손해를 분산할 수 없다는 문제가 발생한다.

2 **다음 중 우리나라 고용보험 구직급여 지급일수에 한도가 있는 이유로 가장 타당한 것은?**

① 역선택 감소
② 초과보상 방지
③ 소득재분배 효과
④ 도덕적 위태 감소

TIP 도덕적 위태 감소를 위해서 고용보험 구직급여 지급일수에 한도가 있다. 구직급여의 지급 기간을 무제한으로 두면, 일부 수급자가 고용을 찾는 데 적극적으로 나서지 않고 구직급여에 의존할 가능성을 방지하기 위함이다.

3 **다음 중 장래에 대해서 보험계약의 효력을 소멸시키는 효과가 있는 것은?**

① 계약의 해제
② 계약의 취소
③ 계약의 해지
④ 계약의 무효

TIP ① 계약 성립 시점부터 효력을 소급해 소멸시키는 효과이다.
② 처음부터 효력이 없었던 것으로 간주하는 것이다.
④ 애초에 효력이 발생하지 않는 경우이다.

4 **다음 중 청구기준 배상책임보험에(claims-made basis) 대한 설명으로 올바르지 않은 것은?**

① 손해에 대한 청구기간을 제한한다.
② 보험계약 체결 이후 발생한 사고가 대상이다.
③ 보험기간 내에 청구가 있어야 한다.
④ 보험담보의 모호성 내지 불확실성을 감소시킨다.

TIP 청구기준 배상책임보험(claims-made basis)은 청구가 보험기간 내에 이루어진 경우에만 보상을 제공한다. 사고가 보험계약 체결 이전에 발생했더라도, 보험기간 내에 손해배상 청구가 이루어지면 보상이 가능하다.

5 **다음 보험계약의 법적 특성 중 '작성자 불이익의 원칙'과 관계가 가장 깊은 것은?**

① 부합계약
② 조건부계약
③ 불요식 · 낙성계약
④ 인적계약

TIP 작성자 불이익의 원칙은 계약서 작성자가 모호하거나 불명확한 조항을 작성했을 경우, 그 불명확함이 계약자에게 불리하게 해석되는 것을 방지하고, 작성한 측에 불리하게 해석하는 원칙이다. 보험계약처럼 표준화된 약관을 사용하는 부합계약에서 적용된다.

6 **다음 보험의 특성 중 타보험조항과 관계가 가장 깊은 것은?**

① 손실의 집단화
② 실제 손실에 대한 보상
③ 리스크 분산
④ 리스크 전가

TIP 타보험조항은 여러 보험에 중복 가입한 경우, 실제 손실액을 초과하여 보상받지 않도록 각 보험사 간에 보상 책임을 분담하는 규정에 해당한다. 실제 손실을 초과하는 보상이 이루어지지 않게 하여 과잉 보상을 방지하는 역할이다.

ANSWER
1.② 2.④ 3.③ 4.② 5.① 6.②

7 다음 중 보험계약의 법적 특성 가운데 하나인 조건부계약과 관계가 없는 것은?

① 보험약관의 설명의무
② 위험변경증가의 통지의무
③ 보험사고발생의 통지의무
④ 손해방지의무

TIP 조건부계약은 계약의 효력이 특정 조건에 따라 좌우되는 계약에 해당한다. 위험변경증가의 통지의무, 보험사고발생의 통지의무, 손해방지의무와 같은 피보험자의 의무이다. 보험약관의 설명의무는 보험자가 계약을 체결할 때 피보험자에게 약관 내용을 설명할 책임으로, 이는 계약 체결 전의 의무로 조건부계약과 관계가 없다.

8 다음 중 역선택 감소 효과와 관계가 가장 깊은 것은?

① 경험요율
② 공동보험
③ 고지의무
④ 보험자 대위

TIP 역선택은 보험 가입자가 자신에게 불리한 정보를 고지하지 않음으로써 보험사가 예상보다 큰 손실을 입는 상황이다. 고지의무는 이러한 역선택을 방지하기 위해 보험계약자가 보험사에 자신의 위험 요소를 정확히 알리는 의무에 해당한다.

9 사고발생의 우연성이 결여되었기 때문에 보상에서 제외되는 손실(excluded losses)이 있다. 다음 중 이에 해당하지 않는 것은?

① 소모 및 마모
② 고유성질로 인한 손해
③ 운송물품에 생긴 흠집
④ 자연발화

TIP ③ 운송 중에 물품에 생긴 흠집은 일반적으로 보험에서 보상 가능한 우연한 사고로 간주된다.
①②④ 우연성이 결여된 손실로 사고에 의한 것이 아니라 자연스럽게 발생하는 손실이므로 보험에서 보상되지 않는다.

10 **다음 중 위태(hazard)와 거리가 가장 먼 것은?**

① 어두운 계단
② 노후화된 전선
③ 소각장 내 인화물질 보관
④ 환경오염

TIP 위태(hazard)는 손해발생 가능성을 높이는 요인이다. 물리적, 도덕적, 방관적, 법률적으로 위태가 있다. 환경오염은 이러한 위태와는 거리가 멀다.

11 **다음 중 손인(peril)에 해당하지 않는 것은?**

① 소비자 기호 변화
② 흡연 습관
③ 전쟁
④ 인플레이션

TIP 손인(peril)은 손해발생의 원인을 의미한다. 자연적인 손익, 인적 손인, 경제적 손인으로 구분된다. 흡연습관은 이와 같은 손인에 해당하지 않는다.

12 **아래 가능최대손실(probable maximum loss; PML)에 대한 설명에서 ( ) 안에 들어갈 단어를 순서대로 바르게 나열한 것은?**

PML은 리스크관리자의 리스크회피도가 ( ), 손실 확률분포의 표준편차가 ( ) 커진다.

① 클수록, 클수록
② 클수록, 작을수록
③ 작을수록, 작을수록
④ 작을수록, 클수록

TIP PML은 리스크관리자의 리스크회피도가 클수록, 손실 확률분포의 표준편차가 클수록 커진다.

ANSWER
7.① 8.③ 9.③ 10.④ 11.② 12.①

13 다음 중 도덕적 위태(moral hazard)에 해당하지 않는 것은?

① 보험금 수취 목적 방화
② 교통사고 유도
③ 건물의 부실 관리
④ 교통사고 상해 과장

TIP 도덕적 위태는 보험에 가입한 후 보험금을 노리고 고의로 사고를 일으키거나 손해를 방치하는 행위를 의미한다. 건물의 부실관리는 고의적인 행위가 아닌 관리 소홀 또는 부주의에 의한 것으로 도덕적 위태에 해당하지 않는다.

14 다음 중 저빈도 - 고심도 리스크가 보험 대상으로 적합한 이유와 거리가 가장 먼 것은?

① 보험료가 부담가능한 수준이어서
② 비용 효율성이 커서
③ 재무변동성 감소 효과가 커서
④ 예측 신뢰도가 높아서

TIP 저빈도-고심도 리스크는 발생 확률이 낮지만 발생 시 손실 규모가 큰 리스크이다. 발생 빈도가 낮기 때문에 예측 신뢰도가 낮다.

15 다음 중 일반적으로 민영보험과 사회보험의 유사점에 해당하지 않는 것은?

① 리스크 전가
② 소득재분배 효과
③ 보험료 납부
④ 보험수리 적용

TIP 소득재분배 효과는 사회보험에서 주로 나타나는 특성이다. 사회보험은 고소득층이 저소득층을 지원하는 구조에 해당한다. 민영보험은 소득재분배 목적이 아닌 보험 가입자의 위험을 평가하여 그에 맞는 보험료를 부과하는 방식으로 운영된다.

16 다음 보험가능리스크 요건 중 전염병 리스크가 충족시키기에 가장 어려운 것은?

① 다수의 리스크
② 우연한 손실
③ 한정적 손실
④ 동질적 리스크

TIP 전염병 리스크는 전 세계적으로 또는 대규모로 확산될 가능성이 있어, 그 손실이 매우 크고 한정되지 않은 손실을 초래한다. 전염병은 손실의 범위가 넓고 심각한 수준에 이를 수 있기 때문에 한정적 손실의 요건을 충족하시키기 어렵다.

17 **다음 중 리스크에 대한 설명으로 올바르지 않은 것은?**

① 통계적 측정 가능성을 기준으로 객관적 리스크와 주관적 리스크로 구분할 수 있다
② 투기적 리스크의 특징은 손실가능성과 함께 이익가능성도 존재한다는 것이다
③ 화산의 폭발, 지진 등은 동태적 리스크의 예이다.
④ 홍수, 폭설 등 자연재해는 순수리스크로 분류된다.

TIP 화산의 폭발, 지진 등은 정태적 리스크의 예이다. 동태적 리스크는 경제 상황이나 사회 변화 등 인간 활동에 의해 발생하는 리스크에 해당한다.

18 **다음 중 언더라이팅(underwriting)의 기본원칙과 거리가 가장 먼 것은?**

① 보험회사 고유의 언더라이팅 기준 준수
② 요율계층 내의 동질성 유지
③ 인수 리스크 간의 형평성
④ 보험판매의 적극적 유인 제공

TIP 언더라이팅(underwriting)의 기본원칙은 보험계약을 인수할 때 위험을 적절하게 평가하고 관리하는 데에 중점을 두는 것이다. 보험판매의 적극적 유인 제공과 같은 판매 촉진은 목적과는 거리가 멀다.

19 **아래 설명에서 (　　) 안에 들어갈 보험종목을 순서대로 바르게 나열한 것은?**

상법 제4편(보험)의 규정은 당사자간의 특약으로 보험계약자 또는 피보험자나 보험수익자의 불이익으로 변경하지 못한다. 그러나 (　　) 및 (　　) 기타 이와 유사한 보험의 경우에는 그러하지 아니하다.

① 재보험, 해상보험
② 해상보험, 화재보험
③ 책임보험, 화재보험
④ 보증보험, 책임보험

TIP 이 편의 규정은 당사자간의 특약으로 보험계약자 또는 피보험자나 보험수익자의 불이익으로 변경하지 못한다. 그러나 재보험 및 해상보험 기타 이와 유사한 보험의 경우에는 그러하지 아니하다〈상법 제663조(보험계약자 등의 불이익변경금지)〉

ANSWER
13.③ 14.④ 15.② 16.③ 17.③ 18.④ 19.①

20 아래 설명에서 ( ) 안에 들어갈 보험 관련자를 순서대로 바르게 나열한 것은?

- 손해액의 산정에 관한 비용은 ( )의 부담으로 한다.
- 보험증권을 멸실 또는 현저하게 훼손한 때는 보험계약자는 보험자에 대하여 증권의 재교부를 청구할 수 있다. 그 증권 작성의 비용은 ( )의 부담으로 한다.

① 보험자, 보험계약자
② 보험계약자, 보험자
③ 피보험자, 보험계약자
④ 보험자, 보험수익자

TIP
- 손해액의 산정에 관한 비용은 보험자의 부담으로 한다〈상법 제676조(손해액의 산정기준) 제2항〉.
- 보험증권을 멸실 또는 현저하게 훼손한 때는 보험계약자는 보험자에 대하여 증권의 재교부를 청구할 수 있다. 그 증권 작성의 비용은 보험계약자의 부담으로 한다〈상법 제642조(증권의 재교부청구)〉.

21 아래에서 책임보험계약의 성질에 속하는 것을 모두 고른 것은?

㉠ 손해보험성	㉡ 재산보험성
㉢ 소극보험성	㉣ 물건보험성

① ㉠㉡㉢㉣
② ㉠㉢
③ ㉡㉢
④ ㉠㉡㉢

TIP ㉣ 책임보험은 피보험자가 제3자에게 법적으로 배상해야 할 책임을 보장하는 보험이다. 물건 자체에 대한 보상이 아닌 법적 배상책임을 다루기에 물건보험성과 관련이 없다.

22 다음 중 피보험이익의 개념의 효용에 속하지 않는 것은?

① 보험자대위의 금지
② 초과보험 및 중복보험의 방지
③ 보험자 책임범위의 확정
④ 보험계약의 동일성을 구별하는 표준

TIP 피보험이익의 개념은 보험계약에서 피보험자가 보험사고로 인해 입을 수 있는 경제적 손실이다. 보험자대위의 금지는 피보험이익과는 관련이 없다.

23 다음 중 대재해리스크로 인한 보험영업손실을 보전하기 위하여 손해보험회사가 적립하여야 하는 것은?

① 비상위험준비금
② 보험료적립금
③ 미경과보험료적립금
④ 책임준비금

TIP ① 비상위험준비금 : 대재해리스크나 대규모 손해 발생에 대비하여 손해보험회사가 적립하는 준비금이다. 예상치 못한 대규모 보험사고로 인해 보험사의 재정적 안정성이 위협받지 않도록 하기 위한 안전장치 역할을 한다.
② 보험료적립금 : 보험계약자가 납입한 보험료 중, 계약 기간 동안 발생할 수 있는 손해를 대비해 적립하는 금액이다.
③ 미경과보험료적립금 : 계약 기간 중 아직 경과하지 않은 기간에 대비해 적립된 보험료이다.
④ 책임준비금 : 보험사가 미래에 지급해야 할 보험금에 대비하여 적립하는 준비금이다.

24 다음 중 보험업법상 보험회사가 재무건전성을 유지하기 위하여 준수하여야 할 사항에 해당하지 않는 것은?

① 자본의 적성성에 관한 사항
② 자산의 건전성에 관한 사항
③ 사업비의 충분성에 관한 사항
④ 그 밖에 경영건전성 확보에 필요한 사항

TIP 사업비는 보험사의 운영 비용에 해당한다. 재무건전성 유지보다는 경영 효율성과 수익성에 더 관련된 요소이다.

25 다음 중 상법상 운송보험에 관한 설명으로 올바르지 않은 것은?

① 보험자는 다른 약정이 없으면 운송인이 운송물을 수령한 때로부터 운송물이 목적지에 도착할 때까지 생길 손해를 보상할 책임이 있다.
② 운송물의 도착으로 인하여 얻을 이익은 약정이 있는 때에 한하여 보험가액 중에 산입한다.
③ 보험계약은 다른 약정이 없으면 운송의 필요에 의하여 일시 운송을 중지한 경우에도 그 효력을 잃지 아니한다.
④ 보험사고가 수하인의 중대한 과실로 인하여 발생한 때에는 보험자는 이로 인하여 생긴 손해를 보상할 책임이 없다.

TIP ① 운송보험계약의 보험자는 다른 약정이 없으면 운송인이 운송물을 수령한 때로부터 수하인에게 인도할 때까지 생길 손해를 보상할 책임이 있다〈상법 제688조(운송보험자의 책임)〉.
② 「상법」 제689조(운송보험의 보험가액)
③ 「상법」 제691조(운송의 중지나 변경과 계약효력)
④ 「상법」 제692조(운송보조자의 고의, 중과실과 보험자의 면책)

ANSWER
20.① 21.④ 22.① 23.① 24.③ 25.①

26 **아래 신용보험 표준약관 제7조(변제 등의 충당순서) 제1항의 내용에서 [ ]안에 들어 있는 항목을 순서대로 바르게 나열한 것은?**

> 채무자가 변제한 금액 또는 보험회사의 담보권 행사 · 상계 또는 채권추심을 통해 회수한 금액이 채무자의 전체 채무 금액보다 적은 경우에는[비용, 지급보험금(원금), 이자]의 순서로 충당하기로 한다.

① 비용, 지급보험금(원금), 이자
② 비용, 이자, 지급보험금(원금)
③ 지급보험금(원금), 비용, 이자
④ 지급보험금(원금), 이자, 비용

TIP 채무자(채무자의 채무를 변제하는 제3자를 포함합니다.)가 변제한 금액 또는 회사의 담보권 행사 · 상계 또는 채권추심을 통하여 회수한 금액이 채무자의 전체 채무금액보다 적은 경우에는 비용, 지급보험금(원금), 이자의 순서로 충당하기로 합니다〈보험업감독업무시행세칙 별표 15 표준약관(제5-13조 제1항 관련) 신용보험 제7조 제1항〉.

27 **아래 주어진 조건에서 소멸성 공제(disappearing deductible) 방법을 적용한 보험자의 지급보험금은 얼마인가? (단, 보험자가 보상하는 사고에 의한 손실 발생이며, 주어진 조건 이외에 기타 사항은 고려하지 않음)**

> • 공제 한도 : 50만 원
> • 손실 금액 : 600만 원
> (단, 조정계수는 110%)

① 545만 원
② 550만 원
③ 600만 원
④ 605만 원

TIP 소멸성 공제에서 공제액 공식은 다음과 같다.

$$\text{공제액} = \max\left(0, \text{공제한도} - \left(\frac{\text{손실금액} - \text{공제한도}}{\text{조정계수}}\right)\right) = \max\left(0, 50\text{만 원} - \left(\frac{600\text{만 원} - 50\text{만 원}}{110\%}\right)\right) = 500\text{만 원이다.}$$

공제액 = 50만 원 - 500만 원 = -450만 원
공제액은 음수가 될 수 없기 때문에 공제액은 0원이 된다.
손실 금액 600만 원에서 공제액 0원을 제외하면 600만 원이다.

28 다음 중 보험 가입이 기업 내 현금흐름의 사전적 개선효과를 가져오는 이유에 대한 설명으로 올바른 것은?

① 사업 중단을 초래할 대규모 손실을 예방해 준다.
② 거액의 손실준비금 적립 필요성을 줄인다.
③ 공평한 비용 부과를 가능하게 한다.
④ 발생가능한 대규모 손실의 규모를 줄여준다.

TIP ② 보험에 가입하면 기업은 예상치 못한 대규모 손실에 대비해 스스로 많은 손실준비금을 적립할 필요성이 감소한다. 보험료를 납부하여 보험자가 그 손실 위험을 부담하면서 현금흐름의 안정성이 높아지고 사전적인 개선효과가 발생한다.
①④ 보험의 기능이 아닌 손실 보상이 목적이다.

29 다음 중 자동차시세하락손해를 보상하는 자동차보험 표준약관상의 보장종목은?

① 대인배상 I
② 자동차상해
③ 대물배상
④ 자기차량손해

TIP 「보험업감독업무시행세칙」 별표 15 표준약관(제5-13조 제1항 관련)에 따라 자동차시세하락손해를 보상하는 자동차보험은 대물배상에 해당한다.

30 다음 중 해상보험의 특성에 대한 설명으로 올바르지 않은 것은?

① 기업보험 성격이 짙다.
② 국제적 성격이 강하다.
③ 통상 미평가보험(unvalued policy)의 형태를 취한다.
④ 항해에 부수하는 육사에서의 위험도 담보한다.

TIP 해상보험은 평가보험(valued policy) 형태를 취한다. 평가보험이란 보험계약 시에 피보험물의 가액을 미리 확정하여 보험증권에 명시하는 형태로, 해상보험에서는 손해가 발생했을 때 그 가액을 기준으로 보상하는 것이다. 미평가보험은 피보험물의 가액을 사전에 확정하지 않는 보험 형태이다.

ANSWER
26.① 27.③ 28.② 29.③ 30.③

31 선박 50척을 부보한 A 선주의 직전 보험기간 중의 기발생손해액이 3억 원, 총보험료에서 차지하는 사업비율이 40%일 때 순보험료방식(pure premium method)으로 산출한 선박 1척당 총보험료는 얼마인가? (단, 선박 1척당 가액은 모두 동일하고, 영업이익률은 고려하지 않음)

① 360만 원
② 600만 원
③ 840만 원
④ 1,000만 원

TIP

• 순보험료 $= \frac{\text{기발생손해액}}{\text{선박수}} = \frac{\text{3억원}}{\text{50척}} = \text{600만원}$

사업비율 40%를 순보험료 외에 추가로 사업비를 반영해야 한다.

• 총보험료 $= \frac{\text{순보험료}}{1-\text{사업비율}} = \frac{\text{600만원}}{1-0.4} = \frac{\text{600만원}}{0.6} = \text{1,000만원}$

∴ 선박 1척당 총보험료는 1,000만 원이다.

32 고용보험법령상 적용 제외 근로자에 관한 아래 설명에서 ( ) 안에 들어갈 숫자를 순서대로 바르게 나열한 것은?

> 해당 사업에서 1개월간 소정근로시간이 ( )시간 미만인 근로자에게는 고용보험법을 적용하지 아니한다. 다만 해당 사업에서 ( )개월 이상 계속하여 근로를 제공하는 근로자와 일용근로자는 법 적용 대상으로 한다.

① 15, 1
② 30, 1
③ 60, 3
④ 1

TIP 「고용보험법」 제10조(적용 제외) 제1항 제2호에 따라 1개월간 소정근로시간이 60시간 미만이거나 1주간의 소정근로시간이 15시간 미만인 근로자에게는 적용하지 아니한다. 다만 「고용보험법 시행령」 제3조(적용 제외 근로자) 제2항에 따라 해당 사업에서 3개월 이상 계속하여 근로를 제공하는 근로자, 일용근로자는 법 적용 대상으로 한다.

33 아래에서 설명하는 재보험특약조항은?

> • 통상 배상책임보험 관련 초과손해액재보험(excess of loss reinsurance) 특약에 적용함.
> • 보험기간 종료 후 일정 기간 이내에 발생한 사고 건에 대해 재보험자에게 통지할 것을 요구하고, 그 기간이 경과하면 재보험자의 책임이 존재하지 않음을 명시함.

① commutation clause
② sunset clause
③ counsel and concur clause
④ reports and remittance clause

② sunset clause : 재보험 계약에서 보험기간 종료 후 일정 기간 이내에 사고를 통지해야 한다. 그 기간이 경과하면 재보험자의 책임이 소멸하는 조항을 의미한다. 이 조항은 재보험자가 일정 기간 후 더 이상 책임을 지지 않도록 하기 위한 제한을 설정한다.
① commutation clause : 재보험계약에서 손해에 대한 책임을 확정 짓고, 남은 재보험계약의 미래 청구 가능성을 없애기 위해 정산하는 조항이다.
③ counsel and concur clause : 보험자가 손해를 조사하거나 처리할 때, 재보험자의 의견을 미리 구해야 한다는 조항이다.
④ reports and remittance clause : 보험사가 재보험자에게 보고서를 제출하고, 보험료를 송금하는 절차에 관한 조항이다.

34 다음 중 보험자의 구상권 행사에 대한 설명으로 올바르지 않은 것은?

① 보험자는 보험계약자의 동의가 없으면 구상권을 행사할 수 없다.
② 보험자의 구상권 행사로 손해율 경감 효과를 기대할 수 있다.
③ 보험자의 구상권 행사는 보험의 이득 금지 원칙을 실현하기 위한 것이다.
④ 보험자는 구상권 행사가 필요하지 않다고 판단하면 구상권 행사를 포기할 수 있다.

TIP

① 보험자는 피보험자에게 보험금을 지급한 후 해당 손해에 대해 제3자에게 책임이 있는 경우 그 제3자에게 구상권을 행사할 수 있다. 구상권은 법적으로 보장된 권리로 보험계약자의 동의와 무관하게 행사할 수 있다.
② 구상권을 통해 보험사는 지급한 보험금을 회수하여 손해율이 경감된다.
③ 피보험자가 손해를 입었을 때 과도한 보상을 받지 않도록 하는 원칙을 실현하는 수단이다.
④ 보험자는 구상권을 행사할 필요가 없다고 판단하면 포기할 수 있다.

ANSWER
31.④ 32.③ 33.② 34.①

35 다음 중 비례재보험특약에서 특약출재기간이 종료된 경우에도 출재된 개별 원보험계약의 만기 도래 또는 청산이 완전히 종결될 때까지 재보험자의 책임이 계속되는 재보험운영방식은?

① clean-cut 방식
② cut-off 방식
③ cut-through 방식
④ run-off 방식

TIP ① clean-cut 방식 : 출재기간 종료 시 모든 손해와 책임이 청산되는 방식dlek. 출재기간 종료 이후에는 추가적인 책임이 남지 않는다.
② cut-off 방식 : 출재기간 종료 시점에 모든 청구를 종료하고 더 이상의 책임이 발생하지 않도록 하는 방식이다.
③ cut-through 방식 : 보험계약자가 직접 재보험자에게 청구할 수 있도록 하는 방식이다. 비례재보험의 운영방식과 다르다.

36 다음 중 일반적으로 'two-risk warranty'가 적용되는 재보험특약은?

① quota share reinsurance treaty
② surplus share reinsurance treaty
③ per risk excess of loss reinsurance treaty
④ per event excess of loss reinsurance treaty

TIP ④ Two-risk warranty는 재보험자가 동일한 사고로 인해 발생한 두 개 이상의 위험에 대한 손실을 보상하지 않도록 제한하는 조항에 해당한다. 재보험자가 과도한 손실을 피하기 위해 설정된 조항에 해당한다.
① quota share reinsurance treaty : 보험자가 인수한 위험을 일정한 비율로 재보험자와 나누는 방식이다.
② surplus share reinsurance treaty : 보험자가 정해진 수준까지만 리스크를 보유하고, 그 이상의 위험만 재보험자에게 넘기는 것으로 일정 한도를 넘는 위험만 재보험자에게 출재하는 방식이다.
③ per risk excess of loss reinsurance treaty : 개별 위험(개별 건물, 개별 자동차 등)에서 발생하는 손해가 일정 한도를 초과할 때, 그 초과분을 재보험자가 부담하는 방식이다.

37 다음 중 국민건강보험법 제53조(급여의 제한)상 보험급여의 제한 사유에 해당하지 않는 것은?

① 국외에 체류하는 경우
② 고의 또는 중대한 과실로 인한 범죄행위에 그 원인이 있는 경우
③ 고의 또는 중대한 과실로 공단이나 요양기관의 요양에 관한 지시에 따르지 아니한 경우
④ 업무 또는 공무로 생긴 질병, 부상, 재해로 다른 법령에 따른 보상 등을 받게 되는 경우

TIP 급여의 제한 … 공단은 보험급여를 받을 수 있는 사람이 다음 어느 하나에 해당하면 보험급여를 하지 아니한다〈국민건강보험법 제53조 제1항〉.
1. 고의 또는 중대한 과실로 인한 범죄행위에 그 원인이 있거나 고의로 사고를 일으킨 경우
2. 고의 또는 중대한 과실로 공단이나 요양기관의 요양에 관한 지시에 따르지 아니한 경우
3. 고의 또는 중대한 과실로 제55조에 따른 문서와 그 밖의 물건의 제출을 거부하거나 질문 또는 진단을 기피한 경우
4. 업무 또는 공무로 생긴 질병 · 부상 · 재해로 다른 법령에 따른 보험급여나 보상(報償) 또는 보상(補償)을 받게 되는 경우

38 **다음 중 quota share 재보험특약의 장점으로 올바르지 않은 것은?**

① 과다 출재 가능성이 없다.
② 재보험 처리가 간편하다.
③ 출재수수료율이 높다.
④ 재보험 관리비용이 저렴하다.

TIP quota share(비례재보험특약)은 사전에 결정한 비율로 보험가입금, 보험료, 보험금을 분담하는 것이다. 미경과보험료적립금 경감에 유용하며, 시간과 비용 절감에 효율적이다

39 **다음 중 패키지보험(package insurance policy)의 부문별 담보위험에 해당하지 않은 것은?**

① 기계위험담보(machinery breakdown cover)
② 사업복합형위험담보(business multi−line cover)
③ 배상책임위험담보(general liability cover)
④ 재산종합위험담보(property all risks cover)

TIP 여러 가지 위험을 결합하여 제공하는 보험 상품에 해당한다. 특정한 담보위험을 가리키는 것은 아니기 때문에 부문별 담보위험에 해당하지 않는다.

40 **아래는 기본형 실손의료보험(급여실손의료비) 표준약관 제3조(보험종목별 보상내용) (2) 질병급여 제4항의 내용 중 일부이다. ( ) 안에 들어갈 숫자를 순서대로 바르게 나열한 것은? (단, 종전 계약은 자동 갱신되지 않으며, 같은 보험회사의 보험상품에 재가입도 하지 않은 것으로 가정함)**

피보험자가 통원하여 치료를 받던 중 보험계약이 종료 되더라도 그 계속 중인 통원에 대해서는 보험계약 종료일 다음 날부터( )일 이내의 통원을 보상하며, 최대( )회 한도 내에서 보상한다.

① 30, 30
② 60, 30
③ 120, 60
④ 180, 90

TIP 피보험자가 통원하여 치료를 받던 중 보험계약이 종료되더라도 그 계속 중인 통원에 대해서는 보험계약 종료일 다음날부터 180일 이내의 통원을 보상하며 최대 90회 한도 내에서 보상합니다〈보험업감독업무시행세칙 별표 15 표준약관(제5−13조 제1항 관련) 실손의료보험 제3조〉

ANSWER
35.④ 36.④ 37.① 38.① 39.② 40.④

본서는 아래의 법령 개정에 맞춘 해설임을 밝힙니다.

제47회 손해사정사 1차 시험 해설은 시험 시행일을 기준으로 시행된 아래의 법률 · 기준 등을 적용한 해설임을 밝힙니다.

- 상법[시행 2025. 1. 31.] [법률 제20436호, 2024. 9. 20., 일부개정]
- 민법[시행 2025. 1. 31.] [법률 제20432호, 2024. 9. 20., 일부개정]
- 보험업법[시행 2024. 10. 25.] [법률 제19780호, 2023. 10. 24., 일부개정]
- 보험업법 시행령[시행 2024. 10. 25.] [대통령령 제34960호, 2024. 10. 22., 일부개정]
- 보험업법 시행규칙[시행 2024. 9. 26.] [총리령 제1983호, 2024. 9. 26., 일부개정]
- 보험업감독업무시행세칙[시행 2024. 7. 31.] [금융감독원세칙 , 2024. 7. 26., 일부개정]
- 자동차손해배상 보장법(약칭 : 자동차손배법)[시행 2024. 8. 21.] [법률 제20340호, 2024. 2. 20., 일부개정]
- 보험사기방지 특별법(약칭 : 보험사기방지법)[시행 2024. 8. 14.] [법률 제20303호, 2024. 2. 13., 일부개정]
- 고용보험법[시행 2025. 2. 23.] [법률 제20519호, 2024. 10. 22., 일부개정]
- 산업재해보상보험법(약칭 : 산재보험법)[시행 2025. 1. 1.] [법률 제20523호, 2024. 10. 22., 일부개정
- 교통사고처리 특례법(약칭 : 교통사고처리법)[시행 2017. 12. 3.] [법률 제14277호, 2016. 12. 2., 일부개정]
- 약관의 규제에 관한 법률(약칭 : 약관법)[시행 2024. 8. 7.] [법률 제20239호, 2024. 2. 6., 타법개정]
- 제조물 책임법[시행 2018. 4. 19.] [법률 제14764호, 2017. 4. 18., 일부개정]